CHAOLINJIE REDIAN LIANCHAN JIZU JISHU CONGSHU

超临界热电联产机组技术丛书

发电机及辅助设备

《超临界热电联产机组技术丛书》编委会　编

中国电力出版社
CHINA ELECTRIC POWER PRESS

内 容 提 要

《超临界热电联产机组技术丛书》详细介绍了超临界供热机组的结构、原理和特性，丛书包括《锅炉及辅助设备》《汽轮机及辅助设备》《发电机及辅助设备》三个分册。本书是《发电机及辅助设备》分册，以 350MW 超临界供热机组的发电机及辅助设备为基础，详细介绍了电气主要设备的结构、原理、运行、维护等方面的内容，全书包括发电厂主接线、发电机、变配电设备、直流系统、继电保护、厂用电动机、电气二次部分、发电厂远动系统等。

本书可供超临界热电联产机组电气专业人员培训使用，也可供与电气专业相关的人员参考。

图书在版编目（CIP）数据

发电机及辅助设备/《超临界热电联产机组技术丛书》编委会编 . —北京：中国电力出版社，2021.6
（超临界热电联产机组技术丛书）
ISBN 978-7-5198-4936-8

Ⅰ.①发…　Ⅱ.①超…　Ⅲ.①火电厂—超临界机组—发电机组②火电厂—超临界机组—发电机组—附属装置　Ⅳ.①TM621.3

中国版本图书馆 CIP 数据核字（2020）第 173218 号

出版发行：中国电力出版社
地　　址：北京市东城区北京站西街 19 号（邮政编码 100005）
网　　址：http://www.cepp.sgcc.com.cn
责任编辑：刘汝青（010—63412382）　李文娟　郭丽然　贾丹丹
责任校对：黄　蓓　常燕昆　朱丽芳
装帧设计：赵姗姗
责任印制：吴　迪

印　　刷：三河市万龙印装有限公司
版　　次：2021 年 6 月第一版
印　　次：2021 年 6 月北京第一次印刷
开　　本：787 毫米×1092 毫米　16 开本
印　　张：28.75
字　　数：706 千字
印　　数：0001—2000 册
定　　价：128.00 元

《超临界热电联产机组技术丛书》
编委会

前言

　　超（超）临界燃煤发电技术是一种先进、高效的发电技术，与常规燃煤发电技术相比，优势十分明显。目前，我国新建的燃煤发电机组普遍采用超（超）临界发电技术，若该技术与先进的供热技术相结合，其效果更加明显。

　　太原第一热电厂始建于1953年，是国家"一五"期间重点工程项目之一，经过六期建设，共有16台燃煤锅炉、13台汽轮发电机，装机容量达到1461MW。除了发电和向附近化工企业供热外，还承担太原市2300万 m² 的居民冬季供暖。几十年来，太原第一热电厂向太原地区源源不断地输送电能和热能，促进了经济社会发展，为太原市集中供热作出了重要贡献。

　　随着太原城市建设的快速发展，太原第一热电厂已从以往的郊区变为城市中心区，成为环境敏感区域。为了解决城市的污染问题，太原第一热电厂于2017年4月实施关停重建，规划在清徐县建设 4×350MW 超临界热电联产机组，在完成发电的同时，冬季向太原市居民供热。目前，太原第一热电厂重建工作正在有序推进，国家能源局已将太原第一热电厂重建项目列入山西省"十四五"发展规划。在项目重建期间，为了满足培训工作的需要，更好地帮助员工了解、学习、掌握超临界热电联产机组的生产技术和管理水平，充分发挥超临界热电联产机组优势，特成立《超临界热电联产机组技术丛书》编委会，组织相关专业技术人员进行广泛调研和资料收集，编写了《超临界热电联产机组技术丛书》。

　　本丛书包括《锅炉及辅助设备》《汽轮机及辅助设备》《发电机及辅助设备》三个分册。本书为《发电机及辅助设备》分册，以350MW超临界供热机组的发电机及辅助设备为基础，详细介绍了电气主要设备的结构、原理、运行、维护等方面的内容，全书包括发电厂主接线、发电机、变配电设备、直流系统、继电保护、厂用电动机、电气二次部分、发电厂远动系统等。

　　本书第一章由郭海英编写，第二章由贾育康编写，第三章由任效君编写，第四章、第五章、第七章、第八章由王亮编写，第六章由乔甲有编写。全书由任效君统稿，郝立刚审稿。在编写过程中，参编人员付出了辛勤的劳动，兄弟电厂、制造厂及科研院所的技术人员给予了大力支持和帮助，在此表示感谢。

由于时间、条件及编者能力所限，不妥之处在所难免，恳请批评指正。

编者

2020 年 10 月

目录

第一章

350MW 机组电气接线概述

第一节   电气设备主接线

电气主接线是指在发电厂、变电站、电力系统中，用来输送电能并且表明高压电气设备之间相互连接关系的电路。在发电厂发电机出口的升压变压器叫主变压器（简称主变）。对电气主接线的基本要求概括地说有可靠性、灵活性、经济性三方面。发电厂 350MW 汽轮发电机组常用的接线基本形式有双母线接线、一个半断路器接线（3/2 接线）、单元接线等。

一、双母线接线

一般双母线接线，如图 1-1 所示，它具有两组母线：工作母线Ⅰ和备用母线Ⅱ。每回线路都经一台断路器和两组隔离开关分别接至两组母线，母线之间通过母线联络断路器（简称母联）QFb 连接，称为双母线接线。有两组母线后，运行的可靠性和灵活性大为提高，其特点如下：

（1）供电可靠。通过两组母线隔离开关的倒换操作，可以轮流检修一组母线而不致使供电中断；一组母线故障时，能迅速恢复供电；检修任一回路的母线隔离开关，只需

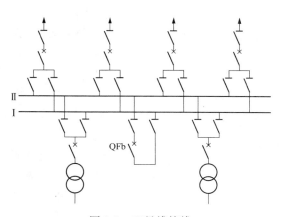

图 1-1   双母线接线

断开此隔离开关所属的一条电路和与此隔离开关相连的该组母线，其他电路均可通过另一组母线继续运行，但其操作步骤必须正确。

（2）运行调度灵活。各个电源和各回路负荷可以任意分配到某一组母线上，能灵活地适应电力系统中各种运行方式调度和潮流变化的需要。通过倒换操作可以组成各种运行方式。例如：①当母联断路器闭合，进出线分别在两组母线上，形成双母线同时运行的状态，即相当于单母线分段运行。②当母联断路器断开，一组母线运行，另一组母线备用，全部进出线均接在运行母线上，即相当于单母线运行。有时为了系统的需要，亦可将母联断路器断开（处于热备用状态），两组母线同时运行。此时这个电厂相当于分裂为两个电厂各自向系统送电，显然，两组母线同时运行的供电可靠性比仅用一组母线运行时高。③两组母线同时工

1

作，并且通过母联断路器并联运行，电源与负荷平均分配到两组母线上，称之为固定连接方式运行。这也是目前生产中最常采用的运行方式，它的母线继电保护相对比较简单。根据系统调度的需要，双母线还可以完成一些特殊功能。例如：用母联与系统进行同期或解列操作，当个别回路需要单独进行试验时（如发电机或线路检修后需要试验），可将该回路单独接到备用母线上运行；当线路利用短路方式融冰时，亦可用一组备用母线作为融冰母线，不致影响其他回路工作等。

（3）扩建方便。向双母线左右任何方向扩建，均不会影响两组母线的电源和负荷自由组合分配，在施工中也不会造成原有回路停电。

双母线接线具有供电可靠，调度灵活，又便于扩建等优点，在大中型发电厂和变电站中广为采用，并已积累了丰富的运行经验。但这种接线存在以下缺点：

（1）使用设备多，特别是隔离开关多，配电装置复杂，投资较多；

（2）在运行中改变方式时，操作过程较复杂，操作隔离开关时容易发生误操作；

（3）任何一个回路断路器故障或检修时，该回路仍需停电或短时停电；

（4）当母线出现故障时，须短时切除较多的电源和负荷，若发生母联断路器故障，两组母线全部停电。

二、一个半断路器接线

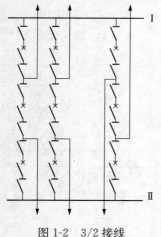

图 1-2　3/2 接线

如图 1-2 所示，每两个元件（出线或电源）用三台断路器构成一串接至两组母线，称为一个半断路器接线，又称 3/2 接线。在一串中，两个元件（进线或出线）各自经一台断路器接至不同母线，两回路之间的断路器称为联络断路器。

运行时，两组母线和同一串的三个断路器都投入工作，称为完整串运行，形成多环路状供电，具有很高的可靠性。其主要特点是：任一母线故障或检修，均不致停电；任一断路器检修也不引起停电；甚至在两组母线同时故障（或一组母线检修另一组母线故障）的极端情况下，功率仍能继续输送。一串中任何一台断路器退出或检修时，这种运行方式称为不完整串运行，此时仍不影响任何一个元件的运行。这种接线运行方便、操作简单，隔离开关只在检修时作为隔离的电气设备。

在采用 3/2 接线机组和出线较少时，例如：只有两台发电机和两回出线，构成只有两串 3/2 接线。在此情况下，电源（进线）和出线的接入点可采用两种方式：一种是交叉接线，如图 1-3（a）所示，将两个同名元件（电源或出线）分别布置在不同串上，并且分别靠近不同母线接入，即电源（变压器）和出线相互交叉配置；另一种是非交叉接线（或称常规接线），如图 1-3（b）所示，它也将同名元件分别布置在不同串上，但所有同名元件都靠近某一母线一侧（进线都靠近一组母线，出线都靠近另一组母线）。

通过分析可知，3/2 交叉接线比 3/2 非交叉接线具有更高的运行可靠性，可减少特殊运行方式下事故扩大。例如：一串中的联络断路器（假设为 502）在检修或停用，当另一串的联络断路器发生异常跳闸或事故跳闸（出线 L2 故障或进线 T2 回路故障）时，对非交叉接线将造成切除两个电源，相应的两台发电机甩负荷至零，电厂与系统完全解列；而对交叉接线而言，至少还有一个电源（发电机—变压器组）可向系统送电，L2 故障时 T2 向 L1 送

电，T2 故障时 T1 向 L2 送电，仅是
联络断路器 502 异常跳开时也不破坏
两台发电机向系统送电。交叉接线
的配电装置的布置比较复杂，需增
加一个间隔。

应当指出，当 3/2 接线的串数多
于两串时，由于接线本身构成的闭
环回路不止一个，一个串中的联络
断路器检修或停用时，仍然还有闭
环回路，因此不存在上述差异。

尽管 3/2 接线的可靠性和灵活性
都很高，但它的主要缺点有：所用

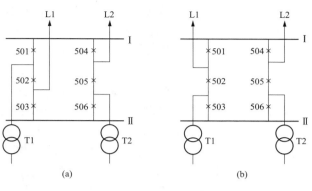

图 1-3　3/2 接线配置方式
(a) 交叉接线；(b) 非交叉接线

断路器、电流互感器等设备多，投资较大；继电保护及二次回路的设计、调整、检修等比较
复杂。

三、单元接线

如图 1-4 (a) 所示，发电机出口，直接经变压器接入高压系统的接线，称为发电机—变
压器组单元接线。这是大型机组广为采用的接线形式。实际上，这种单元接线往往只是电厂
主接线中的一部分或一条回路。

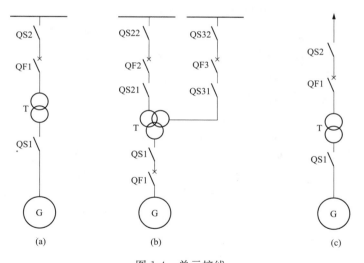

图 1-4　单元接线
(a) 发电机—双绕组变压器单元接线；(b) 发电机—三绕组变压器单元接线；(c) 发电机—变压器—线路单元接线

在单元接线中，发电机出线经过离相全连式封闭母线接入主变的低压侧，在主变高压侧
接入系统前装设断路器、电流互感器、隔离开关、避雷器、电压互感器。主变高压侧、断路
器、电流互感器、隔离开关、避雷器、电压互感器之间一般采用软母线连接，或者发电机出
口通过封闭母线接入 GIS 系统。在发电机与主变压器的封闭母线上还并接有高压厂用变压
器、避雷器、发电机电压互感器、励磁变压器。高压厂用变压器（简称高厂变）为机组自用
电提供能源，当机组停运或启动时机组自用电由启动备用变压器提供电源。当励磁系统采用

自并励方式，励磁变压器为励磁系统提供能源。这种方式当发电机停运时，单元机组从系统切出，机组厂用电倒为高压备用变压器运行方式。因此发电机出口一般不装设断路器。

发电机出口不装设断路器的主要原因还有：

主变压器采用双绕组变压器，主要作用是将发电机的电能升压后送入系统，发电机停运主变亦可停运，没有装设断路器的必要；大容量发电机出口电流大，短路容量大，大电流发热问题与开断容量及断路器动作切断故障时的过电压问题不好解决，致使断路器制造困难、造价较高；不装设断路器可以使大电流的连接回路简化，减少元件，增加安全性，而且在发电机出口至主变压器之间采用离相封闭母线后，此段线路范围的故障可能性亦已降低。一般在发电机出口装设有可拆的连接片，以供发电机测试时用。

当然，发电机出口也有装设断路器的，发电机出口装设断路器有以下好处：

（1）发电机组解、并列时，可减少主变压器高压侧断路器操作次数，特别是 500kV 或 220kV 为一个半断路器接线时，能始终保持一串内的完整性。当电厂接线串数较少时，保持各串不断开（不致开环），对提高供电送电的可靠性有明显的作用。

（2）启停机组时，可用厂用高压工作变压器供厂用电，减少了厂用高压系统的倒闸操作，也简化了同期操作，从而提高了运行可靠性。当厂用工作变压器与厂用起动变压器之间的电气功角 δ 相差较大（一般大于 15°）时，这种运行方式更为需要。

（3）当发电机出口有断路器时，厂用备用变压器的容量可与工作变压器容量相等，且厂用高压备用变压器的台数可以减少。

（4）当发电机出口至主变压器高压侧开关之间发生故障时，发电机出口断路器可迅速切断发电机侧提供的短路电流；而不设出口断路器时，发电机将一直提供短路电流，直到发电机灭磁过程完成，使故障设备损坏程度加剧。

发电机出口装设断路器带来的主要缺点是在发电机回路增加了一个可能的事故点。

发电机-双绕组变压器单元接线方式在大型机组中得到了广泛应用，然而运行经验表明它存在如下技术问题：

（1）当主变或高厂变发生故障时，除了跳主变高压侧出口断路器外，还需要跳发电机磁场开关。由于大型发电机的时间常数较大，因而即使磁场开关跳开后，一段时间内通过发电机—变压器的故障电流仍很大，若磁场开关拒跳，则后果更为严重。

（2）发电机定子绕组本身故障时，若变压器高压侧断路器失灵拒跳，则只能通过失灵保护出口启动母差保护或发远方跳闸信号使线路对侧断路器跳闸；若因通道原因远方跳闸信号失效，则只能由对侧后备保护来切除故障，这样故障切除时间延长，会造成发电机、主变严重损坏。

（3）发电机故障跳闸时，将失去厂用工作电源。而这种情况下，备用电源的快切极有可能不成功，因而机组面临厂用电中断的威胁。

图 1-4（b）所示为发电机—三绕组变压器单元接线。为了发电机停运后，还能保持和中压电网之间的联系，在变压器的三侧均应装断路器。

图 1-4（c）所示为发电机—变压器—线路单元接线，适宜一机、一变、一线的厂（站）。此接线简单，设备少。

火力发电厂的启动/备用变压器是为保证机组正常启动、停机（后）用电及厂用电源的备用电源而设置的电源系统。备用电源应具有独立性和足够的供电容量，最好能与电力系统紧密联系，在全厂停电下仍能从系统获得厂用电源。为了保证可靠性，当技术经济合理时，应由外部电网引接专用线路作备用电源。但从外部电网引接专线投资较大，而且引接的电厂启动/备用电源要按大工业用户收取基本电费和电度电费，运行费用也很高。因此也可以根据当地实际条件合理地引接。

第二节　厂用电系统接线及其运行方式

一、厂用电系统电压等级选择

发电厂在启动、运转、停役、检修过程中，有大量以电动机拖动的机械设备，用以保证机组的主要设备和输煤、碎煤、除灰、除尘及水处理等辅助设备的正常运行。这些电动机以及全厂的运行、操作、试验、检修、照明等用电设备都属于厂用负荷，总的耗电量，统称为厂用电。厂用电的电量，一般由发电厂本身供给。其耗电量与电厂类型、机械化和自动化程度、燃料种类及其燃烧方式、蒸汽参数等因素有关。厂用电耗电量占发电厂全部发电量的百分数，称为厂用电率。厂用电率是发电厂运行的主要经济指标之一。

厂用电接线应满足下列要求：

（1）各机组的厂用电系统应是独立的。特别是 200MW 及以上机组，应做到这一点。在任何运行方式下，一台机组故障停运或其辅机的电气故障不应影响另一台机组的运行，并要求受厂用电故障影响而停运的机组应能在短期内恢复运行。

（2）全厂性公用负荷应分散接入不同机组的厂用母线或公用负荷母线。在厂用电接线中，不应存在可能导致切断多于一个单元机组的故障点，更不应存在导致全厂停电的可能性，应尽量缩小故障影响范围。

（3）充分考虑发电厂正常、事故、检修、启动等运行方式下的供电要求，尽可能地使切换操作简便，启动（备用）电源能在短时间内投入。

（4）充分考虑电厂分期建设和连续施工过程中的厂用电系统的运行方式，特别要注意对公用负荷供电的影响，要便于过渡，尽量减少改变接线和更换设置。

（5）200MW 及以上机组应设置足够容量的交流事故保安电源。当全厂停电时，可以快速启动和自动投入向保安负荷供电。另外，还要设计符合电能质量指标的交流不间断电源，以保证不允许间断供电的热工保护和计算机等负荷的用电。

厂用电电压等级是根据发电机额定电压、厂用电动机的电压与容量和厂用供电网络等因素，相互配合，经过技术经济综合比较后确定的。我国发电厂厂用电高压部分电压等级有 3kV、6kV、10kV，低压部分一般选 400V。厂用电动机容量是确定厂用电电压等级的很重要的因素。电压等级选择太高，相同功率下虽然可以降低设备的额定电流和短路电流但随着绝缘强度的提高投资也在提高。而且高压电机，制造容量大、绝缘等级高、磁路长、尺寸大、价格高、空载和负载损耗均较大，效率较低。发电厂使用的电动机容量相差很大，从几千瓦到数千千瓦，在满足技术要求的前提下，优先采用较低电压的电动机，以获得较高的经济效益。电压等级选择太小，设备的额定电流和短路电流将增大，导线或电缆的截面随之也要增大，有色金属的投资也要增多。在启动大容量电机时，母线电压降幅太大，影响设备的正常运行，甚至会发生低电压负荷掉闸。设备额定电流和短路电流的增大要求断路器的性能要提高，以满足运行要求。所以厂用电压等级的选择一定要合理。

350MW 机组厂用电压等级一般选用 6kV 即可满足运行要求。厂用电接线方式合理与否，对机、炉、电的辅机以及整个发电厂的工作可靠性有很大影响。厂用电的接线应保证厂用供电的连续性，使发电厂能安全满发，并满足运行安全可靠、灵活方便等要求。350MW 机组通常都为一机一炉单元式设置，采用机、炉、电为单元的控制方式，因此，厂用系统也按单元设置，各台机组单元（包括机、炉、电）的厂用系统必须是独立的，而且采用多段单母线供电。发电厂的厂用电源必须供电可靠，且能满足电厂各种工作状态的要求；除应具有正常的工作电源外，还应设置备用电源、启动电源和事故保安电源。一般电厂中都以启动电源兼作备用电源，用以启动和备用电源的变压器称为启备变。

二、6kV 厂用电系统接线及其运行方式

图 1-5 为某厂 350MW 1 号机组厂用电系统部分接线图，以此为例介绍一下厂用电系统运行方式。

350MW 机组采用发电机—变压器组单元接线，并采用分相封闭母线。机组厂用电源从发电机至主变压器之间的封闭母线引接，从发电机出口经变比为 20/6kV 的高厂变将发电机出口电压 20kV 变为高压厂用电压 6kV。高厂变低压侧的两个分裂绕组各带一段 6kV 母线，即 6kV A 段和 6kV B 段。在 6kV 母线上除了高厂变提供电源外还有高备变提供一路电源，高厂变所带的电源叫工作电源，高备变所带的电源叫备用电源。机组正常运行时，厂用 6kVA、B 段母线由 1 号机组高厂变供电。厂用 6kV 母线接带的负荷有给水泵、凝结水泵、引风机、送风机、一次风机、磨煤机等高压厂用电动机以及低压厂用变压器和脱硫系统电源等。由于 6kV 分为两段母线，所以要将负荷合理分配在两段母线上，保证两段母线在正常运行时负荷基本平衡，同类负荷要分别布置于不同的两段，如 1 号凝结泵接于 A 段，2 号凝结泵接于 B 段，这样当一段有故障或停电时，机组的其他设备还可以运行，增加运行可靠性。因为发电机出口未装设断路器，主变、高厂变都得随机组启停，因此在机组停运期间，包括启动初期和停机前落负荷到 30% 以后，这些厂用负荷都要倒为启动/备用变压器带。机组正常运行中发生故障停机，厂用负荷也会由厂用电快速切换装置自动切换为启动/备用变压器带。

三、400V 厂用电系统接线及其运行方式

400V 厂用电系统按布局一般分为主厂房和外围两部分。位于主厂房布置的 400V 配电系统所带负荷一般为机炉房设备或少量外围的重要设备，其工作电源由低压厂用变压器（简称低厂变）带，其备用电源由低压厂用备用变（简称低备变）带，一般一台机组设立一台低备变，低备变为主厂房内 400V 几段母线共用的备用电源见图 1-5。

在外围布置的 400V 配电系统所带一般为公用系统，如输煤、污水处理、化学、空压机等系统。它们的工作电源取至不同的机组，每两段母线之间设置一台联络开关，通过联络开关两段母线实现互为备用。如图 1-6 所示，化学一段工作电源 H11 取至 1 号机，化学二段工作电源 H21 取至 2 号机，H00 作为化学一、二段母线的联络开关。当 H11 退出运行时，H21 可通过合入 H00 串带化学一段。一般联络开关不设自动投入，因为在正常情况下，外围 400V 配电系统单段所带设备可以满足机组正常运行，假如由于某种故障一段的工作电源失掉，联络开关未自投，那么二段可以正常运行，确实查明一段母线没有问题可手动投入联络开关。如果联络开关自投，合在故障点上，那么二段的工作电源亦有可能失掉，这就造成了两段母线全停的局面，严重影响机组的可靠运行，甚至会造成机组停运。

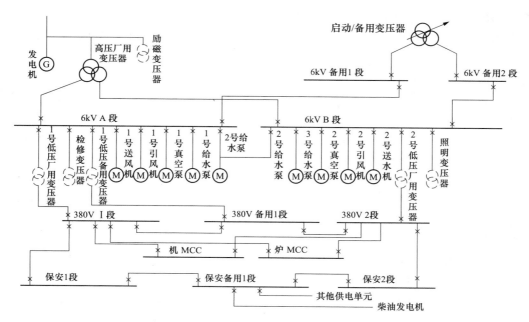

图 1-5　某厂 350MW 1 号机组厂用电部分接线图

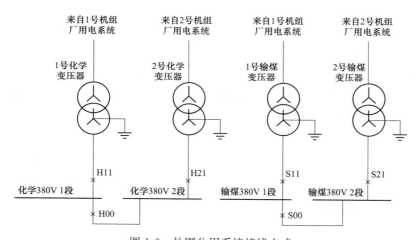

图 1-6　外围公用系统接线方式

在低压配电系统中，为了合理供电，减少投资，在负荷集中的地点一般设有 400V 专用配电柜，专用配电柜的负荷一般是容量较小的辅助设备。专用配电柜的一般有两路电源供电，两路电源取至同一机组不同的 400V 配电盘。一路工作一路备用，根据需要两路电源可以实现联动。

厂用 400V 配电柜也叫动力中心，power center，简称 PC 柜。就地所设专用柜也叫电动机控制中心（motor control center），简称 MCC 柜。

四、保安电源

在发电厂的设备中，有的设备不但在机组运行中不能停电，就是在机组停运后相当一段时间内也不能停止供电，以满足机组停运后部分设备继续运转，起到保护机炉设备不致造成损坏和部分电气设备电源正常运转的作用。在采用单元接线方式的机组中保安段的工作电源取至机组厂用 400V 配电柜，其备用电源要从机组以外的其他系统引接以确保保安段的可靠。

与一般低压厂用电源相比，保安电源有以下特点：

（1）保安备用电源必须具有相对独立性。保安备用电源不能取自本发电机组，也不能取自受本机组运行方式影响大的电气系统。当发电机及其系统有故障时，保安备用电源应不受影响，也不能取自与机组的高压备用电源联系密切的系统。这样才能保证在发电机或备用电源故障时起到安全可靠供电作用。

（2）保安备用电源要十分可靠。保安备用电源应能保证在任何情况下随时能投入运行，不得发生拒投现象。如果发生拒投又在很短时间内无法修复，则将会导致严重的设备损坏，如发电机顶轴油泵、盘车电机无法运转，会造成机组轴系弯曲。

（3）保安备用电源应具有快速投入的性能。当机组故障等原因造成保安段母线电源消失时，保安备用电源应快速投入，以便很快恢复保安段母线电压维持设备运转。

保安段供电的负荷类型如下：

（1）机组正常运行中、停机过程中、停机后一段时间内都要求能有可靠的电源以避免设备损坏的机炉负荷，如给水泵润滑油泵、锅炉空气预热器等。

（2）发电机停机过程中或停机后仍须运转的设备，如润滑油泵、顶轴油泵、盘车电机、密封油泵等。

（3）蓄电池组的充电设备。

（4）其他与运行有关的设备，如交流事故照明、电梯电源、部分热工电源等。

保安段接线及运行方式如图 1-5 所示，该单元机组保安段共有三段，即保安 1 段、保安 2 段、保安备用段。保安 1、2 段的工作电源取自厂用 380V 1、2 段，备用电源取自保安备用段。保安备用段有两路电源供电，一路取自与本机组无关的其他供电单元，另一路取自柴油发电机。

保安段正常运行时由厂用 380V 段供电，当工作电源因故跳闸时，备用电源立即投入运行，以保证供电可靠性。

保安备用段正常运行时由本机外的其他单元供电，当该电源有问题不能投入时，柴油发电机立即启动，向保安段供电。

第三节　各级电压系统中性点接地方式

一、电力系统中性点接地方式概述

电力系统中性点是指电力系统中星形连接的发电机或变压器的中性点。中性点运行方式主要有三种，即直接接地方式、不接地方式和经消弧线圈、中电阻或电感补偿并联高电阻的接地方式。

在中性点直接接地系统中，一旦发生单相接地故障，接地故障电流会很大，保护将立即作用于跳闸，断开故障设备，因此其供电可靠性比较差。这种接地方式的好处在于，一相接地时非故障相电压不会升高到线电压，系统中所有设备的绝缘可以按照相电压来设计，节约设备造价。这一点对高电压系统非常重要，所以 110kV 及以上系统通常采用中性点直接接地运行方式。

中性点不接地系统正好相反，发生单相接地故障时，流过故障点的电流为较小的电容性电流，且三相线电压仍基本平衡，当系统的单相接地电容电流小于 10A 时，一般允许继续运行，为处理故障争取了时间，相应地提高了供电可靠性，所以这种运行方式广泛应用于 35kV 以下电网系统。至于因此引起的绝缘造价提高，对这些电压较低的系统已经不是什么重要问题。

在中性点不接地系统中，若单相接地电容电流大于 10A 时，接地处的电弧（非金属性接地）不易自动消除，将产生较高的电弧接地过电压（可达额定相电压幅值的 3.5 倍），并容易发展为多相短路，对于发电机来说，电弧还可能灼伤铁芯，因此接地保护应动作于跳闸。所以，当单相接地电容电流小于 10A 时，可采用高电阻接地方式，也可采用不接地方式，而当接地电容电流大于 10A 时，可采用中电阻接地方式，也可采用电感补偿（消弧线圈）或电感补偿并联高电阻的接地方式。目前电厂的高压厂用电系统多采用中性点经电阻接地的方式，而发电机多采用中性点经二次侧为接地电阻的单相接地变压器接地。

二、发电厂各级电压系统中性点接地方式

中性点接地方式的选择要根据机组参数、系统参数、电压等级、运行可靠等参数来确定。一般情况下，发电厂各级系统中性点接地方式如下：

（1）500kV 主变压器及启动/备用变压器高压侧中性点为直接接地。

（2）220kV、110kV 系统中性点要根据调度要求选择接地方式。

（3）高压厂用配电系统为中性点不接地或经中阻接地。

（4）主厂房低压厂用配电系统为中性点不接地或经高阻接地，但为了方便 220V 电压的引接，主厂房厂用配电系统也有选用中性点直接接地的。

（5）保安段为中性点不接地，交流事故照明一般通过隔离变压器接在保安段，由中性点不接地方式变为中性点接地方式。

（6）外围及公用低压配电系统一般为中性点直接接地方式。

（7）发电机中性点一般经过消弧电抗器接地，或经二次侧接单相接地变压器接地，以减少接地故障电流对定子铁芯的损害和抑制故障，暂态电压不超过额定相电压的 2.6 倍。

第二章

350MW 汽轮发电机结构及其附属设备

第一节　350MW 汽轮发电机主要参数

以某厂的 QFSN-350-2 型汽轮发电机为例，表 2-1 列出了该型汽轮发电机的主要技术数据，表 2-2 列出了该型汽轮发电机的设计参数。

表 2-1　　　　　　　　　　350MW 汽轮发电机主要技术数据（额定数据）

型号	QFSN-350-2	型号	QFSN-350-2
额定容量	412MVA	定子铁芯长度 L_i	5130mm
额定功率	350MW	气隙（单边）g	75mm
最大连续出力	372.1MW	定子总质量	247t
额定功率因数	0.85	转子质量	53t
额定电压	20kV	转子外径 D_2	1100mm
额定电流	11 887A	转子本体有效长度	5080mm
额定转速	3000r/min	转子运输长度 L_2	11 700mm
额定频率	50Hz	护环直径 D_k	1190mm
相数	3	护环长度 L_k	762mm
定子接法	Y-Y	集电环外径	380mm
冷却方式	水氢氢	定子绕组绝缘等级	F
额定工作氢压	0.41MPa	定子铁芯绝缘等级	F
短路比	0.513	转子绕组绝缘等级	F
效率	98.95%	噪声	<88dB
定子槽数	54	端部绕组固有振频率合格范围	$f_z<94Hz$，$f_z>115Hz$
并联支路数	2	发电机转向	汽侧看顺时针方向
极数	2	定子中性点接地方式	中性点经接地变压器高阻接地
转子槽数	32	励磁方式	自并励静态励磁
定子电流密度 J	5.73A/mm^2	额定励磁电压	340V
定子线负荷 A_{st}	8.92A/cm	额定励磁电流	2830A
定子铁芯外径 D_a	2500mm	氢气纯度	≥98%
定子铁芯内径 D_i	1250mm	氢气湿度（露点）	−5～−25℃

续表

型号	QFSN-350-2	型号	QFSN-350-2
定子绕组冷却水流量	55m³/h	氢气冷却器进水温度	≤38℃
定子绕组冷却水进口水温度	40～50℃	发电机进风温度	≤46℃
定子绕组出水温度	≤85℃	发电机内部充气容积	68.8m³
冷却水进水导电率	0.5～1.5μS/cm	密封油压高于氢压	84kPa
pH值	7～9	氢气冷却器用水量（4个）	440t/h
定子冷却水压力	0.15～0.2MPa	发电机漏氢量	≤10m³/d

表 2-2 QFSN-350-2 汽轮发电机设计参数

名称	单位	设计值	试验值	保证值
定子每相直流电阻（75℃）	Ω	2.62×10^{-3}		
转子线圈直流电阻（75℃）	Ω	0.114 5	0.116 3	
定子每相对地电容				
A 相	μF	0.209	0.188	
B 相	μF	0.209	0.188	
C 相	μF	0.209	0.188	
转子线圈自感	L	0.857		
直轴同步电抗 X_d	%	210	207	
横轴同步电抗 X_q	%	205		
直轴瞬变电抗（不饱和值）X'_{du}	%	26.5	26.0	
直轴瞬变电抗（饱和值）X'_d	%	23.4		
横轴瞬变电抗（不饱和值）X'_{qu}	%	42.2		
横轴瞬变电抗（饱和值）X'_q	%	37.2		
直轴超瞬变电抗（不饱和值）X''_{du}	%	20.1	19.6	
直轴超瞬变电抗（饱和值）X''_d	%	18.5		
横轴超瞬变电抗（不饱和值）X''_{qu}	%	19.8		
横轴超瞬变电抗（饱和值）X''_q	%	18.2		
负序电抗（不饱和值）X_{2u}	%	19.9	20.2	
负序电抗（饱和值）X_2	%	18.3		
零序电抗（不饱和值）X_{ou}	%	9.12	8.94	
零序电抗（饱和值）X_o	%	8.67		
直轴开路瞬变时间常数 T'_{do}	s	8.6	8.15	
横轴开路瞬变时间常数 T'_{qo}	s	0.956		
直轴短路瞬变时间常数 T'_d	s	0.965	0.91	
横轴短路瞬变时间常数 T'_q	s	0.184		
直轴开路超瞬变时间常数 T''_{do}	s	0.044	0.044	
横轴开路超瞬变时间常数 T''_{qo}	s	0.074		
直轴短路超瞬变时间常数 T''_d	s	0.035	0.041	
横轴短路超瞬变时间常数 T''_q	s	0.035		
灭磁时间常数 T_{dm}	s	3.0		
短路比 SCR		0.513		0.5
稳态负序电流 I_2	%	10		10

名称	单位	设计值	试验值	保证值
暂态负序电流 I_2^2t	s	10		10
失磁异步运行能力	MW/min	按 GB/7064		
进相运行能力（$\cos\Phi=0.95$ 超前）	MW	350		
进相运行时间	h	长期		
电话谐波因数 THF	%			≤1.5
电压波形正弦畸变率 K_u	%			≤5
三相短路稳态电流	%	147		
暂态短路电流有效（交流分量）				
相-中性点	%	670		
相-相	%	467		
三相	%	480		
次暂态短路电流有效值（交流分量）				
相-中性点	%	724		
相-相	%	516		
三相	%	594		
三相短路最大电流（直流分量峰值）	%	1130		
噪声	dB（A）			≤88
调峰能力		10 000 次		
发电机使用寿命	年	30		

第二节　350MW 汽轮发电机基本结构

某厂 QFSN-350-2 型汽轮发电机的型号含义：Q—汽轮机，F—发电机，S—水内冷，N—氢内冷，350—额定功率（350MW），2—两个磁极。

该型发电机总体结构为密封式，分为转子和定子两大部分。QFSN-350-2 型汽轮发电机采用的是水—氢—氢冷却方式，即发电机采用定子绕组水内冷、转子绕组氢内冷、定子铁芯及其结构件为氢气表面冷却。

一、总体结构

QFSN-350-2 发电机为隐极式同步发电机。主要由定子、转子、轴瓦及端盖、氢气冷却器、油密封装置、风扇及滑环、刷架、隔音罩等部件组成，见图 2-1。

该型发电机具有以下特点：

（1）改进了发电机的装配结构，减小了外形尺寸，便于检修和运输。

（2）铁芯背部装有组合卧式弹性定位筋结构，机座与铁芯连接采用弹簧板，减少机组振动，见图 2-2。

（3）改进了定子线棒的固定方式，减小了线棒振动和磨损。

1）定子线棒在槽内固定，采用了适形材料及尼龙水笼带并通热空气进行加温固化，在槽楔下增加波纹板，在扩大槽处充填半导体楔块，端部线圈采用绑绳、T 形压板结构，使端

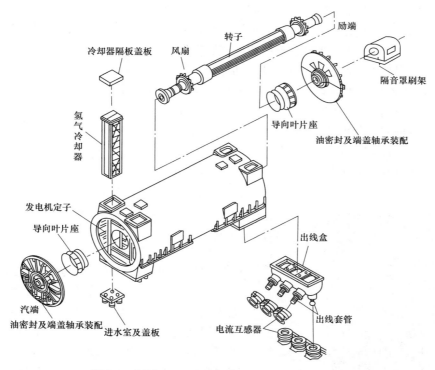

图 2-1 QFSN-350-2型汽轮发电机主要部件示意

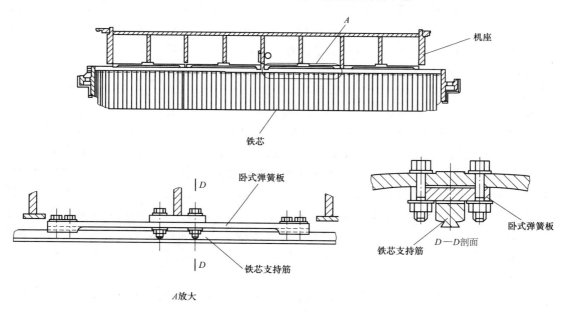

图 2-2 弹簧板式隔振系统结构图

部线圈加固后成为一体。

2）定子端部线圈支架采用弹性结构，增加滑移层。这样端部线圈在机组运行中，只能轴向伸缩，不能径向移动。

（4）定子端部线圈在压板与压板之间，增加了三道绑绳。

（5）定子端部引线采用圆铜管，上下层引线，错开半个节距以增加放电距离。

（6）出线为两路并联，通过过渡引线连接到套管上，安装方便。

（7）改进了转子线圈的进风方式及滑动配合，减小了线圈变形。

（8）发电机增加了风区隔板，防止冷热风混流，提高了通风效果。

（9）在两端压指处，增加风区隔板，防止端部漏风。

（10）采取防止端部漏磁措施，提高了进相能力。

（11）在定子压圈外侧，增加铜屏蔽，防止端部过热。

（12）转子强化了阻尼措施，提高了运行中承担负序能力。

二、定子结构

图 2-3　QFSN-350-2 型汽轮发电机内部实物

QFSN-350-2 型汽轮发电机内部实物如图 2-3 所示。

1. 机座和出线盒

用氢冷却的发电机的机座必须考虑到万一发生爆炸时的安全性。虽然氢既不自燃也不助燃，但当氢气与空气混合则极易发生爆炸，其爆炸的强烈程度与两种气体混合比的关系接近正弦曲线。当氢气含量分别为 5% 及 70% 时，爆炸强度趋于零，在此两者中间的比例时则达到最强烈程度。

把机座设计成耐爆型压力容器，就是指机座应能承受 0.01～0.02MPa 表压下氢气和空气混合体的最强烈的爆炸。这类爆炸不得损伤电机外部的人员、器材和厂房。这种事故只在气体置换过程中出现误操作的情况下才可能发生。正常运行时氢压远大于大气压，空气是不可能直接进入发电机内部的。

机座用优质中厚钢板及锅炉钢板冷作装焊而成，气密性焊缝均通过焊缝气密试验的考核。耐爆性能是用水压试验来验证的。每个机座都要经过 1MPa 水压循环试验和 0.3～0.4MPa 气密试验的严格考核，同时在水压循环试验的过程中亦消除了焊接的残余应力。因此氢冷发电机的运行是十分安全的，除非发生转轴上的密封瓦钨金熔化或密封油供应突然中断的意外事故。但设备及操作规程都有十分明确的措施，足以防止发生这种恶性事故。出线盒外形像长筒形压力容器，由不锈钢板装焊而成，既耐爆又有足够的刚度安全地支撑着定子出线瓷套管及套装在套管外的电流互感器，每个出线盒也要通过水压及气密试验的严格考核。不锈钢板具有反磁性，故大大减少了主出线导电杆上大电流在其周围的钢板上所产生的涡流损耗。

出线盒与机座之间的大平面结合面上开有 T 形密封槽。先将液态密封胶加压注入密封槽，必要时再用硅橡胶封顶，可以有效地杜绝氢从结合面的缝隙中渗漏出来。

机座内部为适应通风冷却的需要，设置轴向和径向多路通风的风区。机座沿轴向设置卧式弹簧板，构成机座与铁芯间的弹性支撑结构，以减少发电机运行时由定、转子铁芯间的磁拉力在定子铁芯中产生的倍频振动对机座的影响，使铁芯传到机座和基础上的倍频振动减到最小。机座底部设有排污孔道和用以连接氢、油、水控制系统的法兰接口。

2. 定子铁芯

定子铁芯采用 0.5mm 厚扇形低耗无方向性的冷轧硅钢片叠装，并经冷态和热态加压、装叠而成。扇形硅钢片的两侧表面涂有 F 级环氧绝缘漆。

定子铁芯轴向用反磁支持筋螺杆并通过整体铸钢压圈将铁芯压紧。在端部压圈外侧装有铜屏蔽，在压圈内侧装有磁屏蔽，这样的屏蔽结构使发电机具有较低的杂散损耗，故结构件运行温度较低，并能满足进相运行的要求。定子铁芯通过 18 根定位筋固定，铁芯两端由无磁性压指及压圈紧固成整体，以确保铁芯紧密。定位筋通过四条卧式弹簧板靠定位销固定在机座的隔板上。定子铁芯沿轴向分成 64 段，每段铁芯间的径向通风宽度为 8mm。在两端压圈外侧装有铜屏蔽，利用其中的涡流反应来阻止磁通进入屏蔽罩，以减少端部结构发热，满足了电机进相运行要求。铜屏蔽与压圈之间有通风道，便于铜屏蔽冷却。定子铁芯装配图见图 2-4。

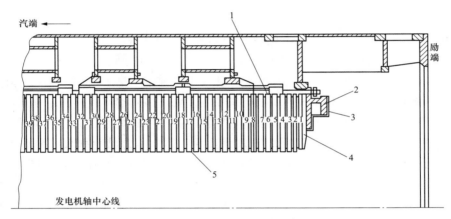

图 2-4　QFSN-350-2 型汽轮发电机定子铁芯装配图

1—定位筋；2—压圈；3—铜屏蔽；4—压指；5—通风沟

3. 定子绕组

发电机定子绕组数据：定子槽数 $Z_1 = 54$，极数 $2P = 2$，并联支路数 $2a = 2$。绕组接法 YY，每极每相槽数 $q = 9$，每槽有效导体数 $S_n = 2$。定子绕组为水内冷，线棒的股线是空心的。但考虑到这种空心股线的高度会增大、涡流损耗增加，而采取了由实心股线和空心股线交错组成，其中 1 空 4 实为一组结构，每个线棒由 6 组组成，高方向三组两排，见图 2-5。棒在槽内股线进行 540° 罗贝尔换位以减少附加损耗，见图 2-6。在换位处垫 0.9mm 厚环氧玻璃多胶粉云母板。主绝缘采用玻璃云母带连续包缠模压形成，单边绝缘厚：槽部 5.65mm，端部 5.75mm，

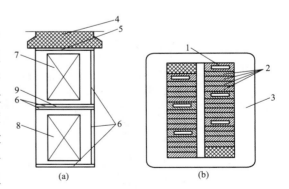

图 2-5　QFSN-350-2 型机定子槽及其嵌线

（a）线棒断面；（b）定子槽嵌线

1—空心导线；2—实心导线；3—环氧粉云母带绝缘；

4—槽楔；5—弹性波纹板；6—半导体玻璃板；

7—上层线棒；8—下层线棒；9—适形材料

线棒表面防晕层结构对消除定子绕组的电晕放电现象效果良好。

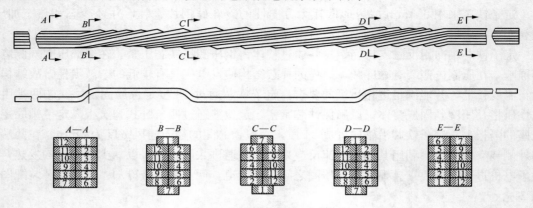

图 2-6　定子槽内线股 540°换位

绕组槽内部分采用上、下层线棒间放有中温固化适形材料固定，以使相互保持良好接触，紧固可靠，防止机械磨损和电腐蚀。为了使上、下层线棒间的适形材料与线棒紧密结合，在下完线后用尼龙带通氮气进行压形和固化。下线前定子槽内喷 9210 半导体漆。

定子端部线棒的固定，对于大容量发电机特别重要。因其端部线棒伸出较长，当发电机突然短路时，冲击电流的电磁力很大，会造成线棒击穿、相间短路、引起线棒以双倍工作频率在槽内振动。正常运行状态的上层线棒整个长度上的电磁力已经很大，突然短路时会更大，这是不可忽视的问题。为此采用端部加固结构，支架绑环压板结构，见图 2-7。为适应机组调峰需要，支架通过弹簧板与压圈固定，形成定子端部能沿轴向伸缩的挠性结构。所以，安装支架和绑环时既要保证 18 个支架与铁芯同心，又要保证 18 个支架间隔相等并向心。这可以通过支架样板和向心样板来保证。上、下层线棒间，下层线棒与支架及绑环间，

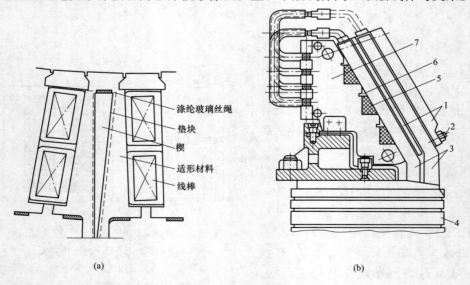

图 2-7　定子端部绕组示意图
(a) 定子绕组出槽口处线棒固定；(b) QFSN-350-2 型机励端定子绕组端部固定
1—环氧玻璃布连接片；2—反磁螺杆；3—定子端部绕组；4—定子铁芯；5—绝缘端环；6—挡板；7—支架板

上层线棒与压板之间均垫有适形材料，使端部线棒成为一体，防止运行中线棒磨损。绕组端部的伸缩靠L形反磁弹簧板和聚四氟乙烯滑移层来实现，端部绕组的金属紧固件均采用非磁性材料。

4. 全铜屏蔽环

全铜屏蔽环为双"T"形整体式，由紫铜板模压而成，其厚度大于磁通透入的深度，可有效地减小定子端部的附加损耗。在铜屏蔽环与铁芯压圈间留有间隙，供冷却氢气通过。铜屏蔽环与压圈间在电气上为短路连接，两者垫以铜垫，并利用定子线圈端部绝缘支架的固定螺钉将两者结合，绝缘支架固定螺钉本身则对地绝缘，以避免环流通过时引起螺钉发热而松动。

5. 主引线

定子绕组经主引线及绝缘瓷套端子引出至出线盒外部，相组连接线、主引线、中性点引线及出线瓷套端子均采用水内部直接冷却。

定子出线盒采用非磁性钢焊接而成，装配在定子机座励端底部，与机座形成统一的密封整体，定子引线由紫铜管弯制而成。

该发电机共有6个出线端子，其中在出线盒底部下垂的3个为主出线。另外，斜70°角的3个为中性点，其瓷套端子内部采用紫铜波纹管钎焊密封，由非磁性钢弹簧压紧密封垫片。当发电机输出功率和机体温度发生变化时，也能保证密封良好。

定子绕组相组连接线、主引线采用可靠的固定结构，因此在事故状态巨大电磁力的作用下，不产生有害变形或位移。

发电机定子出线端采用套管式电流互感器，安装方式为套在出线瓷套端子外周并用螺栓固定在出线盒上。固定互感器的螺栓及其结构件均采用非磁性材料。发电机主出线与三相封闭母线连接。中性点通过母线板短路，然后用中性点外罩封好并通过中性点接地变压器接地。

三、转子结构

转子由转子铁芯、励磁绕组、护环、中心环等部件组成。

由于汽轮发电机转速高达3000r/min，当转子直径为1m时，转子圆周的线速度就达170m/s，因此，离心力十分巨大。受转子材料的限制，一般转子直径在1.2m以下，为增大电机容量，就只能增加转子长度，所以，汽轮发电机成为一个细长的圆柱体，如图2-8所示。

1. 转子铁芯

转子铁芯是电机主磁路的一部分，由整块的高强度高导磁性合金钢锻造而成，并把转子铁芯和转轴锻铸成一整体。轴有中心孔，供检查锻件质量及装导电杆用，本体开有轴向槽32个，以供嵌线用，大齿上开有8个阻尼槽。在本体磁极表面沿轴向均匀地开有横向槽，以平衡本体两个方向的刚变，降低倍频振动，见图2-9。

2. 转子绕组

转子采用同心式绕组，每匝线由两股铜排组成，槽内部分为中间铣双排孔构成斜流式气隙取气冷却风道，见图2-10。端部铜排铣成凹形，两个凹形铜排彼此对合形成一根空心导体，并与槽内部分的斜向风道相通。绕组的匝间绝缘采用环氧玻璃布板黏接到铜线上的结构，匝间绝缘上开有与铜线对应的双排通风孔。转子绕组槽内部分用开有风斗的铝合金槽楔

17

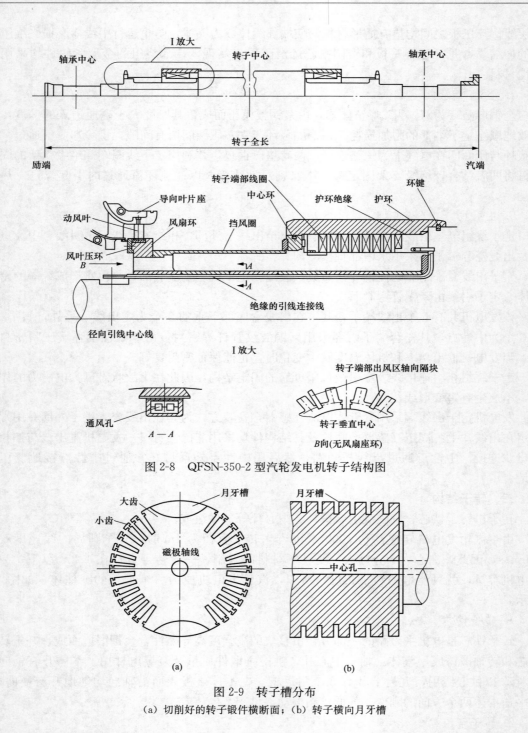

图 2-8 QFSN-350-2 型汽轮发电机转子结构图

图 2-9 转子槽分布

（a）切削好的转子锻件横断面；（b）转子横向月牙槽

固定，槽楔上的风斗通风孔，在进风区为迎风方向，在出风区为背风方向，以形成通过斜流孔道气体的流动压头。槽部楔下垫条与铜线的接触面粘有滑移层，在负荷变化而转子导体伸缩时可以自由滑动，以适应调峰工况运行。

转子绕组绝缘分为匝间绝缘、槽绝缘、垫及护环绝缘。转子绕组两端正常时的励磁电压并不高，但在不正常时也可能出现较高的操作过电压。绝缘材料受到机械应力和热应力同时作用，因此转子的绝缘材料也应具有高的机械强度、耐热性和耐电强度。该型发电机的阻尼系统由以下三部分组成：①铝合金槽楔下部加镀银铜连接头端头，槽楔用铝青铜且与转子紧配；②护环下加镀银质梳齿阻尼环；③大齿镶有阻尼绕组。

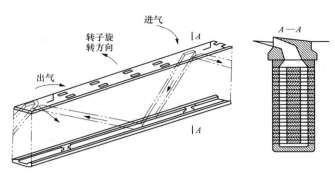

图 2-10 转子绕组槽内部分风路示意图
（槽楔一个风头供两路风）

在正常稳态运行时阻尼绕组不发挥作用，而在负荷不平衡或电机发生振荡时，阻尼绕组中感应电流对负序电流会起屏蔽作用，从而减弱负序磁场引起的杂散损耗，降低转子发热并使振荡衰减。为使负序电流易于通过转子表面，各槽楔接缝处下部均有镀银铜块，使槽楔构成良好电流通路，强化阻尼系统主要用于提高发电机本身的负序承载能力。

3. 护环和中心环

转子绕组两端的端部外面套有钢环，称为护环。护环的作用是承受转子绕组在高速旋转时产生的离心力，保护绕组端部不致沿径向发生位移、变形和偏心。护环的一端套在转子本体端部。当转子升速时，护环的配合公盈会减小。当达到规定的超速时，转子本体与护环之间仍存在足够的公盈。为了防止护环相对转子本体有轴向移动，在护环与转子本体配合处装有开口环键。环键开口处装有搭子，用以在拆、装护环时收拢或张开环键。护环的另一端与中心环热装配合。该型发电机采用悬挂式中心环，见图 2-11。

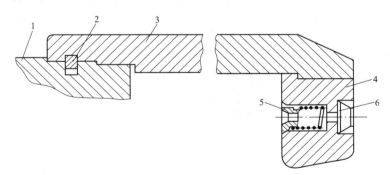

图 2-11 悬式护环装配部位图
1—转子体端部；2—开口环键；3—护环；4—中心环；5—弹簧压环；6—平衡块

中心环对护环起固定、支持及与转轴同心的作用，也有防止端部绕组轴向位移的作用，一般采用铬锰磁性锻钢。

4. 引线及集电环

转子引线是指转子绕组与集电环间的连接线，共有正、负线各一条，横截面呈半圆形，埋设在轴中心孔内。它是励磁电流经集电环进入转子绕组的唯一连接。图 2-12 为引线与转子绕组连接，图 2-13 为引线与集电环之间的连接。由于引线一端通转子绕组，有氢压，另一端通集电环，即大气，故引线从中心孔走有利于氢气密封，且每根导电杆两端均带有绝缘和密封圈的铍铜螺钉固定在轴上。每个螺钉上有两个橡胶密封圈，对电机内外起着良好的密封作用。

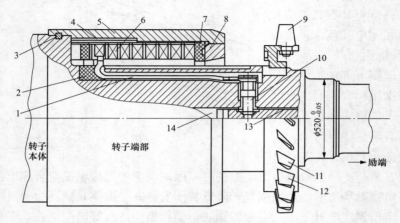

图 2-12　引线与转子端部绕组的连接

1—引线；2—引线绝缘；3—环健；4—阻尼疏齿片；5—护环；6—端部连线；7—绝缘体；
8—中心环；9—扇叶；10—引线螺杆；11—扇叶；12—扇环；13—导电杆；14—中心孔

集电环分为正、负两个环，装于发电机励磁机侧的轴承外侧。其材料除要求有足够的机械强度外，还要求耐磨。因而，它是用合金锻钢制成，其表面还要进行硬度处理，深度达3mm。集电环一般用热套方法（一般先加温到 250～300℃）套在轴上的绝缘套筒上。

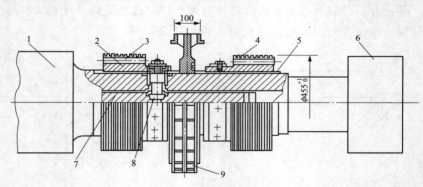

图 2-13　引线与转子集电环的连接

1—转子轴；2—集电环；3—通风孔；4—螺旋沟；5—绝缘套筒；
6—励端联轴器；7—导电杆；8—导电螺杆；9—风扇

四、轴承与端盖

该型发电机采用端盖式轴承，椭圆形轴瓦，端盖采用优质钢板焊接结构，具有足够的强度、刚度和气密性。上半端盖设有观察孔，下半端盖设有较大的回油腔，使密封回油极为通畅，以防止向机内漏油。轴瓦与轴瓦间为球面接触的自调心结构。为了防止轴电流流经轴颈，支撑轴瓦球面的瓦套及轴承定位销钉均与端盖绝缘，见图 2-14。

轴承起支撑转子的作用，置于端盖内，它由轴承座和轴瓦两部分组成。由于轴承采用了运行稳定的椭圆形轴瓦，轴承靠轴承座上的两个球面支撑块支撑，形成不连续球面接触，能更好地保证调心作用，使轴瓦与轴接触更好。上半轴承盖上设置有测量轴颈振动的装置，下半端盖的下部设有轴承和油密封系统连接管口。

为防止轴电流流经两轴承，在发电机两端的下述部位加绝缘：密封座与端盖之间、油密封轴承进出油管和外部管道之间、轴承油档与端盖之间。

五、发电机的通风系统

发电机采用径向多流式通风系统，汽、励两端的风路对称。冷却氢气依靠转子上的两只单级轴流式风扇进入后，分成四路：第一路经机座上的进风管进入铁芯的各进风区，冷却

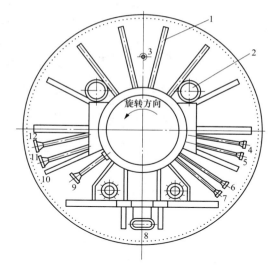

图 2-14　QFSN-350-2 型发电机端盖（励端）
1—中强筋；2—入孔；3—温度计接口；4—油密封氢侧进口；
5—油密封氢侧差压表；6—油密封氢侧进口；7—轴承油进口；
8—发电机轴承回油；9—分离箱排气接口；10—油密封空侧排油；
11—油密封空侧差压表；12—油密封空侧压力表

铁芯后经机座上的出风管道汇集于氢气冷却器进行热交换，然后沿外端盖之间的风道，返回风扇并完成循环；第二路氢气的大部分，通过边端铁芯径向气隙隔板与护环外圆间的空隙，进入铁芯端部段出风区与定子铁芯风路相汇合，小部分直接进入齿压片及边端铁芯风道，冷却边端铁芯风道，冷却边端铁芯后与定子氢气相汇合并完成循环；第三路氢气自铜屏蔽环外圆周，进入铜屏蔽环与铁芯压圈间的空隙，冷却铜屏蔽和铁芯压圈，并沿径向汇集于各相应的齿压片通道，再经齿压片风道与定子铁芯出风区氢气相汇合，并完成循环；第四路冷却氢气自中心环与轴柄间的通风道进入转子绕组端部风区，冷却转子绕组端部后进入气隙相应的定子铁芯端部出风区，并完成循环。

1. 定子铁芯的风路

发电机的定子铁芯采取径向通风方式，运行中氢气的流向如图 2-15 所示。

铁芯沿轴向交替地分成 9 个风区：4 个冷风区，用 C 表示，5 个热风区，用 H 表示。热风经过氢冷却器后，其热量被冷却水带走变成冷风从风扇进入定子各冷风区（C），再沿定子铁芯外圆四周径向内圆进入气隙，这一区域刚好是由转子的进风斗将风兜入转子再斜流到相邻的出风斗，经过气隙又径向地从铁芯段间的风道流到热风区（H），然后再经定子机座外圆的内道汇集流向发电机两端的氢气冷却器。

2. 转子风路

转子通风采取气隙取气斜流式。转子和定子一样也分为 9 个风区：4 个进风区，5 个出风区，与定子的进风区一一对应，见图 2-15。转子气隙取气方式见图 2-10，旋转时由于转子表面的进风斗对气隙气流的相对运动形成正压，出风斗附近为负压，形成氢气在转子导体槽内流动的压力源。转子绕组端部通风结构见图 2-16，整个转子的进、出风路见图 2-17。

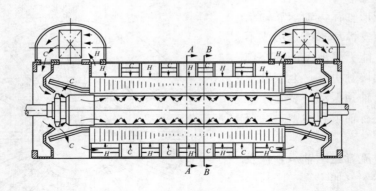

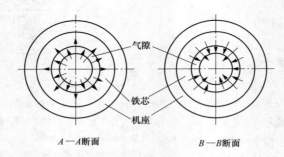

图 2-15　定子铁芯和转子通风的对应关系

C—冷风区；H—热风区

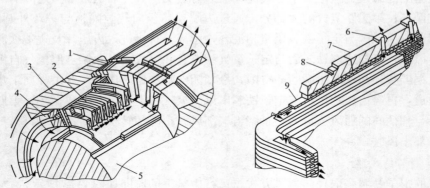

图 2-16　发电机转子绕组端部通风结构

1—环键；2—转子端部线圈；3—护环；4—中心环；5—转子本体；
6—出风斗；7—槽楔；8—环键键槽；9—楔下垫条

六、氢气冷却器

氢气冷却器是通过水和氢气的热交换带走发电机的部分损耗，见图 2-18。主要由绕片式铜冷却管和两端水箱组成。冷却器可横置于发电机顶部，采用汽、励端各一组的布置方式，亦可垂直置于发电机机座内四角，见图 2-19。

冷却器的外罩为可拆装式结构，减轻发电机定子的运输质量，同时减小了发电机定子外形尺寸。每组冷却器由两个冷却器组成，水路为各自独立的并联系统。当停运一个冷却器时，尚可维持发电机组 80% 的额定负荷运行。

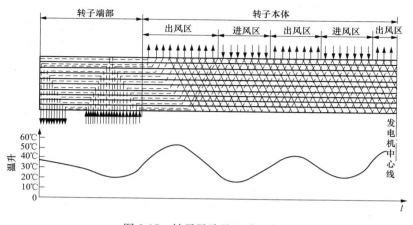

图 2-17　转子风路及温升示意图

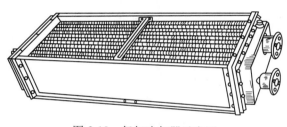

图 2-18　氢气冷却器示意图

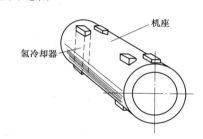

图 2-19　氢冷却器在机座内垂直布置方式

第三节　发电机密封油系统

汽轮发电机转轴和端盖之间的密封装置叫轴封，它的作用是防止外界气体进入电机内部或阻止氢气从机内漏出，以保证电机内部气体的纯度和压力不变。氢冷发电机都采用油封，为此需要一套供油系统称为密封油系统。

采用油进行密封的原理是，在高速旋转的轴与静止的密封瓦之间注入一连续的油流，形成一层油膜来封住气体，使机内的氢气不外泄，外面的空气不能侵入机内。为此，油压必须高于氢压，才能维持连续的油膜，一般只要使密封油压比机内氢压高出 0.015MPa 就可以封住氢气。实际运行中高于 0.015MPa，具体数值要按照发电机生产厂家的技术要求来确定。

为了防止轴电流破坏油膜、烧伤密封瓦并减少定子漏磁通在轴封装置内产生附加损耗，轴封装置与端盖和外部油管法兰盘接触处都需加绝缘垫片。目前应用的油密封结构足以使机内氢压达 0.40~0.60MPa。

油密封从结构上可分为盘式和环式两种。盘式密封结构复杂，制造、安装和调整难度较大，发生故障概率较多，所以近年来的发电机基本上不采取盘式密封瓦，特别是大型机组基本上采用环式密封瓦。环式密封瓦瓦体结构简单，制造安装和调试较方便，运行可靠，故障概率较低。

环式油密封常用的主要有单流环式、双流环式和三流环式三种。其中单流环式、双流环式为最常用的，每一种又有不同的具体结构。

一、单流环式密封系统

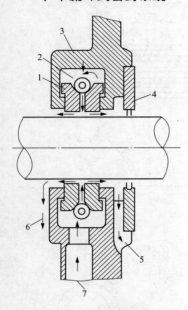

图 2-20　单流环式密封装置
1—密封瓦；2—自紧弹簧；3—瓦座；
4—挡油板；5—氢侧回油；
6—空侧回油；7—进油

单流环式密封装置如图 2-20 所示。轴封系统为环型，每个轴封装置的密封瓦含有各为四段（扇形）的两个环。环的内径比转轴的直径大百分之几毫米。每段由自紧弹簧径向固定。自紧弹簧的作用是轴向把两排环分开。环的四段可径向扩大，但顶部有制动件防止环转动。压力油进入两环之间后分为两路，一路流向机外空气侧，另一路流向氢气侧。电机转轴和密封瓦间的间隙中产生油膜，防止机内氢气沿该轴外泄，并防止机外空气沿该轴进入机内影响氢气纯度。

单流环式密封油系统如图 2-21 所示。密封油从真空油箱经两台 100％ 互为备用的主密封油泵，经冷油器进入自动压差调节阀，使油压高于氢压 0.050MPa，然后通过滤网分别向发电机两侧的密封瓦进油。密封瓦排油有氢侧排油和空气侧排油两路。

氢侧排油与氢气接触，吸收氢气达到饱和，进入密封回油扩大箱（又称氢气分离箱或油气分离箱）进行油氢分离，析出的氢气可沿扩大箱的进油管回到发电机内，仍含氢的油再通过浮子阀流入回油母管。密封瓦空气侧回油与部分轴承润滑油混合后，进入空气析出箱，被析出的空气通过排气管排到外面，油流入回油母管。

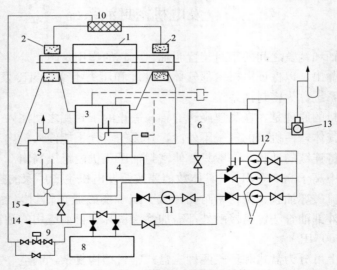

图 2-21　单流环式密封油系统
1—转子；2—密封瓦；3—氢侧回油扩大箱；4—浮子阀；5—空气析出箱；6—真空油箱；7—主密封油泵；
8—冷油器；9—自动压差调节阀；10—滤网；11—事故油泵；
12—再循环油泵；13—真空泵；14—轴承油总管；15—去轴承油箱

从浮子阀和空气析出箱汇入回油母管后进入真空油箱喷雾脱气。真空油箱由一台真空泵将析出的氢气和空气排至大气。

氢侧回油扩大箱中间隔开分成两个间隔，通过底下的一段U形管将两间隔再连通，其目的是：当发电机两端的轴流风机之间产生压差时，防止油气通过扩大箱和发电机两端之间在电机内循环。扩大箱的油经浮子阀输出主要是，保证当油经扩大箱输出时不允许氢气通过空气析出箱进入轴承油排泄口，特别是在扩大箱内油位过低的时候。

这个密封油系统共有两台互为备用的主密封油泵、一台直流应急（事故）油泵和一台为真空油箱析出油中气体（空气和氢气）用的再循环油泵四台油泵。

当交流电源失电时，真空泵停机，应急油泵启动。由轴承油总管和密封回油通过应急油泵供给密封油，此时应通过氢侧回油扩大箱及浮子阀油箱上部的排气管排析出的氢气。

与其他环式密封相比，单流环式密封的氢侧回油量较大，溶于油中被带走的氢气也较多，因此必须设置真空净油装置才能保证供给极少含气的密封油，以免影响密封油膜的连续性。

二、双流环式密封系统

双流环式密封装置的结构如图2-22所示。

密封瓦为双流环式结构，有两股压力油分别进入瓦中的两道环形油腔5、6，一路经瓦与轴颈间的间隙轴向流至空侧，另一路由另一腔室经瓦与轴颈间的间隙轴向流至氢侧。如果两股压力油相等，则两个环形油腔之间的间隙无油流，两股油各自成回路。此外，还有一股压力油进至空侧密封瓦侧面，对密封瓦产生轴向推力以平衡氢侧密封瓦的轴向推力。

双流环式密封油系统如图2-23所示，这种密封油系统的特点是：

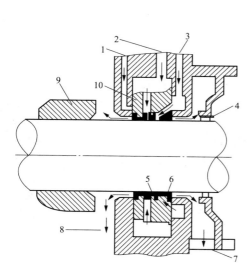

图2-22　双流环式密封装置

1—密封瓦推力油；2—空侧密封油；3—氢侧密封油；
4—迷宫油挡；5—空侧环行油腔；6—氢侧环行油腔；
7—氢侧密封油回油；8—空侧密封油回油；
9—轴承；10—密封瓦

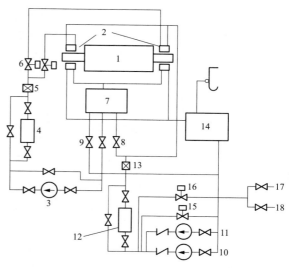

图2-23　双流环式密封油系统

1—发电机转子；2—密封瓦；3—氢侧密封油泵；
4—氢侧冷油器；5—氢侧滤网；6—压力平衡阀；
7—氢侧回油箱；8—油位低补油浮球阀；9—油位高放油
浮球阀；10—空侧密封油泵；11—空侧直流备用密封油泵；
12—空侧冷油器；13—空侧滤网；14—空侧回油箱；
15—压差调节阀；16—备用压差调节阀；17—来自汽轮机
同轴主油泵出口；18—来自汽轮机主油箱上交流备用密封油泵

1）有两个独立的油路系统，即氢侧与空侧的油系统彼此相对独立。氢侧油由氢侧密封油泵经冷油器、滤网、压力平衡阀、密封瓦氢侧油道流入氢侧回油箱，再至氢侧密封油泵。而空侧油路，则由空侧密封油泵（两台）、冷油器、滤网、压差调节阀、密封瓦氢侧油道，在空侧与轴承润滑油混合后流入空侧回油箱经油气分离后，再至空侧密封油泵。

2）为保证密封油压大于机内氢压以封住氢气，其差值应满足发电机厂家要求的技术数据，由压差调节阀来完成。压差调节阀是一个装设在空侧密封油泵出口处的旁路阀，利用压差控制调节旁路流量可改变油泵出口油压，以达到所要求的压差。

3）为了保持氢侧与空侧密封油压相等，在氢侧密封油进口处装有压力平衡阀，用于调节氢侧油压跟踪空侧油压，其调整精度可达±0.50kPa。

4）氢侧只设一台油泵，当氢侧油泵故障时，能自动成为单流环式运行，仍能封住氢气。但空侧密封油必须保证供给，且油压必须高于氢压，本系统有三个备用油源。第一备用油源来自汽轮机同轴主泵出口经减压后提供的油路，当油对氢的压差小于0.056MPa时起动，通过备用压差调节阀进入空侧密封油系统。第二备用油源来自汽轮机主油箱上交流备用密封油泵，定值与第一备用油源相同，当汽轮机起动前后转速未达到其轴上的主油泵出油时使用。第三备用油源为直流电机拖动的空侧备用直流密封油泵，当油对氢的压差降到0.035MPa时起动，本油源是在全厂停电时使用。

双流环式密封系统应用较为广泛，组成系统基本相似，随着设备技术水平和可靠性的提高也可根据实际情况进行改进。图2-24为某厂350MW发电机的密封油系统示意图。

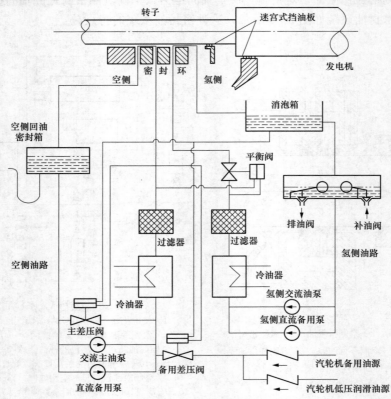

图 2-24　某厂 350MW 发电机密封油系统示意图

三、三流环式密封系统

三流环式密封系统如图2-25所示。密封瓦的供油分氢侧进油（含氢气）、空侧进油（含空气），在两侧油流中间又加进一股经排气处理的、不含气的压力油。氢侧与空侧的密封油压力相等，而中间的进油压力略高于空侧和氢侧油压，其主要目的是迫使密封环（瓦）在大轴上"浮起"，并使中间进油在密封间隙中向两侧流动，隔开了两侧不同含气油在密封处的油流交换，也阻止了含气油中的空气进入机内，从而保证了机内氢气的高纯度（一般高于98%），同时还消除了双流环式结构中两侧油压相等时中间出现的死油区。

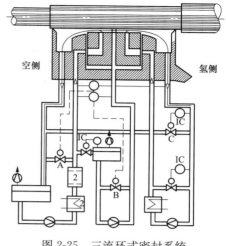

图2-25　三流环式密封系统

第四节　发电机氢气系统

大容量水氢氢冷却汽轮发电机，有一套专门的氢气系统冷却定子铁芯和转子绕组。该系统应能保证给发电机充氢和补氢，自动地监视和保持发电机内氢气的额定压力、纯度以及冷却器冷端的氢温。

一、氢气系统的组成

各种不同型号的汽轮发电机，供气系统基本上相同，其主要特性如下：

（1）氢气由中央制氢站或储氢罐提供。

（2）输氢管道上设置有自动氢压调节阀保持机内为额定氢压。当机内氢气溶于密封回油被带走而使氢压下降或机内氢气纯度下降需要进行排污换气时，可通过调节阀自动补氢。

（3）设置一只氢气干燥器，以除去机内氢气中的水分，保持机内氢气干燥和纯度。

（4）设置一套气体纯度分析仪及气体纯度计，以监视氢气的纯度。有的系统中可能专设一套换气分析仪和换气纯度计，专门用于监视换气的完成情况。

（5）在发电机充氢或置换氢气的过程中，采用二氧化碳（或氮气）作为中间介质，用间接方法完成，以防止机内形成空气与氢气混合的易爆炸气体。

图2-26所示为某厂350MW发电机采用的QK3-350-1型气体供气系统原理图。

该系统由下列主要部分组成：气体控制站（该站有供气管路、排气管路、氢气过滤器、液位控制器和气体状态的监视仪表）、氢气干燥器以及气体控制屏（装设气体分析器及仪表等）。

从图2-26可看出，氢气从氢站或储氢钢瓶送到母管，经过氢气过滤器送到汽轮发电机壳上部的总管，进入发电机机壳。其间采用了氢气减压阀，用于自动维持机内氢气压力恒定。

二氧化碳或氮气经过管道与阀门进入汽轮发电机机壳下部的总管，再进入发电机，气体控制站，管道上装有压力表，以监视氮气（或二氧化碳）的压力。

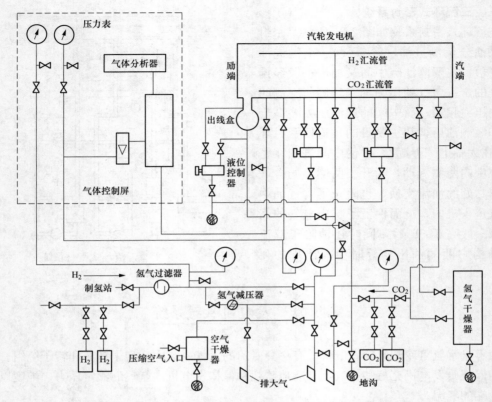

图 2-26　某 350MW 发电机 QK3-350-1 型气体供气系统原理图

　　发电机在充氢或排氢过程中，应该采用二氧化碳或氮气作为中间介质进行置换，以防止机壳内形成混合气体而发生爆炸。在发电机充氢之前，先用气体控制站的二氧化碳（或氮气）排出发电机内和系统管道中的空气。当中间气体的含量超过 85%（CO_2）或 95%（N_2）后，方可充入氢气，排出中间气体，最后置换到氢气状态。如果需要排出发电机内的氢气时，则先用 CO_2（或 N_2）排出氢气，当中间气体超过 95%（CO_2）或 97%（N_2）后，方可引进空气；最后排出中间气体，当中间气体低于 15% 以后，即可停止排气。

　　在发电机的风扇前后分别设有氢回流管，与系统中的氢气干燥器连通，使发电机内一部分氢气在风扇的压差作用下不断地流经干燥器，以维持干燥。正常运行时，氢的纯度应保持在 98% 以上。氢气分析器可对纯度进行自动分析并加以显示。如果纯度低于 95%，分析器即发出警报，并进行排污补氢。氧气含量不超过 1%，机内氢气湿度（以露点温度表示）—25℃。

　　3 台防爆浮球液位控制器分别对发电机部位的积液进行监测，当发电机壳内出现水、油等液体时，及时报警以便排出积液检查处理。

　　当氢气压力超过额定压力 0.41MPa 而达到 0.45MPa 时，报警排氢；当氢气降压到 0.37MPa 时，则报警的补氢处理。

二、发电机内气体介质的置换

　　氢气属于可燃性气体，与空气混合极易发生爆炸，严禁空气和氢气的直接接触置换。发电机及气体系统、密封油系统安装（或检修）完毕，经气密试验合格后，才可进行气体置换。

中间气体置换法是利用惰性气体（常用 CO_2 和 N_2）作为中间介质，驱出发电机内的氢气（或空气）然后再填充空气（或氢气），避免氢气和空气直接接触造成混合。充氢时先用 CO_2 或 N_2 驱赶发电机内的空气，待机内 CO_2 含量超过 85%（或 N_2 含量超过 95%）以后，才可以充入氢气驱赶 CO_2（或 N_2）最后置换到氢气状态。排氢时，先向发电机内引 CO_2 或 N_2 驱赶机内氢气，当 CO_2 含量超过 95%（N_2 超过 97%），才可以引进压缩空气驱赶 CO_2 或 N_2，当 CO_2 或 N_2 含量低于 15% 可以终止向发电机内送压缩空气。

抽真空置换法是利用汽轮机的射水抽气器（真空泵）直接将发电机内空气（或氢气）抽出来，使发电机及管路内形成高度真空，然后再充入氢气（或空气）。当发电机内真空度达 90% 以上时，向机内充入氢气，直到机内氢气纯度达到 96% 以上，氢气压力达到工作压力，置换过程结束。发电机排氢时，发电机抽真空使机内真空度达 90%~95%，向机内引入压缩空气和空气，发电机内置换为空气状态。

三、中间气体置换法注意事项

（1）氢气、压缩空气、中间气体（尽可能采用二氧化碳）均需从气体控制站上专设的入口引入，不允许弄错；

（2）适当控制气流流动速度，以免因气流流速太快而使管路变径处出现高热点；

（3）整个置换过程中发电机内保持一定的压力（0.01~0.03MPa）；

（4）现场特别是排空管口附近杜绝明火；

（5）取样地点正确、全面，置换过程中气体排出管路及气体不易流通的死区，特别是氢气干燥器、密封油箱和发电机下油水探测器等处应勤排放，最后均应取样化验，各处都要符合要求。

四、氢气湿度的表示方法

发电机内氢气湿度和供发电机充氢、补氢用的新鲜氢气湿度均按规定以露点温度表示，t_d，单位为"℃"。

五、氢气湿度的标准

（1）发电机内氢气在运行氢压下的允许湿度的高限，应按发电机内最低温度确定（由表 2-3 查得），允许湿度的低限为 $t_d = -25℃$。

（2）发电机充氢、补氢用的氢气在常压下允许湿度：$t_d \leqslant -50℃$。

表 2-3　　　　　　　　发电机内最低温度与允许氢气湿度高限的关系

发电机内最低温度（℃）	5	≥10
发电机在运行氢压下的氢气允许湿度高限（露点温度 t_d,℃）	-5	0

注　发电机内最低温度，可按如下规定确定：

　1）稳定运行中的发电机：以冷氢温度和内冷水入口水温中的较低值，作为发电机内的最低温度。

　2）停运和开、停机过程中的发电机：以冷氢温度、内冷水入口温度、定子线棒温度和定子铁芯温度中的最低值，作为发电机的最低温度。

六、氢气湿度的测定

1. 测定方式

氢冷发电机内的氢气和供发电机充氢、补氢用的新鲜氢气的湿度应进行定时测量；300MW 及以上的氢冷发电机可采用连续监测方式。

2. 采样点及采样管道

（1）测定发电机内氢气湿度的采样点：在采用定时测量方式时，应选用通风良好且尽量靠近发电机本体处；在采用连续监测方式时，宜设置在发电机干燥装置的入口管段上。为在发电机干燥装置检修、停运时仍能连续监测发电机内氢气湿度和在氢气湿度计退出时仍能对氢气进行干燥，同时还满足氢气湿度对流量（流速）的要求，可在采样处为氢气湿度计专门配设一条带隔离阀、调节阀的采样旁路。

（2）测定新鲜氢气湿度的采样点，宜设置在制氢站出口管段上。当采用连续监测方式时，为在氢气湿度计退出时制氢站仍能向氢冷发电机充氢、补氢，同时还为满足氢气湿度对流量（流速）的要求，也可在采样处为氢气湿度计专门设一条带隔离阀、调节阀的采样旁路。

（3）采样管道所经之处的环境温度，应均比被测气体湿度露点温度高出 3℃以上。

3. 注意事项

（1）对采样点和连续监测氢气湿度计的安装位置，还应注意选择在干燥、通风、无尘土飞扬、无强磁场作用、防水、防油、采光照明好、便于安装维护和记录数据，且不易被碰撞的地方。

（2）在受环境温度低影响而使流经管道的被测氢气温度有所降低时应特别注意，只有确认测湿元件前方流经被测氢气的管段内并未发生结露的前提下，测量方可进行。否则，应采取加强该管段保温或改变测湿元件位置等措施予以解决。

（3）采用定时测量方式对氢气湿度进行测量时，应在排净采气管段内的积存氢气后再进行测定。

七、漏氢量测试的计算方法

（1）漏氢量 ΔV_H 与漏氢率 δ_H。

漏氢量：机内充氢气时，每昼夜漏泄到发电机充氢容积外的氢气量，经换算到规定状态（p_g，t_g）时的体积，m^3/d。

漏氢率：机内充氢气时，每昼夜漏泄到发电机充氢容积外的氢气量与机内原有总氢气量之比，%。

（2）漏气量 ΔV_A 与漏气率 δ_A。

漏气量：机内充空气时，每昼夜漏泄到发电机充氢容积外的空气量，经换算到规定状态（p_g，t_g）时的体积，m^3/d。

漏气率：机内充空气时，每昼夜漏泄到机组充氢容积外的空气量与机内原有总空气量之比，%。

（3）规定状态为 $p_g = 0.1 MPa$，$t_g = 273 + 20 = 293K$。

（4）漏氢量、漏气量的实用计算式为

$$\Delta V_H = 70\,320 \times \frac{V}{H}\left(\frac{p_1 + p_{B1}}{273 + t_1} - \frac{p_2 + p_{B2}}{273 + t_2}\right)$$

式中 ΔV——换算到规定状态时的漏氢量（ΔV_H）或漏气量（ΔV_A），m^3/d；

V——发电机的充氢容积，m^3；

H——测试持续时间，h；

p_1、p_2——测试起始、结束时机内气体（氢或空气）的表压力，MPa；

p_{B1}、p_{B2}——测试起始、结束时发电机周围环境的大气绝对压力，MPa；

t_1、t_2——测试起始、结束时机内气体（氢或空气）的平均温度，℃。

（5）漏氢率、漏气率的实用计算式：

$$\delta = \frac{24}{H} \times \left[1 - \frac{(p_2 + p_{B2})(273 + t_1)}{(p_1 + p_{B1})(273 + t_2)} \right] \times 100\%$$

式中　δ——漏氢率（δ_H）或漏气率（δ_A）。

（6）漏氢量与漏气量的折合系数可取为 $\Delta V_H / \Delta V_A = 3.8$。

（7）漏氢量与漏氢率（或漏气量与漏气率）的换算式为

$$\Delta V = \delta \times \left[\frac{2930(p_1 + p_{B1})}{273 + t_1} \times V \right]$$

第五节　发电机冷却水系统

一、冷却水系统基本要求

大容量水氢氢汽轮发电机定子绕组水冷系统的基本要求如下：

（1）满足供给额定负荷的定子绕组冷却水流量。

（2）控制进入定子绕组的冷却水温度达到要求值。

（3）控制进入定子绕组的冷却水压力达到要求值。

（4）保持高质量的冷却水水质（除盐水，又称凝结水）。一般要求冷却水的电导率低于 $5\mu S/cm$，最高不大于 $10\mu S/cm$（25℃时），否则应停机。

水氢氢冷发电机定子绕组的水冷系统大同小异。其基本组成是：一只水箱、两台100%互为备用的冷却水泵、两只100%的冷却器、两只过滤器、一至两台离子交换树脂混床（除盐混床）、进入定子绕组的冷却水的温度调节器以及一些常规阀门和监测仪表。

二、冷却水系统组成及工作原理

以 QFSN-350-2 发电机冷却水系统为例，该系统主要由内冷水泵、内冷水冷却器、过滤器、内冷水箱、离子交换器等组成，如图 2-27 所示，其工作原理是：内冷泵从内冷水箱中吸水，升压后送入内冷水冷却器，将水冷却降温，经过滤器后，进入发电机定子线圈吸热，再回到内冷水箱，构成了一个闭循环。为了降低内冷水的含盐及电导率，系统中设有一台离子交换器，用于提高水质。（20℃时的电导率为 $0.5 \sim 1.5\mu S/cm$，pH 值为 $7 \sim 8$，硬度为不大于 $2\mu g/L$。当内冷水电导率超过额定值到 $5\mu S/cm$ 时，信号装置应当报警。运行操作人员接到报警信号后，必须用新鲜合格的内冷水更换原有内冷水，使电导率降至额定值以下。如果不能奏效，则当导电率达到 $10\mu S/cm$ 时，应迅速解除发电机负荷并与电网解列。）

定子绕组总进出水汇流管分别装在机座内的励端和汽端，定子线棒水、电接头如图 2-28 所示，在出线盒内装有单独的出水汇流管。由进水汇流管（额定进水压力为 0.2MPa，最大允许进水压力为 0.25MPa，励端进水温度为 $40 \sim 50$℃）经绝缘引水管构成向定子绕组、主引线、出线瓷套端子及中性点、母线供水的通路，由出水汇流管汇集排出，见图 2-29。总进、出水管对地有绝缘，且设有接线柱，可测量其绝缘电阻。

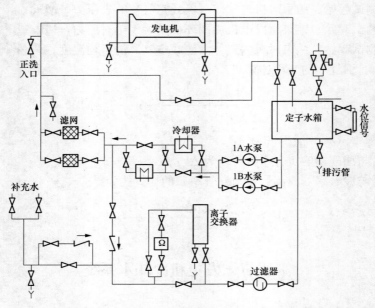

图 2-27　QFSN-350-2 型发电机定子冷却水系统图

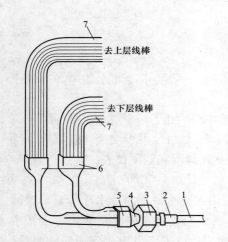

图 2-28　定子线棒水、电接头示意图

1—绝缘水管；2—水管接头；3—接头螺母；

4—不锈钢接头；5—铜接头；

6—板烟斗状接头；7—空心铜管

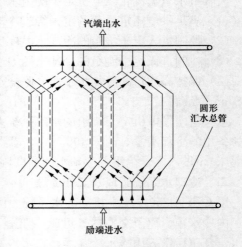

图 2-29　冷却水在定子绕组中的流向

为避免发电机内水系统密封性的破坏，导致绕组绝缘受潮，应使内冷水的水压（0.2～0.25MPa）低于发电机机壳内的氢压（0.41MPa），也不允许破坏水系统的密封性而导致氢气进入定子绕组，从而使内冷水流量降低。故内冷水箱本身具有气水分离作用，可把水与氢气分离出来，并通过排氢管路排至大气或地沟。

为了补偿闭式水循环系统的泄漏，设置了补充水管路，利用电磁阀根据水箱水位自动调节内冷水的补充量。

为了运行中的安全可靠，水系统内还设置了一系列信号器：如水泵停止信号、水箱液位过高或过低信号、水温过高信号、内冷水导电率过高信号，总的氢水压差低信号等等。

　　注意：当定子绕组出水温度读数相差大于8℃，要对定子水路进行检查分析，温差达到12℃或定子绕组汽端出水温度，高于85℃时，应停止运行。定子绕组温度分布见图2-30。

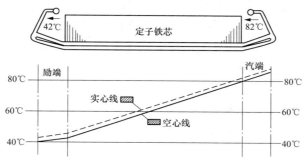

图 2-30　定子绕组温度分布图

第六节　发电机温度的监测

　　温度监测装置测量定子绕组温度、定子铁芯温度和冷、热氢温度，冷却绕组的冷却水温度，氢气冷却器的冷却水温度，密封油和轴承油的温度，以监视发电机的运行状态。测温元件主要有热电阻和热电偶两种。QFSN-350-2型汽轮发电机测温元件的配置介绍如下。

　　一、定子铁芯测温

　　定子铁芯上布置有44只电阻测温元件（22只在用，22只备用），用来监测定子铁芯的温度。

　　二、定子绕组及主引线测温

　　定子槽部上下层线棒之间埋设电阻测温元件，每槽二个，一用一备共108个（54个在用，54个备用）。在汽侧出水汇流管的水接头上设置出水温度测点，每个接头一共54个。

　　出线套管出水接头处设电阻测温（双支线式）元件6只。

　　三、定子绕组冷却水汇流管测温

　　在励侧进水汇流管和汽侧出水汇流管上各设1只双支线式热电偶，共2只。

　　四、冷却器外罩测温

　　在励侧和汽侧氢气冷却器进、出风处都设有热、冷风电阻测温（双支线式）元件10只，其中8只冷风测点、2只热风测点。

　　五、轴承测温

　　在汽、励两端轴承瓦块上各设1只双支线式热电偶，共计2只。

　　在发电机汽、励两端排油处各设一只双支线式热电偶。

第七节　发电机励磁系统

　　一、励磁系统任务及要求

　　励磁系统是同步发电机的重要组成部分。励磁系统通常由三个部分组成：①发电机的转子励磁绕组，它形成发电机的旋转磁场。②励磁功率单元，它向同步发电机的励磁绕组提供可调节的直流励磁电流。③励磁调节器，它根据发电机及电力系统运行的要求自动调节功率单元输出的励磁电流。

在电力系统正常运行和事故运行中，同步发电机的励磁系统起着重要的作用。发电机励磁电流的变化主要影响电网的电压水平和并联运行机组间无功功率的分配。优良的励磁调节系统不仅可以保证发电机安全运行，提供合格的电能，而且还能改善电力系统稳定条件。因此，励磁系统的主要任务如下：

（1）在正常运行条件下，供给发电机励磁电流，并根据发电机所带负荷情况相应地调整励磁电流，以保持发电机在运行中电压恒定。

（2）在并列运行时，调节无功功率的分配。

（3）提高静稳定极限。

（4）在同步发电机突然解列、甩负荷时，强行减磁，将励磁电流迅速减到安全数值，以防止发电机电压过分升高。

（5）在电力系统发生短路故障造成发电机机端电压严重下降时，进行强行励磁，将励磁电压迅速增升到足够的顶值，以提高电力系统的暂态稳定性。

（6）在发电机内部发生短路故障时，进行快速灭磁，将励磁电流迅速减到零值，以减小故障损坏程度。

（7）在不同运行工况下，根据要求对发电机实行过励磁限制和欠励磁限制，以确保同步发电机组的安全稳定运行。

为了很好地完成上述各项任务，励磁系统应满足以下基本要求：

（1）功能方面的要求。

1）应具备能稳定和调节机端电压的功能。

2）应具备能合理分配或转移机组间无功功率的功能。

3）能迅速反应本系统故障，并有必要的励磁限制、灭磁及自我保护功能。

4）能迅速反应电力系统故障，具备强励等控制功能，以提高系统稳定性和改善系统运行条件。

（2）性能方面的要求。

1）具有足够的调节容量，以适应各种运行工况要求。

2）具有足够的励磁顶值电压、励磁顶值电流及电压上升速度。励磁顶值电压和励磁顶值电流是指励磁功率单元在强行励磁时，可提供的最高输出电压和电流，该值与额定工况下的励磁电压、励磁电流之比为强励倍数。强励动作后励磁电压在最初 $0.5s$ 内上升的平均速率为励磁电压响应比，它是衡量励磁单元动态行为的一项指标。励磁系统应有较高的强励倍数和快速的响应能力，以满足电力系统稳定和改善系统运行条件的需要。

3）应运行稳定、调节平滑及有足够的电压调节精度。

4）装置应反应灵敏、迅速，时间常数小，无失灵区，保证机组在静态稳定区内运行，即功角 $\delta < 90°$。

5）运行可靠，操作维护方便。

运行中的励磁方式主要有：①直流励磁机励磁方式，如图 2-31 所示；②由副励磁机—交流励磁机—整流器和发电机转子绕组组成的三机式励磁方式，如图 2-32 所示；③由励磁变压器从机端取得电功率，经晶闸管整流后供给转子绕组直流电的自并励静态励磁方式，如图 2-33 所示。本节主要讲述自并励静态励磁方式。

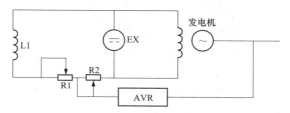

图 2-31　直流励磁机励磁方式（改变励磁回路电阻调节励磁电流的方法）

L1—励磁机励磁绕组；R1—励磁机磁场调节电阻；R2—自动励磁调节装置输出可变电阻；

EX—并励直流励磁机；AVR—自动励磁调节装置

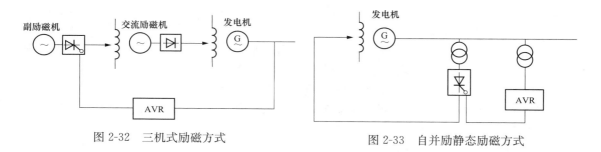

图 2-32　三机式励磁方式　　　　　　　　图 2-33　自并励静态励磁方式

二、机端静态励磁系统

静态励磁系统取消了励磁机，采用变压器作为交流励磁电源，励磁变压器接在发电机出口或厂用母线上。因励磁电源取自发电机自身或是发电机所在的电力系统，故这种励磁方式称为自励整流器励磁系统，简称自励系统。与电机式励磁方式相比，在自励系统中励磁变压器、整流器等都是静止元件，故自励磁系统又称为静止励磁系统。

自励系统中接线最简单的励磁方式典型原理如图 2-33 所示。只用一台接在机端的励磁变压器作为励磁电源，通过晶闸管整流装置直接控制发电机的励磁。这种励磁方式又称为简单自励系统，目前国内比较普遍地称之为自并励（自并激）方式。

配备自并励静态励磁系统的发电机组，发电机出口不能提供足够剩余电压来提供整流器建立发电机电压。为此需要一个起励回路，可从蓄电池引接一直流 220V 回路，或从厂用电系统引接 380V 回路。

自并励方式的优点是：设备和接线比较简单，由于无转动部分，具有较高的可靠性；造价低；励磁变压器放置自由，缩短了机组长度；励磁调节速度快。但对采用这种励磁方式普遍有两点顾虑，第一，发电机近端短路时能否满足强励要求，机组是否失磁；第二，由于短路电流的迅速衰减，带时限的继电保护可能会拒绝动作。国内外的分析和试验表明，这些问题在技术上是可以解决的（只要配合快速保护，完善转子阻尼系统，采用性能良好的励磁调节器和晶闸管整流装置，并适当提高励磁倍数，就足以补偿其缺点。另外由于大型发电机出口都采用封闭母线，出口故障的概率是很低的）。自并励方式被越来越普遍地采用，近年来我国大型发电机组广泛采用自并励方式。

三、自动励磁调节器

大型机组自并励磁系统中的自动电压调节器，多采用基于微处理器的微机型数字电压调节器。励磁调节器测量发电机机端电压，并与给定值进行比较。当机端电压高于给定值时，增大晶闸管的控制角，减小励磁电流，使发电机机端电压回到设定值；当机端电压低于给定值时，减小晶闸管的控制角，增大励磁电流，维持发电机机端电压为设定值。

要使励磁调节器在系统中能起到作用，对调节器的性能要求如下：

（1）有符合系统要求的强励能力和一定的励磁电压上升速度（电压响应比）。需要对同步电机进行强励时，要求调节器能以最快的速度提供最大的励磁电流（或顶值电压）。衡量调节器强励性能有两个指标：一是强行励磁倍数；二是励磁电压上升速度或励磁电压响应比。

（2）具有较高的调节稳定性。在调节励磁的过程中，调节器本身不应产生自励磁作用和不衰减的振荡。调节器本身的不稳定，会破坏电力系统的稳定运行。

（3）应具有较快的反应速度，以利于提高电力系统的静态稳定。当系统遭受小干扰电压波动时，调节器应以最快速度恢复系统电压至原有水平，以提高电力系统静态稳定能力。现代励磁调节器的响应速度比老式励磁系统调节器要快很多倍。

（4）应能根据运行要求对主机实行最大励磁限制及最小励磁限制。

（5）用于同步调相机（或同步电动机）的励磁调节器，还要求其输出无功有较大的调节范围，并能满足起动时的相应要求。

此外，励磁调节器还应当具有失灵区最小、灵敏度较高的性能。当然，设计励磁调节器时还应考虑结构简单可靠、运行操作维修方便以及通用性强、价格低等，在可能条件下尽量采用微机励磁调节器。

四、发电机转子的过电压保护和灭磁

发电机发生内部故障时，虽然继电保护装置能快速地把发电机与系统断开，但磁场电流产生的感应电势继续维持故障电流。无论是发电机机端短路或部分绕组内部短路，时间较长都可能造成导线的熔化和绝缘的烧坏。如果系统对地故障电流足够大时，还会烧损铁芯。因此，当发电机发生内部故障，在继电保护动作切断主电源的同时，还要求迅速地灭磁。

灭磁就是把转子励磁绕组中的磁场储能尽快地减弱到尽可能小的程度。最简单的办法是将励磁回路断开。但励磁绕组具有很大的电感，又由于直流电流没有像交流电流那样有过零值的时刻，突然断开时会在其两端产生很高的过电压，危及励磁回路设备绝缘。因此，在断开励磁电源的同时，还应将转子励磁绕组自动接入到放电电阻或其他吸能装置上去，把磁场中储存的能量迅速消耗掉。完成这一过程的主要设备就叫自动灭磁装置。为减少故障范围，要求灭磁迅速，灭磁时间愈短，短路电流所造成的损害愈小，一般按同步发电机定子绕组电势降低到接近于零所需的时间来评价各种灭磁方法的优劣。同时，还要限制灭磁时转子上的过电压不应超过滑环间过电压的容许值。

（1）自动灭磁系统应满足以下要求：

1）灭磁时间应尽可能短。

2）当灭磁开关断开励磁绕组时，绕组两端产生的过电压应在绕组绝缘允许的范围内，即滑环间容许的过电压。

3）灭磁装置的电路和结构型式应简单可靠。灭磁开关应有足够大容量能遮断发电机各

种可能故障工况下的最大故障转子电流，灭磁耗能元件容量应大于发电机各种可能故障工况下发电机转子最大储能所需吸收部分。

（2）灭磁装置的工作原理。由原理图 2-34 可见，灭磁系统由灭磁开关、灭磁用线性电阻 R0、过电压保护用非线性电阻三部分组成。

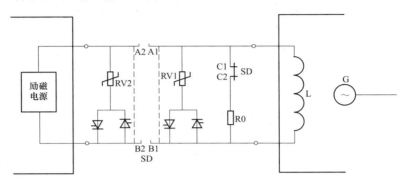

图 2-34　线性电阻灭磁和过电压保护原理接线图
SD—灭磁开关；R0—线性灭磁电阻；RV1、RV2—过电压保护压敏电阻

1）发电机正常运行时工况。发电机运行时，灭磁开关 SD 合闸，两个动合主触头闭合，动断主触头拉开，发电机励磁电压经二极管或可控晶闸管加在非线性电阻 RV1、RV2 上。灭磁线性电阻 R0 在发电工况时，不接入主回路。过电压保护非线性电阻 RV1、RV2 因有晶闸管，在过电压达动作触发之前，晶闸管关断，回路无正向电流，也无反向电流。正常时 RV1、RV2 不流过电流，不消耗能量，不影响主回路工作。

2）发电机正常运行中，发生过电压。氧化锌非线性电阻的伏安特性见图 2-35，发电机运行中，过电压保护非线性电阻 RV1、RV2 原工作点在 A_1 处。如果产生过电压能量，如正向过电压，则当该能量积累使得正向过电压超过过电压动作整定值后，则 RV1、RV2 的控制触发回路启动，晶闸管导通非线性电阻两端所加的电压，因超过非线性电阻的压敏电压而快速导通，消耗转子过电压能量。这时非线性电阻的工作点由原 A_1 点移至 A_2 点，当过电压能量被释放后，过电压下降，则工作点又回到正常工作点

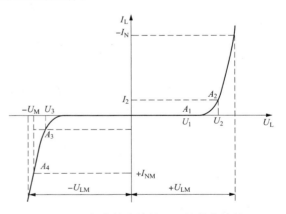

图 2-35　氧化锌非线性电阻的伏安特性

A_1，这时发电机转子电压恢复正常。如发生反向过电压，由非线性电阻 RV1、RV2 的工作点沿着伏安特性曲线向负横轴方向移动，当反向过电压超过 RV1、RV2 动作压敏电压拐点，RV1、RV2 反向开通，运行工作点在 A_3。当过电压能量释放完毕后，过电压降低直至消失，非线性电阻 RV1、RV2 的工作点又由 A_3 移回至 A_1 点。由上面的分析可知，因发电机转子过电压能量有限，只要 RV1、RV2 阻值足够大，则发电机转子的电压被有效地限制在 $-U_{LM}$ 至 $+U_{LM}$ 之间，这就保护了转子的绝缘。

3）发电机停机灭磁工况。当发电机正常或故障停机时，都可依靠该灭磁装置进入快速

灭磁并在灭磁过程中控制励磁回路产生的过电压在安全范围内。灭磁开关在收到停机指令后，闭合断主触头，同时拉开两个动合主触头。当灭磁开关分闸时，转子两端的电压与灭磁电阻的阻值有密切关系。根据设计要求，转子灭磁时的过电压一般不超过额定励磁电压 5～7 倍。而另一方面，转子回路放电时，串入的电阻越大，则阻力矩越大，对转子回路的灭磁越有利，所以又希望灭磁电阻的阻值不至于太小。根据这两方面的要求，一般选取灭磁电阻的阻值为转子直流电阻的 3～5 倍。另外要考虑到线性电阻能承受足够的灭磁电流，不至于因为发热功率太小而烧坏。

（3）晶闸管的过电压保护。晶闸管在使用中，会因为电流过大或承受的反向电压过大而损坏，所以要采取一定的措施来加以保护。为防止过电流，一般采用快速熔断器，一般设计每一个晶闸管元件桥臂中串联一只快速熔断器。这主要是防止回路中直流侧有短路等情况后电流急剧增加而损坏晶闸管，或者因为某一个晶闸管损坏而造成短路引起事故。快速熔断器选配的熔断所需热容量一般要比晶闸管过流损坏的热容量小，同时又要保证整流回路能提供足够的励磁电流。

晶闸管关断时产生的关断过电压（又叫换相过电压）也需要加以重视。晶闸管在承受反向电压关断时，由于电流的突变，会引起元件两端产生过电压，所以在回路中用阻容回路加以吸收。

晶闸管整流桥工作时，交流侧电压的波形有许多尖峰过电压。当电压较高时，这些尖峰过电压可能会很高，对元件的长期使用会造成影响，这一部分的过电压一般也采用阻容回路加以吸收。

五、GEC-300 励磁系统

GEC-300 是励磁控制系统通用型号。GEC-31×励磁控制系统适用于静止式自并励励磁系统，具体的型号含义如下：

GEC-311：1 个整流柜（一柜双桥）自并励系统；

GEC-312：2 个整流柜（一柜单桥）自并励系统；

GEC-313：3 个整流柜（一柜单桥）自并励系统；

GEC-314：4 个整流柜（一柜单桥）自并励系统；

GEC-32×：用于间接自并励系统的 GEC-300 励磁控制系统；

GEC-33×：用于三机励磁系统的 GEC-300 励磁控制系统；

GEC-34×：用于 IGBT 开关管的 GEC-300 励磁控制系统。

GEC 300 励磁控制系统为三层式的结构：上层，扩展通信单元；中间层，自动电压调节单元；底层，智能控制单元。

（一）系统组成

自并励励磁系统一般由励磁变压器、励磁调节柜、进线柜（200MW 机组以上）、整流柜（1 至 4 柜）、灭磁过压保护柜（1 至 2 柜）等构成。配置备用励磁的励磁系统同时配有切换操作柜。励磁调节柜内安装的是励磁控制器，是励磁反馈控制的核心部分。整流柜内安装的是由大功率晶闸管组成的三相全控整流桥，根据发电机励磁电流的大小，可由若干个整流柜向发电机提供励磁电流。灭磁过压保护柜中安装的是灭磁开关和非线性或线性灭磁电阻及过电压保护装置。切换操作柜主要完成主励、备励之间励磁电流通路的切换。GEC-300 系统设备介绍如下。

（1）GEC-300 励磁调节柜。励磁调节柜简称 AVR 柜，由触摸式大屏幕智能扩展通信单元（extended communication unit，ECU）、2 套标准 6U 机箱组成的自动电压调节单元（auto voltage regulator，AVR）控制单元 AVR32、操作回路、数字开关量输入输出回路、模拟量输入输出回路构成。

（2）励磁变压器柜。接于发电机机端，降压后接入整流柜交流侧，整流为直流电流，为发电机提供励磁功率。

（3）GEKL 智能整流柜。智能整流柜简称 IPU 柜，由智能控制单元（intelligent power unit，IPU）、双套电源、脉冲放大、大功率晶闸管功率元件、风机及操作回路组成。完成将励磁变压器二次侧电压整流，输出转子所需的电压、电流。

GEC-311 励磁系统中配置智能整流柜为一柜双整流桥，GEC-312/GEC-313/GEC-314 整流柜均为单柜中配置单整流桥。

智能反馈均流功能主要由智能控制单元实现，并且每个智能控制单元均可以脱离 AVR 独立运行在恒同步电压方式，增加了系统的可靠性。

（4）GEMC/GEMCR 灭磁及过压保护柜。由灭磁开关、非线性或线性灭磁电阻和交、直流侧过电压保护装置组成，主要功能是正常停机采用逆变灭磁停机，快速安全。

水电 50MW、火电 200MW 以上大机组配置阻断式集中阻容吸收装置抑制整流桥交流侧和直流侧的过电压。较小容量机组配置为：交流侧过电压可用浪涌过电压吸收器回路，直流侧过电压可用尖峰过压吸收器回路。

配置非线性灭磁电阻（火电机组可以配置线性灭磁电阻），在事故停机时吸收转子反向过电压。

水电 50MW、火电 200MW 以上大机组配置非全相或大滑差保护器，运行时吸收转子正反向过电压。

灭磁开关负责断开励磁电流通路，实现灭磁能量向灭磁电阻的转移。按照额定励磁电压、电流及灭磁容量的差异，灭磁开关可以配置单极/双极、单断口至四断口各种方案。

（二）基本操作

确认外部接线正确后，即可对 GEC-300 励磁控制系统进行通电检查。

（1）GEC-300 励磁调节柜通电操作：合直流、交流控制电源开关；合 A 套控制器的直流、交流电源开关；合 B 套控制器的直流、交流电源开关。

（2）GEKL 智能整流柜通电操作：合智能整流柜风机电源开关；合智能整流柜直流、交流电源开关（各电源开关分布在各个整流柜内，一柜双桥的开关都集中在智能整流柜中）。

（3）GEMC 灭磁柜通电操作，合操作电源开关；有合闸电源开关的灭磁柜，合合闸电源开关；合起励电源开关。

（4）装置检查，通电后调节柜和智能整流柜的控制器 AVR 和 IPU 会进行初始化，自检；调节柜和智能整流柜的每个报警指示灯都应在熄灭的状态；如果有报警指示灯亮，应参照《故障报警及处理》进行检查处理。把智能整流柜"风机操作"开关置为"Ⅰ段"或"Ⅱ段"，检查风机运转是否正常；分、合灭磁开关，检查灭磁开关分、合是否正常。

1. 调节器 ECU 单元操作

GEC-300 励磁控制系统具有美观友好的视窗。通过单击桌面图标 ECU300soft. exe 即可进入 GEC-300 的人机界面主控窗口。监控软件共有主画面、状态波形、均流波形、AVR 状态、IPU 状态、报警信息、参数设置、机组参数、调试 9 个界面。

每个界面的下方是状态栏，显示当前 A、B 套控制器的运行方式、通信状态及当前时间。除主画面外，每个界面的右侧都有两个表计和一个水平条。表计分别显示主套机端电压和无功功率，水平条显示给定电压。表计的下方有一些按键，每个页面的操作按键会略有不同。

（1）主画面。主画面是程序运行时的默认页面，包含 GEC-300 励磁控制系统的基本信息——主套调节器的机端电压、无功功率、均流系数以及 PSS 状态。

（2）状态波形。状态波形页面有两个波形窗口，可以分别显示机端电压、励磁电流、有功功率、无功功率和机组频率 5 个波形，波形的时间长度是 20s。程序实时计算波形的超调量并在波形窗口中显示。

波形窗口左侧是 5 个波形的数值显示，包括最大值、最小值和当前值。单击横纵坐标数值可以修改波形的横纵坐标值，用以放大或缩小波形。

"上一个波形"：切换波形。依次是机端电压、励磁电流、有功功率、无功功率、机组频率、机端电压，循环显示。

"下一个波形"：切换波形。顺序与上一个波形相反。

（3）均流波形。智能反馈均流是 GEC-300 励磁控制系统独创的领先技术之一，在不增加硬件的基础上做到了各个整流柜 IPU 之间输出电流的动态平衡，可以在均流波形界面上观察智能均流的效果。

在波形窗口内可以同时看到每个整流柜的励磁电流波形以及每个整流柜的励磁电流给定值波形，同时在波形的右上方可以观察到当前的均流系数。

（4）AVR 状态。AVR 状态页面可以查看到所有调节柜的数字开入量和开出量。

（5）IPU 状态。IPU 状态页面可以查看各个整流柜的状态，由每个整流桥的智能控制单元 IPU 通过通信上传到调节器。

（6）报警信息。当调节柜面板上的异常报警指示灯点亮，可单击报警信息窗口，查看具体的报警信息。在报警信息页面的左侧，显示程序运行的日志。每次运行程序的日志文件都存放在程序安装目录下/Log 文件夹内。

（7）参数设置。参数设置界面可以查看和修改调节柜 AVR 的控制参数，非专业人员请不要修改参数，修改参数在"调试位"置为"ON"时有效。参数设置页面将 GEC-300 励磁控制系统的内部参数分为 15 组，分别为电压环参数 1、电压环参数 2、电流环参数、PSS 参数 1、PSS 参数 2、PSS 参数 3、强励限制参数、欠励限制参数、V/F 限制参数、励磁配置参数 1、励磁配置参数 2、励磁修正参数、转子测温参数、电流限制参数和功角参数，每组有 6 个参数。查看和修改参数前一定要详阅《GEC-300 励磁控制系统参数整定说明》。

（8）机组参数。机组参数页面用来设置机组参数和 DCS 从站地址（1～255），并选择是以"标幺值"还是以"有名值"显示状态量。点击任一参数，都会弹出数字键盘，用户输入要修改的参数后点击"确定"，即可修改。点击"确定修改"按键，则用修改后的机组参数替换当前机组参数，同时将其保存到设置文件中。

（9）调试。调试界面供现场调试人员使用，在调试窗口内可观察到双套调节器的所有模拟量信息。系统图中的 ECU 是指扩展通信单元，AVR 为励磁调节柜控制单元，IPU 为智能整流柜。其中 ECU 与 AVR 之间通过串行口通信，AVR 和 IPU 之间通过 CAN 总线通信。

在系统图中还显示一些运行状态：A、B套AVR和整流柜的运行情况，灭磁开关、主油断路器、整流柜直流隔离开关和交流隔离开关的分合情况。其中AVR框红色表示本套为系统主控单元，绿色标识本套为从控单元，黄色表示本套不在线或有故障退出。IPU蓝色表示本单元在线，正接受AVR控制，黄色表示本单元有故障。开关红色表示合，绿色表示分。

设备运行中，检修维护人员可以观察此页面，但需注意，柜内"调试位"应置为"OFF"。观察完毕后，切回主画面。

"停机逆变"：即逆变灭磁，空载状态下，按下该按键可以将机端电压降为0。

"增磁"：微增加励磁。

"减磁"：微减少励磁。

2. 智能整流柜IPU控制箱操作

每个智能整流柜（桥）都有一个IPU控制箱进行控制，通过IPU控制箱面板上的按键，可对IPU的运行状况进行监控，包括励磁电流的波形、状态量显示、开关量观察以及简单操作。IPU控制箱面板上一共有6个操作按键，分别是"↑"（上）"↓"（下）"←"（左）"→"（右）"Esc"（取消）"Enter"（确认）。

当IPU控制箱通电后，LCD液晶屏自动通电，调节器运行正常后，按任意键可进入目录页。

可以看到电流波形、模拟量、开关量输入、开关量输出、运行状态、报警信息、操作命令和参数设置八个目录项。按"↑""↓"键移动光标选择要观察的项目，选择后按"Enter"（确认）键，可以进入下一级目录。按"Esc"（取消）"←""→"键无效。在每页的下方都有整流桥编号，指示当前所看内容是1号整流桥、2号整流桥、3号整流桥或是4号整流桥。

当三分钟内没有任何键盘操作后，液晶自动进入屏幕保护状态，关掉背光，显示屏幕保护图案。

（1）电流波形。可以观看励磁电流的即时波形，显示单位为标幺值。当励磁电流超过坐标的容限值时，会自动调整坐标，将波形显示到合适的坐标内。在就地运行方式下，按"↑""↓"键可以对励磁电流给定值进行加减千分之一操作。按"Esc"（取消）键返回目录页，"Enter"（确认）"←""→"键无效。

（2）模拟量。可以观察到调节器运行时的所有模拟量。分两页显示，可以用"↑""↓""←""→"键翻页，使这2页循环显示。其中的模拟量显示也是0.5s刷新一次，显示为标幺值。在每页中都显示机端电压的有效值。按"Esc"（取消）键将退回目录页，"Enter"（确认）键无效。

（3）开关量输入。可以观察与整流柜相联的开关量输入状态。共2页，按"↑""↓""←""→"键可以翻页，使这2页循环显示。短接IPU开关量输入节点，可以看到相应的开关量左侧实心方框闪动。按"Esc"（取消）键将退回目录页，"Enter"（确认）键无效。

（4）开关量输出。可以观察与整流柜相关联的开关量输出状态。当有异常报警或投风机等需要开出节点时，相应左侧实心方框闪动。按"Esc"（取消）键将退回目录页，"Enter"

（确认）键无效。

（5）运行状态。在运行状态目录下，可以看到 IPU 的运行状态标志，此运行状态标志含义同调节器上位机显示的 IPU 状态，共 2 页，按"↑""↓""←""→"键可切换显示这 2 页。当相应标志被置位，其左侧实心方框会闪动。按"Esc"（取消）键将退回目录页，"Enter"（确认）键无效。

（6）报警信息。当 IPU 面板上异常报警指示灯被点亮或远方收到 IPU 开出的报警信号后，可以查看报警信息目录内的具体报警信息，共有 8 种报警信息。左侧实心方框闪动，代表相应的报警信息。按"Esc"（取消）键将退回目录页，"↑""↓""←""→""Enter"（确认）键无效。出现异常报警后，具体解决办法请参阅《故障报警及处理》。

（7）操作命令。在操作命令中设有 8 种常用操作命令，当调节器退出运行或 IPU 转为就地运行后，可以对 IPU 进行励磁操作。按"↑""↓"键选择要进行的操作，按"Enter"（确认）键确认操作。按"Esc"（取消）键将退回目录页，"←""→"键无效。

（8）参数设置。在目录页，选中参数设置后，连续按下"Enter"（确认）键 6 次，可以进入到参数修改页面，参数共分 2 页显示，按"↑""↓"键选择要修改的参数，按"Enter"（确认）键进入选定的参数，进入参数修改页，按"↑""↓"键可以选择加减"0.001、0.01、0.1"的操作，选中要操作的参数后，按"Enter"（确认）键确认操作。（此时参数已经被修改起作用，只不过放在掉电丢失的 RAM 中，所以当确认所有参数后，不要忘记保存参数）

1）保存参数：把修改后的参数写入 EEPROM 中；

2）恢复参数：修改后放在 RAM 中运行的所有参数恢复到通电时 EEPROM 中的参数；

3）默认参数：将厂家预设的所有参数写到 EEPROM 中。

4）参数值：当前操作的参数数值，按增、减操作后，可以看到修改后的参数。

注意：参数修改必须在了解参数意义、整定方法后方可进行操作。如果操作不当，可能造成 IPU 控制器运行错误。

（三）日常维护

1. 正常巡检内容

在中控室巡检内容：无报警信号，无调节器退出运行，系统电压、机端电压、发电机无功、励磁电流稳定在正常范围。

在装置前巡检内容：无异常报警信号，表记无异常摆动，风机运行正常，整流柜均流情况正常，无意外噪声和异味，环境温度、湿度、振动等无异常，励磁变压器工作正常。

注意：设备投运后三天内应特别注意巡视尖峰过电压吸收器串联快速熔断器及非线性灭磁电阻串联快速熔断器是否熔断、晶闸管整流桥温升。

2. 大、小修试验内容

由于大气环境和现场工况的影响，电子元件和整流装置中可能会存在污物，长时间运行和振动可能使电触点松动。因此，定期清理和维护励磁系统是很有必要的。

（1）励磁系统每年的维护工作。励磁系统设备每年的维护工作要求在每年机组停机小修期间完成。

励磁变压器：对励磁变压器外观进行检查；停机状态下，清除励磁变压器表面污物；用干布或真空吸尘器或压缩空气（低压）来清洁，不能使用溶剂。

调节柜：清除柜内污物；用刷子或真空吸尘器或压缩空气（低压）清理柜内、空气过滤网上灰尘；紧固端子排上各个电气节点；检查各个电源开关，分、合是否正常（各分合3次）；检查各个开入量是否正确动作，检查继电器动作是否正常，指示灯是否正常；检查远方报警信号是否正常；检查熔断器有无熔断。

整流柜：清除柜内、风机上、散热器上所有污物和灰尘；检查风机是否有不正常噪声。风机达到使用寿命应及时更换；检查各个电源断路器、隔离开关分、合是否正常，接触是否良好；紧固端子排上各个电气节点；检查各个开入是否正确动作，检查继电器接触器动作是否正常，指示灯是否正常；小电流试验检查脉冲波形、检查整流柜输出波形；检查熔断器有无熔断。

灭磁柜：清除柜内、磁场断路器上所有污物和灰尘；检查灭弧罩，用压缩空气清除污物；检查各个电源断路器、磁场断路器，分、合是否正常；接触器是否良好；用砂纸清除磁场断路器上接触面炭化的磨损物；所有的滑动表面均涂上合适的润滑油；检查灭磁开关触头接触是否良好，表面有无氧化或熔化；检查灭磁电阻阀片熔丝有无熔断（如熔断，取下即可，超过总量的30%需更换全部灭磁电阻阀片）；检查熔断器有无熔断。

整套装置：检查并拧紧所有螺栓、母线连接及支撑板；简单检查整体特性。

（2）大修时励磁控制系统维护工作。除励磁控制系统每年维护工作外，再进行以下维护：调节器整组试验和调节器限制、保护功能检查；整流柜风机检测；校验变送器、表计，TA、TV校验；灭磁柜非线性氧化锌电阻组件测试（氧化锌电阻老化超过整体30%则必须更换氧化锌电阻组件）。

第八节　发电机的运行

一、发电机运行特性

三相同步发电机的运行特性，是指同步发电机稳态对称运行时（转速和频率不变）的情况下，电势 E_0、端电压 U、电枢电流 I_a、功率因数 $\cos\varphi$ 及励磁电流 I_f 等相互之间的关系。这些关系可通过发电机矢量图和各种特性曲线来表示。

1. 同步发电机空载运行特性

空载运行特性是在发电机额定转速 $\left(n=\dfrac{60f}{p}\right)$、电枢空载（$I_a=0$）的情况下，空载电压（$U_0=E_0$）与励磁电流 I_f 的关系曲线 $U_0=f(I_f)$。

空载特性曲线可以用试验的方法做出来，其试验原理接线图如图2-36所示。在试验时发电机转速应是额定转速，定子端开路，然后逐步调节电阻 Ra 的阻值使励磁电流增大，U_0 升高，分段记录 U_0 和 I_f 的数值。直到发电机端电压升高到规定值为止。然后再分段增加 Ra 的阻值，使励磁电流下降，U_0 减小，直到 I_f 等于零为止，分别记下 U_0 和 I_f 的数值。根据所测得的数据，可以画出一条上升的曲线和一条下降的曲线，然后取平均值，就得到发电机的空载特性曲线，如图2-37所示。在实际生产中，该试验在机组启动并网前做。

由于 E_0 与 ϕ_0 成正比，励磁电流 I_f 与励磁磁势成正比，所以发电机的空载曲线实质上就是发电机的磁化曲线。该曲线的下部接近一条直线，主要是当磁通 ϕ_0 较低时，整个磁路处于不饱和状态，绝大部分磁势消耗在气隙上。与空载曲线下部相切的直线 OG 称为气隙线。

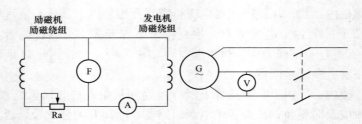

图 2-36　同步发电机空载试验的原理接线图

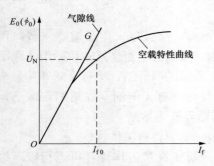

图 2-37　同步发电机的空载特性曲线

随着 ϕ_0 的增大，铁芯部分逐渐饱和，空载曲线逐渐弯曲。

2. 短路特性

同步发电机短路特性曲线也可以用试验的方法做出，短路试验接线图如图 2-38 所示。试验时，发电机的转速保持同步转速，调节励磁电流 I_f，使电枢的短路电流从零开始，直到规定值为止，记录对应的短路电流 I_k 和励磁电流 I_f，即可得到短路特性曲线，如图 2-39 所示。在实际生产中，该试验在机组启动并网前进行。

由于电枢电阻比电抗小得多，可以忽略不计，所以短路电流可认为是纯电感性的，短路电流 I_k 滞后电势 $\dot{E}_0$ 90°电角度。因此，电枢反应磁势为直轴去磁磁势。由于去磁作用，使发电机的磁路处于不饱和状态，而使短路特性为一条直线。

3. 负载特性

负载特性曲线是指转速为同步转速，负载电流和功率因数为常值时，发电机的端电压与励磁电流之间的关系 $U = f(I_f)$。

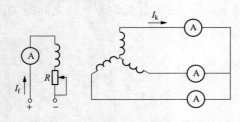

图 2-38　同步发电机的短路试验

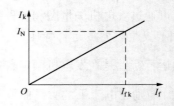

图 2-39　短路特性曲线

不同功率因数时的负载特性曲线如图 2-40 所示。它包括空载特性曲线（曲线 1），零功率因数曲线（曲线 2），功率因数 $\cos\varphi = 0.8$（滞后）时负载曲线（曲线 3），功率数 $\cos\varphi = 1$ 时的负载曲线（曲线 4）。

由负载特性的关系式 $U = f(I_f)$ 可知，当负载为电感性负载时，其电枢反应有去磁作用，使端电压下降，要想维持端电压为额定值，必须增加励磁电流 I_f。

零功率因数负载特性曲线，也可用试验的方法做出，其试验接线图如图 2-41 所示。试验时可用三相可调的纯电感负载，调节励磁电流和负载的大小，使负载电流总保持一常值

（如 I_N），记录不同励磁下发电机的端电压，即可得到零功率因数负载曲线（见图 2-40 曲线 2）。O' 点相当于发电机短路电流等于额定电流 I_N 时的短路情况。

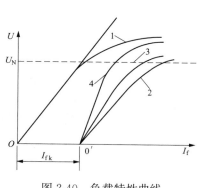

图 2-40　负载特性曲线

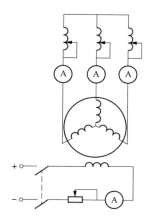

图 2-41　零功率因数负载试验的接线图

4. 外特性曲线

外特性表示发电机的转速保持同步转速，励磁电流和负载功率因数不变时，发电机的端电压和负载电流的关系，即当 $n=n_0$、$I_f=$ 常数、$\cos\varphi=$ 常数时，$U=f(I)$。

不同功率因数时，同步发电机的外特性曲线如图 2-42 所示。从图中可以看出，在感性负载与纯电阻负载时，外特性是下降的（曲线 1、曲线 2）。这是由于电枢反应的去磁作用及定子电阻和漏抗而引起的电压降所致。但在容性负载时，电枢反应是增磁的，气隙磁通反而增加，因此端电压 U 反而升高（曲线 3）。

在额定负载电流下发电机端电压、功率因数为额定值，这时的励磁电流称为额定励磁电流 I_{fN}。然后保持励磁电流与转速不变逐步卸去负载，在卸载过程中，对于感性负载，会使端电压上升，当负载安全卸去，端电压升高到 E_0。对于容性负载，当卸载后，端电压降低到

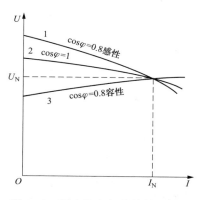

图 2-42　同步发电机的外特性曲线

E_0。端电压的变化对额定电压比值的百分数称为电压调整率 ΔU，感性负载的电压调整率为正值，容性负载的则为负值。

$$\Delta U=\frac{E_0-U_N}{U_N}\times100\%$$

5. 调整特性

发电机在运行过程中，负载是不断变化的。如果是感性负载，当其增加时，由于电枢反应的去磁作用，势必造成端电压下降，为维持端电压不变，必须增加励磁电流。如果是容性负载，在其负载增加时，由于电枢反应的助磁作用，会使发电机端电压上升，这时为了保持端电压不变，必须适当减少励磁电流。总之，当同步发电机的同步转速保持不变，负载变化时，其励磁电流的调整曲线，称为发电机的调整特性，即当 $n=n_0$、$U=$ 常数、$\cos\varphi=$ 常数时，$I_f=f(I)$。

发电机调整特性曲线，如图 2-43 所示。图中曲线 1 为感性负载调整曲线；曲线 2 为纯电阻负载时负载调整曲线；曲线 3 为容性负载的调整曲线。

6. 功角特性

功角特性反映的是发电机电磁功率与功角之间的关系，功角 δ 是转子磁极中心线与定子磁极中心线的夹角，也是端电压与感应电动势间的夹角。电磁功率与功角的关系曲线如图 2-44 所示，这是一条正弦函数变化的曲线，显然，最大功率发生在 $\delta = 90°$ 时，这个值称为发电机的极限功率。

发电机运行时，其输出功率 P 取决于汽轮机输入到发电机转轴的机械功率 P_1。输入机械功率 P_1 减去机械摩擦损耗、铁芯损耗和附加损耗以后，便得到电磁功率 P_e。电磁功率即为由空气隙磁场所传递的功率，将其减去定子铜损耗以后，便得到输出的功率 P，机械损耗和铁芯损耗及附加损耗之和即为发电机的空载损耗。因此，电磁功率 P_e 即等于输入机械功率 P_1 减去发电机空载损耗 P_0，即：$P_e = P_1 - P_0$。若不考虑发电机定子铜耗（$I^2 r$），则发电机的输出功率就等于电磁功率，即 $P = P_e$。

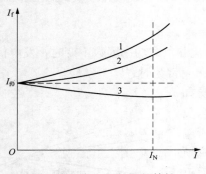

图 2-43　发电机的调整特性

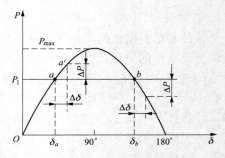

图 2-44　功角特性曲线

静态稳定是发电机与系统并联运行时受到小的扰动后，发电机能恢复到原先的工作点，继续保持与系统同步运行。而暂态稳定是指，输电系统发生突然的急剧的大扰动（如短路故障、输电线路突然切除等）时，发电机能继续维持稳定运行的能力，即能恢复到原来的工作状态或过渡到新的工作点稳定工作，继续保持与系统同步运行。

图 2-44 功角特性曲线所示两个交点，即 a 点和 b 点，相应的功角分别为 δ_a 和 δ_b。a 点处，假设由于某种原因使发电机的功角 δ 产生了一个微小的增量 $\Delta \delta$，正的角增量 $\Delta \delta$ 使发电机的输出功率增加 ΔP，但此时汽轮机的功率仍维持恒定而等于 P_1，发电机功率变化的结果，便使发电机和汽轮机间转矩的平衡遭受破坏。扰动后（a' 点），由于发电机的电磁转矩超过了汽轮机的转矩，于是发电机的转速开始变慢，因而使发电机电动势与系统电压之间的功角减小，使运行状态又恢复到起始的 a 点，所以在 a 点运行是能够稳定的。同理，当点 a 处有一个负的角增量 $\Delta \delta$ 时，发电机输出功率减小了 ΔP，使发电机的电磁转矩（阻转矩）小于汽轮机的输出转矩，于是机组的转速加快，相应地使发电机电动势 E_q 相对于系统电压 U 的旋转速度加快（功率平衡时 E_q 和 U 都以同步速度旋转，其间夹角为 δ_a，在此负 $\Delta \delta$ 扰动后的夹角为 $\delta_a - \Delta \delta$），因而又使发电机的运行状态恢复到原先的工作点 a，可见 a 点工作是静态稳定的。

图中 b 点处情况将完全不同。这时正的角增量 $\Delta \delta$，带来的是负功率变量 ΔP，发电机功率的变化，引起了具有机组加速性质的转矩出现，在它的作用下，功角 δ 非但不会减小反而增大，而随着功角的增大，发电机的输出功率将继续减小，因而会引起功角的再度增大，同时电动势 E_q 与系统电压 U 的夹角不断增大，这时发电机的工作点将由 b 点沿特性曲线不断向下移动而失去同步，可见 b 点是不稳定工作点。

当 $\delta=90°$ 时，电磁功率达最大值，此功率称为理论静态稳定极限功率。当 $\delta<90°$ 时（图中 a 点），发电机是稳定的；当 $\delta>90°$ 时（图中 b 点），发电机是不稳定的。实际运行中，为了留有一定的裕度，δ 总是小于 $90°$，正常运行的功角一般为 $30°\sim45°$。

上述分析，是以发电机直接与大容量系统并联为前提的。但在实际中，发电机多是经过变压器和高压输电线路并入系统，增加了发电机到无限大母线之间的电抗 X_s。在发电机输出功率和励磁电流不变的情况下，由于 X_s 的出现，发电机电动势 E_q 与系统电压 U 之间的夹角 δ 将随 X_s 的增加而增大，因而静稳定储备随之降低。

并联发电机突然遭受急剧扰动之后，可能过渡到新的稳定状态继续运行，也可能出现了加速性的过剩转矩，相对速度将不断增大，最后导致发电机失去同步。

短路故障是破坏系统稳定的主要原因。发生短路故障时，会引起系统电压及发电机端电压降低，而且短路电流是电感性的，它对发电机产生去磁作用，使发电机电动势降低，从而也降低功率极限，可能使发电机失去稳定。如果发生故障使端电压迅速降低时，立即增大发电机的励磁电流，提高其电动势将有利于保持系统运行的稳定性。这是提高系统暂态稳定的措施之一。

7. V 形曲线

当发电机带感性负载时，电枢反应具有去磁性质，这时为了维持发电机的端电压不变，必须增大励磁电流。因此无功功率的改变，必须依靠调节励磁电流。

当保持电网电压、发电机输出有功功率不变的情况下，改变励磁电流，测定发电机对应的定子电流，从而得到两者之间的关系曲线，由于这条曲线呈"V"字形，所以称为发电机的 V 形曲线。如图 2-45 所示，每个有功功率都可以做出一条 V 形曲线。功率越大曲线越往上移。每条曲线的最低点，表示 $\cos\varphi=1$。将各曲线的最低点连接起来得到一条 $\cos\varphi=1$ 的曲线，在这条曲线的右方，发电机处于过励状态，在左方处于欠励状态，在 V 形曲线左侧有一个不稳定区（对应 $\delta>90°$）。

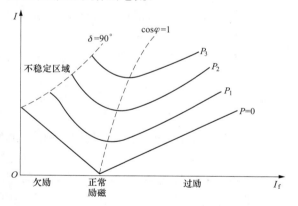

图 2-45 同步发电机的 V 形曲线（$P_3>P_2>P_1>0$）

8. 安全运行极限

在稳定运行的条件下，发电机安全运行极限取决于下列四个条件：

（1）原动机输出功率极限。

（2）发电机额定容量，即由定子绕组和铁芯发热决定的安全运行极限，在一定条件下，决定了定子电流的允许值。

（3）发电机的最大励磁电流，通常由转子的发热决定。

（4）进相运行时的稳定度。当发电机功率因数小于零（电流超前于电压）而转入进相运行时，发电机的有功功率输出受到静稳定条件的限制。此外，内冷发电机还可能受到端部发热限制。

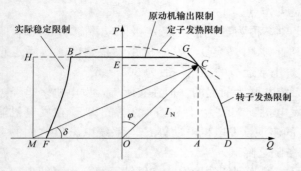

图 2-46　汽轮发电机的 P-Q 曲线

电力系统中运行的发电机，在一定的电压和电流下，当功率因数下降时，发电机的无功功率增大，有功功率相应减少；而当功率因数上升时，则要减少无功功率、增大有功功率，以达到输出容量不超过允许值。发电机 P-Q 曲线图就是表示其在各种功率因数下，允许的有功功率 P 和无功功率 Q 的关系曲线，又称为发电机的安全运行极限，如图 2-46 所示。发电机的 P-Q 曲线，是在发电机端电压一定、冷却介质温度一定、相同氢压条件下绘制的，在图中的 DCGBFD 区域就叫汽轮发电机的安全运行范围或叫安全运行区。发电机的运行点处于这个区域或边界上均能长期安全稳定运行。考虑到发电机有突然过负荷的可能，实际静稳定限制应留有适当储备，以便在不改变励磁电流的情况下能承受突然性地过负荷。

实际发电机的 P-Q 曲线需要做试验来确定。

9. 失磁运行

汽轮发电机的失磁运行，是指发电机失去励磁后，仍带有一定的有功功率，以低滑差与系统继续并联运行，即进入失励后的异步运行。

同步发电机突然部分的或全部的失去励磁称为失磁，是较常见的故障之一。引起发电机失磁的原因主要有以下几种：

（1）励磁回路开路，如励磁开关误跳闸、励磁调节器故障、晶闸管励磁装置中的元件损坏等。

（2）励磁绕组短路。

（3）运行人员误操作等。

发电机失去励磁以后，由于转子励磁电流或发电机感应电动势逐渐减小，使发电机电磁功率或电磁转矩相应减小。当发电机的电磁转矩减小到其最大值小于原动机转矩时，汽轮机输入转矩还未来得及减小，因而在剩余加速转矩的作用下，发电机进入失步状态。当发电机超出同步转速运行时，发电机的转子与定子三相电流产生的旋转磁场之间有了相对运动，于是在转子绕组、阻尼绕组、转子本体及槽楔中，将感应出频率等于滑差频率的交变电动势和电流，并由这些电流与定子磁场相互作用而产生制动的异步转矩。随着转差由小增大，异步转矩也增大（在未达某一临界转差之前）。当某一转差下产生的异步转矩与汽轮机输入转矩（其值因调速器在发电机转速升高时会自动关小汽门而比原先数值小）重新平衡时，发电机就进入稳定的异步运行。

发电机失磁后，虽然能过渡到稳定的异步运行，能向系统输送一定的有功功率，并且在进入异步运行后若能及时排除励磁故障、恢复正常励磁，亦能很快自动进入同步运行，对系统的安全与稳定有好处，但发电机失磁后能否在短时间内无励磁运行，受到多种因素限制。

发电机失磁后，从送出无功功率转变为大量吸收系统无功功率。这样，在系统无功功率不足时，将造成系统电压显著下降。由于失磁后发电机转变成吸收无功功率，发电机定子端部发热增大，可能引起局部过热。发电机失磁异步运行时，转子本体上的感应电流引起的发热更为突出，往往是主要限制因素。此外，由于转子的电磁不对称所产生的脉动转矩将引起机组和基础振动。因此，发电机能否失磁运行、异步运行时间的长短和送出功率的多少，只能根据发电机的型式、参数、转子回路连接方式（与失磁状态有关）以及系统情况等进行具体分析，经过试验才能确定。

对于大容量发电机，由于其满负荷运行失磁后从系统吸收较多的无功功率，往往对系统的影响比较大，所以大型发电机不允许无励磁运行。失磁后，通过失磁保护动作于跳闸，将发电机解列。国内的大型汽轮发电机都装有失磁保护，当出现失磁时，有的经过 0.5～3s 就动作于跳开发电机，不允许其异步运行，这对无功储备不足的系统是非常必要的。不过，也存在不同看法。当失磁保护检出失磁故障后，可采取的措施之一就是迅速把失磁的发电机从电力系统中切除，这是最简单的办法。但是，失磁对电力系统和发电机本身的危害，并不像发电机内部短路那样迅速地表现出来。另一方面，大型机组，特别是汽轮发电机突然跳闸，会给机组本身及其辅机造成很大的冲击，也会加重对电力系统的扰动。因此，汽轮发电机失磁后还可以采取另一种措施，即监视母线电压。当电压低于允许值时，为防止电力系统发生振荡或造成电压崩溃，迅速将发电机切除；当电压高于允许值时，则不应当立即将发电机切除，而是首先采取切换励磁电源、切换厂用电源以及迅速降低原动机出力等措施，随即检查造成失磁的原因并予以消除，使机组恢复正常运行，以避免不必要的事故停机。如果在发电机允许的时间内，不能消除造成失磁的原因，则再由保护装置停机。

10. 进相运行

随着电力系统的发展，大型发电机日益增多，输电线路电压等级越来越高，线路越来越长，电力系统的电容电流也愈来愈大，增大了剩余无功功率。尤其在节假日、午夜等低负荷的情况下，由线路引起的剩余无功功率会使电力系统的电压上升，以致超过容许的范围。过去一般并联电抗器或利用调相机来吸收此部分剩余无功功率，但有一定的限度，且增加了设备投资。若利用发电机进相运行，不需要额外增加设备投资，就可以吸收剩余的无功功率，进行电压调整。

发电机通常在过励磁方式下运行，如果减小励磁电流，使发电机从过励磁运行转为欠励磁运行，即转为进相运行，发电机的进相运行就是欠励磁运行。进相运行的发电机就由发出无功功率转为吸收无功功率。励磁电流愈小，从系统吸收的无功功率愈大，功角也愈大。发电机能否进相运行应遵守制造厂的规定。制造厂无规定时应通过试验确定。进相运行的可能性取决于发电机端部结构的发热和在电网中运行的稳定性。

发电机进相运行时有两个特点：

（1）发电机端部的漏磁较迟相运行时增大，会造成定子端部铁芯和金属结构件的温度增高，甚至超过允许的温度限值。发电机进相运行时，端部发热比迟相（过励磁）运行严重，原因是在相同的视在功率下，发电机随着功率因数由迟相向进相转移时，端部的漏磁通密度增大，引起定子端部的发热也逐步趋向严重。它的大小除与发电机的结构、型式、材料、短路比等因素有关外，还与定子电流的大小、功率因数的高低等因素有关。

由于发电机进相运行时的端部漏磁通及温升随功率因数和输出功率而变化，所以为了在进相运行时不致使端部温升超过允许值，应作发电机进相运行时定子端部温升限制线。根据这一温升限制曲线就可以确定在不同进相运行深度时，端部温升不超过允许值的条件下，发电机的有功功率和无功功率的限值。在实际中，由于发电机的参数、结构、端部材料以及连接的系统参数等各不相同，故每台发电机进相运行时的限制曲线亦不相同，一般应通过试验来确定。

（2）进相运行的发电机与电力系统之间并列运行的稳定性较迟相运行时降低，可能在某一进相深度时达到稳定极限而失步。因此发电机进相运行时容许承担的电力系统有功功率和相应允许吸收无功功率是有限制的。分析表明：

1）带自动电压调节器后，进相能力明显增强；

2）发电机短路比大，进相能力强；

3）发电机与系统联系紧密时，则进相能力强，而边远地区孤立的电厂，进相能力小，其至不能进相；

4）系统电压越高，无功储备越大，则发电机进相时端电压下降越少，发电机进相运行能力越强；

5）机组所带的有功功率越多，则功角越大，静态稳定储备越低。

（3）进相运行厂用电电压降低，发电厂的厂用电通常从发电机出口处的主变压器低压侧引接，或从发电机电压母线上引接。发电机进相运行时，其端电压较低。当发电机电压降到额定值的95%时，厂用电电压会降到额定值的90%上下。此时，应能保证厂用大型电动机的连续运行。对于一个发电厂来说，并不是将全部机组同时进相运行，而是选1~2台作进相运行，所以可以保持发电机机端电压在额定值的95%以上。但需特别注意的是，在进相运行时，厂用电支路上若发生故障，此时应能保证大型厂用电动机的自启动。此外，也需考虑厂用低压电动机由于过电流而引起的过热问题。为了顺利地实施进相运行可考虑采用带负荷调压的厂用变压器。

二、启动和并网

1. 启动前的准备

运行人员在机组启动前应做以下的准备工作：

（1）检查一、二次系统恢复并符合启动条件。

1）拆除有关接地线，将发—变组转热备用。包括常设遮拦的恢复，变压器的油位、油色、分接头位置指示正常，外壳接地良好，冷却装置投入运行等。

2）检查二次回路。包括继电保护，测量仪表，自动装置，监察及信号，电压互感器，电流互感器的二次回路及交直流控制回路及有关保护连接片的投入等。

3）检查励磁系统。包括励磁变压器、电刷、灭磁开关、励磁调节装置、稳压电源及过电压保护器完好等。

（2）有关电气测量及试验完毕。

1）定子、转子及有关绝缘电阻的测量。除了干燥情况下测量外，还应在定子线圈通水后再次测量。

2）发-变组保护联锁试验正常。

3）配合检修做各种辅机的保护及联锁试验。

4）定子绕组和气体系统的严密性试验。

5）发电机的空载、短路试验（机组启动过程中并网前做）。

6）励磁系统空载特性和带负荷试验（机组启动过程中做）。包括 AVR 的自动切换试验、AVR±10％阶跃试验、过励磁、逆变灭磁、转子过负荷保护、无功调节、电流和功角限制器试验等。

7）必要的其他试验。

（3）投入密封油系统并运行正常。

1）启动空侧密封油泵，调整并保持密封油压到合格。

2）检查氢侧回油箱油位正常，启动氢侧密封油泵。

3）调整空侧、氢侧油压差符合规定。

4）备用油泵均投入自动联锁。

5）在初次投运时要进行轴承和密封油装置通油清洗工作，确认进出油已达到合格状态。同时，应检查轴瓦、密封瓦内有无杂物所造成的磨损和划伤现象。

（4）投入氢气控制系统并运行正常。

1）发电机充氢到额定压力，纯度达 98％以上。充氢必须采用中间介质置换法。所用氢气、二氧化碳必须符合有关标准的要求。

2）各信号报警装置、压力监测变送装置、气体纯度仪、离子交换器、水电导率指示器、漏液检测器、发电机绝缘过热监测装置、氢气干燥器等投运正常。

3）氢气冷却器通水，控制冷氢温度在允许范围内。注意排气防止气堵，同时，调节回水阀门使循环水压达到运行压力。调节水量及氢温的幅度不能过大以免机座变形因而产生剧烈的振动。

（5）投入内冷水系统并运行正常。

1）确认定子冷却水箱水位正常，并化验内冷水质合格。

2）控制内冷泵出口压力，使水压合格且小于氢压。

3）严格控制水温和氢温，防止机内湿度过高。

4）检查定子水泵及发电机运行正常。

5）按有关操作说明使定子绕组冷却水压力，温度和电导率等指标达到规定值，注意排气防止气堵。

（6）检查发电机各处的温度、氢质、油质和水质。

2. 启动过程中的检查

发电机启动过程是随着原动机同时进行的，在升速过程中，应再次对发电机做仔细检查，主要项目如下：

（1）冲转前，检查发电机自动准同期装置具备投运条件，保护、控制系统无异常报警信号。

（2）检查密封油系统、内冷水系统、氢气控制系统运行正常，包括其二次水循环情况。

（3）轴承与油密封装置的回油温度及轴瓦温度应正常。

（4）发电机电刷无卡涩、跳动或接触不良的现象。

（5）发电机各部温度指示正常，表计指示正常。

（6）磁场开关、自动励磁调节器、转子接地保护装置具备投入条件。

（7）在发电机转子盘车、冲转、升速过程中，必须监测轴承振动情况，并注意内部有无动静部件碰撞声、摩擦声或其他异常声音。如发现异常，应立即停机检查消除。

（8）发电机转子转速的增长速度由汽轮机的启动条件决定，但必须注意不得在临界转速附近停留。

3. 发电机的升压

（1）零起升压，在发电机转速达到额定转速时，合上磁场开关，发出起励建压的命令，发电机转子通常有剩磁存在，因此在转动起来后便会在定子回路感应出一定的残压。一般情况下，只要整流柜输入不低于 $10 \sim 20V$ 即可满足发电机残压起励要求。如果在几秒内残压起励失败，则起动备用起励回路，在机端电压达到发电机电压的 10% 时，备用起励回路自动退出，即开始软起励过程并建压到预定的电压水平。

（2）升压过程中，操作应谨慎，并密切注意三相定子电流近于零且三相平衡。因为主变的励磁电流可能会使定子电流表上有反应。当定子电压达额定后，应核对并记录转子额定空载励磁电流、电压。通过每一次的分析比较，可以判断发电机转子有无匝间短路现象。

对于数字式励磁调节器，发电机的零起升压到额定电压的时间，可以通过微机终端来设置，实现快速启动和软启动两种方式。

4. 发电机的并网

（1）发电机的并网可采用自动（或手动）准同期装置并入电网。

（2）自动励磁调节器 AVR，一般配有双通道以及手动和自动两种方式。正常情况在自动方式，一个通道运行，一个通道跟踪，通道切换应平滑无扰。

（3）发电机并网后，应立即带 $3\% \sim 5\%$ 负荷暖机，防止逆功率；调节发电机的运行工况，防止发生进相运行；还应观察三相定子电流，确认三相均已合闸。并再次对发电机进行全面检查，各控制系统均投入自动。

（4）注意在定子绕组不通水或水质不合格的情况下，严禁励磁升压及并网。

三、运行参数不同于额定参数时发电机的运行

1. 冷却介质不同于额定值时对额定容量的影响

运行中的发电机，当冷却介质温度不同于额定值时，其允许负荷可随冷却介质温度变化而增减。在此情形下，决定允许负荷的原则是定子绕组和转子绕组温度都不超过允许值。当冷却介质高于额定值时，应按定子电流限制来减少出力；当冷却介质温度低于额定值时，应按转子电流允许增大倍数来提高出力。

2. 端电压不同于额定值时发电机的运行

发电机正常运行的端电压，允许在额定值的 $\pm 5\%$ 范围内波动，此时发电机可保持额定出力不变。当定子电压降低 5% 时，定子电流可增加 5%；当定子电压升高 5% 时，电流也就降低 5%。在这样的范围内运行，定子绕组和转子绕组的温度不会超过允许值。

当电压低于 95% 以下运行时，定子电流不应超过额定值的 5%，此时发电机要降低出力，否则定子绕组的温度要超过允许值。

发电机运行电压高于额定值，升高到 105% 以上时，其出力须相应降低。因为电压升高，铁芯内磁密度增加，铁损增加，引起铁芯温度和定子绕组温度增高。除此之外，电压增高，如维持有功出力不变，就要增加励磁电流，致使转子绕组的温度超过允许限度。

发电机运行的最高允许电压，应遵照制造厂的规定，最高值不得超过额定值的 110%。

3. 运行频率不同于额定值时发电机的运行

发电机运行频率允许变动的范围是±0.5％。

运行频率比额定值高时，发电机的转速升高，转子承受的离心力增大，可使转子的某些部件损坏，因此频率增高主要是受转子机械强度的限制。同时，频率增高转速增加，通风损耗也要增大，虽然在一定电压下，磁通可以减小些，铁损也可能有所降低，但总的来说，此时发电机的效率是下降的。

运行频率比额定值低时，也有很多不利影响，频率降低，转速降低，使两端风扇鼓进的风量降低，其后果使发电机冷却条件变坏，各部温度升高。频率降低，为了维持额定电压不变，就得增加磁通，如同电压增高时的情况一样，由于漏磁增加会产生局部过热。频率降低还可能使汽轮机叶片损坏，厂用电动机的出力降低。系统运行频率在±0.5％范围内变化时，由于设计余度，可不计上述影响，允许保持额定出力不变。

4. 功率因数不同于额定值时发电机的运行

（1）高于额定功率因数时，定子电流不应超过允许值；

（2）低于额定功率因数时，转子电流不应超过允许值；

（3）在进相运行功率因数时，应受到稳定极限的限制。

四、发电机运行中的检查

（1）发电机各部位温度正常，无局部过热现象，进出水温、风温正常；

（2）发电机各部位声音正常，振动不超规定值；

（3）发电机冷却水管无渗漏现象，定子绕组冷却水各参数符合要求；

（4）发电机氢气压力、湿度、纯度、温度符合要求；

（5）封闭母线无振动、放电、局部过热现象，封闭母线微正压装置运行正常；

（6）发电机主断路器操动机构油压合格；

（7）系统的绝缘合格，无接地现象；

（8）励磁系统元件无松动、过热、熔断器熔断现象，各开关位置符合运行方式，风机运行正常，指示灯指示正常；

（9）发电机—变压器组保护投入运行正常，指示灯指示正常；

（10）各互感器、中性点变压器无发热、过热、振动现象；

（11）机组附近清洁无杂物，照明系统正常；

（12）发电机氢气干燥机运行正常；

（13）定子冷却水泵系统运行正常；

（14）氢气冷却水泵系统运行正常；

（15）密封油泵系统运行正常。

五、发电机解列停机的一般步骤

（1）确认发电机有功负荷至零，无功接近于零；

（2）汽轮机打闸；

（3）确认主燃料跳闸（main fuelfrip，MFT）动作；

（4）确认发电机主断路器跳闸；

（5）检查发电机三相定子电流表指示为零；

（6）确认发电机灭磁开关断开；

（7）断开发电机—变压器组出口隔离开关；

（8）断开发电机—变压器组主断路器的控制电源、隔离开关的控制电源。

解列后根据相关要求布置相应的安全措施。

六、大型汽轮发电机的主要故障及预防措施

（一）定子绕组方面

1. 主要故障

（1）引出线与水电接头的短路故障。发生此类故障的机组一般存在绕组部位油污严重、湿度偏高、短路点的绝缘强度相对较低等特点。端部绝缘相对薄弱部位长期受到油污和水分的侵蚀导致绝缘破坏而发生的短路故障。

在发电机端部引线及水电接头都是手包绝缘，绝缘质量受制造工艺不稳定的影响很大，绝缘的整体强度与定子槽内的绝缘强度相比差距很大。在运行中油污和湿度严重时，整体性较差的绝缘被侵蚀，绝缘水平逐渐下降，使得绝缘外的电位与导线电位接近或相同，这时不同相引线间就开始放电，当内部湿度偏高时，放电强度不断增大直至短路故障发生。对于水电接头绝缘来说，可能通过涤玻绳爬电，通过黏满油污和水分的涤玻绳发生两相短路。

（2）渐开线部位的短路故障。发电机端部绕组在制造或检修中固定不紧，整体性差，垫块、绑线受电磁振动也会磨损绝缘，造成接地或短路故障。

在发电机端部渐开线部位如果留有异物时，绕组受到电动力作用而产生振动，异物磨损绝缘，导致绝缘击穿发生绕组短路或接地故障。

（3）绕组电晕放电破坏绝缘故障。绕组防晕结构的参数不当，防晕结构成形时固化时间及温度控制不当，将会导致运行中电晕放电。电晕放电会加速绝缘老化，甚至破坏绝缘。

（4）水内冷定子绕组堵塞故障。空心导线堵塞或通流截面变小会导致导线局部过热，烧损、漏水、损坏绝缘故障。

主要原因是空心导线内存在机械杂物、空心导线在制造装配中受外力挤压通流截面变小或定子冷却水在空心导线内结垢。

2. 预防措施

（1）制造或检修方面：

1）提高手包绝缘材料的介电强度和防油、防水侵蚀的能力。

2）手包绝缘的层数和过渡要合适，在每层半叠绕包扎后刷绝缘漆，并且烘焙使其固化良好。手包绝缘处要消除尖角，防止尖端放电。

3）引线间应有足够的放电距离。

4）水电接头涤玻绳要用漆浸透，施工中做好涤玻绳防污染措施。

5）水电接头处导线绝缘要伸入绝缘盒内处理好搭接处，防止漏包，绝缘盒要填充严实、密封良好。防止油、水进入绝缘盒。

6）引线、汇流管、绝缘引水管、内端盖之间要有足够的距离。

7）对励端引线及水电接头要进行绝缘表面电位或泄漏电流试验，以检测绝缘质量。

8）增加端部连接片，加强线棒固定强度。增加鼻端切向支撑板，加强端部的固定强度。

9）改进槽口垫块结构，保证与线棒的接触面，以加强槽口处的固定强度。加强引线间的包扎与垫块支撑。

10）对定子绕组松动部位和定子绕组出现"黄粉"的部位要进行烘烤加温使端部绑线变

软，用加工好的环氧斜楔将松动的绑线打紧，再用1:1的环氧树脂浸渍、烘烤、固化。

11）做好防止异物留在机内的预防措施。

12）合理调整防晕结构的参数，控制好防晕结构成形时的时间和温度。

13）做好预防性试验，及时发现缺陷并处理。

14）严格空心导线的制作、装配工艺，杜绝空心导线在制作、装配过程中发生通流截面变小的事件。

（2）运行方面：

1）加强发电机密封瓦及氢、油、水系统的运行管理，防止油污染定子端部。

2）加强氢气相对湿度的监测，确保氢气干燥系统的正常运行，采取适当措施减低密封油中水分含量，确保运行中氢气相对湿度在合格范围内。

3）合理调整冷却水、氢气的温度，使氢气的相对湿度维持在较低水平，防止机内绕组表面结露及高湿度产生的应力腐蚀。

4）防止发电机出口发生短路。

5）在运行中利用仪器、仪表等手段监测绝缘状况、氢气相对湿度、水系统中氢的含量，及时发现问题及早处理。

6）运行中严密监视定子冷却水水质，当水质不合格时要认真分析查找原因及时处理。

7）保持定子冷却水系统的清洁，防止异物杂质进入定子绕组内，冷却水入口滤网要用不锈钢板材质的。

8）做好定子线圈温度的监控工作，有问题及时发现。

9）出线套管水接头的球面接触要保证严密性，一般不加垫圈，如果发生泄漏必须加垫圈时，一定要将垫圈固定好，不得装偏或变形堵塞水路。

10）利用发电机停运或检修期间做正反水冲洗。

（二）定子铁芯方面

1．主要故障

（1）铁芯过热。铁芯在装配时压装不紧、留有毛刺，存在撞痕、凹坑，硅钢片片间绝缘损坏等都能造成铁芯发热。当铁芯材质较差时铁芯在运行中也会发热。在运行中定绕组两点接地时铁芯会严重发热甚至烧损铁芯。

（2）铁芯松弛。在制造装配过程中铁芯压装不紧。

在运行中，铁芯硅钢片间绝缘漆膜干缩，在振动的影响下硅钢片互相摩擦破坏漆膜，使铁芯片间间隙增大。

（3）铁芯扇形齿部断裂。铁芯叠片压装不紧或在运行中松动时，个别铁芯冲片振动引起片间齿部断裂。

（4）铁芯划伤。装配时定子膛内留有异物，或运行中转子零部件脱落都能导致铁芯划伤。

2．预防措施

（1）加强制造安装、检修工艺，防止定子膛内留存异物。在铁芯的安装中要避免毛刺、撞痕、坑疤的出现，选择材质优良的铁芯。

（2）检修时要认真检查，根据定子、转子的结构特点重点检查有无松动及裂纹的缺陷。

（3）通过对定子铁芯发热试验，及时发现铁芯的短路点并消除缺陷。

（4）当定子发生一点接地时，要按规定及时进行处理。

（三）转子滑环烧伤故障

1. 产生原因

产生滑环烧伤的主要原因有：滑环表面粗糙，电刷更换不及时或质量差，电刷的牌号差别大，滑环室通风不畅，电刷、刷握、滑环间隙配合不当，滑环处脏污。

2. 预防措施

（1）保持滑环光滑，干净无堆积碳粉，通风良好。

（2）使用质量优良的电刷，更换的新电刷要按照滑环外圆尺寸进行适形磨弧。避免不同牌号的电刷混用。加强电刷的管理，定期检测电刷电流，经常检查电刷弹簧压力。及时更换不合格的电刷。

（3）调整刷握与滑环、电刷与刷握间的间隙，防止电刷卡涩。

（4）及时清理转子轴瓦处渗漏的油污，避免油污与碳粉混合减低滑环绝缘后损坏滑环绝缘。

（5）加强巡检及早发现缺陷并消除。

（四）转子护环损坏故障

1. 产生原因

转子护环受应力腐蚀会造成在运行中断裂飞逸的恶性事故。产生应力腐蚀的因素是拉应力和腐蚀介质。转子在旋转中在护环纵向会产生拉应力，各种原因引起的氢气湿度不合格，会使护环产生腐蚀、氢脆裂纹。

2. 预防措施

（1）制造材料选用抗应力腐蚀能力较强的材料。优化制作工艺，避免出现易引起应力集中的孔洞、尖角等。采取表面涂刷防护层。

（2）保持氢气湿度在合格范围内。

（3）加强对护环的金相检查，及时发现护环缺陷并消除。

（五）转子匝间短路故障

发电机转子短路会造成磁场不平衡，引起机组振动，磁化大轴。短路发热会损坏绝缘，扩大故障。

1. 产生原因

（1）发电机内氢气湿度严重或长期超标，使转子绝缘破坏。

（2）长期或大量漏入机内密封油，导致绝缘破坏。

（3）转子通风不畅，冷却效果不良，回路绝缘因过热破坏。

（4）制造或检修工艺不良，转子绕组上留有毛刺或留有异物，在运转过程中受热应力或机械应力的作用破坏绝缘。

（5）转子端部绕组匝间绝缘薄弱，运转中在机械应力和热应力的作用下，破坏绝缘。

（6）转子护环下线圈间绝缘垫块松动，运行中在离心力、热应力的作用下，垫块运动摩擦绕组破坏绝缘。

2. 预防措施

（1）发电机在运行中保持氢气湿度在合格范围，防止密封油大量漏入发电机内。

（2）在检修过程中要做好出入风口的保护，防止异物进入转子风道内。利用通风试验掌握风道情况。

（3）加强转子匝间绝缘的试验，日常要对转子电流及转子振动多加监视。

（4）安装转子匝间短路动态探测线圈，在线监测转子运转状态。

（六）转子轴电压、大轴磁化故障

转子有轴电压或大轴被磁化将会损坏轴表面及轴承钨金、加速密封油老化、加剧机械磨损，损坏轴瓦。

1. 产生的主要原因

（1）静电荷引起的轴电压。由于汽缸内蒸汽与汽轮机叶片摩擦而产生静电荷，形成静电场，在静电场的作用下产生轴电压。

（2）磁不对称引起轴电压。转子偏心、转子或定子下垂、定子叠片的接缝会产生不平衡磁通，变化的磁通会在转轴感应出电压。

（3）轴向磁通。由于剩磁、转子偏心、饱和、转子绕组不对称产生的旋转磁通在转子轴上感应出电压。

（4）作用于转子上的外部电压使轴产生电压。

（5）当转子发生匝间短路，会产生很大的短路磁势。在短路磁势的作用下，大轴会被磁化。

2. 预防措施

（1）保证大轴接地要可靠。对于静止励磁，应该从结构上回路上采取增加电容元件等抑制措施，或者采用能消除高频轴电压的接地装置来消除轴电压。

（2）保证滑环侧轴承、密封瓦装置及励磁机对地绝缘良好。

（3）装设在线监视轴电压的装置，在运行中加强转子电流、振动的监视。

（4）保证发电机与汽轮机之间的接地装置运行可靠。

（5）经常检查励磁侧轴承绝缘和油管绝缘，保证绝缘状况良好。

（七）转子接地

发电机转子接地或绝缘电阻过低是转子的常见故障，当出现一点接地必须要高度重视，两点多点接地可能烧损转子绕组、铁芯和护环，会引起机组强烈振动磁化大轴等故障。运行中应投入两点接地保护，并分析原因及时消除。按接地的稳定性转子接地一般分为稳定接地和不稳定接地。稳定接地是指转子绕组的接地与外界因素无关的接地。不稳定接地一般有低转速接地、高转速接地、高温接地。低转速接地指发电机在转子静止或较低转速时，转子绝缘电阻为零或很低，随着转速的升高绝缘电阻逐步上升到合格。高转速接地是指发电机转子在静止或低转速时绝缘电阻正常，但随转速的升高绝缘电阻逐步减低到很小或为零。高温接地是指发电机转子在温度较低时绝缘电阻正常，随温度的升高绝缘电阻逐步降低到很小或零。

1. 转子接地的主要原因

（1）滑环处碳粉、油污、灰尘等脏污严重。

（2）转子绕组存在绝缘缺陷，当高速旋转时在离心力的作用下离开槽低部位的接地点或靠紧槽楔底面或护环内侧接地。

（3）转子绕组受热膨胀引起接地。

（4）转子绕组受潮引起绝缘降低接地。

（5）转子存在绝缘老化、开裂、脱落现象。

2．预防措施

（1）经常保持滑环干净无污。

（2）做好预防性试验，及时发现缺陷并消除。

（3）保持运行中氢气湿度正常。

（4）避免冷却器漏水造成绝缘受潮。

（5）转子一点接地后，立即进行处理，避免出现两点或多点接地而扩大故障。

（八）发电机漏水

发电机漏水会使机内氢气湿度增大，导致机体内部腐蚀加重、绝缘降低或绝缘事故。

1．产生的原因

（1）因焊接工艺不良导致的定子空心导线接头封焊处漏水。

（2）因空心导线质量差在运行中出现砂眼、破裂漏水。

（3）绕组固定不牢，在运转过程中振动的作用下，出现裂纹漏水。

（4）材质差或在运转过程中发生摩擦造成的聚四氟乙烯引水管漏水。

（5）压紧螺母松动引起的定子漏水。

2．预防措施

（1）改进水电接头结构，通过改进焊接工艺、加强焊缝检查工序保证焊接质量。

（2）选用优良材质的空心导线。

（3）定子绕组的端部和鼻部应固定牢靠，使其避开100Hz共振频率点。

（4）选用材质优良的聚四氟乙烯管做绝缘引水管，机内引水管避免交叉相碰或与其他部件相碰。如果交叉相碰，可用无碱玻璃丝拉开距离，或用浸漆适形的涤纶毡隔开，也可用硅橡胶带垫在中间加以隔开，固定牢靠。绝缘引水管的长度要适合，对地距离要大于20mm。

（5）通过检测定子水箱含氢量或漏水监测装置判断定子绕组是否内漏。

（九）发电机漏氢

1．漏氢大的主要原因

（1）氢气冷却器、人孔盖板、测温出线端子盘、机壳各结合面密封不良。

（2）密封瓦与端盖的结合面不严密，密封瓦座、密封瓦、轴之间间隙大，各种原因导致的密封油压低。

（3）出线套管处密封不良存在渗漏点。

（4）氢气冷却器破裂，定子空心导线、绝缘引水管有渗漏点。

（5）转子导电螺钉处松动或密封效果不良漏氢。

（6）机体存在砂眼或焊缝处有裂纹。

2．预防措施

（1）各密封结合面要平整清洁，对密封结构不合理的地方进行改进，密封胶条要保证质量，装配时要严格检修工艺。

（2）通过整体风压试验，及时发现机体焊缝、螺钉等漏氢点。

（3）增加密封瓦座与端盖垂直面间的橡胶密封垫的强度，使结合面增强紧固性消除密封垫鼓起而漏氢。密封瓦座、瓦、轴之间的间隙要调整合格。保持密封油压在合格范围内。

（4）加强出线套管内导电杆与上下端出线杆之间的焊接工艺及检查工作。保持出线套管瓷件与法兰结合牢固严密。出线套管与出线台板之间的密封垫要耐油腐蚀。出线套管及相关连接在安装过程中要注意工艺，防止密封部位出现伤痕或别劲。

（5）保持氢气冷却器本体、各连接部位严密无渗漏。定期对氢气冷却器进行水压试验及时发现渗漏隐患，及时更换密封垫，保持密封垫在运行中状态良好。

（6）通过对转子风压试验，检查中心孔、滑环下导电螺钉的密封情况。

（十）发电机氢气湿度大

氢气湿度大会加速转子护环、风扇的腐蚀，会造成发电机绝缘水平降低导致绝缘事故。

1. 主要原因

（1）制氢站氢气除湿效果差。

（2）氢气冷却器漏水、定子绕组漏水。

（3）氢干机干燥效果差。

（4）发电机密封油中含水量大，水分浸入发电机内。

2. 预防措施

（1）在制氢站安装除湿装置，使氢气在进入发电机前湿度合格。经常维护除湿装置，使其工作正常。

（2）在发电机氢系统中安装性能良好的除湿装置，保证除湿装置运行正常。

（3）降低密封油中水分含量。

（4）利用仪器、仪表在线监测氢气湿度，发现湿度超标要及时分析解决。

（十一）发电机漏油

1. 主要原因

发电机漏油主要是油密封装置工作不正常，导致密封油漏入发电机内部。漏入的油长期与发电机绕组、半导体防晕层接触会导致发电机绝缘故障，在油的浸泡、电磁振动的作用下定子槽楔下的垫条会窜出伤及线圈。

2. 预防措施

（1）密封瓦与轴和瓦座的间隙必须调整合格。

（2）内油挡与密封瓦挡板的径向间隙调整合格。

（3）保持密封油系统工作正常。差压阀、平衡阀使用安装前要调试合格。

（4）保持密封油油质合格，以防油内杂质影响密封瓦、差压阀、平衡阀的正常工作。

（5）运行中监视密封油油箱油位，防止油满时进入机内或空罐时漏氢。

（6）使用技术性能先进、工作可靠的自动补油排油阀体，改良密封瓦结构。

（十二）发电机轴系振动

1. 主要原因

发电机轴系振动会引起很严重的后果，对200MW及以上机组要同时监测轴承座振动与轴振动，振动值不得超标。当发现有振动异常时要查明原因并采取相应措施。

引起轴系振动的原因较为复杂，主要原因有：

（1）轴颈与密封瓦摩擦，大型汽轮发电机大都采用水氢氢冷却方式，为了减小漏氢量，密封瓦与转子的间隙一般很小，极易发生摩擦。摩擦表现为运转一段时间后振动恢复正常，但稳定运行一段时间后又会振动。如果摩擦使转子产生弯曲，弯曲将进一步使摩擦加剧，出现越磨越弯，越弯越磨的振动恶性循环。

（2）转子几何中心偏差大，动平衡不好。

（3）轴系中心不正。

（4）转子出现匝间短路，磁场不平衡使转子所受应力不均匀，导致轴系振动。

（5）发电机转子通风结构不合理，冷却风温调整不当，转子本体有松动或其他机械故障。

2. 预防措施

（1）保证转子动平衡合格，各部件结合紧密牢固，避免密封瓦与轴颈间发生摩擦，合理调节密封油温度，密封瓦间隙。

（2）加强安装工艺，保证轴系中心合格。

（3）在运行中加强监视，及时发现运行中不正常现象。

（4）定期试验检查发电机各部分，及时发现问题并消除，防止发电机带病运行，扩大故障。

大型气轮发电机的运行维护中，要加强设备的技术管理，贯彻好反事故措施。搞好设备状态监测，积极认真地开展设备技术诊断，综合分析问题，及时准确地发现设备的故障隐患并消除，防止设备故障的扩大，使设备处于良好的运行状态。

第三章

变 配 电 设 备

第一节　电 力 变 压 器

电力变压器是发电厂和变电站中重要的一次设备，随着电力系统电压等级的提高和规模的扩大，电压升压和降压的层次增多，系统中变压器的总容量已达到发电机装机容量的 $7\sim10$ 倍。

一、变压器的工作原理

变压器根据电磁感应原理工作。变压器的原理如图 3-1 所示，在一个闭合回路的铁芯上，绕有一次绕组和二次绕组，这两个绕组的匝数通常是不相等的，分别为 N_1 和 N_2。当将一次绕组接到电压为 U_1 的交流电源上时，交流电流流过一次绕组，在铁芯中就会产生交变磁通 Φ，交变磁通 Φ 不仅穿过一次绕组，同时也穿过二次绕组。

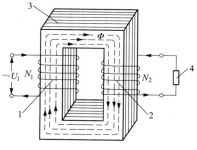

图 3-1　变压器原理图
1——次绕组；2—二次绕组；
3—铁芯；4—负载

因此，可以得到一、二次绕组的感应电动势 E_1、E_2 为

$$E_1 = 4.44 f N_1 B_m S \times 10^{-4}$$
$$E_2 = 4.44 f N_2 B_m S \times 10^{-4}$$

式中　E_1、E_2——一、二次绕组感应电动势，V；

　　　　f——电源频率，Hz；

　　N_1、N_2——一、二次绕组匝数，匝；

　　　　B_m——铁芯中磁通密度的最大值，T；

　　　　S——铁芯截面积，cm^2。

由此可以得出变压器一、二次侧感应电动势之比等于一、二次侧的绕组匝数之比，即

$$\frac{E_1}{E_2} = \frac{N_1}{N_2}$$

变压器一、二次侧的漏电抗和电阻都比较小，可忽略不计，因此可近似地认为 $U_1 = E_1$、$U_2 = E_2$，可得：

$$\frac{U_1}{U_2} = \frac{E_1}{E_2} = \frac{N_1}{N_2} = K$$

式中　K——变压器的变比。

变压器因一、二次侧绕组匝数不同而使导致一、二次侧的电压不等，匝数多的一侧电压高，匝数少的一侧电压低，这就是变压器能够改变电压的道理。变压器原理示意如图 3-1 所示。

假设变压器一、二次绕组电流为 I_1、I_2，在数值上则有

$$\frac{I_1}{I_2} = \frac{N_2}{N_1} = \frac{1}{K}$$

变压器一、二次电流之比与一、二次绕组的匝数成反比。

变压器接到电源上吸收能量的一侧叫一次侧（也称原边）输出能量给负载的一侧叫二次侧（也称副边）。一般情况下，变压器一、二次侧的电压不相等，二次侧电压大于一次侧电压，叫做升压变压器；二次侧电压低于一次侧电压，叫做降压变压器。有时把电压高的绕组称为高压绕组，电压低绕组称为低压绕组。如果两侧电压相等，在电路中一般起隔离作用，习惯上称为隔离变压器或防雷变压器。有两个绕组的变压器叫做双绕组变压器，有三个绕组的变压器叫做三绕组变压器，有多个绕组的变压器称多绕组变压器，一次侧和二次侧有共同绕组的变压器称为自耦变压器。

二、变压器的基本构造

简单来说，电力变压器（指较大容量变压器而言）是由铁芯、绕组、油箱、绝缘套管、冷却装置、保护装置和分接开关等主要部分构成。

（一）铁芯

1. 铁芯结构

变压器的铁芯有两种基本的结构：一种叫芯式铁芯，也叫内铁式铁芯；另一种叫壳式铁芯，也叫外铁式铁芯。芯式变压器的铁芯和绕组如图 3-2 和图 3-3 所示，壳式变压器的铁芯和绕组如图 3-4 和图 3-5 所示。

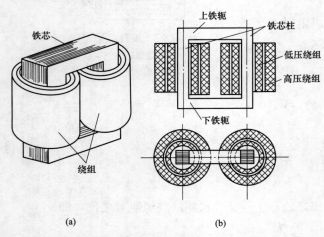

图 3-2　单相芯式变压器的铁芯和绕组
（a）外形；（b）剖面图

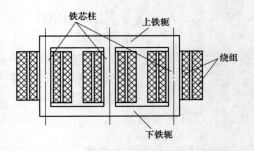

图 3-3　三相芯式变压器的铁芯和绕组

在单相芯式变压器中，绕组分别绕在两个铁芯柱上，见图3-2。在三相芯式变压器中，每相各有一个铁芯柱，共有三个铁芯柱，用上下两个铁轭把三个铁芯柱连接起来，见图3-3。

单相壳式变压器（见图3-4），具有两个分支的磁路系统，且中间一个铁芯柱的宽度等于两侧分支铁芯柱的宽度之和，绕组放在中间的铁芯柱上，两个分支铁芯柱分别围绕在绕组的外侧，好像是绕组的外壳，因而得名壳式变压器。三相壳式变压器（见图3-5），可以看作是由三个独立的单相壳式变压器并排放在一起组成。

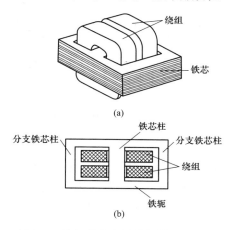

图 3-4 单相壳式变压器的铁芯和绕组
（a）外形；（b）剖面图

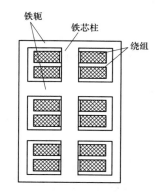

图 3-5 三相壳式变压器的铁芯和绕组

在结构上，芯式变压器比壳式变压器简单，而且绕组与铁芯之间的绝缘也比较容易处理，所以得到广泛应用。我国只有小容量的单相变压器才采用壳式变压器，如无线电用的变压器等。

2. 铁芯的材料

为了降低铁芯中的发热损耗，变压器的铁芯是由厚度为 0.35mm 或 0.5mm 冷轧硅钢片叠装而成，这种硅钢片的含硅量达 $4\%\sim5\%$。为了减少涡流损失，在叠装之前，硅钢片的两面均涂以绝缘清漆，使片与片之间相互绝缘。

冷轧硅钢片在沿着辗轧的方向磁化时，有较小的发热损耗和较高的导磁系数。当变压器铁芯的材料采用冷轧钢片时，体积和重量会显著减小、减轻。

3. 铁芯的装配

铁芯硅钢片叠装。叠装时，每层在接缝处错开，如图3-6和图3-7所示。在每一层铁芯的硅钢片接缝处，都被邻层的硅钢片盖上，用这种叠装法可使空气隙减小。当硅钢片叠装到所需要的厚度时，用夹紧螺栓将硅钢片夹紧，使之成为一个坚固的铁芯整体。但是，夹紧螺栓与钢片之间需要绝缘，否则硅钢片就会被夹紧螺栓所短路，短路处会发生过热，严重时会导致烧坏附近的铁芯和绕组。目前，在新的铁芯制造工艺中，铁芯柱已不再用螺栓来夹紧，而

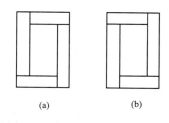

（a） （b）

图 3-6 单相变压器铁芯叠装法
（a）第 1、3、5 等层；
（b）第 2、4、6 等层

广泛采用无纬环氧玻璃布带扎紧，但铁轭仍依靠型钢等夹件用螺栓夹紧。

4. 铁芯的截面

在容量较小的变压器中，铁芯柱的截面为方形或长方形，如图 3-8（a）所示。当容量稍大些时，为了节省材料和充分利用空间，铁芯柱的截面做成外接圆的阶梯形（十字形），如图 3-8（b）所示。随着变压器容量的不断增大，铁芯柱的直径也随着增大，阶梯的级数也会随着增加，则可做成如图 3-8（c）所示的多级阶梯形截面。

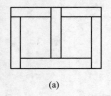 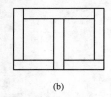

（a）　　　　　　　　　（b）

图 3-7　三相变压器铁芯叠装法
（a）第 1、3、5 等层；（b）第 2、4、6 等层

（a）　　　　（b）　　　　（c）

图 3-8　铁芯柱的各种截面形状
（a）方形；（b）十字形；（c）多级阶梯形

在大容量的变压器中，为了使铁芯中发出来的热量能被绝缘油在循环时充分地带走，从而达到良好的冷却效果，因此除将铁芯柱的截面做成阶梯形外，还设有散热沟（油道）。散热沟的方向与钢片的平面可以做成平行的，也可以做成垂直的，如图 3-9 所示，垂直的效果比平行的好，但铁芯的结构也复杂。

铁轭的截面也有方形的和各种阶梯形，如图 3-10 所示。为了减少变压器的空载电流和铁芯发热损失，铁轭的截面积可以比铁芯柱的截面积大 5%～10%。

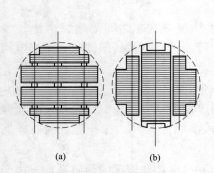 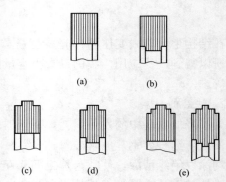

（a）　　　　　　　　（b）

图 3-9　有散热沟的铁芯柱截面
（a）平行；（b）垂直

（a）　　　　　　（b）

（c）　　　　（d）　　　　（e）

图 3-10　铁轭截面的各种形状
（a）方形；（b）T 字形；（c）倒 T 字形；
（d）十字形；（e）多级阶梯形

5. 铁芯的接地

变压器在运行中，铁芯以及固定铁芯的金属结构处在强电场之中，在电场的作用下，它具有较高的对地电位，如果铁芯不接地，它与接地的夹件（即夹紧上、下铁轭的型钢或金属构件）及油箱等之间就会有电位差存在，会产生断续的放电现象，这是不允许的。因此必须将铁芯以及固定铁芯的金属结构接地，使之与油箱等同处于地电位。

铁芯通常采用一点接地的方法达到接地的目的。铁芯的硅钢片间相互绝缘，用以防止产生较大的涡流，因此不能将所有的硅钢片都接地，否则会造成较大的涡流使铁芯发热。通常将铁芯的任意一片硅钢片接地来实现铁芯的接地，因为硅钢片间虽有绝缘，但其绝缘电阻值很小，只足以防止涡流从一片流向另一片，而不能阻止感应的高压电荷，所以只需将铁芯的任一片硅钢片接地，整个铁芯就都接地了。

组成铁芯的硅钢片与上、下夹件之间用绝缘物绝缘开，用一片薄的接地铜片（一般厚度约为 0.3mm），将其一端插入上铁轭的任意两片硅钢片之间，使其被铁轭的硅钢片所夹紧，而将其另一端经过接地小套管引出后与地网连接。

铁芯的穿芯螺栓、螺帽、垫板等是不接地的，但由于它们都处在铁芯之中，所以与铁芯一样是同属于地电位的。

（二）绕组

我国生产的电力变压器，基本上为芯式变压器，绕组也都是采用同心绕组。所谓同心绕组，就是像图 3-2 和图 3-3 所示，在铁芯柱的任一横断面上，绕组都是以同一圆心的圆筒形线圈套在铁芯柱的外面。一般的情况下，将低压绕组放在里面靠近铁芯处，将高压绕组放在外面。高压绕组与低压绕组之间，以及低压绕组与铁芯柱之间都必须留有一定的绝缘间隙和散热通道（油道），并用绝缘纸筒隔开。绝缘距离的大小，决定于绕组的电压等级和散热通道所需要的间隙。当低压绕组放在里面靠近铁芯柱时，因它和铁芯柱之间所需的绝缘距离比较小，所以绕组的尺寸就可以减小，整个变压器的外形尺寸也就同时减小了。

同心绕组按其结构不同可以分为圆筒形、螺旋形和连续式绕组三种。

1. 圆筒形绕组

圆筒形绕组是一个圆筒形螺旋，其线匝用扁线彼此紧靠着绕成，绕组可以绕成单层，也可以绕成双层，如图 3-11 所示。通常应尽量避免绕成单层圆筒，而是绕成双层圆筒；绕成单层时，导线受到弹性变形的影响，线圈容易松开，使端部线匝彼此靠得不够紧；而绕成双层后，松开的倾向就小得多了。当电流较大时，也可采用每一线匝由数根导线沿轴向并联起来绕成，但并联导线数通常不多于 4～5 根。在圆筒形绕组里，这些导线要在同一层里一根靠着一根排列着绕，会使线匝的螺距太大，这样的线圈很不稳固，而且它的高度也没有很好地利用，所以在并联导线的数目较多时，采用圆筒形绕组不适宜。

圆筒形绕组，其两端的两匝作为螺旋的一部分，处在一个与轴线成一定倾斜角的平面内，也就是说两端的两匝是斜的，为了使绕组能在平面上垂直竖立，在每层的起始一匝和最后一匝都放上一个用胶木或纸板条作成的端圈。圆筒形绕组与冷却介质的接触面积最大，因此冷却条件较好，但这种绕组的机械强度较弱，一般适用于小容量变压器的低压绕组。

2. 螺旋形绕组

容量稍大些的变压器，低压绕组匝数很少（30 匝以下），但电流却很大，所以要求线匝的横截面积大，因此要用很多根导线（6 根或更多）并联起来绕，于是就出现了螺旋形绕组，如图 3-12 所示。圆筒形绕组实际上也是螺旋形的，只是每匝并联导线的数量较少。螺旋形绕组每匝并联导线的数量较多，而且是沿径向一根压着一根地叠起来绕，图 3-12（b）所示，是螺旋形绕组导线匝间排列的一部分（只拿出其中 4 匝），每匝有 6 根导线并联，把 6 根并联的导线绕成一个螺旋，各个螺旋不是像圆筒形绕组那样彼此紧靠着，而是中间隔着一个空的沟道。螺旋形绕组绕成后的外形见图 3-12（a）。

螺旋形绕组当并联导线更多时（例如 12 根），就把并联导线分成两组并排起来绕，即绕成双层螺旋，图 3-12（a）所示的即为双层螺旋。

为了减少附加损耗，螺旋形绕组的并联导线要进行换位，使并联的每根导线不像图 3-12 (b) 所示的那样保持它在径向不变的位置。例如：在没有换位时，第 6 根导线在整个线圈高度里永远是在最外层，而利用换位就可以使外层导线依次序占据所有可能的径向位置，如图 3-13 中涂黑的导线所示，这样的换位叫做完全换位。实际上很少使用完全换位，因为每一根导线换位，都需要多余的地方，会过分增加线圈的轴向尺寸。实用中多采用半数线匝换位，如图 3-14 所示。螺旋形绕组的内径一般较大，都在 300mm 以上，内径小于 300mm 时，弯绕会比较困难，因此小容量变压器不宜采用螺旋形绕组。

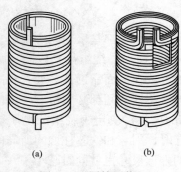

图 3-11　圆筒形绕组
(a) 单层圆筒；(b) 双层圆筒

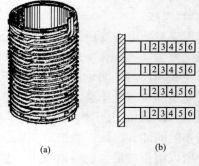

图 3-12　螺旋形绕组
(a) 外形；(b) 绕组纵剖面导线的排列

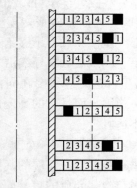

图 3-13　螺旋形绕组换位时导线的位置

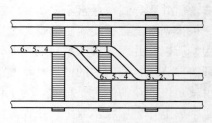

图 3-14　螺旋形绕组的半数线匝换位

3. 连续式绕组

连续式绕组如图 3-15 所示。这种绕组没有焊接头，只能用扁线绕制。连续式绕组导线的匝间排列如图 3-15 (b) 所示，是依靠特殊的绕制工艺绕成的。从一盘绕组 (也称一个线段) 到另一盘绕组，它们的接头是交替地处在线圈的内侧和外侧，这些接头都是用绕制线圈的导线自然连接的，所以没有任何焊接，这也是这种绕组的主要优点。为连续式绕组绕成后的外貌与螺旋形绕组粗看起来很

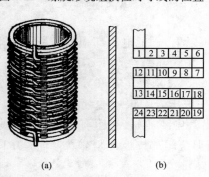

图 3-15　连续式绕组
(a) 外形图；(b) 绕组纵剖面导线的匝间排列

相似，但实际上彼此的绕法不一样。

如果导线截面较大，绕起来不方便，连续式绕组也可以用几根导线并联起来绕，一般不超过 4 根，在绕的过程，同时进行换位。图 3-16 所示，为两根导线并联绕时换位的情况，在上面一盘中，导线 1 是在外层的，绕到下面一盘时，导线 1 就转换到内层，同样，在上面一盘中导线 2 是在内层的，绕到下面一盘时就转换到外层，这样的换位可以减少附加损耗。

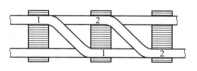

图 3-16　连续式绕组两根
导线并联绕时的换位

连续式绕组大多数用在大、中型变压器的高压绕组上。

绕组的形式除上面介绍的三种外，还有其他种类，如饼式绕组、纠结式绕组以及近年来在大型电力变压器低压绕组上采用连续换位导线绕成连续式绕组等。

为了能使绕组有效地散热，在绕组内还设有油道。双层圆筒形绕组，在其内、外层之间用木夹条或绝缘纸板隔垫开来，构成纵向的油道。螺旋形和连续式绕组，除设有纵向油道外，在每两盘线圈之间，也用绝缘纸板隔垫开构成横向油道，纵向和横向油道互相沟通，油在循环时使绕组得到更好的冷却效果。

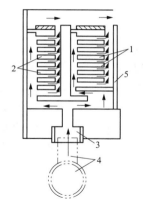

大型电力变压器多采用强迫油循环冷却方式，这时绕组的油道可以做成两种形式：一种即为具有纵向和横向的油道，油在绕组内的循环没有一定方向，这种形式的冷却效果较差；另一种是将绕组的油道做成导向冷却的形式，如图 3-17 所示，压力油在高、低压绕组的纵向、横向油道内，沿着图中箭头所示的路径有规律地流通，可使绕组得到很好的冷却效果。

图 3-17　双绕组变压器强迫油
循环导向冷却示意图
1—高压绕组；2—低压绕组；
3—绝缘纸板油管；
4—钢油管；5—高压绕组围屏

（三）油箱

油箱是油浸式变压器的外壳，箱内灌满了变压器油，器身就放在此油箱内。变压器油有两种作用：一方面作为绝缘介质；另一方面作为散热的媒介，即通过变压器油的循环，将绕组和铁芯中散发出来的热量，带给箱壁或散热器、冷油器进行冷却。油箱用钢板焊成，其结构要求具有一定的机械强度，除了应满足变压器在运行时的一些要求外，还应满足变压器在检修和运输时的强度要求。

油箱按变压器容量的大小，其结构基本上有吊器身式油箱和吊箱壳式油箱两种。

1. 吊器身式油箱

吊器身式油箱的变压器如图 3-18 所示。这种变压器油箱的上部箱盖可以打开，而箱壳用钢板焊接成，其顶部开口，焊缝严密而不漏油，器身就放在箱壳内。中、小型变压器带油的总重量相对不太重，因此当变压器的器身需要进行检修时，可将整个变压器带油搬运至有起重设备的地方，将箱盖打开，吊出器身，以进行详细的检查和必要的修理。

2. 吊箱壳式油箱

随着变压器容量的不断增大，它的体积和重量也都迅速地增大和增加。图 3-19 所示为大型三相吊箱壳式变压器，它采用吊箱壳式油箱（也称钟罩式油箱）。大型三相变压器的搬

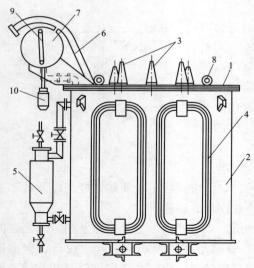

图 3-18　吊器身式油箱的变压器

1—箱盖；2—箱壳；3—出线套管；4—拆卸式散热器；

5—热虹吸器；6—防爆管；7—储油柜；

8—箱盖吊挈；9—油位计；10—呼吸器

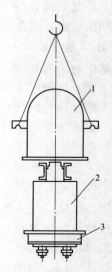

图 3-19　吊箱壳式变压器

1—钟罩式箱壳；2—器身；3—底壳

运和起吊器身都不太方便，所以通常都把大容量变压器的箱壳做成钟罩式，当器身需要检修时，吊去较轻的箱壳。这种箱壳在其下部有依靠螺栓紧固的箱沿法兰，拆去箱沿四周的紧固螺栓，吊去外面的箱壳（即钟罩），器身便全部暴露在空气中，以进行检修作业。由于此种箱壳的重量较器身轻得多，所以吊箱壳时不需要特别重型的起重设备，只要在变压器安装的现场准备一些轻型的起吊工具即可进行工作，既避免了将笨重的变压器搬运至有重型超重设备的场所的繁重搬运工作，又不需要准备重型的起重设备，所以目前这种油箱结构已得到广泛的应用，不但大型变压器采用，而且中型变压器也已广泛采用。

3. 两种油箱的优缺点

吊器身式油箱容易制造，箱盖下的橡胶密封垫的荷重较小，橡胶不易老化，运行中变压器油也就不易渗漏。但其缺点是较大些容量的变压器很重，搬运和起吊均有一定程度的困难，变压器容量较大时不方便采用。

吊箱壳式油箱设计和制造工艺较为复杂，除必须保证外壳在单独起吊时的机械强度和较小的变形外，还因为箱壳的焊缝和接合面较多，而且箱沿的橡胶密封垫的荷重较大，橡胶容易老化，所以在运行中容易发生渗漏油的现象。但其优点是能较易解决因变压器较重而带来的搬运和起吊器身时的困难。

4. 油箱充油量

油浸式变压器的油箱里装有变压器油，当油的温度变化时，其体积会发生膨胀或收缩，引起油面的升高或降低。为了使箱壳内的油面能自由地升降，在小型变压器（50～100kVA）内，箱壳内的油不能全部充满到箱盖，而是在箱盖下预留出一些空间，如图 3-20 所示。

图 3-20 中，2 即为预留空间，这些空间预备油在受热膨胀时占用，而空气则经过特殊的

阀门排出和吸入。变压器预留空间内的油在运行中和空气接触时，会发生氧化作用逐渐老化，性能就会逐渐变坏。大、中型变压器，如仍采用在箱盖下预留出一部分空间作为油膨胀之用，则会因其油箱断面积较大，油面与空气大面积地接触而使变压器油迅速地变坏。尤其大、中型变压器，其高压侧电压较高，当油的电气绝缘强度下降时，会威胁变压器的安全运行。因此，100kVA 及以上的变压器，箱盖上另装一只辅助油箱（通常称为储油柜），用以作为油的膨胀之用，如图 3-21 所示。由图可见，在变压器箱壳内，充满着变压器油，储油柜内的油通过气体继电器的连通管与箱壳连通。在储油柜上装有一只玻璃油位计，能看到储油柜内油位的变化。用这种方法，可使油与空气相接触的面积大大减小，同时油面仍能随着温度的变化自由地升降。储油柜内所装油量，约为总油量的 10％，它能保证变压器在冬季停用和夏季带最大允许负荷时，都能在油位计上看到油位。

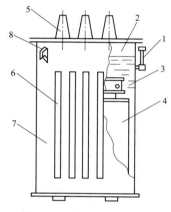

图 3-20　小型变压器油箱

1—油位计；2—预留空间；3—变压器油；4—器身；
5—出线套管；6—散热筋；7—箱壳；8—吊攀

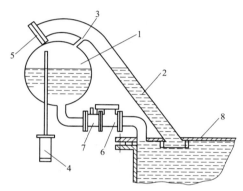

图 3-21　变压器储油柜

1—储油柜；2—防爆管；3—储油柜与防爆管的连通管；
4—呼吸器；5—防爆膜；6—气体继电器；
7—蝶形阀；8—箱盖

变压器装设了储油柜后，既有利于装设气体继电器，又可使绝缘套管内部充满油，提高套管的绝缘水平。

（四）绝缘套管

为了将绕组的端头从油箱内引出至油箱外，以能与配电设备相连接，就必须利用绝缘套管，使带电的引线穿过油箱时与接地的油箱绝缘开。绝缘套管的结构有很多种，广泛使用的有夹瓷式套管、电容式套管、全密封油浸纸电容式套管三种。

1. 夹瓷式套管

夹瓷式套管如图 3-22 所示。套管利用导电铜杆两端的螺母，将瓷盖、橡胶密封环、金属罩、密封垫圈、瓷套、金属衬垫用力夹紧，由于橡胶密封环和密封垫圈的密封作用，使瓷套的顶部不会发生渗漏油。在瓷套的中部，有一个向外凸出的固定台，在固定台的底面放置密封垫圈后，利用压钉将瓷套固定在变压器的箱盖上。这种瓷套的全部零件，可以解体拆开，没有任何胶合剂，用橡胶的密封垫圈和密封环进行密封，当橡胶使用年久失去弹性老化时，可以将套管解体拆开，更换新的垫圈和密封环后再装复，避免发生渗漏油的弊病。

夹瓷式套管广泛应用于 40kV 及以下的各种电压等级中。不同的电压等级，其基本结构都是相同的，所不相同的只是瓷套的瓷伞个数有所差别，例如，1～10kV 时为 2 个瓷伞，15kV 时有 3 个瓷伞，35kV 时有 4 个瓷伞，40kV 时有 5 个瓷伞。对于电压为 40kV 的套管，在套管下部瓷伞到固定台之间喷镀金属，以降低电场强度，防止放电。当电压为 35kV 及以上时，中间导电铜杆的外表面用纸绝缘或纸板套筒绝缘作为附加绝缘。

2. 电容式套管

电容式套管如图 3-23 所示。这种套管中，导电铜杆上交替地卷裹绝缘纸层和金属薄片层，从中间导电铜杆向外形成许多串联电容器，它的作用是改变从中间的高压导电铜杆到箱盖之间的静电场分布情况，降低电场强度，从而提高绝缘强度，缩小套管的体积尺寸，减轻套管的质量。

电容式套管可以使用在 35kV 及以上的电压等级中。

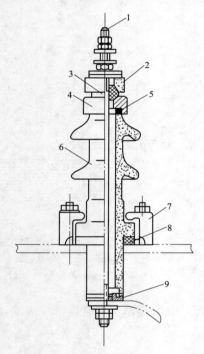

图 3-22　夹瓷式套管

1—导电铜杆；2—瓷盖；3—橡胶密封环；
4—金属罩；5—密封垫圈；6—瓷套；
7—压钉；8—密封垫圈；9—金属衬垫

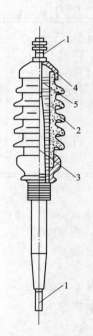

图 3-23　电容式套管

1—导电铜杆；2—瓷套；3—电容芯子；
4—钢罩；5—绝缘胶

3. 全密封油浸纸电容式套管

全密封油浸纸电容式套管如图 3-24 所示，它在运行中油质保护较好，且还具有尺寸小、质量轻的特点，可使安装该套管的电器设备相应地缩小尺寸和体积。

全密封油浸纸电容式套管由储油器、上瓷套、下瓷套、电容芯子和安装法兰等主要部件组成，其主绝缘是电容芯子。电容芯子装在套管内的一根中间空心的导电铜管的外表面上，采用紧密绕包的油浸纸作绝缘层，并在绝缘中布置多层均压用的铝箔极板，使套管的径向和轴向的电场分布较为均匀。电容芯子经真空干燥处理除去内部空气与水分，并用变压器油浸渍，因而成为具有耐电强度较高的油纸组合绝缘。套管的瓷套起着外部绝缘的作用，并保护内部绝缘不受外界大气的侵蚀作用。

套管的组装与密封是可拆卸式的，它借助于强力弹簧的压力来紧固，并依靠弹簧的弹性来调节各零件由于温度变化而引起的相对位移，以防止套管渗、漏油和其他零件受损伤。在套管各相连零件之间垫以耐油橡胶垫，以达到可靠地密封，同时也使拆装起来方便。

套管的储油器是全密封式结构，可避免大气的侵蚀。为了避免温度增高时油体积膨胀而造成套管内压力过大，可在储油器上部留有一定量的空气起缓冲作用，其内部的最大压力不超过 2 个大气压。

在储油器上有注油塞，当油位降低时可以注油。安装法兰附近有取油样塞，油塞座内连通一根尼龙取油样管，直通套管底部，借助于虹吸作用，可带电吸取套管底部的油样。套管的下端设有放油孔，储油器侧面有油位指示计，可以观察套管内部绝缘油颜色的变化和油位是否正常等。安装法兰上还有吊攀，作安装和调换时起吊之用。

套管的外绝缘（瓷套）有正常绝缘和加强绝缘两种，后者可使用在污秽或高原地区。

油浸纸电容式套管的整体长度为：60kV 时，1.8m；110kV 时，2.3~3.0m（后者为加强绝缘）；220kV 时，4.5~4.9m（后者为加强绝缘）；330kV 时，5.8m。

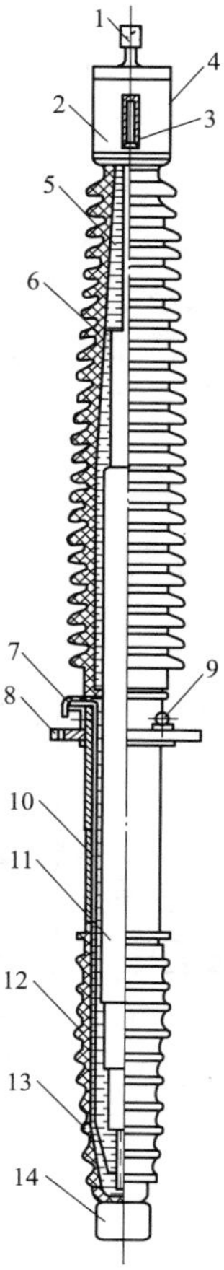

从变压器绕组的出线端至套管之间，要经过一段引线，引线的形式根据载流量的大小、电压等级的高低以及套管的形式来确定。20kV 以下的引线，一般采用多片软铜片制成，软铜片的一端与绕组的出线端相焊接，另一端（有螺孔）与套管用螺栓相连接，软铜片是赤裸的，不加绝缘；20~40kV 的引线，多采用多股软铜线，其一端与绕组相焊接，另一端焊上软铜片并开螺孔后与套管用螺栓相连接，引线的外表面包上适当的绝缘层；60kV 及以上的引线，也采用多股软铜线，其一端与绕组的出线端相焊接，在焊接处及其附近包上与电压等级相适应的绝缘层，在引线的另一端焊上铜的螺栓接头，然后穿过全密封油浸纸电容式套管的空心铜管，再在外面与套管的铜帽盖相固定。

（五）冷却装置

变压器内部会因损耗而产生热量，如果不把这些热量及时散出，内部的温度将愈来愈高。特别是大型变压器，损耗大，温升将更高。因此，大型变压器不仅要采用高效的冷却方式，而且器身内需要采用导向冷却结构。

图 3-24　全密封油浸纸电容式套管
1—接线端头；2—储油器；3—油位计；
4—注油塞；5—导电铜管；6—上瓷套；
7—取油样塞；8—安装法兰；9—吊攀；
10—连接套管；11—电容芯子；12—下瓷套；
13—取油样管；14—均压球

1. 导向冷却结构

大型变压器的器身内部设计时，往往利用主绝缘及附加零件构成一特定的油路，使油在特定的油路中定向流动，提高器身内部某些部分的冷却效率，这就是导向冷却。

变压器的主要发热部位是铁芯和绕组，导向冷却的目的就是加速主要发热部位的冷却，提高这些部位的冷却效果。也就是说：需要把冷却变压器油通过特定的油路直接引至铁芯和绕组，并使其沿着规定的油路流过铁芯和绕组，把铁芯和绕组所产生的热量带走，有针对性地提高铁芯和绕组的冷却效率。

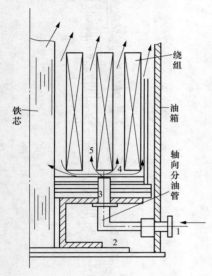

图 3-25　导向冷却的结构
1—油管；2—总油管；3—轴向分油管；
4—径向油路；5—轴向油路

导向冷却的结构如图 3-25 所示。

图 3-25 中，油管与冷却器相连通（或与冷却器的油管框架相连通），连接处装有阀门。油管可以设置在油箱的两个端头或两个侧面，但必须与油箱内的总油管相连通，并保证有较好的密封。总油管在器身的高、低压侧各设置一根，每根总油管上都有 3 个或 6 个轴向分油管。轴向分油管穿过下夹件和下铁轭垫块，伸到下铁轭绝缘上面。轴向分油管伸进下铁轭绝缘部分应使用绝缘管，下端与总油管相连部分可以采用钢管。下铁轭绝缘的垫块通过开槽或增设封油圈等构成导向冷却的径向油路，径向油路将各条轴向油路连通。轴向油路由铁芯油道、绕组油道、绕组间油道以及绕组与围屏之间的油道组成。围屏的下端与反角环包接进行封油，所有引线出头穿出围屏时都用纸板圈进行封油，围屏上端除相间以外要低于绕组 100～200mm，作为油的出路。

根据导向冷却的结构，油的冷却路径是：冷油从冷却器的下端连管进入油箱内的总油管，从总油管经过各个轴向分油管流到各相绕组的底部，再经过径向油路将油分成多股，分别使油流过铁芯和各绕组，从器身上端的铁芯油道及铁芯与绕组之间、绕组之间、绕组与围屏之间流出，通过油箱与冷却器上端的连管进入冷却器进行循环冷却。

变压器的发热主要是由铁芯和绕组产生，导向冷却的特点针对这两部分进行，直接把冷油导入这两部分，并把铁芯和绕组中产生的热量带走。这就要求油在导向路径中要有一定的流速和流量，油的流速和流量越大（当然流速不宜过高，要防止流速过高而产生静电），冷却效果越好。因此，导向冷却结构应配备强迫油循环装置，强迫油循环进行导向冷却，提高冷却效率。这种冷却方式，对解决径向尺寸较大的大型变压器散热问题具有显著的效果。

2. 强迫油循环

变压器油在器身内受热后，油位缓慢上升，为使这种受热自然上升的速度适当加快，在冷却系统中加入潜油泵，利用潜油泵迫使油提高流速，加快循环，这就是强迫油循环。强迫油循环有风冷却和水冷却两种形式。

3. 冷却器

大型变压器一般都采用强迫油循环风冷却器和强迫油循环水冷却器两种形式的冷却器，也可以使用片式散热器加上吹风装置作为大型变压器的冷却器。

（1）强迫油循环风冷却器。强迫油循环风冷却器的常见结构如图 3-26 所示，主要由冷却管、集油箱、电风扇和潜油泵等组成。

冷却管由金属管制成，为了增加冷却面积，在管子外表挤出有螺旋形的金属片。冷却管的两端各有一个集油室，集油室内焊有隔板，以便形成多回路的油循环路径。下集油箱的下端面装有潜油泵，潜油泵的吸入端直接装在第一个油回路上，吐出端通过流速继电器的连管接到第二个油回路上。图 3-26 是一组三回路冷却器，其上、下集油箱分隔示意如图 3-27 所示。油在该冷却器中的循环情况是：油从上集油箱的连管进入①区，并通过冷却管流到下集油箱的①区，下集油箱的①区通过潜油泵将油打入②区，并流过冷却管上行到上集油箱②区，上集油箱的②区和③区是连通的，油可以经过冷却管再回流到下集油箱的③区。最后油从③区沿图中箭头方向从出口流出而进入油箱。

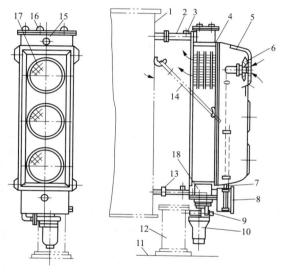

图 3-26　强迫油循环风冷却器结构

1—变压器油箱；2—连管；3—温度计座；4—冷却管；5—导风筒；
6—电风扇；7—引线；8—控制箱；9—继电器；10—潜油泵；
11—地面；12—净油器；13—法兰；14—拉杆；15—上集油箱；
16—放气塞；17—保护网；18—下集油箱

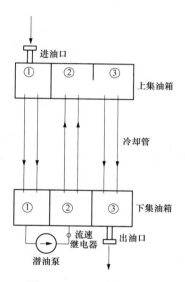

图 3-27　三回路冷却器上
下集油箱分隔示意图

另外，在冷却管的外侧装有电风扇箱、导风筒及反装的电风扇和通风保护罩。当冷却器工作时，如果油的流速低于规定速度，装在潜油泵出口处的流速继电器可以报警。每台变压器设有一个总控制箱，每组冷却器上装有一个分控制箱，可以控制油泵和电风扇的自动投入或切除。

（2）强迫油循环水冷却器。强迫油循环水冷却器如图 3-28 所示，其结构示意如图 3-29 所示。强迫油循环冷却器主体由油路和水路两大部分组成。水路由许多水管组成，水管下端分别与进水室和出水室相通，上端与一个改变水流方向的集水室相通，冷却水循环的路径如图 3-29 中箭头所指。水管的外面罩一个大金属筒，热的变压器油在各水管之间从上向下流动。在金属筒内沿高度方向设有隔板,以改变油流路径,使油绕着水管弯弯曲曲地流过。潜油泵装在上面的入口处,以加速油的流动。每台变压器装有一个总控制箱,控制冷却器的工作。使用水冷却器时,必须要有可靠的密封,严防水渗入油中。一般都采用油压大于水压的措施,用装在油回路和水回路之间的差压继电器进行监视,保证水冷却器的正常工作。另外,水冷却器还装有降压阀,以控制进入油箱的油压,防止油箱内压力过高。

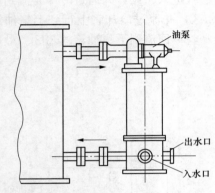

图 3-28　强迫油循环水冷却器

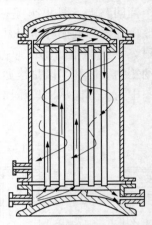

图 3-29　强迫油循环水冷却器结构示意图

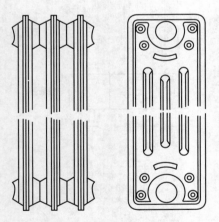

图 3-30　片式散热器结构

（3）片式散热器。片式散热器由多个散热片组成,每个散热片用 1mm 厚的薄钢板冲压成形,两片对合后焊接组成一个散热片。每个散热片的两端都有一个凸出部分,把若干个散热片的凸出部分对焊在一起,构成一组散热片,如图 3-30 所示。凸出部分把各散热片连通在一起成为油的通道。一般片数较少时可以直接焊在油箱壁上,片数较多时做成可拆卸的。

片式散热器的散热面积大,冷却效果好,还可以加装电风扇,一般用于较大容量的变压器。

（六）保护装置

1. 储油柜

储油柜是一种油保护装置,当变压器工作时,油的体积会随着温度的变化而膨胀或缩小,这就要求变压器油箱的内外应相通,以保证变压器的所谓呼吸过程。储油柜就是保证变压器实现呼吸过程中用以缩小油与空气接触面,减少油受潮和氧化的程度。储油柜的容积一般为变压器油总容积的 10% 左右。

大型变压器广泛采用隔膜袋式储油柜,其基本结构如图 3-31 所示。其工作情况为:隔膜袋内部空间与大气相通,外表面与柜内的油接触。当变压器油箱中的油膨胀时,储油柜中的油面上升压迫隔膜袋向外排气,即为变压器的呼气过程,当储油柜中的油面下降回流到油箱中时,柜内呈负压状态,隔膜袋便自行充气以平衡袋内外压力,这就是变压器的吸气过程。在变压器的呼吸过程中,空气和油始终不接触,柜内油面高度通过磁铁式油表来指示(或用玻璃油管显示)。储油柜的一端还可以带上有载开关储油柜,一般都是开放式的。

储油柜的另一种结构是将柜体沿长轴分成上下两半，中间用法兰连接，法兰间夹一个橡胶隔膜隔开空气和油，如图 3-32 所示。

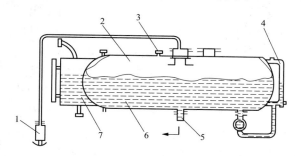

图 3-31　隔膜袋式储油柜的基本结构

1—吸湿器；2—隔膜袋；3—放气塞；4—油表；
5—连管；6—柜体；7—有载开关储油柜

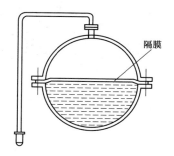

图 3-32　储油柜的另一种结构

2. 吸湿器

吸湿器的位置见图 3-31，它实质上是储油柜呼吸过程中的一个过滤器。当变压器由于负荷或环境温度变化而使变压器油的体积发生胀缩时，储油柜内的气体通过吸湿器进行呼吸。

吸湿器下端空气进口处设有油封装置，在容器内装有干燥的硅胶或活性氧化铝，用以除去吸入空气中的尘埃和水分。硅胶在干燥状态下呈蓝色，吸潮后变成粉红色，此时应进行及时干燥处理或更换。

3. 净油器

净油器又称温差过滤器，其主要部分是用铁板焊成的圆筒形油缸，上下两端通过连管、阀门与油箱连通，如图 3-33 所示。罐内装有硅胶吸收剂，利用油受热后的自然循环使油流经吸收剂，从中除去油中的水分和杂质，降低油的酸价。吸收剂用硅胶时，其质量为变压器油质量的 1%；用活性氧化铝时，其质量为变压器油的 0.5%。

4. 压力释放器

大型变压器普遍使用压力释放器代替安全气道。当变压器内部发生故障，油箱内压力达到 51kPa 时，压力释放器动作报警，同时油流和气体将挡板顶开向外喷出，使油箱内及时减压，避免发生油箱爆裂事故。油箱内减压后，压力释放器的挡

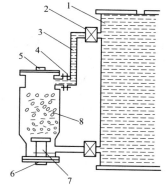

图 3-33　净油器结构

1—油箱；2—阀门；3—连管；
4—法兰；5—放气塞；6—放油塞；
7—集污器；8—罐

板可以闭合，经调整后继续使用。一般大型变压器都安装两只压力释放器，压力释放器安装在油箱顶盖的升高筒上，在压力释放上面还要安装事故导油管，以便使喷出的油导入地面的固定容器中。

以前生产的大型变压器都安装有安全气道，安全气道是一个长钢筒，上面装有一定厚度的玻璃或酚醛纸板。当变压器内部发生故障，油箱内压力达到 51kPa 时，油流和气体冲破玻璃或酚醛纸板，向外喷出，这样可以避免发生油箱爆裂等事故。箱盖内侧对应安装安全气道的地方，要有挡气圈，以免沿箱盖内表面移动的气体进入安全气道，而不通过气体继电器。

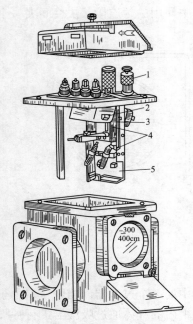

图 3-34　磁力触点式气体继电器的结构
1—气塞；2—磁铁；3—开口杯；
4—舌簧触点；5—挡板

5. 气体继电器

气体继电器安装在储油柜与油箱的连管之间。当变压器内部发生故障产生气体时，气体继电器发出信号用以保护变压器。磁力触点式气体继电器结构见图 3-34，其工作原理为：当变压器内部产生气体时，气体通过储油柜连管进入气体继电器，气体的容积达到一定后，一对舌簧触点接通，发出报警信号。其动作容积的调节范围为 $200\sim400\mathrm{cm}^3$。当变压器内部发生严重故障时，大量的油通过继电器流向储油柜，油流达到一定速度后，冲击继电器中的挡板，使另一对舌簧触点接通，切断变压器的电源，使故障不再扩大。动作流速的调节范围为 $0.35\sim1.2\mathrm{m/s}$。

6. 测温装置

变压器上所用的温度计，主要用来测量油箱内的上层油温。大型变压器常采用信号温度计和电阻温度计。

信号温度计主要由温包、毛细管和表头三部分组成，如图 3-35 所示。温包里面装一种液体（如氯甲烷、乙醚、丙酮等），温包装在油箱顶盖的温度计座内。表头则装在油箱侧壁上，二者之间用毛细管连通。当油温变化时，温包中液体的压力通过毛细管反应在表头的指针上。在表头上一般有两个固定触点，假如把一个触点整定在 45℃，另一个触点整定在 55℃，当表针指示油温为 55℃时，55℃的触点闭合，自动发出启动冷却器电风扇信号，加强冷却；当温度下降到 45℃时，则另一触点闭合，使电风扇自动停止转动。

电阻温度计的测温电阻装在油箱顶盖的温度计座内，通过两根很长的导线引至装在主控制室内的温度计上，进行监测油温。这种温度计是采用比率计的原理制成，通过测温电阻的电阻值随温度变化，引起温度计中桥臂电阻的不平衡，而使比率计两绕组中电流比值发生变化，带动温度计指针偏转，以指示变压器的油温。

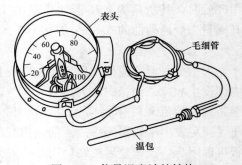

图 3-35　信号温度计的结构

大型变压器大都使用温度控制器来测量油顶层的油温，温度控制器的常见型号有 WTYK-802、WTYK-802A、WTYK-802A/ZWC 和 WTYK-802/288F，其主要用途除指示顶层油温外，当温度超过设定值时，还启动冷却器驱动电动机和报警装置，并采用复合温度传感技术，能同时输出 Pt100 热电阻信号或在达到油温时启动遥测遥控。温度控制器的测温及安装与信号温度计基本相同。有些产品上还使用绕组温度指示器，它也是相类似的测温仪表，能指示出各种负载条件下的绕组热点温度。

（七）分接开关

1. 无载分接开关

无载调压分接开关常用的接线方式如图 3-36 所示。图 3-36（a）为三相中性点调压，端部引出。它适用于 35kV 及以下的多层圆筒式绕组变压器。采用这种接线时，三相只用一个分接开关即可调压，分接头可以从绕组的外层线匝引出。采用中性点调压时，相间绝缘距离可以缩小。

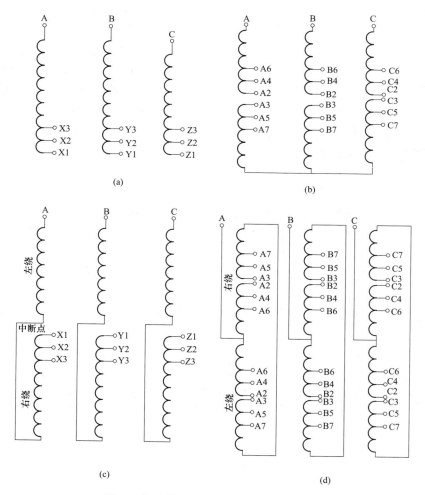

(a)

(b)

(c)

(d)

图 3-36　无载调压分接开关常用接线方式

（a）三相中性点调压；（b）三相中部调压；（c）三相中性点反接调压；（d）三相中部并联调压

图 3-36（c）为中性点反接调压，适用于 15kV 及以下的中等容量变压器。调压段由中部引出时，横向漏磁将比端部引出要小，从而可以使轴向电磁力减小。由于上、下两部分绕组反接（尾接尾），故两部分的绕向应不相同，否则两部分的感应电动势将互相抵消。中性点反接调压时，上、下两部分绕组反接，中断点处的工作电压约等于相电压的一半，且在冲击试验时将达到冲击试验电压的 70%～100%，因此中断处油道要比其他部位的油道大得多，所以它不宜用于 35kV 及以上的绕组。中性点调压和中性点反接调压均为中性点调压，

因此可以三相共用一个分接开关，结构简单，操作方便，安装尺寸小。

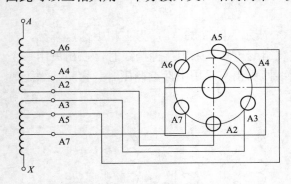

图 3-37 分接头与开关的连接

当绕组的电压较高、电流较大、调压级数较多时，应采用图 3-36 （b）、（d）所示的接线方式，在绕组中部进行调压。采用该调压方式时，各分接头与开关的连接情况如图 3-37 所示。对于 A 相，分别连接 A2A3、A3A4、A4A5、A5A6、A6A7 时，可得到 ＋5％、＋2.5％、0％、－2.5％、－5％ 五级调压。同样，如把图 3-36 （b）、（d）接线图中的每相去掉两个分接，如 A6A7、B6B7、C6C7，再切换各挡时，可得到 3 级调压。采用这种方式时，可以根据具体情况选用一个三相分接开关或三个单相分接开关。

图 3-36 （d）为每相上下两部分绕组并联的方式，主要用于电压较高的变压器。

无励磁调压方式的接线和开关结构都比较简单，分接开关一般采用手动操作，操作手柄一般装在油箱顶盖上。

2. 有载分接开关

随着对供电质量要求的提高，很多场合要在不停电的情况下进行调压，因此，目前电力变压器和特种变压器都广泛采用有载调压。有载调压的方式较多，通过有载开关改变绕组匝数进行调压的方式是较为普遍的一种。

（1）有载分接开关的工作原理。有载分接开关能够在不切除负载的情况下，由一个分接头切换到另一个分接头，这主要是依靠过渡电路来完成的。图 3-38 所示是一种比较简单的双电阻过渡电路的过渡过程，分接开关触头 2 和分接头 b 相接，现在要换接到 c 上，换接过程如下：

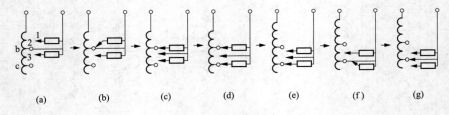

(a)　　　(b)　　　(c)　　　(d)　　　(e)　　　(f)　　　(g)

图 3-38 过渡过程

1）先将带有过渡电阻的触头 1 与分接头 b 接通 ［见图 3-38 （b）］，然后把触头 2 切掉 ［见图 3-38 （c）］，这时的负载电流经过 b 和 1 导通。

2）把带有电阻的触头 3 与分接头 c 接通，此时负载电流的路径分为两条支路——b-1 支路和 c-3 支路 ［见图 3-38 （d）］，触头 1 和触头 3 上的电阻限制 b-1-3-c 回路中循环电流的作用，这时已经做好了换接前的准备。

3）切掉触头 1，电流经过 c-3 导通，实现换接，见图 3-38 （e）。

4）把触头 2 与分接头 c 接通 ［见图 3-38 （f）］，然后切掉触头 3 ［见图 3-38 （g）］。至此，换接过程全部结束，整个换接过程电流始终导通。

有载分接开关的过渡电路有多种形式，如单电阻式、四电阻式及六电阻式等。此外还有用电抗作限流阻抗的，不过这种开关体积大，触头烧蚀严重。目前都趋向采用电阻作限流阻抗而制成电阻式有载分接开关。

（2）有载分接开关的结构。有载分接开关按照结构可分为复合型和组合型，如图3-39所示。将分接选择与切换功能结合在一起的称为复合型，分接选择与切换功能没有结合在一起的称为组合型，下面以组合型为例进行简述。

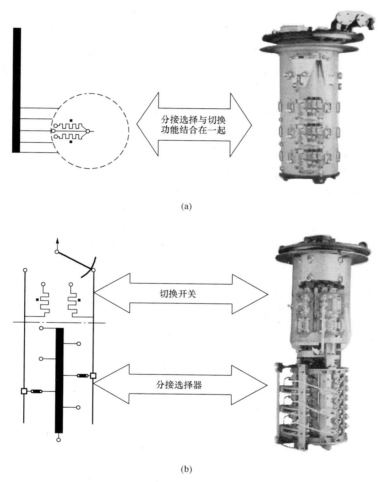

(a)

(b)

图3-39　有载分接开关的结构类型

（a）复合型；（b）组合型

组合型有载分接开关主要由开关本体、操动机构部分、安全保护装置等组成。

1）开关本体。开关本体主要包括切换开关和选择开关。

a. 切换开关。切换开关专门承担切换负荷电流的部分，主要包括触头系统和快速机构。

a）触头系统：①过渡触头系统按一定几何关系互相连动的触头组，承担切换电流的任务，触头表面将产生电弧；②工作触头系统（包括引出触头）是与过渡触头互相配合的短接触头，承担长期通过工作电流的任务，在程序上总是先离开而后接触。

b）快速机构是切换开关的动力源，是使触头系统按照预定的速度和程序进行可靠快速切换的特殊机构装置。

b. 选择开关。选择开关按分接头顺序，预先接通将要换接的分接头，并承担连续负荷的部分。选择开关的结构取决于调压电路的设计。

2）操动机构部分 。操动机构是开关本体动作的动力源，通常是电动的。它可以就地操作或远距离操作，可以半自动控制或全自动控制。操动机构装有必要的限动、安全联锁、位置指示、操作计数、信号传递等装置，通过操作实现分接位置的换接。

3）安全保护装置。

a. 过压保护：保护继电器负责发出信号并使变压器一次侧跳闸；故障时，安全气道、过压释放阀、爆破盖将油室中的多余压力放出。

b. 过电流保护：当流经变压器绕组的电流超过整定值时，防止电动机构操作（但不能防止切换开关动作）。

c. 失步保护：将并联运行的几台分接开关同步操作，当不同步时，发出信号并闭锁下一次操作。

（3）切换开关、快速机构、选择器、电动机构。

1）切换开关。切换开关是有载开关的"心脏"，实现负荷电流的转换任务。有载开关的可靠性在很大程度上取决于切换开关。

切换开关的结构可分为凸轮式、摆杆式、滚转式三种：

a. 凸轮式。凸轮式切换开关没有单独的快速机构，靠特有的匀速转动的凸轮曲线陡度，实现切换开关的断口速度。这种结构一般用在电抗过渡的切换开关中。

b. 摆杆式。摆杆式切换开关的快速机构也不是独立的，而是和触头系统杆件组合在一起，形成一个四连杆机构，用拉伸弹簧作为动力，属于一种过死点切换的机构。

c. 滚转式。滚转式切换开关有扇形和 M 形两种结构，如图 3-40 所示。

a）扇形采用三个扇形的触头架，其上固定着动触头，而定触头则固定在周围的绝缘筒上，三相按 120°均布。扇形件通过轴钉与三角形回动架相连接。在扇形件的下方装有一块齿板，在回动架转动时，它与定触头圆筒上的内齿圈相啮合，可以限定扇形件的运动轨迹。动触头按过渡电路设计的程序，在定触头上滚动。定触头上装有压缩强簧，可以前后弹动，使动、定触头间保持足够的

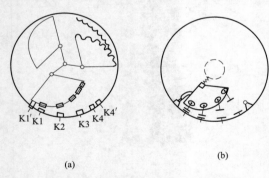

图 3-40 滚转式切换开关结构示意图
（a）扇形；（b）M 形

接触压力。当运行一段时间后，触头的厚度会由于烧蚀而减薄，定触头的弹动量必须足以补偿这个失去的厚度。从动触头随扇形件滚转动作可以看出，触头分离时两个相对应的触头表面并不是互相平行的，而是存在一个偏角，因而电弧的位置总是发生在触头的两个棱角处，如图 3-40（a）所示。在长期运行后，触头上的钨铜合金两侧会发生烧损，为此触头必须更换。寿命不长是这种开关的最大缺点，其优点是简单、易于制造。

b）M 形结构开关如图 3-40（b）所示，接触压力（即烧蚀补偿）由扇形块的尾推弹簧供给，触头受导向盘限定，形成辐向运动，即对开运动。由于动、静触头上下成对布置，采用了拉牵质量重心的方法，使上下触头同步平动，而均匀烧蚀。其特点是触头表面烧损均

匀，采用两对触头并联，触头的有效面积增大一倍，并用尾推弹簧补充烧蚀，补偿量约为 7~8mm，因而电寿命长，一般可达到 20 万次。

2）快速机构。快速机构一般有两种不同的结构，即过死点释放机构和枪机释放机构，如图 3-41 所示。

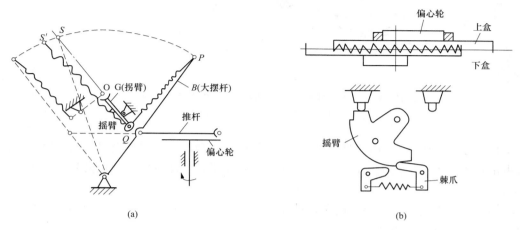

(a)   (b)

图 3-41　快速机构结构原理图
（a）过死点释放结构；（b）枪机释放结构

　　过死点释放结构的快速机构，在切换开关中心轴上固定有拐臂 G，主弹簧的一端固定在拐臂 G 上的 Q 点，另一端固定在大摆杆（B）上的 P 点。当 B 在推杆的作用下向另一方摆动初期，拐臂受止动挡的限制而不能移动，使 PQ 两点的距离逐渐拉大，主弹簧被拉伸而储能，这一过程直到 P 点移到 S 点为止。此时，弹簧的作用力方向恰恰通过中心轴 O，拐臂 G 上所受转矩为零，因此处于不稳定状态。假定没有摩擦力和任何外力，则拐臂将会在稍受振动之后立即向另一个方向转动。但事实上由于存在摩擦阻力，拐臂并不动作，而当 P 点移到 S′点时，拐臂才可能开始动作。因此，把 S 点称为死点，而 S′点称为启动点。由于启动时的力矩很小，因此又增设一个摇臂，它带有一度角的空挡。操作时，拐臂不直接操动切换开关，当摇臂启动一小段距离后，弹簧已放出一定能量，并具有一定的起始转矩，这时再带动摇臂向另一侧快速切换，把弹簧的储能转变成触头系统的动能。

　　图 3-41（b）所示为枪机释放结构原理图，上盒由一个偏心轮带动，由左向右移动，而下盒和摇臂相连，摇臂被棘爪卡住不动。两盒之间距离减少时，主弹簧被压缩而储能。这一储能过程一直保持到上盒上的拔叉将棘爪打开，下盒在弹簧作用下带动摇臂，摇臂又带动触头，迅速向另一侧切换。

　　3）选择器。由于调压电路的种类很多，因此选择器的结构也是多种多样的。下面主要介绍一般常用的 ±7 级调压电路选择器的结构特点。

　　图 3-42 所示是 ±7 级调压电路选择器触头组（单轴）结构，它采用单槽轮、单轴传动结构。在绝缘转轴上同时装有两组动触头，一组只连接单数触头（1、3、5、7），而另一组只连接双数触头（2、4、6、8）。为保证工作程序，定触头（或动触头）采用宽形结构，通常称为"耳形"触头。当开关转动时，一侧动触头（带负荷）在耳形定触头上滑动，而另一组动触头（不带负荷）离开定触头预选新的分接，并根据预定的设计要求转动角度。

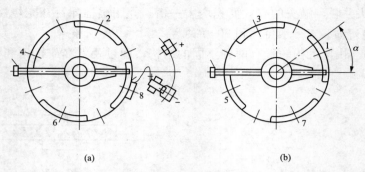

图 3-42　±7 级调压电路选择器触头组结构（单轴式）

（a）偶数端连接；（b）奇数端连接

动触头在靠近轴的一方与引出环相连接，动触头在动作时只在环上滑动而不脱离，负荷电流由定触头经动触头至引出环，并引到两组接线端子，由此分别连到切换开关的单双数上（即Ⅰ和Ⅱ）。

单轴式选择器的优点是结构简单，动作可靠；缺点是定触头很宽，沿圆周布置，外廓尺寸较大，而且机械磨损也较严重。

选择器的上端装有槽轮，由拨盘带动槽轮，每级转角 $\alpha=45°$，由操动机构带动绝缘水平轴，以活节接头接到一组伞齿轮上。操动机构每转四圈，伞齿轮转半圈。传动由此分为上下两路：上路以拐臂的方式带动快速机构；下路通过一个联轴器耦合到选择器的拨盘上，操动选择器槽轮，使开关动作。

选择器接触系统不切换负荷电流，因而选择器实际上可以当作无载分接开关的一种特殊形式。由于操作次数频繁，因而触头寿命、接触可靠性（上下"台"动作）以及机械强度、弹簧应力等都必须予以充分注意。触头的接触压力要合适，过低难以保证正常工作，甚至动热稳定试验不能过关，过高会增加不必要的磨损而使寿命降低，甚至接触不良。接触系统一般采用夹片式结构，夹片式触头的楔入角要调整适当。楔口尺寸和动触头的浮动范围必须使上台绝对可靠，不允许卡死。

4）电动机构。电动操动机构是一种机械和电气的组合装置，开关本体的动作（包括切换、予选分接头、变换分接范围等）由电动操动装置按照功能要求和操作程序来完成。

a. 对电动操动机构的基本要求：

a）操动机构应能按预定的周期（由一次切换动作开始到该切换动作结束的时间）自动停车，停车角符合圆周规定，并且基本上不受阻力矩影响。完成这一任务的机械电气装置，称为顺序开关。顺序开关应是步进式的，即当发出指令信号后，机构应立即转动，如果该指令信号不取消，开关也只能完成一级调压，只有在再次发出指令信号后，开关才能再次动作。

b）在分接开关的极限位置，必须有由电气装置自动切断超越极限位置的电动指令。同时在机械上也应加以闭锁，万一电气开关失灵，机构输出轴也不能向超越极限位置的方向转动，以确保开关本体的安全。完成这一任务的机械电气装置称为限位装置，例如：为防止意外，M 型开关中又设有紧急脱扣装置；为防止电源相序不对，造成机构转向错误，导致停车角位置不对及电气极限开关失灵，M 型开关中设有误相序自动停车装置。

c）为确保现场操作人员的安全，设有手动操作的电气机械联锁，使手动和电动不能同时进行。这一装置称为联锁开关。

d）按使用要求应装有位置指示、计数、遥测及其他联动信号等附属装置。

e）失压后自恢复程序。若在切换途中，控制电路突然失压，电压恢复后电动机构应能按原调压方向继续完成分接操作。在实际的使用中可能存在某些分接开关不具备该功能或者由于某种原因丧失了该功能，所以在操作分接开关前要详细全面了解和掌握分接开关的操作功能与方法，准确对分接开关进行操作。

f）在外加自动控制装置时，开关可以全自动调压，否则为半自动调压。

b. 操动机构的内部组成可分为主传动系统和辅助传动系统两个部分。

a）主传动系统。主传动系统分为两路：一路由电动机经减速器、齿轮换向装置传到主轴；另一路由手摇柄开始，经过齿轮换向装置传到主轴。

b）辅助传动系统。为了形成周期控制的指令，辅助传动系统设有每周期只能转动一圈的轴，在这个轴上设有供位置指示、顺序指令和计数用的机械元件，以及其他必须按周期动作的部件等。

（4）有载分接开关调压绕组的基本连接方式。在有载调压变压器中，调压绕组的连接有三种基本方式，如图 3-43 所示。

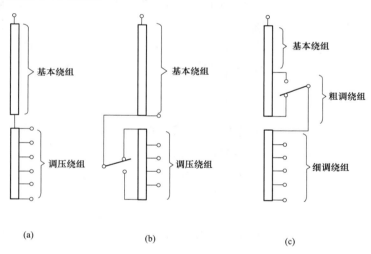

图 3-43　调压绕组的接线方式

（a）线性连接；（b）正、反连接；（c）粗-细连接

1）在线性连接方式中，变压器的调压绕组与基本绕组是接死的，而且引出的每个分接头都只有一个电压与之相对应。此时，开关的选择器仅有分接选择器部分，其接线端子的数目等于调压的级数。

2）在正、反连接方式中，变压器的调压绕组与基本绕组的连接是可以改变的，能正接，也能反接。由调压绕组引出的分接头，在两种接法下被重复使用。此时，开关不仅有选择分接头的部分（称为分接选择器或选择开关），而且有改变调压绕组与基本绕组接法的转换器（称为极性选择器）。正、反连接方式中，分接头是重复使用的，因此开关分接头端子数目只有调压级数的一半。

3）在粗-细连接方式中，变压器有基本绕组、粗调绕组和细调绕组三部分。其中基本绕组与粗调绕组是接死的，而细调绕组的首端与粗调绕组的引出端的连接是可以改变的。在细调首端与粗调的每个分接头相接时，都同样地使用由细调绕组引出的分接头。此时，开关不仅有选择细分接头的部分（称为细分接选择器或选择开关），而且有改变细调绕组与粗调绕组接法的转换器（称为粗调分接选择器）。开关细调分接头端子数目也只有调压级数的一半。

对于调压绕组的各种连接方式，均有不同的开关接线与之对应，此外，还有与各种绕组抽头方式相对应的开关接线。所有这些接线，组成了开关的基本接线图。每台变压器所用开关的基本接线图作为开关的型号内容之一，应在其后部标示出来。

三、变压器的常用技术数据

（一）额定容量

变压器的额定容量与绕组的额定容量有所区别：双绕组变压器的额定容量为绕组的额定容量；多绕组变压器的额定容量应给出每个绕组的额定容量，最大绕组的额定容量为该变压器的额定容量；当变压器容量由冷却方式而变更时，则额定容量是指最大的容量。额定容量为视在功率，单位为千伏安（kVA）。

变压器的容量大小与电压等级也密切相关。电压低、容量大时电流大，损耗增大；电压高、容量小时绝缘比例过大，变压器尺寸相对增大。因此，电压低的容量必小，电压高的容量必大。按照国内传统习惯，变压器根据容量可分为小型变压器（1600kVA 及以下）、中型变压器（1600～6300kVA）、大型变压器（8000～63 000kVA）、特型变压器（大于63 000kVA）。

（二）额定电压

变压器的一次侧额定电压是指规定的加到一次侧绕组的电压。变压器的二次侧额定电压是指变压器空载而一次侧加上额定电压时，二次侧的端电压。

在我国，低压采用 400/230V，即线电压为 400V，相电压为 230V；高压有 3、6、10、35、63、110、220、330、500、750、1000kV 等。

（三）额定电流

变压器一次侧和二次侧的额定电流，是绕组的额定容量除以相对应绕组的额定电压后计算出来的。

（四）额定频率

变压器额定频率是所设计的运行频率，我国为 50Hz。

（五）额定温升

变压器内线圈或上层油面的温度与变压器外围空气的温度之差，称为线圈或上层油面的温升。在每一台变压器的铭牌上都规定了该台变压器温升的限值。根据规定，当变压器安装地点的海拔不超过 1000m 时，线圈温升的限值为 65℃，上层油面温升的限值为 55℃，此时变压器周围空气的最高温度为＋40℃，最低温度为－30℃。因此，变压器在运行时，上层油面的最高温度不应超过＋95℃。

为保证变压器油在长期使用条件下不致迅速地劣化变质，变压器的上层油面温度，还不宜经常超过 85℃。

当变压器安装地点的海拔超过 1000m 时，或周围空气温度超过＋40℃时，散热效率会降低，变压器的额定容量应作相应修正，需略为降低些。

（六）额定电压比

高压绕组与低压绕组或中压绕组的额定电压之比。

（七）联结组标号

变压器同一侧绕组是按照一定形式连接的，单相变压器除相线圈的内部连接外，没有线圈之间的连接，其联结组标号用Ⅰ表示。三相变压器或组成三相变压器的单相变压器，可以连成星形、三角形和曲折形等。星形连接是各个绕组的一端接成一个公共点，其他端子接到相应的线端上；三角形连接是三个绕组相互串联形成闭合回路，由串联处接至相应的线端；曲折形连接的相绕组接成星形，但相绕组是由感应电压相位不同的两部分组成。

星形、三角形、曲折形连接，高压绕组分别用 Y、D、Z 表示，中压和低压绕组分别用 y、d、z 表示；高压侧中性点用 N 表示，中、低压侧中性点用 n 表示。例如"YNd"表示高压侧绕组星形接线，中性点引出，低压侧三角形接线。

同侧绕组连接后，不同侧间电压相量有角度差即相位差。一、二次侧间电动势的相位差总是30°的倍数，因此采用钟面上12个数字来表示这种相位差。把高压侧电动势的相量作为钟表上的长针，始终指着"12"，而以低压侧电动势的相量作为短针，它所指的数字即表示高、低侧电动势相量间的相位差，这个数字称为三相变压器联结组的标号。三相双绕组变压器联结组标号共有 24 种，即：Yy0/2/4/6/8/10；Yd1/3/5/7/9/11；Dy1/3/5/7/9/11；Dd0/2/4/6/8/10。在我国，一般 1600kVA 以下配电变压器采用 Yy0、Dy11，1600kVA 以上的变压器采用 Yd11、Dy11。

（八）阻抗电压

对于双绕组变压器，当二次侧绕组短路时，一次绕组流通额定电流而施加的电压称为阻抗电压，通常阻抗电压以额定电压的百分数表示。

阻抗电压的大小与变压器的成本和性能、系统稳定性和供电质量有关，双绕组变压器的标准阻抗电压见表 3-1。

表 3-1 双绕组变压器的标准阻抗电压

电压等级（kV）	6～10	35	63	110	220
阻抗电压百分数（%）	4～4.5	6.5～8	8～9	10.5	12～14

（九）变压器的型号及其含义

1. 型号编码

电力变压器的型号编码如下：

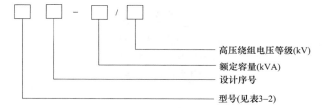

2. 型号代号含义

电力变压器型号代号含义见表 3-2。

表 3-2		变压器型号代号含义	
序号	类别		代表符号
1	相数	单相	D
		三相	S
2	绕组外绝缘	变压器油	O
		空气	G
		成型固体	C
3	冷却方式	油浸自冷	一或 J
		干式空气自冷	G
		干式浇注绝缘	C
		油浸风冷	F
		油浸水冷	W
4	油循环方式	自然循环	
		强迫循环	P
5	绕组数	双绕组	—
		三绕组	S
		双分裂	F
6	调压方式	无载调压	—
		有载调压	Z
7	导线材料	铜	—
		铝	L
8	绕组耦合方式	自耦	O
		普通	—

3. 变压器冷却方式

变压器的冷却方式是由冷却介质和循环方式决定的，由于油浸变压器还分为油箱内部冷却方式和油箱外部冷却方式，因此油浸变压器的冷却方式是由四个字母代号表示的，其符号含义见表 3-3。

表 3-3	油浸变压器冷却方式符号含义
第一个字母：与绕组接触的内部冷却介质	O：矿物油或燃点不大于 300℃ 的绝缘液体； K：燃点大于 300℃ 的绝缘液体； L：燃点不可测出的绝缘液体
第二个字母：内部冷却介质的循环方式	N：流经冷却设备和绕组内部的油流是自然的热对流循环； F：冷却设备中的油流是强迫循环，流经绕组内部的油流是热对流循环； D：冷却设备中的油流是强迫循环，至少在主要绕组内的油流是强迫导向循环
第三个字母：外部冷却介质	A：空气； W：水
第四个字母：外部冷却介质的循环方式	N：自然对流； F：强迫循环（风扇、泵等）

例如：油浸自冷（ONAN）；油浸风冷（ONAF）；强迫油循环风冷（OFAF）；强迫油循环水冷（OFWF）；强迫导向油循环风冷（ODAF）；强迫导向油循环水冷（ODWF）。

四、分裂绕组变压器

在大容量机组的厂用电系统中，为安全起见，主要厂用负荷需要分别布置在两路供电的两段母线上，采用分裂绕组变压器对其供电。分裂绕组变压器也简称为分裂变压器，它有一个高压绕组和两个低压绕组，两个低压绕组称为分裂绕组。实际上这种变压器是一种特殊结构的三绕组变压器。

1. 分裂绕组变压器的结构

分裂绕组变压器的绕组在铁芯上的布置应满足要求：①两个低压分裂绕组之间应有较大的短路阻抗。②每一分裂绕组与高压绕组之间的短路阻抗应较小，且应相等。

单相和三相分裂低压绕组变压器的绕组布置与连接如图 3-44 所示。高压绕组 1 采用两段并联，其容量按额定容量设计，分裂绕组 2 和 3 都是低压绕组，其容量分别按 50% 额定容量设计。其运行特点是：当一低压侧发生短路时，另一未发生短路的低压侧仍能维持较高的电压，以保证该低压侧母线上的设备能继续正常运行，并能保证该母线上的电动机能紧急启动，这是一般结构的三绕组变压器所不及的。

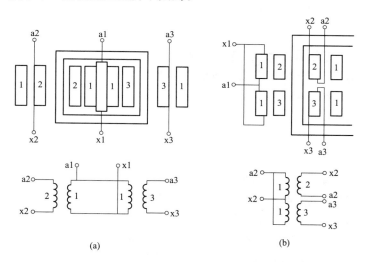

图 3-44　分裂低压绕组变压器的绕组布置与连接图

（a）单相分裂变压器；（b）三相分裂变压器（只画出一相）

2. 分裂变压器的特点

（1）限制短路电流作用明显。当分裂绕组一个支路短路时，能够有效限制短路电流，同时还能使另一分支所带的母线电压保持一定的水平，不致影响运行。

（2）对电动机自启动条件有所改善。由于分裂绕组的穿越阻抗比同容量双绕组变压器的阻抗要小，因此流过启动电流时变压器的电压降也小，允许的启动容量要大些。

（3）分裂绕组在制造上比较复杂，制造成本大。

（4）分裂变压器两段低压母线供电时，如两段负荷不相等，两段母线上的电压也不相等，损耗会增大。

分裂变压器适用于两段负荷均衡、又需限制短路电流的情况，一般发电厂启动/备用变压器、高压厂用变压器选用分裂变压器。

五、干式变压器

干式变压器是相对于充油变压器而言的，是绕组和铁芯不需浸渍在绝缘油中的变压器。目前干式变压器的在装量越来越大，尤其是发电厂的厂用电系统，常用的有 SC（B）系列和 SG（B）系列，B 代表低压绕组铜箔绕制。

（一）SC(B)10 型干式变主要结构和技术工艺

图 3-45　SC(B)10 系列干式变压器

SC(B)10 型变压是环氧树脂浇注干式变压器（低压是铜箔），该系列的绝缘等级一般为 F 级，如图 3-45 所示。

1. 铁芯

（1）采用优质冷轧晶粒取向硅钢片，铁芯硅钢片采用 45°全斜接缝，使磁通沿着硅钢片接缝方向通过，可大幅降低空载损耗、空载电流和噪声。

（2）高精密横、纵剪切设备，控制毛刺高度和铁芯片尺寸。

（3）表面涂覆树脂漆，防潮防锈，降低噪声。

2. 高压绕组

（1）绕组采用 F 级绝缘的优质铜导线绕制。

（2）环氧树脂加石英砂填充浇注，薄绝缘结构，光亮美观。

（3）特殊绕组结构，确保树脂完全浸透到绕组各个角落，杜绝空隙存在；较大容量绕组设计轴向气道，确保散热能力。

（4）局部放电量小。

3. 低压绕组

（1）采用高纯度优质铜箔，毛刺控制优良。

（2）自动箔式绕线机绕制，氩气保护内部焊接，焊接质量高，焊接电阻小。

（3）选用预浸式 F 级 DMD 作为层间绝缘，进炉固化工艺。

（4）端部平整，有效改善端部电场分布，且高、低压绕组电抗器高度几乎相同。

（5）沿轴向设置气道，散热效果好，具有优良的动、热稳定性和机械强度。

4. 冷却方式

（1）空气自然冷却（AN）时可连续输出 100％额定容量。

（2）可配置风机强迫空气冷却（AF），变压器可提高一定容量运行。

5. 温度控制

温控器通过预埋在低压绕组内的 Pt100 铂电阻进行温度检测并送温控器实现控制。该装置可提供如下功能：

（1）三相绕组温度值的巡回检测和显示和故障自检功能。

（2）最热一相绕组的温度值显示功能。

（3）超温报警、超温跳闸和"黑匣子"功能。

（4）风机自动启停或定时启停功能。

（5）可根据需要进行增加：增加 3 路独立 4～20mA 模拟电流输出；增加 RS-485/232 串

行计算机通信接口；增加 1 路铁芯或环境温度检测点；增加 1 对有源输出触点。

（二）SG（B）10 型干式变压器主要结构和技术工艺

SG（B）10 型变压器是敞开式干式变压器，一般用 NOMEX 绝缘纸作匝间绝缘，绝缘等级一般为 H 级，如图 3-46 所示。

SG（B）10 型干式变压器的铁芯选用优质高导磁硅钢片 45°全斜搭接，铁芯采用不冲孔、拉板结构，表面涂以绝缘漆，防潮防锈、损耗低、噪声小。

高压绕组采用机械强度高、散热条件好的连续式结构，线圈绕制在成型绝缘筒上，采用绝缘纸包扁铜线做导体，层间采用绝缘材料绝缘纸，线圈经 VPI 真空压力浸渍成坚固整体，避免了多层圆筒式线圈层间电压高、散热能力差、容易热击穿，以及机械强度低

图 3-46　SG（B）10 型干式变压器

的缺点，从而提高了产品运行的可靠性，防潮性能极佳，更能承受热冲击，永不龟裂，局部放电量小于 5pC，寿命期后易于分解回收，保护环境。

低压绕组为箔绕式结构，线圈采用优质铜箔和 H 级绝缘材料绕制而成，层间采用绝缘材纸为绝缘系统，线圈经 VPI 真空压力浸渍成坚固整体，线圈机械强度高，抗短路能力、热冲击能力强，防潮、防尘、防盐雾能力强，提高了产品寿命。

SG 系统干式变压器的冷却方式和温度控制与 SC 系列相同。

（三）干式变压器的主要功能和特点

（1）无油化，不存在渗漏油问题。

（2）损耗低、散热能力强，强迫风冷条件下可以提高运行容量。

（3）防潮性能好，可在 100% 湿度下正常运行，停运后不经预干燥即可投入运行。

（4）局部放电量小、噪声低、杜绝线圈开裂，可长期稳定安全运行。

（5）安全、阻燃防爆，可自行熄火，无污染，可直接安装在负载中心。

（6）配备有完善的温度保护控制系统，为变压器安全运行提供可靠保障。

（7）免维护、安装简便、综合运行成本低。

（8）抗短路能力强、体积小、质量轻。

六、变压器的运行维护

（一）投入前的检查和准备

（1）变压器本体清洁无杂物，引线连接牢固，色标清晰。

（2）检查各处接地线接地良好。

（3）充油变压器及充油套管油位、油色正常，没有渗漏油现象。

（4）冷却系统运行正常。

（5）分接开关位置三相一致。

（6）电流互感器接线牢固正确，不用的绕组已经短接。

（7）气体继电器内空气已排空。

（8）检查各保护装置和断路器的动作，应良好可靠，保护整定值与定值单相同。

（9）所有检修工作票已经结束或收回，所有布置的安全措施全部拆除。

（10）投运前的预防性试验合格。

（二）投入和停用操作的一般原则

（1）变压器投入运行时，应先按倒闸操作的步骤合上各侧隔离开关、操作电源，投入保护装置和冷却装置等，使变压器处于热备用状态。

（2）变压器的高、低压侧都有电源时，为避免变压器充电时产生较大的励磁涌流，一般应采用高压侧充电、低压侧并列的操作方法，停用时相反。

（3）当有几个电源可供选择时，宜由小电源侧充电。

（4）当变压器为单电源时，送电时应先合电源侧断路器，后合负荷侧断路器，停电顺序与此相反。

（5）当变压器仅一侧装有保护装置时，则应先合装有保护装置断路器送电，以便在变压器内部故障时，可由保护装置切除故障。

（6）未设断路器时，可用隔离开关切断或接通空载电流不超过2A的空载变压器。

（7）对于发电机—变压器组接线的变压器，尽可能安排由零起升压到额定值，再与系统并列，停用时相反。

（8）无论将变压器投入或停用，均应先合上各侧中性点接地开关，以防止过电压损坏变压器的绕组绝缘。必须指出，在中性点直接接地的系统中，仅一台变压器中性点接地运行时，若要停用此台变压器，则必须先合上一台运行变压器的接地开关，方可操作，否则将会使这个系统短时变成中性点不接地系统。

（三）变压器的运行

1. 变压器的发热和散热

变压器运行时，绕组和铁芯中的电能损耗都转变为热量，使变压器各部分的温度升高，它们与周围介质存在温差，热量便散发到周围介质中去。在油浸式变压器中，绕组和铁芯热量先传给油，受热的油又将其热量传至油箱及散热器，再散入外部介质（空气或冷却水）。

油浸自冷式变压器各部分的温度分布如图3-47所示。图3-47（a）表明，绕组和铁芯内部与它们的表面之间有小的温差，一般只有几摄氏度；绕组和铁芯的表面与油有较大的温差，一般约占它们对空气温升的20%～30%；油箱壁内外侧也有一不大的温差；油箱壁对空气的温升（温差）较大，约占绕组和铁芯对空气温升的60%～70%。

图3-47（b）表明，变压器各部分沿高度方向的分布也是不均匀的。例如，运行时变压器油沿着变压器器身上升时，不断吸收热量，温度不断升高，接近顶端又有所降低。绕组和铁芯的温度也随高度增高而增高。在变压器中，温度最高的地方是在绕组上。

2. 变压器的允许温度

变压器的允许温度决定于绝缘材料。油浸电力变压器的绕组一般用纸和油作绝缘，属A级绝缘。

对于自然油循环和一般的强迫油循环变压器，绕组最热点的温度高出绕组平均温度约13℃。而对于导向油循环变压器，则约高出8℃。

在额定负荷下，绕组对油的平均温升，设计时一般都保证：自冷式变压器为21℃；一般强迫油循环冷却和导向强迫油循环冷却变压器为30℃。

为了保证绕组在平均温升限值内运行，变压器油对空气的平均温升应为绕组对空气的温

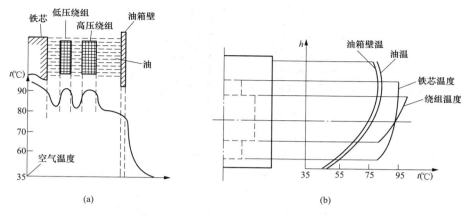

图 3-47　油浸自冷式变压器各部分的温度分布
（a）沿横截面分布；（b）沿高度分布

升减去绕组对油的温升。

在一般情况下，自冷式变压器，其顶层油温高出平均油温约为 11℃，一般强迫油循环和导向强迫油循环变压器，则高出约 5℃。

油浸式变压器顶层变压器油温在额定电压下一般不应超过表 3-4 的规定（制造厂有规定的按制造厂规定）。当冷却介质温度较低时，顶层油温也相应降低。自然循环冷却变压器的顶层油温一般不宜经常超过 85℃。

表 3-4　　　　　油浸式变压器顶层油温在额定电压下的一般限值

冷却方式	冷却介质最高温度（℃）	最高顶层油温（℃）
自然循环冷却、风冷	40	95
强迫油循环风冷	40	85

3. 变压器绝缘老化

变压器在长期运行中由于受到高温、湿度、氧化和油中分解的劣化物质等物理化学作用的影响，其绝缘材料逐渐失去机械强度和电气强度，称为变压器的绝缘老化。其中高温是绝缘老化的主要原因，绝缘材料的工作温度越高，氧化作用进行越快，绝缘老化的速度也越快，变压器的使用寿命就越短。老化的绝缘材料只要没有机械伤害，仍可有相当高的电气强度。但老化绝缘材料的纤维组织失去弹性，材料就会变脆且十分干燥，在电磁振动和电动力的作用下很容易产生机械损伤使材料破损，失去电气强度。因此，绝缘材料老化程度主要由其机械强度的降低情况来决定。现在尚没有一个简单的准则用来判断变压器的真正寿命，通常用预期寿命来判断。一般认为：当变压器绝缘的机械强度降低至其额定值的 15%～20% 时，变压器的寿命即算结束，所经历的时间称为变压器的预期寿命。工程上通常用相对预期寿命和老化率来表示变压器绝缘的老化程度。相对预期寿命和老化率都涉及绕组热点温度，对于标准变压器，在额定负荷和正常环境温度下，热点温度的正常基准值为 98℃，此时变压器的正常预期寿命为 20～30 年。此时变压器的老化率假定为 1。研究表明每增加 6℃，老化率加倍，这就是所说的热老化定律（也称为绝缘老化 6℃ 规则）。各温度下的老化率见表 3-5。

表 3-5 各温度下的老化率

温度（℃）	80	86	92	98	104	110	116	122	128	134	140
老化率 v	0.125	0.25	0.5	1.0	2	4	8	16	32	64	128

显然，老化率 $v > 1$，则变压器的老化大于正常，预期寿命将缩短；老化率 $v < 1$，则变压器的负荷能力未得到充分利用。因此，在一定时间间隔内，维持变压器的老化率接近于1，是制定变压器负荷能力的主要依据。

变压器运行时，如果绕组最热点的温度能维持在 98℃ 左右，可以获得正常的预期寿命。实际上绕组温度受气温和负荷波动的影响，变动范围很大，因此，如将绕组最高容许温度规定为 98℃，则大部分时间内绕组温度达不到此值，亦即变压器的负荷能力未得到充分利用；反之，如不规定绕组最高容许温度，或者将此值规定过高，变压器有可能达不到正常的预期寿命。为了解决这一问题，可应用等值老化原则，即在一部分时间内，根据运行需要，容许绕组温度大于 98℃，而在另一部分时间内，使绕组温度小于 98℃，只要使变压器在温度较高的时间内所多损耗的寿命（或预期寿命）与变压器在温度较低时间内所少损耗的寿命相互补偿，变压器的预期寿命便可与恒温 98℃ 运行时等值。等值老化原则就是使变压器在一定时间间隔（一年或一昼夜）内绝缘老化或所损耗的寿命等于一常数。这个常数应相当于绕组温度在整个时间间隔内为恒定温度 98℃ 时变压器所损耗的寿命。

4. 变压器正常过负荷

变压器运行时的负荷是经常变化的，日负荷曲线的峰谷差可能很大，甚至会超出额定容量。变压器超过额定容量运行即进入过负荷运行状态，过负荷能力的大小和持续的时间取决于：①变压器的电流和温度容许限值；②负荷变化和周围环境温度以及绝缘老化的程度。只要在过负荷期间多损耗的寿命与低于额定负荷期间少损耗的寿命相互补偿，变压器仍可获得原设计的正常使用寿命。变压器的正常过负荷能力，是以不牺牲变压器正常寿命为原则制定的。过负荷期间，负荷和各部分温度不得超过规定的最高限值。变压器负荷超过额定容量时的电流和温度的限值见表 3-6。

表 3-6 变压器负荷超过额定容量时的电流和温度的限值

变压器类型	通常周期性		长期急救周期性		短时急救周期性	
	负荷电流（标幺值）	热点温度及与绝缘材料接触的金属部件的温度（℃）	负荷电流（标幺值）	热点温度及与绝缘材料接触的金属部件的温度（℃）	负荷电流（标幺值）	热点温度及与绝缘材料接触的金属部件的温度（℃）
配电变压器（2500kVA以下）	1.5	140	1.8	150	2.0	—
中型电力变压器（100MVA以下）	1.5	140	1.5	140	1.8	160
大型电力变压器（100MVA以上）	1.3	120	1.3	130	1.5	160

　　变压器负荷超过额定容量运行时，将产生以下不良效应：①绕组、线夹、引线、绝缘部件及绝缘油等的温度会升高，有可能超过容许值；②铁芯外的漏磁密度增加（大型变压器的漏磁通影响大），使耦合的金属部件出现涡流而使温度增高；③由于温度升高，固体绝缘物和油中的水分及气体成分发生变化；④套管、分接开关、电缆连接头和电流互感器等受到较大的热应力；⑤导体绝缘的机械特性受高温影响，加快了热老化过程。这些不良效应对不同容量的变压器是不同的，变压器超额定容量运行时的电流和温度限值也不相同，因此建议不要超过表 3-6 的规定。

　　变压器的绝缘老化速度与绕组温度呈指数关系，高温时绝缘老化的加速远大于低温时绝缘老化的延缓，不能用平均温度来表示温度变化对绝缘老化的影响，通常用等值空气温度来表示。等值空气温度是指某一空气温度，如果在一定时间间隔内维持此温度和变压器负荷不变，变压器所遭受的绝缘老化等于空气温度自然变化时的绝缘老化。我国广大地区的年等值空气温度为 20℃，带恒定额定负荷的变压器绕组对空气的平均温升为 65℃，绕组最热点温升较绕组平均温升升高 13℃，则绕组最热点温度为 65℃＋13℃＋20℃＝98℃。因此，我国变压器的额定容量不必根据气温情况加以修正，冬夏寿命损失自然补偿，就可以有正常的使用寿命，但考虑变压器过负荷能力时应考虑等值空气温度的影响。

　　不增加变压器寿命损失的过负荷称为正常过负荷，正常过负荷是有计划的、主动实施的过负荷。在确定过负荷值时可根据实际负荷曲线和环境温度及变压器数据，计算出变压器平均相对老化率 v：$v \leqslant 1$ 时，过负荷在允许范围；$v > 1$ 时，不允许变压器过负荷运行。为了简化计算，国际电工委员会制定了各种类型变压器的正常过负荷曲线，利用过负荷曲线可以求出对应于容许持续过负荷时间的容许过负荷，自然油循环变压器过负荷不应超 50%，强迫油循环的变压器过负荷不应超过 30%。

　　5. 变压器事故过负荷

　　变压器的事故过负荷，也称短时急救过负荷。当电力系统发生事故时，保证不间断供电是首要任务，变压器绝缘老化加速是次要的，所以，事故过负荷和正常过负荷不同，它是以牺牲变压器寿命为代价的。事故过负荷时，绝缘老化率容许比正常过负荷时高得多，绝缘老化加速，为了防止严重影响变压器的使用寿命，事故过负荷时绕组最热点温度不得超过 140℃，电流不得超过额定电流的 2 倍。

　　6. 变压器的并列运行

　　将两台或多台变压器的一次侧以及二次侧同极性的端子之间，通过母线分别互相连接，这种运行方式叫变压器的并列运行。变压器并列运行可提高变压器运行的经济性，提高供电可靠性。当负荷增加到一台变压器容量不够用时，可以投入第二台变压器；当负荷不需要两台变压器运行时，可将一台变压器退出运行。当并列运行的变压器有一台故障时，只要迅速切出，其他变压器仍然可以正常运行。

　　变压器并列运行的条件：变压器的联结组别相同；变压器变比相同；变压器的阻抗电压相同。除这三个条件外，并列运行的变压器的容量比一般不超过 3∶1。

　　7. 变压器的损耗

　　当变压器一次侧加有交变电压时，铁芯中产生交变磁通，从而在铁芯中产生的磁滞与涡流损耗总称铁损。当电源电压一定时，铁损基本是恒定值，由于空载电流和一次绕组的电阻较小，所以变压器的空载损耗基本上等于铁损。变压器一、二次绕组都有一定的电阻，当电流流过时，就要产生一定的电能损耗，这就是铜损。变压器的铜损与负载电流的大小有关。

8. 变压器的效率

变压器输出功率和输入功率的百分比称为变压器的效率。变压器的效率一般在95%以上。当变压器输出为零时，效率也为零；输出增大时，效率开始很快上升，直到最大，然后又下降。这是因为变压器的铁损基本上不随负荷变化，当负荷很小时，这部分损耗占的比例较大，因而效率低；又因铜损与负荷电流的平方成正比，当负荷增大到一定程度后，铜损增加很快，使得效率出现下降。

（四）运行中的监测和巡视

1. 常规监测

（1）电压、电流的监测。这是最基本，也是最重要的在线监测。

（2）顶层油温的监测。这是调整负荷，停、开冷却装置的依据。当发现温度计指示异常时，应及时鉴别是温度计故障还是冷却系统不正常。

（3）本体储油柜的油位检查。油位计指示油箱内油位（也可间接表示油箱内压力），指示不正常或指示假油位，都是不正常，可能引起停电事故。

（4）有载分接开关油室的油位检查。油位不正常可能是渗漏或切换时灭弧性能下降引起油汽化严重。

（5）套管储油柜油位检查。油位不正常表示渗漏或温升异常，监视套管油位的同步变化，对保证套管的安全运行非常重要。

（6）呼吸器气泡监视。在负荷和环境温度变化时，变压器油位会变化，呼吸器要呼吸，在油缸内出现气泡，见不到气泡说明呼吸不畅通，有可能引起重瓦斯误动，也可能导致压力释放阀动作。

（7）油流继电器监视。指示正常表示油泵运转正常，开泵状态下不指示或抖动表示油流继电器有缺陷。

（8）潜油泵监视。异常噪声或异常振动说明油泵故障，应将该泵立即停运。

（9）呼吸器的吸湿剂检查。及时更换已经变色失效的硅胶，保持呼吸器的吸潮功能。

（10）气体继电器内气体检查。对于不能目察而需要经集气匣排油的检查，只有变压器发生异常运行状况时才进行。

（11）接头温度的监视。用红外线成像仪定期检查变压器接头温度，尤其是在大负荷情况下。

（12）油箱和储油柜油中水分检测。定期对变压器油进行化验、试验，确保变压器油始终在合格状态。如果发现油有不合格项，则安排油净化处理并分析原因，使其合格。

（13）油箱中油中溶解气体分析。定期做好变压器油色谱分析，及时发现潜在隐患和问题。

（14）测量铁芯接地电流。定期测量铁芯接地电流可及时发现铁芯多点接地，避免铁芯烧损。

2. 日常巡视

（1）变压器日常巡视检查一般包括以下内容：

1）变压器的油温和温度计应正常，储油柜的油位应与温度相对应，各部位无渗油、漏油。

2）套管油位应正常，套管外部无破损裂纹、无严重油污（套管渗漏油时应及时处理，防止内部受潮损坏）、无放电痕迹及其他异常现象。

3）变压器声音应均匀、正常。

4）各冷却器手感温度应相近，风扇、油泵运转正常，油流继电器工作正常，特别注意变压器冷却器潜油泵负压区出现的渗漏油。

5）呼吸器应完好，吸附剂应干燥。

6）引线接头、电缆、母线应无发热、过热迹象。

7）压力释放器应完好无损无杂物。

8）有载分接开关的分接位置及电源指示应正常。

9）气体继电器内应无气体。

10）各控制箱和二次端子箱应关严，无受潮。

（2）变压器进行定期检查（检查周期由现场规程规定）项目如下：

1）各部位的接地应完好，并定期测量铁芯和夹件的接地电流。

2）强油循环冷却的变压器应进行冷却装置的自动切换试验。

3）外壳及箱沿应无异常发热。

4）有载调压装置的动作情况应正常。

5）各种标志应齐全明显。

6）各种保护装置应齐全、良好。

7）各种温度计应在检定周期内，超温信号应正确可靠。

8）消防设施应齐全完好。

9）储油池和排油设施应保持良好状态。

10）检查变压器及散热装置无任何渗漏油。

11）电容式套管末屏应无异常声响或其他接地不良现象；

12）变压器红外测温应无异常。

（五）异常情况及处理方法

变压器运行中发现有任何不正常情况（如漏油、油位变化过高或过低、温度异常、声音不正常及冷却系统不正常等），应设法尽快消除。变压器过负荷超过允许值时，应按规定降低变压器负荷，若发现异常现象必须停用变压器进行消除。若有威胁整体安全的可能性，应停用转入检修，尽快将备用变压器投入运行。

1. 变压器立即停用情况

（1）变压器内部音响很大，很不正常，有爆破声。

（2）在正常负荷和冷却条件下，变压器温度不正常，并不断上升。

（3）储油柜喷油、防爆管喷油或防火爆筒动作。

（4）严重漏油使油位下降，无法从油位计、气体继电器判断油位。

（5）油色变化过大，油中出现碳质等。

（6）套管有严重破坏和放电现象，或进出线接头严重过热、熔化。

（7）变压器着火或变压器附近着火、爆炸或发生其他情况，对变压器构成严重威胁。

（8）发生严重危及人身及设备安全的现象。

2. 允许联系或投入备用变压器后停用不正常运行变压器情况

(1) 套管出现裂纹或有放电声。

(2) 接头发热。

(3) 变压器顶盖上有杂物，有可能危及安全运行时。

3. 变压器温度升高

变压器温度升高超过限值时，值班人员应判断原因，采取办法使其降低。

(1) 校对温度表是否指示正确。

(2) 检查变压器冷却装置的运行情况，开启备用风扇、油泵。

(3) 检查变压器负荷和环境温度，并与同一负荷、环境下变压器进行比较。

(4) 若变压器温度升高的原因是冷却装置故障，则应降低负荷，使其不超极限并汇报，通知检修处理冷却装置。

(5) 若发现变压器温度较正常时相同负荷和冷却条件下高出 10℃ 以上，且冷却系统正常，温度表良好，则认为变压器已有内部故障（铁芯过热或线圈匝间短路等），应立即汇报，停止变压器运行，进行进一步诊断。

4. 变压器油色不正常

值班人员在发现变压器油位计中油的颜色发生变化时，应立即汇报，取油样进行分析化验。当化验后发现油内含有碳粒和水分、油的酸值增高、闪点降低、绝缘强度降低时，说明油质已急剧下降，变压器内部很容易发生绕组间与外壳间击穿事故，因此，值班人员应尽快联系投入备用变压器，停用故障变压器。若运行中变压器油色骤变，油内出现碳质并有其他不正常现象，值班人员应立即停用故障变压器。

5. 变压器油位不正常

变压器的储油柜一端装有油位计，以便监视油面的高低，油位计上一般标示出油温为 −30℃、+20℃、+40℃ 时的三条油位线（或温度指示线），根据这三条油位线可以判断是否需要加油或放油。加油或放油时应将重瓦斯保护退出，如因大量漏油，使油位迅速降低，低至瓦斯气体继电器以下或继续下降时，应立即停用变压器。

6. 变压器声音不正常

正常运行的变压器发出连续不断的均匀"嗡嗡"声，并会因负荷大小而有轻重变化。不同的变压器在运行时"嗡嗡"声的轻重也不相同，但如果声音突然加重，或出现有"吱吱""毕剥"声，就要进行综合判断，查明原因，并进行消除。

7、变压器出现不对称现象

在变压器运行中，造成不对称运行的主要原因有以下三个方面：

(1) 三相负荷不平衡，造成不对称运行，例如变压器带有大功率的单相电炉、电气机车及电焊变压器等。

(2) 由三台变压器组成变压器组，当一台损坏而由不同参数的变压器代替时，会造成电流和电压的不平衡。

(3) 由于某种原因使变压器两相运行时，引起不对称运行。

例如：中性点接地系统中，当一相线路故障，以中性线代替暂时运行；三相变压器中，一台变压器故障暂以两相变压器运行；三相变压器一相绕组故障；变压器某侧断路器的一相断开；变压器的分接头接触不良。

变压器不对称运行的后果是：容量下降，即可用容量要小于仍在运行中两相变压器的容量之和，并且可用容量大小和电流的不对称程度有关；因电流、电压的不对称运行使用户的工作受到影响；对沿线通信线路造成的干扰和对电力系统继电保护工作条件的影响不容忽视。因此，在运行中出现变压器不对称运行时，应分析引起的原因，尽快消除。

8. 轻瓦斯保护装置动作

瓦斯保护装置的作用是当变压器内部发生故障时，给值班人员发出信号或切断变压器的各侧断路器以保护变压器，因此瓦斯保护是变压器的主要保护之一，在变压器运行中，重瓦斯保护一定要投入运行。

瓦斯保护动作于信号（即轻瓦斯动作）的原因可能是变压器内有轻微程度的故障，产生微弱气体，也可能是空气浸入了变压器内，或者是二次配线回路出现故障（如发生直流系统两点接地）引起误动作等。

当轻瓦斯信号出现以后，值班人员应立即对变压器进行外部检查：检查储油柜中的油位及油色是否正常；检查变压器本体及油循环系统有无漏油现象，同时检查变压器负荷、温度和声音等的变化；检查气体继电器中的气体量及颜色。如气体继电器内有气体，则要收集分析：若经色谱分析判断为空气，则变压器可继续运行；若气体分析结果表明内部有故障，则应将其停运，停运后进一步检查。若无气体或原因不明，则应取油样做色谱分析和检查油的闪点。若色谱分析异常和闪点较过去记录降低 5℃以上，则说明变压器内部有故障，必须将其停运进行进一步检查，以判明故障的性质。如果是信号误发，则要查明误发的原因，排除故障。

根据气体继电器中气体的性质，判断故障的一般方法是：①无色、无味、不可燃烧气体，为油中析出的空气；②微黄色不易燃烧的气体，为木质部分有故障；③淡灰色、带强烈臭味，可燃烧的气体，说明绝缘材料有故障，即纸或纸板有故障；④灰色或黑色，易燃烧，为油故障（可能是铁芯发生故障，或内部发生闪络而引起的油分解）。

轻瓦斯动作后，如果分析认为可以监视运行，则一定要加强监视。除对变压器日常加强监视外，还要进行油质分析、油色谱分析、产气速度分析、铁芯接地电流分析等，制定监视运行方案，以便及时正确掌握变压器的运行状况，准确分析变压器的故障性质。为了避免变压器故障扩大或恶化，监视运行的时间不宜太长。

（六）故障状态

油浸电力变压器的故障涉及面较为广泛，故障分类的方法也较多。比较普遍和常见的变压器故障有绝缘故障、短路故障、铁芯故障、分接开关故障、放电故障、渗漏油故障、过热故障、冷却器故障、油流带电故障、保护误动故障等。

1. 绝缘故障

保持绝缘系统正常是电力变压器安全可靠运行的先决条件，绝缘材料的寿命决定着变压器的寿命。实践证明，大多数变压器的损坏和故障都是由绝缘系统损坏造成的。油浸变压器中，主要的绝缘材料是绝缘油（变压器油）和固体绝缘材料绝缘纸、纸板、和木块等，变压器绝缘老化就是指这些材料受环境因素的影响发生分解、变化，降低或丧失了绝缘强度。

（1）固体纸绝缘故障。固体纸绝缘包括绝缘纸、绝缘板、绝缘垫、绝缘卷、绝缘绑扎带等，主要成分是纤维素。一般新纸的聚合度在 1300 左右，当聚合度下降到 250 时，其机械强度已下降到原来的 50%，当下降到 150~200 时，绝缘纸为极度老化寿命终止。绝缘纸老化后，其聚合度和抗张强度将逐渐降低，并生成一氧化碳、二氧化碳、水和糠醛等对电气设备有害的物质。这些产物会使绝缘纸的击穿电压和体积电阻率降低，介质损耗增大、抗拉强度下降，甚至腐蚀设备中的金属材料。固体绝缘一旦老化，其降低了的机械和电气强度是不能恢复的，老化的过程是不能逆转的。纸绝缘材料的劣化主要包括三个方面：①纤维脆裂。当过度受热使水分从纤维材料中脱出，会加速纤维材料的脆化。由于纸材脆化剥落，在机械振动、电动应力、操作波等冲击力的影响下可能产生绝缘故障而形成电气事故。②纤维材料机械强度下降。纤维材料的机械强度随受热时间的延长而下降，当变压器发热造成绝缘材料水分再次排出时，绝缘电阻的数值可能会变高，但机械强度会大大降低，绝缘纸材将不能抵御短路电流或冲击负荷等机械力的影响。③纤维材料本身的收缩，纤维材料在脆化后收缩，使得夹紧力降低，可能造成收缩移动，使变压器绕组在电磁振动或冲击电压下移位而损伤绝缘。

（2）变压器油绝缘故障。油浸变压器中的变压器油起着绝缘和散热的作用，运行中的变压器油要保持稳定优良的绝缘性能和导热性能。运行中一定要做好变压器油的油务监督，及时发现问题并排除。正常情况下，变压器油的氧化过程很慢，但是混入油中的金属、杂质、气体等会使油加速氧化发展，从而使油质劣化。

1）一般情况下，变压器油变坏，按轻重程度分为污染和劣化两个阶段：污染是油中混入水分和杂质，这些不是油氧化的产物，受污染的油绝缘性能会变坏，击穿电压降低，介质损耗增大；劣化是油氧化后的结果，这种氧化并不仅指纯净油中烃类的氧化，而是存在于油中杂质将加速氧化过程，特别是铜、铁、铝金属粉屑等。

a. 变压器油氧化时，生成的油泥杂质沉淀集中在电场最强的区域，对变压器的绝缘形成导电的"桥"，沉淀物不是均匀的而是形成分离的细长条，同时可能按电力线方向排列，妨碍散热，加速绝缘材料老化，并导致绝缘电阻降低和绝缘水平下降。

b. 变压器油劣化过程中，主要阶段的生成物有过氧化物、酸类、醇类、酮类和油泥。早期劣化阶段，油中生成的过氧化物与绝缘纤维材料反应生成氧化纤维素，使绝缘纤维机械强度变差，造成脆化和绝缘收缩。生成的酸类是一种黏液状的脂肪酸，有一定的腐蚀性，对有机绝缘材料的影响是很大的。后期劣化阶段，是生成油泥，是一种黏稠而类似沥青的聚合型导电物质，它能适度溶解于油中，在电场作用下生产速度很快，粘附在绝缘材料或变压器箱壳边缘，沉积在油管及冷却器散热片处，使变压器工作温度升高，耐电强度下降。

2）变压器油质分析：

a. 油变质后使得其电性能变坏。通过测试变压器油的酸值、界面张力、油泥析出、水溶性酸值等项目，可判断油是否变质。对变质的油可进行再生处理，再生处理能消除油变质的产物，但也可能会去掉天然抗氧化剂。

b. 变压器油进水受潮。水是强极性物质，在电场作用下容易电离分解，增加变压器油的电导电流，微量的水分可使变压器油介质损耗显著增加。变压器油中水分超标时，可通过真空滤油消除。

c. 变压器油感染微生物细菌。主变压器运行时温度一般在 40～80℃，非常适合微生物的生长、繁殖，这些微生物及其排泄物中的矿物质、蛋白质的绝缘性能远远低于变压器油，使得变压器油介质损耗升高。

d. 含有醇酸树脂绝缘漆溶解在油中，在电场的作用下，极性物质会发生偶极松弛极化，在交流极化过程中要消耗能量，使油的介质损耗上升。该类缺陷发生的时间与绝缘漆处理的彻底程度有关，通过一两次吸附处理可取得一定的效果。

e. 油中混有水分和杂质，这种污染情况并不改变油的基本性质。水分可用干燥的办法排除，杂质可以用过滤的方法排除。油中的空气可用抽真空的办法排除。

f. 两种及两种以上不同来源的变压器油混用，油的性质应符合相关规定，油的密度相同、凝固点相同、黏度相同、闪点接近，且混合后油的安定度也要符合要求。混油后劣化的油，油已经变质，会产生酸性物质和油泥，因此需要用油再生的化学方法将劣化产物分离出来，以恢复其性质。

（3）干式树脂变压器的绝缘与特性。环氧树脂绝缘的干式变压器根据制造工艺一般分为环氧石英砂混合料真空浇注型、环氧无碱玻璃纤维补强真空压差浇注型和无碱玻璃纤维绕包浸渍型。树脂变压器的绝缘水平与油浸变压器相差并不显著，关键在于树脂变压器温升和局部放电这两项指标上。树脂变压器的平均温升比油浸变压器高，绝缘耐热等级也高，但由于变压器的平均温升并不能反映绕组中最热点部位的温度，当绝缘材料的耐热等级仅按平均温升选择，或选择不当，或树脂变压器长期过负荷运行时，就会影响变压器的使用寿命。树脂变压器局部放电量的大小与变压器的电场分布、树脂混合均匀度及是否残存气泡或树枝开裂等因素有关，局部放电量的大小影响树脂变压器的性能、质量和使用寿命。

影响变压器绝缘的主要因素有温度、湿度、油保护方式和过电压等，变压器寿命取决于绝缘的老化程度，绝缘的老化程度又取决于运行的温度，温度越高老化也越快。水分的存在会加速纸纤维素降解，还能导致绝缘油火花放电电压降低、介质损耗增大，促进绝缘油老化和绝缘性能的劣化。变压器油中氧的作用也会加速绝缘分解反应，而含氧量与油保护方式有关。过电压能损伤或劣化绝缘材料。

2. 短路故障

变压器短路故障主要指变压器出口短路、内部引线或绕组对地短路、相与相之间短路等。出口短路对变压器的影响主要是短路电流引起绝缘过热和电动力引起绕组变形。变压器突发短路时，强大的短路电流会产生很大的热量，使变压器发热严重，当变压器承受短路电流的能力不够时会使变压器的绝缘材料严重受损，甚者会导致变压器击穿毁坏。受到短路电流冲击时，如果短路电流小，保护动作正确，绕组的变形将不会很大；如果短路电流大，保护动作延时或拒动，变形将会很严重。对于轻微的变形，如果不及时检修，恢复垫块位置，紧固绕组的压钉及铁轭的拉板、拉杆，加强引线的夹紧力，在多次短路冲击后，由于累积效应也会使变压器损坏。电力变压器绕组变形是诱发多种故障和事故的直接原因。

3. 铁芯故障

电力变压器正常运行时，铁芯必须是一点可靠接地。如果铁芯不接地，则铁芯对地的悬浮电位，会造成铁芯对地断续性击穿放电，铁芯一点接地可消除悬浮电位的可能。铁芯出现两点及以上接地时，铁芯之间的不均匀电位就会在接地点之间形成环流，并造成铁芯多点接地发热故障。铁芯多点接地会造成铁芯局部过热，严重时，铁芯局部温升增加，轻瓦斯动作，甚至会造成重瓦斯动作跳闸，铁芯局部发热会使铁芯局部烧熔形成铁芯片间短路，铁损增大，严重影响变压器的性能和正常工作。铁芯烧损后必须修复或更换受损铁芯。

造成铁芯故障的原因一般为：①检修、制造过程中油箱内有焊渣或落入金属异物而没有清理干净；②铁芯夹件的支板离芯柱太近，硅钢片有触及夹件现象，铁轭螺杆衬套过长触及铁轭硅钢片；③夹件与铁芯之间衬垫脱出、破损、受潮或沉积有导电物；④潜油泵轴承磨损生成金属粉末沉积在箱底，受磁力影响形成导电"小桥"，使铁轭和垫脚或箱底接通；⑤变压器油泥污垢堵塞铁芯纵向散热油道，形成短路接地；⑥用于铁芯一点接地的铜箔从铁芯中脱出，搭接于铁芯表面或间歇性悬浮在油中；⑦安装时忘记将变压器油箱顶盖上运输用的定位钉拆除或翻转。

发生铁芯接地故障的变压器油色谱一般总烃含量超注意值，乙烯和甲烷占比较大，乙炔含量低或没有变化，故障性质为高于700℃高温范围的热故障。发生多点接地后，接地电流将明显增大，正常一般小于0.3A，当存在多点接地后，其值决定于故障点与正常接地点的相对位置，也与变压器所带的负荷有关，接地电流最大可达数百安。

使用钳形电流表测量时应当注意，由于变压器油箱壁的周围存在漏磁通，会使测量结果产生很大误差，容易造成误判。因此测量位置一般选在变压器油箱壁高度的1/2处。

4. 分接开关故障

（1）无载分接开关故障：

1）触头接触不良接触电阻大引发的发热过热，开关绝缘支架上的紧固金属螺栓接地断裂造成悬浮放电。

2）分接开关分接头相间绝缘距离不够，绝缘材料上堆积油泥受潮，当发生过电压时分接开关相间发生短路。

3）分接开关分接头编号错误、乱挡，各级电压变比不成规律，导致三相电压不平衡，产生环流而增加损耗，引发变压器故障。

4）开关弹簧压力不足，滚轮压力不足或不匀，从而导致接触不良，开关接触处存在油污导致的接触电阻增大，引出线连接或焊接不良等，都可能导致分接开关故障。

（2）有载分接开关故障：

1）触头压力不足、松动、烧损严重造成的接触不良，引起发热过热。

2）选择开关动、静触头接触不良，造成运行切换过程中触头间起弧放电，从而导致过渡电抗器或过渡电阻烧损。

3）传动机构存在的扭曲、变形、断裂、残缺、卡涩、不到位等机械缺陷或故障，引发的变压器故障。

4）分接开关油箱由于密封不良，可导致分接开关油室的油向外部或内部渗漏油，引起分接开关的油污染变压器本体内部的油，也可导致分解开关内的油进水受潮，降低绝缘性能。

5）用于分接开关保护的气体继电器和压力释放装置安装不当、接线错误、装置失能等缺陷造成的变压器故障或扩大了变压器故障。

5. 放电故障

按照放电能量密度的大小，变压器放电故障常分为局部放电故障、火花放电故障和电弧放电（高能量放电）故障三种类型。

（1）局部放电故障。在电压的作用下，绝缘结构内部的气隙、油膜或导体的边缘发生非贯穿性的放电现象，称为局部放电。

1）根据绝缘介质的不同，可将局部放电分为气泡局部放电和油中局部放电；根据绝缘部位来分，有固体绝缘空穴、电极尖端、油角间隙、油与绝缘纸板中的油隙和油中沿固体绝缘表面等处的放电。

2）导致局部放电的原因：油中存在气泡或绝缘材料中存在空穴或空腔，由于气体的介电常数小，在交流电压下所承受的场强高，但其耐电压强度却低于油和纸绝缘材料，在气隙中容易首先引起放电；某些部位存在尖角、毛刺等出现放电；导体中存在接触不良引起放电。局部放电的能量密度不大，但是进一步发展将会形成放电的恶性循环，会导致设备的击穿和损坏。

（2）火花放电故障。

1）悬浮电位可以引起火花放电，悬浮放电可能发生于变压器内部处于高电位的金属部件，如调压绕组、套管均压球、无载分接开关拨钗或有载分接开关转换极性时短暂电位悬浮等；处于地电位的部件接地点松动脱落也会发生悬浮放电；变压器高压套管端部接触不良会形成悬浮电位而引起火花放电。

2）油中存在杂质也能引起火花放电。杂质由水分、纤维质（主要是受潮的纤维）等组成，杂质在电场中极化，被吸引到电场最强的地方（即电极附近），并按电力线排列。于是在电极附近的杂质形成"小桥"，如果极间距离大，"小桥"是断续的，"小桥"的存在畸变了油中的电场。放电首先从这部分油中开始发生和发展，油在高场强下游离而分解出气体，使气泡增大，游离又增强。此后逐渐发展，使得整个油间隙在气体通道中发生火花放电。如果极间距离不大，杂质又足够多，则"小桥"可能联通两个极，这时沿"小桥"流过的电流很大，使"小桥"强烈发热，"小桥"中的水分和附近的油沸腾气化，造成一个气体通道——"气泡桥"而发生火花放电。如果纤维不受潮，"小桥"的电导率很小，对于油中的火花放电电压的影响也较小，反之影响较大。因此，杂质引起变压器油发生火花放电，与"小桥"的加热过程相联系。当冲击电压作用或电场极不均匀时，杂质不易形成"小桥"，它的作用只限于畸变电场，其火花放电过程，主要决定于外加电压的大小。

一般来说，火花放电不至于很快引起绝缘击穿，主要反映在油色谱分析异常、局部放电量增加或轻瓦斯动作，比较容易被发现和处理，但对其发展程度应引起足够的重视。

（3）电弧放电故障。电弧放电是高能量放电，常以绕组匝层间绝缘击穿为多见，其次是引线断裂或对地闪络和分接开关飞弧等故障。电弧放电能量密度大，产气急剧，常以电子崩形式冲击电介质，使绝缘纸穿孔、烧焦或碳化，使金属材料变形或熔化烧损，严重时会造成设备烧损，甚至发生爆炸事故。出现电弧放电时，油中特征气体主要成分是乙炔和氢气，其次是乙烷和甲烷。

三种放电形式区别在于放电能级和产气组分不同，局部放电是其他两种放电的前兆，后者又是前者发展的必然结果。放电对变压器绝缘有两种破坏作用：一种是由于放电质点直接轰击绝缘，使局部绝缘受到破坏并逐步扩大，使绝缘击穿；另一种是放电产生的热、臭氧、氧化氮等活性气体的化学作用，使局部绝缘受到腐蚀，导致介质损耗增大，最后导致热击穿。

6.渗漏油故障

油浸电力变压器焊点多、焊缝长，连接部位多，密封点多，这些部位由于施工、装配检修工艺、材质质量、使用条件、运行工况等原因会出现渗漏现象。渗漏主要指绝缘油渗漏，如变压器油由内部渗漏到外部，或者分接开关内部的油漏到变压器本体内部等。由于密封不严、沙眼或裂纹等的存在，空气和水分会渗漏进入到变压器内部，使变压器油受到污染，降低性能，加速老化。

7.过热故障

变压器过热故障主要表现为绕组过热、铁芯过热、油过热、各连接处过热等。变压器过负荷、接触不良、铁芯多点接地、冷却效果不良等原因会造成变压器过热，应经常用红外成像仪对变压器外部各处进行测温检查，定期进行油色谱分析，及时发现变压器是否存在过热隐患。一旦存在过热情况，要及时制定措施进行消除，确保变压器的安全运行。

8. 冷却器故障

冷却器故障一般分为冷却器本体故障、冷却器控制回路故障。本体故障包括漏油、泵体故障、风机故障、散热面堵塞严重造成的散热效果差、油流继电器故障或失能、进出口阀故障等；控制回路故障表现为接触器缺相或烧损、电源故障、接线处有发热过热现象、接线错误等。

冷却器在运行中，一般至少有一组在备用状态，所以冷却器在单体发生故障时一般不会影响变压器的正常运行，但需要尽快处理。冷却器母管发生漏油时，要视情况进行处理，必要时要将变压器切出。要经常检查冷却器的电源，确保两路电源正常，防止冷却器全停的发生。在日常检查中，要经常查看各处接线有无发热过热现象、油流继电器指示是否正常。冷却器要定期切换运行，要经常保持冷却器散热面的干净，确保散热效果。

9. 油流带电故障

当采用强迫油循环冷却方式时，变压器油流有时候会发生带电现象。发生变压器油流带电时，局部放电信号相当于正常运行时变压器局部放电的 2～3 个数量级，在变压器铁芯接地小套管上也能检测到很强的放电信号，且与变压器运行电压在相位上无确定关系。

发生油流带电时，现象为：①油色谱分析异常且乙炔增长快；②变压器停运，启动潜油泵的情况下能检测到放电信号；③绕组上有静感应电压；④变压器油的介质损耗可能会增大。油质是影响油流带电主要因素之一，一般油的介质损耗值大时具有更强的带电趋势，温度高能促使油流带电的发展。另外油流速度快、油泵转速高等都有可能导致油流带电。

当发现油流带电时，如果是由于油质引起的，可通过更换或净化变压器油、改善油质、降低变压器运行温度等措施消除或抑制。如果是非油质的，可通过更换油泵、降低流速或减小转速等措施进行消除或抑制，有时也采用注入少量添加剂的办法进行改善。

10. 保护误动故障

变压器保护误动故障一般主要表现在气体继电器、二次回路、压力释放阀等方面。气体继电器方面，主要由于气体继电器本身故障、接线错误、接线盒淋雨受潮、变压器加油时混入空气等引起的气体继电器动作；二次回路方面，主要是接线错误、二次元件存在缺陷、保护定值不合理等都能造成保护误动；压力释放阀方面，主要是阀体本身动作参数变化或失能、接线短路或进入异物引起的误动作。

保护动作后，要结合动作参数、色谱分析、高压试验等进行综合分析。

变压器的每一种故障不是孤立的，而是相互联系的，发生故障后要进行综合分析和判断。

第二节 高 压 断 路 器

一、概述

（一）高压断路器的作用和基本结构

高压断路器具有完善的灭弧装置，正常运行时用来接通和开断负荷电流，故障时用来开断短路电流、切除故障电路。在电气主接线、线路中，通过断路器的投、退，可以实现运行方式的改变。

目前，我国在电力系统中使用的高压断路器按灭弧介质不同主要有油断路器（多油式或少油式）、高压压缩空气断路器、六氟化硫断路器及真空断路器等型式，空气断路器和油断路器在淘汰中。

国产高压断路器的型号、规格一般由文字符号和数字按以下方式组成：

$$\boxed{1}\boxed{2}\boxed{3}-\boxed{4}\boxed{5}/\boxed{6}-\boxed{7}\boxed{8}$$

其代表意义：

1——产品字母代号：S—少油断路器；D—多油断路器；K—空气断路器；Z—真空断路器；L—六氟化硫断路器。

2——安装场所代号：N—户内；W—户外。

3——设计系列顺序号，以数字 1、2、3 等表示。

4——额定电压（kV）。

5——其他标志，如改进型 G。

6——额定电流（A）。

7——额定开断电流（kA）。

8——特殊环境代号。

例如：SN10-10/1250-40 型，即指户内安装少油断路器，额定电压 10kV，额定电流 1250A，额定开断电流 40kA。

高压断路器的典型结构见图 3-48，开断元件是断路器用来关合、开断电路的执行元件，包括动静触头、导电部分及灭弧室等。触头的分、合动作靠操动机构来带动。开断元件在绝缘支柱上，通过绝缘支柱完成带电部位对地之间及带电部位之间的绝缘。绝缘支柱安装在基座上。

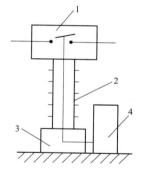

图 3-48 高压断路器的典型结构示意图
1—开断元件；2—绝缘支柱；3—基座；4—操动机构

（二）对高压断路器的主要要求

1. 电气性能要求

（1）电压、电流要求。高压断路器长期装设在电力系统中，应能承受各种电压、电流的作用而不致损坏。

1）电压。某一额定电压的高压断路器，其绝缘部分应能长期承受相应的最大工作电压，还应能承受相应的大气过电压和内部过电压的作用。标志这方面性能的参数是：最大工作电压，工频试验电压，全波和载波冲击试验电压，操作波试验电压。

2）电流。高压断路器导电部分长期通过工作电流时，各部分的温度不能超过允许值。高压断路器导电部分通过短路电流时，不应因电动力而受到损坏，各部分温度不应超过短时工作的温度允许值，触头不应发生熔焊或损坏。标志这方面性能的参数是：额定电流 I_N，额定动稳定电流（峰值）I_{dm}，额定热稳定电流 I_{th} 和额定热稳定时间 t_{th}（2s 或 4s）。

额定动稳定电流（峰值）I_{dm}、额定热稳定电流 I_{th}、额定短路开关断电流 I_b、额定短路关合电流 I_{cm}（峰值）都是同一短路电流在不同操作情况下或不同时刻出现的电流有效值或峰值，它们之间的关系如图 3-49 所示。

各电流之间的关系表示为

$$I_{dm} = I_{cm}$$

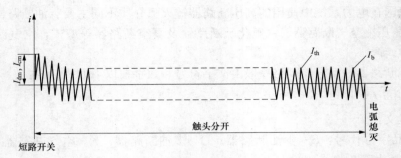

图 3-49　各电流之间的关系

$$I_b = I_{th}$$

$$I_{cm} = 1.8 \times \sqrt{2} I_b = 2.55 I_b$$

（2）自然环境方面要求。高压断路器在周围环境各种条件作用下，都应能可靠工作，这些条件大致如下：

1）海拔。海拔对高压断路器主要有两方面的影响：①大气压力低使得设备外部绝缘耐压水平随之降低；②空气稀薄不利于设备的散热。

2）环境温度。高压电器有关标准规定，产品使用的环境温度为−40～+40℃。温度过低会使变压器油、液压油及润滑油的黏度增加，影响开关电器的分、合闸速度；温度过低还会使 SF_6 气体液化，使 SF_6 设备无法正常工作；密封材料在低温下会出现性能劣化，造成电气设备的漏气、漏油。温度过高，可能造成导电部分过热及电容套管的密封胶渗出等。

3）湿度。湿度大，容易引起金属零件锈蚀、电气设备表面凝水、绝缘件受潮，导致接地、二次回路误动、油漆层脱落，甚至会影响运动部分的可靠动作。

4）风速。过大的风速可能使结构细长的高压断路器、隔离开关等设备出现变形甚至断裂。

5）污秽。沿海地区和重工业地区，空气中污秽严重，易出现高压电气设备绝缘件表面污闪事故。

6）雨水。户外用高压电气设备如密封不良，将会漏进雨水，使绝缘强度降低、金属零件生锈。

7）地震。结构细长的高压电器，抗震性能差，地震时容易造成断裂损坏。

8）湿热。湿热地区湿度高、雨量大、气温高，此外还有霉菌、昆虫等造成的生物危害，这些对电器设备都有不利影响。

9）干热。干热地区的环境温度为−5～50℃，阳光直射下的黑色物体表面最高温度可达90℃，有昆虫、沙尘，在这种气候条件下，高压电气设备的绝缘工作条件将更差。

2. 其他方面要求

断路器结构复杂，功能全面，在使用中还要满足下列要求：

（1）开断短路故障。电力系统中发生短路故障时，短路电流比正常负荷电流大很多，可靠地开断短路故障是高压断路器的主要任务。标志高压断路器开断短路故障能力的主要参数是额定电压（kV）与额定开断电流（kA）。

（2）关合短路故障。电力系统中的电气设备或输电线路有可能在未投入运行前就已存在绝缘故障，甚至处于短路状态。这种故障称为预伏故障。当断路器关合有预伏故障的电路时，在关合过程中，通常在动、静触头尚未机械接触前，触头间隙在电压作用下即被击穿（称为预击穿），随即出现短路电流。短路电流产生的电动力往往对断路器的关合造成很大的阻力，有些情况下甚至出现动触头合不到底的情况。这样在触头间会形成持续的电弧，可能造成断路器的损坏或爆炸。为了避免出现这一情况，断路器应具有足够的关合短路电流的能力。标志关合短路电流能力的参数是断路器的额定短路关合电流，用峰值表示。

（3）快速开断能力。电力系统发生短路故障后，继电保护系统动作，断路器开断电路越快越好，这样可以减少短路电流对电气设备造成的危害。在超高压电力系统中，缩短短路故障的时间可以增加电力系统的稳定性，因此，开断时间是高压断路器的一个重要参数。标志断路器开断过程快慢的参数是断路器的全开断时间（s）。

（4）自动重合闸。架空线路的短路故障大多是临时性故障，线路保护多采用自动重合闸方式。在短路故障发生时，根据继电保护发出的信号，断路器开断故障电路，随后经很短时间 θ 又自动关合电路。断路器重合后，若短路故障仍未消除，则断路器将再次开断故障电路。此后，在有些情况下，由运行人员在断路器开断故障电路一定时间后（如 180s），再次发出合闸信号，让断路器关合电路，叫做"强送电"。强送电后，若故障仍未消除，断路器还需开断一次短路故障。断路器的上述操作过程称为自动重合闸操作顺序，写为"分—θ—合分—t—合分"，其中：θ 是从断路器开断电路到电路重新接通的时间，称为无电流时间，其值为 0.3s，必要时可选用 0.5s；t 为强送电时间，一般为 180s。采用自动重合闸的断路器，在上述很短时间内应可靠地连续关合和开断几次短路故障。这种连续多次开合短路故障比开断一次短路故障的负担显然要严重得多。

（5）分合各种空载、负载电路。断路器有时需要合、断空载长输电线路、空载变压器、电容器组、高压电动机等电路，合分这些电路可能产生过电压。要求断路器在合分过程中，不应产生危及绝缘的过电压，标志参数是额定电压（kV）。

（6）允许合分次数。断路器应有一定的允许合分次数，以保证足够长的工作年限。为了加长断路器的检修周期，断路器还应有足够的电寿命（允许连续合分短路电流或负荷电流的次数）。一般说来，断路器应有尽可能长的合分短路电流的电寿命。电寿命也可用累计开断电流值（kA）来表示。

（7）对周围环境的影响。断路器在开断短路电流时往往会出现排气、喷烟或喷高温气体等现象，这些现象都不应过分强烈，以免影响周围设备的正常工作，更不应出现喷油、喷火现象，断路器操作时的噪声也不得过大。

（三）高压断路器的主要技术参数

1. 额定电压

额定电压是保证断路器正常长期工作的电压。产品铭牌上标明的额定电压是指正常工作的线电压。我国采用的额定电压等级有 3、6、10、35、60、110、220、330、500kV 等。额定电压决定着断路器的绝缘尺寸、结构尺寸，同时也决定断路器的熄弧条件。考虑到输电线始端与末端的电压可能不同，以及电力系统调压的要求，因此，对电气设备又规定有各级额定电压相应的最高工作电压，断路器应能长期在此电压下正常工作。

2. 额定电流

额定电流是断路器可以长期通过的最大电流。电气设备长期通过额定电流时，其发热温度不应超过国家标准。我国目前所采用的额定电流标准有 200、400、600、1000、1250、

2000、3150、4000、5000、6000、8000、10 000A。额定电流决定电器的发热，也决定导电回路的距离。

3. 额定开断电流

开断电流是指断路器在某给定电压下能正常开断的最大短路电流，在额定电压下开断的电流称为额定开断电流，它表征断路器的开断能力。

4. 额定遮断容量

由于开断能力既与开断电流有关，也与额定电压有关，因此，通常采用综合值额定遮断容量来表示断路器的开断能力。对于一般断路器，如未特别注明，使用电压低于额定电压时，其额定开断电流不变，因而遮断容量就要相应降低。

5. 热稳定电流（短时热电流）

热稳定电流表明断路器能承受短路电流热效应的能力。当热稳定电流通过断路器时，在规定的时间（国家规定标准时间为4s）内，温度不超过国家规定的允许发热温度，且无触头熔接和其他妨碍其继续正常工作的现象，这个电流值称为额定热稳定电流。通常，断路器的热稳定电流等于它的额定开断电流。

6. 额定动稳定电流（峰值耐受电流）

额定动稳定电流表明断路器能耐受短路电流电动力作用的性能，即断路器在闭合状态时能通过（或关合时能够接通）的不致妨碍继续正常工作的短路电流最大瞬时值。额定动稳定电流是热稳定电流的 2.55 倍，又称极限通过电流。极限通过电流表示断路器对短路电流的电动稳定性，它决定于导体部分及支持绝缘部分的机械强度，并决定于触头的结构形式。

7. 分闸时间

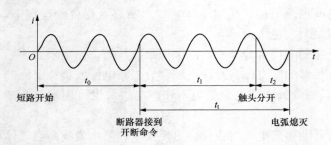

图 3-50　断路器开断电路时的各个时间

t_0—继电保护动作时间；t_2—燃弧时间；
t_1—断路器固有分闸时间；t_t—断路器全分闸时间

分闸时间是表明断路器开断过程快慢的参数。断路器从得到分闸命令起到电弧熄灭为止的时间，称为全分闸时间，如图 3-50 中的 t_t，全分闸时间等于固有分闸时间 t_1 和燃弧时间 t_2 之和。固有分闸时间为断路器接到分闸命令到触头分离这一段时间，燃弧时间是从触头分离到各相电弧熄灭的时间。从电力系统对开断短路电流的要求来看，希望分闸越快越好，即对于高压断路器，固有分闸时间和燃弧时间都必须尽量缩短。

8. 合闸时间

断路器从接到合闸命令起到主接触头刚接触为止的时间，称为合闸时间。

9. 自动重合闸性能

断路器在自动重合闸操作循环时的有关时间见图 3-51。

从断路器重合操作时，触头闭合到第二次触头分开为止的时间，即 t_4，称为金属短接时间，因为重合操作是在线路可能仍处于故障情况下合闸，所以，对于提高系统稳定性所使用的断路器，要求有较高的动作速度，除了缩短全开断时间外，金属短接时间也必须比较短。断路器所允许的电流间隔时间取决于第一次开断后，断路器恢复熄弧能力所需要的时间，如

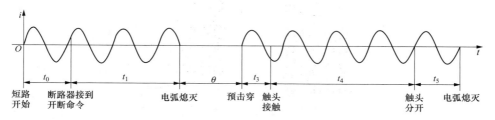

图 3-51 自动重合闸操作循环的有关时间

t_0—继电保护动作时间；t_1—断路器全分闸时间；θ—自动重合闸的无电流间隔时间；t_3—预击穿时间；
t_4—金属短接时间；t_5—燃弧时间

果间隔时间太小，当断路器重合后再次分闸时，尚未恢复其熄弧能力，则断路器在第二次分闸时的断流容量便会下降。

（四）高压断路器的几个基本知识

1. 电弧

气体中流通电流的各种形式统称为气体放电现象。最常见的气体放电现象有电晕放电、火花放电、电弧放电三种形式。通常电晕放电现象产生于带高电压的导体周围空间，特别是导体周围有尖角的部位。由于电场强度高，因此会使周围空间中的气体分子被游离（在某种条件下，气体分子分离为电子和正离子，这种现象称为游离），同时发出"吱吱"声，在黑暗中可以看到导体周围有蓝色的光圈。火花放电现象产生于具有电压的两极间，当具备了使气体放电的条件时，由于电源的能量不足，或外回路的阻抗很大限制了放电电流，仅在两极间闪现出贯通两极的断续的明亮细火花并发出"噼啪"声。电弧放电现象是气体自持放电（所谓自持放电是指两电极间的导电质点不断产生和消失，处于一种平衡状态）的一种形式。它的条件是电源的能量足以维持电弧的燃烧。电弧能量集中，温度很高，亮度很大，它是一束游离的气体，质量极轻容易变形。电弧由三个部分组成，阴极区、阳极区和弧柱区。在电弧的阴极和阳极上，温度常超过金属汽化点。电弧形成后，有很低的电压就能维持其稳定燃烧而不熄灭。

电弧的产生是触头间中性质点（分子和原子）被游离的结果。阴极在强电场作用下发射电子，发射的电子在触头电压作用下产生碰撞游离，就形成了电弧。在高温的作用下，阴极发生热电子发射，并在介质中发生热游离，使电弧维持和发展，这就是电弧产生的过程。在电弧中，发生游离过程的同时还进行着带电质点减少的去游离过程。在稳定燃烧的电弧中，这两个过程处于动平衡状态，如果去游离过程大于游离过程，电弧便越来越小，最后熄灭。去游离的主要方式是复合和扩散。利用各种方法，强迫冷却电弧的内部和表面，不仅可增强复合的速度，同时也能增强扩散的速度，使电弧很快熄灭。

（1）直流电弧，在直流电路中产生的电弧叫直流电弧。直流电弧的特性是可以用弧长的电压分布和伏安特性来表示。

1）稳定燃烧的直流电弧压降由阴极区压降、弧柱电压降和阳极区压降三部分组成。电弧阴极区压降近似等于常数，它与电极材料和弧隙的介质有关；弧柱压降与弧长成正比；阳极区的电压降比阴极区小，电流很大时阳极压降很小。如果其他条件不变，电弧电压随电流的增加而下降。在短弧（几毫米长的电弧）中，电弧电压主要由阳极、阴极电压降组成，它的特性表现在电弧电压约为 20V，而且是与电流、外界条件无关的常数。在长弧（长度为几厘米以上的电弧）中，电弧电压主要由弧柱电压降组成，电弧电压正比于电弧长度。

2）直流电弧的熄灭。当电源电压不足以维持稳态电弧电压及线路电阻电压降时，电弧即自行熄灭。熄灭直流电弧一般采用下列方法：①冷却电弧或拉长电弧，以增大电弧电阻和电弧电压；②增大线路电阻，如熄弧过程中串入电阻；③把长弧分割成许多串联的短弧，利用短弧的特性，使得电弧电压大于触头施加的电压时，则电弧即可熄灭。

在开断直流电路时，由于线路中有电感存在，则在触头两端电感上均会发生过电压。为了减小过电压，故需限制电流下降的速度。在高压大容量的直流电路中（如大容量发电机的励磁电路），一方面采用冷却电弧和短弧原理的方法来熄弧，另一方面采用逐步增大串联电阻的方法来熄弧。

（2）交流电弧。

1）在交流电路中，电流的瞬时值不断随时间变化，从一个半周到下一个半周时，电流要过零一次。由于交流电流变化很快，弧柱的热惯性起很大作用，所以交流电弧的伏安特性都是动态特性，如图 3-52（a）所示。图中电流按正弦波形变化，根据伏安特性，可以得到如图 3-52（b）所示的电弧电压 u_h 波形图。图中的 A 点处电弧产生的电压称为燃弧电压，而 B 点处电弧熄灭的电压称为熄弧电压。可见在交流电弧中，由于具有动态特性，因此熄弧电压总低于燃弧电压。

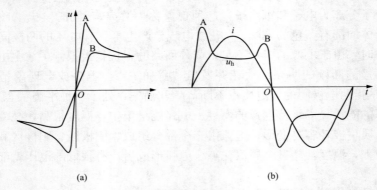

图 3-52　交流电弧的伏安特性及电弧电压、电流波形图
(a) 伏安特性；(b) 电弧电流、电压波形

2）交流电弧的熄灭。交流电弧的燃烧过程与直流电弧的基本区别，在于交流电弧中电流每半周要过零一次，此时电弧自然暂时熄灭。在电流过零时，采取有效措施加强弧隙的冷却，使弧隙介质的绝缘能力达到不会被弧隙外施电压击穿的程度，则在下半周电弧就不会重燃而最终熄灭。因此交流电弧电流过零时，是熄灭交流电弧的有利时机。但电流过零后是否还会重燃或最终熄灭，则取决于弧隙中去游离过程与游离过程的竞争结果。

a. 当电流过零后很短时间内，弧隙中的温度仍很高，特别在开断大电流时，还会存在热游离，致使弧隙具有一定的导电性（称为残余电导）。在弧隙电压的作用下，通过残余电导，使弧隙中有电流（称为残余电流）通过。此时，电源仍还可以向弧隙输入能量，使弧隙温度升高，热游离过程加强。所以，在此时弧隙中存着散失能量和输入能量的两个过程，如果输入的能量大于散失的能量，则弧隙游离过程将会胜过去游离过程，电弧就会重燃。这种由于热游离而使电弧重燃的现象称为热击穿。反之，如果在电流过零时加强弧隙的冷却，弧隙温度降低到使热游离基本停止时，弧隙将由导电状态向介质状态转变，电弧就会熄灭。

b. 当弧隙温度降低到热游离基本停止时，弧隙已转变为介质状态，此时，虽然不会出现热击穿而重燃，但电弧隙的绝缘能力或称介质强度（以能耐受的电压表示）要恢复到绝缘的正常情况仍需一定时间，此称为弧隙介质强度的恢复过程。而且在电弧电流过零后，弧隙电压将由熄弧电压经过由电路参数所决定的电磁振荡过程，逐渐恢复到电源电压，此称为电压恢复过程。因此，在电流过零后，弧隙中存在着两个恢复过程。在恢复过程中，如果恢复电压高于介质强度，弧隙仍被击穿，称为电击穿，电弧重燃。反之，如果恢复电压低于介质强度时，电弧才真正熄灭。

c. 弧隙介质强度的恢复过程主要与弧隙冷却条件有关，弧隙电压的恢复过程主要与线路参数有关。事实上，弧隙电压又影响到弧隙游离，弧隙电阻是线路参数之一，也影响弧隙电压的恢复。因此，它们之间又是相互联系的。弧隙中存在着的这两个相互联系的对立过程，决定电流过零以后电弧电否重燃或熄灭的根本条件。

由以上分析可知，交流电弧的熄灭，关键在于电流过零后，加强弧隙的冷却，使热游离不能维持，便不致发生热击穿。另外，使弧隙的介质强度及其恢复速度始终要大于弧隙电压恢复速度，即不能发生电击穿。

2. 灭弧

现代开关电器中广泛采用的灭弧方法，归纳起来有下列几种。

（1）吹弧。利用气体或油吹动电弧，广泛应用于各种电压的开关电器，特别是大容量高压断路器中。用气体或液体介质吹弧，既能起到对流换热、强力冷却弧隙，也有部分取代原弧隙中游离气体或高温气体的作用。气体流速大，对流换热能力就强，能加剧电弧散热，对弧隙的冷却作用则更大。在断路器中，常制成各种形式的灭弧室，使气体或液体产生较高的压力，有力地吹向弧隙。吹弧的方式有横吹和纵吹两种，如图 3-53 所示。吹动方向与弧柱轴线平行的叫纵吹，吹动方向与弧柱轴线垂直的叫横吹。纵吹主要是使电弧冷却变细最后熄灭，而横吹则把电弧拉长，表面积增大并加强冷却，熄弧效果较好。纵、横吹的方式各有其特点，不少断路器采用纵、横混合吹弧的方式，熄弧效果更好。

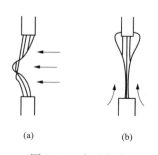

图 3-53　吹弧方式
(a) 横吹；(b) 纵吹

（2）迅速拉长电弧。拉长电弧有利于散热和带电质点的复合和扩散，具体方法是：①加快触头的分离速度；②采用多断口。在触头行程、分闸速度相同的情况下，多断口比单断口的电弧拉得长，从而增大弧隙电阻，同时也增大介质强度的恢复速度。由于加在每个断口的电压降低，使弧隙的恢复电压降低，因此灭弧性能更好。

采用多断口结构后，每个断口在开断位置的电压分配和开断过程中的恢复电压分配会出现不均匀现象。为了充分发挥每个灭弧室的作用，应使两个断口的工作条件接近相等，通常在每个断口并联一个电容，称为均压电容。接上均压电容后，只要电容量足够大，电压将平均分布在两个断口上，使每个断口的工作条件基本上一样。实际上，串联断口增加后，要做到电压完全均匀分配，必须装设电容量很大的均压电容，这样很不经济。一般按照断口间的最大电压，不超过均匀分布电压值10%的要求来选择均压电容量，即不均匀系数 n 要求为

$$n = \frac{\text{断口上实际承受的电压}}{\text{电压均匀分配时断口承受的电压}} \leqslant 1.1$$

（3）利用短弧原理灭弧。在短弧中，当电流过零时，阴极附近几乎立即出现 $150 \sim 250\text{V}$ 的介质强度。将电弧分割成许多短弧，利用这个起始介质强度，使得所有阴极的介质强度总值大于加在触头上的电压时，电弧将被熄灭。

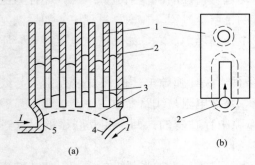

图 3-54　灭弧栅装置

（a）弧栅装置；（b）栅片结构

1—灭弧栅片；2—电弧；3—电弧移动位置；
4—静触头；5—动触头

图 3-54 所示为低压电器中广泛采用的灭弧栅装置，就是利用短弧原理来灭弧的。栅片由铁磁物质制成，当触头间发生电弧后，可以利用电弧电流产生的磁场与铁磁物质间产生的相互作用力，把电弧吸引到栅片内，将长弧分割成一串短弧，在每个短弧的阴极附近都有 $150 \sim 250\text{V}$ 的介质强度。设有 n 个栅片，则整个灭弧栅总共有 n（$150 \sim 250$）V 的介质强度。如果作用于触头间的电压小于 n（$150 \sim 250$）V 时，因不能维持电弧的燃烧，电弧必将熄灭。栅片具有缺口，是为了减少电弧进入栅片的阻力，可以缩短燃弧时间。在直流电路中，是利用所有短弧上的阴极和阳极电压降的总和大于触头上的外加电压，使电弧迅速熄灭。

（4）利用固体介质的狭缝灭弧。图 3-55（a）所示为在低压开关中广泛采用的狭缝灭弧原理。灭弧片由石棉水泥或陶土材料制成，当触头间产生电弧后，在磁吹线圈产生的磁场作用下，对电弧产生电动力，将电弧拉入灭弧片的狭缝中，一方面把电弧拉长，同时还可将电弧直接与灭弧片冷壁紧密接触，加强冷却作用，促使电弧熄灭。灭弧片的结构有多种形式，如图 3-55（b）所示，直缝式的电弧在较宽部分产生，用磁吹的方法，把电弧吹入狭缝中冷却而熄灭，见图 3-55（c）。曲缝式又称迷宫式，当电弧被拉入迷宫室后，电弧拉长成曲线形状，灭弧效果较好。

磁吹力的产生靠外加磁场，使电弧在磁场中受力向灭弧室狭缝中移动。产生磁场的方法有三种：第一种是磁吹线圈与电路串联，其特点是吸力的方向不随电流方向的改变而变化，磁吹力的大小与电弧电流的平方成正比。当切断小电流时，可能磁吹力太小，电弧不能被拉入狭缝中。第二种是磁吹线圈与电路并联，磁吹力不受电弧电流影响，可以获得恒定的磁场强度，开断小电流时不会降低它的开断能力，但磁吹力具有方向性，在使用中必须注意磁吹线圈的极性。第三种是永久磁铁式，其工作原理与并联磁吹相同，但它不需要线圈，结构简单。它同样具有方向性，一般只应用于直流电路中。

低压电器中的接触器、磁力启动器的灭弧方法，都是采用狭缝熄弧的原理。另外还可以使用像六氟化硫气体、真空等优质灭弧介质、难熔金属制作触头等方式来提高灭弧性能。

3. 电气绝缘

高压断路器的绝缘，应能承受长期作用的最高工作电压和短时作用的过电压（大气过电压和内部过电压）。高压断路器绝缘根据结构所处的工作条件可分为外绝缘和内绝缘两大类。

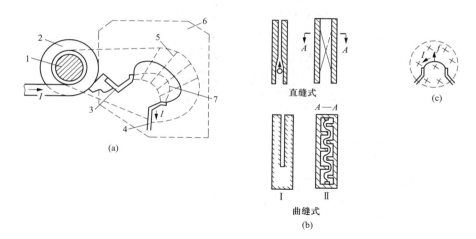

图 3-55　狭缝灭弧原理图

（a）灭弧装置；（b）灭弧片（直缝式和迷宫式）；（c）磁吹力工作原理

1—磁吹铁芯；2—磁吹线圈；3—静触头；4—动触头；5—灭弧片；6—灭弧罩；7—电弧移动位置

（1）外绝缘。即以大气为绝缘介质的绝缘结构部分，其电气强度由大气中间隙的击穿强度或大气中沿固体绝缘表面的闪络强度所决定。外绝缘的主要特点是其电气强度与大气有关。影响外绝缘的主要因素如下：

1）击穿电压随间隙长度增加而增加，但大于 3m 后有饱和趋势。

2）海拔与气温增高时，空气密度下降，绝缘强度也下降。

3）大气污染将导致绝缘体沿面闪络，电压下降。

4）当工作电压较高时，电场分布对外绝缘有一定影响。

5）尖端电极外表面会导致局部电场增大使耐受电压能力下降和局部放电能量增大。

（2）内绝缘。即以油、压缩空气、SF_6 气体、真空等为绝缘介质的绝缘结构部分，其电气强度由介质中间隙的击穿强度或介质中固体绝缘表面闪络的强度所决定。内绝缘的特点是其电气强度与大气条件基本无关。影响内绝缘的主要因素如下：

1）在绝缘油、SF_6 气体、压缩空气、真空这些绝缘介质中，击穿电压随间隙增大而增大，但有饱和趋势。

2）电极表面粗糙和导电微粒都会使间隙耐受电压下降。

3）SF_6 气体液化将导致气态压力下降，其绝缘强度也随之下降。导电微粒和水分都会导致击穿电压下降。

4）真空度低于 10^{-2} Pa 时，绝缘能力会明显下降。真空电器中，金属蒸气量、电极材料、表面粗糙度与清洁度、导电微粒等对击穿电压有显著影响。

5）油中水分、游离碳和纤维物质等杂质的存在会使击穿电压下降。

（3）对绝缘的主要要求如下：

1）尽量避免局部放电。

2）防止绝缘击穿或沿面放电。

3）防止固体绝缘材料被电弧烧灼损坏。

4）防止固体绝缘材料受机械力和热长期作用而引起的绝缘损坏。

5）在保证电气强度安全可靠前提下，尽可能减少绝缘尺寸以缩小设备的总体尺寸。

6）对每相多断口串联的断路器，应在断口上装设并联电容，使断口电压分布均匀。

7）应使断路器各部位电场分布尽量均匀。

8）在污秽地区，应根据污秽程度增大爬距，增加清扫次数。

9）海拔的增加和大气密度的降低，都会使绝缘能力下降，应尽量降低海拔和大气密度。

4. 发热

断路器发热的主要问题是由于零部件的温度升高可能使材料的物理、化学性能发生变化，使其机械性能和电气性能下降，最后导致断路器的工作故障，甚至造成严重事故。

（1）为了保证高压断路器在寿命期内可靠工作，必须限制各种材料的发热温度，使其不超过一定数值，这个温度就是最大允许发热温度，简称最大允许温度。

1）金属材料的允许温度。金属材料允许温度决定于材料的机械强度是否变化。温度过高，材料软化，机械强度明显下降。

2）接触连接的允许温度。接触连接（包括触头）的长期允许温度比同样材料制作的其他零件的允许温度低很多。接触连接的允许温度主要决定于接触电阻的稳定性，接触连接处温度过高，接触表面强烈氧化，接触电阻剧烈增加，会造成附近零件温度过高，甚至可能使触头发生熔焊。因此，为保持接触电阻的稳定性，触头的允许温度规定得较低。对于用弹簧压紧的触头，压力较低，接触电阻的稳定性更差，因此，允许温度更低。

3）绝缘材料的允许温度。有机绝缘材料温度过高，会使材料逐步变脆老化，材料的绝缘性能也随之下降，这一因素决定了有机材料的允许温度。电瓷的允许温度也是决定于瓷的绝缘性能。温度过高，瓷的击穿强度明显下降。

（2）断路器发热来源于内部的能量损耗，主要有电阻损耗和铁磁损耗。

1）电阻损耗。当电流流经断路器导体部分时，导体的电阻与触头接触电阻发热产生电阻损耗。为了减少电阻损耗，断路器导电回路的电阻值要限制在某一数值以下，一般为几百微欧以内。关于趋表效应的影响，一般可不予考虑，但对于工作电流很大的断路器，额定电流达千安以上时，如不采取措施，趋表效应就较严重，故应予考虑。

2）铁磁损耗。导体附近的钢铁件会产生涡流磁滞损耗，也称铁磁损耗。减少铁磁损耗常用的措施有：①改用非导磁材料（如无磁钢、无磁铸铁、黄铜、硅铝合金等）；②采用非磁性间隙，在围绕导电杆的环形铁件上开槽，在槽内填黄铜或无磁钢等非磁性材料；③采用短路圈，在围绕导电体的铁筒上绕以高电导率材料（如钼）制成的短路圈。

（3）断路器传热方式。断路器工作中的能量损耗变为热能，使断路器零件温度升高而发生传热。传热的基本方式有热传导、对流换热、热辐射。固体零件主要采用热传导方式进行传热；真空中，采用热辐射方式（即透过真空）传热。在流体薄层，流体的对流运动受到空间的限制，空气层中起传热作用的是热传导及热辐射，油层中是热传导。在自由对流的流体内部，主要采用对流换热方式传热。固体表面与流体间当流体介质为空气时，采用对流换热和热辐射方式传热，当介质为油时，采用对流换热方式传热。

5. 电动力

载流导体（即有电流通过的导体）在磁场里要受到磁场对电流的作用力，这种力称为电动力。高压断路器的导电部分由多个导体组成，当导体中有电流通过时，各导体之间就有电动力相互作用。电动力与电流平方成正比。一般断路器在正常运行中导体内通过的电流较小，只有几百至几千安，作用在导体上的电动力相对较小，对断路器的工作没有影响。当导体内电流超过万安以上时，就应该考虑电动力的问题，此时，电动力很大，可导致断路器的一些零部件受力损坏断裂，使原来处于闭合位置的触头被推开，产生电弧，导致触头熔焊，或使断路器在关合过程中不能顺利关合，以至造成断路器爆炸。图3-56所示为断路器关合短路时电动力示意图。

断路器关合短路电流过程中，动触杆在操动机构的带动下，以一定速度运动，当动、静触头接近时，动、静触头之间隙被击穿（预击穿）出现短路电流。短路电流流经静触头时，静触头各触指电流方向是一致的，这时在触指上产生的电动力是相吸的力，如图3-56所示，在电动力的阻力下，断路器出现关合不到底或关合中发生熔焊，严重时，开关爆炸。实际上电动力在开关中还有可利用的一方面，如有的情况下，利用电动力加快断路器的分闸速度、利用电动力使触头压得更紧以避免触头熔焊等。有时，还可以利用外加磁场使电弧受电动力的作用而拉长来熄灭电弧。磁吹灭弧室就是利用电动力而制造的。

此外，当载流导体的截面沿导体长度（轴向）发生变化时，在截面变化处会出现导体的轴向电动力，这种电动力称收缩电动力。在断路器中，动静触头的接触点附近就典型地存在这种电动力。如图3-57所示，在离接触点较远处，触头截面积比较大，各电流线比较平行。由于触头接触面不是理想的平面，两个触头间真正接触的面积很小，实际上可以看作是若干个点接触，因此，电流流过接触点时，电流线发生强烈的收缩，从而产生收缩电动力。电动力的方向可从电流线的形状来分析，图3-57中电流线的a、b两处电流方向是相反的，所以a、b之间的电动力，也就是作用在上下两个触头之间的电动力是相斥的。可见，触头收缩电动力大于触头压力，触头将被推开，触头间产生电弧，因而引起触头间的熔焊，所以，要保证触头可靠工作，必须保证触头间足够的压力。

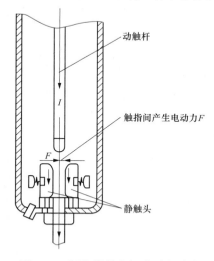

图 3-56 断路器关合短路时电动力

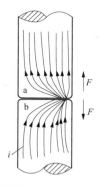

图 3-57 触头接触点附近的收缩电动力示意图

6．电接触

（1）电接触的分类。电接触按工作方式可分为三类：

1）固定接触。用紧固件（如螺钉、螺纹、铆钉等）压紧的电接触，称为固定接触。

2）可分接触。在工作过程中可以分开的电接触，称为可分接触。

3）滑动及滚动接触。此种接触在工作过程中，触头间可滑动或滚动，保持在接触状态不能分开，断路器的中间触头无论在开、合位置都保持在接触状态。

高压断路器基本都采用可分接触，但也有滚动和滑动接触的配合。

（2）电接触的要求高压断路器触头接触工作的可靠性很重要，如果触头材料、结构或制造质量不好，触头在工作过程中就会发生严重损坏或因电弧而熔焊，断路器的可靠性就无法保证。对电接触的主要要求如下：

1）在长期工作中，电接触在长期通过额定电流时，温升应不超过一定数值，接触电阻要稳定。

2）在短时通过短路电流时，电接触应不发生熔焊或触头材料的飞溅等。

3）在关合过程中，触头应能关合短路电流不发生熔焊或严重损坏。

4）在开断过程中，触头应在开断电路时磨损尽可能小。

（3）接触电阻。接触电阻是由收缩电阻和表面电阻两部分组成。

1）收缩电阻。触头接触的表面，存在波纹状起伏，表面粗糙。两个接触面实际只有若干小块面积相接触，每个小面积内又是由若干小的突起部分相接触。当电流接近电接触表面时，从面积较大的截面转入到面积很小的接触点，在此情况下，电流线发生剧烈收缩，这种收缩现象呈现的电阻称收缩电阻。由于接触点数目不只有一个，所以收缩电阻为各个接触点收缩电阻的并联值。

2）表面电阻。触头的接触面上总会被一些导电性能很差的物质覆盖，这些覆盖物可能是金属的氧化物、硫化物，会使表面电阻增大。

影响接触电阻的主要因素有接触压力和接触表面状况。

（4）常用触头接触形式的特点。

1）平面触头。平面触头有较大的平面或曲面的接触表面，触头的容量较大，但要求触头间加很大的压力才能得到较小的接触电阻。

2）线触头。圆柱面和平面接触或两圆柱面接触是线接触，触头的压力强度较大，在同一压力下，容易使线触头得到与平面触头相同的实际接触点。线触头接通和断开时，如果一个触头沿另一个触头的表面滑动，由于触头压强很大，金属氧化物薄层容易被破坏（自净作用），能使触头的接触电阻减小，线触头的接触面积也比较稳定。线触头与平面触头比较起来，接触电阻较小而且稳定。

3）点触头。球面和平面接触或两个球面接触都属于点接触。点触头实际上是一个尺寸很小的平面上的接触，它的特点是压强较大，接触点比较固定，触头的自净作用较强，接触电阻也较稳定。点接触的接触面积小，不易散热，热稳定度较低，因此点接触通常只用在工作电流和短路电流较小的情况下。

（5）触头按结构形式的分类。触头广泛应用于高低压开关电器中，按其结构不同，可分为以下几种：

1）刀形触头。刀形触头广泛应用于高压隔离开关和低压闸刀开关中。刀形触头就其本身的接触状可分为面接触和线接触两种。

2）对接式触头。对接式触头的优点是结构简单，断开速度比插座式触头快。缺点是接触面不够稳定，随压力变化而有所改变，接通和断开时容易发生弹跳，无自净作用，触头容易被电弧烧伤。

3）指形触头。指形触头由成对的装在载流体两侧的接触指、楔形触头和夹紧弹簧组成。指形触头的优点是电动稳定性较高，有自净作用；缺点是不易与灭弧室配合，工作表面易被电弧烧损。

4）插座式（梅花形）触头。它的静触头是断面为梯形的多片触指组成的插座，动触头是圆形导电杆。接通时导电杆插入插座内，由强力弹簧或弹簧钢片把触指压向导电杆。利用插座的内径与导电杆外径适当配合，使每片触指的内圆的两棱边与圆形导电杆形成线接触，接触面工作非常可靠，由于触指的数量比较多，所以每片触指的压力并不需要很大即可得到很小的接触电阻。在接通和断开过程中，导电杆与触指摩擦，接触面被自净，接触电阻比较稳定。同时动触头的运动方向与动、静触头间压力的方向垂直，接通时触头的弹跳很轻微。触指片之间以及触指与导电杆之间的电流方向是同一方向，电动力趋向于触指压紧导电杆，短路电流通过时接触也很稳定。插座式触头结构比较复杂，断开时间较长。

5）固定触头。固定触头是指连接导体之间不能相对移动的触头，如母线之间、母线与电器引出端头的连接等。固定触头的接触表面应有适当的防腐措施，以防止外界的侵蚀，保证接触可靠和稳定。

6）滑动触头。滑动触头是指工作中并不分断，能由一个接触面沿着另一个接触面滑动的触头。滑动触头有以下三种：

a. 豆形触头。它的静触指分上、下两层，均匀分布在上、下触头座的圆周上，每触指配有小弹簧作缓冲，以减少摩擦力，防止动触杆卡涩；动触杆由中心孔通过。豆形触头接触指多，在较小的压力下可具有良好的导电性能，而且结构紧凑。

b. "Z" 形触指式滑动触头。"Z" 形触指式滑动触头的结构与插座式触头相似，它把 "Z" 形触指（静触头）装在特制的导电座里面，用弹簧保持触指的位置，并把触指压到圆形导电杆（动触头）上。"Z" 形触指式滑动触头的优点是高度底，装配简单，没有导电片，接触稳定且有自净作用。

c. 滚动式滑动触头。滚动式滑动触头是在工作中，导体由一个接触面沿着另一个接触面滑动的触头。由圆形导电杆、成对的滚轮、固定导电杆及弹簧装配而成。弹簧可保持导电系统的接触压力。在接通和断开过程中，滚轮绕着自身的轴转动，并沿着导电杆滚动，这种触头接触面的摩擦力小，自净作用较差。

二、SF_6 断路器的基本结构及运行维护

（一）概述

随着电力系统的发展，装机容量不断增大，短路电流也不断增大，对断路器的关合与开断的性能要求也越来越高，SF_6 气体在断路器中的应用提高了断路器的性能。利用 SF_6 气体作为绝缘介质和灭弧介质的高压断路器称为 SF_6 断路器。SF_6 气体具有优良的绝缘性和导热性，是一种优于变压器油和压缩空气的灭弧和绝缘介质。以 SF_6 气体为介质的断路器具有开断能力强、可靠性高、占地面积小及防火性能良好等方面的优越性，20 世纪 50 年代以来，SF_6 断路器得到了迅速发展。

1. SF_6 气体的物理、化学性质

SF_6 气体是无色、无味、无毒、非燃烧性、亦不助燃的非金属化合物其电子与分子结构如图 3-58 所示。SF_6 气体与空气的主要的物理性质对比见表 3-7。

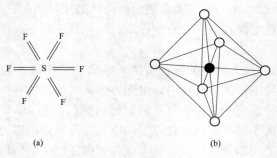

图 3-58　SF_6 气体的电子与分子结构

（a）电子结构；（b）分子结构

○—F 原子；●—S 原子

表 3-7　　　　　　　　　　　　　**SF_6 气体与空气的主要物理性质对比**

名称	单位	SF_6 气体	空气
分子量		146.07	约 28.8
临界压力	MPa	3.85	N_2：3.46；O_2：5.6
临界温度	℃	45.6	N_2：-147；O_2：-118.4
介电常数（0.1MPa，25℃）		1.002	1.000 5
密度（0.1MPa，25℃）	g/L	6.25	1.166
热导率（30℃）	W/（m·K）	0.014	0.021
比定压热容（0.1MPa，25℃）	J/（kg·K）	$0.666×10^3$	$0.996×10^{-5}$
绝热系数（0.1MPa，0~1000℃）		$1.088\sim-1.057$	$1.4\sim-1.35$
黏滞系数（25℃）	Pa·s	$1.61×10^{-5}$	$1.72×10^{-5}$
音速（20℃）	m/s	134	349
气体常数（0.1MPa，0℃）	kg·m/（kg·K）	5.81	29.27
分子结合能	eV	3.4	
表面传热系数	W/（m²·K）	15	6
汽化温度	℃	-63.8	-194
摩尔定压热容	J/（mol·K）	97.1	28.7
临界温度	℃	45.6	
临界压力	MPa	3.72	
熔点	℃	3.72	

　　SF_6 是一种常温下十分稳定的化合物，不易分解、变质。在大气压下，至少在 500℃ 以下保持高度的化学稳定性，与金属材料绝缘材料反应极微，只是在 600℃ 以上才会发生较强烈的分解产生低氟化物，有强烈的腐蚀性。但与碱金属在 200℃ 左右即可反应。使用条件在 150~200℃ 时，要慎重选用与 SF_6 接触的材料。

　　在高温下，例如在电弧或电晕放电作用下，SF_6 将分解成 S 原子和 F 原子，这些原子在温度下降时大部分可以复合成 SF_6，但是在其他成分（如 H_2O、Cu、W 等）的参与下，会生成金属氟化物和硫的低氟化物，主要反应有：

$$4SF_6 + Cu + W \longrightarrow 4SF_4 + CuF_2 + WF_6$$

$$2SF_6 + Cu + W \longrightarrow 2SF_2 + CuF_2 + WF_6$$

有水参与时，还会生成有严重腐蚀性的 HF：

$$SF_4 + H_2O \longrightarrow SOF_2 + 2HF$$

$$SOF_2 + H_2O \longrightarrow SO_2 + 2HF$$

这些分解物中，HF、SO_2、SF_2、SF_4 等对绝缘材料、金属材料都有很大腐蚀作用。由上面的分解反应可见，水分是产生腐蚀性、毒性的主要促成剂。因此控制 SF_6 气体中的含水量是气体质量控制的主要指标。

2. SF_6 的导热特性

SF_6 气体的热传导性比空气差些，热导率只有空气的 2/3，但它的摩尔质量定压热容是空气的 3.4 倍。其对流散热能力比空气大，表面传热系数比空气和氢气大，实际散热能力比空气好。

3. SF_6 的绝缘特性

SF_6 具有优良的绝缘性能，例如，0.3MPa 压力的 SF_6 气体绝缘强度可以达到变压器油的水平，而压缩空气达到同样的绝缘强度要在 0.6～0.7MPa 压力下。

SF_6 气体的高绝缘强度是由卤族化合物的电负性即对电子的吸附能力造成的，卤族元素中又以 F 元素的电负性最强，它的化合物 SF_6 仍有强电负性，在温度不太高（1000K 以下）的情况下，产生 $SF_6 + e \rightarrow (SF_6)^-$ 反应，生成负离子，使空间的自由电子减少，而负离子的活泼性差，抑制了空间游离过程的发展，不易形成击穿，因此绝缘强度大大提高。

SF_6 气体的绝缘强度在不均匀电场中会降低，随着不均匀程度的增大，击穿场强下降。

SF_6 气体绝缘特性受杂质和电极表面状况影响很大。充入电气设备的气体如混入金属细屑，绝缘击穿电压将显著下降。这种影响在工作气压越高时越显著，金属细屑的尺寸越大，绝缘强度降低的也越多。电极表面如粗糙不平，局部电场增强，对绝缘强度下降的影响也越大，光洁度高的表面要比粗糙表面绝缘强度高。

4. SF_6 的灭弧特性

（1）SF6 气体在电弧作用下，随温度的增加分解逐渐显著。当温度低于 1000K 时，SF_6 几乎不发生分解；随温度上升分解加快，在 2000K 附近达到高峰，分解成 SF_4、SF_2 等低氟化物和 S、F 原子；当温度继续上升，低氟化物又被分解成 S、F 原子；当温度超过 5000K 时，电离速度加快，电导率增加，形成显著的导电特性。弧柱的温度在 3000K 以上就形成导电的弧芯部分（即弧芯区）。气体在电弧中的分解和离解要消耗能量，即吸收大量热量。弧芯区外面温度较低的区域为"弧焰区"，由于 SF_6 气体在 2000K 附近的热传导高峰，使电弧在弧芯区边界上有很高的热传导能力，传导散热很强烈，形成陡峭的温度下降的边界，从径向热平衡考虑，弧焰区散热良好、温度低，而弧芯区导热差、温度高，这有利于电弧的熄灭。弧柱在电流很小时还能维持弧芯导电结构，弧芯的热体积小，在电流过零点时的残余弧柱体积小，这有利于介质恢复。由于弧芯结构可以维持到电流零点附近，在开断感性小电流时不会出现高的截流过电压，而且弧芯的高温可以通过很陡峭的温度特性效应进行散发，可快速冷却电弧而熄灭。

（2）SF_6 气体的负电性阻碍了电弧放电的形成与发展。SF_6 气体中发生电弧燃烧时，在高温作用下，电弧空间的气体几乎全部分解为单原子态的 F 和 S。在电流过零的瞬间，大量地吸附和捕捉自由电子，形成负离子，且重量是电子的几千倍。在电流过零后极性相反时，它移动缓慢导致与正离子结合的概率大为增加而大量复合，弧隙的介电强度加快恢复使电弧熄灭。

（3）有较小的电弧时间常数。电弧时间常数是介质灭弧性能的重要指标，SF_6 气体的优良灭弧性能与电弧时间常数小是分不开的。小电流时，SF_6 电弧时间常数仅为空气的 1/100，即 SF_6 的灭弧能力是空气的 100 倍；在开断大电流时，SF_6 的开断能力约为空气的 2～3 倍。

（二）SF_6 断路器的结构分类

1. 按灭弧室供气方式分类

按灭弧室供气方式分类，可分为双压式 SF_6 断路器、单压式 SF_6 断路器和自能式 SF_6 断路器。

双压式 SF_6 断路器，内部的 SF_6 气体设置为两种压力，分别为高压区、低压区；高压区压力一般在 16 个大气压左右，主要负责灭弧；低压区压力一般在 3～5 个大气压，主要用作内部绝缘。这种结构的断路器吹弧能力强，灭弧效果好，电弧在电流第一次过零点就能熄灭，很少复燃，开断容量大，金属短接时间短，开关开断时间短。但是结构较为复杂，辅助设备多，高低压室之间连有管道和泵，高压储气罐还得有保暖措施。这种结构的断路器已趋于淘汰。

单压式（压气式）SF_6 断路器内部的 SF_6 气体压力一样，只是在动触头上增加了压气系统，使动触头在分断过程中，通过压气系统增大灭弧室 SF_6 气体的压力，高压力的 SF_6 气体通过喷嘴吹向电弧，使电弧熄灭。分断动作完成后，压气作用亦即停止。与双压式相比，其结构简单，成为双压式的替代产品。

自能式灭弧 SF_6 断路器利用断路器在分闸过程中灭弧室内动、静触头间电弧燃烧的能量，对气缸（或膨胀室）内 SF_6 气体加热提高压力，以达到灭弧的目的。

2. 按外形结构分类

按照外形结构，一般可分为瓷套支柱式和落地罐式两种。

瓷套支柱式 SF_6 断路器是将 SF_6 灭弧单元安装在支柱绝缘瓷套上，灭弧单元中的动、静触头经装于支柱绝缘瓷套中垂直的绝缘拉杆与操动机构通过传动机构（或拐臂）连接进行分、合闸操作。支柱绝缘瓷套中除垂直的绝缘拉杆将灭弧单元的高电位对地绝缘外，还在其内充以适当压力的 SF_6 气体作为绝缘介质。通过增加垂直支柱绝缘瓷套节数和采用灭弧单元串联，可以适应更高的电压等级。

落地罐式 SF_6 断路器是将灭弧单元及中间传动机构安装于金属制成的大罐内，而操动机构安装于金属大罐外与传动机构连接而进行灭弧单元中动、静触头的分合闸操作。灭弧单元中的动、静触头通过瓷绝缘套管（即充气瓷套管）与发电厂或变电站的母线或负载相连接。在充气磁套管与金属大罐的法兰连接部位，还安装有套管式电流互感器。可采取灭弧室串联的积木式结构，同时将充气套管做相应加高的方式，使其适应更高的电压等级。

这两种结构的断路器各有特点：落地罐式断路器重心低，设备安装稳定性好；可以使用套管式电流互感器缩小设备占地面积；外部绝缘耐受能力适应性强。虽然瓷套支柱式断路器可以由多个灭弧室串联满足较高电压等级的需要，但外部绝缘耐受能力受灭弧室自身结构尺寸的限制，而落地罐式断路器只要为减少断口数量能提高灭弧室的性能，就可制造出能满足外部绝缘要求的充 SF_6 气体的充气套管。落地罐式断路器更容易适应环境，但是瓷套支柱式断路器用气量少优于落地罐式断路器。

（三）SF₆ 断路器的工作原理

1. 单压式（压气式）SF₆ 断路器

单压式（压气式）SF₆ 断路器，在不操作时内部 SF₆ 气体压力恒定，在开断时，灭弧室内 SF₆ 气体在触头系统动作过程中受压气罩（或活塞）运动而压缩，变为较高压力的 SF₆ 气体通过喷嘴吹灭电弧。

（1）单压式（压气式）灭弧室的分断过程可以分为两个阶段：

1）第一阶段为预压缩阶段。为了使触头分离电弧刚产生时 SF₆ 气体就有较好的气吹条件，压气式灭弧室将 SF₆ 气体先进行一段预压缩过程，使压气室中的 SF₆ 气体压力提高，然后再打开喷口产生吹弧作用，使喷口上产生临界速度的气流。图 3-59 所示是一种双向喷口的压气式灭弧室的分段过程，在触头分离以前的超行程阶段（l_1），压气室内的 SF₆ 气体只受压缩而无排出，状态变化按绝热过程考虑，在经过 l_1 行程以后开始气吹时，室内 SF₆ 气体开始气吹压力为 p_1（可见要有足够大的起始吹弧压力 p_1 就要有足够大的预压缩行程 l_1）。l_1 在设计中，压气式灭弧室的预压缩行程（超行程）要求达到全行程的 40%。超行程加大，全行程也随之加大，因此压气式 SF₆ 断路器的固有分断时间比其他断路器长，这也是这种结构的缺点之一。

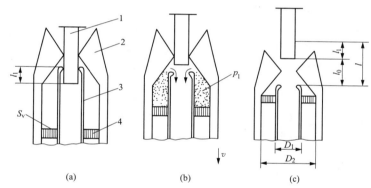

图 3-59　压气式灭弧室的分段过程

（a）起始位置（合闸状态）；（b）开始吹气；（c）分断终了

1—静触头；2—绝缘喷嘴；3—动触头；4—固定活塞；l_1—预压缩行程；l_0—触头开距；p_1—开始时气吹压力；D_1—动触头外径；D_2—压气室内径；v—触头运动速度

2）第二阶段为气吹阶段。要保证电弧可靠熄灭，压气室内 SF₆ 气体压力应保持在临界压力以上。这就要求压气式体积压缩率足够高，足以补偿喷口流出 SF₆ 气体引起的压力降落。图 3-60 表示在分断过程中，压气室体积压缩率 S_{pv} 在不同的情况下，压气室内压力的变化。在承压面积一定的情况下，若压气室运动速度 v 足够大，压气室内 SF₆ 气压在气吹阶段继续提高；若 v 太小，室内气压将不断下降；当压气室运动速度等于某一理相速度时，可以维持压气室 SF₆ 气压不变。理想速度可从气体能量平衡关系得出。没有电弧存在时，

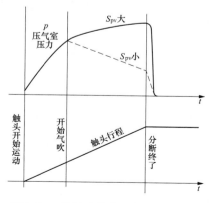

图 3-60　分断过程中压气室压力变化

压气室内 SF_6 气体一方面接受了外部机械功内能增加，另一方面喷口流出 SF_6 气体又带走了能量。压气室内气体状态参数不变时，压气室运动速度就是理想速度。当喷口电弧存在时，喷口气体流量将减小，压气室内的压力比无电弧时高。压气室体积压缩速度与分闸过程的操动力成正比，而喷口面积又与断路器开断电流成正比。这就是说，压气式断路器在分闸过程中，操动机构不但要克服运动系统的惯性力，还要克服压气室内被压缩气体的反压力，而这种反压力是与极限开断电流成正比的。因此压气式 SF_6 断路器分闸过程的操动力要比同参数的其他断路器大得多。而在合闸过程，没有压气反力，因此合闸操动力要小得多。

　　(2) 压气式 SF_6 断路器按照灭弧室设计构造不同，可分定开距和变开距两种。

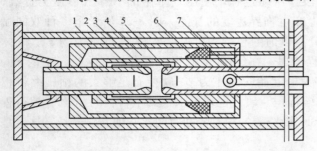

图 3-61　定开距灭弧室结构示意图
1—压气罩；2—动触头；3、5—静触头；
4—压气室；6—固定活塞；7—拉杆

　　1) 定开距灭弧室结构。图 3-61 所示为定开距灭弧室结构示意图。断路器的触头由两个带喷嘴的空心静触头和动触头组成。断路器的弧隙由两个静触头保持固定的开距，故称之为定开距。在关合位置时，动触头跨接于两个静触头之间，构成电流通路。由绝缘材料制成的固定活塞和与动触头连成整体的压气罩之间围成压气。分闸操作时，压气罩随动触头向右移动，使压力室内的 SF_6 气体压缩并提高压力，当喷口打开后，即形成气流进行吹弧。操动机构通过拉杆带动动触头和压气罩所组成的可动部分。

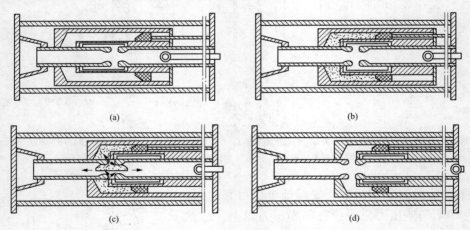

(a)　　　　　　　　　　　　　(b)

(c)　　　　　　　　　　　　　(d)

图 3-62　定开距灭弧室灭弧过程示意图
(a) 断路器在合闸位置；(b) 压气室内 SF_6 气体被压缩；(c) 向喷口吹弧；(d) 熄弧后的开断位置

　　图 3-62 示出定开距灭弧室灭弧过程。图 3-62 (a) 为断路器合闸位置。分闸时，由拉杆带动可动部分向右运动，此时，压气室内的 SF_6 气体被压缩，如图 3-62 (b) 所示。当动触头离开静触头时，便产生电弧，同时将原来由动触头所封闭的压气室打开而产生气流、向喷口吹弧，如图 3-62 (c) 所示。气流流向静触头内孔对电弧进行纵吹，熄弧后的开断位置如图 3-62 (d) 所示。

本结构的特点是：由于利用了 SF$_6$ 气体介质强度高的优点，触头开距设计得比较小，110kV 电压的开距只有 30mm。触头从分离位置到熄弧位置的行程很短，因而电弧能量小，熄弧能力强，燃弧时间短，但压气室的体积比较大。

2）变开距灭弧室结构。变开距灭弧室的结构示意如图 3-63 所示。其结构与少油断路器相似，触头系统有主触头、弧触头和中间触头。主触头的中间触头放在外侧，以改善散热条件，提高断路器的热稳定性。灭弧室的可动部分由动触头、喷嘴和压气缸组成。为了在分闸过程中使压气室的气体集中向喷嘴吹弧，而在合闸过程中不致在压气室形成真空，设有止回阀。合闸时，止回阀打开，使压气室与活塞内腔相通，SF$_6$ 气体从活塞的小孔充入压气室；分闸时，止回阀堵住小孔，让 SF$_6$ 气流集中向喷嘴吹弧。

变开距灭弧室的灭弧过程示意如图 3-64 所示。图 3-64（a）为合闸位置；分闸时，可动部分向右运动，此时，压气室内的 SF$_6$ 气体被压缩并提高压力，如图 3-64（b）所示；主触头首先分离，然后弧触头分离产生电弧，同时也产生气流向喷嘴吹弧，如图 3-64（c）所示；熄弧后的分闸位置如图 3-64（d）所示。

从上述动作过程可以看出，触头的开距在分闸过程

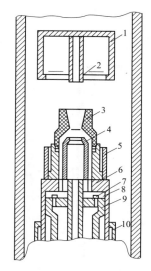

图 3-63　变开距灭弧室的结构示意图
1—主静触头；2—弧静触头；3—喷嘴；
4—弧动触头；5—主动触头；6、9—滑塞；
7—止回阀；8—压气缸；10—中间触头

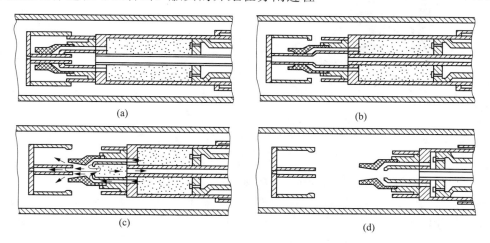

图 3-64　变开距灭弧室的灭弧过程示意图
（a）合闸位置；（b）压气室内 SF$_6$ 气体被压缩并提高压力；（c）分闸熄弧过程；（d）分闸位置

中是变化的，故称为变开距灭弧室。本结构的特点是：触头开距在分闸过程中不断增大，最终开距较大，故断口电压可以做得较高、起始介质强度恢复速度快。喷嘴与触头分开，喷嘴的形状不受限制，可以设计得比较合理，有利于改善吹弧效果，提高开断能力，绝缘喷嘴易被电弧烧损。

2. 自能灭弧式

压气式灭弧室中 SF_6 的气吹压力由操动机构产生。开断容量的提高，使操动功成比例增大，为了减少对操动机构输出功的要求，设计上采用利用电弧自身能量对 SF_6 气体产生足够的压力。熄灭电弧的方式有两种：一种是将灭弧室设计成旋弧式；另一种是利用电弧能量加热 SF_6 气体增加压力原理，设计成热膨胀式灭弧室。在此主要介绍热膨胀式灭弧室。

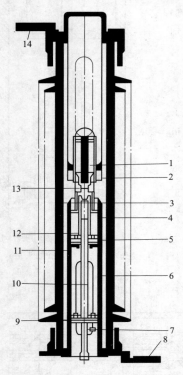

图 3-65　热膨胀自能灭弧室结构示意图

1—静弧触头；2—主弧触头；3—主动触头；4—加热筒；
5—活塞；6—辅助压气缸；7—辅助压气缸泄压阀；
8—下接线板；9—压气活塞；10—拉杆；11—过渡触头；
12—单向止回阀；13—绝缘喷口；14—上接线板

（1）热膨胀式灭弧室的结构。热膨胀自能灭弧室是在变开距压气式灭弧室基础上发展而成的，与变开距压气式灭弧室有相似之处。其静触头装配和动触头装配结构与变开距压气式灭弧室大致相同，所不同之处在于压气元件，热膨胀自能灭弧室将压气单元分割成两个部分，即热膨胀室和辅助压气室。热膨胀自能灭弧室结构如图 3-65 所示。

热膨胀室由绝缘喷口、主动触头、加热筒和活塞组成，活塞上设置单向止回阀；辅助压气室由过渡触头、辅助压气缸和压气活塞组成，压气活塞上设置辅助压气缸泄压阀。主导电回路路径：上接线板 14→静触头 2→动触头 3→加热筒 4→过渡触头 11→辅助压气缸 6→接线板 8。

（2）热膨胀自能灭弧室的灭弧过程。热膨胀自能灭弧室的工作原理如图 3-66 所示。与变开距压气式灭弧室结构的差异在于灭弧室气室被分割成热膨胀室及辅助压气室两部分，在分闸过程中，热膨胀室的容积量是不变的，辅助压气室的作用与一般压气式灭弧室完全相似，其压气罩与压气活塞做相对运动，分闸过程中容积不断缩小，其内部的 SF_6 气体压力不断增加。

1）开断短路电流的状态如图 3-66（b）所示，当动、静弧触头分离时，触头间电弧被引燃。由于短路电流较大，电弧弧柱直径也较大，在绝缘喷口喉部构成堵塞效应，弧柱外围的热膨胀气流沿电弧导引冲向热膨胀室，其热能使热膨胀室内的 SF_6 气体的压力迅速上升。当热膨胀室的气压大于辅助压气室的气压时，热膨胀室阀片被关闭，热膨胀室内的 SF_6 气体不能流入辅助压气室。当静弧触头离开绝缘喷口喉部后，电弧电流正处于由峰值至零的下降过程中，弧柱直径越来越小，弧柱对喷口的堵塞效应减弱，带电弧柱的直径小于喷口的直径时，热膨胀室内 SF_6 气体压力已能满足熄弧要求，气体从弧柱与喷口间的间隙经绝缘喷口高速喷出，冷却并驱散 SF_6 中的电弧，直到电弧过零时被吹灭。因此热膨胀室以电弧的能量对气室内 SF_6 气体的压力加大来熄灭电弧，不是由操动机构传动灭弧室内气缸活塞提高 SF_6 气体压力去提供灭弧所需能量。在分闸过程同时，辅助压气室的体积仍在缩小，其气压不断增大，当其压力达到辅助压气缸泄压阀的整定值时，该阀打开，辅助压气室的气体向断路器

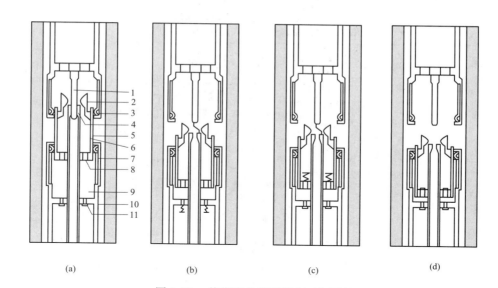

图 3-66　热膨胀自能灭弧室工作原理

（a）合闸状态；（b）短路电流开断状态；（c）小电流开断状态；（d）分闸状态

1—静弧触头；2—绝缘喷口；3—主静触头；4 动弧触头；5—主动触头；6—热膨胀室；7—主过渡触头；

8—热膨胀室阀片；9—辅助压气缸；10—压气活塞；11—辅助压气缸泄压阀

的额定 SF$_6$ 压力空间排放，解除拉杆向分闸方向运动的阻力，从而降低操动断路器所需的能量。

2）开断小电流。开断小的感性电流及容性电流的状态如图 3-66（c）所示，由于电弧电流较小、电弧的能量也小，辅助压气室内 SF$_6$ 气体加热不足以能达到灭弧的气压，不能在喷口喉部形成电弧堵塞效应，热膨胀室中无法建立足够的灭弧气体压力。分闸开始后，辅助压气室体积缩小，SF$_6$ 气压升高，热膨胀室与辅助压气室之压差使热膨胀室阀片向上推开，气流注入热膨胀室使气压上升，当动弧触头离开绝缘喷口后，热膨胀室内的气体流出喷口吹熄小电流电弧，其熄弧过程与变开距灭弧室原理相似。

定开距、变开距、热膨胀式自能灭弧室的特点见表 3-8。

（四）操动机构

1. 操动机构的组成

高压断路器带有触头，通过触头的分、合动作实现开断与关合电路，因此必须依靠一定的机械操动系统才能完成动作。断路器本体以外的机械操动装置称为操动机构，操动机构与断路器动触头之间连接的部分称为传动机构和提升机构。断路器操动机构的组成如图 3-67 所示。

断路器操动机构接到分闸（或合闸）命令后，将能源（人力或电力）转变为电磁能（或弹簧位能、重力位能、气体或液体的压缩能等），传动机构将能量传给提升机构。

传动机构将相隔一定距离的操动机构与提升机构连在一起，并可改变两者的运动方向。提升机构是断路器的一部分，是带动断路器动触头运动的机构，它能使触头按照一定的轨迹运动，通常为直线运动或近似直线运动。操动机构一般做成独立产品，一种型号的操动机构可以操动几种型号的断路器，而一种型号的断路器也可配装不同型号的操动机构。

断路器操作时速度很高，为了减少撞击，避免零部件的损坏，需要装置分、合闸缓冲

123

表 3-8　　　　　　　定开距、变开距、热膨胀式自能灭弧室的特点

灭弧室类型	定开距灭弧室	变开距灭弧室	热膨胀自能式灭弧室
特点	（1）断口间开距小，电弧电压低、能量小，有利于开断电流的提高； （2）压气室离电弧区较远，绝缘材料不易被烧损； （3）熄弧过程中不容易发生热击穿； （4）两个喷口的中间部位有气流死区，使得该区域绝缘强度恢复相对缓慢； （5）灭弧室的最佳开距根据 SF_6 气压、喷口截面积、导电杆直径确定； （6）灭弧室采用石墨喷口； （7）相对变开距结构，定开距灭弧室压气缸容积较大，气体利用率低，对电弧能量的利用效果差； （8）灭弧室电场集中在两喷口电极间，电场受电极表面光洁度影响，开断过程中压气罩要耐受恢复电压，压气罩在过喷口瞬间使断口绝缘强度有所下降，不利于单元断口向更高的电压发展	（1）导电回路设计了弧触头，在动、静弧触头间拉弧，待喷口喉部离开静弧触头，喷口与静触头间出现空隙，气流就从此间隙中喷出气吹熄弧； （2）静触头内弹簧触片数量可根据额定电流的大小来确定，零部件通用性强； （3）充分利用了压气罩喷口最小截面处的气流，在电极开距不断变大的吹气过程中，破坏了气流场死区，电弧熄灭后有较大的绝缘间隙； （4）喷嘴与触头分开，可以根据气流场的要求来设计喷嘴形状，有助于提高气吹效果； （5）绝缘喷嘴易受电弧烧损，可能会影响电流过零后弧隙的介质强度，适当增大开距可以克服这一缺陷； （6）开距长，电弧电压高、能量大，而气流的气体密度与压力随喷嘴斜角的伸张而下降，使弧道的去游离效果减弱，容易产生热击穿，对提高开断电流有影响； （7）制成喷嘴的绝缘材料通常是聚四氟乙烯，其主体添加材料的成分及颗粒大小和喷口的几何造型均由试验得出，各厂家的产品存在性能差异； （8）断口耐受电压强度高，在超高压系统的产品中被广泛使用	（1）开断电流相同的条件下，可以减小操作功； （2）利用热膨胀开断大电流，用助吹解决小电流开断； （3）利用后置活塞吸收 SF_6 气体压力作用在灭弧室部分的能量，可以减少操作功； （4）利用电弧的阻塞效应形成气吹，利于电弧熄灭。但喷口易被灼烧，使孔径扩大导致喷口喉部密封不严，限定热膨胀自能式灭弧室的工作寿命； （5）吹弧能力随开断电流而变，设计灭弧室时应考虑临界开断电流的问题

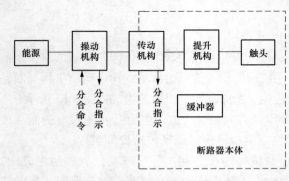

图 3-67　断路器操动机构的组成

器，缓冲器大多装在提升机构的近旁。操动机构及断路器上应具有反映分、合闸位置的机械指示器。

2. 操动机构的性能要求

断路器的全部使命，归根结底是体现在触头的分、合动作上，而分、合动作又是通过操动机构来实现的，因此，操动机构的工作性能和质量的优劣，对高压断路器的工作性能和可靠性起着极为重要的作用。操动机构的主要性能要求如下：

（1）合闸。不仅能关合正常工作电流，而且在关合故障回路时能克服短路电动力的阻碍，关合到底。在操作能源（如电压、气压或液压）在一定范围内（80%～110%）变化时，

仍能正确、可靠地工作。

（2）保持合闸。合闸过程中，合闸命令的持续时间很短，而且操动机构的操作力也只在短时内提供，因此操动机构中必须有保持合闸的部分，以保证在合闸命令和操作力消失后，断路器仍能保持在合闸位置。

（3）分闸。操动机构不仅要求能够电动（自动或遥控）分闸，在某些特殊情况下，应能在操动机构上进行手动分闸，而且要求断路器的分断速度与操作人员的动作快慢和下达命令的时间长短无关。

（4）自由脱扣。如断路器合闸过程中操动机构又接到分闸命令，操动机构不应继续执行合闸命令而应立即分闸。

（5）防跳跃。断路器关合短路而又自动分闸（关合在故障线路上）后，即使合闸命令尚未解除也不会再次合闸。

（6）复位。断路器分闸后，操动机构中的每个部件应能自动地恢复到准备合闸的位置。

（7）联锁。为了保证操动机构的动作可靠，要求操动机构具有一定的联锁装置。常用的联锁装置有：

1）分合闸位置联锁。保证断路器在合闸位置时，操动机构不能进行合闸操作，在分闸位置时不能进行分闸操作。

2）低气（液）压与高气（液）压联锁。当气体或液体压力低于或高于额定值时，操动机构不能进行分、合闸操作。

3）弹簧操动机构中的位置联锁。弹簧储能不到规定要求时，操动机构不能进行分、合闸操作。

3. 操动机构的种类及其特点

根据能量形式的不同，操动机构可分为手动操动机构（CS）、电磁操动机构（CD）、弹簧操动机构（CT）、电动机操动机构（CJ）、气动操动机构（CQ）和液压操动机构（CY）等。

（1）手动操动机构（CS）。靠手力直接合闸的操动机构称为手动操动机构。它主要用来操动电压等级较低、额定开断电流很小的断路器。除工矿企业用户外，电力部门中手动操动机构已很少采用。手动操动机构结构简单、不要求配备复杂的辅助设备及操作电源。缺点是不能自动重合闸，只能就地操作，不够安全。因此，手动操动机构已逐渐被手力储能的弹簧操动机构所代替。

（2）电磁操动机构（CD）。依靠电磁力合闸的操动机构称为电磁操动机构。电磁操动机构的优点是结构简单、工作可靠、制造成本较低，缺点是合闸线圈消耗的功率太大，因而用户需配备价格昂贵的蓄电池组。电磁操动机构的结构笨重、合闸时间长（$0.2 \sim 0.8s$），因此在超高压断路器中很少采用，主要用来操作110kV及以下的断路器。

（3）电动机操动机构（CJ）。利用电动机经减速装置带动断路器合闸的操动机构称为电动机操动机构。电动机所需的功率决定于操作功的大小及合闸作功的时间，由于电动机作功的时间很短（即断路器的固有合闸时间，约在零点几秒左右），因此要求电动机有较大的功率。电动机操动机构的结构比电磁操动机构复杂、造价也贵，但可用于交流操作。用于断路器的电动机操动机构在我国已很少生产，有些电动机操动机构则用来操动额定电压较高的隔离开关，对合闸时间没有严格要求。

（4）弹簧操动机构（CT）。利用已储能的弹簧为动力使断路器动作的操动机构称为弹簧操动机构。弹簧储能通常由电动机通过减速装置来完成。对于某些操作功不大的弹簧操动机构，为了简化结构、降低成本，也可用手力来储能。

（5）气动操动机构（CQ）。配用压气式 SF_6 断路器的一种气动操动机构的动作原理如图3-68所示。这种断路器的分闸功比合闸功大，分闸时由压缩空气驱动工作活塞动作，并使合闸弹簧储能，合闸时由合闸弹簧驱动。机构的操作程序如下：

1）分闸。如图3-68所示，分闸电磁铁通电，分闸启动阀动作，压缩空气向A室充气，使主阀动作，打开储气筒通向工作活塞的通道，B室充气，活塞向右运动，一方面压缩合闸弹簧使其储能，另一方面驱动断路器传动机构使之分闸。分闸完毕后，分闸电磁铁断电，分闸启动阀复位，A室通向大气，主阀复位，B室通向大气，工作活塞被保持机构保持在分闸位置。

2）合闸。合闸电磁铁通电，使合闸脱扣机构动作，在合闸弹簧力的驱动下，断路器合闸。

气动操动机构的压缩空气压力为 $0.6\sim1.0$ MPa。气动操动机构的主要优点是构造简单、工作可靠、出力大，操作时没有剧烈的冲击；缺点是需要有压缩空气的供给设备。

（6）液压操动机构（CY）。液压操动机构利用液压传动系统的工作原理，将工作缸以前的部件制成操动机构，与断路器本体配合、使用。工作缸可以装在断路器的底部，通过绝缘拉杆及四连杆机构与断路器触头系统相连。

图3-69所示为液压操动机构的简图，其动作程序如下：

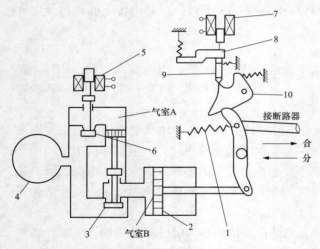

图 3-68　气动操动机构的动作原理图
1—合闸弹簧；2—工作活塞；3—主阀；4—储气筒；
5—分闸电磁铁；6分闸启动阀；7—合闸电磁铁；
8～10—合闸脱扣（分闸保持）机构

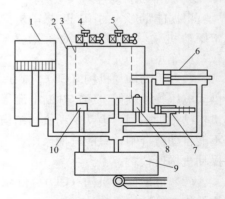

图 3-69　液压操动机构简图
1—储压筒；2—低压油箱；3—两级控制阀系统；
4—合闸电磁铁；5—分闸电磁铁；6—工作缸；
7—信号缸及辅助触头；8—安全阀；
9—油泵；10—过滤器

1）升压。运行时，先开动油泵，低压油箱的低压油经过过滤器、油泵变成高压油后输到储压筒，使储压筒内活塞上升，压缩上腔氮气储能。

2）合闸。合闸电磁铁通电，使高压油通过两级控制阀系统流到工作缸活塞的左侧，活塞向右运动，断路器合闸。

3）分闸。分闸电磁铁通电，两级控制阀系统切断通向工作缸活塞左边的高压油道，并使该腔通向低压油箱，工作活塞向左动作，断路器分闸。

4）信号指示。信号缸的动作与工作缸一致，通过信号缸内活塞的位置，接通或开断辅助开关的信号触点，显出分、合位置的指示信号。

5）采用安全阀以保证液压系统内的压力不超过安全运行的范围。

我国液压操动机构的工作压力有 24、26、32.6MPa 等多种。液压油的性能受温度的影响很大，因此有的操动机构箱壳内装有电热器，以保证液压油的工作温度不低于规定的数值。

（五）SF$_6$ 断路器的日常维护

SF$_6$ 断路器在正常使用期间，维护工作少，由于条件的限制，断路器的本体和液压操动机构中的液压元件一般不在现场解体，但需要按规定做好定期检查和维护。

SF$_6$ 断路器日常维护如下：

（1）检查 SF$_6$ 气体压力是否保持在额定压力；

（2）检查液压机构压力是否正常；

（3）检查液压机构油位是否正常，是否存在渗漏油；

（4）检查各处接线端子有无发热、过热现象；

（5）定期检查清扫各瓷套；

（6）定期校验 SF$_6$ 密度继电器；

（7）定期校验机构压力表；

（8）定期进行 SF$_6$ 气体湿度测试；

（9）定期检查机构箱内加热器；

（10）结合检修进行开关各性能测试和电气试验；

（11）定期清理油箱、更换新油；

（12）及时消除已发现的缺陷；

（13）SF$_6$ 气体的管理维护按照相关标准执行；

（14）对设备进行充气、补气或排气时，要按照相关规程和厂家提供的说明书严格执行。

三、真空断路器

（一）概述

真空断路器是采用真空作为绝缘和灭弧介质的断路器。真空是指气体稀薄的空气。凡是绝对压力低于一个标准大气压的气体状态都可以称为真空状态。绝对压力等于零的空间称为绝对真空或理想的真空。真空的程度用"真空度"来度量，用气体的绝对压力值来表示，绝对压力值越低表示真空度越高。真空状态包括的范围很大，各个国家划分的情况也不相同，我国划分为以下几个范围：

（1）粗真空：真空压力在 $1.01 \times 10^5 \sim 1.33 \times 10^2$ Pa；

（2）低真空：真空压力在 $1.01 \times 10^2 \sim 1.33 \times 10^{-1}$ Pa；

（3）高真空：真空压力在 $1.01 \times 10^{-1} \sim 1.33 \times 10^{-6}$ Pa；

（4）超高真空：真空压力在 $1.01 \times 10^{-6} \sim 1.33 \times 10^{-10}$ Pa；

（5）极高真空：真空压力小于 1.33×10^{-10} Pa。

真空灭弧室一般工作于高真空区域。

1. 真空介质的击穿特性

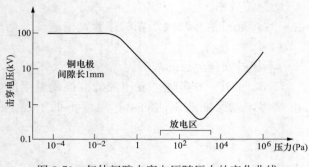

图 3-70　气体间隙击穿电压随压力的变化曲线

气体间隙击穿电压随压力的变化曲线如图 3-70 所示。曲线的右半部，可由巴申（Paschen）定律给出解释，但曲线左半部 10^{-2} Pa 以上的高真空区域击穿电压不随压力的下降而增大，因为气体分子碰撞游离已经不再起作用，这时的击穿强度取决于其他条件，如电极的材料和状况。

真空间隙电击穿的原因一般认为有两种：场致发射引起的电击穿和微粒引起的电击穿。对于小间隙（10mm 以下），场致发射模型的分析结果与试验比较接近；而较大间隙，微粒模型比较适合。

（1）场致发射引起的电击穿。金属表面在足够强的电场下，会产生电子发射。随着温度和表面电场强度的增加，发射电子电流密度也增大。当电子电流达到一定的临界值，真空介质就会击穿。

如果只考虑电场的作用，要产生比较显著的场致发射电流，电场强度必须在 10^9 V/m 以上。实际结构计算表明电场强度要低得多，造成这个差别的主要原因为：

1）即便经过磨光和洗净的电极表面，从微观上看仍呈现凸凹不平，存在许多 10^{-6} m 级的尖峰突起物，这些尖峰突起处电场局部增强。

2）电极表面尖峰凸起物场致发射电子流尽管不大，但尖峰的截面积极小，电流密度很大。当场致发射电流流过尖峰时，会使电极局部发热。这不仅使电子发射增强，而且可能产生电极局部蒸发、熔化，释放大量蒸气。产生的金属蒸气原子与电极表面发射电子碰撞，造成游离，出现与气体间隙相似的击穿过程。

3）电极材料表面杂质、氧化膜的存在不可避免，导致了电极表面逸出功的降低，场致发射更容易发生。

（2）微粒引起的电击穿。从微观观察，经过研磨和清理的电极表面仍遗留一些金属微粒，电极经过燃弧后留下了微小的金属颗粒或在强电场作用下从电极表面尖峰拉出金属须。这些块状物统称为微粒，这些微粒在电场的作用下携带电荷离开电极，加速运动撞击到对方电极点上，由动能转变为热能，引起局部加热、气化、释放大量蒸气，以致真空间隙击穿。

（3）影响真空介质击穿的因素十分复杂，主要有：

1）电极材料及表面状态。大量的试验表明，真空中击穿电压与电极材料的逸出功无关，而材料的硬度、微观光洁度及附着杂质的种类和它们的形状对击穿电压有着极大的影响。金属电极在间隙等于定值时，材料的硬度越大击穿电压越高（铝是个例外，原因还不太清楚）。另外，金属本身的特性、表面氧化程度、熔点和蒸气压力所决定的最高去气温度、杂质种类及其含量等都对间隙的击穿电压有一定的影响。

2）间隙距离。击穿电压随电极距离的增加而增大，在距离小于几毫米时，击穿电压与距离呈近似的线性关系；距离再增大时，这一关系呈非线性，即随距离的增大，击穿电压值的增加越来越少。

3）电场的不均匀系数。电极之间的电场情况，尤其是电极边缘和棱角处的几何形状，影响电场的不均匀系数，也显著地影响着间隙的放电电压。这些部位的曲率半径越小，局部电场越不均匀，间隙的放电电压会因之降低。

2. 真空中电弧的产生和熄灭

真空中间隙击穿后或者在真空开关中的触头分开瞬间，都将产生电弧。开关触头间产生电弧，不但由于这一瞬间出现了极高的电场强度，导致强烈的场致发射，而且因为很大的触头压力突然变小，触头间接触电阻急剧增大，回路电流在接触面的热效应使电极表面温度骤然升高，会产生热阴极效应。

在真空中，残存的气体分子数量极其微小，电弧的燃烧完全依靠金属蒸气来维持。

研究发现真空电弧，由于电弧电流大小的不同，它们的形式和电气特性也不相同。

（1）小电流电弧。当电弧电流的幅值较小（通常不大于几百安，即所谓小电弧电流）时，它的放电首先自阴极开始，随着电子和金属蒸气的出现，放电发散地轰击起着收集器作用的阳极表面，因而，弧柱是一个圆锥形等离子体。位于阴极的圆锥顶点的直径仅为几微米，所以该点的电流密度最大，电极表面的温度也最高，因而会发出强烈的光，形成耀眼的阴极斑点。阴极斑点和电弧形状如图 3-71 所示。

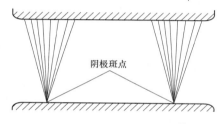

图 3-71　阴极斑点和电弧的形状

1）小电流电弧的特征小电流电弧由许多的圆锥形弧柱并联组成，每个弧柱的电流大小基本上一定，约为几十安（不超过 100A）。这些弧柱一般在靠近电极中心处产生，分布成圆环状并逐渐向电极边缘移动，最后沿棱角运动。电弧向电极边缘移动的原因是棱角处的热传导条件比平面差、温度高，有利于热电子发射和维持电弧燃烧。在电弧发展过程中，弧柱之间排斥，以每秒几厘米到几米的速度运动。随着电流的增大，以前的弧柱不断分裂，生成一些新的弧柱，也有的弧柱会自行熄灭。从形态上看，这种电弧呈扩散状，也叫扩散型电弧。

2）小电流电弧的特点：

a. 在燃烧过程中，电子的迁移率远大于金属蒸气中金属离子的迁移率，即正离子进入阴极的速度比电子进入阳极要慢的多，因此，在阴极附近形成正空间电荷区。在正电荷电场的作用下，弧腔中电场强度的分布变得不均匀。阴极表面附近的电压梯度骤增，形成阴极降压区，而在从正空间电荷区到阳极的电弧部分，则因电场的反向叠加减少了该区的电场强度。小电流电弧的电压特性如图 3-72 所示。图 3-72（a）中，曲线 OA 部分表示阴极压降区，它占了电弧电压的大部分。弧柱部分 AB 的压降很低，呈现很高的电导。当电流增大时，阴极斑点数量随之增多，出现更多弧柱，扩大了导电截面积，因而弧压降随电流增加的变化很小。又因为阴极压降区中离子密度与金属蒸气的发射有关，所以小电流电弧的压降主要决定于阴极材料特性。例如，铜电极的电弧电压为 20～40V，在几百安范围内，这一电压基本上与电流大小无关，所以在交流半波的电弧电压曲线也是平坦的，如图 3-72（b）所示。

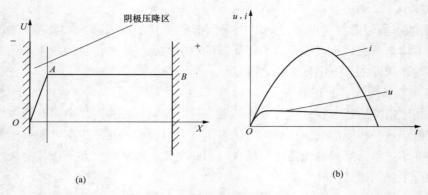

图 3-72　小电流电弧的电压特性

（a）电弧电压分布曲线；（b）电弧电压波形

b. 小电流电弧的燃烧由阴极发射的电子和金属蒸气来维持。在交流电流过零前，瞬时值变小，阴极斑点迅速冷却，发射的金属蒸气也相应减少。当金属蒸气减少到不能维持电弧导通所需的离子数量时，电弧的燃烧变得不稳定，相应的在电流波形中出现振荡，并突然截断。这一现象即为截流效应。由过电压理论得知，截流效应可引起设备回路中电磁过渡过程，因而可能导致过电压的出现。为降低这种过电压的幅值，必须在灭弧室触头制造工艺上采取措施，因此应选择蒸气压较高的触头材料，使之在小电流时仍能发射较多的金属蒸气，达到降低截流值的目的。

c. 电弧仅烧损阴极表面，阳极不但未受损伤，反而在电弧导通时表面上覆盖了一层阴极材料的喷射沉淀物。

d. 在垂直于电弧方向磁场的作用下，阴极斑点向由安培左手定则确定的电动力相反方向运动，这一现象称为逆动现象。因此各个弧柱之间总是相互排斥，做着无规则运动。这一特点对保持阴极表面处于不高的温度是有利的。小电流电弧的逆动现象可能与密集的圆锥形等离子体中外施磁场受到部分正离子运动时产生的磁场干扰有关。

（2）大电弧电流。大电流电弧与小电流电弧的发展过程有很大的差别。在触头分离瞬间，触头接触表面电阻骤然增大，因此会出现高温并发生局部熔融。熔化的金属暂时连着动、静触头，形成所谓的"液态金属桥"。随着触头的分离，液态金属桥被拉断，触头表面形成一些直径约为 $0.7\,\mu m$ 的灼坑。在灼坑附近首先出现一种暂时停顿的电弧，国内外的研究者都发现，在简单开断的真空电弧中，这种电弧在很短暂的时间内甚至在外磁场作用下也不会移动，因此称为限制型电弧。如果在触头分离时电弧电流的瞬时值不大，限制型电弧随即转变成扩散型电弧；但如果电弧电流非常大，限制型电弧可直接转变成收缩的形态。

1）阴极斑点的形式。

a. 通过测量弧柱电位分布，在阳极附近存在一个由空间负电荷积聚形成的表面电荷鞘层，称阳极鞘层。其电压降的高低与阳极表面电流密度和电子饱和电流密度有关。电子饱和电流密度是指单位面积上电子以热运动方式碰撞阳极使之吸收电子形成的最大电流值。当电弧电流较小时，阳极中和的电子也较少，此时阳极表面电流密度低于电子饱和电流密度，鞘层中积聚了较多的负电荷，压降为负值。这时阴极鞘层排斥等离子体中过量的电子向阳极运动，随着电流的继续增大，扩散型电弧中阴极斑点不断增多，发射的金属蒸气随之增加。但由于电弧的扩散，特别在没有磁场作用时，扩散型电弧中的离子外逸现象随电弧电流的增大而加剧，这使进入到阳极中的离子数量明显减少，从而使阳极表面电流密度高于电子饱和电流密度。因此鞘层中出现电子不足现象，其压降变为数值很高的正压降，鞘层也随之变厚，形成了电场强度很大的阳极压降区，这时电弧中电压分布如图3-73（a）所示。

b. 阳极压降区形成后，当由阴极发射的电子穿透这一区域时，速度大大加快，获得了更大的动能。它们轰击阳极后，使阳极局部升到高温，发射金属蒸气并被电离，从而提供了维持电弧燃烧所需的大量离子和电子。由此可知，大电流电弧是由阴极和阳极的发射作用共同维持的。这时电弧电压高而且呈不稳定状态。

c. 如果电流再增大，如以铜电极为例，当电流接近10kA时，阳极压降区的作用更加剧了阳极表面的电子轰击，由此导致局部熔化，熔化点成为发光的阳极斑点。一旦这种局部发光点增多，它对应的许多阴极斑点迅速收敛，这时，阴极斑点和阳极斑点不再做无规则运动，电弧也不再是圆锥形而成为集聚状的、高电流密度的弧柱，称为集聚型电弧。它倾向于留在阳极斑点上，因为该处金属蒸气密度大，易于维持电弧的燃烧，最终导致电极局部的严重熔化。

对阳极斑点的形成也有几种不同的解释方法。上述的解释是根据在试验中探测到真空灭弧室内有离子外逸现象以及存在阳极压降区的事实为基础。阳极斑点的大量出现将使电极表面严重烧损。交流电流过零后极性转变，弧腔中剩余金属蒸气的密度很大，并且由于原来的阳极斑点变为新的阴极发射点，极易在很低的电场强度作用下发射出大量电子，大大降低了弧腔的恢复强度，严重限制了真空开关的开断能力，因此在开断大电流的真空灭弧室触头设计中，必须采取措施避免集聚型电弧对电极的严重损伤。

2) 大电流电弧特点：

a. 电弧的燃烧是由阴极和阳极共同维持的，在交流电弧过零前弧腔中有足够的金属蒸气，所以不会出现电弧燃烧的不稳定现象和电弧的突然截断现象。

b. 电弧压降中有振荡现象，这可以从图3-73（b）所示的22.8kA电弧电压的实测波形中观察到。这一现象的原因可能与阳极斑点发射能力的不稳定性及由此引起的阳极压降变化有关。假如在电流增大的过程中，由于一些随机的因素使正离子数量瞬间不足，无法中和阳极上不断增加的电子，此时阳极压降突然变大，使穿越阳极压降区的电子获得更大的动能，然后加剧了对阳极的轰击，释放出更多的蒸气，阳极压降随之降低到等于或稍高于正离子不贫乏时对应的电压值，以后如果正离子又出现不足现象的情况，则再重复上述过程。

c. 在磁场作用下，电弧的运动与安培左手定则确定的电动力方向一致。利用与电弧方向垂直的磁场来驱动收缩状电弧做高速运动，从而避免电弧在触头表面的滞留，或者利用与电弧方向一致的磁场尽量使之像扩散状那样呈分散状态，减轻触头烧损程度，提高分断能力。

d. 磁场还有提高由扩散型电弧转变成集聚型电弧时电流数值的作用，减轻了触头的烧损程度。真空介质中交流电弧熄灭并且在电流过零以后，弧腔处于绝缘恢复的过程。在真空灭弧室中，此时残存的金属蒸气和离子的密度不大，它们在几十微秒内迅速消失。触头表面的冷却时间常数与电弧能量、电极材料和熔融的程度有关。

真空灭弧室在多次开断大电流电弧之后，触头表面烧损是降低冲击绝缘强度的原因。用

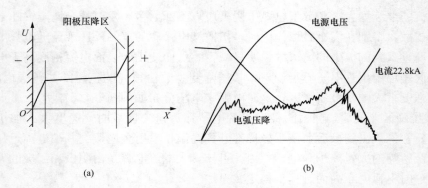

图 3-73　大电流电弧的电压分布曲线和电压波形
（a）电弧电压分布曲线；（b）电弧电压波形

新工艺冶炼的 Cu-Cr 触头在开断试验后，它的冲击绝缘强度甚至可以恢复到试验前的水平。

在弧后恢复过程中有时出现非自持放电现象，即当灭弧室断口开断短路电流后处于工频恢复电压的作用下，经历几十微秒或更长的时间后，电极间出现高频放电电流波，然后自行熄灭，有的甚至造成断口重燃（即所谓事后重燃）。

（二）真空灭弧室的结构

真空灭弧室的基本结构分为触头、屏蔽罩、波纹管、绝缘外壳等，如图 3-74 所示。

1. 触头

触头由动触头和静触头组成。动触头和静触头在闭合位置时，同与它们相连的导电杆一起构成导电回路，在触头分离时则形成了断口。断口处即是产生真空电弧和进行熄弧的弧腔。在与动触头及相连的导电杆周围和外壳之间装有低摩擦力绝缘材料制作的导向管（或导向套），可以保证动触头上下运动时的准确性。一般情况下，在灭弧室外部动导电杆下方的表面上有一圆点状标记，用来观察触头磨损的情况。

触头结构的设计和材料的选择是真空灭弧室设计的关键。

（1）触头结构。从形态上来分，触头有多种

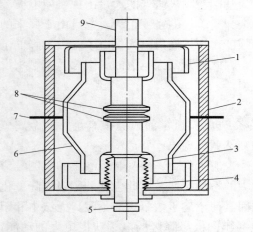

图 3-74　真空灭弧室的基本结构图
1—屏蔽；2—绝缘外壳；3—波纹管屏蔽；
4—波纹管；5—动电极；6—屏蔽罩；
7—屏蔽罩法兰；8—触头；9—静电极

形式以适应不同容量的各种真空开关。

1）圆盘状触头。这是一种早期使用的触头结构，电极为圆柱形，又称平面对接式电极。在开断电流小于 10kA 时，真空电弧为扩散型电弧。当电极电流达到一定数值后（随电极材料而异），电弧则呈收缩状并在电极边缘表面出现滞留的阳极斑点，继而局部严重熔化。虽然增大电极直径能够使极限开断电流有所提高，但由于集聚型电弧的出现，弧根处的电流密度增大以后，电极的等效面积不会随着直径的增加而增大，也就是开断能力不随之成正比增大。因此，这种简单形式的触头不能用于断路器。圆盘触头容易加工，成本低，现在用于真

空接触器和真空负荷开关等短路电流不超过 10kA 的灭弧室中。

2）磁控触头。用于断路器的触头必须能最大限度地克服阳极斑点对触头表面的熔蚀，才能提高其开断容量。为实现这一目的，现行生产的触头结构在设计上采用的措施是利用电弧电流通过灭弧室内导电回路时自身产生的磁场驱动弧柱快速旋转运动，不使之滞留形成阳极斑点并在电流过零点前变成扩散状，或者使电弧只能成为类似扩散状的，弧柱分散为许多纤细的低电流密度的聚集型，从而提高触头的开断能力并延长它的工作寿命。磁控触头中吹弧磁场方向与灭弧室直径方向一致的称为径向磁场，与灭弧室轴向一致的称为轴向磁场，我国通常以动静触头之间电弧的相对位置为参照，对应上述的磁场分别称为横向磁场和纵向磁场。

3）螺旋槽触头。图 3-75 所示为一种内接式螺旋槽触头，它的触头环比电极尺寸小，断路器合闸时，电流通过上下极两个触头环。触头分开后，产生于上下触头环之间的电弧受到电流流过略微弯曲的路径时自身产生的磁场电动力的作用进入电极（亦称跑弧面）。电极被 3 条阿基米德螺线槽所分割，上下两电极的螺旋槽旋向相反。当电弧在螺旋槽规定的方向移动时，其中：沿电极直径切线方向的电流分量对电弧有一个横向吹弧磁场，它使电弧沿螺旋所指的方向顺着电极周边高速旋转，因此弧根处的电极表面在大约十分之几毫秒的时间内迅速冷却，不致因过热而发生熔化。相比之下，圆盘形触头的冷却时间常数长达几毫秒甚至十几毫秒。螺旋槽触头的另一个特点是在电流过零点前 400～500μs 的瞬间，也就是在电流瞬时值

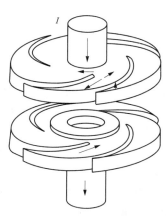

图 3-75　螺旋槽触头

降低到几千安时，集聚型电弧又转变扩散型电弧，弧腔中的离子浓度大为减小，使间隙获得很高的恢复强度，因此其开断能力远大于圆盘状触头。试验表明，当开断电流在 40～50kA 时，电极端部会因金属熔化出现粘连现象，因此螺旋槽触头用于开断电流小于 40kA 的灭弧室。

4）杯状触头。图 3-76 所示为杯状触头。它的环形电极由 Cu-Cr 合金制作，电极的背面是开有斜槽的加强板。从图 3-76（b）可以看出，其上下两个加强板的斜槽方向相反。触头闭合时，电流按照斜槽（环状电极）的特定路径流动。在触头分离时，出现的真空电弧立即受到按斜槽方向流动的电流沿电极直径切线方向分量产生的磁场力作用进行高速旋转，吹弧效果比螺旋槽触头更好，因为螺旋槽触头中的电弧必须在由触头环进入电极后并向边缘运动的过程中，才能受到横向磁场力的驱动。图 3-76（c）所示的上下两个加强板的斜槽方向相同，这样在电流通过时，还兼产生一个纵向磁场。在杯状触头中同时出现旋转的扩散型电弧和集聚型电弧，它们动态分布在环形电极上。因此，杯状触头的弧压降很低，电极熔蚀轻，比螺旋槽触头的开断能力有所提高。杯状触头的极限开断电流可以达到 50kA，用于 40kA及以下的真空灭弧室。

5）纵磁场的触头。当电弧电流通过与其方向一致的磁场时，电弧中离子束因其磁场与该磁场的磁力线相斥而发生分散。利用这一现象设计的纵磁场触头能够有效地使电弧尽量成为扩散状。几种常见的纵磁场触头如图 3-77 所示。

a. 在图 3-77（a）、（b）中，电流分成几个支路流过电极背面的串联线圈，产生了与电弧方向一致的纵向磁场，它们的区别仅在于线圈数和匝数不同。在电弧熄灭后，由涡流产生

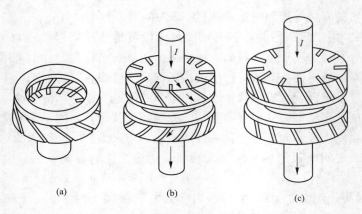

图 3-76　杯状触头

（a）触头外形；（b）上下斜槽方向相反；（c）上下斜槽方向相同

的、相位上滞后的磁场会在短暂时间内存在，它不利于弧腔中剩余离子的消散。为克服这一现象，在电极的径向上开有一些槽，以减少涡流的影响。

b. 图 3-77（c）所示是一种形状简单、易于加工的纵磁场触头，用于 50kA 及以上的灭弧室。从它的上下两极和触头的侧面向中心方向开有很深的、旋向一致的斜槽，电流必须按照斜槽决定的旋转方向通过触头，因此产生了方向与触头轴向一致的磁场。在该磁场的磁力线作用下，绝大部分电弧以电流密度很低的纤细的集聚型电弧和扩散型电弧的形式出现。在开有斜槽的纵磁场触头中，即使 60kA 大电流电弧也仍然呈现分散的状态。在电流过零前瞬间，10kA 的电弧就已经分散成为许多非常纤细的放电支路，这种状态的电弧中离子浓度很低，在电流过零后，断口容易获得很高的恢复强度。因此，纵磁场触头的电极烧损程度轻而均匀，增大触头直径能够有效的提高开断能力，比横磁场触头更加优越。

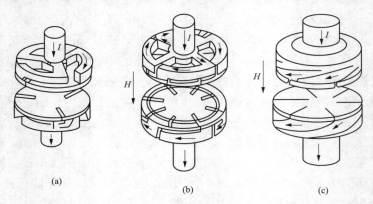

图 3-77　几种常见的纵磁场触头

（a）有 3×1/3 匝线圈的纵磁场触头；（b）有 4×1/4 匝线圈的纵磁场触头；（c）开有斜槽的纵磁场触头

c. 除了上述典型的由单一极性的纵磁场触头外，还有一些具有 2 个或 4 个不同极性的多极性纵磁场触头结构，其特点是更能充分利用电极的面积。即对同样的电极尺寸，更加提高了开断能力。有研究指出，直径 75mm 电极内插有马蹄形铁芯的 2 极和改进的 4 极纵磁场触头试验情况，它们的短路开断电流分别为 31.5kA 和 40kA，新结构可减少热量损耗 30％。

马蹄形 4 磁极磁场触头如图 3-78 所示。

触头开断大电流电弧压降的大小对其开断能力有着显著的影响。较小的电弧压降意味着在开断过程中产生的热量损耗小，这时触头表面的熔蚀也小，触头寿命因而较长。决定电弧压降大小的有电极直径、触头间距、电弧电流幅值和电场强度等因素。

图 3-79 所示为电弧压降与纵磁场的关系曲线。由图 3-79 可以看出，当磁场强度 $H_3 > H_2 > H_1$ 且其他条件都相同时，磁场越强，对应的电弧压降越低。在没有纵向磁场时，电弧电流增大后，弧柱将由触头中间向外扩散。但如果有纵向磁场的作用，电弧中离子和电子将在垂直于磁力线的平面上做螺旋加速运动，不再从触头中间向外扩散运动。这样，弧柱被纵磁场约束在触头之间，它的分布大致与触头面积相同。因为触头间没有离子和电子向外扩散损失，所以电弧容易维持燃烧，弧压降比无纵向磁场时低。由于纵磁场触头具有优异的开断特性而且弧压降低，因此它还对缩小灭弧室体积，促进断路器向小型化发展具有重要意义。

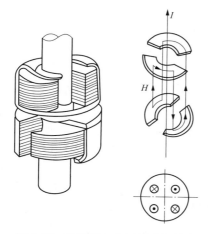

图 3-78　马蹄形 4 磁极纵磁场触头

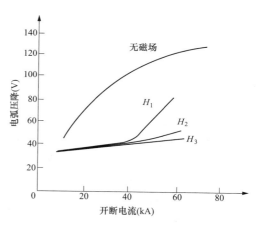

图 3-79　电弧压降与纵磁场的关系曲线

（2）真空断路器触头材料。触头材料是影响真空灭弧室的开断能力、介质恢复强度、机电寿命和操作过电压等特性的关键因素。不同用途的真空灭弧室对触头材料有各种不同的要求。大容量真空断路器中真空灭弧室的触头材料必须满足下列要求：

1）具有切断额定电流和短路电流的能力。不能太低也不能过高：太低，不能切断故障电流；过高，在切断感性负载电流时，可能出现过高的过电压。

2）具有低的截流水平。要求在切断小电感电流时不要出现过高的过电压，以保护其他电器或电力系统不受损害。

3）抗熔焊性好，且有小的熔焊强度。在真空中，触头表面不会氧化，也不受污染，触头比在大气中更容易熔焊，因而所用的触头材料是用特殊方法制造的。

4）耐压性能好。在触头切断故障电流后，触头间隙间也应能很快地恢复绝缘，维持高的耐压电强度。

5）导电性能良好。触头材料的导电系数要高，接触电阻要小，以减小触头部位的发热，能通过较大的额定负载电流。

6）含气量低。以减少真空灭弧室工作期间的触头放气，维持室内有较高的真空度。

7）耐电磨损性能好，以利提高真空灭弧室的电寿命。

8）机械加工性能好，经济价廉。

以上要求彼此间有时存在着矛盾，要想同时满足是困难的，必须根据具体用途进行适当选择。

（3）国内常用的几种触头材料。国产真空灭弧室，当前用的较多的是铜铋铈、铜铋银、铜铋铝。现在制造中压断路器的触头材料都是在铜基金属中添加其他金属冶炼的合金，基本上以 Cu-Cr 合金与 Cu-Te-Se 合金两大类为主，此外，还有 Cu-Bi-Al 合金等其他金属材料。其中 Cu、Cr 比例各为 50％ 的 Cu-Cr 合金已被国外多数灭弧室制造厂和我国的一些制造厂所采用，它具有以下一些特点：

1）开断电流大。

2）不但材料含气量低，而且由于开断后触头上出现一层含 Cr 的蒸汽薄膜，Cr 对 H_2 的亲和力强，还能吸收在开断电流过程中灭弧室里其他材料释放的气体（如 CH、CO、N_2 等），有利于维持灭弧室内的高真空度。

3）截流小，对应最大概率的截流值一般不超过 5A。

4）用 Cu-Cr 合金制造的触头开断多次短路电流后，冲击耐压强度降低很少，甚至可能不降低。

5）机械强度高。能适应断路器频繁操作的要求，而且多次开断大电流后，触头表面烧损轻，灭弧室的寿命长。

真空接触器主要用于控制电动机一类的感性负载，这类旋转电动机的绝缘强度很低，要求真空接触器的截流值非常小才能保证截流效应产生的过电压幅值很低。因此这类触头材料中大都选用高蒸气金属，例如 Ag-W、Ag-W-Co、Ag-Co-Se 等二元或多元合金，它们的平均截流值一般为 0.8A。在 Cu-Cr 合金中添加高蒸气材料后，截流的平均值更低，仅为 0.4A，对应的过电压倍数不超过 1.3。高开断能力和低截流值对触头材料提出了矛盾的要求，满足低截流的真空接触器触头开断大电流的能力较差，但在实际使用中，接触器常与限流熔断器串联使用，后者被用于开断短路电流。

2. 屏蔽罩

屏蔽罩位于动、静触头周围，由不锈钢制成。在断路器灭弧室中，屏蔽罩固定在小绝缘支柱或陶瓷外壳上，其电位是悬浮的。在接触器灭弧室内，屏蔽罩采取简单的直接固定在动导电杆或静导电杆上的方式。这种固定方式不适用于开断电流大的灭弧室，因为这时在触头和屏蔽罩之间会产生无法熄灭的电弧。屏蔽罩的作用是吸收弧腔中在开断电流时真空电弧的金属蒸气，使之沉淀并附着在罩内，而不致溅落在绝缘罩的内壁上，避免由此降低灭弧室的绝缘强度。另外屏蔽罩的合理布置还起着改善断口电场分布的作用，可提高断口耐压和恢复强度。在高压真空灭弧室中，为使断口具有足够的耐压，必须装有多个屏蔽罩。

3. 波纹管

波纹管是真空灭弧室一个非常重要的部件，它必须满足各类灭弧室的机械寿命和气密可靠性要求。波纹管由性能优秀的不锈钢制造，具有弹性好、耐疲劳强度高等优点。它分别同与动触头相连的导电杆和灭弧室的下法兰焊接在一起，提供气密性连接并保护动触头能上下运动。

4. 绝缘外壳

绝缘外壳的材料一般有硼硅玻璃、微晶玻璃、氧化铝瓷。玻壳灭弧室是早期出现的产品，制造容易，成本低，还便于用高频放电法检测管内真空度；缺点是机械强度低，又因为玻璃熔点低，不能进行一次封排大批量生产。氧化铝瓷制造的圆筒形外壳两端面经研磨后在高温下进行金属化处理，以便于在真空封接炉中用银铜合金进行气密性钎焊。由于玻璃、氧化铝瓷的线膨胀系数比金属大，因此在它们与上、下端面、屏蔽罩等金属部件之间必须用具有与玻璃、氧化铝瓷线膨胀系数接近的铁钴镍合金焊接。陶瓷外壳的优点是具有高强度和耐冲击力，能确保灭弧室在长达几万次甚至几百万次的机械操作中始终维持高真空度。

（三）真空断路器的基本结构

在中压系统中，真空开关得到广泛的应用。已开发的真空断路器有很多种结构，按其安装方式来分可有落地式、悬挂式和可移式。落地式和悬挂式用于固定式开关柜，可移式用于可移式开关柜中。

中压系统的真空断路器一般选用电磁机构或弹簧机构。以 ZN12-10 和 ZN28 为例了解真空断路器的结构。

1. ZN12-10 型断路器

ZN12-10 型真空断路器为额定电压为 10kV、三相交流 50Hz 的户内高压开关设备。

（1）基本参数。ZN12-10 型真空断路器的技术数据见表 3-9，机械特性调整参数见表 3-10。

表 3-9　　　　　　　　　　ZN12-10 型真空断路器技术数据

参　数	指　标	
额定电压（kV）	10	
最高电压（kV）	11.5	
额定电流（A）	1600	3150
额定断路开断电流（kA）	40	40
额定关合电流（kA）	100	100
额定短时耐受电流（kA）	40（4s）	40（3s）
额定操作顺序	0～0.3s～180s～CO	0～180s～CO～180s～CO
工频 1min（kV）	42	
冲击电压（kV）	75	
机械寿命（次）	10 000	
100% 短路电流开断次数（次）	30	
额定电流开断次数（次）	10 000	
合闸时间（s）	≤0.075	
分闸时间（s）	≤0.065	
储能时间（s）	≤15	
储能电动机功率（W）	275	

表 3-10 机械特性调整参数

序号	参数名称	单位	形 式		
			Ⅰ、Ⅱ、Ⅲ、Ⅳ	Ⅴ、Ⅵ、Ⅶ	Ⅷ、Ⅸ、Ⅹ
1	触头行程	mm	11±1	11±1	11±1
2	触头超行程	mm	8±2	8±2	5±1
3	合闸速度①	m/s	0.6~1.1	0.8~1.3	0.8~1.3
4	分闸速度②	m/s	1.0~1.4	1.0~1.8	1.0~1.8
5	触头合闸弹跳时间	ms	≤2		
6	相间中心距离	mm	210±1.5（280±1.5）		
7	二相触头合分闸同期性	ms	≤2		
8	每相回路电阻	μΩ	≤25		

① 合闸速度指触头最后 6mm 时的平均速度。
② 分闸速度指触头刚分 6mm 时的平均速度。

（2）结构组成。

1）整体结构。ZN12-10 型真空断路器总体结构如图 3-80 所示。断路器主要由真空灭弧室、操动机构及支撑部分组成。在用钢板焊接而成的机构箱上固定 6 只环氧树脂浇注绝缘子。3 个灭弧室通过由钢或铸铝板弯成的上、下出线端固定在绝缘子上。下出线端上装有软连接，软连接与真空灭弧室动导电杆上的导电夹相连。在动导电杆的底部装有万向杆端轴

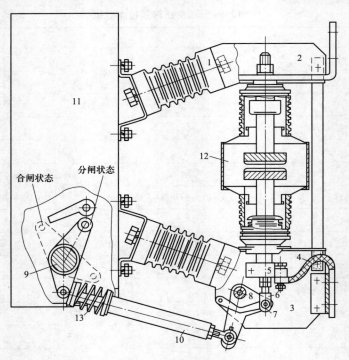

图 3-80 ZN12-10 型真空断路器总体结构图

1—绝缘子；2—上出线端；3—下出线端；4—软连接；5—导电夹；6—万向杆端轴承；7—轴销；8—杠杆；
9—主轴；10—绝缘拉杆；11—机构箱；12—真空灭弧室；13—触头弹簧

承，该杆端轴承通过轴销与下出线端上的杠杆相连，开关主轴通过 3 根绝缘拉杆把力传递给动导电杆，使断路器实现合、分闸动作。

2）真空灭弧室。断路器的灭弧室由一个金属圆筒屏蔽罩和两只瓷管封在一起作为外壳，上、下两只瓷管分别封在上、下法兰盘（静、动法兰盘）上，动、静触头分别焊在动、静导电杆上。静导电杆焊在上法兰盘上，动导电杆上焊一波纹管，波纹管的另一端焊在动法兰盘上，由此而形成一个密封的腔体。该腔体经过抽真空，灭弧室的真空度一般在 $10^{-6}\,Pa$ 以上。当合、分闸操作时，动导电杆上、下运动，波纹管被压缩或拉伸，使真空灭弧室内的真空度得到保持。真空灭弧室示意如图 3-81 所示。

3）操动机构。操动机构为弹簧机构，主要由储能电动机、减速箱、储能轴、分闸掣子、合闸掣子、分闸弹簧、合闸弹簧、断路器主轴、缓冲器及控制装置等组成，如图 3-82 所示。

a）断路器电动储能。接通电动机电源，电动机转动，通过减速箱、储能轴将合闸弹簧拉伸储能，当合闸弹簧被拉到最高点后被合闸掣子锁住，储能到位，同时通过微动开关切断储能电动机电源，完成储能。也可以用手动摇把进行手动储能。

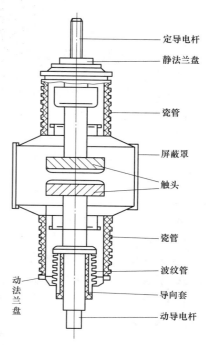

图 3-81 真空灭弧室示意图

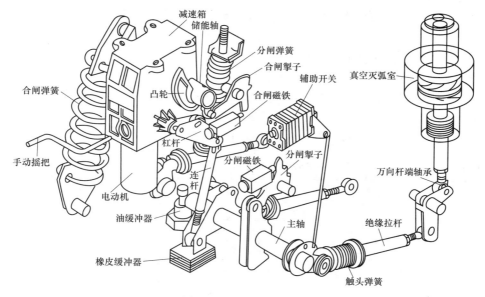

图 3-82 操动机构组成

b）合闸。接通合闸电磁铁电源或用手按压合闸按钮（黑色），合闸掣子被解脱，储能轴在合闸弹簧力的作用下反向转动，凸轮压在三角杠杆上的滚针轴承上，杠杆上的连杆将力传给断路器主轴，导电杆向上运动，主轴转动约 60°时被分闸掣子锁住，断路器合闸完毕。断路器合闸后，电动机立即给合闸弹簧储能，为下一次合闸做好准备。断路器在合闸过程中，同时给分闸弹簧储能，绝缘拉杆上的触头弹簧也被压缩，给触头施加了压力。

c）分闸。接通分闸电磁铁电源或用手按压分闸按钮（红色），分闸掣子解脱，主轴在分闸弹簧和触头弹簧力的作用下反向旋转，断路器分闸。

d）分合闸过程中的过剩能量通过缓冲器吸收。

4）断路器联锁。ZN12-10 断路器手车装有一个推进机构，用于进出间隔。操作的工具有钥匙、摇把、接地开关操作杆。进车时，手车处于断开状态，插入钥匙向右旋转 90°，手车进入移动状态，此时摇把孔打开，插入摇把，向右旋转，手车逐步进入间隔，到工作位置后拔出摇把，钥匙向右旋转 90°即可取下，此时连片将摇把孔堵上。出车时，手车处于断开状态，插入钥匙向左旋转 90°，手车进入移动状态，此时摇把孔打开，插入摇把，向左旋转，手车逐步进入断开位置，到断开位置后拔出摇把，钥匙向左旋转 90°即可取下。

a）接地开关的联锁：一般在开关柜间隔内侧和推进机构上有一连片机构。只有当推进机构钥匙处于断开位置（即手车处于断开状态）时，连片才离开接地开关操作孔，才能进行接地开关的操作，钥匙在移动、工作位置时接地开关操作孔被堵上，无法进行操作；当接地开关处于合位时，推进机构钥匙无法转动，推进机构摇把孔被堵上，手车不能操作无法推入间隔。通过此联锁装置，接地开关只有手车在间隔外（或断开位置）时才能进行合、断操作，接地开关同时也和电缆间隔门联锁，只有合入接地开关，电缆间隔门才能打开。

b）手车与开关间隔的联锁：手车在合闸位置时，推进机构上钥匙不能转动，推进机构摇把孔打不开，不能对小车进出间隔进行操作；手车只有在断开状态时推进机构上的钥匙才能转动，才能对小车进出间隔进行操作；在手车进出间隔过程中，机构合闸掣子被锁，不能动作，开关不能合入。通过此联锁装置，手车只有在分闸情况下才能进、出间隔。推进机构和开关柜门也有联锁，柜门未关闭，推进机构上钥匙不能转动。关上柜门后推进机构上钥匙才能转动，手车才能进出间隔。

2. ZN28 型断路器

ZN28-10 型断路器是三相交流 50Hz、额定电压为 12kV 的户内高压真空断路器，适用于频繁操作的场所，一般配用 CD17 电磁操动机构或 CT19 弹簧操动机构。

（1）主要参数。主要参数见表 3-11 和表 3-12。

表 3-11　　　　　　　　　　ZN28-10 断路器技术参数表

序号	名称	单位	数据		
1	额定开断电流	kA	31.5	40	50
2	额定电压	kV	12		
3	额定电流	A	1000 1250 1600 2000 2500	1250 1600 2000 2500 3150	3150 4000
4	1min 工频耐压（相间、相地、断口）	kV	42		

序号	名称	单位	数据		
5	雷电冲击耐压（相间、相地、断口）	kV	75		
6	额定短路电流开断次数	次	50	30	20
7	额定峰值耐受电流	kA	100	130	130
8	额定短时耐受电流（4s）	kA	31.5	40	50
9	额定操作顺序		O-180s-CO-180s-CO （40kA） O-0.3s-CO-180s-CO （31.5kA）		
10	额定单个电容器组开断电流	A	630		
11	额定背对背电容器组开断电流	A	400		
12	直流分量	%	30		
13	合闸时间	ms	≤120		
14	分闸时间	ms	≤65		
15	合闸弹跳	ms	≤2		
16	三相分闸不同期	ms	≤2		
17	机械寿命	次	10 000		
18	每相回路电阻（≤）	μΩ	45（1000A、1250A） 30（1600A、2000A、2500A） 20（3150A） 18（4000A）		

表 3-12　　　　　　　　　　ZN28-10 断路器机械特性参数

序号	名称		单位	数据
1	触头开距		mm	11±1
2	接触行程（超程）		mm	4±1
3	三相分闸不同期		ms	≤2
4	合闸触头弹跳时间		ms	≤2
5	油缓冲器缓冲行程		mm	$10 \pm \frac{1}{3}$
6	平均分闸速度（接触油缓冲器前）		m/s	1.1±0.2
7	平均合闸速度		m/s	0.6±0.2
8	分闸时间	最高操作电压	ms	≤55
		额定操作电压	ms	≤55
		最低操作电压	ms	≤65
9	合闸时间		ms	≤120
10	动触头累计允许磨损厚度		mm	3

（2）结构组成。

1）ZN28-10 断路器结构如图 3-83 和图 3-84 所示。操动机构和真空灭弧室前后布置，采用上传动方式，操动机构通过绝缘拉杆与真空灭弧室动导电杆相连接，带动真空灭弧室动触头以规定的机械参数实现开关的合分操作。

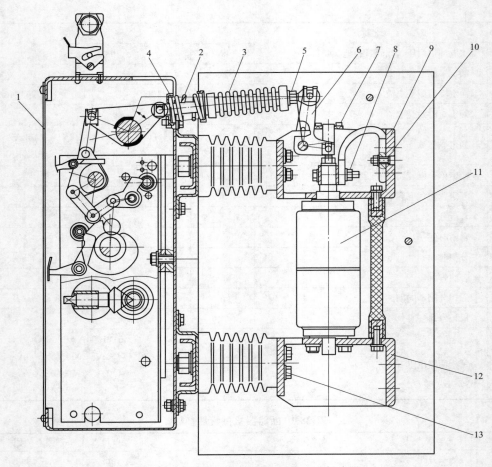

图 3-83　配用弹簧机构的 ZN28-10 断路器

1—面板；2—触头压力弹簧；3—绝缘拉杆；4—弹簧座；5—超行程调整螺栓；6—拐臂；7—导向板；
8—导电夹紧固螺栓；9—上支架；10—螺钉；11—真空灭弧室；12—下支架；13—绝缘子固定螺栓

2）真空灭弧室。

a. 工作原理。断路器配用陶瓷壳或玻璃壳纵磁场真空灭弧室。当灭弧室动触头在操动机构作用下分闸时，触头间隙将会燃烧真空电弧并在电流过零时熄灭电弧。纵磁场触头的特殊结构，使得燃弧期间触头间隙会产生适当的纵向磁场，磁场作用可使电弧扩散均匀分布在触头表面，维持低的电弧电压，并使真空灭弧室具有较高的弧后介质强度恢复速度、小的电弧能量和小的电腐蚀速率，从而提高断路器开断短路电流的能力和电寿命。

b. 检测维护。真空灭弧室允许储存期为 20 年，真空度不高于 $1 \times 10^{-4} Pa$。一般用工频耐压法检查：开关分闸，在断口施加工频电压 48kV/min，灭弧室内部无闪络、击穿即为合格。灭弧室在使用中应定期检查触头烧损情况，当达到动导电杆的烧损标记时，表明灭弧室寿命终结，应予更换。新灭弧室在使用前应检查：①灭弧室零件有无氧化；②产品铭牌、合格证是否与订货单订货要求相符；③包装是否完好；④管壳应无机械损伤。灭弧室在安装前（或维修后），应将导电表面和外壳用酒精擦拭干净，在导电表面均匀涂抹一薄层导电接触膏或中性凡士林。

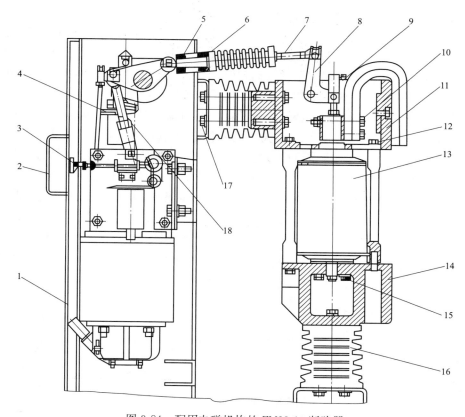

图 3-84　配用电磁机构的 ZN28-10 断路器

1—面板；2—把手；3—分闸按钮；4—开距调整垫；5—出头压力弹簧；6—弹簧座；7—超行程调整螺栓；
8—拐臂；9—导向板；10—导电夹紧固螺钉；11—上支架；12—螺钉；13—真空灭弧室；
14—下支架；15—真空灭弧室固定螺栓；16—绝缘子；17—绝缘子固定螺栓；18—输出杆

3）断路器联锁。手车式断路器与开关柜体有良好的机械联锁，以实现安全运行。

a）接地开关的联锁：一般在开关柜间隔内设有一挡块，当接地开关合入时，挡块横置，阻挡手车推入间隔；接地开关断开时，挡块竖置，此时手车如果在间隔内工作位置，接地开关受手车阻挡不能合入，接地开关在断开位置时同时也闭锁电缆间隔门不能打开。通过此联锁装置，接地开关只有手车在间隔外时才能进行合、断操作，只有合入接地开关，电缆间隔门才能打开。

b）手车与开关间隔的联锁：手车在合闸位置时，手车本体脚踏板无法踩下致使手车摇把小孔无法打开，小车无法摇到开关间隔，或无法从开关间隔摇出；手车只有在断开位置才能进出间隔；在手车进出间隔过程中，机构处于自由脱扣转态，开关不能合入。通过此联锁装置，手车只有在分闸情况下才能进、出间隔。

（四）F-C 回路

随着真空电气的发展，由高压限流熔断器（FUSE、代号 F）与交流高压真空接触器（CONTACTOR，代号 C）组合而成的开关电器也得到了很好的运用，这种组合简称 F-C 回路。真空接触器结构简单、体积紧凑、操作功小易于控制，最适合控制频繁启停的电气设备。

1. F-C 回路工作原理

高压限流式熔断器、真空接触器、集成化的多功能综合保护继电器及过电压保护装置按特定的方法和要求在元件特性上相互配合，构成了 F-C 回路的保护基本特性。在 F-C 回路中，真空接触器不但要完成负荷的正常启动和停止，同时还承担着部分过负荷电流的开断任务，而较为严重的过负荷电流或短路电流的开断任务则由高压限流式熔断器（F）来完成，充分利用高压限流式熔断器的限流特性以及预期开断电流大的优势。两种元件组合在一起，保护上相互配合，扬长避短，使 F-C 回路具有不同于其他开关装置的一些特点，如：额定电流小，开断电流大，可频繁操作，机械寿命长，可以用于某些特定的场合以控制和保护某些负载。利用 F-C 回路的限流特性，还可减少电缆的截面从而降低工程的造价。

ZJ□-6/400 真空接触器的主要参数见表 3-13，高压限流熔断器的主要参数见表 3-14。

表 3-13　　ZJ □-6/400 真空接触器的主要参数

参数名称	额 定 值
额定电压（V）	3.6
额定电流（A）	400
额定开断电流（kA）	3.2（25 次）
极限开断电流（kA）	4.5（3 次）
额定关合电流（kA）	4（100 次）
额定热稳定电流（kA）	4（4s）

表 3-14　　高压限流熔断器的主要参数

型号	额定电压（kV）	额定电流 A	熔体额定电流（A）	额定开断电流（kA）
WDFN/WDFH	3.6	125	50，63，80，100，125	50
WFFN/WFFH	3.6	200	125，160，200	50
WKFN/WKFH	3.6	400	250，315，355，400	50
WFNN/WFNH	7.2	160	25，31.5，40，50，63，80，100，125，160	40
WKNN/WKNH	7.2	224	200，224	40

2. F-C 回路的应用范围及特点

（1）F-C 回路的应用范围。一般来说，在高压厂用电 6kV 系统中采用 F-C 回路配电装置，可以对 1200kW 以下电动机及 1600kVA 及以下变压器进行控制和保护。

（2）F-C 回路的主要应用特点。

1）利用限流熔断器作为保护元件，可减少继电保护的动作时间、断路器的固有分闸时间等中间环节，熔断器断开电流（熔体熔化并产生断口）的时间将大大缩短，而且电流越大断开电路的时间就越短，可以快速切除故障点，减少故障对厂用电系统的影响。

2）可以缩小厂用配电装置的占地面积。

3）较真空断路器而言，F-C 回路可以降低工程造价。

4）要合理选择限流熔断器，做到保护的匹配。

5）熔断器在使用中是一次性的，一旦损坏，必须更换。为了确保熔断器的护特性，即使三个熔断器没有全部熔断，也要进行全部更换。

（五）成套配电装置

成套配电装置就是将各种电气设备，按照一定的接线图，有机地组合而成的配电装置，成套高压开关柜是成套配电装置的一种类型，其优点是结构紧凑，占地少，维护检修方便，可以大大地减少现场的安装工作量，缩短施工工期。

根据实际的连接形式和设置地点的不同，可选用不同种类和性能的配电装置。通常将配电装置分为户外式和户内式两种，10kV及以下的配电装置多采用户内式。户内式配电装置又多选用成套开关柜（屏）组合成配电装置。

成套开关柜（屏）按电压可分为高压开关柜、低压开关柜（低压配电屏）和动力、照明配电箱等几类。

工程高压开关柜是成套配电装置的一种，它是由制造厂家成套供应的设备，其外形是封闭和半封闭的金属柜。在这些封闭或半封闭的金属柜中，可装设高压开关设备、测量仪表、保护装置和辅助设备等。一般一个柜构成一个回路（必要时用两个柜），通常一个柜就是一个间隔。使用时可按设计的主电路方案，选用适合各种回路的开关柜，然后组合起来便构成整个高压配电装置。

高压开关柜内的电器、载流导体之间以及这些设备与金属外壳之间是互相绝缘的。目前我国生产的高压开关柜，其绝缘大多是利用空气和干式绝缘材料，而其发展方向是塑料树脂浇注的全绝缘高压组合电器。

1. 全隔离结构的特点

高压开关柜由接地的金属隔板将开关柜分隔成低压室、母线室、电缆室、断路器室四个隔室。

（1）低压室。低压室可装继电保护元件、仪表、带电指示器及特殊要求的二次设备。控制线路敷设在足够空间的线槽内，并有金属盖板，左侧线槽是为控制小线的引进和引出预留的，开关柜自身内部的小线敷设在右侧。在低压小室的顶板上留有小母线穿越间隔以便施工。

（2）母线室。主母线从一个开关柜引至另一个开关柜，通过开关柜间隔板上的穿墙套管和分支母线固定。套筒不仅有效地限制了事故蔓延邻柜，而且不需要任何其他线夹或绝缘子连接，保证了母线的机械强度。母线室的前后盖板为可拆卸式，柜前或柜后安装维护都较为方便。

（3）电缆室。电缆室是电缆与断路器连接的地方，电缆室和母线隔离板可安装电流互感器，电缆室和手车室隔板装接地开关，电缆室内也能安装避雷器或过电压吸收器。手车和水平隔板移开后，施工人员就能正面进入开关柜安装电缆。离墙安装时拆掉后隔板，电缆接线端应有一定的高度，确保现场施工的方便。

（4）断路器室。在断路器隔室内安装特定的导轨，供断路器手车在上面滑行与工作，手车能在工作位置、试验位置、隔离位置之间移动。活动机构安装在手车室的左、右侧壁上，手车从隔离位置/试验位置移动至工作位置的过程中，装在母线小室和电缆连接小室（电缆室）内的静触头金属隔板自动打开，反方向移动手车，金属隔板则完全覆盖静触头，从而保证操作人员不触及带电体。手车能在开关柜门关闭情况下操作，通过观察窗可以看到手车在柜内所处的位置。

2. 中置落地式开关柜的特点

高压开关柜有固定式和移开式之分：固定式是指断路器固定在开关柜内不能移动，当检修断路器时通过隔离开关将断路器从系统隔离出来；移开式是指断路器和开关柜内的母线及负荷侧的连接不是固定的，一般通过插头－插座方式进行连接（一般断路器侧称为一次插头，母线侧、负荷侧的插座称为静刀），当断路器检修时，可以把断路器拉到间隔外面进行检修。移开式的隔离措施明显，断路器检修方便。

移开式开关柜主要有中置落地式手车柜和落地式手车柜两种类型。中置落地式手车柜是最近才发展起来的新的结构形式，这种结构使中置手车操作省力和落地手车工作灵活的优点得到了统一，其主要特点是：由柜外向柜内"检修"位置行进时，由小车底部轴承轮承力、定位、锁定；由"检修"位置向"试验"位置和"工作"位置行进时，由小车中部轴承轮承力、行走于导向轨道上（此时小车底部悬空），丝杠操作，轻松省力。落地式手车柜在进行电作业时，一般都将小车拉出间隔，安全措施醒目。高压开关柜柜体为全组装式框架结构，具有良好的密封性，防护等级不低于 IP30；在开关柜的前门上设有断路器或接触器的机械、电气位置指示器，在不开门的情况下能方便地监视断路器或接触器的分合闸状态。

3. 开关柜的其他特点

（1）开关柜内所配一次设备（含接地开关），都与断路器、接触器参数相配合，各元件的动、热稳定性满足要求。

（2）开关柜设有"五防"措施，即：防止误分、合断路器（接触器），防止带负荷拉、合隔离开关，防止带接地开关送电，防止带电合接地开关，防止误入带电间隔等。

（3）所有操动机构和辅助开关的接线除有特殊要求外，均采用相同接线，以保证开关柜小车的互换性。

（4）柜内采用绝缘母线，并且有防潮和阻燃性能以及足够的介电强度。

（六）真空断路器的日常检查维护检修

真空断路器在检修维护工作之前，必须将所有的弹簧释能，并且断路器应处于分闸状态。

检修一般随机组检修进行，或者当有影响运行的缺陷时、分断次数达到要求时应进行，也可根据需要进行检修。维护工作可定期进行。

检修维护主要包括以下项目，可根据需要选项进行：

（1）行程、超程的测量调整。

（2）灭弧室真空度的检查（根据需要可缩短周期进行）。

（3）灭弧室触头磨损检查。

（4）分合闸速度测量。

（5）分合闸电压测量。

（6）弹跳时间、同期测量。

（7）操动机构检查（可移动式还要检查推进机构）。

（8）本体与间隔的检查（包括防误闭锁）。

（9）过电压保护器的检查。

（10）一次导电回路的检查。

（11）二次部分的检修。

（12）预防性试验。

（13）消除发现的缺陷。

（14）对开关进行检查、清扫，转动部分上油等。

第三节　高压隔离开关基本结构及运行维护

一、隔离开关的作用及要求

1. 隔离开关的作用

隔离开关是高压开关的一种，没有专门的灭弧装置，不能够用来切断负荷电流和短路电流。使用时，隔离开关需与断路器配合，只有在断路器断开后才能对它进行操作。隔离开关主要作用为：

（1）分闸后，建立可靠的绝缘间隙，将需要检修的线路或电气设备明显与电源隔开，以保证检修人员及设备的安全。

（2）根据运行需要，换接线路。

（3）可用来分、合线路中的小电流，如套管、母线、连接头和短电缆的充电电流等。

（4）根据不同结构类型的具体情况，可用来分、合一定容量的空载变压器的励磁电流。

2. 对隔离开关的要求

（1）应具有明显可见的断口。使运行人员能清楚地观察隔离开关的分、合状态。

（2）绝缘稳定可靠。特别是断口绝缘，即使在恶劣的气候条件下，也不能发生漏电或闪络现象，确保检修运行人员的人身安全。

（3）导电部分要接触可靠。除能承受长期工作电流和短时动、热稳定电流外，户外产品应考虑在各种严重的工作条件下（包括母线拉力、风力、地震、冰冻、污秽等不利情况），触头仍能正常分合和可靠接触。

（4）尽量缩小外形尺寸。特别是在超高压隔离开关中，缩小导电闸刀运动时所需要的空间尺寸，有利于减少变电站的占地面积。

（5）隔离开关与断路器配合使用时，要有机械的或电气的连锁，以保证动作的次序。即在断路器开断电流之后，隔离开关才能分闸；在隔离开关合闸之后，断路器再合闸；断路器在合闸位置，闭锁隔离开关不能操作。

（6）在隔离开关上装有接地开关时，主隔离开关与接地开关之间应具有机械的或电气的连锁，以保证动作的次序。即在主隔离开关没有分开时，保证接地开关不能合闸；在接地开关没有分闸时，保证主隔离开关不能合闸。

（7）隔离开关要有良好的机械强度，结构简单、动作可靠，操动时，运动平稳，无冲击。

二、隔离开关的类型

按绝缘支柱的数目，可分为单柱式、双柱式、三柱式；按隔离开关的运动方式，可分为水平旋转、垂直旋转、摆动式、插入式；按装设地点可分为户内式、户外式；按有无接地开关，可分为有接地开关、无接地开关；按隔离开关的极数可分为单极和三极隔离开关；

按隔离开关配用的操动机构，可分为手动、电动、气动。

隔离开关的型号由字母和数字组成的：

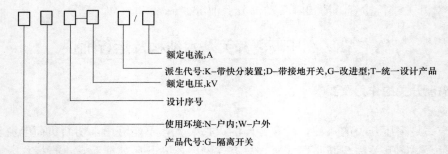

额定电流,A

派生代号:K-带快分装置;D-带接地开关,G-改进型;T-统一设计产品

额定电压,kV

设计序号

使用环境:N-户内;W-户外

产品代号:G-隔离开关

三、GW7-220 隔离开关

1. 用途、特点与使用环境条件

GW7-220 型隔离开关是三相交流 50Hz 的户外高压电器,三柱水平开启式,可一侧或两侧附装接地开关,附装接地开关的型号为 GW7-220D。接地开关分为Ⅰ型和Ⅱ型两种:Ⅰ型接地开关只能承受一定数值的短路电流,Ⅱ型接地开关承受短路电流的能力与隔离开关相同。

GW7-220 隔离开关根据使用污秽等级,分为普通型、防污型和重污型,其区别仅在支柱绝缘子。防污型和重污型采用加大爬电距离的支柱绝缘子。

GW7-220 隔离开关采用 CJ2-XG 型电动操动机构进行三相联动操作,附装的Ⅰ型接地开关采用 CS17-G 或 CS17-Ⅱ型人力操动机构进行三相联动操作,Ⅱ型接地开关采用 CS9-G 型人力操动机构或 CJ2-XGV 型电动机构进行三相联动操作,隔离开关及接地开关按需要也可分相操作。

GW7-220 隔离开关使用环境条件:

(1) 海拔不超过 1000m。

(2) 周围空气温度—30～40℃;

(3) 风压不超过 700Pa(相当于风速 34m/s)。

(4) 地震烈度不超过 8 度。

(5) 覆冰厚度不大于 10mm。

(6) 支柱绝缘子爬电比距:普通型 14.8mm/kV;防污型 20mm/kV;重污型 25mm/kV。

爬电比距为外绝缘爬电距离与设备最高工作电压之比。

(7) 安装场所应无易爆物质,无爆炸危险、化学腐蚀及剧烈振动。

2. 技术参数

GW7-220 隔离开关的主要参数见表 3-15,电动操动机构的主要参数表 3-16。

表 3-15　　　　　　　　　　　　GW7-220 隔离开关的主要参数

序号	项　　目	参　　数				
1	额定电压(kV)	220				
2	最高电压(kV)	252				
3	额定电流(A)	630	1000 1250	1600 2000 2500	2000、2500	3150

续表

序号	项 目		参 数				
4	额定热稳定电流（有效值，kA）		20	31.5	40	50	50
5	额定热稳定时间（s）		3	3	3	3	3
6	额定动稳定电流（峰值，kA）		50	80	100	125	125
7	1min工频耐压（有效值，kV）	对地	395（460）*				460
		断口	460（530）				530
8	雷电冲击耐压（峰值，kV）	对地	950（1050）				1050
		断口	1050（1200）				1200
9	额定接线端机械负荷（N）		1000 或 1500				3000
10	开断电容电流（A）		0.6				0.5
11	电动分、合闸时间（s）		6±1				6.4±1
12	爬电距离（mm）	普通	3740				3740
		防污	5500				5360
		重污	6300				6300
13	接地开关	动稳定电流（峰值，kA） Ⅰ型	23	23	23		
		Ⅱ型	100	100	100	125	
		热稳定电流（有效值，kA） Ⅰ型（1s）	10	10	10		
		Ⅱ型（3s）	40	40	40	50	50
14	配用机构	隔离开关	CJ2-XG 或 CS17-G	CJ2-XG	CJ2-XGⅣ		CJ2-XGⅡ
		接地开关 Ⅰ型	CS17-G 或 CS17-Ⅱ				
		Ⅱ型	CS9-G 或 CJ2-XJV				
15	单极质量（kg）	不接地	560	585	620		1500
		单接地	650	675	710		1570
		双接地	700	725	760		1640

* 括号内电压值为防污型达到的耐压水平。

表 3-16   GW7-220 隔离开关电动操动机构主要参数

序号	项目		CJ2–XG	CJ2-XGⅡ	CJ2-XGⅣ	CJ2-XGⅤ
1	主轴转角（°）		180	192	180	180
2	额定输出力矩（N·m）		750	1000	1000	1000
3	分、合时间（s）		6±1	6.4±1	6±1	8±1
4	电动机参数	额定电压（V）	AC 380	AC 380		
		额定功率（kW）	0.75	1.1		
		额定转速（r/min）	1380	1410		
5	控制电压（V）		AC 380 或 AC 220	DC 110 或 DC 220		
6	质量（kg）		100			

3．GW7-220 隔离开关结构

（1）外形。GW7-220 隔离开关每组由三个独立的单极（一个主极和两个边极）组成，

149

每个单极有底座、绝缘支柱、导电部分、传动系统及接地开关组成，外形如图 3-85 和图 3-86 所示。

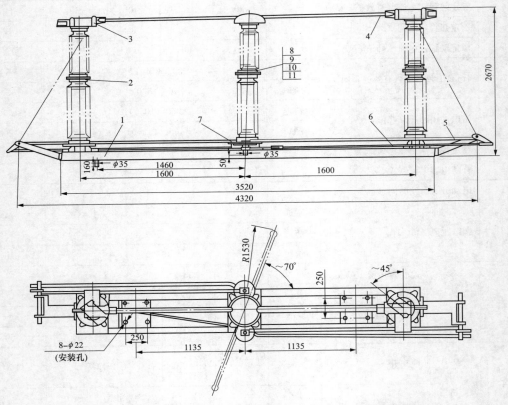

图 3-85　GW7-220D（W）/1600、2000、2500 型隔离开关单极外形图

1—底座；2—绝缘支柱；3—静触头；4—主闸刀；5—接地刀；6—拉杆；7—M16×75 六角螺栓；

8—M16×65 六角螺栓；9—M16 六角螺栓；10—M16 弹簧垫片；11—垫片

　　(2) 底座 。底座由槽钢和钢板焊接而成，两端安装有固定轴承座，中间有转动轴承座，槽钢内腔装有传动连杆。

　　(3) 绝缘支柱。每极开关有三个绝缘支柱，每柱由两个实心棒形支柱绝缘子迭装而成。绝缘支柱的下端固定在底座的轴承座上。两端的绝缘支柱上端固定着静触头，中间的绝缘支柱上端固定着导电闸刀。按使用要求，绝缘子有正常爬电距离和加大爬电距离两种；按接线端拉力不同，有普通瓷和高强瓷两种。

　　(4) 导电部分。导电部分由静触头和闸刀组成：静触头由静触座、触指、弹簧、接线板及防雨罩组成，如图 3-87 所示；闸刀由导电杆、动触头、屏蔽罩组成，如图 3-88 所示。

　　(5) 传动系统。传动系统由轴承、传动轴、连臂及连杆组成，如图 3-89 所示。

　　(6) 接地开关。接地开关由接地闸刀（包括动触头、静触头、导电管）、传动部件及平衡弹簧等组成。静触头安装在隔离开关静触座的底板上，动触头、导电管及传动部件附装在隔离开关底座上。接地开关与隔离开关之间的机械联锁，设在主极中间的轴承座上。Ⅱ型接地开关如图 3-90 所示，动作原理示意如图 3-91 所示。

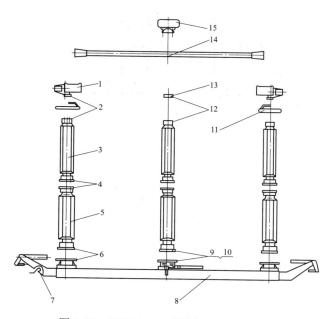

图 3-86 GW7-220D 型隔离开关单极简图

1—静触头；2—螺栓；3—上绝缘子；4—螺栓；5—下绝缘子；6—螺栓；7—导电带装配；8—底座总装配；
9—螺栓；10—螺栓；11—屏蔽环装配；12—螺栓；13—连接杆；14—导电管装配；15—屏蔽换装配

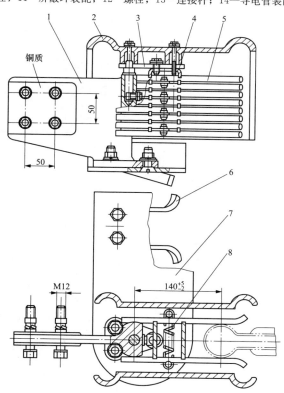

图 3-87 1600、2000、2500A 用静触头

1—静触座；2—防雨罩；3—支持架；4—U 形架；5—触指（1600A 为 6 对）；

6—接地静触头（图示为 I 型）；7—底板；8—触头弹簧

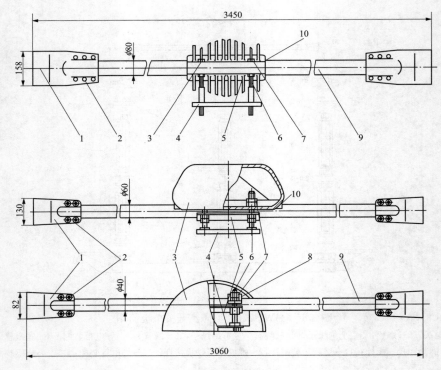

图 3-88　闸刀

1—动触头；2—螺钉；3—屏蔽罩；4—支板；5—托板；6—螺杆；7—螺母；8—夹板；9—导电管；10—铜铝过度片

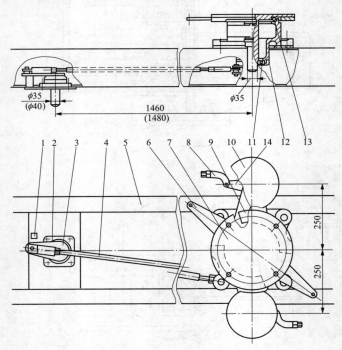

图 3-89　底座上传动部分及机械联锁

1—定位销；2—轴承；3—连臂；4—连杆；5—底座；6—拉板；7—传动轴；8—接头；
9—锁条；10—锁板；11—轴承；12—轴承座；13—轴承；14—连臂

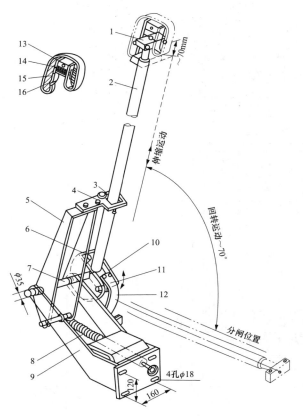

图 3-90 Ⅱ型接地开关

1—动触头；2—导电管；3—定位弹簧；4—托板；5—托架；6—止位钉；7—转轴；8—平衡弹簧；
9—底板；10—转板；11—轴销；12—导电带；13—触头块；14—触头弹簧；15—触指；16—卡罩

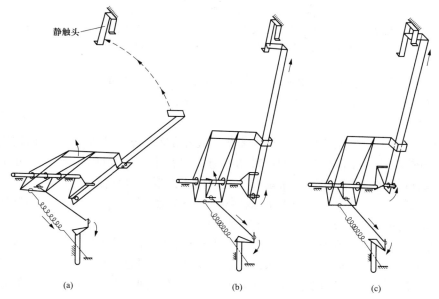

图 3-91 Ⅱ型接地开关动作原理示意图

（a）导电管回转运动；（b）导电管回转终了；（c）导电管插进静触头，合闸完毕

153

（7）操动机构。CJ2-XG 型电动机操动机构如图 3-92 所示。

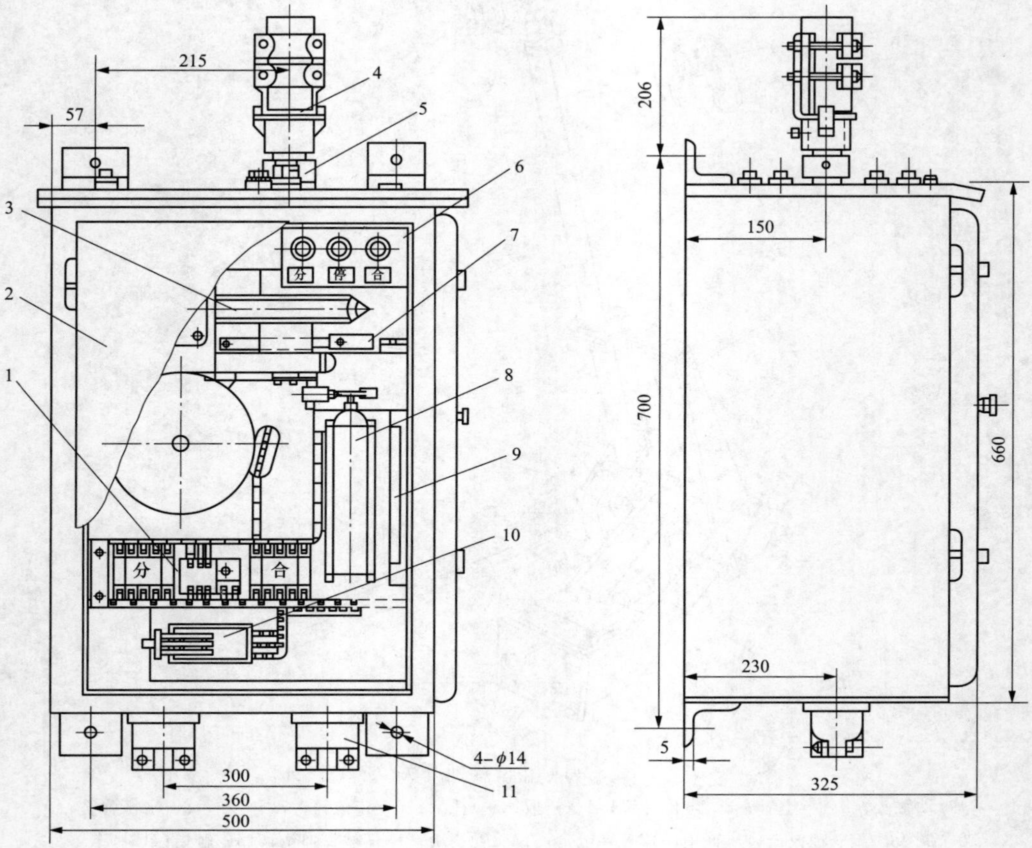

图 3-92　CJ2-XG 型电动机操动机构

1—接触器及热继电器；2—机构箱；3—减速机构；4—报夹；5—分合位置指示器；6—操动按钮；
7—终端限位开关；8—辅助开关；9—接线板；10—刀开关；11—出线盒

CS17-G 型操动机构如图 3-93 所示，CS17-Ⅱ型操动机构如图 3-94 所示。CS9-G 型操动机构如图 3-95 所示，DSW1-Ⅱ型电磁锁如图 3-96 所示。

4. 动作原理

（1）隔离开关。由电动机构带动设在主极底座中的转动轴，旋转 180°，通过连臂、连杆组成的四连杆机构驱动中间瓷柱转动，带动导电闸刀在水平面上回转 70°，即可完成分合闸动作。主极通过相间水平连接管，带动两个边极同步完成分合动作。

（2）接地开关。合闸时，主极上的人力操动机构转动 180°，通过拐臂及连杆使接地开关刀管向上运动，插入静触头中，分闸过程与此相反。

Ⅱ型接地开关为两步动作，动作原理见图 3-91。合闸时接地闸刀向上运动（约 80°），与静触头相碰后变为上伸运动，动触头插入静触头中。分闸过程与此相反，接地闸刀先向下缩一定距离，使动触头从静触头座中拔出，然后向下摆落到水平位置。三级接地开关通过水平连接管达到同步动作。

隔离开关与接地开关之间设有机械联锁，以保证隔离开关在合闸时，接地开关不能合

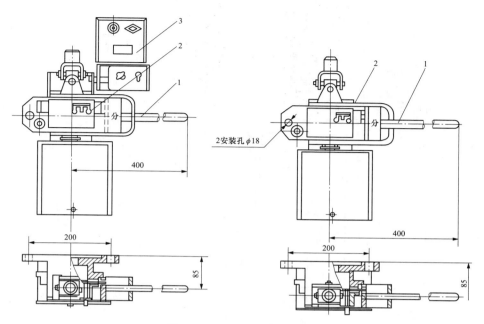

图 3-93　CS17-G 型操动机构
1—手柄；2—把杆；3—电磁锁

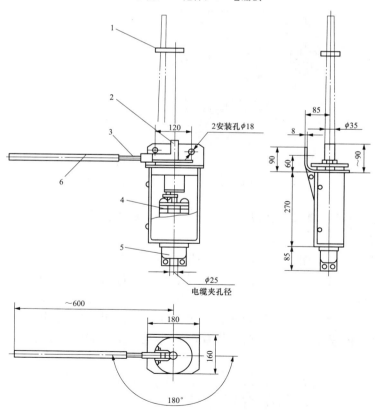

图 3-94　CS17-Ⅱ型操动机构
1—锁环；2—主轴；3—手柄；4—辅助开关；5—电缆夹；6—加长操作杆

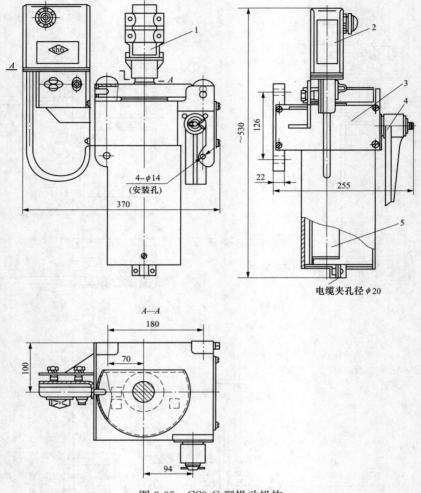

图 3-95 CS9-G 型操动机构

1—主轴；2—电磁锁；3—蜗轮箱；4—手柄；5—辅助开关

闸；接地开关在合闸位置时，隔离开关不能合闸。机械联锁利用设在主极中间轴承左上的一对月牙板来实现。

（3）操动机构。电动操动机构是由电动机、电动机控制及动力部分和传动单元（蜗轮、蜗杆、输出转动轴）组成，操作时，电动机得电转动，带动蜗轮、蜗杆、输出转动轴转动，使得隔离开关合闸（或分闸）到位后限位开关动作切断电动机电源，完成合闸（或分闸）。

DSW1-Ⅱ型电磁锁由电磁铁直接控制锁头的开闭。使用时，在电磁铁线圈回路中，串接上需要进行联锁的设备的动合触点。只有在触点接通后，电磁铁方具备开锁的条件，然后用专用钥匙打开。

操作步骤如下：按动电磁锁按钮，若指示灯亮，表明可以开锁，将通用钥匙插入左边开锁孔中，旋转至限位处（旋转方向对 CS9-G 为顺时针，对 CS17-G 为逆时针），锁杆退出锁孔后，可以摇动机构手柄进行分合操作。操作终了，将通用钥匙拧回原先位置，锁杆重新将机构锁住，拔出钥匙。若按动钥匙指示灯不亮，表明不允许开锁。特殊情况必须开锁时，需

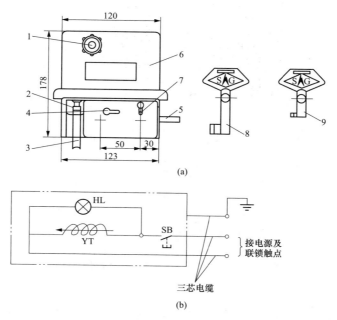

图 3-96　DSW1-Ⅱ型电磁锁

1—指示灯；2—按钮；3—三芯电缆；4—正常开锁孔；5—锁杆；6—外壳；7—应急开锁孔；

8—通用钥匙；9—应急钥匙；HL—指示灯；SB—按钮；YT—电磁铁线圈

用应急钥匙插入右边的锁孔中，顺时针转至限位处，再用通用钥匙去打开锁头。操作完毕，依次反方向拧动应急钥匙及通用钥匙，可将锁头重新锁上。

5. 调整

（1）隔离开关的调整。隔离开关动、静触头必须可靠接触。分合过程中，动触头应能顺利地插入或离开静触头。动触头插入的深度应符合图 3-87 所示的尺寸。为了达到两端触头接触情况基本一致，且是静触头位于动触头中间位置，可将螺母 7 松开（见图 3-88），导电杆便能在上下前后移动，以改变静触头之间的相对位置，还可松开螺钉 2，动触头 1 便可在导电杆上转动和前后移动，由此可调整动触头插入静触头深度，并使各对触指同时接触。

导电闸刀分合转动灵活，分闸位置时，每个断口距离不小于 1200mm。调整图 3-89 中连杆 4 的长度来满足断口距离。

主极隔离开关与操动机构连接如图 3-97 所示。连接与调整方法：①确定好连接管的长度，在连接管两端将连接套及管接套焊牢；②在开关及操动机构位于分闸或合闸位置时，将连管装上拧紧抱夹；③手力操作开关分合闸，若开关与操动机构两者位置不一致，松开抱夹进行调整至合适为止，最后将抱夹紧固。

GW7-220 型配Ⅱ型接地开关的三相三相联调如图 3-98 所示，三相隔离开关同步动作，其合闸同期性不大于 30mm（可以调节相间拉杆长度达到）。隔离开关调整时只能手动操作，调整结束手动操作正常后方可进行电动操作。

（2）接地开关调整。

1）刀杆长度：Ⅱ型接地开关的刀管长度不合适时，可以将刀管顶端的螺杆拧松，通过伸缩动触头来调整。Ⅱ型接地开关调整要点：

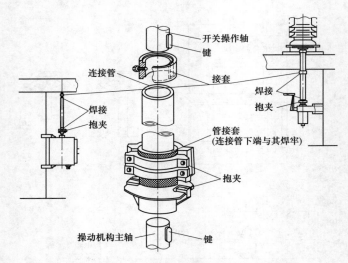

图 3-97　主极隔离开关与操动机构间的连接

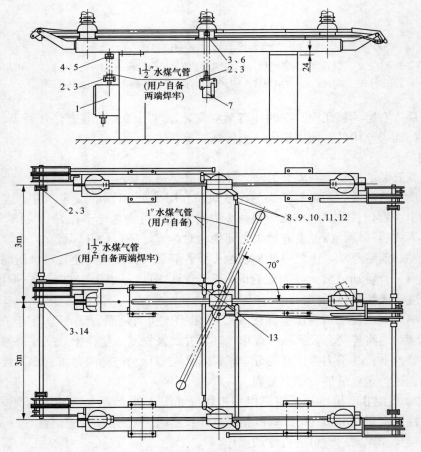

图 3-98　GW7-220 型配Ⅱ型接地开关的三相联调图

1—CJ2-XG 电动机构；2—抱夹及管接套；3—10×45 键；4—接套；5—10×63 键；6—接套；
7—CS9-G 手力机构或 CJ2-XGV 电动机构；8—接头、连接螺钉；9—φ12×55 带销孔；
10—φ4×25 开口销；11—M12 垫圈；12—M16 六角螺钉；13—联动板；14—接套

a. 合闸后，静触头应卡在动触头中央，如偏向一边，可以调节托架上托板的左右位置来调正刀管（见图 3-90）。

b. 合闸时，在刀管向上运动过程中，在其未碰到静触头之前，托板不应从刀管的槽口中滑出，如过早滑出，说明平衡弹簧拉力不够，可调节平衡弹簧，以改善刀管的平衡状况。调整时，动触头插入深度必须达到触指的刻度线（一般动触头顶端应越过刻度线不小于 15mm）。

2）三相联调：如图 3-98 所示，接地开关的转轴通过接套和连接器与连接管进行连接，为了使导电管（见图 3-90）位置正确及三相转轴对正，可在底板的 4 个长孔处加垫调整，使得三相刀管分合基本同步、动静触头接触良好、手动操作平稳。

3）机械联锁的调整：要求做到当隔离开关处于合闸位置时，锁条（见图 3-89）或圆盘上的凸缘应移入锁板的凹口内，此时接地开关不能合闸。反之当接地开关处于合闸位置时，锁板 10 的凸缘应移入锁条或圆盘的凹口内，使隔离开关不能合闸。

（3）测量回路电阻（两接线板之间）阻值见表 3-17。

表 3-17　　　　　　　　　测量回路电阻阻值表（采用直流压降法，电流为 100A）

额定电流（A）	630	1000	1250	1600	2000	2500	3150
回路电阻（≤，μΩ）	390	150	145	126	100	94	66

四、运行维护

（一）运行中常规检查项目

（1）监视检查隔离开关的插头、各连接处接触良好，无发热过热现象。

（2）当隔离开关通过较大负荷电流时，应注意检查合闸状态的隔离开关应接触严密，无弯曲、发热、变色等异常现象。

（3）隔离开关处于合闸位置时，检查其机械闭锁装置闭锁完好，以免在运行中自动脱开，造成事故。

（4）各支柱绝缘子安装牢固，位置正常，无振动、抖动现象，无异常声响。

（二）结合检修进行的项目

（1）清除隔离开关的尘垢。

（2）检查隔离开关触头系统。

（3）检查接地开关部分。

（4）检查各处螺栓。

（5）检查支柱绝缘子和胶装情况。

（6）检查架构。

（7）检查操动机构。

（8）检查闭锁装置（机械闭锁与电磁锁）。

（9）检查各转动部分。

（10）检查同期情况、触头插入深度、断口距离、接触电阻；

（11）进行电气预防性试验。

（12）消除发现的缺陷。

第四节　互　感　器

互感器是电力系统中测量仪表、继电保护和自动装置等二次设备获取电气一次回路信息的传感器。互感器将高电压、大电流按比例变成低电压（100V、100/$\sqrt{3}$ V、50V）、小电流（5A、1A、0.5A），其一次侧接在一次系统，二次侧接二次系统。

互感器的作用是：

（1）使高压装置与测量仪表和继电器在电气方面很好地隔离，保证工作人员的安全。

（2）使测量仪表和继电器标准化和小型化，并可采用小截面积电缆进行远距离测量。

（3）当电路上发生短路时，保护测量仪表的电流线圈，使它不受大电流的损害。

（4）能使用简单而经济的标准化仪表和继电器，并使二次回路接线简单。

为了确保工作人员在接触测量仪表和继电器时的安全，互感器的每一个二次绕组必须可靠接地，以防绕组间绝缘损坏而使二次部分长期存在高电压。

互感器包括电流互感器和电压互感器两大类，主要是电磁式的。电容式电压互感器，在超高压系统中被广泛应用。非电磁式的新型互感器，如光电耦合式、电容耦合式及无线电电磁波耦合式电流互感器目前使用不多。

一、电流互感器

（一）电磁式电流互感器的工作原理

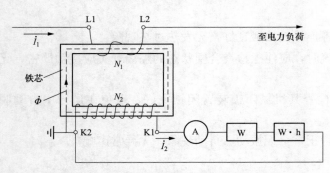

图 3-99　电磁式电流互感器接线原理

电力系统中广泛采用的是电磁式电流互感器（用 TA 表示）。它的工作原理与变压器相似，其原理接线如图 3-99 所示。

电流互感器特点如下：

（1）一次绕组串联在被测电路中，匝数很少。一次绕组中的电流完全取决于被测电路的电流，而与二次电流无关。

（2）二次绕组匝数多，二次负载的电流线圈相互串联后接于二次绕组的两端，且所串接的二次负载电流线圈阻抗很小，正常运行时，电流互感器接近于在短路状况下工作，因此不允许开路。如果二次绕组开路，电流互感器由正常短路工作状态变为开路工作状态，励磁磁通势由很小的正常值骤增，由于二次绕组感应电动势是与磁通的变化率成正比，因此，二次绕组将在磁通过零前后感应产生很高的尖顶波电动势，其值可达数千甚至上万伏（与电流互感器额定互感比及开路时一次电流值有关），将危及工作人员人身安全、损坏仪表和继电器的绝缘。磁感应强度骤增，还会引起铁芯和绕组过热。此外，在铁芯中还会产生剩磁，使互感器准确级变低。因此，当电流互感器一次绕组通有（或可能出现）电流时，二次绕组不允许开路。

（二）电流互感器的误差

电流互感器一、二次额定电流之比，称为电流互感器的额定电流比，它近似等于二次绕组匝数与一次绕组匝数的比值。

互感器存在励磁损耗，因此由二次绕组测得的一次电流与实际电流在数值和相位上均有差异，即测量结果有误差。这种误差包括电流误差 f_i 和相位误差 δ_i。电流互感器的电流误差 f_i 和相位误差 δ_i 决定于互感器铁芯及二次绕组的结构，同时又与互感器的运行状态（二次负荷及运行中铁心的磁导率）有关。由于磁化曲线为非线性，为了减少误差，通常电流互感器按制造厂家设计额定参数运行时，铁芯的磁感应强度不大，即在额定二次负荷下、一次电流为额定值时，磁导率接近最大值，因此在使用时，应尽量使电流互感器在额定一次电流附近运行，以减少误差。

（三）电流互感器的准确度等级和额定容量

1. 电流互感器的准确度等级

准确度等级是指在规定的二次负荷变化范围内，一次电流为额定值时的最大电流误差。电流互感器根据测量时误差的大小可划分为不同的准确级，我国电流互感器准确级和误差限值见表 3-18。

表 3-18　　　　　　　　　电流互感器准确度等级和误差限值

准确度等级	一次电流为额定电流的百分数（%）	误差限值		二次负荷变化范围
		电流误差（±,%）	相位差［±,(′)]	
0.2	10	0.5	20	
	20	0.35	15	
	100～120	0.2	10	
0.5	10	1	60	$(0.25\sim1.00)S_{N2}$
	20	0.75	45	
	100～120	0.5	30	
1	10	2	120	
	20	1.5	90	
	100～120	1	60	
3	50～120	3	不规定	$(0.5\sim1.0)S_{N2}$

注　S_{N2} 为电流互感器的额定容量。

2. 保护型准确度等级

保护型电流互感器准确度等级按用途可分为稳态保护用（P）和暂态保护用（TP）两类，稳态保护用电流互感器的准确级常用的有 5P 和 10P。由于短路过程中一次电流 i_1 与二次电流 i_2 关系复杂，保护级的准确度等级以额定准确限值一次电流下的最大复合误差 ε（%）来标称。

额定准确限值一次电流即一次电流为额定一次电流的倍数，也称为额定准确度等级限定系数。稳态保护电流互感器的准确级和误差限值见表 3-19。

表 3-19　　　　　　　稳态保护电流互感器的准确度等级和误差限值

准确度等级	电流误差（±,%）	相位误差［±,(′)]	复合误差（在额定准确限值一次电流下,%）
	额定限值一次电流下		
5P	1.0	60	5.0
10P	3.0	—	10.0

3. 暂态保护型准确度等级

随着电力系统电压等级的提高，系统短路时间常数大为增加。与此同时，500kV 线路的负荷很大，从系统稳定运行的观点来看又要要求快速切除故障。此外，重合闸的使用，都要求互感器在暂态过程中有足够的准确度等级（误差不大于 10%），且能不受短路电流直流分量的影响。暂态保护型的电流互感器即能满足这一要求，这一类型互感器分为 TPX、TPY、TPZ 三种级别。

TPX 是一种在其环形铁芯中不带气隙的暂态保护型电流互感器。在额定电流和负载下，其比值误差不超过 ±0.5%，相位误差不超过 ±30′；在额定准确度等级限值的短路全过程中，其瞬间最大电流误差不得大于额定二次短路电流对称值峰值的 5%，电流过零时的相位误差不大于 3°。

TPY 是一种在铁芯上带有小气隙的暂态保护型互感器。它的气隙长度约为磁路平均长度的 0.05%；由于有小气隙的存在，铁芯不易饱和，剩磁系数小，二次时间常数 T_2 较小，有利于直流分量的快速衰减。TPY 在额定负载下允许的最大比值误差为 ±1%，最大相位误差为 1°；在额定准确限值的短路情况下，在互感器工作的全过程中，最大瞬间误差不超过额定的二次对称短路电流峰值的 7.5%，电流过零点时的相位差不大于 4.5°。

TPZ 是一种在铁芯中有较大气隙的暂态保护型电流互感器，气隙的长度约为平均磁路长度的 0.1%。由于铁芯中的气隙较大，一般不易饱和，因此特别适合于在有快速重合闸（无电流时间间隙不大于 0.3s）的线路上使用。

4. 电流互感器的额定容量

电流互感器的额定容量 S_{N2} 是指电流互感器在额定二次电流 I_{N2} 和额定二次阻抗 Z_{N2} 下运行时，二次绕组输出的容量，即

$$S_{N2} = I_{N2}^2 Z_{N2}$$

由于电流互感器的二次电流为标准值（5A 或 1A），故其容量也常用额定二次阻抗来表示。

因电流互感器的误差和二次负荷有关，故同一台电流互感器使用在不同准确级时，会有不同的额定容量，如：某一台电流互感器当在 0.5 级工作时，其额定二次阻抗为 0.4Ω；而在 1 级工作时，其额定二次阻抗为 0.6Ω。

二次额定电流采用 1A，可降低电流互感器二次侧电缆的伏安损耗。

（四）电流互感器的分类、结构和命名

1. 电流互感器的分类

按装置地点，可分为户内、户外式；按安装方式，分为穿墙式、支持式、装入式；按绝缘，分为干式、浇注式、油浸式、气体绝缘式；按一次绕组匝数可分为单匝、多匝式。

2. 电流互感器的结构

电流互感器的形式较多，无论哪种，其结构主要包括铁芯和一、二次绕组及相应的绝缘和二次接线（柱）盒等几部分。

3. 电流互感器型号含义

电流互感器型号含义如下：

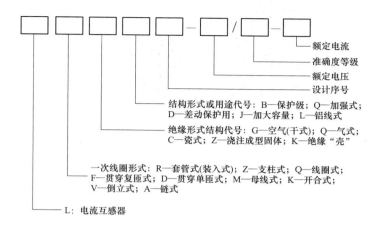

额定电流
准确度等级
额定电压
设计序号
结构形式或用途代号：B—保护级；Q—加强式；
D—差动保护用；J—加大容量；L—铝线式
绝缘形式结构代号：G—空气(干式)；Q—气式；
C—瓷式；Z—浇注成型固体；K—绝缘"壳"
一次线圈形式：R—套管式(装入式)；Z—支柱式；Q—线圈式；
F—贯穿复匝式；D—贯穿单匝式；M—母线式；K—开合式；
V—倒立式；A—链式
L：电流互感器

（五）电流互感器的极性及接线方式

1. 电流互感器的极性

电流互感器的极性按减极性原则标注，如图3-100所示。当一次侧电流 I_1 由 L1 流向 L2，二次侧电流 I_2 在二次绕组内部从 K2 流向 K1、在二次负荷中从 K1 流向 K2 时，规定 L1 和 K1 为同极性端（L2 和 K2 也为同极性端）。

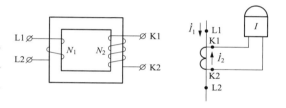

图 3-100 电流互感器极性端标注

2. 电流互感器的接线方式

电流互感器常用的接线方式如图3-101所示。

图3-101（a）所示为一相式接线方式。电流表通过的电流为一相的电流，通常用于负荷平衡的三相电路中。

图3-101（b）所示为两相V形接线方式，也叫不完全星形接线，公共线中流过的电流为两相电流之和，所以这种接线又叫两相电流和接线。由 $I_a+I_c=-I_b$ 可知，二次侧公共线中的电流恰好为未接互感器的 B 相的二次电流，因此这种接线可接三只电流表，分别测量三相电流，广泛应用于无论负荷平衡与否的三相三线制中性点不接地系统中，供测量或保护用。

图3-101（c）所示为两相电流差接线方式。该接线方式二次侧公共线中流过的电流 I_f 为 I_a、I_c 两个相电流之差，即 $I_f=I_a-I_c$，其数值等于一相电流的 $\sqrt{3}$ 倍，多用于三相三线制电路的继电保护装置中。

图3-101（d）所示为三相星形接线方式。三只电流互感器分别反映三相电流和各种类型的短路故障电流，广泛用于负荷不论平衡与否的三相三线制电路和低压三相四线制电路中，供测量和保护用。

（六）直流电流互感器

直流电流互感器利用被测直流改变带有铁芯上扼制线圈的感抗，间接地改变辅助交流电路的电流，从而来反映被测电流的大小。

直流电流互感器通常由两个相同的闭合铁芯所组成，在每一个铁芯上有两个绕组，即一次绕组和二次绕组。一次绕组串联接入被测电路，二次绕组则连接到辅助的交流电路。其连接方式有串联和并联两种，前者称二次绕组串联直流互感器，后者称二次绕组并联直流互感

163

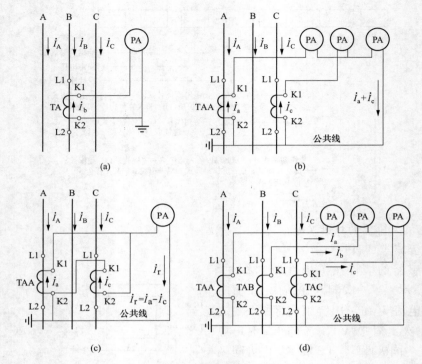

图 3-101　电流互感器常用接线方式

（a）一相式；（b）两相 V 形；（c）两相电流差；（d）三相星形

器。由于二次绕组接法不同，这两种互感器的静态特性和动态特性有很大差别，用途也各不相同。其中二次绕组串联直流互感器用来测量电流，二次绕组并联直流互感器则多用来测量电压。直流互感器也有一次绕组为一匝的母线型互感器。

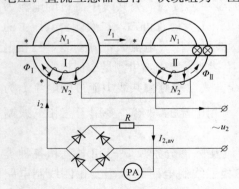

图 3-102　二次绕组串联的直流
电流互感器接线

在直流互感器里，当使用的铁芯材料具有理想的磁化特性时，如果忽略辅助交流电路的阻抗，从理论上可以证明，交流电路电流的平均值正比于被测直流。实际上这种理想情况是不可能实现的，因此直流互感器存在比较大的误差，特别是当被测电流相对互感器的额定电流来说较小时，误差更大。这是直流互感器难以克服的缺点。尽管这样，由于它稳定可靠、功率消耗比分流器小，同时又能承担一定负载（指仪表），所以目前应用仍然比较普遍。图 3-102 所示为二次绕组串联的直流互感器的接线图。在图 3-102 中，两个二次绕组应反向串联，否则这种双铁芯直流互感器与单铁芯直流互感器一样，在性能上不会有任何改善，当铁芯具有理想磁化特性时，存在如下关系

$$i_2 = I_1 \times N_1 / N_2$$

如果一次侧直流 I_1 增大，相应的二次侧交流瞬时值 i_2 也必然增大。因此一次侧直流电流的变化二次侧交流电路中可以再现。在这种理想条件下，二次侧交流电路中电流的平均值

$I_{2,av}$与一次电流的关系为

$$I_{2,av}=I_1 \times N_1/N_2 \text{ 或 } I_1=KI_{2,av}$$

式中　K——直流互感器的变比。

因此二次侧电流经整流后，用磁电系仪表测量其平均值，便可以确定一次侧电流I_1。

二、电压互感器

目前电力系统广泛应用的电压互感器，用 TV 表示，按其工作原理可分为电磁式和电容分压式两种。

（一）电磁式电压互感器

1. 工作原理

（1）电磁式电压互感器的工作原理、构造和接线方式都与变压器相似。它与变压器相比有如下特点：

1）容量很小，通常只有几十到几百伏安。

2）电压互感器一次侧的电压U_1为电网电压，不受互感器二次侧负荷的影响，一次侧电压高，需有足够的绝缘强度。

3）互感器二次侧负荷主要是测量仪表和继电器的电压线圈，其阻抗很大，通过的电流很小，所以电压互感器的正常工作状态接近于空载状态，不允许短路。

（2）电压互感器一、二次绕组额定电压之比称为电压互感器的额定变（压）比，即

$$K_u=U_{N1}/U_{N2} \approx N_1/N_2 \approx U_1/U_2$$

式中，N_1、N_2——互感器一、二次绕组匝数；

U_1、U_2——互感器一次实际电压和二次电压测量值。电压互感器的U_{N1}为电网额定电压，U_{N2}统一为 100（或 $100/\sqrt{3}$）V，所以K_u也标准化了。

2. 电压互感器误差

电压互感器在工作时，由于存在励磁电流和内阻抗等因素的影响，使得测量结果在数值上和相位上都有差异，产生了电压误差和相位误差。两种误差定义如下：

（1）电压误差f_u。电压误差为二次电压测量值与额定电压比的乘积K_uU_2与实际一次电压U_1的差值，对实际一次电压U_1的比值的百分数，即

$$f_u=(K_uU_2-U_1)/U_1 \times 100\%$$

$K_uU_2-U_1<0$ 时，f_u为负，反之为正。

（2）相位误差。δ_u相位误差为二次电压相量U_2'与一次电压相量U_1之间成夹角δ_u，并规定U_2'超前于U_1时相位误差为正，反之为负。

这两种误差除受互感器构造影响外，还与二次侧负荷及其功率因数有关，二次侧负荷电流增大，其误差也增大。

（3）电压互感器的准确度等级。电压互感器准确度等级是指在规定的一次电压和二次负荷变化范围内，负荷功率因数为额定值时，电压误差的最大值。我国电压互感器准确度等级和误差限值见表 3-20 。

电压互感器误差与二次负荷有关，因此同一台电压互感器对应于不同的准确度等级便有不同的容量。通常，额定容量是指对应于最高准确度等级的容量。电压互感器按照在最高工作电压下长期工作容许发热条件，还规定了最大容量。

电压互感器二次侧的负荷为测量仪表及继电器等电压线圈所消耗的功率总和S_2，选用

表 3-20 电压互感器的准确度等级和误差限值

准确度等级	误差极限		一次电压误差范围	功率因数及二次负荷变化范围
	电压误差（±,%）	相位误差［±,（′）］		
0.2	0.2	10	$(0.8 \sim 1.2) U_{N1}$	$(0.25 \sim 1.00) S_{N2}$ $\cos\varphi_2 = 0.8$
0.5	0.5	20		
1	1.0	40		
3	3.0	不规定		
3P	3.0	120	$(0.05 \sim 1.00) U_{N1}$	
6P	6.0	240		

注　S_{N2} 为电压互感器的额定容量。

电压互感器时要使其额定容量 $S_{N2} \geqslant S_2$，以保证准确度等级要求。其最大容量是根据持久工作的允许发热决定的，即在任何情况下都不许超过最大容量。

3. 电磁式电压互感器的分类

按安装地点分类：可分为屋内内式和屋外式；

按相数分：可分为单相式的和三相式的；

按据绕组数分：可分为双绕组式、三绕组式、四绕组；

按绝缘方式分：可分为浇注式、油浸式、干式、充气式的。

4. 电磁式电压互感器结构

电磁式电压互感器由铁芯和绕组等构成。

（1）三相式结构。三相式结构的电压互感器仅适用 20kV 及以下电压等级，有三相三柱式和三相五柱式两种结构，如图 3-103 所示。

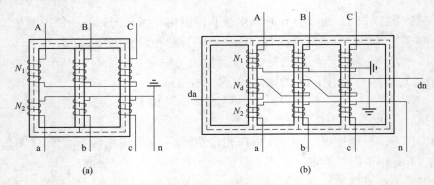

图 3-103　三相式电压互感器结构
(a) 三相三柱式；(b) 三相五柱式

三相三柱式结构的电压互感器，一次绕组只能星形连接，中性点不能接地。这是因为若中性点接地，当系统发生接地故障时，三相绕组中的零序电流同时流向中性点，并通过大地构成回路。但是，在同一时刻，零序磁通在三柱上下方向相同，不能在铁芯中构成零序磁通通路，只能通过气隙和铁外壳构成回路，由于磁阻很大，使得零序电流比正常励磁电流大很多倍，使互感器绕组过热甚至烧毁。

在一次绕组星形连接而中性点不接地的情况下，当系统发生单相接地故障时，接地相中性点的电压不变，加于电压互感器一次绕组上的电压并未改变，互感器的每相二次绕组的电压还是相电压，即反应不出接地故障，故三相三柱式电压互感器不能用作绝缘监视。

三相五柱式结构的电压互感器，由于两个边柱为零序磁通提供了通路，其一次绕组可以星形连接，并且中性点接地。这种结构与接线的电压互感器可以用来向交流系统绝缘监察装置的三只电压表（接于互感器二次侧的相电压上）供电。系统某相接地时，接地相的电压表指示下降，非接地相电压表指示上升（金属性接地时，接地相指示为零，非接地相指示上升为线电压）。辅助二次绕组接成开口三角形，正常运行时，开口三角形两端电压为零。当系统发生接地故障时，开口三角形的输出电压值反映接地故障的程度。金属性接地时，开口三角形两端之间电压为100V，当开口三角形输出电压达到设定值时，继电保护发出接地故障报警信号。

（2）单相式结构。单相式结构的电压互感器适用于任何电压等级，可分为普通式和串级式。

1）35kV及以下普遍采用普通式结构，它与普通小容量变压器相似，图3-104所示为单相式双绕组和单相式三绕组结构。

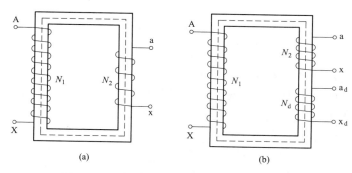

图3-104　单相式电压互感器结构原理示意图
（a）双绕组；（b）三绕组

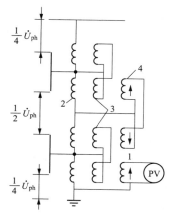

图3-105　220kV串级式
电压互感器原理接线

1—二次绕组；2—一次绕组；
3—平衡绕组；4—连耦绕组

2）110kV及以上的电磁式电压互感器普遍制成串级式结构。其特点是：绕组和铁芯采用分级绝缘，以简化绝缘结构；绕组和铁芯放在瓷套中，可减少质量和体积。图3-105所示为220kV串级式电压互感器的原理接线图。互感器由两个铁芯（元件）组成，一次绕组分成匝数相等的四部分，分别套在两个铁芯的上、下铁芯柱上，按磁通相加方向顺序串联，接在相与地之间。每一元件上的绕组中点与铁芯相连，二次绕组绕在末级铁芯的下铁芯柱上。当二次绕组开路时，一次绕组电位分布均匀，绕组边缘线匝对铁芯的电位差为$U_{ph}/4$（U_{ph}为相电压）。因此，绕组对铁芯的绝缘只需按$U_{ph}/4$设计，而普通结构的则需要按U_{ph}设计，故串级式的可大量节约绝缘材料和降低造价。

当二次绕组接通负荷后，由于负荷电流的去磁作用，末级铁芯内的磁通小于其他铁芯的磁通，从而使各元件感抗不等，磁通势与电压分布不均，准确度等级下降。为了避免这一现象，在两铁芯相邻的铁芯柱上，绕有匝数相等的连耦绕组（绕向相同，反向对接）。这样，当两个铁芯中磁通不相等时，连耦绕组内出现电流，使磁通较大的铁芯去磁，磁通较小的铁芯增磁，从而达到各级铁芯内磁通大致相等和各元件绕组电压均匀分布的目的。在同一铁芯的上、下铁芯柱上，还设有平衡绕组（绕向相同、反向对接），借平衡绕组内的电流，使两铁芯柱上的安匝分别平衡。

5. 电压互感器的接线

电压互感器接线方式一般为单相接线方式、Vv 接线方式，三台单相的接线方式为 YNynd，三相三柱式的接线方式为 Yy。

电磁式电压互感器安装在中性点非直接接地系统中，当系统运行状态发生突变时，有可能发生并联铁磁谐振。为防止此类铁磁谐振的发生，可在电压互感器上装设消谐器。

电压互感器与电力变压器一样，严禁短路。若发生短路，则应采用熔断器保护。110～500kV 电压级一次侧没有熔断器，直接接入电力系统（一次侧无保护）。35kV 及以下电压级一次侧通过带或不带限流电阻的熔断器接入电力系统。电压互感器的一次电流很小，熔断器的熔件截面积只能按机械强度选取最小截面积，它只能保护高压侧。也就是说，只有一次绕组短路才熔断，而当二次绕组短路和过负荷时，高压侧熔断器不能可靠动作，所以二次侧仍需装熔断器，以实现二次侧过负荷和过电流保护。

但需注意，在以下几种情况下，不能装熔断器：①中性线、接地线不准装熔断器；②辅助绕组接成开口三角形的一般不装熔断器；③V 形接线中，B 相接地时 B 相不准装熔断器。

用于线路侧的电磁式电压互感器，可兼具释放线路上残余电荷的作用。如线路断路器无合闸电阻，为了降低重合闸时的过电压，可在互感器二次绕组中接电阻，以释放线路上残余电荷，并且此电阻还可以消除断路器断口电容与该电压互感器的谐振。

（二）电容式电压互感器

随着电力系统输电电压的增高，电磁式电压互感器的体积越来越大，成本随之增高，因此研制了电容式电压互感器，又称 CVT。

1. 电容式电压互感器的工作原理

电容式电压互感器采用电容分压原理，如图 3-106 所示。在图 3-106 中，U_1 为电网电压，Z_2 表示仪表、继电器等电压线圈负荷，由 $U_2=U_{C_2}$，可得

$$U_2 = U_{C_2} = U_1 \times C_1/(C_1+C_2) = K_u U_1$$
$$K_u = C_1/(C_1+C_2)$$

式中　K_u——分压比。

由于 U_2 与一次电压 U_1 成比例变化，故以 U_2 代表 U_1，即可测出相对地电压。

为了分析互感器带上负荷 Z_2 后的误差，可利用等效电源原理，将图 3-106 画成图 3-107 所示的电容式电压互感器等效电路。从图 3-107 可看出，内阻抗为

$$Z = 1/[j\omega(C_1+C_2)]$$

当有负荷电流流过时，在内阻抗上将产生电压降，从而使 U_2 与 $U_1 \times C_1/(C_1+C_2)$ 不仅在数值上而且在相位上有误差，负荷越大，误差越大。要获得一定的准确度等级，必须采用大容量的电容，这是很不经济的。合理的解决措施是在电路图 3-107 中串联一个电感，如图

3-108 所示。电感 L 应按产生串联谐振的条件选择（$f = 50\mathrm{Hz}$），即

$$2\pi fL = 1/[2\pi f(C_1 + C_2)]$$

$$L = 1/[4\pi^2 f^2 (C_1 + C_2)]$$

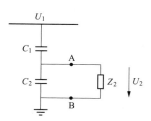

图 3-106　电容分压原理

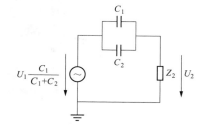

图 3-107　电容式电压互感器等效电路

理想情况下，$Z_2' = \mathrm{j}\omega L - \mathrm{j}1/[\omega(C_1 + C_2)] = 0$，输出电压 U_2 与负荷无关，误差最小，但实际上 $Z_2' = 0$ 是不可能的，因为电容器有损耗，电感线圈也有电阻，$Z_2' \neq 0$，负荷变大，误差也将增加，而且将会出现谐振现象，谐振过电压将会造成严重的危害，应力争设法完全避免。

为了进一步减小负荷电流所产生误差的影响，可将测量电器仪表经中间电磁式电压互感器（TV）升压后与分压器相连。

2. 电容式电压互感器的基本结构

电容式电压互感器基本结构如图 3-109 所示。其主要元件是电容（C_1、C_2）、非线性电感（补偿电感线圈）L_2 和中间电磁式电压互感器（TV）。为了减小杂散电容和电感的有害影响，增设一个高频阻断线圈 L_1，它与 L_2 及中间电压互感器一次绕组串联在一起。L_1、L_2 上并联放电间隙 E_1、E_2，以防止瞬态过电压下绝缘损坏。

电容（C_1、C_2）、非线性电感 L_2 和 TV 的一次绕组组成回路，当受到二次侧短路或断路等冲击时，由于非线性电抗的饱和，可能激发产生次谐波铁磁谐振过电压，对互感器、仪表和继电器造成危害，并可能导致保护装置误动作。为了抑制高次谐波的产生，在互感器二次绕组上装设阻尼器 D，阻尼器 D 中一个电感和一电容并联，一只阻尼电阻安插在偶极振子中。阻尼电阻有经常接入和谐振时自动接入两种方式。

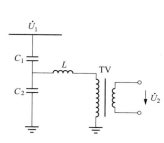

图 3-108　串联电感电路

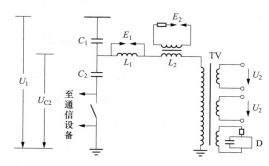

图 3-109　电容式电压互感器基本结构图

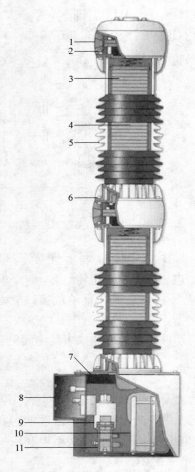

图 3-110　电容式电压互感器剖面图
1—油压计；2—膨胀膜；3—电容单元；
4—绝缘油；5—瓷绝缘子；6—密封件；
7—外壳；8—低压端子箱/中性（N）和高频
（HF）端子；9—串联电感；10—中压互感器；
11—铁磁谐振效应阻尼电路

电容式电压互感器的剖面如图 3-110 所示。

3. 电容式电压互感器的误差

电容式电压互感器的误差是由空载电流、负荷电流以及阻尼器的电流流经互感器绕组产生压降而引起的，其误差由空载误差 f_0 和 δ_0、负载误差 f_L 和 δ_L、阻尼器负载电流产生的误差 f_D 和 δ_D 等几部分组成，采用谐振自动投入阻尼器时，f_D 和 δ_D 可略而不计。

电容式电压互感器的误差除受一次电压、二次负荷和功率因数影响外，还与电源频率有关，当系统频率与互感器设计的额定频率有偏差时，$\omega L \neq 1/[\omega(C_1+C_2)]$，因而会产生附加误差。

电容式电压互感器结构简单、质量轻、体积小、占地少、成本低，且电压越高效果越显著，分压电容还可兼作载波通信耦合电容。因此它广泛应用于 110~500kV 中性点直接接地系统。电容式电压互感器的缺点是输出容量较小、误差较大，暂态特性不如电磁式电压互感器。

第五节　发电厂避雷器和接地装置

一、雷电放电、雷电流及雷过电压

（一）雷电放电

雷电是一种自然现象，是自然界大气层中在特定条件下形成的。雷电流对地面的泄放称为雷击。空中云层受强气流作用，内部剧烈的相对运动使云的各部分带有不同极性的电荷，形成雷云。大气中雷云的形成必须具备三个基本条件：空气中有足够的水蒸气；使潮湿的空气上升并开始凝结为水珠的气象条件；气流能够强烈持久地上升。雷云的主要成分是水的各种形态（包括水蒸气、水滴、冰或雪）。雷云中的电荷分布很不均匀，往往形成多个电荷密集中心，当雷云中电荷密集处的场强达 25~30kV/cm 时，就会发生放电。放电电流可达 200~300kA。大部分的雷云放电在云间或云内进行，只有小部分放电是对地的。

（二）雷电流的幅值与陡度

雷电主放电过程中的电流具有冲击特性，一般在几微秒内上升到最大幅值，雷电流的幅值可高达数十至数百千安，然后在几十微秒内衰减下去。雷电流陡度即雷电流随时间上升的速度，可达 50kA/μs，平均陡度约 30kA/μs。陡度与雷电流幅值和雷电流波头时间的长短有关，做防雷设计时，一般取波头形状为斜角波。雷电流陡度越大，对电气设备造成的危害也越大，因此在防雷要求较高的场所，波头形状宜取为半余弦波。

（三）雷电冲击过电压

雷过电压又称为大气过电压。雷过电压有两种：一种是雷直接击于输电线路或设备引起的，称为直击雷过电压；另一种是雷击输电线路附近的地面或设备时，由于电磁感应引起的，称为感应雷过电压。最危险的雷过电压是直击雷过电压。雷击输电线路往往造成跳闸事故，同时，雷电波沿输电线路入侵变电站或升压站，会对其中设备造成威胁。

雷过电压的大小主要决定于雷电流的幅值和被雷击线路或设备的波阻抗。在一定的雷电流幅值下，设备的波阻抗及接地阻抗越小，直击雷过电压也就越小。

二、避雷针的保护范围

为了防止设备受到直接雷击，最常用的措施是装设避雷针（或避雷线）。它由金属制成，高于被保护物，具有良好的接地装置，其作用是将雷电引向自身并安全地将雷电流导入地中，从而保护其附近比它低的设备免受直接雷击。

避雷针包括接闪器（针头）、引下线和接地体三部分。接闪器可用直径 10mm 以上、长 1~2m 的圆钢制作；引下线用直径 6mm 以上的圆钢制作，接地体可用几根 2.5m 长的 40mm×40mm×4mm 的角钢打入地中再并联后与引下线可靠连接。

避雷针一般用于保护发电厂和变电站，根据不同情况可装设在配电装置构架上，也可独立装设。

单支避雷针的保护范围见图 3-111，它似一个圆锥形罩。在某一高度 h_x 的水平面上，其保护半径 r_x 为：

当 $h_x \geq \dfrac{h}{2}$ 时

$$r_x = (h - h_x)p$$

当 $h_x \geq \dfrac{h}{2}$ 时

$$r_x = (1.5h - 2h_x)p$$

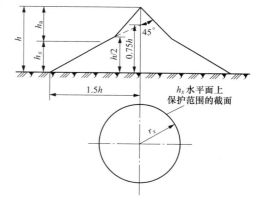

图 3-111　单支避雷针的保护范围

式中　h——避雷针的高度，m；

p——高度影响系数，当 $h \leq 30$m 时 $p=1$；当 $30 < h \leq 120$m 时 $p=5.5/\sqrt{h}$。

两支等高避雷针的联合保护范围如图 3-112 所示。两针的联合保护范围要比两针各自的保护范围的叠加要大些。因为采用单支避雷针进行保护时，雷受针吸引往往可以被吸到离针脚较近的地面上，但在用两支避雷针进行联合保护时，对于在两避雷针之间上空的雷电，由于受到其吸引，就较难击于离两避雷针脚较近的两避雷针之间的地面上。

两支避雷针之间的保护范围，其上部则是以经两针顶点 1、2 及两点连线中间下方某点 O 的圆弧来确定。O 点的高度 h_0 按下式计算

$$h_0 = h - \frac{D}{7p}$$

式中　　D——两支避雷针之间的距离，m；

　　　　p——高度影响系数，$h \leqslant 30\text{m}$ 时 $p=1$，$30 < h \leqslant 120\text{m}$ 时 $p = 5.5/\sqrt{h}$。

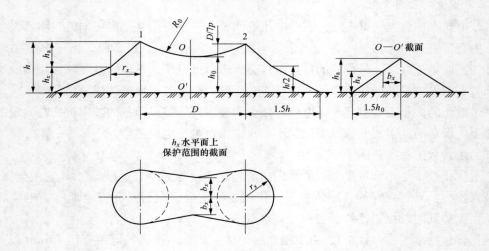

图 3-112　两支等高避雷针的联合保护范围

三支等高避雷针的联合保护范围，可以两支两支地分别进行计算，然后就可确定三支避雷针组成的三角形内的保护范围。对于四支及四支避雷针以上的联合保护范围，可以三支三支地进行计算，因此即可确定多支避雷针的联合保护范围。

三、避雷器

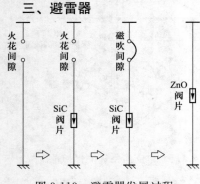

图 3-113　避雷器发展过程

避雷器的作用是限制过电压以保护电气设备，图 3-113 示出了避雷器的发展过程。本部分主要介绍放电间隙和氧化锌避雷器。

（一）放电间隙

放电间隙由两个金属电极构成的，一个电极连接于带电体上，另一个电极通过辅助间隙或直接与接地装置相连接，两个电极之间保持适当的距离，即保持一个空气间隙，这个空气间隙就是放电间隙。

1. 间隙结构

放电间隙按其结构可分为棒型、球型、角型三种形式，如图 3-114 所示。

（1）棒型间隙。棒型间隙是使用两个直径为 6~8mm 的圆钢制成的棒形电极，两电极相对放置，电极之间保持一定的距离，电极用绝缘子支起来，就构成了棒型间隙，如图 3-114（a）所示。棒型间隙构造简单，但其伏秒特性较陡，在每次放电时，电极会受到严重的

烧伤，甚至不能继续使用。

（2）球型间隙。球型间隙构造如图 3-114（b）所示，它有平坦的伏秒特性，保护性能较好。但它的放电电压受空气中湿度和温度的影响较大，而且在实际应用中每次放电后，球型间隙易发生严重烧伤，有时甚至将球烧坏，使间隙距离加大，不能保证下次正确动作，因而增加了维护量，已很少采用。

（3）角型间隙。角型间隙是采用直径 9～12mm 的圆钢弯成羊角形状的电极，固定在绝缘子上，如图 3-114（c）所示。这种间隙在放电时，由于电动力和热的作用，使得羊角形间隙上部构成的电弧迅速拉长，易于自动熄灭。即使电弧不易熄灭，也会因电弧上拉，电极烧伤处于羊角间隙的端部，在间隙距离最小处则不会严重烧伤，从而保证下一次正确动作。由于它有这些优点，因此角型间隙是配电线路上广泛采用的一种防雷装置。在 3～35kV 线路的放电间隙，为了防止间隙发生误动作，可在其接地引下线中串接一辅助间隙，这样当昆虫、鸟类、树枝或其他外物偶然短路了主间隙时，不致引起放电和接地。安装时，主、辅间隙之间的距离应尽量靠近，以提高起保护性能。根据角型间隙的原理，将辅助间隙也设计为小角型，使用效果较好。电压为 60kV 及以上时，主间隙的距离较大，可不再加辅助间隙。

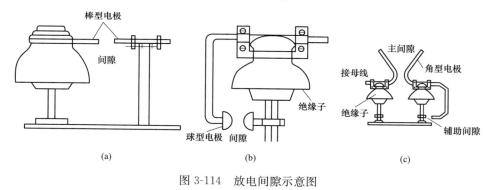

图 3-114　放电间隙示意图
（a）棒型；（b）球型；（c）角型

2. 结构要求

不管采用何种形式的放电间隙，其结构应保证下列条件：

（1）间隙距离稳定不变。

（2）间隙放电动作时，防止电弧跳到其他设备上去。

（3）防止与间隙并联的绝缘子受热损坏。

（4）间隙正常动作时，防止电极被烧坏，影响下次正确动作。

（5）间隙的电极应镀锌。

（二）氧化锌避雷器

1. 特性及优点

氧化锌避雷器实际上是一种阀型避雷器，其阀片以氧化锌（ZnO）为主要材料，加入少量金属氧化物，在高温下烧结而成。氧化锌阀片具有很好的伏安特性，图 3-115 示出 SiC 避雷器、ZnO 避雷器及理想避雷器的伏安特性曲线比较。

图 3-115 中，假定 ZnO、SiC 阀片在 10kA 电流下的残压相同；但在额定电压（或灭弧

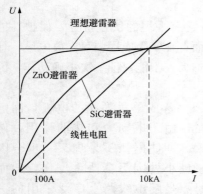

图 3-115　ZnO、SiC 和理想避雷器
伏安特性曲线的比较

电压）下，ZnO 伏安特性曲线所对应的电流一般在 10^{-5} A 以下，可以近似认为其续流为零，而 SiC 伏安特性曲线所对应的续流却为 100A 左右。也就是说，在工作电压下，ZnO 阀片可看作是绝缘体。

ZnO 避雷器与 SiC 避雷器相比较，由于 ZnO 避雷器采用了非线性优良的 ZnO 阀片，使其具有以下优点：

（1）无间隙、无续流。在工作电压下，ZnO 阀片呈现极大的电阻，续流近似为零，相当于绝缘体，因而工作电压长期作用也不会使阀片烧坏，所以一般不用串联间隙来隔离工作电压。

（2）通流容量大。由于续流能量极少，仅吸收冲击电流能量，故 ZnO 避雷器的通流容量较大，更有利于用来限制作用时间较长（与大气过电压相比）的内部过电压。

（3）可使电气设备所受过电压降低。在相同雷电流和相同残压下，SiC 避雷器只有在串联间隙击穿放电后才泄放电流，而 ZnO 避雷器（无串联间隙）在波头上升过程中就有电流流过，这就可降低作用在设备上的过电压。

（4）在绝缘配合方面可以做到陡波、雷电波和操作波的保护裕度接近一致。

（5）ZnO 避雷器体积小，质量轻，结构简单，运行维护方便。

ZnO 避雷器的主要特性常用起始动作电压及压比等表示。起始动作电压又称转折电压，从这一点开始，电流将随电压升高而迅速增加。通常以 1mA 时的电压作为起始动作电压，其值约为其最大允许工作电压峰值的 105%～115%。

压比是指 ZnO 避雷器通过大电流时的残压与通过 1mA 直流电流时的电压之比。例如，10kA 压比是指通过 10kA 冲击电流时的残压与通过 1mA（直流）时的电压之比。压比越小，意味着通过大电流时的残压越低，则 ZnO 避雷器的保护性能越好。

2. 金属氧化物避雷器结构类型

根据被保护设备绝缘配合的需要以及氧化锌电阻片的制造水平，氧化锌避雷器可制成无间隙和有间隙两大类。

（1）无间隙氧化锌避雷器。无间隙氧化锌避雷器的结构简单紧凑，具有优良的电气特性。低压 0.22、0.38kV 氧化锌避雷器和 3～10kV 配电用氧化锌避雷器的外形结构基本上与同电压等级的碳化硅避雷器相似，只是前者直径较小，整体高度也较低。35kV 及 110kV 的氧化锌避雷器装在一节瓷套内。220kV 及更高电压等级的氧化锌避雷器由两节或多节元件串联组成，其内部装有压力释放装置。

在高压氧化锌避雷器的内部，通常用尼龙或机械强度高、吸潮能力小的绝缘材料制成的支杆固定电阻片。一般串联电阻片为单柱，对于释放重负载的避雷器则采用双柱或多柱并联。

110kV 及以上的高压氧化锌避雷器，由于串联电阻片很多，电容链长，上部元件的电压分布极不均匀，承受电位梯度大的电阻片容易过载引起热击穿而使整台避雷器失效。为改善电场分布情况，高压氧化锌避雷器通常装有均压环。

（2）带并联间隙的氧化锌避雷器。在氧化锌电阻片制造技术发展初期，为弥补其非线性不够理想的缺点，也为了获得比通常无间隙氧化锌避雷器更低的保护水平，采用类似复合式避雷器的带并联间隙的氧化锌避雷器，其电气原理如图 3-116 所示。

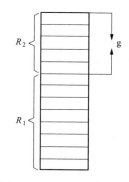

在正常情况下，间隙 g 不导通，工作电压由阀片电阻 R_1 和 R_2 两部分分担，单个阀片上所受电压较低。当有雷击或操作过电压作用时，流经 R_1、R_2 的电流迅速增大，R_1、R_2 上的压降（残压）也随之迅速增加，当 R_2 上的残压达到某一值时，并联间隙 g 被击穿，R_2 被短接，避雷器上的残压仅由 R_1 决定，从而降低了残压，也就降低了压比。

图 3-116　带并联间隙的氧化锌避雷器电气原理图

带有并联间隙的氧化锌避雷器的结构虽然比无间隙氧化锌避雷器的结构复杂一些，但可以制成保护水平很低的避雷器。

（3）带串联间隙的氧化锌避雷器。氧化锌电阻片比碳化硅电阻片具有更大的通流能力和优异的伏安特性，用串联间隙和氧化锌电阻片组成的避雷器可具有比磁吹避雷器更优良的保护特性，因此在一些需要特殊保护性能的场所，这种结构的避雷器有时也有所应用。如在中心点绝缘运行系统中，存在操作过电压动作负载，为避免避雷器损坏，无间隙氧化锌避雷器必须设计得特别庞大，这在实际中是不可行的。采用带串联间隙的氧化锌电阻片的设计，就可以避免一些对设备绝缘无威胁的操作过电压作用下的误动作，保证了避雷器的安全运行。

3. 型号说明

氧化锌避雷器型号的含义如下：

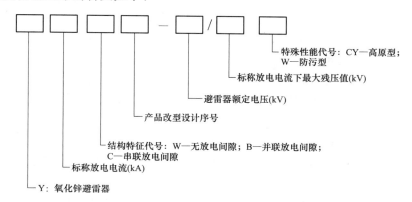

特殊性能代号：CY—高原型；W—防污型
标称放电电流下最大残压值(kV)
避雷器额定电压(kV)
产品改型设计序号
结构特征代号：W—无放电间隙；B—并联放电间隙；C—串联放电间隙
标称放电电流(kA)
Y：氧化锌避雷器

（三）Y10W5-200/520W 避雷器实例介绍

Y10W5-200/520W 避雷器配有 JCQ3A-10/800 在线监视仪，监视仪监视避雷器动作次数和泄漏全电流。

1. 避雷器的结构和原理

Y10W5-200/520W 避雷器由主体元件、绝缘底座、接线盖板、均压环等组成。避雷器内部采用具有良好伏安特性氧化锌电阻片作为主要元件，在大气过电压和操作过电压下，氧化锌电阻片呈现低阻值，避雷器的残压被限制在允许值以下，从而对被保护设备提供可靠保护。

避雷器的主体元件是密封的，每台产品出厂前均用核质谱仪进行密封检漏。避雷器带有压力释放装置，当避雷器在异常情况下动作而使内部气压升高时，能及时释放内部压力，避免瓷套炸裂。避雷器外部带有均压环。

避雷器采用常压和微正压两种结构，内部充高纯度干燥氮气或 SF_6 气体。微正压结构避雷器内部气体压力略大于大气压力，外部潮湿气体很难进入其内部，这使避雷器的抗潮能力大为提高。微正压结构避雷器在每个元件上装有一个自封阀，便于对产品的密封状态进行测试。自封阀也可作为现场补压的充气口。

2. 避雷器的定期检查

避雷器在投入运行前后，都要定期进行检查和测试，将测试结果进行记录，以便分析比较，并作为定期检查时参考。记录的项目应包括检测的时间、温度、相对湿度、设备名称和测量数据等。具体检测项目有：

(1) 放电计数器检查。在投入运行时记录其初始数字，以后每月或遇雷电后应检查一次。

(2) 避雷器检查。避雷器检查一般每年一次，检查的重点是：螺钉、螺母的松紧程度；瓷套的脏污损坏情况；元件的腐蚀情况；高压引线和接地线的松紧程度。

(3) 绝缘电阻测量。按规定和产品要求进行避雷器绝缘电阻测量和底座绝缘电阻的测量，测量结果应符合要求，并与以前的数据进行比较。

(4) 运行电压下的交流泄漏电流的测试。按规定和产品要求进行避雷器运行电压下的全电流、阻性电流或功率损耗测量，并与初始值进行对比，以便掌握避雷器运行状况。

(5) 测量直流 1mA 下的直流参考电压和 0.75 倍直流 1mA 电压下的电流。

(6) 微正压检测：避雷器内充有高纯度干燥氮气或 SF_6 气体，压力为 0.03～0.05MPa。可使用专用测压装置对其进行压力检测。若内部压力低于 0.01MPa 时，应及时补充高纯度干燥氮气或 SF_6 气体。测量完成后应将自封阀的保护帽安装好。

四、发电厂的接地装置

接地装置由埋入土中的金属接地体（角钢、扁钢、钢管等）和连接用的连接线构成。

按接地的目的，电气设备的接地可分为工作接地、防雷接地、保护接地和仪控接地。

(1) 工作接地：为了保证电力系统正常运行所需要的接地。例如中性点直接接地系统中的变压器中性点接地，其作用是稳定电网对地电位，从而可使对地绝缘降低。

(2) 防雷接地：针对防雷保护的需要而设置的接地，以利于降低雷过电压，又称为过电压保护接地。

(3) 保护接地：也称为安全接地，是为了人身安全而设置的接地，即电气设备的外壳（包括电缆皮）接地，以防外壳带电危急人身安全。

(4) 仪控接地：发电厂的热力控制系统、数据采集系统、计算机监控系统、微机型继电保护系统和远动通信系统等，为了稳定电位、防止干扰而设置的接地。仪控接地也称电子系统接地。

(一) 接地电阻的基本概念

接地电阻是指电流经接地体进入大地并向周围扩散时所遇到的电阻。通常认为大地具有零电位，其中没有电流通过时，大地各处是等电位的。但大地不是理想导体，它具有一定的电阻率，如果有电流流过，则大地各处就具有不同的电位。当有电流经接地体注入大地后，它以电流场的形式向四处扩散，如图 3-117 所示。离电流注入点越远，半球形的散流面积越大，地中的电流密度就越小，因此可以认为在较远处（15～20m 以外），单位扩散距离的电阻及地中电流密度已接近零，该处电位已为零电位。显然，当接地点有电流流入大地时，接地点电位最高，离接地点越远，电位越低，图 3-117 中曲线 $U=f(r)$ 即表示地表面的电位分布情况（式中 r 表示与雷电流注入点之间的距离）。

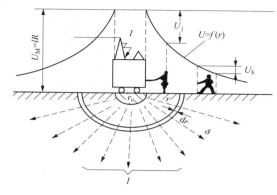

图 3-117　接地电流的散流场和地面电位分布
U_M—接地点电位；I—接地电流；U_j—接触电压；
U_k—跨步电压；δ—地中电流密度；
$U=f(r)$—大地表面的电位分布曲线

接地点处的电位 U_M 与接地电流 I 的比值定义为该点的接地电阻 R，即 $R=U_M/I$。当接地电流为定值时，接地电阻 R 越小，则电位 U_M 越低，反之则越高。

接地装置的接地电阻 R 主要决定于接地装置的结构、尺寸、埋入地下的深度及当地的土壤电阻率。因金属接地体的电阻率远小于土壤电阻率，故接地体本身的电阻在接地电阻 R 中可以忽略不计。

（二）接地电阻的允许值

接地电阻的允许值根据接地故障电流 I 的大小、接地装置上出现电压时间的长短和接触概率，并考虑不同土壤电阻率下投资的合理性而制定。

在大接地短路电流系统中，接地短路电流较大，但故障切除时间快，接地装置上只在很短的时间内有电压出现。因此，当发生单相接地时，接地网电压规定不得超过 2000V，其接地装置的接地电阻为

$$R \leqslant 2000/I \quad (\Omega)$$

式中　I——流经接地装置的短路电流。

当 $I>4000A$ 时，可取 $R \leqslant 0.5\Omega$。在大地电阻率很高时，允许将 R 值提高到 $R \leqslant 5\Omega$，但在这种情况下，必须验证人身安全。

在小接地短路电流系统中，接地故障电流 I 较小，继电保护常作用于信号，不切除故障部分，接地装置上电压升高的时间较长，因此，接地电压限制到较低。当接地装置仅用于高压设备时，规定接地电压不得超过 250V，即

$$R \leqslant 250/I \quad (\Omega)$$

当接地装置为高低压设备所共用时，考虑到人与低压设备接触的机会更多，规定接地电压不得超过 120V，即

$$R \leqslant 120/I \quad (\Omega)$$

式中　I——计算用接地故障电流，A。

一般在小接地短路电流系统中，接地电阻不应超过 10Ω。大地电阻率较高时，接地电阻允许取大些。

对工作接地及保护接地而言，接地电阻是指直流或工频电流流过时的电阻；对防雷接地而言，是指雷电冲击电流流过时的电阻，简称冲击接地电阻。同一接地装置在工频电流和冲击电流作用下，将具有不同的电阻值，通常用冲击系数 α 表示两者的关系

$$\alpha = R_{ch}/R_g$$

式中　R_g——工频接地电阻；

　　　R_{ch}——冲击接地电阻，是接地体上的冲击电压幅值与流经该接地体中的冲击电流幅值之比值。

一般情况下，$\alpha<1$，也有时 $\alpha\geqslant1$，这与接地体的几何尺寸、雷电流的幅值和波形及土壤电阻率等因素有关。

（三）接触电压和跨步电压

从人身安全考虑，一般人体通过 50mA 以上电流就有生命危险。人体皮肤处于干燥、洁净和无损伤时，人身电阻高达几十千欧以上，而皮肤有伤口或处于潮湿状态时，人身电阻可降到 1000Ω 左右。因此在最不利的情况下，人接触的电压只要达 $0.05\times1000=50$（V）左右，即有致命危险。

在电气设备发生接地故障时，处于分布电位的人可能有两种方式触及不同电位点而受到电压的作用，见图 3-117。当人触及漏电设备外壳时，加于人手与脚之间的电压称为接触电压，通常按人站在距设备水平距离 0.8m 的地面上，手触设备离地面高为 1.8m 处所受到的电压计算，如图 3-117 中所示的 U_j。人的两脚着地点之间的电位差称为跨步电压（取跨距为 0.8m），如图 3-117 中所示的 U_k。

人体所能耐受的接触电压和跨步电压的允许值，与通过人体的电流值、持续时间的长短、地面土壤电阻率及电流流经人体的途径有关。在大接地短路电流系统中，接触电压 U_j 和跨步电压 U_k 的允许值为

$$U_j=\frac{250+0.25\rho}{\sqrt{t}}$$

$$U_k=\frac{250+\rho}{\sqrt{t}}$$

式中　ρ——人脚站立处地面土壤电阻率，Ω·m；

　　　t——接地短路电流持续时间，s。

在小接地短路电流系统中，接触电压和跨步电压的允许值为

$$U_j=50+0.05\rho$$

$$U_k=50+0.2\rho$$

（四）发电厂的接地装置

接地装置由接地体和连接导体组成。接地体可分为自然接地体和人工接地体。自然接地体包括埋在地下的金属管道、金属结构和钢筋混凝土基础，但可燃液体和气体的金属管道除外；人工接地体是专为接地需要而设置的接地体。

人工接地体有垂直接地体和水平接地体之分。垂直接地体一般是用长约 2.5～3m 的角钢（20mm×20mm×3mm～50mm×50mm×5mm）、圆钢或钢管垂直打入地下，顶端深入地下 0.3～0.5m。水平接地体多用扁钢（宽一般为 20～40mm，厚不小于 4mm）或者直径不小于 6mm 的圆钢或者用铜导体，埋于地下 0.5～1.0m 处或埋于厂房、楼房基础底板以下，可构成环形或网格形等接地系统。

发电厂要求具有良好的接地装置，以满足工作、安全和防雷保护的接地要求。一般是根据安全和工作接地要求设置有一个统一的接地网，然后在避雷器和避雷针下面增加接地体以满足防雷接地的要求。

发电厂的接地装置除利用自然接地体外，还应装设水平敷设的人工接地网。人工接地网应围绕设备区域连成闭合形状，并在其中敷设若干均压带或敷设成方格网状。水平接地网应埋入地下 0.6m 以下，以免受到机械损伤，并可减少冬季土壤表层冻结和夏季地表水分蒸发对接地电阻的影响。水平闭合式接地网及其电位分布如图 3-118 所示。

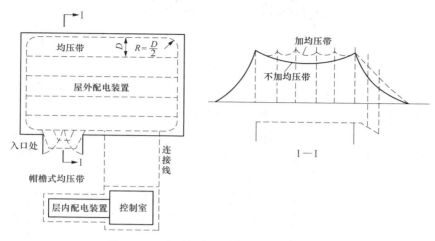

图 3-118　水平闭合式接地网及其电位分布

随着电力系统的发展，电力网的接地短路电流日益增大。在大接地短路电流系统的发电厂和变电站内，接地网电位的升高已成为重要问题。为了保证人身安全，除适当布置均压带外，还采取以下均压措施：①因接地网边角外部电位梯度较高，边角处应做成圆弧形；②在接地网边缘上经常有人出入的走道处，应在走道下面不同深度装设与地网相连的帽檐式均压带或者将该处附近铺成具有高电阻率的路面；③配电变压器的接地装置宜敷设成闭合环形，以防止因接地网流过中性线的不平衡电流在雨后地面积水或泥泞时，接地装置附近的跨步电压引起的触电事故。

对于 350MW 机组电厂，其 220kV 配电装置、汽机房、锅炉房等主要电气建筑物下面常将深埋的水平接地体敷设成方格网。一般在主厂房接地网和升压变电站接地网连接处设有可拆部件，以便分别测试各个主接地网的接地电阻。主接地网的接地电阻一般在 0.5Ω 以内。

地下接地网在一些适当部位连接有多股绞线，并引出地面，以便连接需要接地的设备或接地母线（总地线排），或与厂房钢柱连接并形成整个建筑物接地。

发电厂中接地的交流系统必须设有接地线，并使其与接地体或接地网连接。大量电气设备或其他非载流金属部分都必须接地，如配电盘的框架、开关柜或开关设备的支架、电动机底座、金属电缆架、导线的金属外包层、开关和断路器的外壳或其他电气设备的外壳、移动式或手持式电动工具等。电气设备的接地，可用直接的金属接触固定在已接地的建筑金属结构上，也可用适当截面积的接地线连接到已接地的接地端子或接地母线上，还可用单独的绝缘地线与电路导线敷设在同一条电缆走道、管道、电缆或软线内再接到适当的接地端子或接地母线上。

（五）电子系统接地要求和接地方式

大机组电厂中有大量的电子设备或电子系统，如热力控制系统、数据采集系统、计算机监控系统、微机型继电保护、通信系统等，电子系统本身对于噪声或干扰非常敏感，必须通

179

过适当的接地来降低噪声或干扰电平。

电子系统的接地必须遵循以下要求：

（1）所有安装容易受到或能产生射频干扰的电子设备的建筑物或综合机房，必须设置专用的低阻抗参考地或总地线排（接地母线）。

（2）不同类型的系统必须相互绝缘，防止地电位差产生飞弧。

（3）装有电子设备的机架或机箱，必须有效地直接连接到专用的参考接地点，也可采用树干式接地中的一分支。

（4）必须避免形成闭合回路。

（5）当灵敏的电子设备与电磁干扰源设置在同一建筑物内时，电缆和机箱必须屏蔽，并且在这些屏蔽体与电磁干扰源之间提供低阻抗通路。

考虑电子设备接地时，有两项重要的原则：①安全；②通过公共接地部分的干扰减至最小。安全，对各种设备的接地来说，都是首要考虑的因素。对于电子设备，则要在安全的基础上更加强调干扰问题。

在大范围接地系统中，一般认为电子设备的接地有两种方式，即多点接地方式和一点接地方式。在多点接地方式中，要求有一个供系统使用的等电位的地面，但只有接地系统在实质上没有电阻或几乎没有电阻，是真正的高质量的等电位面。在一点接地方式中，全部设备都以一点作为参考点，而这个参考点是与建筑物的地下接地网连接的。机箱内的所有电子电路都连接在这一个接地参考点上。采用一点接地方式可使地电流和建筑物接地中流动的电流都减至最小。

电子系统、分支系统和设备可用节点型的接地分配系统，如图 3-119 所示。从理论上讲，这是用来防止电磁脉冲干扰影响的一点接地概念的发展，要求接地分配系统按树干形或星形结构设置，以免形成磁场敏感环路，引起干扰。典型的布置是将接地母线（总地线排）作为第一级节点，第二级节点是分区接地馈线分配点（接地汇流排），第三级节点是机架和机箱的接地分配点，第四级节点是底盘或面板的接地分配点。

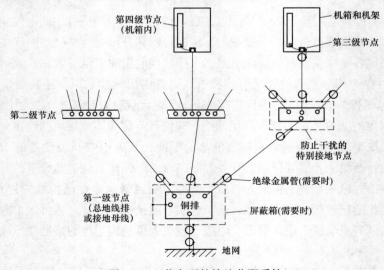

图 3-119　节点型的接地分配系统

电子设备室（楼）、综合机房或通信楼一般都有许多不同的设备，包括电源系统、配电系统、采暖通风系统、电子系统、通信设备等，为了安全、消除故障、保护设备和降低干扰而必须接地。如果所有要接地的设备都接到一个单独的共用地线上，接地系统的效果最好。一点接地为楼室所有设备提供一个公共参考点，不受地电流和电位差的影响。这个公共的接地汇总点就是系统接地点，也称总地线排或接地母线，一般用铜排或铜板构成，从地下接地网引出的铜辫连接到这个总地线排。总地线排或接地母线，如果用适当粗的馈线与接地网连接，也可以设置在其他地方（如楼上）。在预计会有干扰的地方，接地馈线应设置在铁管内，而总地线排则要装设在屏蔽箱内，屏蔽箱连接总地线排。馈线管道直接连接在屏蔽箱上，除此之外，管道的其他部分应在电气上绝缘。

各种设备的接地馈线必须按照接地设备的位置，并根据设备产生干扰或对干扰的灵敏度特性分群设置，图 3-120 所示是典型接地馈线的配置情况。

一个总地线排（接地母线）与设备

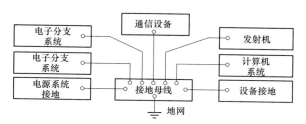

图 3-120　典型接地馈线的配置情况

之间的最大空间距离一般不宜超过 30m，否则需要设置第二个总地线排。两个总地线排之间用较大截面积的绝缘导线连接。

在 350MW 机组电厂中，一般每个单元控制室及其附近的一些相关设备要设置一个总地线排，并构成一个相对独立的接地系统。

防雷接地系统要定期检查、测试，还要根据土壤性质做好接地装置的防腐工作，使其处于良好的工作状态。

第六节　母线、电力电缆

一、母线

在发电厂和变电站的各级电压配电装置中，将发电机、变压器与各种电器连接的导线称为母线。母线是各级电压配电装置的中间环节，它的作用是汇集、分配和传送电能。母线分为两类：一类为软母线（多股铜绞线或钢芯铝绞线），应用于较高电压的户外配电装置；另一类为硬母线，多应用于电压较低的户内外配电装置。

（一）母线材料

常用的母线材料一般为铜材和铝材。铜材电阻率低，机械强度高，抗腐蚀性强，是很好的导电材料。铝材电阻率稍高于铜，质量轻，加工方便，价格较铜便宜。有时在一些高压小容量电路（如电压互感器）中也用铁材。

（二）母线截面形状

1. 矩形

矩形截面母线一般用于 35kV 及以下的户内配电装置。与相同截面积的圆形母线相比，矩形截面母线散热好、集肤效应小，在允许发热温度下允许工作电流大。为了增强散热条件和减小集肤效应的影响，宜采用厚度较小的矩形母线。但考虑到母线的机械强度，通常铜和铝的矩形截面母线的边长之比为 1：5～1：12。但是，矩形母线的截面积增加时，散热面积并不是成比例地增加，所以，允许工作电流也不能成比例增加。因此，矩形母线的最大截面积受到限制。当工作电流很大，最大截面的矩形母线也不能满足要求时，可采用多条矩形母线并联使用，并间隔一定距离（一条母线的厚度）。矩形母线用在 35kV 以上的场合会出现电晕现象。

平放水平排列，优点是母线对短路时产生的电动力具有较强的抗弯能力，缺点是散热条件差些；

立放水平排列，优点是散热条件好，缺点是抗弯能力差；

立放垂直排列，优点是散热条件好，抗弯能力强，缺点是增加空间高度；

三角形排列，布置较为紧密，可以减少开关柜的深度和高度。

2. 圆形

在 35kV 以上的户外配电装置中，为了防止电晕现象，一般采用圆形截面母线。在 110kV 以上的户外配电装置中，采用钢芯铝绞线和管形母线，在 110kV 以上的户内配电装置中都采用管形母线。电压为 35kV 及以下的户外配电装置中，一般也采用钢芯铝绞线，这样可使母线的结构简化，降低投资。

3. 槽形

当每相 3 条以上的矩形母线不能满足要求时，一般采用槽形截面母线组成近似正方形的空心母线结构。这种结构的优点是：邻近效应较小，冷却条件好，金属材料利用率高。另外，为了加大槽形母线的截面系数，可将两条槽形母线每相隔一段距离用连接片焊住，构成一个整体。

矩形母线和槽型母线用母线金具固定在支柱绝缘子上。1000A 以上的装置中，母线金具用非磁性材料，其他零件用镀锌钢件。当矩形铝母线长度大于 20m、铜母线长度大于 30m 时，母线间应加装伸缩补偿器，补偿器一般由厚度 0.2～0.5mm 的薄片叠成，材料与母线材料相同，截面积与母线截面积相适应，不小于母线截面积。当母线厚度小于 8mm 时，可直接利用母线本身弯曲的办法来解决。

矩形母线的排列方式如下：

（三）母线的着色

母线着色后可以增加辐射能力，有利散热，还可以防腐。

一般交流 A、B、C 三相分别着黄、绿、红色，直流正负极分别着红、蓝色。

（四）大电流母线

对于大容量发电机，除采用多条矩形母线并联或槽型母线外，还可以采用如下几种形式的母线。

1. 水内冷母线

水内冷母线利用水热传导能力强的特点，使母线温升大大降低，以提高载流能力，减少金属消耗量。水内冷母线一般采用铜或铝做成圆管形母线。由于铝母线容易腐蚀，因此一般采用铜材。采用水内冷母线解决了母线的发热问题，而对于短路时的电动力以及附近的钢构件的发热问题并没有完全解决。在采用水内冷或空冷母线的发电厂中，为防止附近的钢构件发热，在靠近钢筋处沿母线纵向敷设两端被短接的与钢筋绝缘的屏蔽铝带母线，可以降低钢构件的发热程度。

2. 封闭母线

随着电力系统的迅速发展，单机发电机组的容量越来越大，大容量的机组输出的电流很大，30万kW发电机的额定电流已超过11000A。敞露式母线绝缘子表面容易被灰尘污染，尤其是母线布置在屋外时，受气候变化影响及污染更为严重，很容易造成绝缘子闪络及由于外物所致造成母线短路故障。机组越大，对其出口母线运行的可靠性要求越高，同时母线容量增大后，母线短路电动力和母线附近钢构架的发热大大增加。采用封闭母线是一种较好的解决方法。目前封闭母线在大型机组中使用占比很大。

封闭母线是指将母线用非磁性金属材料（一般用铝合金）制成的外壳保护起来。封闭母线按外壳与母线间的结构型式可分为共箱封闭母线、隔相封闭母线、离相封闭母线几种。

（1）共箱封闭母线。共箱封闭母线是指三相母线设在没有相间隔板的金属公共外壳内，如图3-121所示。共箱封闭母线在防止绝缘子污秽和外物导致的母线短路方面效果不错，但还存在母线发生相间短路的可能，也不能减小相间电动力和改善钢结构发热的问题。

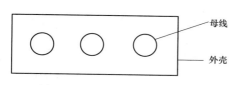

图3-121 共箱封闭母线示意图

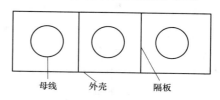

图3-122 隔相封闭母线示意图

（2）隔相封闭母线。隔相封闭母线是指三相母线设在相间有金属隔板的金属外壳内，如图3-122所示。隔相封闭母线可以较好的防止相间故障，在一定程度上能减小母线电动力和改善母线周围构架发热，但仍然存在单相故障损坏隔板扩大故障的可能性。

（3）离相封闭母线。离相封闭母线的每相导体分别用单独的铝制圆形外壳封闭。根据金属外壳各段的连接方法，离相封闭母线又可分为分段绝缘式和全连式两种，如图3-123所示。

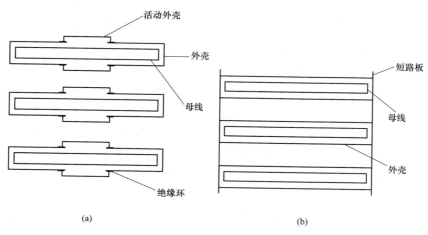

图3-123 离相封闭母线示意图
（a）分段绝缘式；（b）全连式

大容量机组普遍采用离相式封闭母线。早期的结构是外壳分段绝缘式的，外壳每4~8m

为一段，每段设一个接地点，以防止外壳上感应出危险电压和产生环流。这种结构的封闭母线可使母线周围的构架发热量和母线通过短路电流时母线电动力在一定程度上减小。后来出现了全连式离相封闭母线，全连式封闭母线的外壳在电气上是连续的，每一段的连接一般采用氩弧焊接。在三相外壳的两端用足够截面的铝板焊接并接地。全连式封闭母线相当于一个1：1的空心变压器。由于三相外壳短接而且铝壳电阻小，所以在外壳上感应与母线电流大小相近方向相反的环流。由于环流的屏蔽使全连式壳外磁场减小到敞露母线的 10% 以下，这样壳外构架的发热可以大大降低。由于屏蔽作用使得母线流过短路电流时的电动力也大大减小。

（五）母线示例

1. QLFM 型离相封闭母线

QLFM-××/××××-Z/Ⅰ型全连式自冷离相封闭母线是一种新型的高压电器产品。其中 QLFM 为"全连式自冷离相封闭母线"中"全、离、封、母"汉语拼音字头，型号后缀两组阿拉伯数字的第一组为额定电压，第二组为额定电流，两组数据用"/"分开。Z 代表自冷，Q 代表强迫冷却，J 代表局部强迫冷却。罗马数字Ⅰ、Ⅱ、Ⅲ分别代表微正压、速饱和电抗器及两者并存。

封闭母线主要由母线导体、外壳、绝缘子、金具、密封隔断装置、伸缩补偿装置、短路板、穿墙板、外壳支持件、各种设备柜及与发电机、变压器等设备的连接结构等构成。

三相母线导体分别密封于各自的铝制外壳内，导体主要采用同一截面三个绝缘子支撑方式，绝缘子顶部开有凹槽或装有附件，内装橡胶弹性块及蘑菇形金具或带有调节罗纹的金具。金具顶端与母线导体接触，导体可以在金具上滑动。绝缘子固定于支承板上，支承板紧固在焊接于外壳的外部的绝缘子底座上。

外壳的支持多采用绞销式底座在支持点处先用槽钢抱箍将外壳抱紧，抱箍通过绞销与底座连接，而底座用螺栓固定于支承横梁上，支承横梁则支持或吊装于工地预制的钢梁上。

封闭母线在一定长度范围内，设置有焊接的不可拆卸的伸缩补偿装置，用于补偿沿母线轴向和径向产生的位移。母线导体采用多层薄铝片制成的伸缩节与两侧母线搭焊连接，外壳则采用多层铝制波纹管与两侧外壳焊接。

封闭母线与设备连接处或需要拆卸断开的部位设有可拆卸的螺栓连接补偿装置，母线导体与设备端子连接的导体接触面均镀银处理，其间用铜编织或薄铜片伸缩节连接。外壳用橡胶套连接同时起到密封作用。外壳间需要全连导体时，伸缩套两端外壳间加装可伸缩的导电伸缩节。

母线靠近发电机机端、主变压器接线端、高压厂用变压器等设备接线端采用大口径瓷套管（或密封套）作为密封隔断装置，套管以螺栓固定并用橡胶圈密封。与汽轮发电机配套的封闭母线设有发电机出线端子保护箱，600MW 以上机组根据需要可在保护箱上装设冷却风机，用以局部冷却和排出发电机可能漏出的氢。

封闭母线外壳的适当部位装有疏水阀和干燥通风接口，疏水阀用来排出外壳内由于空气结露而产生的积水，干燥通风接口用来对外壳进行通风干燥。

封闭母线外壳可采用多点或一点接地，采用多点接地时，支吊底座与钢梁不做绝缘处理，外壳各处短路板要可靠接地。采用一点接地时，每一支、吊点底座与钢梁间必须绝缘，各处短路板只允许一块可靠接地。

为了进一步提高封闭母线的绝缘水平，封闭母线还可采用微正压充气运行方式，微正压装置是专门给封闭母线充气的设备。外壳内充以干燥净化的空气，压力保持在 300Pa～2500Pa，且外壳的空气泄漏率每小时不超过外壳内容积的 2％～6％。

QLFM 型全连式自冷离相封闭母线主要产品技术参数见表 3-21。

表 3-21　　QLFM 型全连式自冷离相封闭母线主要产品技术参数

序号	技术参数	QLFM-15/10000		QLFM-20/12500		QLFM-24/23000		
		主回路	分支回路	主回路	分支回路	主回路	主变压器三角形接线回路	分支回路
1	额定电压（kV）	15.75		20		24		
2	额定电流（A）	10 000	1600	12 500	1600	23 000	15 000	4000
3	短路电流冲击值（kA）	400	560	500	630	560	400	800
4	4 秒热稳定电流有效值（kA）	125	200	160	200	200		315
5	周围环境温度（℃）	−40～+40		−40～+40		−40～+40		
6	正常运行时导体最高允许温度（℃）	≤90		≤90		≤90		
7	正常运行时外壳最高允许温度（℃）	≤70		≤70		≤70		
8	正常运行时导体镀银接头最高允许温度（℃）	≤105		≤105		≤105		
9	母线导体尺寸外径×壁厚（mm×mm）	380×12	150×10	500×12	150×10	900×15	600×15	200×10
10	外壳尺寸外径×壁厚（mm×mm）	900×7	650×5	1000×8	650×5	1450×10	1150×8	750×5
11	相间距离（mm）	1200	850	1250～1400	900	1800	1450	1000
12	工频耐压（kV）	57		68		75		
13	冲击耐压全波 1.2/50μs（kV）	105		125		150		
14	海拔（≤，m）	1000		1000		1000		
15	地震烈度不大于（度）	8		8		8		
16	冷却方式	自然冷却		自然冷却		自然冷却		

2. BGFM-10 型共箱封闭母线

BGFM-10/××××型共箱母线主要用于发电厂及变电站的三相 10kV 以下回路，其中：B、G、F、M 为"不隔相共箱式封闭母线"的"不、共、封、母"四字汉语拼音的字头，10 为母线额定电压，后面数字为额定电流。

共箱封闭母线主要由母线导体、外壳、绝缘子、金具、外壳支吊钢架、伸缩补偿装置、穿墙密封结构、连接结构等部分组成。

由于母线总体较长，一般在制造厂分成 6m 左右的若干分段，到现场后进行焊接或螺栓连接。

共箱封闭母线导体是用矩形铜铝母线或铝管制成，采用支柱绝缘子或绝缘支架支持固定，矩形导体在两组支持绝缘子之间装有间隔垫，三相导体被封闭在同一金属外壳内，外壳上部有检修孔。

户外的外壳连接部分装有密封垫，检修孔盖作成中间突起的防水型结构，共箱封闭母线与变压器连接处设置由可拆螺栓连接的补偿装置，母线导体与变压器出线端子间用镀锡铜编织线伸缩节或薄铜片伸缩节连接，其连接导体接触面镀银，外壳采用铝波纹管伸缩套连接。

各分段两端外壳内均焊有连接端子，现场安装时，将各相邻分段连接端子间用连接导体进行电气连接后，再按外壳指定接地位置进行接地。

BGFM-10 型共箱封闭母线主要技术参数见表 3-22。

（六）母线的运行维护

1. 封闭母线的运行维护

正常情况下，封闭母线的维护工作量不大，具体如下：

表 3-22　　　　　　　　　BGFM-10 型共箱封闭母线主要技术参数

序号	技术参数	共箱母线
1	额定电压（kV）	10
2	额定电流（A）	1000～6300
3	动稳定电流（峰值，kA）	40～160
4	热稳定电流（2s，kA）	16～63
5	频率（Hz）	50
6	正常运行时导体最高允许温度（℃）	≤90
7	正常运行时外壳最高允许温度（℃）	≤70
8	正常运行时导体接头最高允许温度（℃）	≤105
9	工频耐压（1min，kV）	42
10	冲击耐压（1.2/50μs，kV）	75
11	海拔（m）	≤1000
12	地震烈度（度）	≤8
13	冷却方式	自然冷却

（1）进行温度监视。离相封闭母线运行时，其导体和外壳的最热点的温度和温升不应超过表 3-23 允许值。一般母线导体的接头处或其他容易过热的部位装设有温度计，运行人员要定期检查，并做好记录，当发现温度异常时要查明原因。

表 3-23　　　　　离相封闭母线运行时其导体和外壳的最热点的允许温度和允许温升

封闭母线部件	允许温度（℃）	允许温升（℃）
铝导体	90	50
用螺栓紧固的导体接触面（铜或铝接触面镀银）	105	65
铝外壳	70	30

（2）对定子氢冷发电机组，为了防止氢气从出线套管漏入端子保护箱进而渗入封闭母线外壳内部造成事故，保护箱和封闭母线连接处装有密封套管隔断装置用以隔氢，保护箱上部

设有排氢孔。为安全可靠，设在保护箱内的氢敏探头在氢气浓度达到危险值时发出信号报警，提醒运行人员及时采取措施。

（3）对于 600MW 及以上机组母线，设在发电机出线端子保护箱上的风机用来冷却发电机出线端子连接线及排氢，运行人员要定期检查风机的运转情况。

（4）封闭母线外壳短路板要接地良好，软护套（内部母线有可拆点）外部封闭母线外壳之间的连接要接触良好。

（5）检查母线的密封情况良好。

（6）检查封闭母线进气管路正常。

（7）检查母线微正压装置运行正常。

（8）对封闭母线微正压装置进行定期维护。

（9）检查共箱封闭母线由户外到户内穿墙部位是否有凝水现象（当母线内采用环氧树脂板作支撑绝缘时，在户外气温较低的情况下，处于穿墙部位的环氧树脂板上易出现凝水现象）。

（10）结合机组检修进行清扫检修试验。

2. 普通母线的运行维护

（1）运行中主要检查母线运行温度是否正常，有无发热过热现象，母线是否有异常声音或气味。

（2）结合检修检查母线绝缘子是否安装牢固、清洁无污，瓷质部分有无破损、裂纹和放电痕迹。

（3）结合检修检查母线安装是否牢固，连接处是否紧固，是否接触良好无发热过热现象。

（4）结合检修对母线进行清洁，消除锈蚀或接触不良点的电蚀。

（5）结合检修检查母线补偿器，无裂纹，无折皱，无断股。

（6）观察母线的小视窗是否完整无破损。

（7）结合检修进行预防性试验。

（8）消除已发现的缺陷。

二、电力电缆

电力电缆在电力系统的使用量非常大，具有非常重要的作用。电力电缆可分为黏性型浸渍纸绝缘电力电缆、充油电缆、充气电缆、管道充气电缆、低温及超导电缆、塑料电缆等。目前使用较多的是塑料电缆，塑料电缆包括聚氯乙烯（PVC）电缆、聚乙烯（PE）电缆和交联聚乙烯（XLPE）电缆。尤其是交联聚乙烯电缆，具有软化点高、热变形小、在高温下机械强度大、抗热老化性能好的优点。其最高运行温度可达 90℃，短路时允许温度高达 250℃。由于其优良的电性能和电缆制造工艺的快速发展，我国从 20 世纪 80 年代开始大量使用于各电压等级的电网中。这里主要介绍交联聚乙烯电缆。

（一）交联聚乙烯电力电缆的结构

交联聚乙烯电缆的基本结构包括导体、绝缘层和保护层三大部分，额定电压 1.8/3kV 及以上的电缆应有金属屏蔽层，6kV 及以上电缆绝缘层内外还有一层内外屏蔽层。典型的三芯和单芯的结构如图 3-124 和图 3-125 所示。

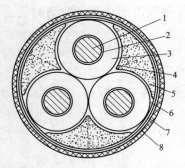

图 3-124　35kV 三芯交联聚乙烯电缆结构图
1—导体；2—内半导电层；3—交联聚乙烯绝缘；
4—外半导电层；5—填料；6—铜屏蔽；7—包带；8—外护层

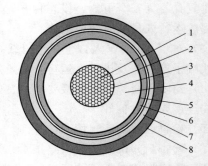

图 3-125　220kV 单芯交联聚乙烯电缆结构图
1—导体；2—半导体包带；3—导体屏蔽；
4—XLPE 绝缘；5—绝缘屏蔽；6—阻水层（缓冲层）；
7—皱纹铝护套；8—非金属外护套

常用的导体材料为铜材和铝材，铜材较铝材电阻率小、机械强度大，但铝材资源丰富、价格较低。

1. 导体的结构

为满足电缆的柔软性和可曲度的要求，较大截面积的电缆导体由多根较小截面积的导体绞合而成。绞合导体有圆形、扇形、腰圆形和中控圆形等种类。10kV 及以上交联聚乙烯电缆，均采用圆形规则导体绞合导体结构，即导体有规则、同心地相继各层依不同方向地绞合。圆形绞合导体几何形状固定，稳定性好，表面电场比较均匀。

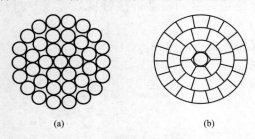

图 3-126　圆形导体紧压前后断面图
(a) 紧压前；(b) 紧压后

圆形绞合导体经过紧压模（辊）紧压，成为紧压导体。交联聚乙烯电缆所用线芯除特殊要求外，均采用紧压型线芯，紧压型线芯可使线芯外表面光滑，防止导丝效应，避免引起电场集中；防止挤塑半导体屏蔽层时半导体电料进入线芯；可有效地防止水分顺线芯进入。导体经过紧压，每根导丝不再是圆形而成不规则形状，紧压前后断面如图 3-126 所示。线芯中单线根数 1＋6＋12＋18＋…（每增加 1 层，单线根数加 6）。

导电线芯的大小是按横断面积来计算的，以平方毫米（mm²）为单位。各国规定的线芯标准不同，我国目前规定中低压电缆线芯截面积有：2.5、4、6、10、16、25、35、50、70、95、120、150、185、240、300、400、500、630、800mm² 等，高压 XLPE 绝缘电缆常用的线芯截面积有 300、400、630、1000mm² 等几种。

2. 绝缘层

交联聚乙烯这一名称来源于其制造过程，交联聚乙烯绝缘料是由聚乙烯加入其他添加剂组成的。交联的方法主要分为物理交联和化学交联，物理交联也称为辐照交联，化学交联一般还可分为过氧化物交联和硅烷交联两种。不同的交联方法，加入交联聚乙烯绝缘混合料中的添加剂也不相同，但都是将聚乙烯分子结构从线型变为立体网状型，从而大大提高了聚乙烯的耐热性能、机械性能、电气性能和耐老化性能。它的长期允许工作温度可达 90℃，允许过载温度为 105～130℃，允许短路温度为 250℃。

交联聚乙烯绝缘材料性能：①高的击穿场强；②低的介质损耗角正切；③相当高的绝缘电阻；④优良的耐树枝（移滑）放电、局部放电性能；⑤具有一定的柔软性和机械强度；⑥绝缘性能长期稳定等。

我国对 35kV 及以下电压等级 XLPE 绝缘的绝缘层厚度统一为：3.6/6 等级，2.5～3.2mm；6/6 等级，3.4mm；3.6/10 等级，3.4mm；8.7/10 等级，4.5mm；21/35 等级，9.3mm；26/35 等级，10～10.5mm。中低压电缆绝缘中的电场强度不高，没有必要对绝缘层厚度分得太细，以免造成不必要的混乱，但对于高压 XLPE 电缆，电缆的绝缘厚度根据导体截面积变化而变化。

3. 保护层

电缆的保护层是为了使电缆适应各种使用环境的要求。在电缆绝缘层外面所加的保护层，主要作用是保护电缆绝缘层在敷设和运行过程中，免遭机械损伤，保护绝缘层不受水分、潮气及其他有害物质浸入和各种环境因素的破坏，以保持长期稳定的物理性能和电气性能。

保护层的结构取决于电缆的电压等级、绝缘材料和使用环境。典型的保护层结构包括内护层和外护层两部分。紧贴绝缘层的内护层是绝缘的直接保护层；外护层是内护层的保护层，包裹在内护层的外面，增加电缆受拉、抗压的机械强度，防止护套腐蚀及避免受到其他环境损害。通常，外护层由衬层、铠装层和外被层三个同心圆组成。电缆护层所用的材料较多，主要有两大类：一类是金属材料，如铝、铅、钢、铜等，这类材料主要用以制造密封护套、铠装或屏蔽；另一类为非金属材料，如橡胶、塑料、涂料及各种纤维制品等，其主要作用是防水和防腐蚀。

按内护层所用材料不同，护层分为金属护层、非金属（橡塑）护层和组合护层三种。

交联聚乙烯电缆屏蔽层包括金属屏蔽层和半导电屏蔽层。金属屏蔽层的作用主要是为了静电屏蔽，电缆敷设时金属屏蔽层接地，电位为零，使单芯或分相屏蔽的三芯电缆绝缘层内电场呈径向分布，消除切向分量，可防止绝缘表面产生滑闪放电，发生接地故障时也可以作为部分短路电流的回路，因此其截面积应根据故障电流的大小、持续时间确定。

半导电屏蔽层是电阻率很低且较薄的半导电层，是改善电缆绝缘内电力线分布的一项措施。屏蔽层分为导体屏蔽（也叫内屏蔽）和绝缘屏蔽（也叫外屏蔽）。导体屏蔽是包覆在导体上的非金属或金属电气屏蔽，它与被屏蔽的导体等电位，并与绝缘层良好接触，使导体和绝缘界面表面光滑，消除界面处空隙对电性能的影响，避免在导体与绝缘层之间发生局部放电。绝缘屏蔽是包裹于绝缘表面的金属或非金属电气屏蔽，它与被屏蔽的绝缘层有良好的接触，与金属护套（金属屏蔽层）等电位，避免了在绝缘层与护套之间发生局部放电。

（二）电缆型号和产品表示方法

我国电缆产品的型号以字母和数字为代号组合表示，其中字母表示电缆的绝缘、导体、金属屏蔽、内护套，数字表示电缆铠装层、外护套。

（1）绝缘代号。V 表示聚氯乙烯绝缘，YJ 表示交联聚乙烯绝缘，E 表示乙丙橡胶绝缘，EY 表示硬乙丙橡胶绝缘；

（2）导体代号。T 表示铜导体（可省略），L 表示铝导体；

（3）金属屏蔽代号。D 表示铜带屏蔽（可省略），S 表示铜丝屏蔽；

（4）护套代号。V 表示聚氯乙烯护套，Y 表示聚乙烯护套，F 表示弹性体护套（包括氯丁橡胶、氯磺化聚乙烯或类似聚合物为基的护套混合料），A 表示金属箔复合护套，Q 表示铅套；

（5）铠装代号。2 表示双钢带铠装，3 表示细圆钢丝铠装，4 表示粗圆钢丝铠装，6 表示（双）非磁性金属带铠装（非磁性不锈钢带、铝或铝合金带等），7 表示非磁性金属丝铠装（非磁性不锈钢丝、铜丝或镀锡铜丝、铜合金丝镀锡铜合金丝、铝或铝合金丝等）；

（6）外护套代号。2 表示聚氯乙烯外护套，3 表示聚乙烯外护套，4 表示弹性体外护套（包括氯丁橡胶、氯磺化聚乙烯或类似聚合物为基的护套混合料）。

电缆常用型号见表 3-24。

表 3-24　　　　　　　　　　　　　　　　电缆常用型号

铜芯	铝芯	名　称
VV	VLV	聚氯乙烯绝缘聚氯乙烯护套电力电缆
VY	VLY	聚氯乙烯绝缘聚乙烯护套电力电缆
VV22	VLV22	聚氯乙烯绝缘钢带铠甲聚氯乙烯护套电力电缆
VV23	VLV23	聚氯乙烯绝缘钢带铠甲聚乙烯护套电力电缆
VV32	VLV32	聚氯乙烯绝缘细钢丝铠装聚氯乙烯护套电力电缆
VV33	VLV33	聚氯乙烯绝缘细钢丝铠装聚乙烯护套电力电缆
YJV	YJLV	交联聚乙烯绝缘聚氯乙烯护套电力电缆
YJY	YJLY	交联聚乙烯绝缘聚乙烯护套电力电缆
YJV22	YJLV22	交联聚乙烯绝缘钢带铠甲聚氯乙烯护套电力电缆
YJV23	YJLV23	交联聚乙烯绝缘钢带铠甲聚乙烯护套电力电缆
YJV32	YJLV32	交联聚乙烯绝缘细钢丝铠甲聚氯乙烯护套电力电缆
YJV33	YJLV33	交联聚乙烯绝缘细钢丝铠甲聚乙烯护套电力电缆

例如：YJLV22-8.7/10 3×120 表示铝芯交联聚乙烯绝缘铜带屏蔽钢带铠甲聚氯乙烯护套电力电缆，额定电压 8.7/10kV，三芯，标称截面积 120mm²。

（三）电缆的选用

1. 电压等级的选用

在选用电缆时，要根据电缆的使用环境、电压等级、系统情况、负载大小等因素来综合分析进行选择。电缆的额定电压以 U_0/U（U_m）表示：U_0 是电缆设计用的导体对地或金属屏蔽之间的额定工频电压，其值与系统相对地电压有关，但非相电压；U 是电缆设计用的导体之间的额定工作电压（有效值），即使用电缆的电力系统的标称电压（额定线电压）；U_m 是设备可使用的最高系统电压的最大值。电缆可按适用的额定线电压 U。划分为低压、中压、高压和超高压电缆等类别，见表 3-25。

表 3-25　　　　　　　　　　　　　　　　电缆按电压等级分类表

名称	U（kV）	U_0/U
低压电缆	1	0.6/1
中压电缆	6～35	3.6/6，6/6，8.7/10，12/20，18/30，21/35，26/35
高压电缆	45～150	38/66，50/66，64/110，87/150
超高压电缆	220～500	127/220，190/330，290/500

　　给定应用的电缆的额定电压应适合所在系统的运行条件，为了便于选择电缆，将系统划分为以下三类：

　　（1）A类：该类系统任一相导体与地或接地导体接触时，能在1min内与系统分离。

　　（2）B类：该类系统可在单相接地故障时作短时运行，接地故障时间应不超过1h（径向电场分布的电缆允许延长到8h）。

　　（3）C类：包括不属于A类、B类的所有系统。在系统接地故障不能立即自动解除时，故障期间加在电缆绝缘上的过高的电场强度，会在一定程度上缩短电缆寿命，如系统预期会经常运行在持久的接地故障状态下，该系统可建议划分为C类。

　　A类系统相当于中性点直接接地系统，B类系统相当于中性点非有效接地系统，C类系统相当于中性点不接地系统。同一系统电压有着不同绝缘等级电缆，其选择由接地方式及单相接地允许时间所决定。

　　用于三相系统的电缆，U_0的推荐值见表3-26。

表 3-26 U_0 推荐值

系统电压 U（kV）	系统最高电压 U_m（kV）	额定工频电压 U_0（kV）	
		A类、B类	C类
		3.6	6.0
6	7.2	3.6	6.0
10	12.0	6.0	8.7
15	17.5	8.7	12.0
20	24.0	12.0	18.0
30	36.0	18.0	—
35	40.5	21	26
110	126	64	—
220	252	127	—
500	550	290	—

　　当电缆用于中心点直接接地时，U_0取系统的相电压，例如，10kV系统选用6/10kV电缆，35kV系统选用21/35kV电缆。当电缆用于中性点非有效接地系统时，应选用比系统相电压高一档的电缆，例如，10kV系统选用8.7/10kV电缆，35kV系统选用26/35kV电缆。当电缆用于C类时系统，允许单相接地长期运行时，U_0应选用系统的线电压，例如在6kV系统中选用6/6kV电缆。

　　电压等级相同而接地方式不同的系统，绝缘等级选用不同，电缆的绝缘水平也不相同，使得电缆造价相差较大。例如，10kV系统中有6/10kV和8.7/10kV XLPE绝缘电缆，但其绝缘厚度分别为3.4mm和4.5mm。电压U和U_m应分别等于或大于电缆所在系统的额定电压和最高工作电压。

　　2. 电缆截面积的选择

　　（1）按电缆长期允许载流量选择电缆截面积，电缆运行时电缆导体温度不应超过其规定长期允许的工作温度。在一个确定的条件下，当电缆导体上所通过的电流在各部分所产生的热量能够与向周围媒体散发的热量平衡时，使绝缘层温度不超过长期允许工作温度，这时候电缆导体上所通过的电流值称为电缆载流量。电缆载流量通常又称连续额定电流，它表示电缆线路长期安全传输功率的能力。电力电缆长期允许的载流量除了与电缆本身的材料与结构有关外，还取决于电缆的敷设方式和周围环境。

（2）根据电缆短路时的热稳定性校验电缆导体截面。当系统短路时，电缆线芯中短时间内流过很大的短路电流，短路电流可能超过载流量许多倍，电缆热效应产生的大量热量来不及向外散发，全部转化为线芯的温升。电缆线芯耐受短路电流热效应而不损坏的能力称为电缆的热稳定性。为了保证电缆在短路时线芯不超过规定数值，必须用短路电流的短路电流通过的时间对电缆进行校核，检查其是否满足要求。

（3）根据导体经济电流密度选择电缆截面。电缆导体截面积越大越容易满足各种技术条件，如损耗、热稳定、电压损耗等，但同时增加了有色金属的消耗和电缆线路的投资；反之导体截面积过小，又会造成电缆线路运行过程中电能损耗、电压损耗过大，从而增加整个系统的运行费用。因此必须综合考虑各种因素，通过经济技术比较，找出一个既能满足需求，又要在使用期限内综合费用最小、符合国家经济利益的导体截面积，该截面积即为经济截面积。对应经济截面积的电流密度称为经济电流密度。经济电流密度由国家制定，并随各地区、各时期的经济条件和发展情况而变动。我国经济电流密度见表 3-27。

表 3-27	经济电流密度		A/mm^2
导体材料	年最大负荷利用小时		
	≤3000h	3000～5000h	≥5000h
铜芯	2.50	2.25	2.00
铝芯	1.92	1.73	1.54

（4）根据允许电压降选择电缆截面积。电缆导体最小截面积的选择，应同时满足规划载流量和通过系统最大短路电流时的热稳定的要求。连接回路在最大工作电流作用下的电压将不得超过该回路的允许值。当电流过电缆时，必然会在电缆电阻和电感上产生一定的压降，使得始端电压和终端电压在数值和相位上不同，当电缆截面积较小、线路较长时，为了保证供电质量，要按照允许电压损失选择电缆截面积。

3. 其他方面

可根据电缆使用环境、用途、敷设方法选择屏蔽方式、保护形式等，选用电缆。

（四）电缆的日常维护内容

（1）定期检查电缆终端头、中间接头的运行温度是否正常。

（2）定期检查电缆终端头有无过热、放电痕迹。

（3）定期检查电缆有无机械损伤，标示牌、警示牌是否短缺。

（4）发生故障或事故后对电缆进行检查。

（5）定期检查电缆特殊部位、路径的保护措施是否齐全、完备、牢固。

（6）定期检查电缆沟情况，及时排除积水，定期清扫，保持干净。

（7）定期检查清扫电缆桥架的积尘、杂物。

（8）敷设电缆严格按照工艺规程进行。

（9）制作电缆终端头、中间接头严格按照工艺规程进行。

（10）定期对电缆进行预防性试验，及时发现电缆隐患并消除。

第七节 低 压 设 备

一、低压成套设备

（一）定义

低压成套设备主要包括电控设备和配电设备（或配电装置）两大类。

1. 电控设备

电控设备产品主要是指各种生产机械的电力传动控制设备，具体用途遍及各行各业，其直接控制对象多为电动机，因此电控设备产品可以脱离具体用途的限制而形成通用型产品系列（例如 TP 系列控制屏）。而当具体工作设备的工作条件有某些特殊要求时，也常常形成仅适用于某种工作设备的专用型电控设备产品，如船用、起重机用、电力牵引用电控设备等。

2. 配电设备

配电设备产品主要是指各种在发电厂、变电站和厂矿企业的低压配电系统中作动力、配电和照明用的成套设备，如低压配电屏、开关柜、照明箱、动力箱和电动机控制中心等。

3. 主要区别

电控设备和配电设备产品的主要区别如下：

（1）电控设备的功能以控制为主，多用接触器、继电器等控制电器，操作频率较高，控制电路比较复杂，具体传动控制方案也随功能要求变化较大。

（2）配电设备的功能以分配电能（配电）为主，多用刀开关、断路器、熔断器等配电电器，有时也用接触器（多作为线路接触器用），其操作频率较低，控制电路比较简单，且主电路和辅助电路方案标准化程度较高。

（二）分类

电控、配电设备的分类可从多个方面进行。例如：

（1）按外部设计，可分为开启式、前面板式和封闭式，封闭式中又有柜式、多柜组合式、台式、箱式和多箱组合式等，还有一种母线桥系统。

（2）按安装位置，可分为户内型和户外型。

（3）按安装条件，可分为固定式和移动式。

（4）按元件装配方式，可分为固定装配式、抽屉式和组合式。

此外还可按防护等级、外壳形式或人身安全防护措施进行分类。

目前国产电控设备产品的结构多采用控制屏（开启式）、控制柜（包括多柜组合）、控制箱（包括多箱组合）和控制台等，并且以户内型、固定式、元件固定装配的为多数。

国产配电设备产品的结构较多采用前面板式（屏）、柜式（包括多柜组合）和箱式（包括多箱组合）。也以户内型、固定式和元件固定装配为多，部分产品（如开关柜中的电动机控制中心等）采用抽屉式柜的形式。

二、低压电器设备

（一）低压电器的分类与用途

低压电器的分类与用途见表3-28。

表 3-28 低压电器的分类与用途

分类名称		主要品种	用　途
配电电器	断路器	万能空气断路器，塑料外壳式断路器，限流式断路器，直流快速断路器，灭磁断路器，剩余电流动作保护器	用于交、直流线路过载、短路、欠压保护；不频繁通断操作电路；灭磁断路器用于发电机励磁保护回路；剩余电流动作保护器用于人身触电保护
	熔断器	有填料封闭管式熔断器，保护半导体器件熔断器，无填料封闭管式熔断器，自复熔断器	用于交、直流线路和设备的短路和过负荷保护
	刀开关	熔断器式刀开关，大电流刀开关，负荷开关	用作电路隔离，也能接通与分断电路额定电流
	转换开关	组合开关，换向开关	主要作为两种及以上电源或负荷的转换和通断电路用
控制电器	接触器	交流接触器，直流接触器，真空接触器，半导体接触器	用于远距离频繁地启动或控制交、直流电动机以及接通分断正常主电路和控制电路
	控制继电器	电流继电器，电压继电器，时间继电器，中间继电器，热过载继电器，温度继电器	在控制系统中，作控制其他电气或主回路保护用
	启动器	电磁启动器，手动启动器，农用启动器，自耦降压启动器，星-三角启动器	用于交流电动机的启动或正反向控制
	控制器	凸轮控制器，平面控制器	用于电气控制设备中转换回路或励磁回路的接法，以达到电动机启动、换向和调速
	主令电器	按钮，限位开关，微动开关，万能转换开关	用作接通、分断控制电路，以发布命令或用作程序控制
	电阻器	铁基合金电阻器	用于改变电路参数或变电能为热能
	变阻器	励磁变阻器，启动变阻器，频敏变阻器	用于发电机调压以及电动机的平滑启动和调速
	电磁铁	起重电磁铁，牵引电磁铁，制动电磁铁	用于起重操纵或牵引机械装置

（二）低压电器的安装类别

安装类别即耐压类别，是规定低压电器产品在电力系统中安装位置的一种术语。低压电器共有四种安装类别，具体含义为：

安装类别Ⅰ：又称信号水平级，指电器安装在系统线路的末端。适于安装类别Ⅰ的电器多为特殊设备或部件，如低压电子逻辑系统，小功率信号电路的电器等。

安装类别Ⅱ：又称负荷级水平，指位于安装类别Ⅰ前面、安装类别Ⅲ后面的位置。适用于这个类别的电器有控制和通断电动机的机器、螺线管电磁铁、耗能电器以及通过变压器供电的主令电器和控制电路等。

安装类别Ⅲ：又称配电及控制水平级，指位于安装类别Ⅱ前面、安装类别Ⅳ后面的位置。适用这个级别的电器有安装在配电箱中并与配电干线直接相连的电器等。

安装类别Ⅳ：又称电源水平级，指安装类别Ⅲ前面的位置。安装在电源进线处的电器属于这种安装类别。

各类低压电器可能有的安装类别见表 3-29。

表 3-29 各类低压电器可能有的安装类别

产　品　名　称	安装类别			
	Ⅰ	Ⅱ	Ⅲ	Ⅳ
低压熔断器	—	√	√	√
隔离器、开关、隔离开关及熔断器组合	—	√	√	√
低压断路器	—	√	√	√
低压接触器	—	√	√	—
低压电动机启动器	—	√	√	—
控制电路和开关元件	√	√	√	—

注　"√"表示具备。

（三）低压断路器

1. 万能式断路器

万能式断路器的所有零件都安装在一个绝缘的金属框架内，常为开启式，可装设多种附件，更换触头和部件较为方便，因此多作为电源端总开关。一个系列一般设为几个框架等级，每个框架中可包括几挡额定电流。

随着电子技术的发展，推出了智能化控制器，配有这种装置的断路器可以在极短时间内完成外部故障和断路器内部故障（包括自诊断功能）的保护，实现选择性断开，具有动作显示、记录和报警功能。整定电流和故障电流可在面板上显示出来。下面以 NA1 系列万能断路器为例进行简单介绍。

NA1 系列万能式断路器适用于交流 50Hz、额定电压至 AC 690V、额定工作电流至 6300A 及以下的配电网络中，用来分配电能和保护线路及电源设备免受过负荷、欠电压、短路、单相接地等故障的危害，具有智能化保护功能，选择性保护精确，能提高供电可靠性。

断路器的型号 NA1-□X/4 中；N 表示企业特征代号；A 表示万能式断路器代号；1 表示设计代号（企业）；□表示壳架等级额定电流；

X 表示功能代号，表示为 NA1 新外观产品；4 表示极数（3 极可以不写）。

NA1-1000X 断路器主要技术参数见表 3-30。

表 3-30 NA1-1000X 断路器主要技术参数

参数名称		参　数　值	
额定电压（V）		AC 400	AC 690
额定电流 I_N（A）		200，400，630，800，1000	
极数		3 极，4 极	
额定短路分断能力 （kA）	I_{cu}	42	25
	$I_{cs} = I_{cw}$	30	20
额定绝缘电压（V）		AC800	
额定冲击耐受电压（kV）		12	
N 极最大持续电流		100% I_N	
固有分闸时间（ms）		23~32	
操作性能（次）	电寿命	AC 400V：6500；	AC 690V：3000
	机械寿命	免维护：15 000；有维护：30 000	
飞弧距离（mm）		0	

注　I_{cu}：额定极限短路分断能力；I_{cs}：额定运行短路分断能力（1s）；I_{cw}：额定短时耐受电流（1s）；I_N：额定电流。

NA1-1000X 型断路器如图 3-127 所示。

NA1 系列万能式断路器可选用 M 型、H 型及 3M 型、3H 型智能控制器进行控制、保护，智能控制器功能见表 3-31。

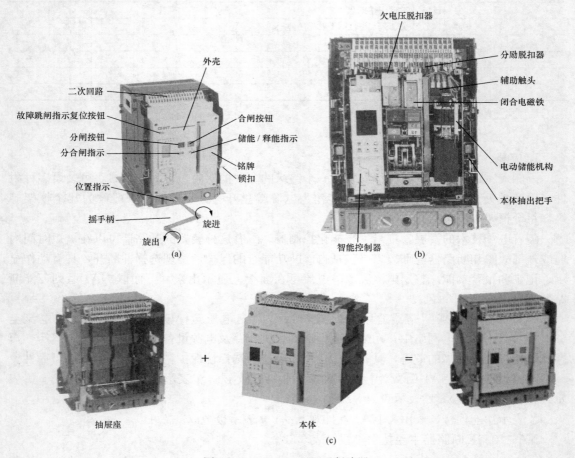

图 3-127 NA1-1000X 型断路器

(a) 外形结构；(b) 拆去面板图；(c) 本体和抽屉座两部分构成抽屉式

表 3-31　　　　　　　　　　　　　　智能控制器功能

类型	功　　能
M 型	(1) 四段过电流保护（过负荷、短延时、瞬间、接地）； (2) 中性线保护； (3) 电流功能测试； (4) 两种试验功能（面板直接模拟瞬时脱扣试验，软件模拟三段过电流、接地、动作时间试验）； (5) 故障记录功能可记录 8 次故障； (6) 报警记录功能可记录 8 次报警； (7) MCR 接通分断功能； (8) 操作记录功能； (9) 热记忆功能； (10) 过负荷预报警功能

续表

类型	功 能
H 型	(1) 四段过电流保护（过负荷、短延时、瞬间、接地）； (2) 中性线保护； (3) 电流功能测试； (4) 两种试验功能（面板直接模拟瞬时脱扣试验，软件模拟三段过电流、接地、动作时间试验）； (5) 故障记录功能可记录 8 次故障； (6) 报警记录功能可记录 8 次报警； (7) MCR 接通分断功能； (8) 操作记录功能； (9) 热记忆功能； (10) 过负荷预报警功能； (11) 通信功能：MODBUS 协议； (12) 四路 DO 输出功能（可选）
3M 型	包含所有 M 型控制单元的保护功能
3H 型	(1) 包含所有 M 型控制单元的保护功能； (2) 电压测量及保护； (3) 频率测量及保护； (4) 功率测量及保护； (5) 电能、功率因数、谐波测量； (6) 通信功能：MODBUS 协议； (7) DI/DO 功能

2. 塑壳式断路器

塑壳式断路器的结构特点是：触头、灭弧系统、脱扣器及操动机构都安装在一个封闭的塑料外壳内，只有板前引出的接线板和操作手柄露在壳外。它的绝缘基座和盖都采用绝缘性能良好的热固性塑料压制。灭弧室多用去离子栅片式，操动机构为四连杆式，操作时瞬间闭合瞬间断开与操作速度无关，可以承受较大的接通与分断电流。

塑壳式断路器的脱扣器为复式、电磁式、热脱扣器和无脱扣器四种：复式装有过负荷及短路保护；电磁式采用电磁脱扣，动作值可调，主要用于短路保护；热脱扣一般为双金属片过负荷保护；无脱扣器则只可作为闸刀开关使用。

塑壳式断路器的操作方式有手动和电动两种，手动操作较为常见。

较为常见的国产塑壳式断路器的型号含义如下：

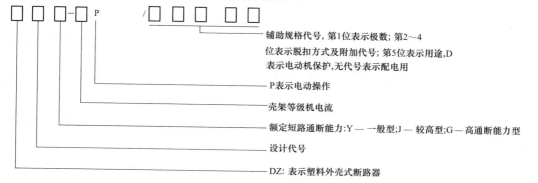

也有一些产品使用另外的型号标注，如 NXM 系列，其型号含义如下：

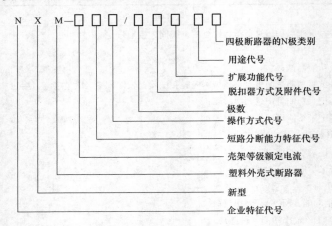

常用的塑壳式断路器有 DZ10、DZ15、DZ20、DZ25、DZ47 系列。

3. 剩余电流动作保护器

剩余电流动作保护器是自动开关的一个重要分支，主要用来保护人身电击伤亡及防止因电气设备或线路漏电而引起的火灾事故。

剩余电流动作保护器是在自动开关内增设一套漏电保护元件，当漏电电流达到或超过规定给定值时，开关断开，切断电路。漏电保护器除具有漏电保护功能外，还具有自动空气开关的功能。

剩余电流动作保护器的额定电流、极数、稳定漏电动作电流、过电流保护特性应根据被保护对象的要求来选取，否则起不到保护作。这些数值均有制造厂制定，使用中不可随意调节。

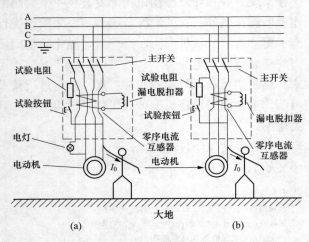

图 3-128 剩余电流动作保护器的工作原理图
(a) 四极；(b) 三极

剩余电流动作保护器的工作原理如图 3-128 所示，图中表示了三极及四极剩余电流动作保护器的工作原理与结构。检测元件零序电流互感器、执行元件漏电脱扣器、试验装置及带有过载短路保护的主断路器全部零部件均安装在一个塑料壳内，当被保护电路有漏电或人身触电时，达到漏电流动作定值，零序电流互感器的二次绕组就输出一个足以使漏电脱扣器动作的信号，使漏电脱扣器动作，断路器断开，切断电路。

4. 低压断路器运维主要项目

(1) 定期清理断路器上的积灰杂物，保持断路器清洁。

(2) 检查断路器主回路各连接连接牢固，发热无过热烧损现象。

(3) 检查断路器接地点连接牢固，接触良好。

（4）检查灭弧罩完整无破裂，栅片、引弧片完好、齐全且无缺损脱落现象。

（5）检查断路器触头情况，确保断路器触头无过热烧损现象、接触良好。

（6）检查断路器机构，机构动作灵活、无卡涩，各处装配良好。

（7）断路器二次部分检查二次回路接线正确，连接牢固，装置良好。

（8）检查校验保护定值，并传动断路器，保护定值正确，传动正常。

（9）检查断路器各处联锁、闭锁功能，联锁、闭锁功能可靠正确。

（10）漏电断路器要按要求试验，确保断路器动作可靠。

（四）低压熔断器

熔断器是借熔体在电流超出限定值而熔化分断电路的一种用于过载和短路保护的电器。当电网或用电设备发生过负荷或短路时，它能自身熔化分断电路，避免由于过电流的热效应及电动力引起对电网和用电设备的损坏，并阻止事故蔓延。

熔断器的最大特点是结构简单、体积小、重量轻、使用维护方便、价格低廉，具有很大的经济意义，又由于它的可靠性高，故无论在强电系统或弱电系统中都获得广泛应用。

熔断器按结构分类有开启式、半封闭式、封闭式。封闭式熔断器又可分为有填料管式、无填料管式及有填料螺旋式等。

熔断器按用途分类有一般工业用熔断器、保护硅元件用快速熔断器、由具有两段保护特性快慢动作熔断器和特殊用途熔断器（如直流牵引用、旋转励磁用以及自复熔断器等）。

（五）刀开关

刀开关是一种带有刀刃楔形触头的、结构比较简单的开关设备，主要用于配电设备中隔离电源，也可用于不频繁地接通与分断额定电流以下的负载（如小型电动机、电阻炉等）。刀开关按极数划分可分为单极、双极和三极三种，按操作方式划分可分为手柄直接操作、杠杆—手动操作、气动操作、电动操作四种，按合闸方向，可分为单投和双投两种。刀开关作为一种比较简单的开关，不能切断故障电流，只能承受故障电流引起的电动力和热效应。通常在不频繁使用条件下，可接通、分断额定电流（要参考刀开关的操作方式或是否具有灭弧装置以及负载条件等）。

刀开关要求具有一定的动稳定性，同时刀开关还需具备一定的热稳定性。

图 3-129 所示是最简单的刀开关（二极）结构。

HDl4 系列刀开关和 HSl3 系列刀形转换开关都是由刀开关加装去离子栅灭弧室构成的，有利于电弧的迅速熄灭，因此带灭弧室的刀开关及刀形转换开关都相应提高了分断能力。

在各系列刀开关及刀形转换开关中：100～400A 均采用单刀片；600～1500A 均采用双刀片，保证接触良好；600～1000A 刀开关的主触头刀片上还加装了铜—石墨弧触头，可以有效地提高抗电弧烧烛和耐机械磨损的性能，从而提高

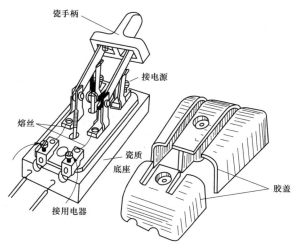

图 3-129　最简单的刀开关（二极）结构

199

开关的分断能力和电寿命。

（六）低压接触器

接触器的用途是利用控制电路进行远距离接通或断开负荷电源，最适用于频繁启、停的电动机控制电路，它也能切断过负荷电流和一定限额的短路电流。

接触器主要由主触头、灭弧罩、吸持电磁铁和辅助触点构成，图 3-130 所示为接触器结构示意图。控制线圈接通后吸持衔铁，带动主触头闭合，并且靠线圈长期通电来保持其闭合状态。线圈失电后，衔铁在自身重力作用下跌落带动触头分开，或在返回弹簧作用下带动触头分开。

在自动控制电路中，常用到反映接触器工作状态的辅助触点，它也由衔铁带动进行换接，有动合、动断两种触点。

交流接触器一般为三极式，直流接触器有单极和双极两种。

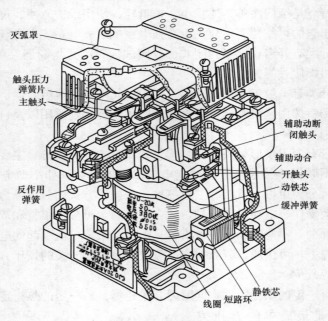

图 3-130　接触器结构示意图

第四章

直流系统和交流不间断电源

直流系统为发电厂的继电保护、控制系统、信号系统、自动装置、不间断电源（uninterruptible power supply，UPS）和事故照明等提供电源。直流系统中阀控铅酸蓄电池、智能型高频开关充电装置等附属设备的技术性能日益优越，安全可靠性进步，促进了直流系统技术和设备的迅速发展。

发电厂的直流电源部分由蓄电池组、充电设备、直流柜等设备组成。它的作用是：正常时为厂、站内的断路器提供操作合闸直流电源；当厂、站用电中断的情况下为继电保护及自动装置、断路器跳闸与合闸、发电厂直流电动机拖动的厂用机械提供工作直流电源。它的正常与否直接影响发电厂的安全可靠运行。

不间断电源是一种含有储能装置、以逆变器为主要组成部分的恒压恒频的电源设备，是通信设备、计算机控制系统等不得断电的系统不可缺少的外围设备之一，它的作用是在外界中断供电的情况下，UPS 会自动切换，确保计算机、关键阀门、控制系统等设备正常工作不中断，以免重要数据的丢失及硬件的损坏，同时保证关键阀门及控制系统安全可靠工作。

第一节　直　流　系　统

一、直流系统基本接线方式

1. 单母线分段方式（两组蓄电池，二小、一大三套充电装置，也可三套同容量）接线

单母线分段方式［两组蓄电池，二小（1 号、2 号充电装置）、一大（3 号充电装置）三套充电装置，也可三套同容量］接线见图 4-1。

特点：接线可靠、操作方便灵活。每段母线设一组蓄电池和一套充电装置，另设一套公用充电装置，可作任一组蓄电池充电。公用充电装置是分别经空气断路器 QF1、QF2 接到任一组蓄电池回路，充电装置为二小（工作充电装置）、一大（备用充电装置）。

2. 单母线分段方式（一组蓄电池，两套充电装置）接线

单母线分段方式（一组蓄电池，两套充电装置）接线见图 4-2。

特点：接线可靠、灵活，一组蓄电池经两个空气断路器可分别接到两段母线上。两套相同容量的充电装置接在不同母线上。任何一段母线和一套充电装置停运，均不会影响对直流负荷供电。双回路供电的直流负荷接在不同母线上。绝缘监察与电压监视装置为两段母线共

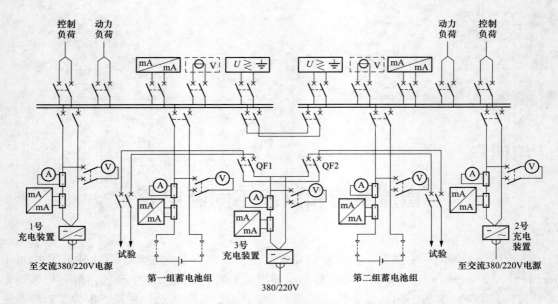

图 4-1　单母线分段接线（两组蓄电池，二小一大三套充电装置）直流系统示意图

用一套通过切换开关接入。

适用范围：中小容量发电厂和 220kV 及以下较重要的变电站。

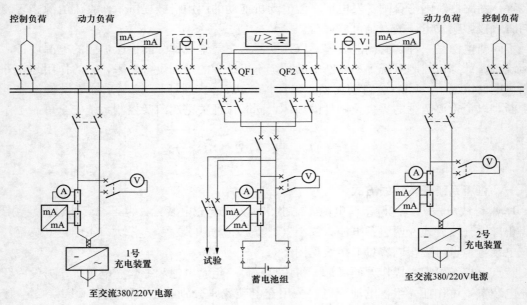

图 4-2　单母线分段方式（一组蓄电池，两套充电装置）直流系统示意图

3. 单母线分段（两组蓄电池，二大一小三套充电装置，也可三套同容量）接线

单母线分段［两组蓄电池，二大（1号、3号充电装置）一小（2号充电装置）三套充电装置，也可三套同容量］接线，见图 4-3。

特点：接线可靠、操作方便灵活，其中两套为大容量充电装置（按均衡充电要求设计）

分别与蓄电池并接接入一段母线，一套为小容量充电装置（按浮充电要求设计），经两个空气断路器 QF1、QF2 分别接入各段母线上。每段母线设一套绝缘监察装置和电压监视装置，适合于大容量发电厂和 500kV 及以下重要变电站。

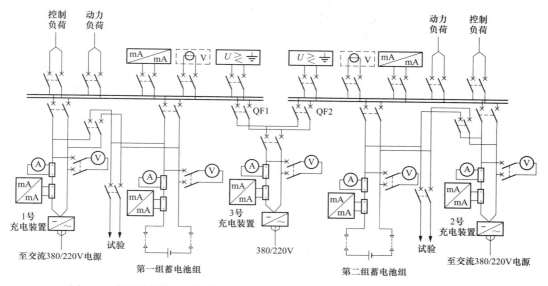

图 4-3　单母线分段（两组蓄电池，二大 一小三套充电装置）直流系统示意图

4. 单母分段接线

单母分段接线（一组蓄电池、一套充电装置）见图 4-4。

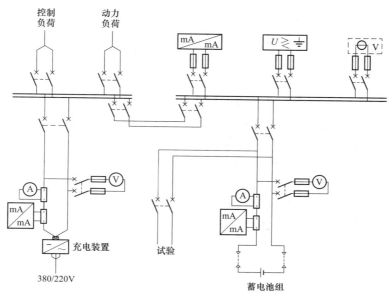

图 4-4　单母线分段接线（一组蓄电池，一套充电装置）直流系统示意图

特点：接线可靠、简单，蓄电池和充电装置分别接于一段母线，正常运行时分段开关合闸，蓄电池与充电装置并联工作，可靠性高。当接有蓄电池的母线停电（检修或故障下同），

蓄电池退出，此时带充电装置的一段母线仍可工作。但对一般负荷短时供电是可以的，对冲击负荷则不允许。当接有充电装置的母线停电时，由蓄电池对另一段母线仍可保证对负荷的供电，此时蓄电池得不到浮充电，处于放电状态，时间长了也不允许。两组母线共用一套绝缘监察和电压监视装置。

适用范围：小容量发电厂和 110kV 及以下较重要的变电站及 220kV 终端变电站。

5. 单母线接线方式

单母线接线方式见图 4-5。

适用范围：适用于小容量发电厂和 110kV 及以下不重要的变电站。只设一组蓄电池、一套充电装置。

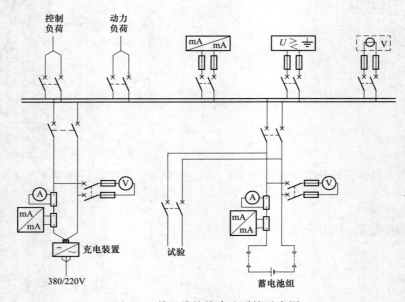

图 4-5　单母线接线直流系统示意图

6. 单母线分段（两组蓄电池，两套充电装置）接线

单母线分段（两组蓄电池，两套充电装置）接线见图 4-6。

特点：接线可靠、灵活，每段母线各设一组蓄电池和一套充电装置，分段开关正常断开，两段母线分裂运行。因重要负荷由两段母线分别供电，保证任一段母线停运均不会使负荷停电。每段母线独立设一套绝缘监察装置和电压监视装置。

适用范围：中小容量发电厂和 220kV 及以下较重要变电站。

二、直流系统设备及作用

直流系统主要包括直流充电装置、蓄电池组、直流配电柜、绝缘监察装置、直流仪表、闪光回路、信号回路等。

1. 直流充电装置

直流充电装置为直流系统提供直流电，一方面为负荷提供电源，一方面对蓄电池组进行浮充电，直流电源装置稳定直接影响直流系统稳定。

2. 蓄电池组

蓄电池组为直流系统负荷提供可靠后备电源。

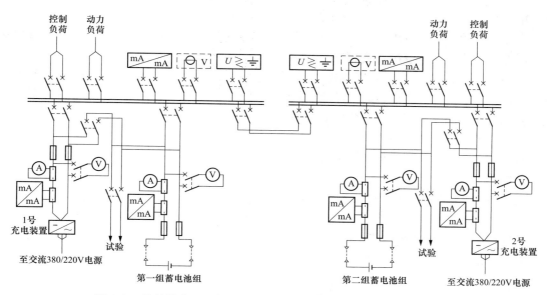

图 4-6 单母线分段（两组蓄电池，两套充电装置）直流系统示意图

发电厂和变电站使用蓄电池主要有防酸隔爆铅酸蓄电池（简称防酸蓄电池）、镉镍蓄电池（碱性蓄电池）、阀控式密封铅酸蓄电池（简称阀控蓄电池）。

防酸蓄电池和大容量的阀控蓄电池安装在专用蓄电池室内，容量较小的镉镍蓄电池（40Ah 及以下）和阀控蓄电池（300Ah 及以下）可安装在柜内，直流电源柜可布置在控制室内，也可布置在专用电源室内。不同类型的蓄电池，不宜放在一个蓄电池室内。

蓄电池组的运行方式一般有充放电方式与浮充电方式两种。发电厂中的蓄电池组普遍采用浮充电方式运行。

（1）充放电方式运行的特点。

在蓄电池组的充放电方式运行中，对每个蓄电池都要进行周期性的充电和放电。蓄电池组充足电以后，就与充电装置断开，由蓄电池组单独向经常性的直流负荷供电，并在厂用电事故停电时向事故照明和直流电动机等供电。为了保证厂用电在任何故障时刻都不致失去直流电源，就要求蓄电池组在任何时候都必须留有一定的储备容量，决不能让其完全放完电。通常，蓄电池放电到约为 60%～70%额定容量时，即需进行充电。

按充放电方式运行的蓄电池组，必须周期地、频繁地进行充电。通常，在经常性负荷下，每隔 24h 就需充电一次，一般充至额定容量。充电末期，每个蓄电池的电压达 2.7～2.75V，蓄电池组的总电压（直流系统母线电压）将超过用电设备的允许值。因此，无端电池的蓄电池组，在充电期间必须退出工作，但这对只接一组蓄电池组的单母线接线的直流系统是不允许的。同时，频繁地充电，会使蓄电池组的运行更趋复杂。

（2）浮充电方式运行的特点。

蓄电池组的浮充电方式运行的特点是：充电装置与蓄电池组并列运行，充电装置除供给经常性直流负荷外，还以较小的电流——浮充电电流向蓄电池组进行浮充电，以补偿蓄电池的自放电损耗，使蓄电池经常处于完全充足电的状态。当出现短时大负荷时，如当断路器合闸、许多断路器同时跳闸、直流电动机、直流事故照明等，则主要由蓄电池组以大电流放电来供电。

在充电装置的交流电源消失时，充电装置便停止工作，所有直流负荷完全由蓄电池组供电。浮充电电流的大小取决于蓄电池的自放电率，浮充电的结果应刚好补偿蓄电池的自放电。如果浮充电的电流过小，则蓄电池的自放电就长期得不到足够的补偿，将导致极板硫化（极板有效物质失效）。相反，如果浮充电的电流过大，蓄电池就会长期过充电，引起极板有效物质脱落，缩短电池的使用寿命，同时还多消耗了电能。

3. 直流配电柜

直流配电柜是对直流系统负荷进行分配的设备。

柜体外形尺寸（高×宽×深）一般为 2200mm×800mm×600mm、2300mm×800mm×550mm 两种。直流柜正面操作设备的布置高度不应超过 1800mm，距地高度不应低于400mm。柜体设有保护接地，接地处有防锈措施和明显标志。门开闭灵活，开启角不小于90°，门锁可靠。紧固连接牢固、可靠，所有紧固件有防腐镀层或涂层，紧固连接有防松措施。元件和端子排列整齐、层次分明、不重叠，便于维护拆装。长期带电发热元件的安装在柜内上方。

每套直流电源柜的明显位置设置铭牌，铭牌上标明设备名称、型号、技术参数、质量、出厂编号、制造年月、制造厂名等。

直流电源柜里的各种开关、仪表、信号灯、光字牌、动力母线、控制母线等有相应的文字符号作为标志，并与接线图上的文字符号一致，字迹要清晰易辨、不褪色、不脱落、布置均匀、便于观察。

4. 绝缘监察装置

绝缘监察装置对直流系统绝缘、电压进行监察，及时反应直流系统运行状况。

发电厂和变电站的直流系统与继电保护、信号装置、自动装置以及屋内配电装置的端子箱、操动机构等连接，因此直流系统比较复杂，发生接地故障的机会较多。当发生一点接地时，无短路电流流过，熔断器不会熔断，所以可以继续运行；但当另一点接地时，可能引起信号回路、继电保护等不正确动作。为此，直流系统应设绝缘监察装置，采用给直流系统加多频小信号（信号的变化取决于该支路的绝缘破坏程度），装在该支路馈线上的传感器二次端便有相应的低频信号输出。该信号经高精密度的滤波放大电路，经 A/D 转换后进行数字滤波，并通过内设微机采用最新算法测出接地电阻的大小。电路原理如图 4-7 所示。

微机直流系统绝缘监测仪，具有绝缘监察、电压监视及报警功能。可在不切断支路电源及直流消失的情况下检查支路绝缘，并可自动巡查、数字显示被测参数。常规监测是通过两个变换的分压器取出正对地电压和负对地电压，送入 A/D 转换器，经微机处理和数字计算后，数字显示电压和绝缘电阻，监测无死区。当电压过高或过低、绝缘电阻过低时发出报警信号，报警整定值可自动选定。

各分支回路的绝缘监测，是用一低频信号源作为发送器，通过两隔直耦合电容向直流系统正、负母线发送交流信号，将一小电流互感器同时套在各回路的正、负出线上。由于通过互感器的直流分量大小相等、方向相反，它产生的磁场相互抵消，而通过发送器发送至正负母线的交流信号电压幅值相等、方向相同。这样，在互感器二次侧就可反应出正、负极对地绝缘电阻和分布电容的泄漏电流向量和，然后取出阻性分量，经 A/D 转换器微机处理后数字显示。整个绝缘监测是在不切断回路的情况下进行的，因而提高了直流系统的供电可靠

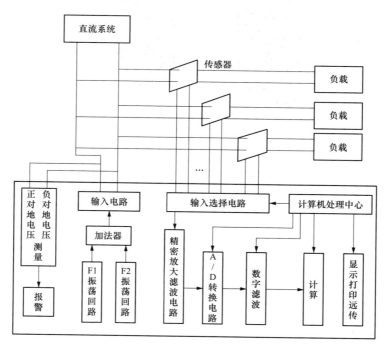

图 4-7　绝缘监测仪电路原理图

性，且无死区。

如果直流系统存在多点非金属性接地，启动信号源，该装置可将所有接地支路找出。如果这些接地点中存在一个或一个以上的金属性接地，该装置只能寻找距该装置最近的一条金属性接地支路。

电压表在正常情况时，测量的是直流母线电压。当转换开关切换至接地时，如出现接触器或出口继电器线圈端也处于接地状态时，表计无内阻或内阻较低会造成误跳闸或合闸事故，所以要采用高内阻电压表。一般情况下，110V 直流系统的电压表内阻在 50～70kΩ 之间，220V 直流系统电压表的内阻在 100～150kΩ 之间。

绝缘监察及信号报警试验如下：

（1）直流电源装置在空载运行时，额定电压为 220V，用 25kΩ 电阻；额定电压为 110V，用 7kΩ 电阻；额定电压为 48V，用 1.7kΩ 电阻。分别使直流母线接地，应发出声光报警。

（2）直流母线电压低于或高于整定值时，应发出低压或过压信号及声光报警。

（3）充电装置的输出电流为额定电流的 105％～110％时，应具有限流保护功能。

（4）若装有微机型绝缘监察仪的直流电源装置，任何一支路的绝缘状态或接地都能监测、显示和报警，并能直读接地的极性。

（5）远方信号的显示、监测及报警应正常。

5. 直流仪表

直流仪表反映直流系统电压、电流。测量表计量程应在测量范围内，测量最大值应在满量程85％以上，指针式仪表精度不低于 1.5 级，数字表采用四位半表。

6. 闪光回路

闪光回路为中央信号系统提供闪光电源。

（1）闪光回路的工作原理如图 4-8 所示，闪光回路由闪光继电器、试验按钮、指示灯、熔断器及正负母线、闪光母线组成。闪光继电器内部继电器、具有延时启动功能，通过延时启停，正极母线通过内部继电器向闪光母线供电，其监视指示灯正常状态下，由直流母线供电，并发平光，按下试验按钮，监视指示灯由闪光母线供电，监视指示灯闪亮，通过定期试验，可及时了解设备运行情况，发现问题及时处理。

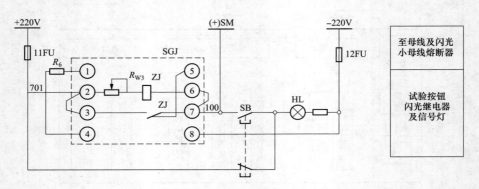

图 4-8　闪光回路的工作原理图

（2）闪光回路的作用是向闪光回路小母线提供间隔均匀、间断的直流电压并送至中央信号盘。当设备出现异常情况，如故障跳闸、绝缘降低等，中央信号盘使其相对应指示灯、光字牌发出警告闪光信号，使设备运行管理人员及时了解设备运行情况。

7. 信号回路

信号回路及时向运行人员发出警示信号。

监控装置应能显示控制母线电压、动力母线电压、充电电压、蓄电池组电压、充电浮充电装置输出电流等参数。如果交流电压异常、充电浮充电装置故障、母线电压异常、蓄电池电压异常、母线接地等，能及时发出相应信号及声光报警。

三、直流系统的监视

1. 绝缘状态监视

运行中的直流母线对地绝缘电阻应不小于 $10M\Omega$。值班员每天应检查正母线和负母线对地的绝缘电阻。若有接地现象，应立即寻找和处理。

2. 电压及电流监视

值班员对运行中的直流电源装置，主要监视交流输入电压、充电装置输出的电压和电流，蓄电池组电压、直流母线电压、浮充电流及绝缘电压等是否正常。

3. 信号报警监视

值班员每日应对直流电源装置上的各种信号灯、声响报警装置进行检查。

4. 自动装置监视

（1）检查自动调压装置是否工作正常，若不正常，启动手动调压装置，退出自动调压装置，通知检修人员修复。

（2）检查微机监控器工作状态是否正常，若不正常应退出运行，通知检修人员调试修复。微机监控器退出运行后，直流电源装置仍能正常工作，运行参数由值班员进行调整。

5. 直流断路器及熔断器监视

（1）在运行中，若直流断路器动作跳闸或者熔断器熔断，应发出报警信号。运行人员应尽快找出事故点；分析出事故原因，立即进行处理和恢复运行。

（2）若需更换直流断路器或熔断器时，应按图纸设计的产品型号、额定电压和额定电流去选用。

6. 熔断器日常巡视检查

（1）负荷电流应与熔体的额定电流相适应。

（2）熔断信号指示器信号指示是否弹出。

（3）与熔断器相连的导体、连接点以及熔断器本身有无过热现象，连接点接触是否良好。

（4）熔断器外观有无裂纹、脏污及放电现象。

（5）熔断器内部有无放电声。

四、直流系统的运行方式及操作

在直流系统中，各种负荷的重要程度不同，所以一般按用途分成几个独立的回路供电。直流控制及保护回路由控制母线供电，开关合闸由合闸母线供电。这样可以避免相互影响，便于维护和查找、处理故障。

浮充方式（稳压）：充电装置与蓄电池同时连接直流母线，充电装置向直流系统负荷供电，同时，对蓄电池进行浮充电。

衡流充电方式（稳流）：充电装置以 $0.1C_{10}$ 电流，对蓄电池进行浮直充电。这种方式由于充电电压高，影响直流系统负荷安全，充电装置与蓄电池应脱离系统进行充电。

两组蓄电池的直流系统，不得长时间并列运行。由一组蓄电池通过并解列接带另一组蓄电池的直流负荷时，禁止在两系统都存在接地故障的情况下进行。并列前需将两侧母线电压调整成一致。

第二节　防酸蓄电池

一、防酸蓄电池分类及型号

GF（M）-××××

G——固定式；F——防酸隔爆式；M——密封式；××××——容量，单位安时（Ah）。

二、防酸蓄电池基本结构

1. 蓄电池的组成

单体蓄电池是由正极板、负极板、涂料（粉膏）涂板、隔离板、容器、电解液、消氢帽、连接板和压条等部件所组成。

（1）正极板。防酸蓄电池正极板是玻璃丝管式极板。它是涂膏式的一种，由板栅、玻璃丝管或氯纶丝管、铅粉或铅膏等制成。板栅是用导电性能好、耐腐蚀性强，电阻率小，机械强度高的铅锑合金在硬钢模具中浇铸而成。玻璃丝或氯纶丝编织成直径为 8mm 的套管，这两种纤维材料具有抗张力强、耐腐蚀性强、电阻率小（$0.004\sim0.007\Omega \cdot cm$）等物理性能。此外，它有一定的细缝，使套管内的粉膏既能和套管外电解液接触，又不易使粉膏从细缝中漏出（见图 4-9）。

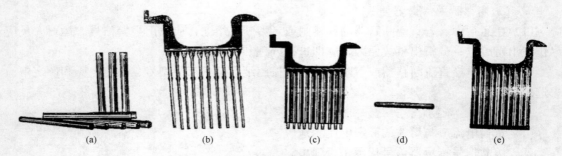

图 4-9　管式正极板板栅和玻璃丝套管
(a) 管式正极板板栅；(b) 玻璃丝套管；(c) 丝管置于板栅芯子外面；
(d) 合金或塑料封底横条；(e) 化成好的玻璃丝管式正极板

　　正极板在充电与放电循环过程中膨胀与收缩现象严重，夹在两片负极板之间，使正极板两面都起化学反应，产生同样的膨胀与收缩，减少正极板弯曲和变形，从而延长使用寿命。而负极板膨胀与收缩现象不太严重。因此蓄电池极板在组合时，正极板要夹在两片负极板之间。

图 4-10　负极板栅

　　（2）负极板。防酸蓄电池负极板是涂膏式。极板的涂料占全部极板质量一半以上。当涂料或已形成的活性物质变成疏松状态时，其强度很差，不能受力。因此，一般用机械强度较高、耐腐蚀性较强的铅锑合金制成板栅，如图 4-10 所示。

　　板栅制成空方格形，呈横竖条纹形状，或制成有对角线的空方格子，涂料就嵌在格子中。板栅既充作支持物又充作导体，活性物质变化而产生的电流是沿着板栅框格子传导到端头上的。因此要求板栅机械强度高、电阻率小、不易被酸腐蚀，在稀硫酸中具有相对的化学稳定性。通常用含锑 6%～9% 的铅锑合金制成板栅，以增加机械强度。

　　（3）涂料（粉膏）涂板。蓄电池的粉膏用铅粉、稀硫酸和纯水等制成，根据不同的用途，分正极板粉膏和负极板粉膏。极板的初期容量和使用寿命也就取决于粉膏的成分和密度，密度一般在 $1.65 \sim 2.0 \text{g/cm}^3$ 之间。

　　（4）隔离板。隔离板装在正、负极板中间，两者之间保持一定的距离，防止正、负极板接触造成短路，并且能够防止由于较大充电和放电电流使极板受振动，而导致活性物质脱落和极板弯曲变形。它的高度应比极板高 20mm，宽度比极板宽 10mm，在安装蓄电池时，为了防止落入杂物造成两极短路，隔离板应高出极板顶部凹面处 10mm。下部伸出的长度，是为了防止脱落的活性物质在下面与极板底部接触造成两极短路。

　　隔离板必须具备以下性能：能大量吸收电解液，疏松小孔，使电解液容易渗透、对流和扩散。内电阻低。隔离板对蓄电池的内电阻影响很大。隔离板本身是绝缘体。而蓄电池的化学反应则发生在隔离板小孔中的电解液内，小孔愈多，发生化学反应的范围就更大，导电性就愈好，因而内电阻也就愈小。耐酸性、韧性和弹性大，机械强度高。蓄电池在充电和放电过程中，若受大电流冲击或极板弯曲变形，都容易损坏隔离板，因而，它具有承受这种压力和冲击的机械强度。如细孔橡胶隔离板、塑料纤维隔离板和细孔塑料隔离板。

（5）容器。防酸隔爆式蓄电池的容器是用硬质塑料制成的。它具有耐酸性能强、韧性大、透明度高，容易观察到蓄电池内部短路或其他状况、便于检查、使用耐久等特点。

（6）电解液。防酸蓄电池的电解液为硫酸。硫酸的性质如下：

纯硫酸是无色的油状液体，含 H_2SO_4 约 96%～98%。密度 $1.84g/cm^3$，沸点 338℃，不容易挥发。浓硫酸具有强烈的吸水性，容易吸收空气中的水蒸气，保存时应盖严，以免变稀。浓硫酸与糖、淀粉、纸张、纤维等碳水化合物发生反应，以脱水的形式夺取这些化合物中的氢和氧。浓硫酸遇水时，会放出大量的热。

（7）消氢帽。消氢帽又称催化栓，为氢氧气再化合装置。消氢帽除具有防酸隔爆帽的作用外，还能使防酸蓄电池在使用过程中产生的氢氧爆鸣气体通过栓内催化剂化合成水，回到电解液中，使防酸蓄电池在使用过程中水分损失减少，增长加水周期。采用低压恒压法充电时，从蓄电池内逸出的气体极少，这样在通风良好时，蓄电池室内不会爆炸。蓄电池内逸出的氢、氧气体由消氢帽下口进入，通过微孔反应器催化剂容器到达催化剂的表面。氢、氧气体在催化剂的作用下，很容易化合成水蒸气（即消掉氢气），水蒸气又经过微孔反应器到达栓体的内壁，冷凝成水滴返回蓄电池内部。按水汽行径，消氢帽分为水汽同路和水汽异路两种。

消氢帽在检修及运行中应注意的事项有：

如有积尘，需用毛刷扫去灰尘，防止灰尘在帽内积聚，堵塞微孔。检修消氢帽时不要倒置，不要浸入电解液中或水中，以免浸湿催化剂，降低反应效率。氢、氧化合是一种放热反应，一般说来，充电时消氢帽外壁的温度高于室温，充电电流越大，温度就越高。使用消氢帽的 GAM 型固定型防酸蓄电池充电时，端电压不宜超过 2.40V。超过消氢帽允许最大电流时，产生的氢、氧气体增多，化学反应加剧，如果温度过高，有可能使消氢帽外壁熔化，甚至发生爆炸。当运行中 GAM 型蓄电池的端电压充电时超过 2.40V（充电电流超过消氢帽允许最大电流）时，应将消氢帽取下充电。

2. 结构特点

（1）每只蓄电池都有一个防酸隔爆帽。防酸隔爆帽是用金刚砂压制成型的，具有毛细孔结构，能吸收酸雾和透气。其用法是将压制成型的金刚砂帽浸入适量的硅油溶液，使硅油附在金刚砂表面。由于金刚砂帽具有 30%～40% 的毛细孔，充放电过程中从电液分解出来的氢、氧气体可以从毛细孔窜出，而酸雾水珠碰到硅油，又滴回电池槽内。

（2）蓄电池槽与槽盖之间的缝隙用耐酸、耐热、耐寒的封口剂封口。在＋65～－40℃之间封口剂不溢流、不开裂、不变质。

（3）为了便于测试电解液的密度和温度，在每只蓄电池内部都装有密度温度计，通过透明的蓄电池槽可观察到蓄电池内部状况。

（4）正极板为玻璃丝管式，负极板是涂膏式的。

（5）与其他固定式铅蓄电池相比，防震性能强。

三、防酸蓄电池的工作原理

防酸蓄电池是一种化学电源，它把电能转变为化学能并储存起来，使用时，把储存的化学能再转变为电能，两者的转变过程是可逆的。

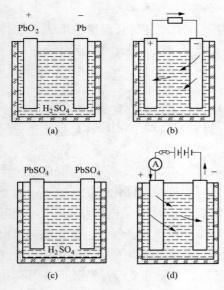

图 4-11　铅蓄电池工作原理
(a) 充电后；(b) 放电时；
(c) 放电后；(d) 充电时

蓄电池的可逆过程，就是指充电与放电的重复过程。将蓄电池与直流电源连接时，蓄电池将电源的电能转变为化学能储存起来，这种转变过程称为蓄电池的充电。而在已经充好电的蓄电池两端接上负荷时，将有电流流过负荷，即储存在蓄电池内的化学能又转变为电能，这种转变过程称为蓄电池的放电。防酸蓄电池的充、放电工作原理如图 4-11 所示。

防酸蓄电池充电后，正极板上活性物质已变成二氧化铅（PbO_2），负极板上活性物质已变成绒状铅（Pb）。这时，如果在蓄电池两端接上电阻，电路内就会产生电流，由蓄电池正极板流到负极板上。硫酸（H_2SO_4）在水（H_2O）的溶液中，一部分分子分解为正的氢离子（H^+）和负的硫酸根离子（SO_4^{2-}），当蓄电池放电时，氢离子移向正极板，而硫酸根离子移向负极板。

在负极板上的化学反应式为
$$Pb + SO_4^{2-} \longrightarrow PbSO_4 + 2e$$

在正极板上的化学反应式为
$$PbO_2 + 2H^+ + H_2SO_4 \longrightarrow PbSO_4 + 2H_2O - 2e$$

多余的负电子就从负极板流经电阻，返回到正极板。这样，蓄电池在放电时，硫酸同二氧化铅化合，生成两个水分子。结果，电解液的浓度和密度下降，蓄电池的内阻增加，端电压下降，正、负极板上的活性物质变成了硫酸铅（$PbSO_4$）。硫酸铅的体积和电阻比极板上的活性物质大得多。一克分子的铅、二氧化铅和硫酸铅体积比为 18：26：49，所以，极板上铅和二氧化铅放电后变成硫酸铅，体积大为增加。过量放电时，硫酸铅因过分膨胀，可使极板损坏。此外，由于硫酸铅导电性能不良，使蓄电池的内阻增大。

单只蓄电池在充电开始时的电压为 2V，充电完毕时为 2.5～2.8V 或稍高。蓄电池接到直流电源上时，如果电源电压大于蓄电池电压，则充电电流由蓄电池正极流向负极。在电流的作用下，电解液中的硫酸根离子移向正极。放电和充电循环过程中，可逆反应式如下：

$$PbO_2 + 2H_2SO_4 + Pb \underset{充电}{\overset{放电}{\rightleftharpoons}} 2PbSO_4 + 2H_2O$$

1. 放电时
(1) 正极板由深褐色的二氧化铅逐渐变为硫酸铅，因此，使正极板的颜色变浅。
(2) 负极板由灰色的绒状铅逐渐变为硫酸铅，因此，使负极板的颜色也变浅。
(3) 电解液中的水分增加，因此，浓度和密度逐渐下降。
(4) 蓄电池的内阻逐渐增加，端电压逐渐下降。

2. 充电时
(1) 正极板由硫酸铅逐渐变为二氧化铅，颜色逐渐恢复为深褐色。
(2) 负极板由硫酸铅逐渐变成绒状铅，颜色也逐渐恢复为灰色。
(3) 电解液中的水分减少，因此，浓度和密度逐渐上升。

（4）充电接近完成时，正极板上的硫酸铅，大部分复原为二氧化铅，氧离子团找不到和它起作用的硫酸铅而析出，所以在正极板上产生气泡。在负极板上，氢离子最终为找不到和它起作用的硫酸铅而析出，所以在负极板上也有气泡产生。

（5）蓄电池的内阻减少，而端电压逐渐升高。

蓄电池的内电路主要由电解液构成，电解液有电阻，而极栅、活性物质、连接物、隔离物等都有一定的电阻，这些电阻之和就是蓄电池的内阻。影响蓄电池内阻的因素很多，主要有各部分的构成材料、组装工艺、电解液的密度和温度等。因此，蓄电池内阻不是固定值，在充电和放电过程中，随着电解液的密度、温度和活性物质的变化而变化。

四、充放电特性

当蓄电池充电时，在正、负极板上将有新的硫酸产生，并集中在极板上。起初，硫酸只能在极板的活性物质细孔中析出，后来，扩展到整个极板。所以，在充电初期，电压很快增加到 2.0～2.2V，然后随着电解液密度的增加而慢慢升高。

在继续充电中，极板上硫酸铅几乎全部变成了二氧化铅和绒状铅。在充电电流的作用下，电解液中的水，分解出氧气和氢气，只因产生气体的瞬间得不到足够数量的硫酸铅与之化合，最后只好分别在正、负极板附近散发出来。连续充电时，可以看到在正、负极板附近发生很多气泡，使电解液处于沸腾状态，电动势则愈来愈稳定，电解液密度达到一定值后就稳定下来。充电终期，电压显著升高到 2.5～2.8V，最后趋于稳定（见图 4-12）。当蓄电池两极有强烈的气泡发生后，应使充电电流减少 40%～50% 左右，使充电更为深入。

蓄电池放电开始时，电压迅速下降，随着放电时间的增加，电压下降的速度加快，一直下降到 1.8V，甚至到 1.7V 左右（见图 4-13）。

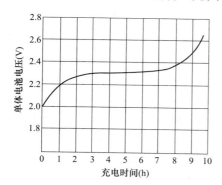

图 4-12　防酸蓄电池电压在充电时的变化

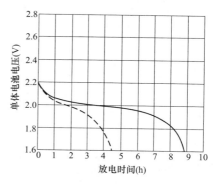

图 4-13　防酸蓄电池电压在放电时的变化

这时，正、负极板上二氧化铅和绒状铅已转为硫酸铅，不允许再继续放电，否则，电压将急剧下降，并使极板损坏。在放电开始的一段时间，电压显著降低。这是由于活性物质的细孔中，酸的密度降低所致。放电时，由于化学变化而生成的硫酸铅在极板上结成白色结晶体（叫做极板硫化或叫做极板生盐），影响电解液流通，以后再充电时恢复较慢，并不容易将全部硫酸铅恢复为活性物质。

放电电流愈大，电压降得愈快。图 4-13 中的虚线，表示放电电流加倍时的电压变化曲线。这是由于活性物质细孔缩小，极板和硫酸的接触面积减少所致。极板内部电解液不足，活性物质形成了不良的硫酸铅，增加了蓄电池的内电阻，这也是其中的原因之一。更重要的原因是，活性物质表面生成的硫酸盐，阻止了活性物质继续进行的化学反应。

防酸蓄电池充电时，电压升高到 2.5～2.8V 时停止充电，蓄电池电压从 2.8V 会很快降到 2.1～2.2V 左右。这是因为在充电时，从活性物质中析出的硫酸，使细孔内外的电解液不容易混合均匀，因此，细孔内的电解液密度较高，它比不直接和活性物质接触的电解液密度还要高，从而使蓄电池的电压也较高。当停止充电后，活性物质外面的电解液由于渗透作用，逐渐和细孔内的电解液混合，使密度降低，蓄电池电压也随着降低。

同理，当蓄电池的电压因放电已降到 1.75～1.8V 时停止放电，电压就会立即恢复到 2V 左右。这是因为放电时，活性物质细孔内的电解液和活性物质起化学反应，使电解液密度降低，它比外表面不直接和活性物质接触的电解液密度要低，所以，蓄电池电压也较低。当停止放电后，由于渗透作用，活性物质细孔外面的电解液逐渐和细孔内的电解液相混合，使细孔内电解液的密度较混合前升高，因而电压也升高。

五、温度特性

（1）在任何充电过程中，电解液温度都不宜超过 40℃，在接近 40℃ 时应减小充电电流或采取降温措施。如果温度升到 45℃ 时应立即停止充电，待温度降到 35℃ 以下后再继续充电，但停止充电的时间不宜超过 4h。

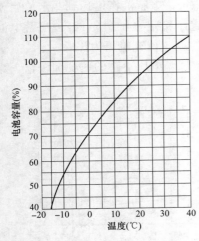

图 4-14　固定式防酸蓄电池温度与容量的关系曲线

（2）当温度升高时，电解液黏度减小，密度降低，对极板活性物质的渗透作用增强。同时，温度愈高，电阻愈小，负载电流升高，因此容量有所增加，如果温度降低，则电解液黏度增加，流动性就较差，电化反应缓解，内阻也增大，对极板活性物质的渗透作用减弱，因此容量有所减少。固定式防酸蓄电池温度与容量的关系见图 4-14。

（3）电解液的密度与蓄电池容量之间、也有一定关系，密度愈高，容量就愈大。但如果电解液密度过高，电流易于集中，极板腐蚀和隔离物损坏也就愈快，这就缩短了蓄电池的使用寿命。所以，电解液密度必须适当。只顾提高蓄电池容量，而不顾其使用寿命是不正确的。国产固定式铅蓄电池的电解液密度在 1.200～1.250g/cm^3 左右，温度为 15℃ 或 20℃ 不等。实验证明，密度过高，极板就容易被腐蚀。因此，采用温度 15℃，密度 1.215g/cm^3 最为合适。由此可见，影响蓄电池容量最显著的因素是电解液温度。蓄电池制造厂规定的容量，称为额定容量，是以电解液温度为 25℃ 作为依据。当电解液温度在 10～30℃ 的范围变化时，温度每升高或降低 1℃，蓄电池容量也相应地增大或减少额定容量的 0.8%，当温度超出这个范围时，可按下式求得蓄电池容量

$$C_{25} = C_t / [1 + 0.008(t - 25)]$$

式中　C_t——温度为 t 时的容量，Ah；

　　　C_{25}——温度为 25℃ 时容量，Ah；

　　　t——蓄电池放电时的典型电池实际平均温度，℃。

应该说明，公式仅在温度 $t = 10～30℃$ 范围内有效。但必须注意，虽然电解液温度升

高，蓄电池容量增大，但如果超过一定限度，易使极板弯曲变形，增大了蓄电池的局部放电，会使蓄电池受到不可挽救的损失。充足电时的电解液密度，必须升到放电前的电解液密度，并保持 2h 以上不变，这是最关键的一条。

（4）电解液液面、密度的调整和对温度的控制，如果电解液液面高度不在规定的范围内应进行调整。

1）蓄电池的正常加水（普通的），应一次加水至标准液面的上限，然后将充电电流调至约 10h 放电率的 1/2，进行充电，至绝大部分电池冒出气泡时为止。

2）对无人值班的变电站，在巡回检查发现电池液面过低时，应先加少量水，使其液面稍高极板，再以 10h 放电率 1/2 的电流进行充电，待电池大部分冒出气泡后，再进行普通加水至标准液面，然后充电 2h 即可。

3）在一般情况下，定期充放电过程中不允许加水，以免影响电解液密度的测量结果，因为所测量的密度，是作为判断电池是否充好电的依据（不低于放电前的密度），加水就无法比较了。所以应在充电结束后再进行普通加水，然后充电 2h 即可。

（5）在初充电、正常充电或均衡充电的终期，如果电解液密度与规定范围有显著差别时，应按照下述方法进行调整：

1）加水过多使液面溢出。处理时，首先抽出 1/4，然后加注密度为 $1.400g/cm^3$ 的稀硫酸，调制到规定值，然后做一次均衡充电，一直到冒气泡为止。

2）安装或大修后密度降低。处理方法同上。

3）极板硫化。需进行过充电处理。

4）有效物质脱落造成极板短路。此时，设法清除短路物质，然后进行个别充电。

5）极板弯曲造成极板搭接。此时，用绝缘耐酸物将其隔开，然后进行个别充电。用密度 $1.400g/cm^3$ 的硫酸溶液或水调整电解液密度。

六、自放电

产生自放电的主要原因首先是由于电解液及极板含有杂质，形成局部小电池，小电池两极又形成短路回路，短路回路内的电流引起自放电。其次，由于电解液上下密度不同、极板上下电动势的大小不等，因而在正负极板上下之间的均压电流也引起蓄电池的自放电。它随电池的老化程度而加剧。

蓄电池的自放电与活性物质的配方，板栅结构及配方，电解液浓度和温度、连接方式、新旧极板使用程度、电解液中含的金属杂质等所产生的内电阻电流损耗不同，局部自放电也就不同。所需要的浮充电流有所不同，不能千篇一律地按照公式硬套，而应保持每槽电压在 $2.15V \pm 0.05V$ 之间，根据电压的变化，及时调整浮充电电流。

补充蓄电池自放电的要求如下：

1）采用浮充电运行方式。

2）按厂家说明书的规定时间，定期进行均衡充电。

3）极板内部需以每 12Ah 自放电约为 0.01A 的充电电流来补偿，所以浮充电所需电流可按下式计算，即

$$I = 0.01C_N / 12$$

式中　I——浮充电所需电流，A；

　　　C_N——蓄电池的额定容量，Ah。

七、电解液的层化

（1）电解液层化。防酸蓄电池在充放电过程中电解液的密度在不断地变化，充电时密度增大，放电时密度降低。对固定式防酸蓄电池来说，充电时较重的电解液向底部沉降，放电时较轻的电解液浮向顶部。蓄电池在充放电过程中，电解液按密度分层的现象叫做层化。

（2）层化的危害。层化使极板和不同密度的电解液交界面上形成不同电位，导致自放电增大，温度升高，腐蚀和水损耗加剧，影响蓄电池的寿命。

（3）降低层化的办法。普通防酸蓄电池利用充电时产生的气泡来搅拌电解液，使其趋于均匀状态。对于阀控密封式防酸蓄电池来说，则要采用特殊技术手段来解决层化问题。可用超细玻璃纤维作为隔板的电池，不同密度的电解液沿隔板微孔扩散。在结构上采用水平卧式布置，在采用立式布置时，把同一极板两端高差压缩到最低限度，以避免层化或使层化过程变慢。

八、防酸蓄电池组的运行及维护

1. 防酸蓄电池组的运行方式及监视

（1）防酸蓄电池组在正常运行中均以浮充方式运行，浮充电压一般控制为（2.15－2.17）V×n（n 为电池个数）。GFD 防酸蓄电池组浮充电压可控制到 2.23V×n。

（2）防酸蓄电池组在正常运行中主要监视端电压、每只单体蓄电池的电压、蓄电池液面的高度、电解液的密度、蓄电池内部的温度、蓄电池室的温度、浮充电流的大小。

2. 防酸蓄电池组的充电方式

（1）初充电。

按制造厂家的使用说明书进行初充电。

（2）浮充电。

防酸蓄电池组完成初充电后，以浮充电的方式投入正常运行。浮充电供给恒定负荷以外，还以不大的电流来补偿电池的局部自放电以及供给突然增大的负荷。这种运行方式，可以防止极板硫化和弯曲，从而延长蓄电池的使用寿命。

按照浮充电方式运行的蓄电池组，一般可以使用 8～10 年。蓄电池的容量基本上可以保持原有水平，运行管理也比较简单。因此，按浮充电方式运行是保证蓄电池长期运行中仍能维持良好状态的最好运行方式。

按浮充电方式运行的蓄电池组，每三个月必须进行一次核对性放电，核对其容量，并可使极板活性物质得到均匀的活动。核对性放电，应放出蓄电池容量的 50%～60%。但为了保证突然增加负荷，当电压降至 1.9V 时，应停止放电。在停止放电后，须立即进行正常充电和均衡充电。以后虽然已经到核对性放电周期，但因充电装置发生故障或其他原因，使蓄电池被迫放电时，则这次核对性放电可以不进行，然而仍须进行均衡充电。

对按浮充电方式运行的蓄电池组，每年亦应做一次（最好在大风和雷雨之前）10 小时放电率的容量放电试验，放电终止电压达 1.9V 时即停止放电，以鉴定蓄电池的容量，并使极板活性物质得到均匀恢复。

（3）均衡充电。

按浮充电方式运行的蓄电池组，至少应每三个月进行一次均衡充电（过充电）。防酸蓄电池组在长期浮充电运行中，个别蓄电池落后，电解液密度下降，电压偏低，采用均衡充电方法，可使蓄电池消除硫化恢复到良好的运行状态。按浮充电方式运行的蓄电池组，由于条件限制而不能浮充电运行时，则必须按期进行均衡充电。

均衡充电的程序：先用 I_{10} 电流对蓄电池组进行恒流充电，当蓄电池端电压上升到 $(2.30\sim2.33)$ V$\times n$，将自动或手动转为恒压充电，当充电电流减小到 $0.1I_{10}$ 时，可认为蓄电池组已被充满容量，并自动或手动转为浮充电方式运行。

3. 核对性放电

长期浮充电方式运行的防酸蓄电池，极板表面将逐渐生产硫酸铅结晶体（一般称之为"硫化"），堵极板的微孔，阻碍电解液的渗透，从而增大了蓄电池的内电阻，降低了极板中活性物质的作用，蓄电池容量大为下降。核对性放电、可使蓄电池得到活化，容量得到恢复，使用寿命延长，确保发电厂和变电站的安全运行。

核对性放电程序如下：

（1）一组防酸蓄电池。

发电厂或变电站只有一组蓄电池组，不能退出运行，也不能做全核对性放电，只允许用 I_{10} 电流放出其额定容量的 50%，在放电过程中，单体蓄电池电压还不能低于 1.9V。放电后，应立即用 I_{10} 电流进行恒流充电，在蓄电池组电压达到 $(2.30\sim2.33)$ V$\times n$ 时转为恒压充电，当充电电流下降到 $0.1I_{10}$ 电流时，应转为浮充电运行，反复几次上述放电充电方式后，可认为蓄电池组得到了活化，容量得到了恢复。

（2）两组防酸蓄电池。

发电厂或变电站若具有两组蓄电池，则一组运行，另一组断开负荷，进行全核对性放电。放电电流为 I_{10} 恒流。当单体电压为终止电压 1.8V 时，停止放电，放电过程中，记下蓄电池组的端电压、每个蓄电池端电压、电解液密度。若蓄电池组第一次核对性放电，就放出了额定容量，不再放电，充满容量后便可投入运行。若放充三次均达不到额定容量的 80%，可判此组蓄电池使用年限已到，并安排更换。

（3）防酸蓄电池核对性放电周期。

新安装或大修中更换过电解液的防酸蓄电池组，第 1 年，每 6 个月进行一次核对性放电；运行 1 年以后的铅酸电池组，1～2 年进行一次核对性放电。

4. 运行维护

（1）对于防酸蓄电池组，值班员每日应进行巡视，主要检查每只蓄电池的液面高度、有无漏液。若低于下线，应补充蒸馏水，调整电解液的密度在合格范围内。

（2）防酸蓄电池单体电压和电解液的密度的测量，发电厂两周测量一次，变电站每月测量一次，按记录表填好测量记录，并记下环境温度。

（3）个别落后的防酸蓄电池，应通过均衡充电方法进行处理，不允许长时间保留在蓄电池组中运行，若处理无效，应更换。

5. 防酸蓄电池故障及处理

（1）防酸蓄电池内部极板短路或断路，应更换蓄电池。

（2）长期浮充电运行中的防酸蓄电池，极板表面逐渐产生白色的硫酸铅结晶体，通常称之为硫化。处理方法：将蓄电池组退出运行，先用 I_{10} 电流进行恒流充电，当单体电压上升为 2.5V 时，停充 0.5h，再用 $0.5I_{10}$ 电流充电至冒大气时后，又停 0.5h 再继续充电，直到电解液沸腾，单体电压上升到 $(2.7\sim2.8)$V 停止充电（1～2）h 后，用 I_{10} 电流进行恒流放电，当单体蓄电池电压下降至 1.8V 时，终止放电，并静置（1～2)h，再用上述充电程序进行充电和放电，反复几次，极板白斑状的硫酸铅结晶体将消失，蓄电池容量将得到恢复。

（3）防酸蓄电池底部沉淀物过多，用吸管除沉淀物，并补充配制的标准电解液。

（4）防酸蓄电池极板板弯曲、龟裂或膨胀，若容量达不到 80% 以上，此蓄电池应更换。在运行中防止电解液的温度超过 35℃。

（5）防酸蓄电池绝缘降低，当绝缘电阻低于现场规定值时，将会发出接地信号，正对地或负对地均测到泄漏电压。处理方法：用酒精清擦蓄电池外壳和支架，改善蓄电池室外的通风条件，降低温度，绝缘将会提高。

（6）防酸蓄电池容量下降，更换电解液，用反复充电法可使蓄电池的容量得到恢复。若进行了三次充电放电，其容量均达不到额定容量的 80% 以上，此组蓄电池应更换。

（7）防酸蓄电池在日常维护还应做到以下各点：蓄电池必须保持经常清洁，定期擦除蓄电池外部上的酸痕迹和灰尘，注意电解液面高度、不能让极板和隔板露出液面，导线的连接必须安全可靠，长期备用搁置的蓄电池，应每月进行一次补充充电。

第三节 碱 性 蓄 电 池

一、碱性蓄电池特点及型号

1. 特点

碱性蓄电池采用碱性溶液，如氢氧化钾（KOH）、氢氧化钠（NaOH）水溶液作为电解液，这种电解液适用于较高的温度，但就容量而言，纯氢氧化钠不如氢氧化钾和氢氧化锂（LiOH）的混合液好，因此常在氢氧化钾或氢氧化钠的水溶液中加入适量的氢氧化锂。碱性蓄电池按其极板所采用的活性物质的性质来分，常用的有铁镍蓄电池、镉镍蓄电池、氢镍蓄电池等，本节主要以镉镍蓄电池与铁镍蓄电池为例进行简述。

镉镍蓄电池与铁镍蓄电池的电解液只作为电流的传导体，浓度不起变化。电池的充放电程度不能根据电解液的密度变化来判断，而是在充电时以电压的变化来判断。在充放电过程中随着电化反应的加剧，在正极板上析出氧气，负极板上析出氢。密封式镉镍电池在制造时使负极板上物质过量，以避免氢气的析出，而在正极上产生的氧气因电化作用而被负极板吸收，防止了蓄电池内部气体聚集，保证了蓄电池在密封条件下正常工作。

镉镍蓄电池的自放电小，蓄电池充电后放置 28 昼夜，剩余容量一般大于额定容量的 75%，仍能满足开关合闸的需要。在低温下放电的容量降低也很小，新电池启用后，两年内循环 200 次或合闸 4000 次，容量仍不低于额定容量的 80%。

铁镍蓄电池比较坚固耐用，能承受过充电、长期搁置和短路等破坏性的使用。铁资源丰富，电池成本低。缺点是自放电严重低温性能差，比能量和比功率较低，放电电压较低，适宜用作长循环寿命和反复深度放电的直流电源。

2. 型号

例：蓄电池型号 10GNH60 表示碱性蓄电池。其中：10 表示 10 个电池串联；G 表示负极板材料镉；N 表示正极板材料镍；H 表示蓄电池外壳为活动盖；60 表示容量为 60Ah。

二、碱性电池基本结构

1. 铁镍蓄电池的结构与组成

（1）正极板。

正极板由板栅、电极管和活性物质
等组成。板栅是用钢板冲压和锻烧镀镍
而成的钢框，钢框上镶有数十个电极管。
板栅的形状分为上下两格，并在上端制
出端耳，为连接极板群之用，电极管并
排地镶在两格上，见图4-15。

电极管是用镀镍钢带或有许多小孔的
碳素钢带以螺旋形式盘绕而成，正极板的
活性物质是氢氧化镍粉末，见图4-16。

（2）负极板。

负极板的活性物质主要是铁和氧化铁（Fe_3O_4 60%，FeO 34%），如图4-17所示。

图 4-15　铁镍蓄电池板栅

（a）正极板栅；（b）负极板栅

图 4-16　电极管

（3）负极板匣。

负极板的活性物质装在匣内。匣子也是用镀镍钢带制成的，匣子的壁上有许多小孔。

（4）极板组成。

铁镍蓄电池的极板群是用钢杆穿过板栅端耳上的圆孔而组装起来的。极板之间用套在钢
杆上的垫圈相互隔开，并用钢杆两端的螺母固定。铁镍蓄电池正、负极板群的组成与铅蓄电
池正、负极板群是相似的。

（5）电池槽。

铁镍蓄电池的电池槽，是用镀镍钢板制成的。为增加强度槽的侧面通常作成凹凸的波浪
形状。电池槽的盖、槽筒和槽底三部分用乙炔火焰焊接成一体。电池槽盖上共有三个孔，中
间是注液孔，左右两旁是通过正、负极板柱的孔。注液孔也是排气孔，以便放出电池内部产
生的气体，如图4-18所示。

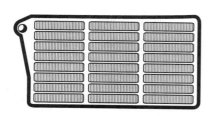

图 4-17　铁镍蓄电池的负极板

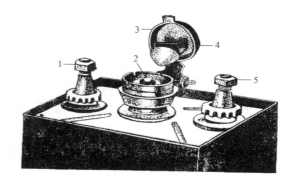

图 4-18　电池槽

1—负极柱；2—注液孔；3—注液孔盖；

4—自动阀；5—正极柱

注液孔上装有半球形盖的自动阀，注液孔经常关闭着，以防止电解液直接与空气接触。因为氢氧化钾与空气接触，容易吸收空气中的二氧化碳而形成碳酸钾。

$$2KOH + CO_2 = K_2CO_3 + H_2O$$

自动阀的作用是使注液孔能自动开闭。当电池槽内产生的气体积集过多时，可借气体的压力自动打开注液孔，使气体散发出来，但外界的空气却不能进入。蓄电池在充电时，其内部气体压力增加，阀盖就被打开，放出气体，这时可听到特殊的嘶啪声或嘘嘘声，在这类蓄电池充电过程中，这种声音是常可听到的，属正常声音。

（6）隔离物。

一般蓄电池常用硬橡胶制成隔离物，有以下三种：

1）叉子形隔棒。这种隔棒的形状如同叉子一样，它的两个叉子插在极板的两侧，同时可以夹住极板。在组装时，通常由正极板下端插入。装后，叉子的两脚露在极板的上面。这种隔离物一般用于隔离正、负极板。

2）细孔橡胶隔板。隔板用以防止极板与电池槽内壁接触。亦有将隔板用在极板之间的，但必须有细孔，以便电解液流通。

3）硬橡胶隔棒。隔棒用以防止正、负极间互相接触。

（7）蓄电池的化成。

碱性蓄电池同样也需有充电化成过程。化成时多应经过数次的反复充电和放电，使已充填在极板内的物质能完全变成活性物质，并达到额定容量。

2. 镉镍蓄电池的结构与组成

镉镍蓄电池较铁镍蓄电池的自放电小，对低温不太敏感，放电时的平均电压为1.2V，镉镍蓄电池的结构与铁镍蓄电池的结构大致类似。这两种蓄电池正极板活性物质，电解液和某些参数是相同的，主要区别于负极板。镉镍蓄电池负极板的活性物质含有氧化镉、氢氧化镉和铁的混合物。

（1）负极板。

镉镍蓄电池的负极板同样是用镀镍的薄钢片制成的匣子。将填满活性物质的匣子排列于镀镍钢制板栅的框子上，即构成一片负极板。

（2）负极板匣。

负极板盛活性物质的匣子是用厚约0.13mm的镀镍薄钢片制成的，上面有直径约为0.25mm的细孔，活性物质在电解液中能够扩散。匣子的大小随蓄电池容量大小而异。在匣子表面上铸有凸纹，以增加匣子的机械强度，并增加活性物质与电解液的接触面积。

（3）负极板上的活性物质。

负极板上的活性物质主要是镉粉末，镉粉末约占85%，铁粉末约占15%。当这些物质化成时，都变为多孔的绒状镉，具有较高的扩散性，从而防止收缩结块，同时增加了极板的容量。

（4）正极板。

镉镍蓄电池正、负极板的构造相同，都是将已经填满活性物质的匣子压入镀镍的板栅格子内（见图4-19）。

有些类型的蓄电池，其正、负极板的构造是管状的，同铁镍蓄电池的构造很相似（见图4-20）。

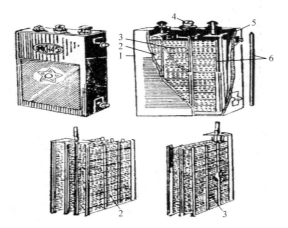

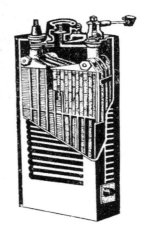

图 4-19　有极板匣的镉镍蓄电池结构
1—电池槽；2—正极板；3—负极板；4—注液孔；
5—侧面橡胶板；6—硬橡胶隔棒

图 4-20　管状极板镉镍蓄电池结构

正极板的活性物质是氢氧化镍。为了增加活性物质的导电率，在其中加入了低于1％高纯度的鳞状石墨片。如果制成管形极板，则和铁镍蓄电池一样，在活性物质中加入小镍片，以增加导电率。

（5）极板板栅。

铁镍蓄电池板栅的格子用镀镍钢板制成。而镉镍蓄电池的板栅格子是熔接成的。将填满活性物质的匣子装进板栅以后，加压即可。

（6）电池槽。

电池槽与铁镍蓄电池一样，也是用镀镍钢板制成的（见图4-21）。它由槽盖、槽筒、槽底三部分焊接成为一体。制造电池槽所用钢板的厚度随电池容量而变，一般为0.37～0.88mm。在电池槽盖上设有带自动阀的注液孔，在使用中应注意不使这个孔堵塞。

镉镍蓄电池与铁镍蓄电池相比较，两者各有其优点。镉镍蓄电池的局部放电情况较少，同时，在低温下放电的容量降低也很小；铁镍蓄电池比较坚固，使用寿命较长，效率较高。

三、碱性蓄电池的电解液及其性质

碱性蓄电池的电解液分氢氧化钾水溶液和氢氧化钠水溶液两种。

氢氧化钾和氢氧化钠都是白色固体，易溶于水。其水溶液呈强碱性，能烧伤皮肤及其他有机物。不论是固体的还是水溶液的氢氧化钾或氢氧化钠都能吸收二氧化碳而发生反应。所以，蓄电池的注液孔必须关闭严密，不允许空气（含有二氧化碳）浸入蓄电池内。

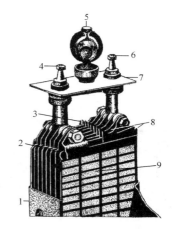

图 4-21　有极板匣的镉镍蓄
电池槽、槽盖和注液孔
1—电池槽；2—橡胶板；3—橡胶隔棒；
4—负极柱；5—注液孔盖；6—正极柱；
7—电池槽盖；8—绝缘隔板；9—正极板

1. 密度与电阻率

电解液的电阻率是随着电解液的浓度而变化的。低浓度的氢氧化钾水溶液的电阻率较高。浓度增加时，电阻率降低。但增至一定浓度后，如果浓度继续增加，电阻率又开始回升。

氢氧化钾水溶液的浓度又随温度而变化。温度每升高 1℃，密度减小 $0.000\,25g/cm^3$；浓度越大，黏性也越大。

从表 4-1 中可以看出，密度与电阻率之间不是直线关系。

氢氧化钾水溶液在密度为 $1.250g/cm^3$（18℃）时电阻率为最小，而氢氧化钠水溶液则在密度为 $1.150g/cm^3$（18℃）时电阻率最小。实际使用的氢氧化钾水溶液的密度在 $1.160\sim1.300g/cm^3$ 之间。过低密度的溶液，其电阻率太高；浓度过高的溶液在较高的温度下对铁电极不适应，且电阻率也高。在常温下，通常使用密度为 $1.190\sim1.210g/cm^3$ 的氢氧化钾水溶液，温度在 −10℃ 以下时，要得到良好的电气特性，密度应在 $1.270\sim1.300g/cm^3$ 之间，其电阻率虽然大于最小值，但对延长蓄电池的寿命是有利的。所以，一般在夏季使用氢氧化钠，在冬季使用氢氧化钾。

表 4-1　　　　　　　　　　氢氧化钾水溶液与氢氧化钠水溶液的电阻率

密度（g/cm³）(18℃)	电阻率（Ω·cm）	
	氢氧化钾水溶液	氢氧化钠水溶液
1.050	5.40	5.41
1.100	3.20	3.39
1.150	2.34	2.89
1.200	1.95	2.93
1.250	1.84	3.35
1.300	1.86	4.15
1.350	1.98	5.42
1.400	2.21	7.02
1.450	2.51	8.95

2. 电解液的冰点

碱性蓄电池除在温度特别低的情况下运行外，一般不致发生冻结现象。因为碱性蓄电池内阻比较大，电解液在充电和放电时被电流加热，将高于周围温度 $10\sim20℃$。即使遇到冰冻，所受影响的程度也没有铅蓄电池那样严重。氢氧化钾电解液在不同密度时的冰点见表 4-2。

表 4-2　　　　　　　　　　氢氧化钾电解液的密度和冰点

氢氧化钾质量百分比	密度（g/cm³）	每升溶液中的氢氧化钾质量（g）	冰 点（℃）
1%	1.008	10.1	−1
5%	1.045	52.2	−3
10%	1.092	109.2	−8

续表

氢氧化钾质量百分比	密度（g/cm³）	每升溶液中的氢氧化钾质量（g）	冰 点（℃）
15%	1.140	171.0	−15
20%	1.188	237.6	−24
25%	1.239	309.7	−38
30%	1.290	387.0	−59
35%	1.344	470.4	—
40%	1.399	559.6	—
45%	1.456	655.2	—
50%	1.514	757.0	—

氢氧化钾电解液的冰点，是随着电解液密度的变化而变化的。

3. 杂质的影响

电解液中的碳酸盐，主要是从水中或空气中吸收二氧化碳气体而形成的。它将使电解液中的碳酸根（CO_3^{2-}）增加，不利于碱性蓄电池的工作。所以，在测定碱性电解液密度和浓度时，不应采用测定酸性溶液的密度计。

当二氧化碳进入电解液后，会产生碳酸钾或碳酸钠，即

$$2KOH + CO_2 = K_2CO_3 + H_2O$$
$$2NaOH + CO_2 = Na_2CO_3 + H_2O$$

这时，将使电解液的电阻增加和浓度下降，因而降低蓄电池的容量，从图 4-22 的曲线中可看到，蓄电池的容量随着 K_2CO_3 浓度的增加而减少，其原因是由于负电极的容量减低所致。如果以大电流放电时，K_2CO_3 的含量减少，容量也要减少。另一原因是负极板活性物质 CdO 颗粒表面上形成不良导体 $CdCO_3$ 的缘故。在更换电解液之后，由 $CdCO_3$ 分解而生成 CdO，蓄电池的容量就恢复了。

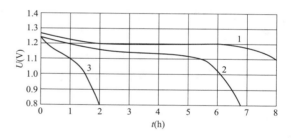

图 4-22　电解液中含有不同百分比浓度碳酸钾的镉镍蓄电池的放电曲线

1—新配制的电解液；2—电解液中含有 30g/L K_2CO_3；3—电解液中含有 180g/L K_2CO_3

如果电解液中加有氢氧化锂，当 CO_2 进入电解液后，在生成碳酸钾的同时，还能生成碳酸锂的沉淀物，从而降低氢氧化锂的作用。其反应式如下：

$$2LiOH + CO_2 = Li_2CO_3 + H_2O$$

为了防止上述现象的发生，可在电解液表面加适量的液状石蜡，使之避免或减少与空气接触。

电解液中，常发现有铅、锡、铝、铜等较活泼的金属杂质沉淀在负极板上，它们会引起电池的自放电，使极板容量减小。

4. 氢氧化锂的应用

在碱性蓄电池的电解液中加入适量的氢氧化锂，可增加电池容量并延长其寿命，提高电

池效率。

5. 电解液的温度

在测量电解液密度时，如果它的温度不是标准温度，可按表 4-3 换算。

表 4-3　　　　　　　　　　　　　　不同温度下的密度换算

氢氧化钠电解液温度与标准温度之间的温度差 15～25℃内		氢氧化钾电解液温度与标准温度之间的温度差在 10～20℃内	
密度（g/cm³，20℃）	每变化 1℃的修正值	密度（g/cm³，15℃）	每变化 1℃的修正值
1.050	0.000 3	1.050	0.000 3
1.100	0.000 4	1.100	0.000 4
1.150	0.000 5	1.150	0.000 5
1.300	0.000 6	1.300	0.000 6
1.400～1.520	0.000 7	1.400～1.520	0.000 7

6. 电解液的再生

电解液的再生就是用化学方法除去旧电解液中所含的二氧化碳。在使用过久的电解液中，常含有大量的二氧化碳。二氧化碳被氢氧化钾或氢氧化钠吸收后生成碳酸钾或碳酸钠和碳酸锂等碳酸盐，这些杂质会使电解液失去效能。这时，用化学方法将电解液加以适当处理后，仍能使其恢复原有特性继续使用。特别是含有贵重的氢氧化锂混合液的再生，具有一定的经济价值。

一般在电解液中加入适量的氢氧化钡，它和碳酸盐作用生成碳酸钡，后者不溶于水，可从水溶液中除去。其化学反应式如下：

$$K_2CO_3 + Ba(OH)_2 \longrightarrow BaCO_3 + 2KOH$$
$$Na_2CO_3 + Ba(OH)_2 \longrightarrow BaCO_3 + 2NaOH$$
$$Li_2CO_3 + Ba(OH)_2 \longrightarrow BaCO_3 + 2LiOH$$

混合电解液每次再生后，溶液中氢氧化锂的含量将要减少，因此经过 3～5 次再生后，必须添加氢氧化锂。

四、铁镍蓄电池和镉镍蓄电池的工作原理

（1）充电后，铁镍蓄电池和镉镍蓄电池极板上的活性物质在正极板上是三氧化二镍（Ni_2O_3）或氢氧化镍［$Ni(OH)_2$］。铁镍蓄电池负极板上的活性物质是铁粉，镉镍蓄电池负极板上活性物质是镉和铁的混合物。

（2）放电后，正极板上的活性物质转变为氧化镍（NiO）或氢氧化镍［$Ni(OH)_2$］，铁镍蓄电池负极板上的活性物质转变为氧化亚铁（FeO）或氢氧化亚铁［$Fe(OH)_2$］，镉镍蓄电池负极板上活性物质转变为氧化镉（CdO）或氢氧化镉［$Cd(OH)_2$］。氢氧化钾溶液在充电和放电过程中，只起传导电流和介质作用，电解液的成分不变，浓度变化甚微。但在极板的细孔中，电解液还是有变化的。因此，不能用测量电解液密度的方法来鉴别蓄电池所储藏的电量。

（3）它们的化学反应如下：

铁镍蓄电池总反应方程式：

$$Fe + Ni_2O_3 + 3H_2O = Fe(OH)_2 + 2Ni(OH)_2$$

镉镍蓄电池总反应方程式：

$$2NiO(OH) + Cd + 2H_2O = 2Ni(OH)_2 + Cd(OH)_2$$

　　　正极　　　　负极　　　　正极　　　　　负极

五、充放电特性

1. 充放电过程中蓄电池端电压的变化

铁镍蓄电池和镉镍蓄电池的端电压和铅蓄电池的端电压一样，随着充电和放电过程而变化。

（1）充电过程。

铁镍蓄电池和镉镍蓄电池以稳定的充电电流进行充电时，其端电压变化如图4-23所示。

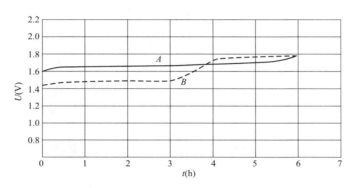

图4-23　铁镍蓄电池和镉镍蓄电池充电时电压变化曲线
A—铁镍蓄电池充电时曲线；B—镉镍蓄电池充电时曲线

铁镍蓄电池在充电初期，端电压上升很快。在充电中期，电压上升比较慢，在正极板和负极板附近同时冒出氧气和氢气。接近充电完了时，端电压约达1.8V左右，然后保持稳定。正、负极板上的活性物质几乎已完全被还原。因此，在充电完了时，充电电流全部消耗在水的分解上，蓄电池中冒出大量的氢、氧气体。如再继续充电，将是电能的浪费。

与铁镍蓄电池相比，镉镍蓄电池的端电压在充电初期和中期都较低，而在充电完了时则二者相差不多。这是因为镉电极活性物质中含有铁的缘故。从两曲线的比较可看到，镉镍蓄电池充电过程中的平均电压比铁镍蓄电池的低。

（2）放电过程。

铁镍蓄电池和镉镍蓄电池用稳定电流放电时，其端电压的变化如图4-24所示。

放电开始时，端电压约在1.4V左右，在较短的时间内，下降到1.3V左右。（如果蓄电池充电完毕后不立即放电，存放时间长了，蓄电池的端电压也会逐渐下降到1.3V左右）。放电的中期较长，这是蓄电池的有效时期。当端电压下降到1.1V左右时，即告放电终了。如再继续放电，端电压就将急剧下降。当电池电压已降到放电终止电压时，所得的容量是很少的，而对蓄电池的寿命将有很坏的影响，因为深放电使极板上生成的物质在充电时不易得到还原。

2. 充放电率对蓄电池端电压的影响

（1）充电率。蓄电池的端电压，随充电电流的大小而变化，也就是说，随充电率的不同

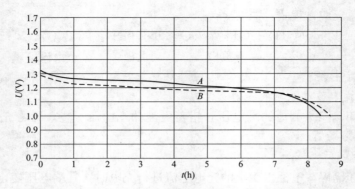

图 4-24　铁镍蓄电池和镉镍蓄电池放电时端电压变化曲线
A—铁镍蓄电池放电时曲线；B—镉镍蓄电池放电时曲线

而变化。

充电电流愈大，蓄电池的内部电压降也随着增大，蓄电池的充电电压也就愈高。而充电电压上升得愈快，充入的容量也愈多。因此，所需的充电时间可相应缩短，反之，蓄电池的充电电流小，充电电压降低，其上升速度也就较慢。铁镍和镉镍蓄电池的正常充电率为6h 率。

（2）放电率。放电电流愈大，则蓄电池的内部电压降也随着增大，蓄电池的放电电压下降也就愈快。

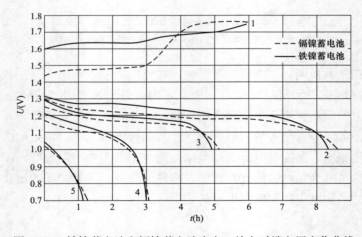

图 4-25　铁镍蓄电池和镉镍蓄电池充电、放电时端电压变化曲线
1—标准充电率电压；2—8h 放电率放电；3—5h 放电率放电；4—3h 放电率放电；5—1h 放电率放电

如图 4-25 所示，用 8h 放电率放电时，电压平稳，用 1h 率放电时，其电压由 1.03V 降到 0.5V 左右。蓄电池的放电终止电压也随放电率的增大而降低，见表 4-4。

表 4-4　　　　　　　　　　　　　　　　放电率与放电终止电压

放电率	8h 或更长	5h	3h	1h
最低终止电压（V）	1.1	1.0	0.8	0.5

电解液的温度高低，对碱性蓄电池端电压的影响，随电解液浓度不同而异。表 4-5 是铁镍蓄电池的温度系数。它表示温度每变化 1℃时端电压的升降。

表 4-5 铁镍蓄电池的温度系数

氢氧化钾浓度	温度范围（℃）	温度系数（V/℃）
6.25%	4.6~17.7	+0.000 69
23.8%	1.3~32.6	+0.000 26
23.8%	4.2~20.1	+0.000 22
50.0%	4.9~17.9	+0.000 08

六、铁镍和镉镍蓄电池的容量及其影响因素

1. 铁镍和镉镍蓄电池的容量特点

（1）新蓄电池在开始使用时，容量并不大，经过若干次充电和放电后，其容量将显著地增加，并超过标准容量。继续使用一段时间后，容量才渐渐减退到标准值。此后，容量也随充放电次数的增加而减少。

（2）在电解液中加氢氧化锂，可以使容量维持较长时期。充放电 500 次以后，容量仍无减退（见图 4-26），电解液为氢氧化钾。

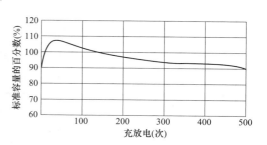

图 4-26　铁镍蓄电池和镉镍蓄电池的容量和充放电次数

（3）用高放电率放电时，容量显著减退。但用 2h 以下的放电率放电时，容量均能保持在 95% 以上，见表 4-6。

表 4-6 低内电阻镉镍蓄电池容量与放电率的关系

放电率	容量（%）	放电率	容量（%）
1h	84	4h	99
2h	95	5h	99
3h	98	8h	100

（4）电解液中二氧化碳愈多，容量就愈小。把电解液更换后，容量就能恢复。

2. 影响碱性蓄电池容量的因素

（1）活性物质的数量。这两种蓄电池的容量取决于各个电池极板上活性物质的数量。极板上实际起电化作用的氢氧化镍的数量平均约为理论需要数量的四倍。铁镍蓄电池放电终止，并不像铅蓄电池是由于极板的细孔中电解液不足所致，而是受正、负极板活性物质所限制。只要极板全部浸于电解液内，蓄电池的容量则与电解液的数量无关。

（2）放电电流对容量的影响。在放电终止时，碱性蓄电池的容量随着放电电流的增大而减少。

七、局部放电

铁镍蓄电池和镉镍蓄电池的局部放电是不同的，而且同温度有关，见表 4-7。

表 4-7　　　使用氢氧化钾电解液的铁镍和镉镍蓄电池在不同温度下局部放电情况

温度（℃）	局部放电时间（昼夜）	容量损失（%）	
		铁镍蓄电池	镉镍蓄电池
−10～−5	3	4.0	—
	6	4.2	—
	15	4.7	—
	30	7.3	—
+20	3	1.4	6.6
	6	14.1	7.1
	15	20.0	8.4
	30	18～35	14～18
+40	3	24.3	7.7
	6	66.0	9.8
	15	93.0	12.8
	30	100	23.4

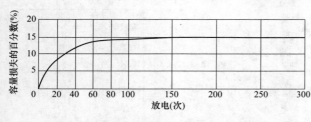

图 4-27　镉镍蓄电池的局部放电曲线

在充电后放置 30 昼夜，温度在 −10～−5℃ 范围内，铁镍蓄电池的容量只损失 7.3%；温度为 20℃ 时，镉镍蓄电池的容量损失 14%～18%，铁镍蓄电池的容量将损失 18%～35%；温度为 40℃ 时，铁镍电池将损失全部容量，而镉镍蓄电池的损失为 23.4% 左右。铁镍和镉镍蓄电池的局部放电，在充电后的最初几日内发生得很快，以后速度减缓，镉镍蓄电池在 1～2 个月之后，局部放电就几乎停止了，如图 4-27 所示。所以，镉镍蓄电池在充电后，把容量放去 1/3，就几乎可以不再发生局部放电。

八、内电阻

铁镍蓄电池和镉镍蓄电池的内电阻主要由下列各项组成：

（1）电解液的内电阻，蓄电池的内电阻主要由电解液的电阻决定，电解液的电阻系数大小和它的密度有关。

（2）极板本身的电阻，极板愈厚，电阻愈大。

（3）电解液与活性物质的接触电阻，接触电阻随着通过电流的增加而减少。

由于蓄电池的类型不同，其内电阻也不同，其内电阻的近似计算方法和铅蓄电池相同。

九、温度特性

碱性蓄电池的容量随着电解液温度的降低而降低，但没有铅蓄电池那样显著。低于正常温度时（15～20℃），由于铁电极的不活泼会造成容量下降。当温度高于正常值时，电极和电解液的电化作用增大，因而也使蓄电池的容量增大。但温度过高时，容易引起铁的迅速溶解，并且有可能和正极的氧化镍发生化学作用，致使充电时不能恢复，使蓄电池容量降低。在运行使用中，最高温度不得超过 40℃。

十、使用寿命

铁镍蓄电池和镉镍蓄电池的使用寿命决定于下列因素：

（1）在正常温度（20℃左右）下使用，可以延长蓄电池寿命。如果在较高的温度下使用，由于极板上活性物质被溶解，将缩短蓄电池的使用寿命。

（2）电解液的化学成分在相同条件下，使用混合电解液的蓄电池，其容量和寿命均大于使用纯氢氧化钾电解液的蓄电池。

（3）用正常放电率放电，能保证蓄电池的容量。如果常用低放电率放电，能引起深放电，使极板上生成的物质在充电时不易还原，从而使容量降低和寿命缩短。

十一、运行维护（以常用镉镍蓄电池组为例）

1. 镉镍蓄电池组的运行方式及监视

（1）镉镍蓄电池主要分为两大类：高倍率镉镍蓄电池，瞬间放电电流是蓄电池额定容量的 3～6 倍；中倍率镉镍蓄电池，瞬间放电电流是蓄电池额定容量的 1～3 倍。

（2）镉镍蓄电池组在正常运行中以浮充方式运行，高倍率镉镍蓄电池浮充电压宜取 $(1.36～1.39)V\times n$，n 为电池个数，均衡充电压宜取 $(1.47～1.48)V\times n$；中倍率镉镍蓄电池浮充电压宜取 $(1.42～1.45)V\times n$，均衡充电压宜取 $(1.52～1.55)V\times n$，浮充电流宜取 $(2～5)mA\times C$，C 为电池容量单位 Ah。

（3）镉镍蓄电池组在运行中，主要监视端电压、浮充电流，每只单体蓄电池的电压、蓄电池液面高度、是否"爬碱"、电解液的浓度、蓄电池内电解液的温度、运行环境温度等。

2. 镉镍蓄电池组的充、放电

（1）充电。正常充电，用 I_5 恒流对镉镍蓄电池进行充电。蓄电池电压逐渐上升到最高而稳定时，可认为蓄电池充满容量，一般需要 5～7h。

快速充电，用 $2.5I_5$ 恒流对镉镍蓄电池充电 2h。

浮充充电，在长期运行中按浮充电压进行充电。

不管采用何种充电方式，电解液的温度不得超过 35℃。

（2）放电。正常放电，用 I_5 恒流连续放电，当蓄电池组的端电压下降至 $1V\times n$ 时（其中一只镉镍蓄电池电压下降到 0.9V 时），停止放电，放电时间若大于 5h，说明该蓄电池组具有额定容量。

事故放电、交流电源中断、二次负荷及事故照明负荷全由镉镍蓄电池组供电。若供电时间较长，蓄电池组端电压下降到 $1.1V\times n$ 时，应自动或手动切断镉镍蓄电池组的供电，以免因过放使蓄电池组容量亏损过大，对恢复送电造成困难。

3. 镉镍蓄电池组的核对性放电程序

（1）一组镉镍蓄电池。发电厂或变电站中只有一组镉镍蓄电池，不能退出运行，不能做全核对性放电，只允许用 I_5 电流放出额定容量的 50%，在放电过程中，每隔 0.5h 记录蓄电池组端电压，若蓄电池组端电压下降到 $1.17V\times n$，应停止放电，并及时用 I_5 电流充电。反复 2～3 次，蓄电池组额定容量可以得到恢复。若有备用蓄电池组作为临时代用，此组镉镍蓄电池就可做全核对性放电。

（2）两组镉镍蓄电池。发电厂或变电站中若有两组镉镍蓄电池，可先对其中一组蓄电池进行全核对性放电。用 I_5 恒流放电，终止电压为 $1V\times n$，在放电过程中每隔 0.5h 记录蓄电组端电压，每隔 1h 时，测一下每个镉镍蓄电池的电压，若放充三次均达不到蓄电额定容量的 80％以上，可认为此组蓄电池使用年限已到，应安排更换。

（3）镉镍蓄电组全核对性放电周期。镉镍蓄电池组在长期浮充电运行中，每年必须进行一次全核对性的容量试验。

4．镉镍蓄电池组的运行维护

（1）镉镍蓄电池液面低。每一个镉镍蓄电池，在侧面都有电解液高度的上下刻线，在浮充电运行中液面高度应保持在中线，液面偏低的应注入纯蒸馏水，使整组电池液面保持一致。每三年更换一次电解液。

（2）镉镍蓄电池"爬碱"。维护办法是将蓄电池外壳上的正负极柱头的"爬碱"擦干净，或者更换为不会产生"爬碱"的新型大壳体镉镍蓄电池。

（3）镉镍蓄电池容量下降，放电电压低。维护办法是：更换电解液；更换无法修复的电池；用 I_5 电流进行 5h 恒流充电后，将充电电流减到 $0.5I_5$ 电流，继续过充电 3～4h，停止充电 1～2h 后，用 I_5 恒流放电至终止电压，再进行上述方法充电和放电，反复 3～5 次，电池容量将得到恢复。

第四节　阀控蓄电池

蓄电池作为直流系统的电源，是系统的关键设备。铅酸蓄电池具有可靠性高、容量大、承受冲击负荷能力强及原材料取用方便等优点，故在发电厂和变电站中广泛采用。以往固定型铅酸蓄电池分为开口式、防酸式和防酸隔爆式等，它们存在体积大，电解液为流体，如溅出会伤人和损物，使用过程产生氢、氧气体，伴随着酸雾对环境带来污染，维护运行操作复杂等缺点。近十多年来，阀控式密封铅酸蓄电池（简称阀控电池）基本上克服了一般铅酸蓄电池的缺点，逐步取代了其他型式的铅酸蓄电池。

一、阀控电池分类及型号

1．阀控电池的分类

阀控电池按固定硫酸电解液的方式不同而分为两类，即采用超细玻璃纤维隔板（AGM）来吸附电解液的贫液式电池和采用硅凝胶电解质（GEL）的胶体式电池。

两种类型阀控电池的原理和结构都是在原铅酸蓄电池基础上，采取措施促使氧气循环复合及对氢气产生抑制，任何氢气的产生都可认为是水的损失。如果水过量消耗就会使电池干涸失效，电池内阻增大而导致电池的容量损失。

（1）胶体式阀控电池。胶体式阀控电池和传统的富液式铅酸电池相似，将单片槽式化成极板和普通隔板组装在电池槽中，然后注入由稀硫酸和 SiO_2 微粒组成的胶体电解液，电解液密度为 $1.24g/cm^3$。这种电解液充满隔板、极板及电池槽内所有空隙并固化，并把正、负极板完全包裹起来。

（2）贫液式阀控电池。贫液式阀控电池用超细玻璃纤维隔膜将电解液全部吸附在隔膜中，隔膜处于约 95％饱和状态，电解液密度约为 $1.30g/cm^3$。电池内无游离状态的电解液。隔膜与极板采用紧装配工艺，内阻小受力均匀。在结构上采用卧式布置，如采用立式布置时，则把同一极板两端高度压缩到最低限度，以避免层化或使层化过程变慢。

贫液式阀控电池的电解液全部被隔膜和极板小孔吸附，做到电池内部无流动的电解液，隔膜中剩余 2％左右的空间（即大孔）作为氧气自正极扩散到负极的通道，使电池在使用初始立即建立起氧循环机理，所以无氢、氧气体透过排气阀逸至空间。

贫液式阀控电池用超细玻璃纤维隔膜孔径较大，又使隔膜受压装配，离子导电路径短，阻力小，使电池内阻变低。

而胶体电池当硅溶胶和硫酸混合后，电解液导电性变差，内阻增大，所以贫液式阀控电池的大电流放电特性优于胶体电池。

2. 型号含义

国内生产贫液式阀控电池较多，故重点介绍该类电池。

型号 GMF——××××

G——固定式；

M——密封；

F——防酸隔爆；

××××——容量（Ah）。

例：6GFM-100-A（B）蓄电池型号的意义

6——串联单体电池个数为 6

G——固定

F——阀控

M——密封

100——额定容量 100Ah

A——矮型

B——高型

二、阀控电池结构

阀控电池由电极、隔板、电解液、电池槽及节流阀等组成。

1. 电极

铅酸电池负极活性物质为绒状铅，与稀硫酸溶液构成难溶盐电极；正极活性物质为 PbO_2，与稀硫酸溶液构成氧化—还原电极。正电极采用管式正极板或涂膏式正极板，通常固定式电池采用管式正极板，移动型电池采用涂膏式极板。负极板通常采用涂膏式极板。板栅材料采用铅锑合金（见图 4-28）。固定式电池锑含量为 2%～5%。移动式电池锑含量约为 7%～10%。

2. 隔板

隔板的作用是防止正负极板短路，但要允许导电离子畅通，同时要阻挡有害杂质在负极间迁移。对隔板的要求如下：

隔板材料应具有绝缘和耐酸好的性能，在结构上应具有较高的孔隙率，能够吸收足够的电解液。由于正极板中含锑、砷等物质容易溶解于电解液，如扩散到负极上将会发生严重的析氢反应，要求隔

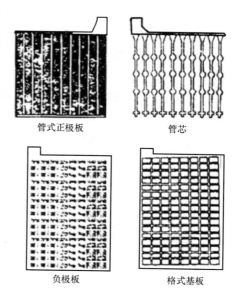

管式正极板　　　　管芯

负极板　　　　格式基板

图 4-28 阀控电池的极板结构

231

板孔径适当，起到隔离作用。隔板和极板采用紧密装配，要求机械强度好、耐氧化、耐高温、化学特性稳定。隔板起酸液储存器作用，使电解液大部分被吸引在隔板中，并被均匀、迅速地分布，而且可以压缩，并在湿态和干态条件下保持弹性，以保持导电和起适当支撑性作用。相当高的孔隙率使电阻降低，在使用中应保持电解液吸收性以防干涸。隔板应不含增加析气速率的杂质和增大自放电率的杂质，耐酸腐蚀和抗氧化能力强。阀控电池的隔板普遍采用超细玻璃纤维和混合式隔板两种。

3. 电解液

配制电解液，均需纯净水质和硫酸。

制取纯水的方法有蒸馏法、阴阳树脂交换法、电阻法、离子交换法等，因水中的杂质是盐类离子，所以水的纯度可用电阻率来表示。国内制造厂主要用离子交换法制取的总含盐量和水电阻率分别为大于 1mg/L 和 $80\sim1000\times10^4\Omega\cdot mm$（25℃）。

浓硫酸加入水稀释，会发生体积收缩，故混合体积应适当增大。

4. 电池槽

对电池槽的要求：耐酸腐蚀，抗氧指标高。因盛密度为 $1.25\sim1.32g/cm^3$ 的硫酸溶液，电池槽必须能耐酸。电池在充电过程中，活性物质 PbO_2 在正极逐渐形成。因此，电池槽必须抗氧化。密封性能好，要水气蒸发泄漏小、氧气扩散渗透少。电池在运行过程中，若蓄电池渗透水气压过大，会使电池失水严重，若渗透氧率高，会破坏电池内部氧循环。失水和氧气扩散均会影响电池的循环寿命。机械强度好，耐振动、耐冲击、耐挤压、耐颠簸。

因蓄电池的搬运、安装过程要叠放，有时要倾倒，还要有抗震能力。在高放电率下，有时极板会发生变形，电池槽也要能承受其应力作用。

电池槽硬度大，要求槽在温度变化过程蠕变小，气胀时伸缩小。同时，要求材料为阻燃型。

5. 节流阀

节流阀（又称安全阀）的作用如下：

在正常浮充状态，节流阀的排气孔能逸散微量气体，防止电池的气体聚集。电池如过充等原因产生气体使阀到达开启时，打开阀门，及时排出盈余气体，以减少电池内压。气压超过定值时放出气体，减压后自动关闭，不允许空气中的气体进入电池内，以免加速电池的自放电，故要求节流阀为单向节流型。单向节流阀主要由安全阀门、排气通道、幅罩、气液分离器等部件构成。

节流阀门与盖之间装设防爆过滤片装置。过滤片采用陶瓷或其他特殊材料，既滤酸又能隔爆。过滤片具有一定厚度和粒度，如有火靠近，能隔断引爆电池内部气体。陶瓷节流阀开阀压和闭阀压有严格要求，根据气体复合压力条件确定。开阀压太高，易使电池内因存气体超出极限，导致电池外壳膨胀或炸裂，影响电池安全。如开阀压力太低，气体和水蒸气严重损失，电池可能失水过多而失效。闭阀压防止外部气体进入电池内部，因气体会破坏电池性能，故要及时关闭阀。

开阀压稍低些为好，而闭阀压接近于开阀压为好。

三、阀控电池工作原理

1. 阀控电池的化学反应原理

铅酸密封电池分排气式和非排气式两种。阀控电池是一种用气阀调节的非排气式电池。

阀控电池和其他型铅酸电池的化学反应原理一样，放电过程是负极进行氧化，正极进行还原的过程；充电过程是负极进行还原，正极进行氧化的过程。铅酸电池的负极和正极平衡电极反应式分别如下。

负极反应为 $\qquad Pb + H_2SO_4 \Longrightarrow PbSO_4 + 2H^+ + 2e$

正极反应为 $\qquad PbO_2 + H_2SO_4 + 2H^+ + 2e \Longrightarrow PbSO_4 + 2H_2O$

总反应为 $\qquad Pb + 2H_2SO_4 + PbO_2 \Longrightarrow 2PbSO_4 + 2H_2O$

负极反应式表明：Pb 以极大速率溶解，在向外电路供出电子的同时，Pb 还夺取界面电液中的 H_2SO_4，使之生成 $PbSO_4$。正极反应式表明 PbO_2 以极大速率吸收外电路的电子，并以低价的 Pb^{2+} 形式在电极表面形成 $PbSO_4$。

充电过程：电极表面的 Pb^{2+} 以极大速率夺取外来电子，使 $PbSO_4$ 恢复成活性物质。在外电源作用下 Pb^{2+} 释放电子，并与电解液生成 PbO_2。铅酸电池放电过程消耗了活性物质 Pb 和 PbO_2 及 H_2SO_4，而两极上生成产物为难溶物质 $PbSO_4$ 及导电性差的 H_2O，所以将化学能转换成电能（见图 4-29）。

在充电最终阶段，正极性中的 H_2O 将产生氧气，即

$$2H_2O \Longrightarrow O_2 + 4H^+ + 4e$$

氧气经隔板中的气体通过负极板，并与活性物质海绵状 Pb 及 H_2SO_4 反应，使一部分活性物质转变为 $PbSO_4$，同时抑制氢气产生，其反应式为

$$2Pb + O_2 \Longrightarrow 2PbO \quad （吸收氧气）$$

$$2PbO + 2H_2SO_4 \Longrightarrow 2PbSO_4 + 2H_2O$$

由于氧化反应而变成放电状态的 $PbSO_4$，经过继续充电又回复到海绵状铅上，即

$$2PbSO_4 + 4H^+ + 4e \Longrightarrow 2Pb + 2H_2SO_4 \quad （PbSO_4 还原）$$

负极板上总的反应为式为

$$O_2 + 4H^+ + 4e \Longrightarrow 2H_2O$$

在充电的最终阶段或过充电，正极板上的水产生氧气，在负极板上被还原成水，使水没有损失，所以阀控电池可做成密封结构，不会使水消失。

2. 免维护特性原理

铅酸蓄电池实现密封免维护的难点就是充电后期水的电解，FM/GFM 系列蓄电池采取了以下几项重要措施，从而实现了密封性能。

（1）采用铅钙合金板栅，提高了释放氢气电位，抑制了氢气的产生，从而减少了气体释放量，同时使自放电率降低。

（2）FM/GFM 系列蓄电池利用了负极活性物质海绵状铅的特性，这种物质在潮湿条件下活性很高，能与氧快速反应。

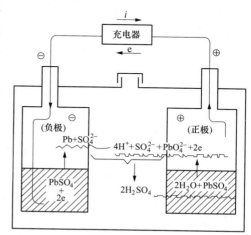

图 4-29 充电开始至最后阶段前的反应

（3）在充电最终阶段或在过量充电情况下，充电能量消耗在分解电解液的水分，因而正极板产生氧气，此氧气与负极板的海绵状铅以及硫酸起反应，使氧气再化合为水。同时一部

分负极板变成放电状态，因此也抑制了负极板氢气产生。与氧气反应变成放电状态的负极物质经过充电又恢复到原来的海绵状铅。

（4）为了让正极释放的氧气尽快流通到负极，采用了新型超细玻璃纤维隔板，其孔率可达 90％以上，贫液式紧装配设计使氧气易于流通到负极再化合为水。

四、阀控电池的技术参数

1. 额定容量

额定容量是指蓄电池容量的基准值，容量是在规定的放电条件下蓄电池能放出的电量。小时率容量是指 n 小时放电率在额定容量的数值，以 C_n 表示（n 为放电小时数）。我国电力系统用 10h 放电率放电容量，以 C_{10} 表示。

2. 放电率电流和容量

按照 GB/T 19638.1《固定型阀控式铅酸蓄电池　第 1 部分：技术条件》，在 25℃的环境下：

（1）蓄电池的容量为：

10h 率放电容量为 C_{10}；

3h 率放电容量为 C_3，$C_3 = 0.75C_{10}$；

1h 率放电容量为 C_1，$C_1 = 0.55C_{10}$。

（2）放电电流为：

10h 率放电电流 I_{10}，数值为 $0.1C_{10}$A；

3h 率放电电流 I_3，数值为 $2.5I_{10}$A；

1h 率放电电流 I_1，数值为 $5.5I_{10}$A。

3. 充电电压、充电电流

蓄电池在环境温度为 25℃条件下，按运行方式不同，分为浮充电和均衡充电两种。

（1）浮充电压：单体电池的浮充电压为 2.23～2.27V；

（2）均衡充电电压：单体电池均衡充电电压为 2.30～2.4V。

（3）浮充电流：一般为 1～3mA/Ah；

（4）均衡充电电流：$1.0～1.25I_{10}$。

各单体电池开路电压最高值与最低值的差值不大于 20mV。

4. 终止电压

阀控电池在 n 小时放电率放电末期的最低电压为：

——10h 率蓄电池放电单体终止电压为 1.8V；

——3h 率蓄电池放电单体终止电压为 1.8V；

——1h 率蓄电池放电单体终止电压为 1.75V。

5. 电池间的连接电压降

阀控电池按 1h 率放电时，两只电池间连接的电压降，在电池各极柱根部测量值应小于 10mV。

6. 其他技术指标

（1）容量。在规定的试验条件下，蓄电池的容量能达到的标准。我国要求：试验 10h 率容量，第 2 次循环不低于 $0.95C_{10}$，第 3 次循环为 C_{10}，3h、1h 率容量分别在第 4 次和第 5 次达到。

（2）最大放电电流。在电池外观无明显变形、导电部件不熔断的条件下，电池所能容忍的最大放电电流。我国有关规定为：以 $30I_{10}A$ 放电 3min，极柱不熔断、外观无异常。

（3）耐过充电电压。完全充电后的蓄电池所能承受的过充电能力。蓄电池在运行过程中不能超过耐过充电压。按规定条件充电后，外观无明显的渗液和变形。

（4）容量保存率。电池达到完全充电之后，静置数十天，由保存前后容量计算出的百分数。我国规定静置 90 天，不低于 80%。

（5）密封反应性能。在规定的试验条件下，电池在完全充电状态，每安时放出的气体量（mL）。密封反应效率不低于 95%。

（6）安全阀的动作。为了防止阀控电池内压异常升高损坏电池槽而设定的开阀压。为了防止外部气体自安全阀侵入，影响电池循环寿命，而设立了闭阀压。开阀压为 10～49kPa，闭阀压为 1～10kPa。

（7）防爆性能。在规定的试验条件下，遇到蓄电池外部明火时，在电池内部不引燃、不引爆。

（8）防酸雾性能。在规定的试验条件下，蓄电池在充电过程中，内部产生的酸雾被抑制向外部泄放的性能。每安时充电电量析出的酸雾应不大于 0.025mg。

（9）耐过充电性能。蓄电池所有活性物质返到充电状态，称为完全充电。电池已达完全充电后的持续充电称为过充电。按规定要求试验后电池应有承受过充电的能力。

五、阀控电池电气特性

1. 充电特性

（1）阀控电池是根据氧循环原理，采用有效措施防止电池内溶液消失而制成的。电池在充放电过程均处于密封状态，正常按浮充电压条件下，不仅充电电压低，而且浮充后期的电流将呈现指数形式下降。这时的氧复合率几乎是 100%，没有盈余的气体析出。为避免均充时水的损失，所选择的均充电压应尽量低一些，并且使两阶段充电法中的定电流阶段时间与定电压充电时间之和应尽可能短一些，以尽快使均充转入浮充为好。

（2）浮充电特性。25℃时 2V 蓄电池浮充电压采用 2.24V，12V 蓄电池浮充电压为 13.5V。浮充电时浮充电流一般每 Ah 为 1～2mA。浮充电压 U_t 应根据温度变化进行调整，其校正系数 K 为 $-3mV/℃$，即

$$U_t = U_{25} + K(t-25)$$

式中：U_t 为温度为 t 时的充电电压；U_{25} 为湿度为 25℃时的充电电压；t 为温度。

具体选择可按图 4-30 进行。

注意：蓄电池一般应在 5～35℃范围内进行充电，低于 5℃高于 35℃都会降低寿命。充电的设定电压应在指定范围内，如超出指定范围将造成蓄电池损坏，容量降低及寿命缩短。

（3）无论用户使用状态如何，阀控系列蓄电池要求采用限流—恒电压方式充电，即充电初期控制电流（小于 0.2C）一般采用恒流（0.1C），中、后期控制电压的充电方法。充电参数见表 4-8。

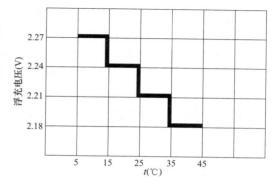

图 4-30 浮充电压选择

表 4-8　　　　　　　　　　　　　**充电基本参数（25℃）**

使用方法 \ 充电方法 参数	恒流充电电流（A）		恒压充电电压（V）	
	标准电流范围	最大允许范围	允许范围	设置点
浮充使用	$(0.08 \sim 0.10)C$	$<0.2C$	$2.23 \sim 2.25$	2.24
循环使用	$(0.08 \sim 0.10)C$	$<0.2C$	$2.35 \sim 2.45$	2.40

注　如 100Ah 电池，则恒流充电电流 $I = (0.08 \sim 0.1) \times 100 = 8 \sim 10A$。

（4）循环充电特性。25℃时循环使用 2V 蓄电池充电电压为 2.40V，12V 蓄电池充电电压为 14.4V。其充电特性如图 4-31 所示。

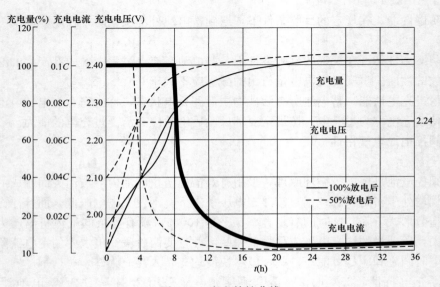

图 4-31　充电特性曲线

2. 放电特性

为了分析电池长期使用之后的损坏程度，或充电装置的交流电源中断不对电池浮充时，为核对电池的容量，需要对电池进行放电。放电特性曲线见图 4-32。从图 4-32 可看出，蓄电池放电初期 1h 内的端电压 U_{pn} 降低缓慢，放电到 2h 之后端电压降低速率明显增快，之后端电压陡降。端电压的改变是由于电池电动势的变化和极化作用等因素造成的。

电池放电一般以放出 80% 左右的额定容量为宜，目的使正极活性物质中保留较多的 PbO_2 粒子，便于恢复充电过程中作为生长新粒子的结晶中心，以提高充电电流的效率。

$5I_{10} \sim 10I_{10}$ 放电曲线比 $1I_{10} \sim 4I_{10}$ 放电初期端电压和中期端电压变化速率变化大，其原因是电池极化作用随电流增加而变大，因为高放电率下的放电电流很大。

图 4-32 中相对应的曲线表示不同放电终止电压，蓄电池容量换算系数 K_{ch} 与放电时间 t 的关系。

该曲线用于阶梯负荷法计算蓄电池容量时，由放电终止时间查出容量换算系数（见表 4-9）。

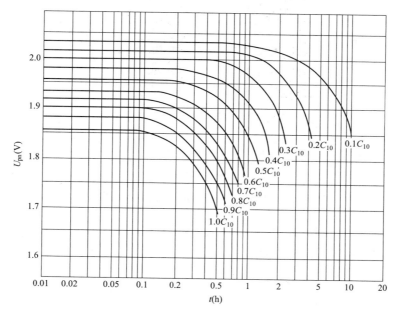

图 4-32　不同放电率放电特性曲线

表 4-9　　　　　　　　FM/GFM 型蓄电池在不同放电时间和终止电压下的容量换算系数

U_2(V) \ K_{ch} \ t	5S	1	30	5	60	90	120	340	360	480	600
1.75	1.52	1.50	0.950	0.616	0.610	0.466	0.385	0.230	0.167	0.129	0.107
1.80	1.42	1.40	0.880	0.588	0.580	0.446	0.365	0.222	0.163	0.128	0.106
1.83	1.34	1.30	0.804	0.566	0.560	0.427	0.355	0.215	0.158	0.126	0.103
1.87	1.20	1.18	0.740	0.530	0.525	0.402	0.337	0.207	0.153	0.121	0.0995
1.90	1.11	1.08	0.668	0.491	0.485	0.380	0.315	0.200	0.146	0.116	0.096
1.94	0.94	0.904	0.580	0.441	0.435	0.350	0.295	0.185	0.138	0.109	0.089

注　t—放电时间；U_2—放电终止电压；K_{ch}—容量换算系数（$K_{ch}=I/C_{10}$）。

六、温度与容量及寿命的关系（寿命特性）

蓄电池的寿命与放电次数、工作温度、放电深度、浮充电压以及充放电电流等有着直接的关系。

1. 放电深度

反复大量放出蓄电池电量（深放电）将影响蓄电池寿命，寿命与放电深度和放电循环次数有关，如图 4-33 所示。

2. 温度的影响

在环境温度-40~40℃范围内，蓄电池放电容量随温度升高而升高。因为在较高温度条件下放电，电解液黏度下降，浓差极化影响减少，导电性能提高，使放电容量增加（见图 4-34）。在一定温度范围内，如 5~40℃，其放电容量可按下式换算

$$C_{10}=C_r/[1+k(\theta-25)]$$

237

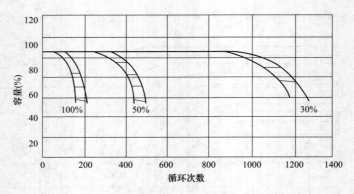

图 4-33 寿命与放电深度和放电循环次数的关系

式中 C_r——非基准温度时的放电容量，Ah；

  θ——放电时的环境温度，℃；

  k——温度系数，10h 放电率取 $0.006/℃^{-1}$。

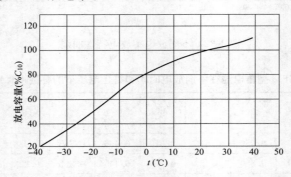

图 4-34 蓄电池放电容量与温度关系曲线

温度对电池寿命影响较大，在 25℃ 条件下，如预期浮充寿命为 20 年，而在温度升高 10℃ 后，其预期寿命降低约 9～10 年，所以阀控电池不适宜在持续高温下运行。

温度与蓄电池寿命的关系曲线如图 4-35、图 4-36 所示。

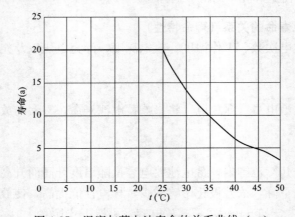

图 4-35 温度与蓄电池寿命的关系曲线（一）

电池长期在高温下使用，电池内部会产生多余气体，电池内部气压升高，引起排气阀开启，造成电解液损失。

3. 放电容量的温度特性

蓄电池放电容量与环境温度有关，如图 4-37 所示。温度低，容量低；温度过高，虽然容量增大，但严重损害寿命，最佳工作温度为 15～25℃。一定温度下放电容量与 25℃所放电的容量关系为

$$C_t = C_{25}[1 + K(t - 25)]$$

式中：C_t 为温度 t 时的放电容量；C_{25} 为 25℃时的放电容量；K 为温度系数，10h 率放电时 $K = 0.008℃^{-1}$，1h 率放电时 $K = 0.01℃^{-1}$。

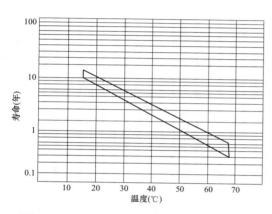

图 4-36　温度与蓄电池寿命的关系曲线（二）

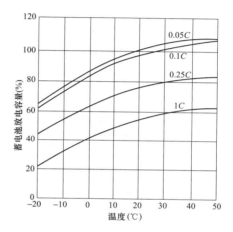

图 4-37　温度对电池容量的影响

4. 内阻特性

蓄电池内阻与容量规格、荷电状态有关，充足电时内阻最小。表 4-10 为 FM/GFM 蓄电池内阻，仅用以参考。因为电池内阻很小，测量时应很好地消除接触电阻，否则测量结果偏大。

表 4-10　　　　　　　　　　　　FM/GFM 蓄电池内阻

容量规格（Ah）	200	300	400	500	600	800	1000	1200	1500	2000	3000
内阻（mΩ）	0.5	0.4	0.35	0.30	0.25	0.2	0.15	0.12	0.09	0.08	0.07

七、阀控蓄电池运行维护

1. 阀控蓄电池组的充电方式

（1）初充电。新安装的蓄电池或大修中更换的蓄电池组第一次充电，称为初充电。初充电电流为 $1.0I_{10}$，单体电池充电电压到 2.3～2.4V 时电压平稳，电压下降即可投运，即转为浮充运行。

（2）浮充电。阀控电池组完成初充电后，转为浮充电方式运行，浮充电压为 2.23～2.27V，浮充电流为 1～3mA/Ah，作为电池内部的自放电和外壳表面脏污后所产生的爬电损失，从而使蓄电池组始终保持 95% 以上的容量。浮充电压、电流需根据制造厂要求和运行具体使用情况而定。

（3）均衡充电。阀控电池在长期浮充运行中，如在发生以下几种情况时，需对蓄电池进

行均衡充电：

1）安装结束后，投入运行前需要进行补充充电。

2）事故放电后，需要在短时间内充足蓄电池容量。

3）电池的浮充电压小于 220V，需要进行均衡充电。

4）浮充运行中蓄电池间电压偏差超过规定标准时，即个别电池硫化或电解液的密度下降，造成电压偏低，容量不足。

5）当交流电源中断时，放电容量超过规定值后。

上述情况，可按程序进行均衡充电。如果设有电池监测装置时，根据该装置检测情况进行均衡充电。如果无准确的电池监测装置时，则根据制造厂的要求，一般在浮充运行 720h 后即进行均衡充电。

2. 阀控蓄电池运行状态

阀控蓄电池运行过程中充电方式通常有三种，运行状态如图 4-38 所示。

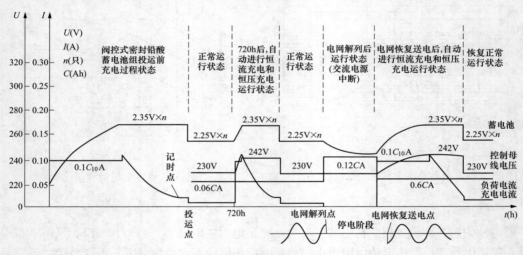

图 4-38　阀控蓄电池运行过程中充电方式

在投运前，对电池进行初充电，此时用恒流为 $1.0I_{10}$ 进行充电。当单体电池电压上升到 2.35V 转为恒压充电，此时充电电流减少，转为正常运行状态，即浮充电压为 2.25V。当运行 720h 后，进行均衡充电，即先以恒流 $1.0I_{10}$ 对电池充电，至电池电压为 2.35V 转为恒压充电，电压恒定一段时间又转为正常浮充状态。当交流电源中断恢复后，此时自动进行均衡充电，以恒流 $1.0I_{10}$ 充电。电池电压上升至 2.35V 和上述运行初充后均衡充电的过程相同。上述两阶段充电，其浮充转均充的判断大多采用时间来整定，即不论放电深度如何，一旦由恒流阶段转入恒压阶段后，延时若干个小时，则自动转为浮充。实际情况是充电所需时间与放电深度有关。因此事故放电的深度是随机的，若用一个固定的时间来操作，则有可能造成电池的过充或欠充，所以采用蓄电池回路的充电电流作为均充终期的判据是较合理的。如在同一放电深度情况下，以 $1.0I_{10}$ 和 $1.25I_{10}$ 的定电流充电，均衡充电电压取 $2.28\sim2.40V$，其充电时间只差 $3\sim5h$，所以为充电时取消降压电阻提供了更有利条件。

根据上述充放电过程，对电池进行充放电，可以得到各种特性曲线，同时也可推算求得选择蓄电池容量的换算曲线。

3. 阀控蓄电池运行方式及监视

阀控蓄电池组在正常运行中以浮充电方式运行，浮充电压宜控制为（2.23～2.28）V×n，在运行中主要监视蓄电池组的端电压、浮充电流、每只蓄电池的电压、蓄电池组及直流母线的对地电阻和绝缘状态。

4. 阀控蓄电池的充放电

（1）恒流限压充电。采用 I_{10} 电流进行恒流充电，当蓄电池组端电压上升到（2.30～2.35）V×n 限压值时，自动或手动转为恒压充电。

（2）恒压充电。在（2.30～2.35）V×n 的恒压充电下，I_{10} 充电电流逐渐减小，当充电电流减小至 $0.1I_{10}$ 电流时，充电装置的倒计时开始起动。当整定的倒计时结束时，充电装置将自动或手动地转为正常的浮充电运行，浮充电压宜控制为（2.23～2.28）V×n。

（3）补充充电。为了弥补运行中因浮充电流调整不当造成了欠充，补偿不了阀控蓄电池自放电和爬电漏电所造成蓄电池容量的亏损，根据需要设定时间（一般为 3 个月）充电装置将自动地或手动进行一次恒流限压充电→恒压充电→浮充电过程，使蓄电池组随时具有满容量，确保运行安全可靠。

5. 阀控蓄电池的核对性放电

长期使用限压限流的浮充电运行方式或只限压不限流的运行方式，无法判断阀控蓄电池的现有容量、内部是否失水或干裂。只有通过核对性放电，才能找出蓄电池存在的问题。

（1）一组阀控蓄电池。发电厂或变电站中只有一组电池，不能退出运行、也不能做全核对性放电、只能用 I_{10} 电流以恒流放出额定容量的 50%，在放电过程中，蓄电池组端电压不得低于 $2V×n$。放电后应立即用 I_{10} 电流进行恒流限压充电→恒压充电→浮充电，反复放充 2～3 次，蓄电池组容量可得到恢复，蓄电池存在的缺陷也能找出和处理。若有备用阀控蓄电池组临时代用，该组阀控蓄电池可做全核对性放电。

（2）两组蓄电池。发电厂或变电站中若具有两组阀控蓄电池，可先对其中一组阀控蓄电池组进行全核对性放电，用 I_{10} 电流恒流放电，当蓄电池组端电压下降到 $1.8V×n$ 时，停止放电，隔 1～2h 后，再用 I_{10} 电流进行恒流限压充电→恒压充电→浮充电。反复 2～3 次，蓄电池存在的问题也能查出，容量也能得到恢复。若经过 3 次全核对性放充电，蓄电池组容量均达不到额定容量的 80% 以上，可认为此组阀控蓄电池使用年限已到，应安排更换。

（3）阀控蓄电池核对性放电周期。新安装或大修后的阀控蓄电池组应进行全核对性放电试验，以后每隔 2～3 年进行一次全核对性放电试验，运行了 6 年以后的阀控蓄电池，应每年做一次核对性放电试验。

6. 阀控蓄电池的运行维护

（1）阀控蓄电池的运行中电压偏差值及放电终止电压应符合表 4-11 的规定。

表 4-11　　　　　　阀控蓄电池在运行中电压偏差值及放电终止电压的规定　　　　　　　　V

阀控式密封铅酸蓄电池	标称电压		
	2	6	12
运行中的电压偏差值	±0.05	±0.15	±0.3
开路电压最大最小电压差值	0.03	0.04	0.06
放电终止电压	1.80	5.40（1.80×3）	10.80（1.80×6）

（2）在巡视中检查蓄电池的总电压及单体电压，连接片和连接线及端子有无松动和腐蚀现象，壳体有无渗漏和变形，盖板有无损坏或裂纹，极柱与安全阀周围是否有酸雾溢出，绝缘电阻是否下降，蓄电池温度是否过高等。

（3）备用搁置的阀控蓄电池，每 3 个月进行一次补充充电。

（4）阀控蓄电池的温度补偿系数受环境温度影响，基准温度为 25℃时，每下降 1℃，单体 2V 阀控蓄电池浮充电压应提高 3～5mV。

（5）根据现场实际情况，定期对阀控蓄电池组做外壳清洁工作。

7. 阀控蓄电池的故障及处理

（1）阀控蓄电池壳体异常。

造成的原因有充电电流过大，充电电压超过了 2.4V×n，内部有短路或局部放电、温升超标、阀控失灵。

处理方法：减小充电电流，降低充电电压，检查安全阀体是否堵死。

（2）运行中浮充电压正常，但一放电，电压很快下降到终止电压，原因是蓄电池内部失水干涸、电解物质变质。处理方法是更换蓄电池。

第五节　直流充电装置

直流充电装置主要有磁放大型充电装置、相控晶闸管型充电装置、高频开关电源型充电装置等三类。本节主要介绍后两类装置。

一、充电装置基本参数及功能

1. 充电装置基本参数

（1）交流输入额定电压和额定频率：交流输入额定电压为（380±10%）V、（220±10%）V，额定频率（50±2%）Hz。

（2）直流标称电压：220V、110V、48V。

（3）直流输出额定电流：5、10、15、20、30、40、50、60、80、100、160、200、250、315、400A。

2. 充电装置技术性能

充电装置的精度、纹波因数、效率、噪声和均流不平衡度见表 4-12。

表 4-12　　　　　　　　　　充电装置技术性能

充电装置名称	稳流精度（%）	稳压精度（%）	纹波因数（%）	效率（%）	噪声［dB（A）］	均流不平衡度（%）
磁放大型充电装置	≤±5	≤±2	≤2	≥70	≤60	
相控型充电装置	≤±2	≤±1	≤1	≥80	≤55	
高频开关电源型充电装置	≤±1	≤±0.5	≤0.5	≥90	≤55	≤±5

3. 正常使用环境条件

（1）海拔 2000m 及以下。

（2）周围空气温度 -10～+40℃。

（3）日平均相对湿度不大于95％，月平均相对湿度不大于90％。

（4）安装使用地点无强烈振动和冲击，无强电磁干扰。

（5）使用地点不得有爆炸危险介质，周围介质不含有腐蚀金属和破坏绝缘的有害气体及导电介质。

4．正常使用电气条件

（1）交流电源电压波动范围不超过±15％的标称电压。

220V（单相）波动范围：187～253V。

380V（三相）波动范围：323～437V。

（2）交流电源频率变化范围不超过 $50 \times (1 \pm 5\%)$ Hz。

5．限流及短路保护

当直流输出电流超出整定的限流值时，应具有限流功能，限流值整定范围为直流输出额定值的50％～105％。当母线或出线支路上发生短路时，应具有短路保护功能，短路电流整定值为额定电流的115％。

6．抗干扰能力

高频开关电源型充电装置应具有三级震荡波和一级静电放电抗干扰度实验的能力。

7．谐波要求

充电装置在运行中，返回交流输入端的各次谐波电流含有率，应不大于基波电流的30％。

8．充电装置的保护及声光报警功能

充电装置应具有过流、过压、欠压、绝缘监察、交流失压、交流缺相等保护及声光报警的功能。

继电保护整定值见表4-13。

表 4-13　　　　　　　　　继电保护整定值

名　　称	整　定　值	
	额定直流电压 110V 系统	额定直流电压 220V 系统
过电压继电器	121V	242V
欠电压继电器	99V	198V
直流绝缘监察继电器	7kΩ	25kΩ

二、相控晶闸管型充电装置

1．型号

KVA-×/×

含义：K——晶闸管；

　　　V——浮充电；

　　　A——自然冷却；

×（第一个）——额定输出电流；

×（第二个）——额定输出电压。

2. 温升限值

相控晶闸管型充电装置各元件极限温升值见表 4-14。

表 4-14	充电装置各元件极限温升	K
部件或器件	极限温升	
整流管外壳	70	
晶闸管外壳	55	
降压硅堆外壳	85	
电阻发热元件	25（距外表 30mm 处）	
半导体器件的连接处	55	
半导体器件连接处的塑料绝缘线	25	
整流变压器、电抗器的 B 级绝缘绕组	80	
铁芯表面温升	不损伤相接触的绝缘零件	
铜与铜接头	50	
铜搪锡与铜搪锡接头	60	

3. 模块组成

相控晶闸管型充电装置的模块组成如图 4-39 所示。

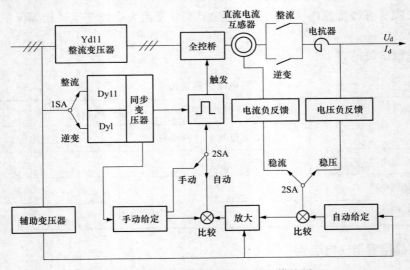

图 4-39 相控晶闸管型充电装置模块图

4. 结构及工作原理

晶闸管整流设备作为直流系统的电源，可靠性高。主回路采用三相全控桥式整流电路，控制触发路为数字电路，便于检修维护。正常运行时对直流负荷供电，并对蓄电池组进行浮充电。

（1）装置的主电路如图 4-40 所示。从电路上可分为主电路和控制电路两部分，主电路由变压器、整流电路、滤波电路组成。

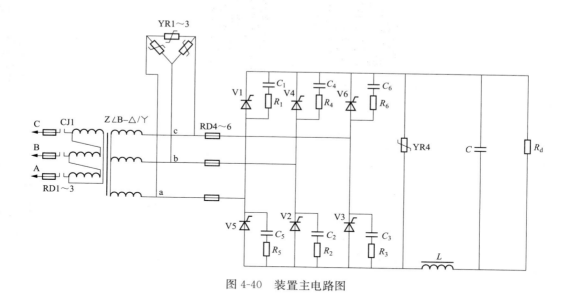

图 4-40 装置主电路图

1）变压器是将电网的电压 380V 变换成直流系统所需电压，直流 220V、48V 的整流装置中的变压器采用的是三相三线接线。24V 直流系统的整流装置主变压器采用平衡电抗器的双绕组接线。一般情况下，晶闸管整流电路要求的交流供电电压与电网电压不一致，因此需配用合适的变压器，以使电压匹配；另外，为了减少电网与晶闸管整流电路之间相互干扰，要求两者隔离。因此，要用整流变压器。由于晶闸管整流电路输出电压为缺角正弦波，除直流分量外，还含有一系列高次谐波。三相整流变压器的一次侧采用三角形连接，可使幅值较大的三次谐波流过，有利于电网波形的改善；二次侧接成星形是为了得到中性线，特别是三相半波整流电路，必须要有中性线。

2）阻容保护电路。电容和电阻串联后，并联在隔离变压器二次回路中，当回路中产生过电压时，由于电容上的电压不能突变，延缓了过电压的上升速度，同时短掉了一部分高次谐波电压分量，使硅元件上出现的过电压不会在短时间内增至很大。串联电阻只是限制电容器充放电电流和防止回路中产生电容电感振荡的。一般电容器上标的电压是直流耐压，用于交流时，直流耐压为交流有效值电压的 3 倍左右，故工作在 380V 交流电压下，应选用 1000V 以上的电容器。

3）整流电路。整流电路是将交流电转换成直流电关键电路，采用三相桥式全控整流电路。为使晶闸管器件能长期可靠地运行，必须采取适当的保护措施，在交流侧接有压敏电阻保护，以抑制涌浪电压。为防止关断过电压，每只晶闸管均接有阻容保护。电流通过晶闸管元件时正向可控导通，反相电压截止关断，使交流电流向一个方向流动，并对其进行触发控制，改变输出电压，实现控制整流输出。

（2）装置的工作原理如图 4-41 所示。图 4-41（a）为三相交流电压波形。$\omega t_0 \sim \omega t_2$ 期间 a 相电位最高，b 相最低，若 t_0 时刻触发晶闸管 V1、V2 使其导通，电流由 a 相出发，流经元件 V1、负载 Rd、元件 V2 回到 b 相，此时元件 V3、V4、V5、V6 因承受反相电压而不

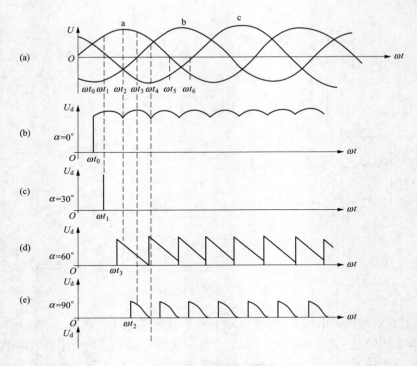

图 4-41　整流触发波形

导通，在 $\omega t_2 \sim \omega t_4$ 期间 a 相电压仍为最高，但 c 相电位转换为最低，若 t_2 时刻触发元件 V1、V3，则电流以 a 相出发，流经 V1 负载 Rd、V3 回到 c 相，依次类推，负载 Rd 上得到六相脉动直流电压，其波形见图 4-41（b）。

$\alpha=0°$，此时和三相桥式整流电路的输出波形相同。

$\alpha=30°$，V1 和 V2 控制极 t_1 时刻获得触发脉冲而导通，过 30°以后 c 相电位开始较 b 相低，但由于此时 V3 控制极尚未获得触发脉冲，故 V1、V2 继续导通，直到距 $\omega t_1 60°$约 ωt_3 处，由于 V1 和 V3 同时得到触发脉冲，因此 V2 关断，而 V1、V3 导通，以 ωt_4 开始，b 相电位开始高于 a 相，但由于 V4，控制极未送触发脉冲，V4 并不导通，直到 ωt_5，V4、V3 控制极获得触发脉冲时 V1 关断，而 V4 和 V3 导通。如此循环，6 只晶闸管轮流工作，在负载 Rd 上得到如图 4-41（c）所示电压波形，可以看到，电压波形此时是连续的。

$\alpha=60°$，情况与上述相同，以图中可以看到每只晶闸管在一个周期内导通角度为 2 个 60°，即工作 120°，如图 4-41（d）所示。

$\alpha=90°$，此种情形是 V1、V2 获得触发脉冲的时刻为 t_3，即在 ωt_3 处。V1、V2 开始导通，这时虽然 c 相电位较 b 相更低，但因 V3 无触发脉冲。因此 V3 不导通，当 V1、V2，导通至 ωt_4 处。由于 b 相电位开始高于 a 相，因而它们都关断。此刻 V3 仍无触发脉冲，故负载 Rd，上无电流通过，待到 ωt_5 时，元件 V1、V3，又同时得到脉冲而导通，如图 4-41（e）所示。

三、高频开关电源型充电装置

1. 型号含义

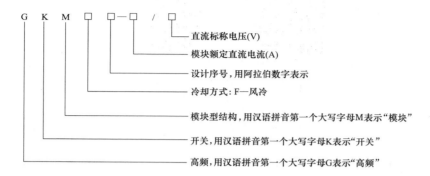

2. 模块各部件极限温升

在额定负载下长期连续运行，模块内部各发热元器件及各部位的温升应不超过表 4-15 中的规定。

表 4-15　　　　　　　　　　　　　　模块各部件极限温升

部件或器件	极限温升（K）
整流管外壳（散热器）	70
MOS（IGBT）管衬板	70
高频变压器、电抗器	80
电阻元件	25（距外表 30mm 处）
与半导体器件的连接处	70
与半导体器件的连接处的塑料绝缘线	25
印刷电路板铜箔	20

3. 结构

高频开关电源型充电装置由主电路、调整控制电路和辅助电路三部分组成。

主电路由交流整流滤波、直流—直流变换器（高频变换）等元件组成。其作用是从交流电网取得交流电，将其转换成符合要求的直流电。控制电路采用 PWM 脉冲宽度调制电路，它包括输出采样、信号放大、控制调节、基准比较等单元，其作用是对输出电压进行检测和取样，并与基准定值进行比较，从而控制高频开关功率管的开关时间比例，达到调节输出电压的目的。

功率因数校正网络也是高频开关整流器的重要组成部件，其功能是通过控制过程，使输入电流波形跟踪正弦基波电流，其相位与输入电压同相，以保持输出电压稳定和功率因数接近于 1。辅助电路包括手动调节、稳压电源、保护信号、事故报警以及通信接口等。

4. 整流模块工作原理

如图 4-43 所示，三相交流电源输入，首先进入尖峰抑制及 EMI 滤波电路，之后由全桥整流电路将三相交流电整流成直流电，经有源功率因数校正和 DC/DC 高频全桥逆变成高频交流电，再经整流为可调脉宽的高频脉冲电压，经滤波输出为所需的非常稳定的直流电压、电流。

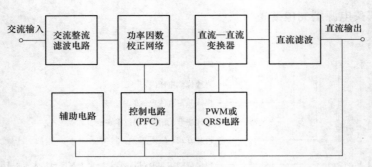

图 4-42　高频开关电源逻辑框图

　　模块内的监控单元是智能化整流模块的监控核心,它的功能是测量模块的运行参数并通过 RS485 接口传送给电源系统的监控模块,且同时接收中央控制器发来的各种控制命令。测量整流模块的输出电流;采集模块的开关状态、风机堵转、模块过热、整流故障等告警量。

　　由于整流模块采用了高频开关电源技术,时钟频率高达 200kHz;又运用了有源功率因数校正,使模块功率因数高达 0.95;模块间采用了低差自主均流技术;模块具有完善的保护和报警功能,即使模块处于长期短路状态也不致损坏;模块既可受中央控制器监控运行,又可脱离中央控制器按照出厂设定独立运行,提高系统的稳定性。

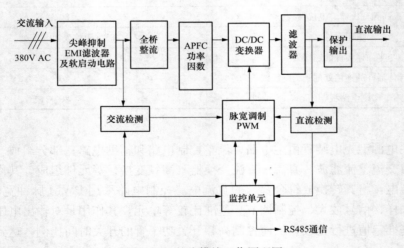

图 4-43　整流模块工作原理图

四、充电装置的运行监视

　　(1) 运行参数监视。运行人员及专职维护人员,每天应对充电装置进行如下检查:三相交流电压是否平衡或缺相,运行噪声有无异常,各保护信号是否正常,交流输入电压、直流输出电压、直流输出电流等各表计显示是否正确,正对地和负对地的绝缘状态是否良好。

　　多机并联运行时,应检查均流效果。发现运行不正常时应查原因,如脱离系统单个检查工作是否正常、将所有模块关机后重新开机等。

　　(2) 运行操作。交流电源中断,蓄电池组将不间断地供出直流负荷,若无自动调压装置，应进行手动调压，确保母线电压的稳定，交流电源恢复送电，应立即手动启动或自动启动充电装置，对蓄电池组进行恒流限压充电→恒压充电→浮充电（正常运行）。若充电装置内部故障跳闸，应及时起动备用充电装置代替故障充电装置，并及时调整好运行参数。

（3）维护检修。运行维护人员每月应对充电装置做一次清洁除尘工作。大修做绝缘试验前，应将电子元件的控制板及硅整流元件断开或短接后，才能做绝缘和调压试验。若控制板工作不正常、应停机取下，换上备用板，启动充电装置，调整好运行参数，投入正常运行。

第六节　直流电源柜

直流系统充电装置主要采用高频开关充电电源。高频开关电源是近年来发展起来的新型直流电源，由于开关管高频工作，功率损耗小，因而开关电源效率高，无隔离变压器，采用模块设计结构，每个模块为一独立开关电源，微机控制高频开关电源模块型直流电源柜，其总输出电流为各个模块输出电流总和。该装置适于用作大中小型发电厂、变电站、电气化铁道、工矿企事业单位变电室中的不间断直流供电电源系统，能充分满足电网的正常运行和事故状态下的继电保护、信号系统、高压断路器的分合闸用的直流控制电源和操作电源以及事故状态下发电厂直流电动机拖动的厂用机械提供工作直流电源、事故照明的需要，是目前国内最受用户欢迎的直流电源设备之一。

一、微机高频开关电源型直流电源柜的优点

（1）用高频半导体器件（VMOS 或 IGBT）取代晶闸管，具有输入阻抗高、开关速度快、高频特性好、线性好、失真小、多管并联、输出容量大等特点。取消了笨重的工频变压器，质量轻、体积小、效率高、噪声小。

（2）采用高频变换技术、PWM 脉宽调制技术和功率因数校正技术，使功率因数大大提高（接近 1.0），效率高、质量减轻、体积缩小、可靠性高。由于元件集成化，维护工作量小，同时由于控制、调制技术先进，使各项技术指标非常先进。

（3）高频开关电源模块，具有高性能、高效率、高功率因数、高可靠性、低噪声、体积小、质量轻（230V/10A 模块只有 7.5kg）等优点。

（4）直插式整流模块，无需连接电缆，整机配线简单，模块允许带电拔插，更换只需30s。先进的动态保护技术使安装和带电拔插更换极为安全、灵活、可靠。

（5）模块化结构，拔插式安装，$n+1$ 冗余组合，即在用 n 个模块满足电池组的充电电流（$0.1C_{10}$）加上经常性负荷电流的基础上，增加 1 个备用模块。备用模块采用热备用方式，直接参与正常工作，模块可带电插拔。模块数量增减极为方便，可适应不同的电池容量，可方便、安全、经济地扩容、维护和更换，从 20Ah～3000Ah 任意配置。

（6）整流模块既可受控于中央控制器单独开关机，输出设定的直流电压；又可自主工作于出厂设定状态，确保系统运行的双保险。

（7）中央控制器采用先进的均流技术，使机柜输出功率的利用率大幅度提高，各个整流模块的平均使用寿命也大为延长；采用软件开环、硬件闭环的限流模式保护电池；按照标准微机充电曲线自动维护电池。

（8）全微机控制交流保护单元自动检测交流输入过欠压、过流、缺相等故障，并可实现双路输入交流电源的自动切换。

（9）全微机控制直流保护单元具备自动检测合闸母线过电压、欠电压、绝缘电阻大小、蓄电池充放电电流及控制母线过电压、欠电压、控制母线电流、合闸母线馈出开关是否脱扣、控制母线馈出开关是否脱扣，各熔断器是否熔断等项的检测和自动报警功能。

（10）中央控制器配备键盘操作和大屏幕液晶汉字显示器，可以方便地实现对电源系统各项参数的显示和设置。

（11）电源系统具备单只电池电压自动监测报警功能，定时自动巡检或由用户手动进行，并可自动报警过、欠电压。

（12）可实现远程集中监控，对交流输入、直流输出和每一个整流模块的运行具有完备的"四遥"（遥信、遥测、遥控、遥调）功能，可实现电网、变电站的全自动化无人值守的要求。

二、电力系统用直流电源柜

1. 型号含义

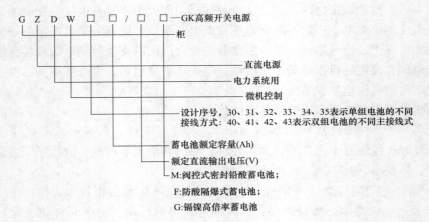

2. 组成

电力系统直流电源柜由交流电源、充电模块、直流馈电、绝缘监测单元、集中监控单元、闪光系统、通信系统等部分组成。

（1）交流电源。

各充电装置交流电源均采用双路交流自投电路，由交流配电单元和两个接触器组成。交流配电单元为双路交流自投的检测及控制元件，接触器为执行元件。切换开关共有"退出""1号交流""2号交流""互投"四个位置、切换开关处于"互投"位置时，工作电源失压或断相，可自动投入备用电源。

（2）智能型充电模块。

智能型充电模块工作原理如图 4-44 所示，其中各部分的作用如下：

1）一次侧检测控制电路，监视交流输入电网的电压，实现输入过压、欠压、缺相保护功能及软启动的控制；

2）辅助电源，为整个模块的控制电路及监控电路提供工作电源；

3）EMI 输入滤波电路，实现对输入电源的净化处理，滤除高频干扰及吸收瞬态冲击；

4）软启动部分，用作消除开机浪涌电流；

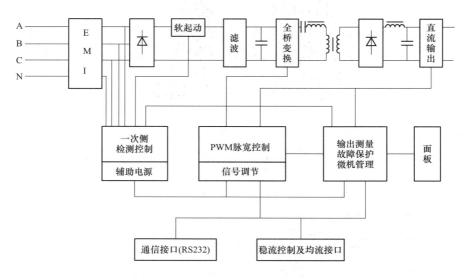

图 4-44　高频开关电源模块工作原理图

5）信号调节、PWM 控制电路，实现输出电压、电流的控制及调节，确保输出电源的稳定及可调整性；

6）输出测量、故障保护及微机管理部分，负责监测输出电压，电流及系统的工作状况，并将电源的输出电压、电流显示到前面板，实现故障判断及保护，协调管理模块的各项操作，并跟系统通信，实现电源模块的高度智能化。

（3）直流馈电单元。

直流馈电单元是将直流电源通过负荷开关送至各用电设备的配电单元，各回所用负荷开关为专用直流开关，分断能力均在 6kA 以上，保证在直流负荷侧故障时可靠分断，容量与上下级开关相匹配，以保证选择性。

（4）绝缘监测单元。

绝缘监测单元用于监测直流系统电压及绝缘情况，在直流电压过、欠或直流系统绝缘强度降低等异常情况下发出声光报警，并将相应告警信息发至集中监控器。用于主分屏直流系统时，装置可设为主机或分机。

装置采用非平衡电桥原理，实时监测正负直流母线的对地电压和绝缘电阻。当正负直流母线的对地绝缘电阻低于设定的报警，自动启动支路巡检功能。

支路巡检采用直流有源 TA，不需向母线注入信号。每个 TA 内含 CPU，被检信号直接在 TA 内部转换为数字信号，由 CPU 通过串行口上传至绝缘监测仪主机。采用智能型 TA，所有支路的漏电流检测同时进行，支路巡检速度快。

绝缘监测装置具有如下特点：

1）能监测馈出线具有环路的直流系统，并准确定位与测量环路接地。

2）实时显示正负母线接地电阻—时间曲线，当出现接地故障时，自动锁定并存储电阻—时间曲线。

3）能检测正负母线和支路平衡接地，分别显示故障支路的正负母线接地电阻。

4）支路巡检速度基本与支路数量无关。

（5）监控单元。

集中监控器通过分散控制方式，对直流系统充电模块、绝缘监测模块、电池组、母线、配电等进行实时监控，并与上位机通信，实现直流系统的"四遥"功能。集中监控器工作原理如图 4-45 所示。

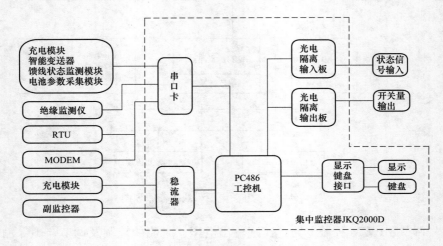

图 4-45　集中监控器工作原理图

1）交流配电监测。当交流电源出现交流失电、缺相故障时，通过无源接点将告警信号送监控器，监控器发出交流电源故障信号。

2）直流配电监测。蓄电池及母线电压、电流采集模块通过串行总线将测量到的数据送监控器，监控器可显示这些数据，并判断蓄电池及母线是否过、欠压，故障时发出告警信号。

重要回路（蓄电池、充电机）的熔断器设有熔断器故障附件，故障信号直接送监控器，发报警信号。

馈线状态监测模块通过串行总线将测量到的馈线开关分合状态送监控器。

蓄电池、充电机的输出开关及母联开关、放电开关的状态由其辅助触点直接送给监控器，在历史记录中显示和送给上位机。

3）绝缘监测。绝缘监测装置通过 RS485 数字通信接口将测量到的数据送监控器，故障时发生接地故障告警信号及显示接地支路号和接地电阻。

4）充电模块监控。充电模块通过串行总线接受监控器的监控，实时向监控器传送工作状态和工作数据，并接受监控器的控制。监控的功能有：遥控充电模块的开/关机及均/浮充；遥测充电模块的输出电压和电流；遥信充电模块的运行状态；遥调充电模块的输出电压。

5）电池管理。电池的管理功能主要有如下内容：

可显示蓄电池电压和充放电电流，当出现过、欠压时进行告警。

设有温度变送器测量蓄电池环境温度，当温度偏离 25℃时，由监控器发出调压命令到充电模块，调节充电模块的输出电压，实现浮充电压温度补偿。

手动定时均充（见图 4-46），可通过监控器键盘预先设置均充电压，然后启动手动定时均充。手动定时均充程序：以整定的充电电流进行稳流充电，当电压逐渐上升到均充电压整定值时，自动转为稳压充电，当达到预设时间时转为浮充运行。

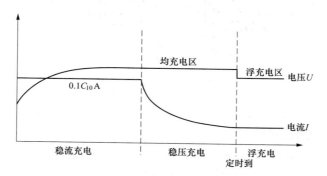

图 4-46 手动定时均充曲线图

自动均充（见图 4-47），当系统连续浮充运行超过设定的时间（3 个月）或交流电源故障蓄电池放电超过 10min 时，系统自动启动均充。

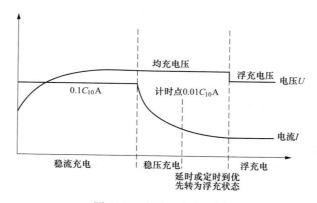

图 4-47 自动均充曲线图

自动均充电程序：以整定的充电电流进行稳流充电，当电压逐渐上升到均充电压整定值时，自动转为稳压充电，当充电电流小于 $0.01C_{10}A$ 后延时 1h，转为浮充运行。

6）通信。监控器通过 RTU 接口与电气数据采集系统 EDS 相连，并将有关运行信息传递给机组 DCS 控制系统。

7）历史记录。系统运行中的重要数据、状态和时间等信息存储起来以备后查，装置断电不丢失，可在后台机随时浏览。

3. 运行监视

（1）绝缘状态监视。

运行中的直流母线对地绝缘电阻应不小于 $10M\Omega$。值班员每天应检查正母线和负母线对地的绝缘电阻。若有接地现象，应立即寻找和处理。

（2）电压及电流监视。

值班员对运行中的直流电源装置，主要监视交流输入电压、充电装置输出的电压和电流。蓄电池组电压、直流母线电压、浮充电流及绝缘电压等是否正常。

（3）信号报警监视。

值班员每日应对直流电源装置上的各种信号灯、声响报警装置进行检查。

（4）自动装置监视。

检查自动调压装置是否工作正常，若不正常，启动手动调压装置，退出自动调压装置，通知检修人员修复。

检查微机监控器工作状态是否正常。若不正常应退出运行，通知检修人员调试修复。微机监控器退出运行后，直流电源装置仍能正常工作，运行参数由值班员进行调整。

（5）直流断路器及熔断器监视。

在运行中，若直流断路器动作跳闸或者熔断器熔断，应发出报警信号运行人员应尽快找出事故点，分析出事故原因，立即进行处理和恢复运行。

若需更换直流断路器或熔断器时，应按图纸设计的产品型号、额定电压和额定电流选用。

三、直流电源成套装置

直流电源成套装置主要用于电力系统中的发电厂、水电站、变电站和工矿企业等需要直流电源的场所。可作为高压断路器分合闸、继电保护、自动控制装置事故照明等的直流电源。

直流电源成套装置包括蓄电池组、充电装置和直流馈线。根据设备体积大小，可合并组柜或分别设柜。直流系统采用分布式系统，由交直流采集单元、充电模块监控单元、系统监控模块和后台机组成三级监控系统。电源系统的运行极为可靠。

充电装置采用高频开关电源，输出直流电源的纹波系数极低，软开关的工作模式使充电装置的效率及可靠性大大提高。

具有完善的电池管理系统，对电池的均、浮充电压值具有自动温度补偿功能，并具有定时均充功能，确保电池的使用寿命及能量。

具有 PFC（功率因数自动补偿系统）。装置的综合功率因数（相移功率因数与失真功率因数之积）大于 0.9，如此高的功率因数表明装置产生的高次谐波极小。

有完善的通信功能，提供 RS232、RS422、和 RS485 接口，具有遥控、遥信、遥调和遥测及故障回叫功能，完全满足无人值守变电站的运行需要。

1. 型号含义

GZD-GK-□-□/□/□-□

含义：GZD——电力系统用直流柜；

　　　GK——高频开关电源充电装置；

　□（左一）——设计序号：

　　　　　　　11 一路交流输入、单电池组、单控制母线输出，

　　　　　　　12 一路交流输入、单电池组、合闸母线、控制母线输出，

　　　　　　　23 二路交流输入、单电池组、单控制母线输出，

　　　　　　　24 二路交流输入、单电池组、合闸母线、控制母线输出，

25 二路交流输入、双电池组、单控制母线输出，

26 二路交流输入、双电池组、单控制母线分段输出，

27 二路交流输入、双电池组、合闸母线、控制母线输出，

28 二路交流输入、双电池组、合闸母线、控制母线分段输出，

29 二路交流输入、单电池组、单控制母线分段输出，

30 二路交流输入、单电池组、合闸母线、控制母线分段输出；

□（左二）——蓄电池组容量及组数（用 Ah、双组电池×2 表示）；

□（左三）——直流标称电压（V）；

□（左四）——直流额定电流（A）；

□（左五）——G 高倍率镉镍蓄电池，

　　　　　　 Z 中倍率镉镍蓄电池，

　　　　　　 M 阀控式免维护铅酸蓄电池。

2. 基本参数

额定输入电压：单相 220V，三相 380V。

额定输入频率：50Hz。

直流额定电压：50、115、230V。

直流标称电压：48、110、220V。

充电装置输出直流额定电流：5、10、15、20、30、40、50、80A。

设备负载等级：负载等级为一级（即连续输出额定电流）。

3. 通用技术

负荷能力：设备在正常浮充电状态下运行，当提供冲击负荷时要求其直流母线上电压不得低于直流标称电压的 90%。

连续供电：设备在正常运行时，交流电源突然中断，直流母线应连续供电其直流（控制）母线电压瞬间波动不得低于直流标称电压的 90%。

电压调整功能：设备内的调压装置应具有手动调压功能和自动调压功能。采用无级自动调压装置的设备应有备用调压装置，当备用调压装置投入运行时直流（控制）母线应连续供电。

4. 基本要求

直流电源成套装置采用阀控式密封铅酸蓄电池、高倍率镉镍碱性蓄电池或中倍率镉镍碱性蓄电池。蓄电池组容量应符合下列规定：

（1）阀控式密封铅酸蓄电池容量应为 300Ah 以下；

（2）高倍率镉镍碱性蓄电池容量应为 40Ah 及以下；

（3）中倍率镉镍碱性蓄电池容量应为 100Ah 及以下。

发电厂供电距离较远的辅助车间，当需要直流电源时，可采用直流电源成套装置，蓄电池组正常应以浮充电方式运行。

四、电力用直流和交流一体化不间断电源设备

电力系统控制必须具备安全可靠的控制电源。在电力工程中，控制电源分为两类，一类是直流电源，一类是交流电源。变电站中为控制、信号、保护、自动装置及某些执行机构等

供电的直流电源系统，通常称为直流操作电源；为计算机监控等设备供电的交流不间断电源系统，通常称为交流控制电源；为交换机、远动等通信设备供电的直流电源系统，则称为通信电源。这几种控制电源设备一般采用相互独立分散设置的方式，设备由不同的供应商提供且分属不同的部门专业管理。继电保护专业负责直流操作电源的维护，自动化专业负责交流控制电源的维护，远动通信专业负责通信电源的维护。这样不但造成功能重复配置，增加设备一次投资，同时，增加了运行及维护的难度。

随着数字化技术不断推广，对电源系统的可靠性、经济性、节能性等也提出了更高的要求。交直流一体化电源系统恰恰满足了以上要求，结合了厂、站内各电源系统并进行了全面整合。

将直流电源、电力用交流不间断电源（UPS）和电力用逆变电源（INV）、通信用直流变换电源（DC/DC）等装置组合为一体，共享直流电源的蓄电池组及直流动力母线，并统一监控的成套设备。该组合方式是以直流电源为核心，直流电源与上述任意一种电源及一种以上电源所构成的组合体，均称为一体化电源设备。

1. 型号含义

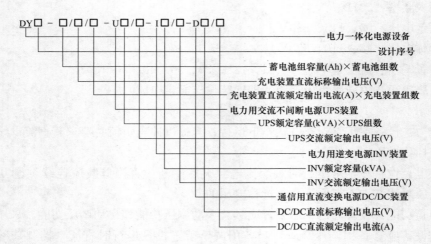

2. 基本参数

交流额定输入电压：单相 220V；三相：380V。

交流额定输入频率：50Hz。

直流额定输出电压：25、50、115、230V。

直流标称输出电压：24、48、110、220V。

充电装置额定输出电流：5、10、15、20、30、40、50、60、80、100、160、200、250、315、400、500A。

蓄电池额定容量：10～3000Ah。

设备负载等级：设备负载等级为一级（即连续输出额定电流）。

交流额定输出电压：单相：220V；三相：380V（三相四线制）。

交流额定输出频率：50Hz。

交流额定输出容量：单相输出 1、2、3、5、7.5、10、15、20、25、30kVA；三相输出

7.5、10、15、20、30、40、50、75、100、125kVA。

3. 系统构成

智能一体化电源系统主要由交流配电单元、整流模块、逆变电源、充电单元、通信电源、蓄电池及各类监控模块组成，如图4-48所示。

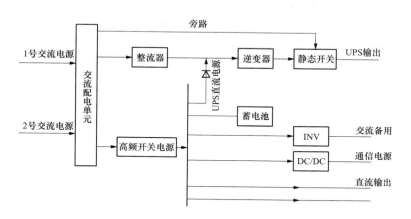

图4-48　交直流一体化电源示意图

交流配电单元实现由厂、站用电交流输出到整流器模块的电源分配和保护，对于单母线接线的交流厂、站用电源，整流器的交流电源进线按一路配置；对于两段单母线接线的交流厂、站用电源，整流器的交流电源进线按两路配置，两路交流电源分别取自交流厂、站用电源的两段母线，采用自动转换开关设备实现两路电源进线的备用切换控制。

交流输入电源正常时，通过交流配电单元给整流模块及UPS供电。整流模块将交流电变换为直流电，一方面给蓄电池组充电，另一方面经直流馈电单元给直流负荷提供正常的工作电源。当交流输入电源故障停电时，整流模块停止工作，由蓄电池组不间断给直流负荷及UPS供电。

智能一体化电源系统，除提供直流操作电源DC外，还提供交流不间断电源UPS。主要由直流操作电源、电力专用UPS或逆变器、集中监控等部分组成。UPS不配置独立蓄电池组，与直流电源共用蓄电池组，UPS装置作为直流系统的负荷之一。电力专用逆变器直流输入取自直流控制电源系统的蓄电池组，并实现了直流与交流输入和输出的电气隔离，以及高精度的稳压稳频逆变交流输出。

通信电源系统是利用DC/DC装置将DC220V或DC110V变换成通信用48V电源，将DC/DC装置作为直流系统的一个负荷考虑。它同样是取消了配套的蓄电池组，从直流控制电源系统的蓄电池组取得直流电，经高频变换输出满足通信设备要求的48V控制电源。DC/DC变换器不但实现了直流输入与输出的电气隔离，而且通过模块的并联冗余，可以获得很高的可靠性，绝缘及耐压也满足电力系统的特殊要求。

4. 交直流一体化电源特点

智能一体化电源系统采用智能模块化设计，直流电源、电力UPS电源、交流电源、通信电源及事故照明的各种模拟信号和开关信号由统一的微机监控系统监控，由总监控单元统一状态显示和故障处理，并可根据蓄电池组的实际运行情况进行均充、浮充自动转换，完全实现电池智能管理。通过统一的智能网络平台，实现变电站电源的集中供电和统一的监控管理，进而实现在线的状态检测。其运行工况和信息数据能通过一体化监控单元展示并转化为标准模型数据，并上传至远方电力调度控制中心。建立智能管理系统，可减少人工操作，提高运行可靠性。各子系统既能通过本系统的检测单元独立运行监测，又能通过共享一体化监控单元实现一体化电源系统全参数透明化管理。

智能一体化电源系统采用分层分布结构，各功能测控模块采用一体化设计、一体化配置，各功能测控模块运行状况和信息数据采用 IEC 61850 标准建模并接入信息一体化平台。实行智能一体化电源各子单元分散测控和几种管理，实现对智能一体化电源系统运行状态信息的实时监测。

智能一体化电源系统只在交流系统配置电源自动切换设备，而充电模块前的切换设备则无需重复配置，能够为交直流设备提供安全、可靠的工作电源，包括：380V/220V 交流电源、DC220V 或 DC110V 直流电源和 DC48V 通信用直流电源及电力用逆变电源。直流电源、电力用交流（UPS）和电力用逆变电源（INV）、通信用直流变换电源（DC/DC）等装置组合为一体，共享直流电源的蓄电池组，并进行统一监控。

智能一体化电源系统共享直流操作电源的蓄电池组，取消传统 UPS 和通信电源的蓄电池组和充电单元，减少了设备配置、蓄电池及检测设备、屏柜数和安装建筑面积，提高了设备可靠性、数据共享及系统分析水平，统一运行、维护，减少了维护人员和工作量，提高了工作效率，保证了电源的安全可靠运行。检修维护人员也由传统的直流电源、交流电源、逆变电源、通信电源四组维护人员由一组人员来替代。

一体化电源解决了传统电源系统中类似交流屏需通过电缆向直流屏上的逆变提供电源等问题，电源屏间连接由厂家负责，解决了电源二次设计复杂的问题。交直流一体化电源系统中各种元器件统一生产、安装、调试、运输，大大缩短了供货时间，且不存在因为交流、直流交货期不同而延长电源系统施工工期的问题，减少了电源系统联调涉及诸多厂家问题。

第七节　350MW 机组直流系统

发电厂的直流系统，主要用于为开关电器的远距离操作、信号设备、继电保护、自动装置及其他一些重要的直流负荷（如事故油泵、事故照明和不停电电源等）的供电。直流系统是发电厂厂用电中最重要的一部分，它应保证在任何事故情况下都能可靠和不间断地向其用电设备供电。

在大型发电厂直流系统中，采用蓄电池组作为直流电源。蓄电池组是一种独立可靠的电源，它在发电厂内发生任何事故，甚至在全厂交流电源都停电的情况下，仍能保证直流系统中的用电设备可靠而连续的工作。

大型发电厂中设有多个彼此独立的直流系统，例如单元控制室直流系统、网络控制室直流系统（又称升压站或变电站直流系统）、直流成套电源系统等。

350MW 机组大型发电厂单元控制室和变电站直流系统的设置，应满足继电保护装置主保护和后备保护由两套独立直流系统供电的双重化配置原则。

一、单元机组直流系统

350MW 机组电厂的单元控制室直流系统，一般每台发电机组设置两套 110V 直流电源系统，统称为 110V 直流系统，为继电保护、控制操作、信号设备及自动装置等直流负荷供电。其主要负荷是控制操作回路设备，故电厂中又常称这种直流电源为操作电源。除设置 110V 直流系统外，每一台机组另设一套 220V（或 230V）直流系统，为发电机组事故润滑油泵、事故氢密封油泵、汽动给水泵的事故润滑油泵、不停电电源系统（UPS）及控制室的事故照明等直流动力负荷供电。220V 直流系统的特点是平时运行负荷很小，而机组事故时负荷很大。

每组直流系统包括蓄电池组、蓄电池充电器、直流配电屏等。蓄电池选用阀控铅酸蓄电池，不设端电池，正常以浮充电方式运行。两组 110V 直流系统设两组充电/浮充电装置，220V 直流系统设一组充电/浮充电装置。蓄电池充电设备采用智能化微机高频开关型产品，具有稳压、稳流及限流性能。其波纹系数应不大于 0.5%，充电时稳流精度应不大于 ±1%，浮充电时稳压精度应不大于 ±0.5%，以满足蓄电池充电及浮充电的要求。

1. 直流电系统的接线方式

每台机组 110V 直流系统采用单母线接线，设有充电母线和配电母线，充电母线用于蓄电池的充电和试验。直流馈线和蓄电池充电器接到配电母线，两组 110V 蓄电池直流配电母线间设有联络开关。110V 直流系统供给控制、保护、测量负荷并提供双回路电源，并根据需要在主厂房 6kV 配电间等负荷集中的部分设置直流分电屏。

每台机组 220V 直流系统采用单母线接线，两台机组的 220V 蓄电池经过刀开关相联，设有防止两组蓄电池并联运行的闭锁装置，接线与每台机组 110V 直流系统相似。220V 直流系统供给主厂房应急照明，动力负荷和交流不停电电源及单元控制室应急照明电源。

直流馈线一般采用辐射状供电方式。每组 110V、220V 直流系统以及直流分电屏都设有微机接地绝缘监测装置。蓄电池和充电浮充电设备进线采用熔断器保护，直流馈线采用自动空气开关保护。每组蓄电池设置蓄电池巡检检测装置。

单元机组 110V 直流系统见图 4-49。

单元机组 220V 直流系统见图 4-50。

2. 设备布置

两台机组的 110V 蓄电池和 220V 蓄电池及其充电器和直流屏布置在机组 0m 层的专用房间内。

二、网络控制器直流系统

网络控制室直流系统，又常称为变电站直流系统。变电站的直流系统接线形式及有关的技术条件等参数通常与单元控制室的 110V 直流系统相同；所不同之处在于变电站直流系统的充电电源，接自变电站的低压配电盘（MCC 盘）。

网络直流系统设置两组 220V 阀控密封铅酸蓄电池组，向 220kV 配电装置的控制、信号、系统保护、交流不停电电源 UPS 等负荷供电。220kV 配电装置每套直流系统包括蓄电

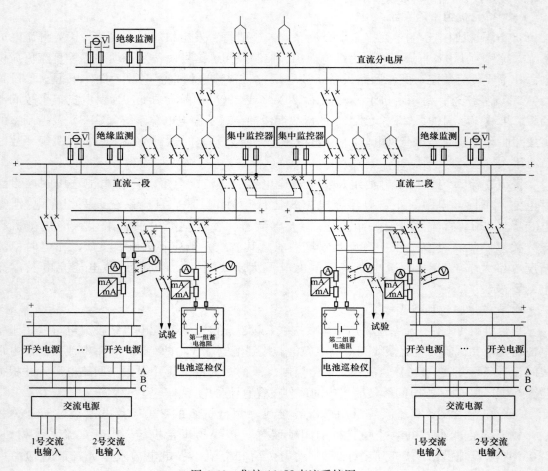

图 4-49　集控 110V 直流系统图

池组、蓄电池充电器、直流配电屏等。两组 220V 直流系统设三台相同容量的充电/浮充电装置。

每组 220V 蓄电池采用单母线分段接线，设有充电母线和配电母线，充电母线用于蓄电池的充电和试验。直流馈线和蓄电池浮充电器接到配电母线，两组 220V 蓄电池直流配电母线间设有联络开关，每段直流母线和直流屏设置一套微机型直流电系统绝缘监测装置，可连续监测直流电系统的绝缘情况。每组蓄电池设置蓄电池巡检检测装置。直流馈线一般采用辐射状供电方式。蓄电池组、充电和浮充电设备进线采用熔断器保护，直流馈线采用自动空气开关保护。

220kV 配电装置的蓄电池组、充电设备、浮充电设备及直流屏分别布置在网络继电器楼的网络蓄电池室和网络直流屏室。

三、辅助车间直流电源系统

对于主厂房外的公用 6kV 配电装置的部分，采用直流成套装置作为控制、信号和保护的电源，选用 110V、200Ah 直流成套电源柜。其他远离主厂房的辅助车间，对于有一类负

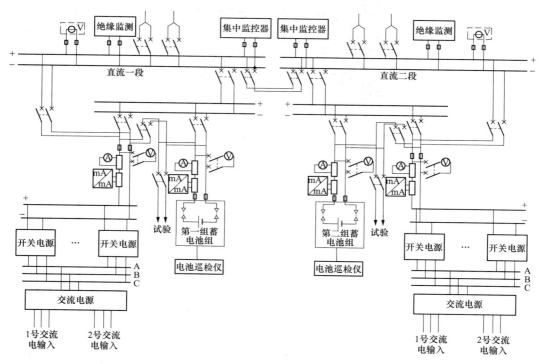

图 4-50　集控 220V 直流系统图

荷的车间，为了保证系统的独立性，根据需要采用直流成套装置作为控制、信号和保护的电源，选用 110V、100Ah 直流成套电源柜。

第八节　交流不间断电源系统（UPS）

为了保证计算机网络系统及重要设备控制系统的正常、安全、连续运行的需要，避免其因电网干扰、频率电压偏离、甚至突然断电而出现数据丢失、程序紊乱、磁盘损伤以至系统失控等严重后果，须用交流不间断电源装置可靠供电。

交流不间断电源系统（uninterruptible power system/uninterruptible power supply，UPS），就是为了解决不间断供电而设置的，将蓄电池与主机相连接，通过主机逆变器等模块电路将直流电转换成交流电的系统设备，主要用于为计算机、计算机网络系统或其他电力电子设备提供稳定、不间断的电力供应。UPS 的三大基本功能是稳压、滤波、不间断。在市电供电时，它是稳压器和滤波器的作用，以消除或削弱市电的干扰，保证设备正常的工作；在市电中断时，又可以通过把它的直流供电部分提供的直流电转化为交流电供负载使用，其中由市电供电转电池供电很短时间进行切换，这样就使负载设备在感觉不到任何变化的同时保持运行，真正保证了设备的不间断运行。

一、UPS 的分类

（1）根据工作原理，UPS 主要分为后备式、在线式互动式以及在线式三大类。

后备式 UPS 的本质就是具有离线的逆变器，并且由于逆变器平时处于冷备用状态，因此存在较长的电池切换时间。当市电输入良好时，UPS 将市电直接导通到负载侧（没有在线调压装置）。只有当市电输入失败或供电质量超出 UPS 正常输入范围时，才启动逆变器并切换到电池放电状态。该类 UPS 输入电压范围窄、容量小、在线及逆变输出电源质量差，且切换时间相对在线式较长，一般为 10ms 左右。后备式 UPS 一般只能持续供电几分钟到几十分钟，主要是让用户有时间备份数据，并尽快结束手头工作，其价格也较低。对于不是很重要的电脑应用，比如个人家庭用户，就可配小功率的后备式 UPS。后备式 UPS 示意图见图 4-51。

图 4-51　后备式 UPS 示意图

在线式互动式 UPS 同样具有离线的逆变器，但为热备用状态。当 UPS 在线工作时，能提供相当程度的电压调整能力以及输入输出的滤波及浪涌抑制环节，从而可以提供良好的净化输出电源，对负载起到更好的保护作用。电池放电状态时，可快速投入逆变工作，因此可以提供更快的切换时间，确保负载在切换时不受到任何影响。同时在电池管理方面引入智能化管理，加快回充速度、延长电池寿命并提供电池潜在故障的早期报警。在线交互技术在 1~3kVA 容量范围内应用效果比较理想，对于大多数较分散的小型计算机网络及通信设备而言，UPS 以其独特的综合性能优势得到广泛应用。但在线式互动式 UPS 也具有一定的局限性，除容量（1~3kVA）限制外，其对频率干扰的适应性也较差。在线式互动式 UPS 示意图见图 4-52。

图 4-52　在线式互动式 UPS 示意图

在线式 UPS 的特征就是逆变器始终在线工作，因此电池切换时间小于 4ms。在线 UPS 的结构决定了其输出与市电输入的无关性。因此对输入电的适应能力更强，尤其表现为对频率变化的适应能力。输出则提供非常精准的电压稳定度、频率稳定度，同时整机在噪声抑制、浪涌保护等功能上都大大提高。与前两者相比，相同容量的在线 UPS 更适合于输出范围要求严格的场合或柴油机供电、电网恶劣、频率及电压波动大的场合。另外，在线 UPS 容量范围比后备及交互在线 UPS 大很多，由于技术上的可实现性，在线 UPS 可提供 1~3840kVA 各容量段的不同应用。并且在各种场合的长期使用中增加了很多辅助功能，如自动旁路、手动旁路、电池管理、通信管理、效率优选以及各种冗余方式的应用。因此，在应用范围上也较前两者更广，无论在小型分布式或大中型集中供电方式中，都有一席之地。功率大于 3kVA 的 UPS 几乎都是传统在线式。在线式 UPS 示意图见图 4-53。

后备式、在线互动式 UPS 的功率因数在 0.5 与 0.7 之间，在线式 UPS 的功率因数一般

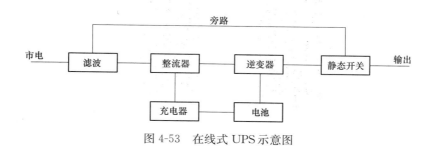

图 4-53　在线式 UPS 示意图

是 0.8 以上。

在线式 UPS 结构较复杂，但性能完善，能解决所有电源问题，其显著特点是能够持续不中断地输出纯净正弦波交流电，能够解决尖峰、浪涌、频率漂移等全部的电源问题；由于需要较大的投资，通常应用在关键设备与网络中心等对电力要求苛刻的环境中。

（2）根据频率，UPS 通常分为工频机和高频机两种。工频机由晶闸管整流器、IGBT 逆变器、旁路和工频升压隔离变压器组成。因其整流器和变压器工作频率均为工频 50Hz，因此叫工频 UPS。

高频机通常由 IGBT 高频整流器、电池变换器、逆变器和旁路组成，IGBT 可以通过控制加在其门极的驱动来控制 IGBT 的开通与关断，IGBT 整流器开关频率通常在几千到几十千赫兹，甚至高达上百千赫兹，相对于 50Hz 工频，称之为高频 UPS。高频 UPS 有功率密度大、体积小、质量轻的特点。

根据大量的数据统计，采用晶闸管的整流器故障率远远低于 IGBT 整流器的故障率，在可靠性第一原则下，使用在重要场合的大功率 UPS，仍然以工频机为首选。

二、UPS 组成及工作原理

UPS 电源系统由五部分组成：主路、旁路等电源输入电路，进行 AC/DC 变换的整流器（REC），进行 DC/AC 变换的逆变器（INV），逆变和旁路输出切换电路以及蓄电池。UPS 装置原理如图 4-54 所示。

正常情况下，负荷的电源由逆变器供给，逆变器的控制设备可保证逆变器输出的频率和振幅精确和稳定。工作电源三相交流输入经整流滤波后为纯净直流，送入逆变器转变为稳频稳压的交流，经静态开关向负载供电，整流器同时向蓄电池浮充电。当交流工作电源或整流器故障时，由逆变器利用蓄电池的储能无间断地继续对负荷提供优质可靠的交流电。在过负荷、过压或逆变器本身发生故障或硅整流器意外停止工作而蓄电池又放电至终止电压时，静态开关将在 4ms 内检测反应并毫无间断地转换为备用电源供电。UPS 装置的全部电路均由控制单元进行控制。

不间断电源系统（UPS）提供了用户连续可靠的能量，当市电出现凹陷和故障而超出规定的范围时，输出的电压和频率将维持稳定，储能蓄电池用作能量储存单元。带旁路的 UPS 包含一个整流器、一个逆变器、一组蓄电池组、一个电子旁路静态开关，旁路电源的输入可选择变压器和调压器（稳压器）。

负荷要求：一是电源在任何情况下不得中断，二是要求电源的频率电压要能基本保持稳定无大的波动。

1. 整流器

整流器向逆变器提供直流电源，同时对蓄电池进行充电，这里采用 6 脉冲晶闸管整流，

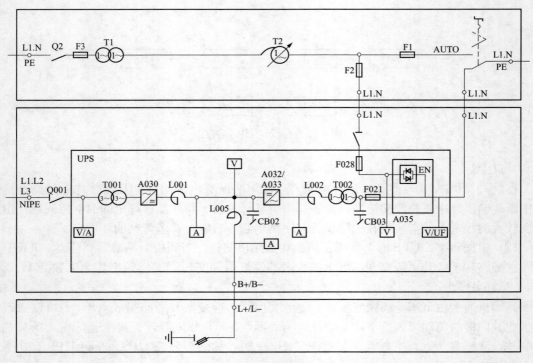

图 4-54　UPS 装置原理图

利用一个自耦变压器，使电源电压满足整流器输入电压的要求。晶闸管控制单元对充电整流器触发控制，如图 4-55 所示。

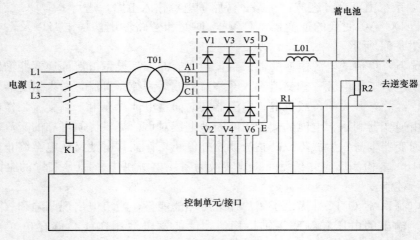

图 4-55　整流电路图

T01—自耦变压器；L01—电感器；D—硅整流器；K1—交流接触器

整流电路把工作电源来的 380V 三相交流电经交流接触器、隔离变压器送到三相桥式可控整流桥，经可控整流后输入逆变器带负载，由控制单元发出的脉冲控制晶闸管的导通。

整流器还具有同时给蓄电池进行浮充电和增压充电的功能，在使用共用蓄电池组时充电功能不使用。鉴于 UPS 装置的重要性，要求 UPS 装置应具有独立蓄电池组，如无独立蓄电池组，则应取直流系统电源，但容量必须满足要求。

2. UPS 逆变器

逆变器采用功率晶体管集成电路集成正弦波脉冲宽度调制工作方式，主要组成部分如图 4-56 所示。

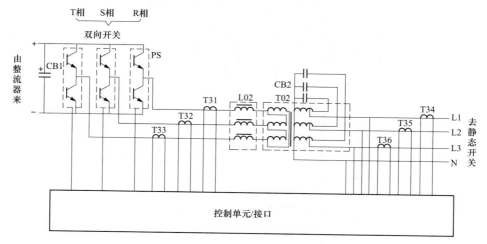

图 4-56　逆变器电路图

CB1—输入电容器；PS—双向功率晶体管开关；

T02—输出变压器；L02—交流扼流圈；CB2—输出滤波器；T31、T32、T33、T34、T35、T36—电流互感器

逆变器将整流后的或蓄电池来的直流 220V 电源转换为三相交流 220V 电源。电路采用大功率晶体管组成双向功率开关，双向功率开关作用和一个双刀开关相似，包括 T、S、R 三相。功率开关是由每个周期产生 21 个脉冲宽度的调整信号所控制，这个信号的频率即为 1050Hz。功率开关的控制就是由一个频率为 1050Hz 的三角波和相位相差 120° 的频率为 50Hz 的三个（即三相）正弦波（相差 120°）叠加比较产生的，如图 4-57 所示。

1050Hz 信号即是载波信号，三相正弦波即是调制信号，电路采用调制脉冲宽度的方式。经控制后的三相功率开关每一个开关的输出电压如图 4-58 所示。

功率开关输出的三相电压波形如图 4-59 所示。这个三相电压由电抗线圈滤波后送到输出变压器 T02，由输出变压器输出的是一个三相正弦波交流电，电压波形如图 4-60 所示。

利用载波及正弦滤波器可以比较容易地分离出相对高频，低阻滤波器对逆变器的优良动态性能至关重要。电源变压器可把负载与功率开关之间分开同时还起正弦滤波器的作用，而且决定输出电压的大小。相对于负载的变化和输入电压的变化，输出电压稳定性的保持是通过改变功率开关调制深度实现的，即改变基准调制电压幅值与三角波载波电压幅值的比例。当蓄电池电压低和负载最大时，基准电压幅值基本上与三角波电压幅值一致，当蓄电池电压最高和负荷为零时，基准电压很低，即与载波相比时，基波含量较少。短路输出时，基波几乎都被除去，余下的载波被载波滤波器吸收。基波幅值由输出电压调整回路控制，但当过负荷时，电流限制回路可保护逆变器，利用幅值鉴别装置，用来不让太高或太低的电压输入逆变器，用以保护逆变器免遭过负荷和短路造成的损坏。电容器组，把逆变器电路功率所需的无功储存，这样使逆变器可以相对不依靠蓄电池的运行状态。输出变压器把负载与功率开关

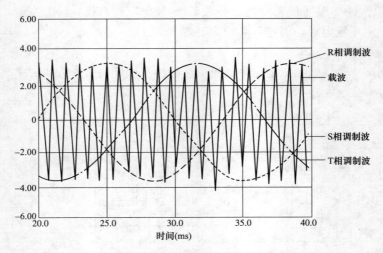

图 4-57 三相变换调制波形图

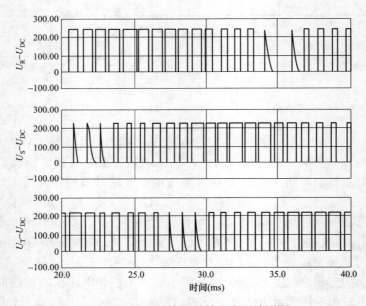

图 4-58 三相功率开关输出电压波形图

分开，同时还起正弦滤波起的作用。

逆变器在同步单元的作用下，保持与外加备用电源的频率和相位一致。

逆变器在额定负载下可长期运行，150％负荷时可运行 1min，在 125％负载时可运行 10min。如输出电流达到额定电流的 135％，控制电路内会起动一个计时器，1min 后将电流降至额定值的 125％。如输出电流超过 110％，则计时器起动后 10min 把电流降至额定值的 105％。

3. 静态开关

静态开关实际上是由两组晶闸管（SCR 模块）正反向并联组成的无触点开关电路，在电路中起导通或关断电源的作用，如图 4-61 所示。它可以在极短的时间将负载由备用电源

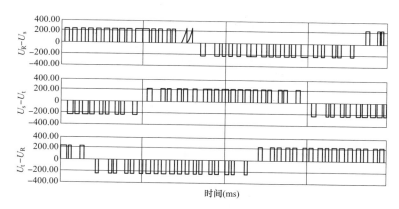

图 4-59 功率开关三相电压变换波形图

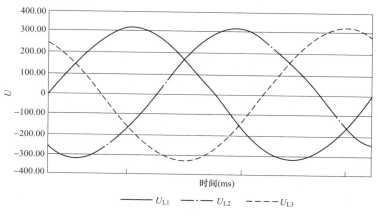

图 4-60 逆变器输出波形

转为逆变器供应，或由逆变器转为备用电源，转换时间对于 UPS 而言是非常重要的。检测电路及控制电路能使静态开关在极短的时间完成转换，另有逻辑线路控制静态开关是否该转换，例如在正常工作状态下输出短路时，UPS 检测到短路时，若超过逆变器可容忍时间，便会切断逆变器，然后静态开关会转换到备用电源，利用备用电源的大电流将短路情况烧掉或跳闸，如备用电源也不能将短路情况排除，备用电源无熔丝开关会跳掉；但是在超载的情况，若超过逆变器可容忍时间，UPS 会切断逆变器然后把负载转换到备用电源，因为静态开关能承受超载的能力比逆变器较高。

同时为了保护负载以及防止错误的工作电源和旁路电源送到负载，静态开关会检测备用电源的电压和频率，若不正常，就不会送备用电源给负载。

静态开关还并联有一个交流接触器，用它可以将晶闸管旁路，以消除晶闸管两端压降，减少功率损耗。

4. 维护旁路开关

为了方便检修，UPS 装设有维护旁路开关，它在正常情况下是切断的，只有在维修期间才投入。为了保障维护人员的安全，在维修期间 UPS 内部所有的电源要切断才能碰触 UPS 内部、进行维护工作。假如在正常工作情况下，投入旁路开关，逆变器会自动停止，

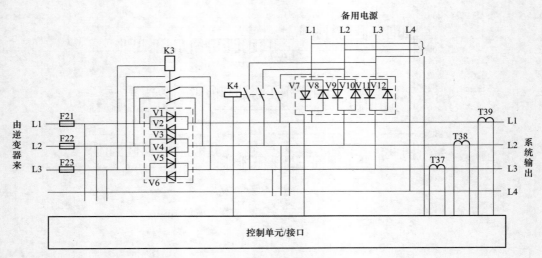

图 4-61　静态开关电路图

负载自动转换由备用电源供应，防止交流电源进入逆变器。

维护旁路开关的操作程序：首先切断逆变器开关，静态开关自动在短时间转换备用电源给负载，然后再投入维护旁路开关，再切断备用电源开关和整流器开关，此时负载由旁路开关回路提供，在操作此程序时输出不会有中断情形。

三、UPS 系统的运行

UPS 装置具有并列运行时平均分配负荷的功能。当一台 UPS 装置容量不能满足要求时，可以安装几台 UPS 装置并列运行。

当装置由于某种原因由交流备用电源带负荷运行时，此时如工作电源或蓄电池恢复有电，逆变器电压在额定值 100% 的范围内变化，并且电压与备用电源同步，经过 8s 后，系统将自动复归为逆变器运行状态。

同期回路是检查逆变器输出的交流电与备用电源之间电压是否同步，只有在鉴定两电源同步时才允许并列。

如果由于负荷大逆变器出现持续过负荷时，可能出现逆变器与备用电源之间反复切换的情况，UPS 装置设置了闭锁电路避免发生这种情况，装置保持在备用电源运行状态。如逆变器输出电压超过限值，装置也自动切换为备用电源运行。手动由备用电源向工作逆变器切换也需延时 8s。在装置上还设置有与运行有关的各种信号指示灯供运行监测使用。

尽管 UPS 系统有一路交流工作一路直流备用和一路交流备用三路电源，供电装置本身可靠性高，但由输出交流母线至各负荷之间许多是单根电缆供电，运行中必须加强这些回路的维护工作，防止由于电缆损坏造成设备停电或损坏 UPS 装置的故障。

四、发电厂的交流不间断电源（UPS）

发电厂 UPS 一般采用单相或三相正弦波输出，为机组的计算机控制系统，数据采集系统，重要机、电、炉保护系统，测量仪表及重要电磁阀等负荷提供与系统隔离、可靠的、防止干扰的不停电交流电源。

1. 交流不间断电源 UPS 应满足的条件

（1）在机组正常和事故状态下，均能提供电压和频率稳定的正弦波电源。

（2）能起电隔离作用，防止强电对测量、控制装置，特别是晶体管回路的干扰。

（3）全厂停电后，在机组停机过程中保证对重要设备不间断供电。

（4）有足够容量和过载能力，在承受所接负荷的冲击电流和切除出线故障时，对装置无不利影响。

电子计算机和晶体管控制设备对电源质量和供电连续性要求都很高。以标准计算机为例，电源输出电压幅值稳定范围为±2%，频率稳定度范围为±0.5%，谐波失真度≤5%。

2. 发电厂交流不间断电源（UPS）主电路

发电厂交流不间断电源（UPS）一般不装设独立蓄电池组，使用共用蓄电池组（即直流电源取自厂用直流动力220V系统），UPS系统主电路接线图如图4-62所示。

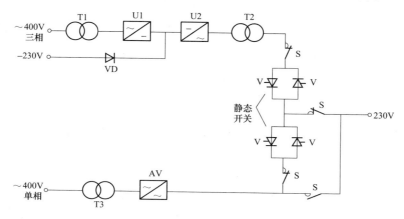

图 4-62　UPS 主电路图

（1）输入变压器 T1 和输出变压器 T2，将 UPS 装置与输出、输入电源系统隔离。同时还在控制回路中采用晶闸管 V 把强电部分与控制线路弱电部分隔离的措施，这样就从根本上消除了外界电网可能对控制回路产生的任何干扰和损坏，从而大大提高了它的可靠性。

（2）U1 为三相桥式半控整流，设有过电压、电流限定保护以及缓冲电路。当整流器输出电压大于 280V 时，过电压保护将整流器输出开关断开，以保护逆变器 U2 的安全。当整流器输出过电流时，电流限制电路将降低输出电压以保证输出电流在额定范围内。另外，该整流器最大特点是采用了缓冲电路，当整流器输入电源突然失去的瞬间，缓冲电路作用使输出维持一个 10s 的缓冲电压，以保证闭锁二极管 VD 在导通过程中直流输出电压无阶跃变化，提高了 UPS 装置供电品质。

（3）逆变器采用脉宽调制（PWM）逆变电路，并设有直流输入低电压保护和电流限制保护。当输入直流电压低于 210V 时，将输入断路器跳闸；当输出电流超过额定电流时，就闭锁触发控制回路，并发信号给静态开关，将负荷快速切换到由旁路电源供电，以保护逆变器晶闸管的安全。为了保证静态开关在切换过程中，使负荷供电不受扰动，逆变器还设有相位频率调整器，它可在 49.5～50.5Hz 范围内精确地跟踪旁路电源的频率和相位变化。如果旁路电源频率超出此范围，它将不再跟踪，而是保持逆变器内部整定的频率输出。同时闭锁静态开关的切换，并且"不同期"报警指示灯亮。

（4）UPS 静态切换开关具有自动和手动控制两种切换功能。手动切换作为调试或检修之用，正常运行为自动切换。对于自动切换，当发生下列情况之一时，静态切换开关会自动切换：

1）当逆变器输出电压过高，静态切换开关自动慢速切换到旁路，并闭锁切换开关，当需转换到逆变器供电，应手动按复归按钮解除闭锁。

2）当逆变器输出电压快速降低至80％额定电压时，静态切换开关在5ms内快速切换至旁路。

3）当逆变器输出电压缓慢降至90％额定电压时，静态切换开关慢速切换至旁路，一般小于200ms。

4）当逆变器输出电压恢复至95％额定电压以上时，静态切换开关自动从旁路供电切换到逆变器供电。

静态切换开关自动切换还必须满足两个条件：逆变器输出与旁路电源之间的相角差小于15°，电压差小于25％额定电源电压。

3. UPS母线与馈线的基本要求

（1）为了防止馈线故障而影响母线电压、干扰其他用户的正常运行，每路馈线应装设快速断路器。

（2）为了使快速断路器能正确及时切断故障点，UPS母线的短路容量应足够大，能维持母线电压不致波动。因此，UPS应有足够大的容量和较低的内部阻抗。

（3）电磁阀和伺服电机等设备，在现场安装环境较差，容易发生接地或短路故障，应该设置单独一台UPS供电，防止与重要负荷发生干扰。

4. UPS系统的运行方式

（1）正常运行方式。

交流输入（整流器的市电）通过一个市电隔离变压器进入相角控制的整流器，整流器补偿市电电压的变化以及负载的差异，维持直流电压的稳定。叠加的交流电压成分（脉动）由平滑滤波器来减少，整流器提供逆变器能量，保证所连接的电池处于准备状态（浮充和升压充电依赖于电池的充电状态以及电池的种类）。随后，逆变器通过优化正弦波脉宽调制控制（PWM），将直流电压转换为交流电压，直接或通过一个逆变静态开关（可选择加入）供给负载。

（2）电池运行方式。

工作电源凹陷或故障时，逆变器不再由充电器提供电源，连于直流端的电池自动投入，且无间断地提供电流。电池放电时给出信号，电池电压的下降是放电持续时间与放电电流幅值的函数，电压的下降由逆变器补偿，因此UPS的输出电压保持不变。

如果接近电池放电电压的下限，系统将给出一个告警信号，如果达到电池放电电压的下限，系统将自动转输入旁路运行。如果无旁路电源或旁路电源超出允许的范围，系统将自动关断，当工作电源恢复或柴油发电机紧急电源启动时，整流器将立即恢复给逆变器供电，同时给电池充电。上述结果只有当UPS系统编程于自动启动，市电恢复时才会发生，如果系统没有编程于自动启动，必须重新手动启动。充电的限流，依赖于电池的放电深度，通过电池限流器进行限流。

（3）旁路运行方式。

UPS装置可使负载无间断地转换为备电电源供电（旁路供电），且当旁路电源在规定的范围内才能转换，转换可由控制信号控制自动进行，也可手动进行。UPS 系统逆变输出的电压频率和相位同步于旁路工作电源时，不管手动还是自动，都可不间断地转换。

如果旁路运行期间工作电源故障，而此时电池存在，且各项性能指标在规定的范围内，系统仅可手动转换至电池工作而不丢失电压。

（4）手动旁路（维护旁路）方式。

当进行维修维护工作时，系统的输出可通过先合后断的手动旁路开关（可选件）来转换。以这种方式，除少数几个连接分路的元件，UPS 系统被断电，负载供电不间断。

在正常的运行模式下，UPS 连接电池使用可以提供干净和不间断的电源给负载，UPS 除了放电时间受电池组的限制外，它堪称是一个完美的交流电源。除了在电源故障、负载超载或在维修期间 UPS 才停机以外，UPS 投运后应全天运转。

五、350MW 单元机组 UPS 系统

每台机组均设置一套交流不间断电源（UPS），采用电力专用——并机单相 UPS 系统。二台交流不停电电源（UPS）系统并机运行，共同向单元机组分散控制系统（DCS）、热控自动调节和监视设备、火灾探测报警及控制系统等负荷供电。当其中一台交流不停电电源（UPS）系统发生故障，另一台（UPS）可带机组运行负荷，保证机组的正常运行，如图 4-63 所示。

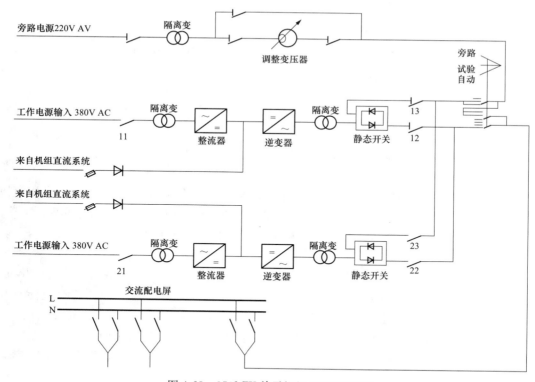

图 4-63　350MW 单元机组 UPS 系统图
11—主机整流器开关；12—主机输出开关；13—主机备用电源开关；
21—从机整流器开关；22—从机输出开关；23 从机备用电源开关

UPS 系统包括整流器、逆变器、静态转换开关、旁路变压器、手动旁路开关和交流配

电屏等。UPS 的静态切换时间不大于 4ms。UPS 额定容量定为每台 2×40kVA。UPS 装置的正常输入电源取自机组保安段，旁路输入电源取自机组事故照明段，直流输入电源取自单元机组 220V 直流系统。UPS 输出为单相交流 220V、50Hz。

在正常情况下，UPS 由整流器、逆变器工作向负荷提供交流电源；当整流器故障时，改由 220V 直流电源逆变后向负荷供电；当逆变器故障时，通过静态开关自动切换到本身的旁路电源。

1. UPS 的主要技术参数

额定输出功率：2×40kVA。

额定输入电压：三相：380V（1±10%），50Hz±5%；直流：220V（1±15%）。

输出电压：220V（1±0.5%），50Hz（1±0.5%）（与旁路电源同步）。

效率：≥90%（满负荷）。

输出电压特性：交流输入电压变化±10%，直流输入电压变化为 210～250V，负载在 0%～100%范围变化，输出交流电压变化小于±2%。

输出电压调节范围：±3%。

谐波失真度：<2%。

静态开关切换时间：≤4ms。

2. UPS 的操作

（1）并机系统运行注意事项：

1）1+1 并机前，请务必将配电柜中维修开关开启，勿在并联中做开启/关闭动作，只有在另一台 UPS 需要更换机器（拆机）时，需关闭逆变器，关闭所有开关，才能将其维修开关关闭，再撤离机器。

2）并联机信号线脱落时，并联机强制备用电源输出，LCD 弹出画面、历史记录、蜂鸣器报警。

3）1+1 并联时，两台并机条件为同型号容量、电压规格值，才可允许并联。

（2）开机。

1）开机前应检查 UPS 系统的状态，包括输入电压应符合 UPS 额定的输入电压范围，输入频率应符合 UPS 额定的输入频率范围，输入电源相序正确，输出端所有负载开关应断开，所有的空气开关和直流屏切换开关应断开，配电柜中的并机开关应闭合，UPS 柜内无杂物。

2）UPS 的开机。UPS 的首次启动应主机首先开机，待主机开机完成后，从机再开机。

合上主机备用电源空气开关，电源指示灯亮起，备用电源静态开关回路有电能存在，UPS 风扇开始转动。合上主机 UPS 输出空气开关，输出端指示灯亮起，负载可以启动。

合上主机整流器空气开关，按 LCD 面板 ON 键 LCD 会跳出确认画面，此时按 ENTER 键确认，数秒后系统会显示设定完成，且约 50s 之后，面板 RESERVE 灯熄灭转由逆变器灯亮，即 UPS 由逆变器供电。

合上主机电池开关，当整流器无法提供直流电源给逆变器时，立即提供直流电能给逆变器。

检查 LCD 显示是否正确：切换 LCD 画面，检查 LCD 内有内容是否与实际相符，故障灯是否报警等。

主机开机完成后，相同步骤再次启动从机。

（3）关机。

从机首先关机，待从机关机完成后，主机再关机。

按从机 LCD 面板 OFF 键后，LCD 会跳出确认画面，此时按 ENTER 确认，此时面板逆变器灯熄灭。切断从机电池开关，这样直流总线电能完全由整流器供给。切断整流器空气开关：切断从机整流器空气开关，整流器将无法将交流市电转换成直流电源至直流电压总线，此时直流电压总线将慢慢释放电能。切断从机备用电源空气开关。切断 UPS 输出空气开关：此时输出端 LED 指示灯熄灭。

所有的电源都已经切断，LCD 显示及 LED 显示灯熄灭，UPS 从机完全关机。

从机关机完成后，相同步骤再次关闭主机。

（4）将负载切换到维修旁路。

按从机 LCD 面板 OFF 键 LCD 会跳出确认画面，此时按 ENTER 确认，此时从机面板逆变器灯熄灭，再按主机 LCD 面板 OFF 键 LCD 会跳出确认画面，此时按 ENTER 确认，此时主机面板逆变器灯熄灭，主/从机 RESERVE 灯同时亮，即 UPS 已由旁路供电。

合上主/从机维修旁路（BYPASS）空气开关，此时备用电源空气开关和备用电源静态开关依然是导通状态，但因旁路回路阻抗较低，电源会从备用电源回路切换到旁路回路，无中断地提供输出电能供负载继续使用。

切断 UPS 输出空气开关，输出端 LED 指示灯熄灭，将负载与逆变器完全断开，从而保证负载电能不倒送给逆变器。

（5）将负载由维修旁路切换到逆变器。

合上主/从机备用电源空气开关，此时备用电源 LED 显示灯亮起，散热风扇开始工作。合上主/从机 UPS 输出空气开关，此时输出端 LED 指示灯亮起，负载可以启动。

在旁路维护空气开关投入运行期间，禁止合入逆变器开关（因为此时 CPU 为了禁止交流电源直接和逆变器相连接，将检测空气开关是否有交流电源），断开主/从机维修旁路（BYPASS）空气开关，UPS 电源由维修旁路切换到备用电源回路继续供应，交流输出无中断。

合上主机整流器空气开关，按 LCD 面板 ON 键 LCD 会跳出确认画面，此时按 ENTER 键确认，数秒后系统会显示设定完成，UPS 由逆变器供电。合上主机电池开关。

检查 LCD 显示是否正确，切换 LCD 画面，检查 LCD 内有内容是否与实际相符，故障灯是否报警等。

待 UPS 主机运行正常后，再投入从机运行。

3.UPS 的运行与维护

（1）月度检查项目。

1）检查电池电压（直流电源如取自厂用直流动力 220V 系统时，应注意直流系统电压应满足逆变器的要求，防止因直流电压过高影响逆变器的正常运行）；

2）逆变器输出电压；

3）逆变器输出电流；

4）应当记录告警信息和不正常的运行状态；

5）如果电路板需要调节，必须记录；

6）检查所有电池电解液的液面高度，如果需要加水。

（2）半年检查。

1）检验所有的开关与仪表具有正确的功能。注意：仅当手动旁路开关在试验位置上，才可检查上述功能。

2）如果没有安装风扇监测器，检查风扇转速及风压。

3）检查所有连接器件连接牢固，装置上所有螺丝和螺母无脱落（在无电压状态）。

（3）运行监视与调整。

1）运行人员对装置运行工况每日进行检查，做好装置的声光试验；

2）输出电压、输出电流在技术要求范围内；

3）装置运行平稳，无异常声响；

4）检查 UPS 装置有无故障（异常）信号；

5）检查 UPS 装置工作、备用电源输入电压在技术要求范围内。

第五章

350MW 机组继电保护和安全自动装置

电力系统继电保护和安全自动装置的功能是在合理的电网结构前提下，保证电力系统和电力设备的安全运行。继电保护和安全自动装置应符合可靠性、选择性、灵敏性和速动性的要求。当确定其配置和构成方案时，应综合考虑以下几个方面，并结合具体情况，处理好可靠性、选择性、灵敏性和速动性四性的关系：电力设备和电力网的结构特点和运行特点、故障出现的概率和可能造成的后果、电力系统的近期发展规划、相关专业的技术发展状况、经济上的合理性、国内和国外的经验。

继电保护和安全自动装置是保障电力系统安全、稳定运行不可或缺的重要设备。确定电力网结构、厂站主接线和运行方式时，必须与继电保护和安全自动装置的配置统筹考虑，合理安排。继电保护和安全自动装置的配置要满足电力网结构和厂站主接线的要求，并考虑电力网和厂站运行方式的灵活性。

设计安装的继电保护和安全自动装置应与一次系统同步投运。

第一节　电力系统继电保护和安全自动装置

一、继电保护

1. 保护分类

电力系统在运行中，由于电气设备的绝缘老化、损坏、雷击、鸟害、设备缺陷或误操作等原因，可能发生各种故障或不正常运行状态，常见危害最严重的故障就是短路。

电力系统中电气元件（如发电机、变压器等）的正常工作遭到破坏，但没有发生故障，则属于不正常运行状态。例如过负荷、频率降低、发电机突甩负荷而产生的过电压及电力系统振荡都属于不正常运行状态。

电力系统的故障和不正常运行状态严重危及电力系统的安全可靠运行，一旦发生故障，就必须快速、准确、有选择性地切除故障设备，防止事故的扩大，迅速恢复非故障设备的正常运行，以减小损失。当电力系统出现不正常运行状态时，应及时发出告警信号，通知相关人员及时处理，以免引起设备故障。要在极短的时间内完成上述任务，只能借助继电保护装置完成。因此应在电力系统中的电力设备和线路，装设短路故障和异常运行的保护装置。电力设备和线路短路故障的保护应有主保护和后备保护，必要时可增设辅助保护。

　　主保护是满足系统稳定和设备安全要求，能以最快速度有选择地切除被保护设备和线路故障的保护。

　　后备保护是主保护或断路器拒动时，用以切除故障的保护。后备保护可分为远后备保护和近后备保护两种方式。远后备是当主保护或断路器拒动时，由相邻电力设备或线路的保护实现后备。近后备是当主保护拒动时，由该电力设备或线路的另一套保护实现后备的保护；当断路器拒动时，由断路器失灵保护来实现的后备保护。

　　辅助保护是为补充主保护和后备保护的性能或当主保护和后备保护退出运行而增设的简单保护。

　　异常运行保护是反应被保护电力设备或线路异常运行状态的保护。

　　2. 对继电保护性能的要求

　　继电保护装置应满足可靠性、选择性、灵敏性和速动性的要求。

　　（1）可靠性是指保护该动作时应动作，不该动作时不动作，即既不应该拒动也不应该误动。为保证可靠性，宜选用性能满足要求、原理尽可能简单的保护方案，应采用由可靠的硬件和软件构成的装置，并应具有必要的自动检测、闭锁、告警等措施，以及便于整定、调试和运行维护。

　　（2）选择性是指首先由故障设备或线路本身的保护切除故障，当故障设备或线路本身的保护或断路器拒动时，才允许由相邻设备、线路的保护或断路器失灵保护切除故障。为保证选择性，对相邻设备和线路有配合要求的保护和同一保护内有配合要求的两元件（如启动与跳闸元件、闭锁与动作元件），其灵敏系数及动作时间应相互配合。当重合于本线路故障，或在非全相运行期间健全相又发生故障时，相邻元件的保护应保证选择性。在重合闸后加速的时间内以及单相重合闸过程中发生区外故障时，允许被加速的线路保护无选择性。在某些条件下必须加速切除短路时，可使保护无选择动作，但必须采取补救措施，例如采用自动重合闸或备用电源自动投入来补救。发电机、变压器保护与系统保护有配合要求时，也应满足选择性要求。

　　（3）灵敏性是指在设备或线路的被保护范围内发生故障时，保护装置具有的正确动作能力的裕度，一般以灵敏系数来描述。

　　（4）速动性是指保护装置应能尽快地切除短路故障，其目的是提高系统稳定性，减轻故障设备和线路的损坏程度，缩小故障波及范围，提高自动重合闸和备用电源或备用设备自动投入的效果等。

　　以上对继电保护装置所提出的四项基本要求是互相紧密联系的，有时是互相矛盾的。例如：为了满足选择性，有时要求保护动作必须具有一定的延时；为了保证灵敏度，有时允许保护无选择性地动作，再用重合闸装置进行纠正；为了保证快速性和灵敏性有时采用比较复杂和可靠性稍差的保护。总之，要根据具体情况（被保护对象、电力系统条件、运行经验等）分清主要矛盾和次要矛盾，统筹兼顾，力求相对最优。

　　3. 电力系统重要设备的继电保护应采用双重化配置

　　电力系统重要设备的继电保护应该以能可靠地检测出系统中可能发生的故障及不正常运行状态为前提，同时在继电保护装置部分退出运行时，应不影响电力系统的安全运行。在对故障进行处理时，应保证满足机组和系统两方面的要求。因此，电力系统中重要电力设备和线路继电保护应采用双重化配置。

依照双重化原则配置的两套保护装置，每套保护均应含有完整的主、后备保护，能反应被保护设备的各种故障及异常状态，并能作用于跳闸或给出信号；宜采用主、后一体的保护装置。

330kV 及以上电压等级输变电设备的保护应按双重化配置；220kV 电压等级线路、变压器、高压电抗器、串联补偿装置、滤波器等设备微机保护应按双重化配置；220kV 及以上电压等级变电站的母线保护应按双重化配置。

220kV 及以上电压等级线路纵联保护的通道（含光纤、微波、载波等通道及加工设备和供电电源等）、远方跳闸及就地判别装置应遵循相互独立的原则按双重化配置。

100MW 及以上容量发电机—变压器组应按双重化原则配置微机保护（非电量保护除外）；大型发电机组和重要发电厂的启动变压器保护宜采用双重化配置。

两套保护装置的交流电流应分别取自电流互感器互相独立的绕组；交流电压宜分别取自电压互感器互相独立的绕组。其保护范围应交叉重叠，避免死区。

两套保护装置的直流电源应取自不同蓄电池组供电的直流母线段，由两套独立的控制电缆分别供电。

断路器的选型应与保护双重化配置相适应，220kV 及以上断路器必须具备双跳闸线圈机构。两套保护装置的跳闸回路应与断路器的两个跳闸线圈分别一一对应。

双重化配置的两套保护装置之间不应有电气联系。与其他保护、设备（如通道、失灵保护等）配合的回路应遵循相互独立且相互对应的原则，防止因交叉停用导致保护功能的缺失。

采用双重化配置的两套保护装置应安装在各自保护柜内，并应充分考虑运行和检修时的安全性。

二、安全自动装置

在电力系统中，须装设安全自动装置，以防止系统稳定破坏或事故扩大，造成大面积停电，或对重要用户的供电长时间中断。

电力系统安全自动装置，是指在电力网中发生故障或出现异常运行时，为确保电网安全与稳定运行，起控制作用的自动装置。如自动重合闸、备用电源或备用设备自动投入、自动切负荷、低频和低压自动减载、电厂事故减出力、切机、电气制动、水轮发电机自启动和调相改发电、抽水蓄能机组由抽水改发电、自动解列、失步解列及自动调节励磁等。

安全自动装置应满足可靠性、选择性、灵敏性和速动性的要求。

（1）可靠性是指装置该动作时应动作，不该动作时不动作。为保证可靠性，装置应简单可靠，具备必要的检测和监视措施，便于运行维护。

（2）选择性是指安全自动装置应根据事故的特点，按预期的要求实现其控制作用。

（3）灵敏性是指安全自动装置的启动和判别元件，在故障和异常运行时能可靠启动和进行正确判断的功能。

（4）速动性是指维持系统稳定的自动装置要尽快动作，限制事故影响，应在保证选择性前提下尽快动作的性能。

第二节　大型发电机组的保护配置

发电机是电力系统中最主要的设备之一，如何保障发电机在电力系统中的安全运行，就显得更加重要。由于大容量发电机组一般采用直接冷却技术，体积和质量并不随容量成比例增大，从而使得大型发电机各参数与中小型发电机大不相同，因此故障和不正常运行时的特性也与中小型机组有了较大的差异，给保护带来了复杂性。大型发电机组与中小型发电机组相比，主要的不同点表现在以下几个方面：

短路比减小，电抗增大。大型发电机的短路比大约减小到 0.5，各种电抗都比中小型发电机大。因此大型发电机组的短路水平反而比中小型机组的短路水平低，这对继电保护是十分不利的。发电机电抗的增大还使其平均异步转矩减低，失磁后异步运行时滑差增大，一方面要从系统吸取更多的无功功率，对系统稳定运行不利，另一方面也容易引起发电机本体的过热。

时间常数增大。短路时直流分量（或非周期分量）衰减较慢，整个短路电流偏移在时间轴一侧若干工频周期，使电流互感器更容易饱和，影响大机组保护正确工作。

惯性时间常数降低。在扰动下机组更易于发生振荡。

热容量降低。中小型发电机组定子绕组在 1.5 倍额定电流下允许持续运行 2min，转子励磁绕组在 2 倍额定电流下允许持续运行 30s；而 350MW 机组在同样的工况下，只能持续运行 30s 和 10s。过电流能力随着容量的增加而显著下降，负序过电流能力 $I_2^2 t$ 值对于中小型机组为 15 左右，而对于 350MW 机组则减小到 10。

一、发电机的故障

发电机正常运行时发生的比较常见的故障有以下几种：

（1）定子绕组的相间短路。发电机定子绕组发生相间短路若不及时切除，将烧毁整个发电机组，引起极为严重的后果，必须有两套或两套以上的快速保护反应此类故障。

（2）定子绕组匝间短路。发电机定子绕组发生匝间短路会在短路环内产生很大电流，国内外都有因匝间短路烧伤甚至烧毁发电机组的事故。因此发生定子绕组匝间短路时也应快速将发电机切除。随着发电机设计技术的改进，同相同槽的绕组越来越少，发生匝间短路的可能性也大大减少。

（3）定子单相接地。定子单相接地虽不属于短路性故障，但却要求灵敏而又可靠地反应，是基于以下几个方面的原因：电容电流会灼伤故障点的铁芯；绝大部分短路都是由于单相接地没有及时进行处理发展而成；接地时非接地相电压升高，影响绝缘。

（4）失磁。由于励磁设备故障、励磁绕组短路等会引发失磁（全失磁或部分失磁），使发电机进入异步运行，对系统和发电机的安全运行都有很大影响。大机组要求及时准确地监测出失磁故障。

（5）转子一点、二点接地故障。转子一点接地对汽轮发电机组的影响不大，一般都允许继续运行一段时间；水轮发电机发生一点接地后会引起机组的振动，一般要求切除发电机组。

二、发电机不正常运行状态

由于发电机是旋转设备，加上一般发电机在设计制造时考虑的过载能力都比较弱，一些不正常的运行状态将会严重威胁发电机的安全运行，因此对以下这些状态的处理也同样必须及时、准确。

（1）定子负序过电流。发电机承受负序过电流能力非常弱，很小的负序电流流经定子绕组，就可能会引起转子铁芯的严重过热，甚至烧损发电机的铁芯、槽楔和护环。大机组应配置反应负序过电流的保护。

（2）定子对称过电流。当外部发生对称三相短路时会引起发电机定子过热，因此应有反应对称过电流的保护。

（3）过负荷。当发电机过负荷时应及时告警。

（4）过电压。由于励磁等原因引起过电压时会影响发电机的绝缘寿命，因此必须有反应过电压的保护。

（5）过励磁。当电压升高、频率降低时会引起发电机和主变压器过励磁，从而使发电机过热而损坏，需装设反应过励磁的保护。

（6）频率异常。发电机在非额定频率下运行可能会引起共振，使发电机疲劳损伤，应配置频率异常保护。

（7）发电机与系统之间失步。当发电机和系统失步时，巨大的交换功率使发电机无法承受而损坏，应配有监测失步的保护装置。

（8）误上电。发电机盘车状态下主断路器合闸，转子有可能烧伤，也可能使轴瓦损坏，国内外都有因误合闸而导致发电机损伤的事故。对于大型发电机组，完全有必要增设误上电保护。

（9）启停机故障。发电机组在没有给励磁前，有可能发生了绝缘破坏的故障，若能在并网前及时检测，就可以避免更大的事故发生。对于大型发电机组，具有启停机故障检测功能对发电机组的安全将十分有利。

（10）逆功率。发电机组在运行中从系统吸收有功时，会引起汽轮机的鼓风损失而引起汽轮机发热损坏，应配置频率异常保护。

三、发电机保护配置方式

发电机保护配置的原则是在发电机故障时应能将损失减小到最小，在非正常状况时应在充分利用发电机自身能力的前提下确保机组本身的安全。

（1）发电机纵联差动保护。发电机纵联差动保护作为发电机区内相间短路故障的主保护，切除发电机定子相间短路，瞬时跳开机组。

（2）发电机匝间保护。切除发电机定子匝间短路，瞬时跳开机组。

（3）发电机定子接地保护。切除发电机 100％定子绕组的单相接地故障。

（4）发电机负序过电流保护。区外发生不对称性短路故障或非全相运行时，保护机组转子不过热损坏。一般采用反时限特性。

（5）发电机对称过电流保护。当区外发生对称性短路故障时，保护发电机定子不过热。一般采用反时限特性。

（6）发电机过电压保护。反应发电机过电压。

（7）发电机过励磁保护。反应发电机过励磁。

（8）发电机失磁保护。反应发电机全部失磁或部分失磁。

（9）发电机失步保护。反应发电机和系统之间的失步。

（10）发电机过电流、低压过电流、复合电压过电流、阻抗保护等。作为线路和发电机的后备保护，可灵活配置。

（11）发电机过负荷保护。反应发电机过负荷。

（12）发电机低频保护。反应发电机低频运行。

（13）转子一点接地保护。反应转子一点接地。

（14）转子两点接地保护。反应发电机转子发生两点接地或匝间短路。

（15）励磁绕组过负荷保护。反应发电机励磁机的过负荷，采用反时限特性或定时限特性。

（16）误上电保护。检测发电机在启停机期间可能的误合闸。

（17）启停机保护。在启停机过程中检测绕组的绝缘变化。

以上各保护所述作用仅是它们的主要任务，事实上像过电流保护等，既是外部短路的远后备，也同样是发电机本身发生故障的近后备，在此不一一说明。

发电机保护是电网最后一级后备保护，又是发电机本身的主保护。它的保护出口不仅需要切断发电机—变压器组的主断路器，而且必须同时切断发电机的灭磁开关、工作厂用变压器开关、关闭汽轮机主汽门等。

第三节 变压器的保护配置

根据我国的实际情况，变压器和发电机与高压输电线路元件相比，故障概率比较小。但其故障后对电力系统的影响却很大，因此任何由于保护装置本身的不合理动作都将给电力系统或变压器本身造成极大的危害。

一、变压器的故障

变压器的故障主要包括以下几类：

（1）相间短路。相间短路是变压器最严重的故障类型。它包括变压器箱体内部的相间短路和引出线（从套管出口到电流互感器之间的电气一次引出线）的相间短路。由于相间短路会严重地烧损变压器本体设备，严重时会使得变压器整体报废，因此，当变压器发生这种类型的故障时，要求瞬时切除故障。

（2）接地（或对铁芯）短路。显然这种短路故障只会发生在中性点接地的系统一侧。对这种故障的处理方式和相间短路故障是相同的，但同时要考虑接地短路发生在中性点附近时的灵敏度。

（3）匝间或层间短路。对于大型变压器，为改善其冲击过电压性能，广泛采用新型结构和工艺，匝间短路故障发生的概率有增加的趋势。当短路匝数少，保护对其反应灵敏度又不足时，在短路环内的大电流往往会引起铁芯的严重烧损。如何选择和配置灵敏的匝间短路保护，对大型变压器就显得比较重要。

（4）铁芯局部发热和烧损。变压器内部磁场分布不均匀、制造工艺水平差、绕组绝缘水平下降等因素，会使铁芯局部发热和烧损，继而引发更加严重的相间短路。因此，要及时检测这一类故障。

（5）油面下降。由变压器漏油等原因造成变压器内油面下降，会引起变压器内部绕组过热和绝缘水平下降，给变压器的安全运行造成危害。因此当变压器油面下降时，应及时检测并予以处理。

二、变压器不正常运行状态

变压器不正常运行状态，是指变压器本体没有发生故障，但外部环境变化后引起了变压器的非正常工作状态。这种非正常运行状态如不及时处理或告警，预示着将会引发变压器的内部故障。因此，从这种观点看，这一类保护也可称为故障预测保护。

（1）过负荷。变压器有一定的过负荷能力，但若长期处于过负荷下运行，会使变压器绕组的绝缘水平下降，加速其老化，缩短其寿命。运行人员应及时了解过负荷运行状态，以便能做相应处理。

（2）过电流。过电流一般是由外部短路后，大电流流经变压器而引起的。由于变压器在这种电流下会烧损，一般要求和区外保护配合后，经延时切除变压器。

（3）零序过电流。由于变压器的绕组一般都是分级绝缘的，绝缘水平在整个绕组上不一致，当区外发生接地短路时，会使中性点电压升高，影响变压器安全运行。

（4）其他故障。如通风设备故障、冷却器故障等，这些故障也都必须做相应的处理。

三、变压器保护

继电保护的任务是对上述的故障和不正常运行状态做出灵敏、快速、正确的反应。因此，以下所述的保护方式仅是当前在变压器保护中普遍采用的保护，但并不限制其他原理的采用。特别是微机元件保护问世以后，各种新方法、新原理的不断出现，使保护水平提高到一个新的高度。

（1）差动保护。差动保护是变压器主保护，能反应变压器内部各种相间、接地以及匝间短路故障，同时还能反应引出线套管的短路故障。它能瞬时切除故障，是变压器最重要的保护。

（2）气体（重、轻瓦斯）保护。能反应铁芯内部烧损、绕组内部短路及断线、绝缘逐渐劣化、油面下降等故障，不能反应变压器本体以外的故障。它的优点是灵敏度高，几乎能反应变压器本体内部的所有故障。但也有其缺点，动作时间较长。

（3）零序保护。能反应变压器内部或外部发生的接地性短路故障。一般是由零序电流、间隙零序电流、零序电压共同构成完善的零序保护。

（4）过负荷保护。反应变压器过负荷状态。

（5）后备保护。阻抗保护、复压过电流保护、低压过电流保护、过电流保护都能反应变压器的过电流状态。但它们的灵敏度不一样，阻抗保护的灵敏度最高，过电流保护的灵敏度最低。

（6）非电气量保护。温度保护、油位保护、通风故障保护、冷却器故障保护等，反应相应的温度、油位、通风等故障。

第四节　350MW 发电机—变压器组的保护配置

350MW 发电机—变压器组由于造价昂贵，如果发生故障不仅机组本身受到损伤，而且会对系统产生严重的影响。因此，继电保护必须精心设计，合理配置保护。着眼点不仅限于机组本身，而且要从保障整个系统安全运行综合来考虑。

一、350MW 发电机—变压器组（简称发变组）的配置原则

350MW 发变组的配置原则以能可靠地检测出机组可能发生的故障及不正常运行状态为前提，同时，在继电保护装置部分退出运行时，应不影响机组的安全运行。在对故障进行处理时，应保证满足机组和系统两方面的要求。根据继电保护双重化配置要求，350MW 发电机—变压器组、高压厂用变压器、励磁变压器等主设备保护按全面双重化（即主保护和后备

保护均双重化）配置，两套保护在结构和配线方面彼此保持独立。这样，在运行期间进行检测或维修继电器时，发电机—变压器组仍保持有必要的保护装置。

在对 350MW 机组保护进行配置时，应对以下保护给予足够的重视：双重化差动保护、定子接地保护、负序过电流保护、过励磁（过电压）保护、失磁、失步保护等。同时，应该考虑配置低频、非全相运行、误上电、启停机保护。在保护的动作特性方面应考虑和机组的能力相匹配，尽可能在过热保护上采用反时限特性，快速保护动作时间应尽可能的短。

350MW 机组保护的配置原则应遵循以下几点：

（1）切实加强发变组主保护，保证在保护范围内任一点发生各种故障，均有双重或多重原理不同的主保护，有选择性地、快速地、灵敏地切除故障，使机组受到的损伤最轻，对电力系统的影响最小。

（2）在切实加强主保护的前提下，同时注意落实后备保护的简化。过于复杂的后备保护配置方案，不仅是不必要的，而且运行实践证明是有害的。具体说，发电机机端即主变压器低压侧不再装设后备保护，仅在主变压器高压侧配置反应相间短路和单相接地的后备保护，作为主变压器高压母线故障和主变压器引线部分故障的后备保护。

（3）主变压器高压侧相间短路后备保护，以高压母线两相金属性短路的灵敏度大于或等于 1.2 为整定条件，首先考虑采用过电流保护，如灵敏度不够，改用一段简易阻抗保护，不设振荡闭锁环节，以 0.5～1.0s 延时取得选择性和避越振荡，但应有电压回路断线闭锁和电流启动元件；对自并励方式的发电机，还应校核短路电流衰减对过电流或低阻抗保护的影响，并采取相应的措施，例如低电压自保持的过电流保护、电压控制的过电流保护或精确工作电流足够小的低阻抗保护。

二、静态励磁变压器保护

在自并励发电机的机端及其邻近区域内发生短路故障时，机端电压下降，引起励磁电压下降，进而导致短路电流衰减。因此，自并励发电机的继电保护装置必须考虑短路电流衰减所产生的影响，防止保护装置拒动。

对于动作时间为几十毫秒的快速保护装置，短路电流衰减不会导致保护装置拒动。因此，自并励发电机按近后备原则配置双重快速保护是有利的，短路电流衰减不会影响保护装置的正确工作。

对于带延时的后备保护，则必须根据保护装置的动作时间检查流过保护装置的实际短路电流，是否大于保护装置的动作电流。当不能保证保护装置可靠动作时，就要用专门的保护装置构成自并励发电机的后备保护。

通常，对于自并励发电机，可作为远后备保护的保护装置有以下几种：

（1）采用低电压自保持的过电流保护。

电流元件的动作电流，按躲过最大负荷电流整定。电压元件的动作电压，按躲过最低运行电压整定。在高压母线上发生两相短路时，电流元件和电压元件都应当保证可靠动作。动作延时第一要与相邻元件后备保护相配合，第二要大于躲过振荡过程所需要的时间（一般为 1.0～1.5s），第三要低于发电机的允许时间。

（2）采用电压控制的过电流保护。

三相电流和三相电压经电压形成回路 I 和 U 后，其输出电压再经整流器整流，取其差值加到电平检测器的输入端。电流元件的输出电压由最大的相电流决定，而电压元件的输出电压由最低的相电压决定。电平检测器反应的就是电流元件与电压元件两个输出电压之差。

保护按最大负荷电流和最低运行电压下可靠不动作的条件整定。在高压母线上发生两相短路故障时，应当保证可靠动作，延时 1.0～1.5s 防止振荡情况下的误动作。

（3）采用精确工作电流足够小的低阻抗保护装置。

当采用 I 段式低阻抗继电器并配置在机端时，其延时要与相邻元件后备保护配合，并要大于躲过振荡所需要的时间，一般延时比较长。达到延时 t 时，短路电流将大大下降，即保护装置的精确工作电流不应大于额定电流的 30%。若发电机折算到电流互感器二次侧的额定电流为 4A，再计及一定的裕度，则精确工作电流不应大于 1.0A。

三、保护装置的控制对象（见表 5-1）

所谓控制对象，是指保护动作时所作用的断路器、调节设备及声光信号等。各保护装置动作后所控制的对象，依保护装置的性质、选择性要求和处理方式的不同而不同，通常按发电机—变压器组全套保护综合考虑。常用的有以下几种处理方式：

（1）全停。停锅炉、汽轮机（包括锅炉、汽轮机甩负荷，关主汽门）及相应辅机，跳主变压器高压侧开关、灭磁开关、高压厂用变压器低压侧分支开关。

（2）解列灭磁。跳主变压器高压侧开关、灭磁开关、高压厂用变压器低压侧分支开关。

（3）解列。跳主变压器高压侧开关。

（4）程序跳闸。按规定程序自动跳闸停机，通常保护动作可切换到此项操作。

（5）母线解列。跳开双母线主接线的母联断路器。

（6）减出力。减少原动机输出功率。

（7）发信号。所有保护装置动作的同时均应按要求发出声光信号或光信号。有些保护或保护阶段则要求发出预告信号。

（8）另外还有降低励磁电流、切换励磁及启动通风处理等处理方式。

表 5-1　　大型发电机—双绕组变压器组可能配置的继电保护装置及其出口的控制对象

序号	保护名称和类型	全停	解列灭磁	解列	程序跳闸	减出力	减励磁	跳母联	切换厂用电	跳 A 分支	跳 B 分支	发信
I	短路保护											
1	发变组差动	√										
2	发电机差动	√										
3	定子单相接地（95%）	√										
	定子单相接地（100%）											√
4	定子匝间短路	√										
5	励磁回路一点接地		√									√
	励磁回路两点接地	√										
6	发电机相间后备（复压过电流或阻抗）t_1							√				
	发电机相间后备（复压过电流或阻抗）t_2	√										
7	主变压器差动	√										
8	主变压器相间后备（复压过电流或阻抗）	√										

续表

序号	保护名称和类型	全停	解列灭磁	解列	程序跳闸	减出力	减励磁	跳母联	切换厂用电	跳A分支	跳B分支	发信
9	主变压器接地后备（零序过电流）t_1							✓				
	主变压器接地后备（零序过电流）t_2	✓										
	主变压器接地后备（间隙零序过电流）t_1							✓				
	主变压器接地后备（间隙零序过电流）t_2	✓										
	主变压器接地后备（零序过电压）	✓										
10	高压厂用变压器差动	✓										
11	高压厂用变压器后备（复压或低压过电流）	✓										
12	高压厂用变压器A分支复压过电流									✓		
13	高压厂用变压器A分支零序过电流t_1									✓		
	高压厂用变压器A分支零序过电流t_2	✓										
14	高压厂用变压器B分支复压过电流										✓	
15	高压厂用变压器B分支零序过电流t_1										✓	
	高压厂用变压器B分支零序过电流t_2	✓										
16	励磁变压器差动	✓										
17	励磁变压器后备（过电流）	✓										
18	励磁变压器过负荷（定时限）						✓					✓
	励磁变压器过负荷（反时限）		✓		✓							
Ⅱ	异常运行保护											
1	定子对称过负荷（定时限）					✓						✓
	定子对称过负荷（反时限）	✓										
2	转子表层负序过负荷（定时限）											✓
	转子表层负序过负荷（反时限）			✓	✓							
3	频率异常（低频/高频、延时/累积）				✓							✓
4	逆功率t_1											✓
	逆功率t_2			✓								
5	程序逆功率	✓										
6	低励失磁t_1					✓			✓			✓
	低励失磁t_2			✓	✓							
	低励失磁t_3			✓	✓							
7	失步t_1											✓
	失步t_2			✓	✓							
8	发电机过电压		✓		✓							
9	发电机过励磁（定时限）						✓					✓
	发电机过励磁（反时限）		✓		✓							

续表

序号	保护名称和类型	全停	解列灭磁	解列	程序跳闸	减出力	减励磁	跳母联	切换厂用电	跳A分支	跳B分支	发信
10	非全相运行	✓										
11	误上电	✓										
12	启停机	✓										
13	主变压器过励磁（定时限）											✓
	主变压器过励磁（反时限）			✓	✓							
Ⅲ	辅助保护											
1	TA 断线											✓
2	TV 断线											✓

四、350MW 机组发变组保护屏的配置（以某厂为例）

如图 5-1 所示，350MW 机组发变组保护屏按三块屏配置，A、B 屏配置两套 RCS-985A，分别取自不同的 TA，每套 RCS-985A 包括一个发变组单元全部电量保护，C 屏配置非电量保护装置、失灵启动、非全相保护以及 220kV 断路器操作箱。图中标出了接入 A 屏的 TA 极性端，其他接入 B 屏的 TA 极性端与 A 屏定义相同。

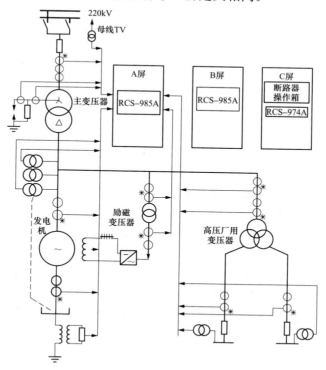

图 5-1　350MW 机组发变组保护屏配置示意图

1. 保护配置

（1）差动保护。

　　A、B屏均配置发变组差动、主变压器差动、发电机差动、高压厂用变压器差动。

　　对于发变组差动、变压器差动、高压厂用变压器差动，需提供两种涌流判别原理，如二次谐波原理、波形判别原理等，一般一套装置中差动保护投二次谐波原理，另一套装置投波形判别原理。

　　发电机差动具有比率差动、工频变化量差动两种不同原理的比率差动。

　　（2）后备保护和异常运行保护。

　　A、B屏均配置发变组单元全部后备保护，各自使用不同的TA。

　　对于零序电流保护，如没有两组零序TA，则A屏接入零序TA，B屏采用套管自产零序电流。此方式两套零序电流保护范围有所区别，定值整定时需分别计算。

　　转子接地保护因两套保护之间相互影响，正常运行时只投入一套，需退出本屏装置运行时，切换至另一套转子接地保护。

　　（3）电流互感器。

　　A、B屏采用不同的电流互感器，主后备共用一组TA。

　　主变压器差动、发电机差动均用到机端电流，一般引入一组TA给两套保护用，对保护性能没有影响。

　　主变压器差动、高压厂用变压器差动均用到厂用变压器高压侧电流，由于主变压器容量与厂用变压器容量差别非常大，为提高两套差动保护性能，一般保留两组TA分别给两套保护用。

　　220kV侧应有一组失灵启动、非全相保护专用TA。

　　（4）电压互感器。

　　A、B屏尽量采用不同的电压互感器或互相独立的绕组。

　　对于发电机保护，配置匝间保护方案时，为防止匝间保护专用TV高压侧断线导致保护误动，一套保护需引入两组TV。如考虑采用独立的TV绕组，机端配置的TV数量太多，一般不能满足要求。发电机机端三个TV绕组：TV1、TV2、TV3，A屏接入TV1、TV3电压，B屏接入TV2、TV3电压。正常运行时，A屏取TV1电压，TV3作备用，B屏取TV2电压，TV3作备用，任一组TV断线，软件自动切换至TV3。

　　对于零序电压，一般为一个绕组同时接入两套保护装置。

　　（5）非全相保护和失灵启动。

　　凡与220kV及以上系统连接的发电机和变压器组保护，当出现非全相运行时，其相关保护应及时启动断路器失灵保护。在主断路器无法断开时，断开与其连接在同一母线上的所有电源。非全相保护和失灵启动均含有发变组保护动作接点，由于断路器失灵保护的重要性，具体实施方案如下：非全相和失灵启动不应与电量保护在同一个装置内，以增加可靠性，非全相和失灵启动只配置一套，另外设一套断路器本体非全相保护功能。

　　2. 装置配置

　　（1）硬件配置。

　　装置采用整体面板，全封闭机箱，抗干扰能力强。非电流端子采用接插端子，使屏上走线简洁，减少现场使用时调试及维护工作量。电路板采用表面贴装技术，减少了电路体积，减少发热，提高了装置可靠性。装置有两个完全独立的相同的CPU板，每个CPU板由两个数字信号处理芯片（DSP）和一个32位单片机组成，并具有独立的采样、出口电路。每块

CPU 板上的三个微处理器并行工作，通过合理的任务分配，实现了强大的数据和逻辑处理能力，使一些高性能、复杂算法得以实现。任一 CPU 板故障，装置闭锁并报警，杜绝硬件故障引起的误动。

另有一块人机对话板，由一片 INTEL80296 的 CPU 专门处理人机对话任务。人机对话担负键盘操作和液晶显示功能。正常时，液晶屏显示时间，变压器的主接线，各侧电流、电压大小，潮流方向和差电流的大小。人机对话中所有的菜单均为简体汉字，两块 CPU 板打印的报告也为简体汉字，以方便使用。

装置核心部分采用高性能信号处理器 DSP 和 32 位单片微处理器 MC68332，DSP 完成保护运算功能，32 位 CPU 完成保护的出口逻辑及后台功能，具体硬件模块图如图 5-2 所示。

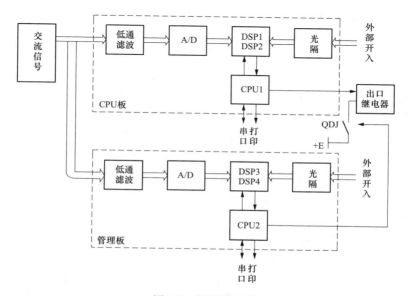

图 5-2　硬件模块图

输入电流、电压首先经隔离互感器、隔离放大器等传变至二次侧，成为小电压信号分别进入 CPU 板和管理板。CPU 板主要完成保护的逻辑及跳闸出口功能，同时完成事件记录及打印、录波、保护部分的后台通信及与面板 CPU 的通信；管理板内设总启动元件，启动后开放出口继电器的正电源；另外，管理板还具有完整的故障录波功能，录波格式与 COMTRADE 格式兼容，录波数据可单独串口输出或打印输出。

（2）通道配置。

RCS-985 装置共设有 67 路模拟量输入通道，其中电压量输入共 22 路，电流量输入 41 路，转子电压电流输入 4 路，可以满足 100MW 以上各种发变组接线方式的保护需要。

RCS-985 装置共设有 36 个保护压板，4 路非电量接口，10 路辅助触点输入，另外还包括打印、复归、对时、光耦电源监视等开入。

RCS-985 装置共设有 67 路开出量，其中 18 组用于报警信号及辅助触点输出，49 组用于跳闸输出和信号。

（3）装置启动元件。

RCS-985 管理板针对不同的保护用不同的启动元件来启动，并且只有该种保护投入时，相应的启动元件才能启动。当各启动元件动作后展宽 500ms，开放出口正电源。CPU 板各保护动作元件只有在其相应的启动元件动作后，同时管理板对应的启动元件动作后才能跳闸出口；否则会有不对应启动报警。

（4）保护录波功能和事件报文。

1）保护故障录波和故障事件报告。

保护 CPU 启动后将记录下启动前两个周期、启动后 6 个周期的电流、电压波形，跳闸前两个周期、跳闸后 6 个周期的电流、电压波形。保护装置可循环记录 32 组故障事件报告、8 组录波的波形数据。故障事件报告包括动作元件、动作相别和动作时间。录波内容包括差流、差动各侧调整后电流、各侧三相电流和零序电流、各侧三相电压和零序电压以及负序电压、零差电流和跳闸脉冲等。

保护 MON 启动后将记录下长达 4s（每周波 24 点）或 8s（每周波 12 点）的连续录波，记录装置 174 路模拟量（采样量、差流量等）、装置所有开入量、开出量、启动标志、信号标志、动作标志、跳闸标志。特别方便事故分析。

2）异常报警和装置自检报告。

保护 CPU 还记录异常报警和装置自检报告，可循环记录 32 组异常事件报告。异常事件报告包括各种装置自检出错报警、装置长期启动和不对应启动报警、差动电流异常报警、零差电流异常报警、各侧 TA 异常报警、各侧 TV 异常报警、各侧 TA 断线报警、各侧过负荷报警、零序电压报警、启动风冷和过励磁报警等。

3）开关量变位报告。

保护 CPU 也记录开关量变位报文，可循环记录 32 组开关量变位报告。开关量变位报告包括各种压板变位和管理板各启动元件变位等。

4）正常波形。

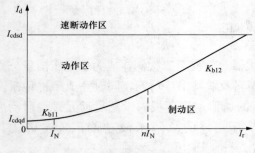

图 5-3 比率差动保护的动作特性

保护 CPU 可记录包括三相差流、差动各侧调整后电流、各侧三相电流和零序电流、各侧三相电压和零序电压等在内 8 个周波的正常波形。

五、保护原理

1. 发变组差动保护、变压器差动保护、高压厂用变压器差动保护

（1）比率差动原理。比率差动动作特性如图 5-3 所示。

比率差动保护的动作方程如下：

$$\begin{cases} I_d > K_{bl} \times I_r + I_{cdqd} & (I_r < nI_N) \\ K_{bl} = K_{bl1} + K_{blr} \times (I_r/I_N) \\ I_d > K_{bl2} \times (I_r - nI_N) + b + I_{cdqd} & (I_r \geqslant nI_N) \\ K_{blr} = (K_{bl2} - K_{bl1})/(2 \times n) \\ b = (K_{bl1} + K_{blr} \times n) \times nI_N \end{cases}$$

$$\begin{cases} I_r = \dfrac{|I_1| + |I_2| + |I_3| + |I_4| + |I_5|}{2} \\ I_d = |\dot{I}_1 + \dot{I}_2 + \dot{I}_3 + \dot{I}_4 + \dot{I}_5| \end{cases}$$

式中　I_d——差动电流；

　　　I_r——制动电流；

　　　I_{cdqd}——差动电流启动定值；

　　　I_N——额定电流。

比率制动系数定义如下：

1）K_{bl} 为比率差动制动系数，K_{blr} 为比率差动制动系数增量。

2）K_{bl1} 为起始比率差动斜率，定值范围为 0.05～0.15，一般取 0.10。

3）K_{bl2} 为最大比率差动斜率，定值范围为 0.50～0.80，一般取 0.70。

4）n 为最大斜率时的制动电流倍数，固定取 6。

（2）励磁涌流闭锁原理。涌流判别通过控制字可以选择二次谐波制动原理或波形判别原理。

1）谐波制动原理。

装置采用三相差动电流中二次谐波与基波的比值作为励磁涌流闭锁判据，动作方程如下：

$$I_2 > K_{2xb}I_1$$

式中　I_2——每相差动电流中的二次谐波；

　　　I_1——对应相的差流基波；

　　　K_{2xb}——二次谐波制动系数整定值，推荐 K_{2xb} 整定为 0.15。

2）波形判别原理。

装置利用三相差动电流中的波形判别作为励磁涌流识别判据。内部故障时，各侧电流经互感器变换后，差流基本上是工频正弦波。而励磁涌流时，有大量的谐波分量存在，波形是间断不对称的。

内部故障时，有以下表达式成立：

$$S > K_b S_+$$
$$S > S_t$$

式中　S——差动电流的全周积分值；

　　　S_+——（差动电流的瞬时值＋差动电流半周前的瞬时值）全周积分值；

　　　K_b——某一固定常数；

　　　S_t——门槛定值。

S_t 的表达式如下：

$$S_t = \alpha I_d + 0.1 I_N$$

式中　I_d——差电流的全周积分值；

　　　α——某一比例常数。

而励磁涌流时，以上波形判别关系式肯定不成立，比率差动保护元件不会误动作。

（3）TA 饱和时的闭锁原理。为防止在区外故障时 TA 的暂态与稳态饱和时可能引起的稳态比率差动保护误动作，装置采用各相差电流的综合谐波作为 TA 饱和的判据，其表达式如下：

$$I_n > K_{nxb} I_1$$

式中 I_n——某相差电流中的综合谐波；

I_1——对应相差电流的基波；

K_{nxb}——某一比例常数。

故障发生时，保护装置利用差电流工频变化量和制动电流工频变化量是否同步出现，先判断出是区内故障还是区外故障，如区外故障，投入 TA 饱和闭锁判据，可靠防止 TA 饱和引起的比率差动保护误动。

（4）高值比率差动原理。为避免区内严重故障时由 TA 饱和等因素引起的比率差动延时动作，装置设有一高比例和高启动值的比率差动保护，只经过差电流二次谐波或波形判别涌流闭锁判据闭锁，利用其比率制动特性抗区外故障时 TA 的暂态和稳态饱和，而在区内故障 TA 饱和时也能可靠正确快速动作。稳态高值比率差动的动作方程如下：

$$\begin{cases} I_d > 1.2 \times I_N \\ I_d > 0.70 \times I_r \end{cases}$$

其中，差动电流和制动电流的选取同上。

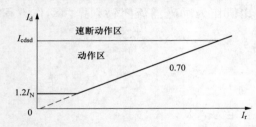

图 5-4　稳态高值比率差动保护的动作特性

稳态高值比率差动保护的动作特性如图 5-4 所示。

程序中依次按每相判别，当满足以上条件时，比率差动动作。

（5）差动速断保护。当任一相差动电流大于差动速断整定值时瞬时动作于出口继电器。

（6）差流异常报警与 TA 断线闭锁。装置设有带比率制动的差流报警功能，开放式瞬时 TA 断线、短路闭锁功能。

通过 TA 断线闭锁差动控制字整定选择，瞬时 TA 断线和短路判别动作后可只发报警信号或闭锁全部差动保护。当 TA 断线闭锁比率差动控制字整定为 1 时，闭锁比率差动保护。

（7）差动保护在过励磁状态下的闭锁判据。由于在变压器过励磁时，变压器励磁电流将激增，可能引起发变组差动、变压器差动保护误动作。因此在装置中采取差电流的五次谐波与基波的比值作为过励磁闭锁判据来闭锁差动保护。其判据如下：

$$I_5 > K_{5xb} I_1$$

式中 I_1、I_5——分别为每相差动电流中的基波和五次谐波；

K_{5xb}——五次谐波制动系数，装置中固定取 0.25。

注：高值比率差动不经过励磁五次谐波闭锁。

（8）比率差动的逻辑框图如图 5-5 所示。

2. 发电机差动保护

（1）比率差动原理。比率差动动作特性如图 5-6 所示。

比率差动保护的动作方程如下：

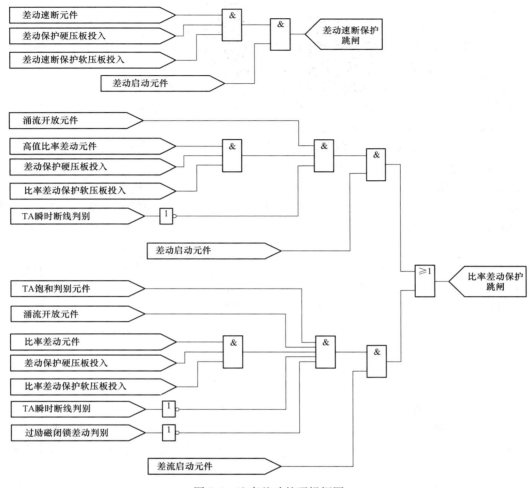

图 5-5 比率差动的逻辑框图

$$\begin{cases} I_{\mathrm{d}} > K_{\mathrm{bl}} \times I_{\mathrm{r}} + I_{\mathrm{cdqd}} & (I_{\mathrm{r}} < nI_{\mathrm{N}}) \\ K_{\mathrm{bl}} = K_{\mathrm{bl1}} + K_{\mathrm{blr}} \times (I_{\mathrm{r}}/I_{\mathrm{N}}) \\ I_{\mathrm{d}} > K_{\mathrm{bl2}} \times (I_{\mathrm{r}} - nI_{\mathrm{N}}) + b + I_{\mathrm{cdqd}} & (I_{\mathrm{r}} \geqslant nI_{\mathrm{N}}) \\ K_{\mathrm{blr}} = (K_{\mathrm{bl2}} - K_{\mathrm{bl1}})/(2 \times n) \\ b = (K_{\mathrm{bl1}} + K_{\mathrm{blr}} \times n) \times nI_{\mathrm{N}} \end{cases}$$

$$\begin{cases} I_{\mathrm{r}} = \dfrac{|\dot{I}_1 + \dot{I}_2|}{2} \\ I_{\mathrm{d}} = |\dot{I}_1 - \dot{I}_2| \end{cases}$$

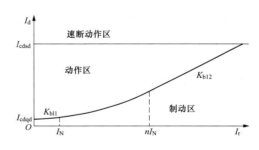

图 5-6 比率差动保护的动作特性

式中 I_{d}——差动电流；

$\quad\quad I_{\mathrm{r}}$——制动电流；

$\quad I_{\mathrm{cdqd}}$——差动电流启动定值；

$\quad\quad I_{\mathrm{N}}$——发电机额定电流。

291

两侧电流定义如下：

1）对于发电机差动、励磁机差动，其中 I_1、I_2 分别为机端、中性点侧电流。

2）对于裂相横差，其中 I_1、I_2 分别为中性点侧两分支组电流。

比率制动系数定义如下：

1）K_{bl} 为比率差动制动系数，K_{blr} 为比率差动制动系数增量。

2）K_{bl1} 为起始比率差动斜率，定值范围为 0.05～0.15，一般取 0.05。

3）K_{bl2} 为最大比率差动斜率，定值范围为 0.30～0.70，一般取 0.5。

4）n 为最大比率制动系数时的制动电流倍数，装置内部固定取 4。

（2）高性能 TA 饱和闭锁原理。为防止在区外故障时 TA 的暂态与稳态饱和时可能引起的稳态比率差动保护误动作，装置采用差电流的波形判别作为 TA 饱和的判据。

故障发生时，保护装置先判断出是区内故障还是区外故障，如区外故障，投入 TA 饱和闭锁判据，当某相差动电流有关的任意一个电流满足相应条件即认为此相差流为 TA 饱和引起的，闭锁比率差动保护。

（3）高值比率差动原理。为避免区内严重故障时由 TA 饱和等因素引起的比率差动延时动作，装置设有一高比例和高启动值的比率差动保护，利用其比率制动特性抗区外故障时 TA 的暂态和稳态饱和，而在区内故障 TA 饱和时能可靠正确动作。稳态高值比率差动的动作方程如下：

$$\begin{cases} I_d > 1.2 \times I_N \\ I_d > 0.7 \times I_r \end{cases}$$

其中，差动电流和制动电流的选取同上。

程序中依次按每相判别，当满足以上条件时，比率差动动作。

（4）差动速断保护。当任一相差动电流大于差动速断整定值时瞬时动作于出口继电器。

（5）差流异常报警与 TA 断线闭锁。装置设有带比率制动的差流报警功能，开放式瞬时 TA 断线、短路闭锁功能。

通过 TA 断线闭锁差动控制字整定选择，瞬时 TA 断线和短路判别动作后可只发报警信号或闭锁全部差动保护。当 TA 断线闭锁比率差动控制字整定为 1 时，闭锁比率差动保护。

比率差动的逻辑框图如图 5-7 所示。

3. 工频变化量比率差动保护

（1）配置。发电机、变压器内部轻微故障时，稳态差动保护由于负荷电流的影响，不能灵敏反应。为此本装置配置了主变压器工频变化量比率差动保护、发电机工频变化量比率差动保护，并设有控制字方便投退。

（2）工频变化量比率差动原理。工频变化量比率差动动作特性如图 5-8 所示。

工频变化量比率差动保护的动作方程如下：

$$\begin{cases} \Delta I_d > 1.25 \Delta I_{dt} + I_{dth} \\ \Delta I_d > 0.6 \Delta I_r & , \Delta I_r < 2I_N \\ \Delta I_d > 0.75 \Delta I_r - 0.3 I_N & , \Delta I_r > 2I_N \end{cases}$$

$$\Delta I_r = |\Delta I_1| + |\Delta I_2| + |\Delta I_3| + |\Delta I_4|$$

$$\Delta I_d = |\Delta \dot{I}_1 + \Delta \dot{I}_2 + \Delta \dot{I}_3 + \Delta \dot{I}_4|$$

式中　ΔI_{dt}——浮动门槛，随着变化量输出增大而逐步自动提高。

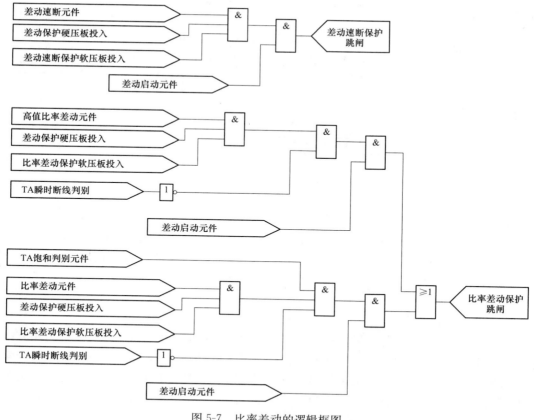

图 5-7 比率差动的逻辑框图

取 1.25 倍可保证门槛电压始终略高于不平衡输出，保证在系统振荡和频率偏移情况下，保护不误动。

对于主变压器差动，ΔI_1、ΔI_2、ΔI_3、ΔI_4 分别为主变压器Ⅰ侧、Ⅱ侧、发电机出口、高压厂用变压器高压侧电流的工频变化量。

对于发电机差动，ΔI_1、ΔI_2 分别为发电机出口、发电机中性点电流的工频变化量，ΔI_3、ΔI_4 未定义。

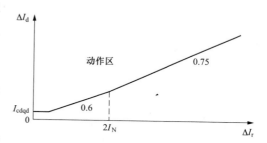

图 5-8 工频变化量比率差动保护的动作特性

ΔI_d 为差动电流的工频变化量。I_{dth} 为固定门槛。ΔI_r 为制动电流的工频变化量，它取最大相制动。

注意：工频变化量比率差动保护的制动电流选取与稳态比率差动保护不同。

程序中依次按每相判别，当满足以上条件时，比率差动动作。对于变压器工频变化量比率差动保护，还需经过二次谐波涌流闭锁判据或波形判别涌流闭锁判据闭锁，同时经过五次谐波过励磁闭锁判据闭锁，利用其本身的比率制动特性抗区外故障时 TA 的暂态和稳态饱和。工频变化量比率差动元件的引入提高了变压器、发电机内部小电流故障检测的灵敏度。

（3）工频变化量比率差动的逻辑框图如图 5-9 所示。

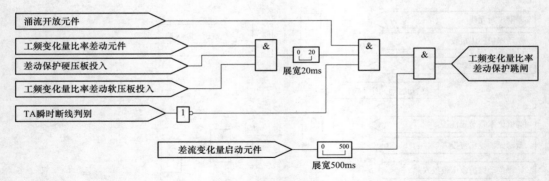

图 5-9　工频变化量比率差动的逻辑框图

（4）差流异常报警与 TA 断线闭锁。

装置设有带比率制动的差流报警功能，开放式瞬时 TA 断线、短路闭锁功能。

通过"TA 断线闭锁差动控制字"整定选择，瞬时 TA 断线和短路判别动作后可只发报警信号或闭锁差动保护。"TA 断线闭锁比率差动控制字"整定为"1"时，闭锁比率差动保护。

4．主变压器后备保护

（1）相间阻抗保护。阻抗保护作为发变组相间后备保护。可通过整定值选择采用方向阻抗圆、偏移阻抗圆或全阻抗圆。当某段阻抗反向定值整定为零时，选择方向阻抗圆；当某段阻抗正向定值大于反向定值时，选择偏移阻抗圆；当某段阻抗正向定值与反向定值整定为相等时，选择全阻抗圆。阻抗元件灵敏角 $\varphi_m = 78°$，阻抗保护的方向指向由整定值整定实现，一般正方向指向主变压器，TV 断线时自动退出阻抗保护。

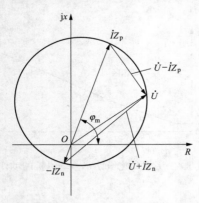

图 5-10　阻抗元件动作特性

I—某相间电流；U—对应相间电压；
Z_n—阻抗反向整定值；Z_p—阻抗正向整定值

阻抗元件的动作特性如图 5-10 所示。

阻抗元件的比相方程为

$$90° < \mathrm{Arg}\frac{(\dot{U} - \dot{I}Z_p)}{(\dot{U} + \dot{I}Z_n)} < 270°$$

阻抗保护的启动元件采用相间电流工频变化量启动，开放 500ms，期间若阻抗元件动作则保持。启动元件的动作方程为

$$\Delta I > 1.25\Delta I_t + I_{th}$$

其中：ΔI_t 为浮动门槛，随着变化量输出增大而逐步自动提高。取 1.25 倍可保证门槛电压始终略高于不平衡输出，保证在系统振荡和频率偏移情况下，保护不误动。I_{th} 为固定门槛。当相间电流的工频变化量大于 $0.3I_N$ 时，启动元件动作。

TV 断线对阻抗保护的影响：当装置判断出变压器高压侧 TV 断线时，自动退出阻抗保护。

相间阻抗保护逻辑框图如图 5-11 所示。

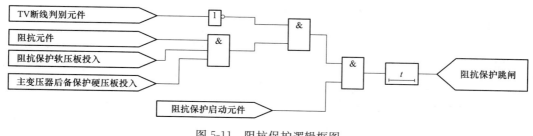

图 5-11　阻抗保护逻辑框图

（2）复合电压闭锁过电流。复合电压闭锁过电流保护，作为主变压器相间后备保护。复合电压过电流保护、复合电压方向过电流保护中电流元件取保护安装处三相电流。

通过整定控制字可选择是否经复合电压闭锁。

1）复合电压元件。复合电压元件由相间低电压和负序电压或门构成，有两个控制字（即过电流Ⅰ段经复压闭锁，过电流Ⅱ段经复压闭锁）来控制过电流Ⅰ段和过电流Ⅱ段经复合电压闭锁。当过电流经复压闭锁控制字为"1"时，表示本段过电流保护经过复合电压闭锁。

经低压侧复合电压闭锁：控制字"经低压侧复合电压闭锁"置"1"，过电流保护不但经主变压器高压侧复合电压闭锁，而且还经低压侧发电机机端复合电压闭锁。

TV 异常对复合电压元件的影响如下：

装置设有整定控制字"TV 断线保护投退原则"来控制 TV 断线时和复合电压元件的动作行为。若"TV 断线保护投退原则"控制字为"1"，当判断出本侧 TV 异常时，本侧复合电压元件不满足条件，但本侧过电流保护可经其他侧复合电压闭锁（过电流保护经过其他侧复合电压闭锁投入情况）；若"TV 断线保护投退原则"控制字为"0"，当判断出本侧 TV 异常时，复合电压元件满足条件，这样复合电压闭锁方向过电流保护变为纯过电流保护。

2）电流记忆功能。对于自并励发电机，在短路故障后电流衰减变小，故障电流在过电流保护动作出口前可能已小于过电流定值，因此复合电压过电流保护启动后，过电流元件需带记忆功能，使保护能可靠动作出口。控制字"电流记忆功能"在保护装置用于自并励发电机时置"1"。电流记忆功能投入，过电流保护必须经复合电压闭锁。

复合电压闭锁过电流逻辑框图如图 5-12 所示。

（3）复合电压闭锁方向过电流。复合电压方向过电流保护主要作为主变压器相间故障的后备保护。通过整定控制字可选择各段过电流是否经过复合电压闭锁，是否经过方向闭锁，是否投入。

方向元件：采用正序电压，并带有记忆，近处三相短路时方向元件无死区。接线方式为零度接线方式。接入装置的 TA 极性如图 5-1 所示，正极性端应在母线侧。装置后备保护分别设有控制字"过电流方向指向"来控制过电流保护各段的方向指向。当"过电流方向指向"控制字为"0"时，表示方向指向变压器，灵敏角为 45°；当"过电流方向指向"控制字为"1"时，方向指向系统，灵敏角为 225°。相间方向元件的动作特性如图 5-13 所示，阴影区为动作区。同时装置分别设有控制字"过电流经方向闭锁"来控制过电流保护各段是否经方向闭锁。当"过电流经方向闭锁"控制字为"1"时，表示本段过电流保护经过方向闭锁。

复合电压元件：复合电压指相间电压低或负序电压高。对于变压器某侧复合电压元件可

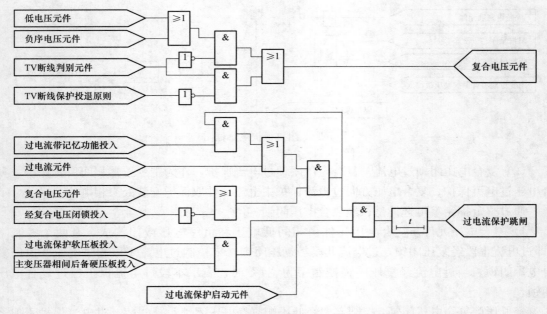

图 5-12 变压器复合电压过电流保护出口逻辑框图

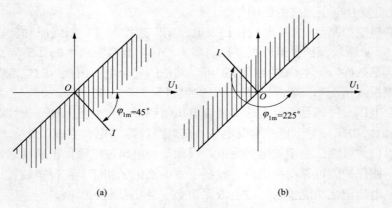

(a) (b)

图 5-13 相间方向元件动作特性
(a) 方向指向变压器；(b) 方向指向系统
注：以上所指的方向均是 TA 的正极性端在母线侧情况下。

通过整定控制字选择是否引入其他侧的电压作为闭锁电压，例如对于高压侧后备保护，装置分别设有控制字，如"过电流保护经中压侧复压闭锁""过电流保护经低压侧复压闭锁"等，来控制过电流保护是否经其他侧复合电压闭锁；当"过电流保护经中压侧复压闭锁"控制字整定为"1"时，表示高压侧复压闭锁过电流可经过中压侧复合电压启动；当"过电流保护经中压侧复压闭锁"控制字整定为"0"时，表示高压侧复压闭锁过电流不经过中压侧复合电压启动。各段过电流保护均有"过电流经复压闭锁"控制字，当"过电流经复压闭锁"控制字为"1"时，表示本段过电流保护经复合电压闭锁。

TV 异常对复合电压元件、方向元件的影响：装置设有整定控制字"TV 断线保护投退原则"来控制 TV 断线时方向元件和复合电压元件的动作行为。若"TV 断线保护投退原则"控制字为"1"，当判断出本侧 TV 异常时，方向元件和本侧复合电压元件不满足条件，但本侧过电流保护可经其他侧复合电压闭锁（过电流保护经过其他侧复合电压闭锁投入情况）；若"TV 断线保护投退原则"控制字为"0"，当判断出本侧 TV 异常时，方向元件和复合电压元件都满足条件，这样复合电压闭锁方向过电流保护就变为纯过电流保护；不论"TV 断线保护投退原则"控制字为"0"或"1"，都不会使本侧复合电压元件启动其他侧复压过电流。

本侧电压退出对复合电压元件、方向元件的影响：当本侧 TV 检修时，为保证本侧复合电压闭锁方向过电流的正确动作，需投入"本侧电压退出"压板或整定控制字，此时它对复合电压元件、方向元件有以下影响：

1）本侧复合电压元件不启动，但可由其他侧复合电压元件启动（过电流保护经过其他侧复合电压闭锁投入情况）；

2）本侧方向元件输出为正方向；

3）不会使本侧复合电压元件启动其他侧过电流元件（其他侧过电流保护经过本侧复合电压闭锁投入情况）。

复合电压闭锁方向过电流逻辑框图如图 5-14 所示。

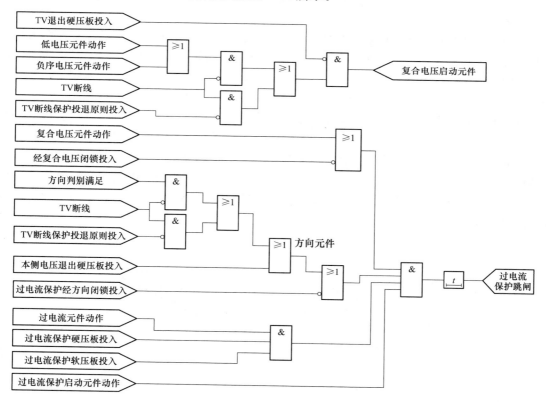

图 5-14 复合电压闭锁方向过电流逻辑框图

（4）零序过电流保护。零序过电流保护作为主变压器中性点接地运行时的后备保护，设有两段两时限零序过电流保护。

零序过电流保护可选择是否经零序电压闭锁。为防止涌流时零序过电流保护误动，零序电流Ⅱ段保护也可经谐波闭锁。零序过电流Ⅰ段一般不经谐波闭锁。

零序过电流保护逻辑框图如图 5-15 所示。

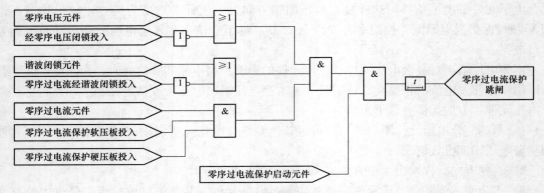

图 5-15 零序过电流保护逻辑框图

（5）零序方向过电流保护。零序过电流保护主要作为变压器中性点接地运行时接地故障后备保护。

方向元件所采用的零序电流：装置设有"零序方向判别用自产零序电流"控制字来选择方向元件所采用的零序电流。若"零序方向判别用自产零序电流"控制字为"1"，方向元件所采用的零序电流是自产零序电流；若"零序方向判别用自产零序电流"控制字为"0"，方向元件所采用的零序电流为外接零序电流。

方向元件：装置分别设有"零序方向指向"控制字来控制零序过电流各段的方向指向。当"零序方向指向"控制字为"1"时，方向指向主变压器，方向灵敏角为255°；当"零序方向指向"控制字为"0"时，表示方向指向系统，方向灵敏角为75°。零序方向元件的动作特性如图 5-16 所示。同时装置分别设有"零序过电流经方向闭锁"控制字来控制零序过电流各段是否经方向闭锁。当"零序过电流经方向闭锁"控制字为"1"时，本段零序过电流保护经过方向闭锁。

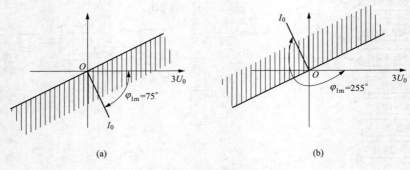

图 5-16 零序方向元件动作特性

（a）方向指向系统；（b）方向指向变压器

备注：方向元件所用零序电压固定为自产零序电压。以上所指的方向均是指零序电流外接套管 TA 或自产零序电流 TA 的正极性端在母线侧（主变压器中性点的零序电流 TA 的正极性端在主变压器侧）。

零序电压闭锁元件：装置设有"零序过电流经零序电压闭锁"控制字来控制零序过电流各段是否经零序电压闭锁。当"零序过电流经零序电压闭锁"控制字为"1"时，表示本段零序过电流保护经过零序电压闭锁。

说明：零序电压闭锁所用零序电压固定为 TV 开口三角电压。

TV 异常对零序电压闭锁元件、零序方向元件的影响：装置设有"TV 断线保护投退原则"控制字来控制 TV 断线时零序方向元件和零序电压闭锁元件的动作行为。若"TV 断线保护投退原则"控制字为"1"，当装置判断出本侧 TV 异常时，方向元件和零序电压闭锁元件不满足条件；若"TV 断线保护投退原则"控制字为"0"，当装置判断出本侧 TV 异常时，方向元件和零序电压闭锁元件都满足条件，零序电压闭锁零序方向过电流保护就变为纯零序过电流保护。

本侧电压退出对零序电压闭锁零序方向过电流的影响：当本侧 TV 检修或旁路代路未切换 TV 时，为保证本侧零序电压闭锁零序方向过电流的正确动作，需投入"本侧电压退出"压板或整定控制字，此时它对零序电压闭锁零序方向过电流有以下影响：

1）零序电压闭锁元件开放；

2）方向元件输出为正方向。

零序过电流各段经谐波制动闭锁：为防止主变压器和应涌流对零序过电流保护的影响，设有谐波制动闭锁措施。当谐波含量超过一定比例时，闭锁零序过电流保护。装置分别设有"零序过电流经谐波制动闭锁"控制字来控制零序过电流各段是否经谐波制动闭锁。当"零序过电流经谐波制动闭锁"控制字为"1"时，表示本段零序过电流经谐波制动闭锁。

零序方向过电流保护逻辑框图如图 5-17 所示。

（6）间隙零序过电流保护、零序过电压保护。间隙零序过电流保护作为主变压器中性点经间隙接地或经小电抗接地运行时的变压器后备保护。零序过电压保护作为主变压器中性点不接地、中性点经间隙接地或经小电抗接地运行时的后备保护。考虑到在间隙击穿过程中，间隙零序过电流和零序过电压的交替出现，一旦零序过电压或零序过电流元件动作后装置就相互展宽，使保护可靠动作。

装置零序过电压保护和间隙零序过电流保护可经外部开入接点投入，"间隙零序外部投入"置 0，间隙零序保护经压板投退；"间隙零序外部投入"置 1，间隙零序保护压板投入，同时外部开入为 1，保护才投入。对于只配置零序过电压保护，为了防止外部开入误投，零序过电压保护设有"经无流闭锁"控制字，即零序电流大于定值（间隙零序电流定值），闭锁零序过电压保护。

（7）主变压器低压侧零序电压报警。针对发电机出口设有断路器的情况，可在主变压器低压侧配置一套零序过电压保护，作为接地监视，定值一般整定为 10～15V，经控制字选择投入，动作于报警。

（8）其他异常保护。装置主变压器高压侧后备保护设有过负荷报警、启动风冷、闭锁有载调压。过负荷报警和启动风冷可分别通过整定控制字来控制其投退。启动风冷动作后输出两副动合触点，闭锁有载调压动作后输出一副动合、一副动断触点。

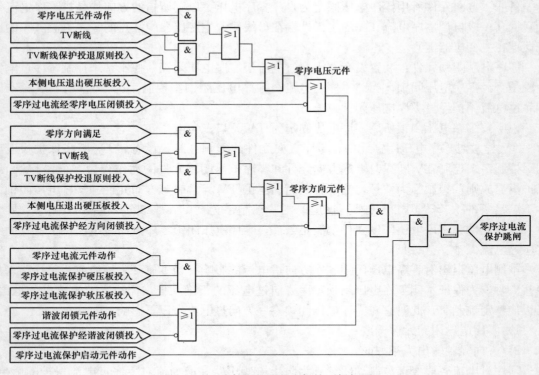

图 5-17 零序方向过电流保护逻辑框图

5. 发电机匝间保护

（1）发电机高灵敏横差保护。装设在发电机两个中性点连线上的横差保护，用作发电机定子绕组的匝间短路、分支开焊故障以及相间短路的主保护。

由于保护采用了频率跟踪、数字滤波及全周傅氏算法，使得横差保护对三次谐波的滤除比在频率跟踪范围内达 100 以上，保护只反应基波分量。

1）高定值段横差保护，相当于传统单元件横差保护。

2）灵敏段横差保护。

装置采用相电流比率制动的横差保护原理，其动作方程为

$$I_d > I_{hczd}, I_{max} \leqslant I_{ezd}$$

$$I_d > \left(1 + K_{hczd} \frac{I_{max} - I_{ezd}}{I_{ezd}} \right) \times I_{hczd}, I_{max} > I_{ezd}$$

式中 I_{hczd}——横差电流定值；

  I_{max}——机端三相电流中最大相电流；

  I_{ezd}——发电机额定电流；

  K_{hczd}——制动系数。

相电流比率制动横差保护能保证外部故障时不误动，内部故障时灵敏动作，由于采用了相电流比率制动，横差保护电流定值只需按躲过正常运行时不平衡电流整定，比传统单元件横差保护定值大为减小，因而提高了发电机内部匝间短路时的灵敏度。

对于其他正常运行情况下横差不平衡电流的增大，横差电流保护动作值具有浮动门槛的

功能。

（2）横差保护出口逻辑。高灵敏横差保护动作于跳闸出口。发电机转子一点接地后，保护切换于一个可整定的延时。发电机横差保护出口逻辑框图如图 5-18 所示。

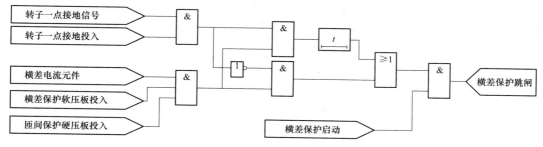

图 5-18　发电机横差保护出口逻辑框图

（3）纵向零序电压保护。装设在发电机出口专用 TV 开口三角上的纵向零序电压，用作发电机定子绕组的匝间短路的保护。

由于保护采用了频率跟踪、数字滤波及全周傅氏算法，使得零序电压对三次谐波的滤除比达 100 以上，保护只反应基波分量。

1）高定值段匝间保护，按躲过区外故障最大不平衡电压整定；

2）灵敏段匝间保护：装置采用电流比率制动的纵向零序电压保护原理，其动作方程为

$$U_{zo} > [1 + K_{zo} \times I_m / I_N] \times U_{zozd}$$
$$I_m = 3 \times I_2, I_{max} < I_N$$
$$I_m = (I_{max} - I_N) + 3 \times I_2, I_{max} \geqslant I_N$$

式中　U_{zozd}——零序电压定值；

　　　I_{max}——发电机机端最大相电流；

　　　I_2——发电机机端负序电流；

　　　I_N——发电机额定电流；

　　　K_{zo}——制动系数。

电流比率制动原理匝间保护能保证外部故障时不误动，内部故障时灵敏动作，由于采用了电流比率制动的判据，零序电压定值只需按躲过正常运行时最大不平衡电压整定，因此提高了发电机内部匝间短路时保护的灵敏度。

对于其他正常运行情况下纵向零序电压不平衡值的增大，纵向零序电压保护动作值具有浮动门槛的功能。

匝间保护一般经短延时（0.10～0.20s）出口。

（4）纵向零序电压保护出口逻辑如图 5-19 所示。

（5）一次断线闭锁判据。当发电机专用电压互感器 TV2 一次断线时，需闭锁定子匝间纵向零序电压保护。

判据 1：TV1 负序电压 $3U_2 < U_{2\_set1}$ 或 TV2 负序电压 $3U_2 < U_{2\_set2}$，且 TV2 开口三角零序电压 $3U_0 > U_{zozd}$（动作定值）。

判据 2：$|U_{AB} - U_{ab}| > 5V$

　　　　$|U_{BC} - U_{bc}| > 5V$

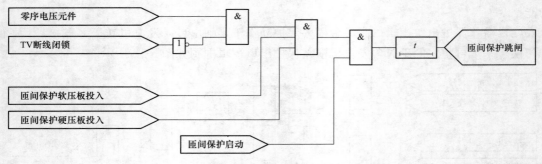

图 5-19 发电机匝间保护逻辑框图

$$|U_{CA}-U_{ca}|>5V$$

满足判据 1 或判据 2 延时 40ms 发 TV2 一次断线报警信号，并闭锁纵向零序电压匝间保护。TV 回路恢复正常，按复归清除闭锁信号。

（6）工频变化量匝间保护。

判据形成：

$$\Delta F = \text{Re}[\Delta \dot{U}_2 \times \Delta \dot{I}_2 e^{j\Phi}] > \varepsilon + 1.25 \times dF$$
$$\Delta U_2 > 0.5V + 1.25du$$
$$\Delta I_2 > 0.02I_n + 1.25di$$

上述三个判据同时满足，保护置方向标志；经负序电压、负序电流展宽后延时 0.2～0.5s 动作。

工频变化量匝间方向保护直接取机端电压、电流计算，不需专用电压互感器 TV，机端电压互感器 TV1 断线时闭锁工频变化量匝间方向保护，电流量取发电机机端电流。保护定值装置内部已设定，不需整定，灵敏度约为纵向零序电压 3V 的定值。

工频变化量匝间方向保护在发电机并网前，不能反映匝间保护。

装置控制字"零序电压经工频变化量闭锁"投入时，必须同时投入"零序电压经相电流闭锁"。发生内部故障，工频变化量负序方向动作，此时纵向零序电压不经相电流制动，只需大于定值，延时动作于出口；发生区外故障，工频变化量负序方向不动作，此时纵向零序电压保护判据仍经相电流制动，保护被制动。而高定值段不受"零序电压经工频变化量闭锁"控制。

6. 发电机后备保护

（1）相间阻抗保护。在发电机机端配置两段阻抗保护，作为发电机相间后备保护，电流取中性点电流。第 Ⅰ 段：可通过整定值选择采用方向阻抗圆、偏移阻抗圆或全阻抗圆。第 Ⅱ 段：可通过整定值选择采用方向阻抗圆、偏移阻抗圆或全阻抗圆。当某段阻抗反向定值整定为零时，选择方向阻抗圆；当某段阻抗正向定值大于反向定值时，选择偏移阻抗圆；当某段阻抗正向定值与反向定值整定为相等时，选择全阻抗圆。阻抗元件灵敏角 $\varphi_m = 78°$，阻抗保护的方向指向由整定值整定实现，一般正方向指向发电机外。阻抗元件的动作特性如图 5-20 所示。

图 5-20 中：I 为某相间电流，U 为对应相间电压，Z_n 为阻抗反向整定值，Z_p 为阻抗正向整定值。

阻抗元件的比相方程为

$$90° < \mathrm{Arg} \frac{(\dot{U} - \dot{I} Z_\mathrm{p})}{(\dot{U} + \dot{I} Z_\mathrm{n})} < 270°$$

阻抗保护的启动元件采用相间电流工频变化量启动，开放时间为 500ms，期间若阻抗元件动作则保持。启动元件的动作方程为

$$\Delta I > 1.25 \Delta I_\mathrm{t} + I_\mathrm{th}$$

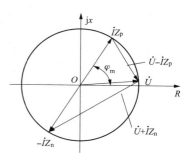

图 5-20 阻抗元件动作特性

其中：ΔI_t 为浮动门槛，随着变化量输出增大而逐步自动提高。取 1.25 倍可保证门槛电压始终略高于不平衡输出，保证在系统振荡和频率偏移情况下，保护不误动。I_th 为固定门槛。当相间电流的工频变化量大于 $0.2 I_\mathrm{n}$ 时，启动元件动作。

TV 断线对阻抗保护的影响：机端 TV1 断线闭锁阻抗保护。

（2）相间阻抗保护逻辑框图如图 5-21 所示。

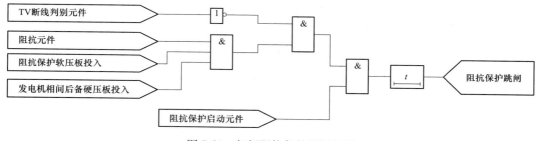

图 5-21 相间阻抗保护逻辑框图

（3）发电机复合电压过电流保护。复合电压过电流保护作为发电机、变压器、高压母线和相邻线路故障的后备。

复合电压过电流设两段定值各一段延时，第 I 段动作于跳母联开关或其他开关。复合电压过电流 II 段，动作于停机。

1）复合电压元件。复合电压元件由相间低电压和负序电压或门构成，有两个控制字（即过流 I 段经复压闭锁，过电流 II 段经复压闭锁）来控制过电流 I 段和过电流 II 段经复合电压闭锁。当过电流经复压闭锁控制字为"1"时，表示本段过电流保护经过复合电压闭锁。

2）电流记忆功能。对于自并励发电机，在短路故障后电流衰减变小，故障电流在过电流保护动作出口前可能已小于过电流定值，因此复合电压过电流保护启动后，过电流元件需带记忆功能，使保护能可靠动作出口。控制字"自并励发电机"在保护装置用于自并励发电机时置"1"。

3）经高压侧复合电压闭锁。控制字"经高压侧复合电压闭锁"置"1"，过电流保护不但经发电机机端复合电压闭锁，而且还经主变压器高压侧复合电压闭锁。

4）TV 断线对复合电压闭锁过电流的影响。装置设有整定控制字（即 TV 断线保护投退原则）来控制 TV 断线时复合电压元件的动作行为。当装置判断出本侧 TV 断线时，若"TV 断线保护投退原则"控制字为"1"时，表示复合电压元件不满足条件；若"TV 断线保护投退原则"控制字为"0"时，表示复合电压元件满足条件，这样复合电压闭锁过电流保护就变为纯过电流保护。

（4）复合电压过电流保护逻辑框图如图 5-22 所示。

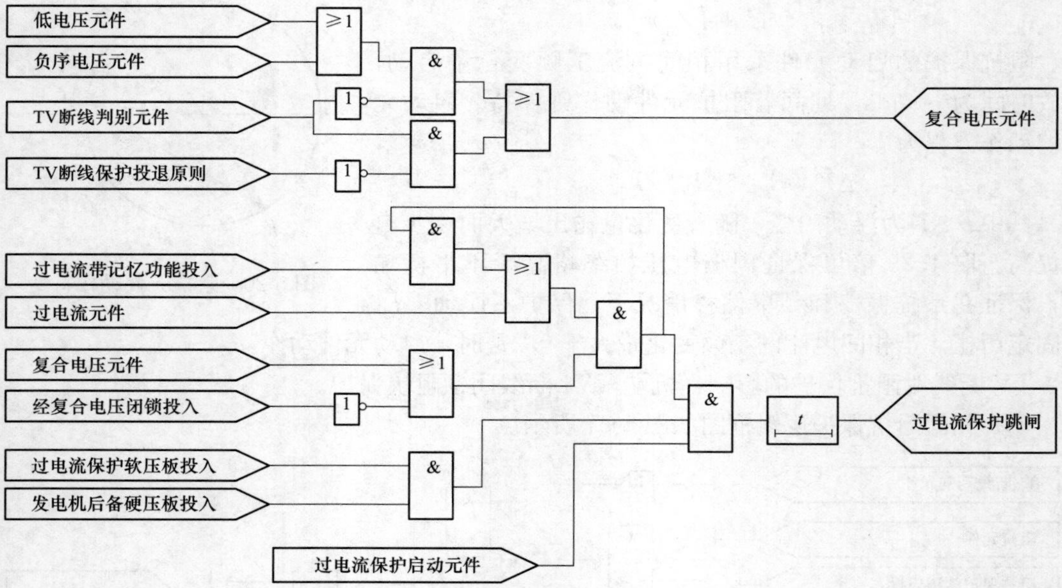

图 5-22　发电机复合电压过电流保护出口逻辑框图

7. 发电机定子接地保护

（1）零序电压定子接地保护。基波零序电压保护发电机 85%～95% 的定子绕组单相接地。

基波零序电压保护反应发电机零序电压大小。由于保护采用了频率跟踪、数字滤波及全周傅氏算法，使得零序电压对三次谐波的滤除比达 100 以上，保护只反应基波分量。

基波零序电压保护设两段定值，一段为灵敏段，另一段为高定值段。

1）灵敏段基波零序电压保护，动作于信号时，其动作方程为

$$U_{n0} > U_{0zd}$$

式中　U_{n0}——发电机中性点零序电压；

　　U_{0zd}——零序电压定值。

灵敏段动作于跳闸时，还需主变压器高、中压侧零序电压闭锁，以防止区外故障时定子接地基波零序电压灵敏段误动。

2）高定值段基波零序电压保护，动作方程为

$$U_{n0} > U_{0hzd}$$

保护动作于信号或跳闸均不需经主变压器高、中压侧零序电压辅助判据闭锁。

（2）三次谐波电压比率定子接地保护。三次谐波电压比率判据只保护发电机中性点 25% 左右的定子接地，机端三次谐波电压取自机端开口三角零序电压，中性点侧三次谐波电压取自发电机中性点 TV。

三次谐波保护动作方程为

$$U_{3T}/U_{3N} > K_{3wzd}$$

式中　U_{3T}、U_{3N}——机端和中性点三次谐波电压值；

K_{3wzd}——三次谐波电压比值整定值。

机组并网前后，机端等值容抗有较大的变化，因此三次谐波电压比率关系也随之变化，本装置在机组并网前后各设一段定值，随机组出口断路器位置接点变化自动切换。

（3）三次谐波电压差动定子接地保护。

三次谐波电压差动判据：

$$|\dot{U}_{3T} - \dot{K}_t \times \dot{U}_{3N}| > K_{re} \times \dot{U}_{3N}$$

式中　$\dot{U}_{3T}$、$\dot{U}_{3N}$——机端、中性点三次谐波电压相量；

$\dot{K}_t$——自动跟踪调整系数相量；

K_{re}——三次谐波差动比率定值。

本判据在机组并网后且负荷电流大于 $0.2I_N$（发电机额定电流）时自动投入。

（4）TV 断线闭锁原理。

1）发电机中性点、机端开口三角 TV 断线报警。由于基波零序电压定子接地保护取自发电机中性点电压、机端开口三角零序电压，TV 断线时会导致保护拒动。因此在发电机中性点、机端开口三角 TV 断线时需发报警信号。TV 断线判据：机端二次线圈正序电压大于 $0.9U_n$，零序电压三次谐波分量小于 $0.1V$，延时 10s 发 TV 断线报警信号，异常消失，延时 10s 后信号自动返回。

2）机端 TV1 一次断线。机端 TV1 二次断线不影响定子接地保护，机端 TV1 一次断线时机端零序电压基波分量增加，三次谐波分量减小，不会导致基波零序电压保护、三次谐波比率判据误动，但会导致三次谐波电压差动误动，因此，在机端 TV1 一次断线时闭锁三次谐波电压差动保护。动作判据：电压互感器 TV2 负序电压 $3U_{2'} < 3V$；电压互感器 TV1 负序电压 $3U_2 > 8V$；电压互感器 TV1 自产零序电压 $3U_0 > 8V$。

满足以上条件经小延时发电压互感器 TV1 一次断线报警信号，并闭锁三次谐波电压差动定子接地保护。

（5）定子接地保护出口逻辑如图 5-23、图 5-24 所示。

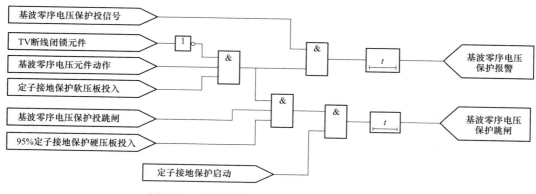

图 5-23　基波零序电压定子接地保护逻辑框图

8. 发电机转子接地保护

（1）转子一点接地保护。转子一点接地保护反应发电机转子对大轴绝缘电阻的下降。

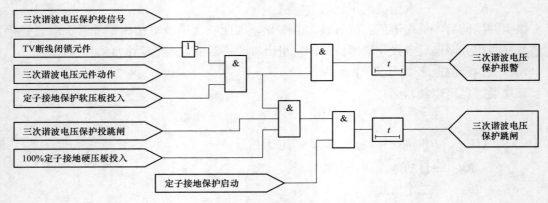

图 5-24 三次谐波电压定子接地保护逻辑框图

转子接地保护采用切换采样原理,工作电路如图 5-25 所示。

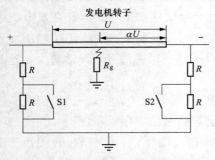

图 5-25 转子接地电阻测量图

切换图中 S1、S2 电子开关,得到相应的回路方程,通过求解方程,可以得到转子接地电阻 R_g,接地位置 α。

一点接地设有两段动作值,灵敏段动作于报警,普通段可动作于信号也可动作于跳闸。

(2)转子两点接地保护。若转子一点接地保护动作于报警方式,当转子接地电阻 R_g 小于普通段整定值,转子一点接地保护动作后,经延时自动投入转子两点接地保护,当接地位置 α 改变达一定值时判为转子两点接地,动作于跳闸。

(3)转子接地保护出口逻辑如图 5-26、图 5-27 所示。

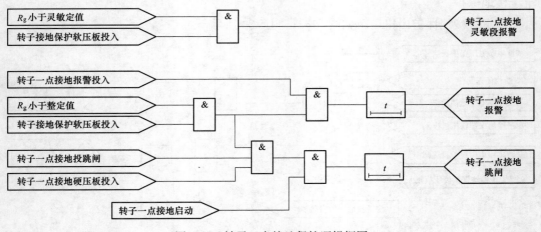

图 5-26 转子一点接地保护逻辑框图

9. 发电机定子过负荷保护

定子过负荷保护反映发电机定子绕组的平均发热状况。保护动作量同时取发电机机端、

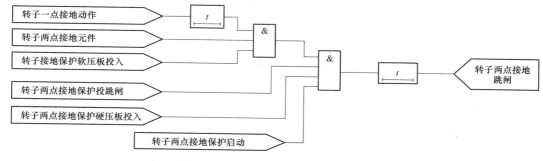

图 5-27 转子两点接地保护逻辑框图

中性点定子电流。

（1）定时限定子过负荷保护。定时限定子过负荷保护配置一段跳闸、一段信号。

（2）定时限定子过负荷出口逻辑如图 5-28 所示。

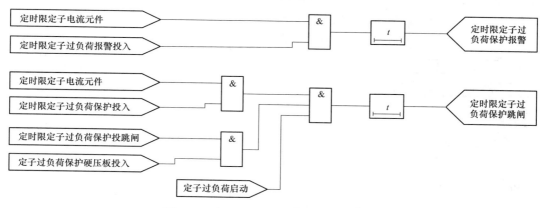

图 5-28 发电机定子过负荷保护逻辑框图

（3）反时限定子过负荷保护。反时限保护由下限启动、反时限部分、上限定时限部分三部分组成。上限定时限部分设最小动作时间定值。

当定子电流超过下限整定值 I_{szd} 时，反时限部分启动，并进行累积。反时限保护热积累值大于热积累定值保护发出跳闸信号。反时限保护，模拟发电机的发热过程，并能模拟散热。当定子电流大于下限电流定值时，发电机开始热积累，如定子电流小于额定电流时，热积累值通过散热慢慢减小。

反时限动作曲线如图 5-29 所示，反时限保护动作方程为

$$\left[(I/I_{ezd})^2 - (k_{srzd})^2\right] \times t \geqslant K_{szd}$$

式中 K_{szd}——发电机发热时间常数；

K_{srzd}——发电机散热效应系数；

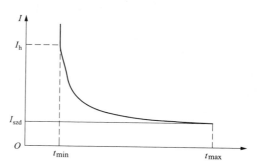

图 5-29 定子绕组过负荷反时限动作曲线图

t_{min}—反时限上限延时定值；t_{max}—反时限下限延时定值；

I_{szd}—反时限启动定值；I_h—上限电流值

I_{ezd}——发电机额定电流二次值。

（4）反时限定子过负荷出口逻辑如图 5-30 所示。

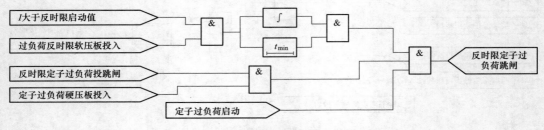

图 5-30　反时限定子过负荷保护逻辑框图

10. 负序过负荷保护

负序过负荷反应发电机转子表层过热状况，也可反应负序电流引起的其他异常。保护动作量取机端、中性点的负序电流。

（1）定时限负序过负荷保护。定时限负序过负荷保护配置一段跳闸、一段信号。

（2）定时限负序过负荷保护出口逻辑如图 5-31 所示。

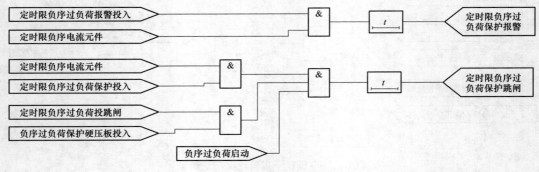

图 5-31　负序过负荷保护逻辑框图

（3）反时限负序过负荷保护。反时限保护由下限启动、反时限部分、上限定时限部分三部分组成。上限定时限部分设最小动作时间定值。

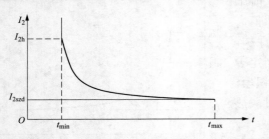

图 5-32　负序过负荷反时限动作曲线图

t_{min}—反时限上限延时定值；t_{max}—反时限下限延时；
I_{2szd}—反时限负序电流启动定值；I_{2h}—反时限上限负序电流值

当负序电流超过下限整定值 I_{2szd} 时，反时限部分启动，并进行累积。反时限保护热积累值大于热积累定值保护发出跳闸信号。负序反时限保护能模拟转子的热积累过程，并能模拟散热。发电机发热后，若负序电流小于 I_{2l} 时，发电机的热积累通过散热过程，慢慢减少；负序电流增大，超过 I_{2l} 时，从现在的热积累值开始，重新热积累的过程。

反时限动作曲线如图 5-32 所示，动作方程为

$$\left[(I_2/I_{ezd})^2 - I_{21}^2\right] \times t \geqslant A$$

式中　I_2——发电机负序电流；

　　I_{ezd}——发电机额定电流二次值；

　　I_{21}——发电机长期运行允许负序电流（标幺值）；

　　A——转子负序发热常数。

（4）反时限负序过负荷出口逻辑如图 5-33 所示。反时限负序保护可选择跳闸或报警，跳闸方式为解列灭磁。

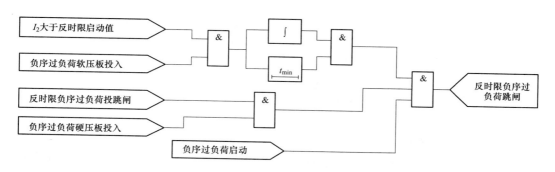

图 5-33　发电机负序过负荷保护逻辑框图

11. 发电机失磁保护

（1）失磁保护原理。失磁保护反应发电机励磁回路故障引起的发电机异常运行。失磁保护由以下四个判据组合。

1）低电压判据。一般取母线三相电压，也可选择发电机机端三相电压。三相同时低电压判据：

$$U_{pp} < U_{lezd}$$

对于取自母线电压，电压互感器 TV 断线时闭锁本判据。取自机端三相电压，一组 TV 断线时自动切换至另一组正常 TV。

2）定子侧阻抗判据。阻抗圆：异步阻抗圆或静稳边界圆，动作方程为

$$270° \geqslant \mathrm{Arg} \frac{Z + jX_B}{Z - jX_A} \geqslant 90°$$

X_A：静稳边界圆，可按系统阻抗整定，异步阻抗圆，$X_A = 0.5X_d$。

X_B：隐极机取 $X_d + 0.5X_d$，凸极机取 $0.5(X_d + X_q) + 0.5X_d$。

对于阻抗判据，可以选择与无功反向判据结合：

$$Q < -Q_{zd}$$

对于静稳阻抗继电器，特性如图 5-34 所示。图中阴影部分为动作区，图中虚线为无功反向动作边界。对于异步阻抗继电器，特性如图 5-35 所示。

阻抗继电器辅助判据：正序电压不小于 6V；负序电压 $U_2 < 0.1U_N$（发电机额定电压）；发电机电流不小于 $0.1I_N$（发电机额定电流）。

3）转子侧判据。

转子低电压判据：$U_r < U_{r1zd}$。

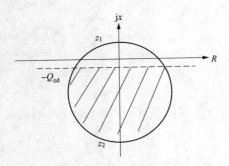

图 5-34　失磁保护阻抗图

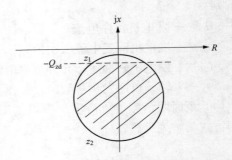

图 5-35　失磁保护阻抗图

发电机的变励磁电压判据：$U_r < K_r X_{dz}(P-P_t)U_{f0}$。

其中
$$X_{dz} = X_d + X_s$$

式中　X_d——发电机同步电抗标幺值；

　　X_s——系统联系电抗标幺值；

　　P——发电机输出功率标幺值；

　　P_t——发电机凸极功率幅值标幺值，对于汽轮发电机 $P_t = 0$，对于水轮发电机 $P_t = 0.5(1/X_{qz} - 1/X_{dz})$；

　　U_{f0}——发电机励磁空载额定电压有名值；

　　K_r——可靠系数。

失磁故障时如 U_r 突然下降到零或负值，励磁低电压判据迅速动作（在发电机实际抵达静稳极限之前），失磁或低励故障时，U_r 逐渐下降到零或减至某一值，变励磁低电压判据动作。低励、失磁故障将导致机组失步，失步后 U_r 和发电机输出功率做大幅度波动，通常会使励磁电压判据、变励磁电压判据周期性地动作与返回，因此低励、失磁故障的励磁电压元件在失步后（进入静稳边界圆）延时返回。

4）减出力判据。减出力采用有功功率判据：$P > P_{zd}$。

失磁导致发电机失步后，发电机输出功率在一定范围内波动，P 取一个振荡周期内的平均值。

（2）失磁保护出口逻辑。装置设由四段失磁保护功能，失磁保护 I 段动作于减出力，II 段经母线电压低动作于跳闸，III 段可动作于信号或跳闸，IV 段经较长延时动作于跳闸。

图 5-36 失磁保护 I 段逻辑框图。失磁保护 I 段用于减出力。失磁保护 I 段投入，发电机失磁时，降低原动机出力使发电机输出功率减至整定值。

图 5-37 失磁保护 II 段逻辑框图。失磁保护 II 段投入，发电机失磁时，主变压器高压侧母线电压低于整定值，保护延时动作于跳闸。

图 5-38 失磁保护 III 段逻辑框图。失磁保护 III 段可动作于报警，也可动作于切换备用励磁或跳闸。

图 5-39 失磁保护 IV 段逻辑框图。失磁保护 IV 段为长延时段，只判定子阻抗元件，在减出力、切换备用励磁等措施无效的情况下，动作于跳闸。

12. 失步保护

（1）失步保护原理。失步保护反应发电机失步振荡引起的异步运行。保护采用三元件失

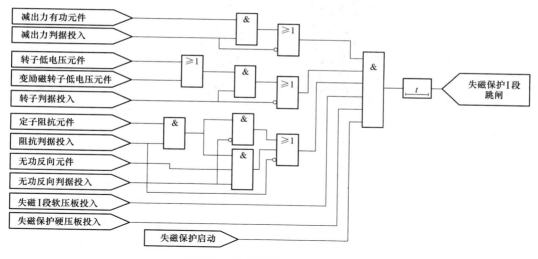

图 5-36　失磁保护 I 段逻辑框图

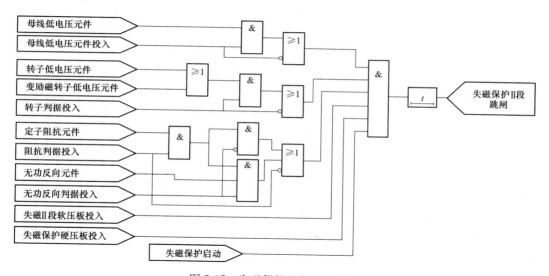

图 5-37　失磁保护 II 段逻辑框图

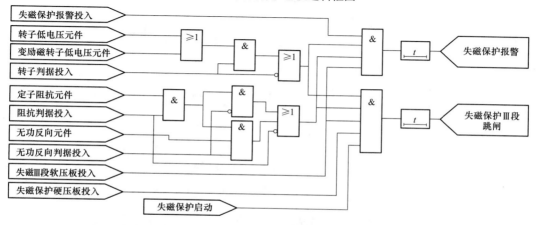

图 5-38　失磁保护 III 段逻辑框图

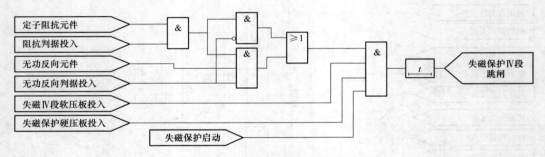

图 5-39　失磁保护Ⅳ段逻辑框图

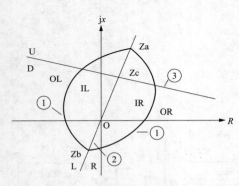

图 5-40　三元件失步保护继电器特性

步继电器动作特性，如图 5-40 所示。

第一部分是透镜特性，图 5-40 中①，它把阻抗平面分成透镜内的部分 I 和透镜外的部分 O。

第二部分是遮挡器特性，图 5-40 中②，它把阻抗平面分成左半部分 L 和右半部分 R。

两种特性的结合，把阻抗平面分成 OL、IL、IR、OR 四个区，阻抗轨迹顺序穿过四个区（OL→IL→IR→OR 或 OR→IR→IL→OL），并在每个区停留时间大于一时限，则保护判为发电机失步振荡。每顺序穿过一次，保护的滑极计数加 1，到达整定次数，保护动作。

第三部分特性是电抗线，图 5-40 中③，它把动作区一分为二，电抗线以上为Ⅰ段（U），电抗线以下为Ⅱ段（D）。阻抗轨迹顺序穿过四个区时位于电抗线以下，则认为振荡中心位于发变组内，位于电抗线以上，则认为振荡中心位于发变组外，两种情况下滑极次数可分别整定。

保护可动作于报警信号，也可动作于跳闸。失步保护可以识别的最小振荡周期为 120ms。

（2）失步保护出口逻辑如图 5-41 所示。

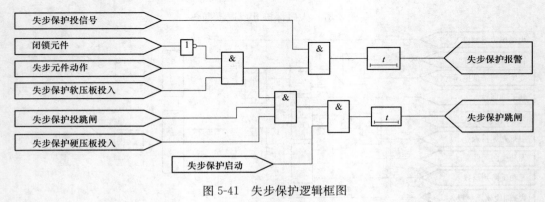

图 5-41　失步保护逻辑框图

13. 发电机电压保护

（1）过电压保护。过电压保护用于保护发电机各种运行情况下引起的定子过电压。发电机电压保护所用电压量的计算不受频率变化影响。

过电压保护反映机端相间电压的最大值，动作于跳闸出口。

（2）过电压出口逻辑如图 5-42 所示。

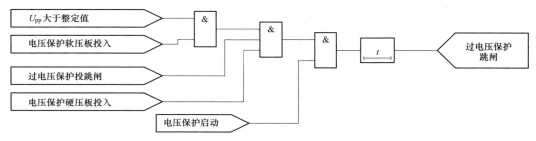

图 5-42 发电机过电压保护逻辑框图

（3）低电压保护（调相失压保护）。低电压保护由经外部控制接点（调相运行控制接点）来闭锁的低电压构成，低电压保护反应三相相间电压的降低。低电压保护设一段跳闸段，延时可整定。

（4）低电压保护出口逻辑如图 5-43 所示。

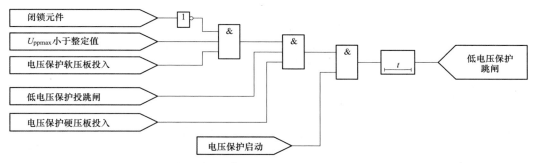

图 5-43 低电压保护出口逻辑框图

U_{ppmax}—相间电压最大值

14. 过励磁保护

过励磁保护用于防止发电机、变压器因过励磁引起的危害。过励磁保护反映发电机出口（变压器低压侧）的过励磁倍数。

装置设有发电机、主变压器两套过励磁保护。发电机过励磁保护取机端电压计算，主变压器过励磁取主变压器高压侧电压计算。发电机出口不设断路器，只需配置一套过励磁保护；发电机出口设断路器，需投入发电机过励磁、变压器过励磁两套保护功能。

（1）定时限过励磁保护。定时限过励磁保护设有跳闸段，一段信号段，延时均可整定。

过励磁倍数可表示为如下表达式：

$$n = U_* / f_*$$

式中 U_*、f_*——分别为电压的标幺值和频率的标幺值。

（2）定时限过励磁出口逻辑如图 5-44 所示。

（3）反时限过励磁保护。反时限过励磁通过对给定的反时限动作特性曲线进行线性化处理，在计算得到过励磁倍数后，采用分段线性插值求出对应的动作时间，实现反时限。反时

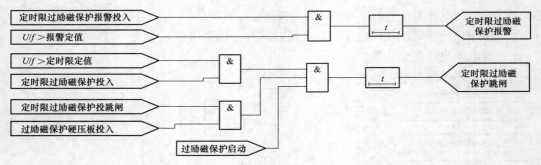

图 5-44　定时限过励磁保护逻辑框图

限过励磁保护具有累积和散热功能。

给定的反时限动作特性曲线由输入的八组定值得到。过励磁倍数整定值一般为 1.0～1.5，时间延时考虑最大到 3000s。

反时限过励磁动作曲线如图 5-45 所示。

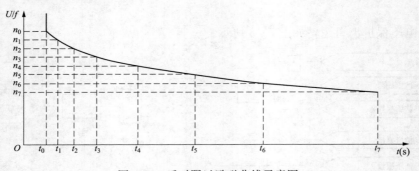

图 5-45　反时限过励磁曲线示意图

反时限动作特性曲线的八组输入定值满足以下条件：

1）反时限过励磁上限倍数整定值 $n_0 \geqslant$ 反时限过励磁倍数整定值 n_1。

2）反时限过励磁上限时限整定值 $t_0 \leqslant$ 反时限过励磁时限整定值 t_1。

依此类推到反时限过励磁倍数下限整定值。

（4）反时限过励磁出口逻辑如图 5-46 所示。

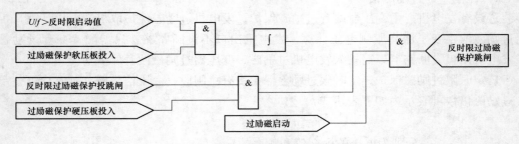

图 5-46　反时限过励磁保护逻辑框图

15. 功率保护

（1）逆功率保护。由于各种原因导致失去原动力，发电机变为电动机运行，此时为防汽轮机叶片、燃气轮机齿轮损坏，需配置逆功率保护。

发电机功率用三相电压、三相电流计算得到，保护动作判据为

$$P \leqslant -RP_{zd}$$

逆功率保护设两段时限，可通过控制字投退。Ⅰ段发信号，固定延时为 10s。Ⅱ段定值可整定，延时动作于停机出口。

逆功率保护定值范围为 $0.5\% \sim 10\% P_N$，P_N 为发电机额定有功功率。延时范围信号为 $0.1 \sim 25s$，跳闸 $0.1 \sim 600s$。

（2）功率保护。设有一段功率保护，经控制字整定可选择低功率保护或过功率保护，动作于跳闸。低功率保护出口需经"紧急停机"开入闭锁。

（3）逆功率保护出口逻辑框图如图 5-47 所示。

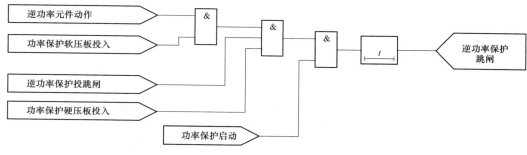

图 5-47　逆功率保护逻辑框图

（4）程序逆功率保护。发电机在过负荷、过励磁、失磁等各种异常运行保护动作后，需要程序跳闸时。保护先关闭主汽门，由程序逆功率保护经主汽门接点闭锁和发变组断路器位置接点闭锁，延时动作于跳闸。

程序逆功率保护定值范围 $0.5\% \sim 10\% P_N$，P_N 为发电机额定有功功率。

（5）程序逆功率出口逻辑如图 5-48 所示。

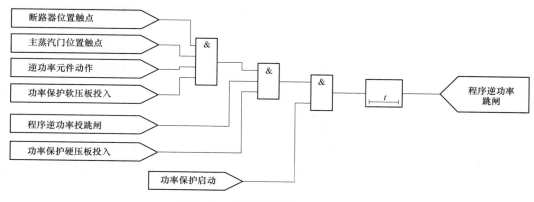

图 5-48　程序逆功率保护逻辑框图

16. 频率保护

（1）低频保护。大型汽轮发电机运行中允许其频率变化的范围为 $48.5 \sim 50.5Hz$，低于 $48.5Hz$ 时，累计运行时间和每次持续运行时间达到定值，保护动作于信号或跳闸。

（2）过频率保护。保护设两段定值，均可动作于信号或跳闸。

（3）频率保护出口逻辑框图如图5-49所示。

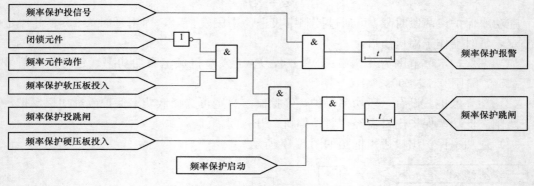

图 5-49 频率保护出口逻辑框图

17. 误上电保护

（1）误合闸保护。

1）发电机盘车时，未加励磁，断路器误合，造成发电机异步启动。采用两组 TV 均低电压延时 t_1 投入，电压恢复，延时 t_2（与低频闭锁判据配合）退出。

2）发电机启停过程中，已加励磁，但频率低于定值，断路器误合。采用低频判据延时 t_3 投入，频率判据延时 t_4 返回，其时间应保证跳闸过程的完成。

3）发电机启停过程中，已加励磁，但频率大于定值，断路器误合或非同期。采用断路器位置接点，经控制字可以投退。判据延时 t_3 投入（考虑断路器分闸时间），延时 t_4 退出其时间应保证跳闸过程的完成。

当发电机非同期合闸时，如果发电机断路器两侧电势相差180°附近，非同期合闸电流太大，跳闸易造成断路器损坏，此时闭锁跳断路器出口，先跳灭磁开关等其他开关，当断路器电流小于定值时再动作于跳出口开关。

（2）发电机误合闸保护逻辑框图如图5-50所示。图5-50中出口方式与保护装置报文对照如下：

误上电保护 I 段对应"跳其他开关"，即误合闸时，主变压器高压侧电流大于开关允许电流，闭锁跳闸出口1通道、跳闸出口2通道（跳闸矩阵整定时可与主变压器高压侧开关或机端开关对应）；此功能只在"经断路器位置闭锁投入"置1时才开放，其跳闸方式与误上电 II 段跳闸出口相比，不跳闸出口1通道、跳闸出口2通道。

误上电保护 II 段对应"跳出口开关""跳其他开关"。

（3）断路器闪络保护。发电机在进行并列过程中，当断路器两侧电压方向为180°，断口易发生闪络。断路器断口闪络只考虑一相或两相，不考虑三相闪络。断路器闪络保护取主变压器高压侧开关 TA 电流。

判据：

1）断路器三相位置触点均为断开状态；

2）负序电流大于整定值；

3）发电机已加励磁，机端电压大于一固定值。

保护动作于灭磁及启动断路器失灵。

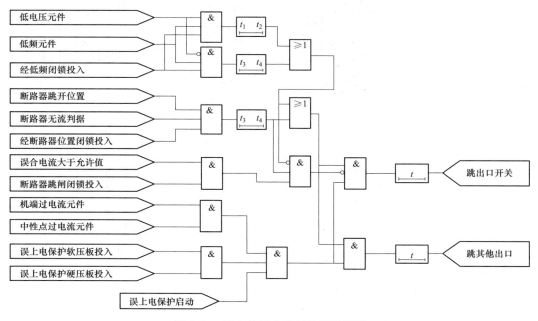

图 5-50　发电机误合闸保护逻辑框图

考虑到发电机机端电压相对于主变压器高压侧电压等级低，如机端设有断路器，并列过程中断路器两侧最大承受电压较小，因此一般不考虑配置机端断路器闪络保护。

（4）发电机断路器闪络保护逻辑框图如图 5-51 所示。

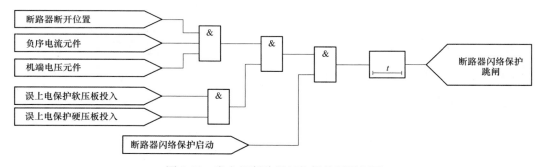

图 5-51　发电机断路器闪络保护逻辑框图

18. 启停机保护

（1）启停机保护配置。发电机启动或停机过程中，配置反应相间故障的保护和定子接地故障的保护。

对于发电机、变压器、厂用变压器、励磁变压器的故障，各配置一组差回路过电流保护。对于发电机定子接地故障，配置一套零序过电压保护。

由于发电机启动或停机过程中，定子电压频率很低，因此保护采用了不受频率影响的算法，保证了启停机过程中对发电机的保护。

启停机保护经控制字整定，可以选择"低频元件闭锁"或"断路器位置接点闭锁"。

（2）发电机启停机保护逻辑框图如图 5-52 所示。

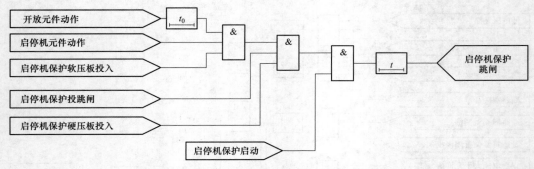

图 5-52　发电机启停机保护逻辑框图

19. 励磁绕组过负荷保护

励磁绕组过负荷保护反应励磁绕组的平均发热状况。保护动作量既可以取励磁变压器电流、励磁机电流，也可以直接反应发电机转子电流。对于励磁机，电流频率可以整定为50、100Hz。

反映转子直流电流的转子过负荷保护动作于信号。

(1) 励磁绕组定时限过负荷保护。励磁绕组定时限过负荷保护配置一段跳闸、一段信号。

(2) 定时限励磁过负荷保护出口逻辑如图 5-53 所示。

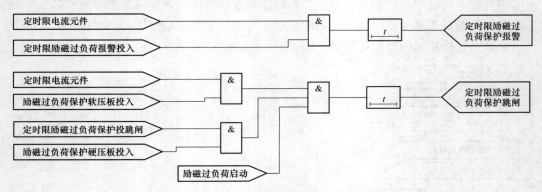

图 5-53　定时限励磁过负荷保护出口逻辑框图

(3) 励磁绕组反时限过负荷保护。反时限保护由下限启动、反时限部分、上限定时限部分三部分组成。

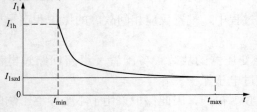

图 5-54　励磁绕组过负荷反时限动作曲线图
t_{min}—反时限上限延时定值；t_{max}—反时限下限延时；
I_{lszd}—反时限启动定值；I_{lh}—上限电流值

上限定时限部分设最小动作时间定值。

当励磁回路电流超过下限整定值 I_{lszd} 时，反时限保护启动，开时累积，反时限保护热积累值大于热积累定值保护发出跳闸信号。反时限保护能模拟励磁绕组过负荷的热积累过程及散热过程。

反时限动作曲线如图 5-54 所示，反时

限保护动作方程为

$$[(I_1/I_{jzzd})^2 - 1] \times t \geqslant K_{Lzd}$$

式中　I_1——励磁回路电流；

　　　I_{jzzd}——励磁回路反时限基准电流；

　　　K_{Lzd}——励磁绕组热容量系数定值。

（4）反时限励磁绕组过负荷保护出口逻辑如图 5-55 所示。

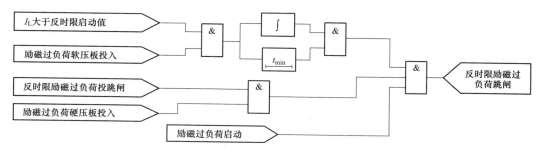

图 5-55　反时限励磁绕组过负荷保护出口逻辑框图

20. 励磁变压器保护

（1）励磁变压器过电流保护。在励磁变压器或励磁机设两段过电流保护，作为励磁变压器后备保护。各设一段延时，动作于跳闸。

励磁变压器过电流保护出口逻辑框图如图 5-56 所示。

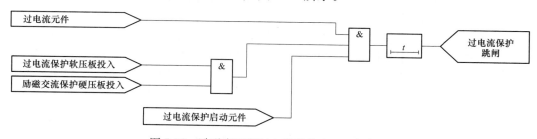

图 5-56　励磁变压器过电流保护出口逻辑框图

（2）励磁变压器复合电压过电流保护。励磁变压器保护设两段复合电压过电流保护，作为励磁变压器后备保护。各设一段延时，动作于跳闸。通过整定控制字可选择过电流Ⅰ段、Ⅱ段是否经复合电压闭锁。

1）复合电压元件。保护有两个控制字（即过电流Ⅰ段经复合电压闭锁，过电流Ⅱ段经复合电压闭锁）来控制过电流Ⅰ段和过电流Ⅱ段是否经复合电压闭锁。

2）TV 断线对复合电压闭锁过电流的影响。装置设有整定控制字（即 TV 断线保护投退原则）来控制 TV 断线时复合电压元件的动作行为。当装置判断出本侧 TV 断线或异常时，若"TV 断线保护投退原则"控制字为"1"时，表示复合电压元件不满足条件；若"TV 断线保护投退原则"控制字为"0"时，表示复合电压元件满足条件，这样复合电压闭锁过电流保护就变为纯过电流保护。

励磁变压器复合电压过电流保护出口逻辑框图如图 5-57 所示。

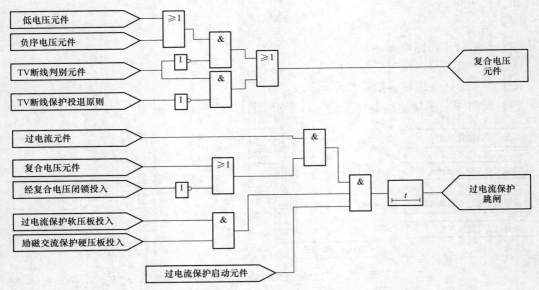

图 5-57　励磁变压器复合电压过电流保护出口逻辑框图

21. 高压厂用变压器后备保护

(1) 高压厂用变压器高压侧后备保护。设有两段过电流保护,作为高压厂用变压器后备保护。通过整定控制字可选择过电流Ⅰ段、Ⅱ段经低压分支复合电压闭锁,如低压侧为两分支,复合电压元件同时取两分支电压。

1) 复合电压元件。复合电压元件由相间低电压和负序电压或门构成,保护有两个控制字(即过电流Ⅰ段经复压闭锁,过电流Ⅱ段经复压闭锁)来控制过电流Ⅰ段和过电流Ⅱ段经复合电压闭锁。当过电流经复压闭锁控制字为"1"时,表示本段过电流保护经过复合电压闭锁。

2) 电流记忆功能。对于自并励发电机,在短路故障后电流衰减变小,故障电流在过电流保护动作出口前可能已小于过电流定值,因此复合电压过电流保护启动后,过电流元件需带记忆功能,使保护能可靠动作出口。控制字"电流记忆功能"在保护装置用于自并励发电机时置"1"。

3) TV 断线对复合电压闭锁过电流的影响。装置设有整定控制字(即 TV 断线保护投退原则)来控制 TV 断线时复合电压元件的动作行为。当装置判断出本侧 TV 断线或异常时,若"TV 断线保护投退原则"控制字为"1"时,表示复合电压元件不满足条件;若"TV 断线保护投退原则"控制字为"0"时,表示复合电压元件满足条件,这样复合电压闭锁过电流保护就变为纯过电流保护。

(2) 高压厂用变压器复合电压闭锁过电流保护出口逻辑框图如图 5-58 所示。

(3) 高压厂用变压器分支低压过电流保护。高压厂用变压器低压侧 A、B 分支各设有两段过电流保护,作为分支后备保护。通过整定控制字可选择过电流Ⅰ段、Ⅱ段是否经低压闭锁。

1) 低电压元件。保护有两个控制字(即过电流Ⅰ段经低压闭锁,过电流Ⅱ段经低压闭锁)来控制过电流Ⅰ段和过电流Ⅱ段是否经低电压闭锁。

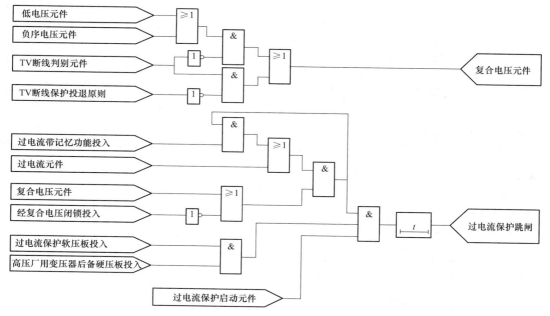

图 5-58　高压厂用变压器复合电压过电流保护出口逻辑框图

2）TV 断线对低压闭锁过电流的影响。装置设有整定控制字（即 TV 断线保护投退原则）来控制 TV 断线时低电压元件的动作行为。当装置判断出本侧 TV 断线或异常时，若"TV 断线保护投退原则"控制字为"1"时，表示低电压元件不满足条件；若"TV 断线保护投退原则"控制字为"0"时，表示低电压元件满足条件，这样低电压闭锁过电流保护就变为纯过电流保护。

高压厂用变压器分支低压过电流保护出口逻辑框图如图 5-59 所示。

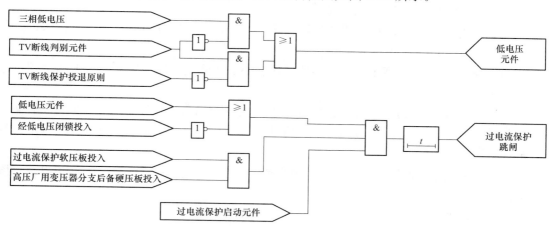

图 5-59　高压厂用变压器分支低压过电流保护出口逻辑框图

（4）高压厂用变压器分支复压过电流保护。高压厂用变压器低压侧 A、B 分支各设有两段过电流保护，作为分支后备保护。通过整定控制字可选择过电流Ⅰ段、Ⅱ段是否经复压闭锁。

1）复合电压元件。复合电压元件由相间低电压和负序电压或门构成，保护有两个控制字（即过电流Ⅰ段经复压闭锁，过电流Ⅱ段经复压闭锁）来控制过电流Ⅰ段和过电流Ⅱ段经复合电压闭锁。当过电流经复压闭锁控制字为"1"时，表示本段过电流保护经过复合电压闭锁。

2）TV断线对复合电压闭锁过电流的影响。装置设有整定控制字（即TV断线保护投退原则）来控制TV断线时复合电压元件的动作行为。当装置判断出本侧TV断线或异常时，若"TV断线保护投退原则"控制字为"1"时，表示复合电压元件不满足条件；若"TV断线保护投退原则"控制字为"0"时，表示复合电压元件满足条件，这样复合电压闭锁过电流保护就变为纯过电流保护。

高压厂用变压器分支复压过电流保护出口逻辑框图如图5-60所示。

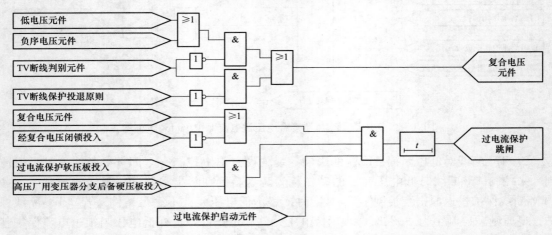

图5-60　高压厂用变压器分支复压过电流保护出口逻辑框图

（5）高压厂用变压器分支接地保护。

1）零序过电流保护。高压厂用变压器低压侧A、B分支均设两段零序过电流保护，各设一段延时。动作于跳闸。

2）零序过电压保护。高压厂用变压器低压侧A、B分支均设一段零序过电压保护，延时发报警信号。

（6）高压厂用变压器其他异常保护。高压厂用变压器后备保护设有过负荷报警、启动风冷。过负荷报警和启动风冷可分别通过整定控制字来控制其投退。启动风冷动作后输出一副常开触点。

（7）分支电缆差动保护。高压厂用变压器A、B分支电缆各配置一套差动保护以及一段分支下侧过电流保护。

比率差动保护的动作方程如下：

$$\begin{cases} I_d > I_{cdqd} \\ I_d > K_{bl} \times I_r \end{cases}$$

$$\begin{cases} I_r = (|\dot{I}_1| + |\dot{I}_2|)/2 \\ I_d = |\dot{I}_1 - \dot{I}_2| \end{cases}$$

式中　I_d——差动电流；

　　　I_r——制动电流；

　　I_{cdqd}——差动电流定值；

　　K_{bl}——比率制动系数；

I_1、I_2——分别为分支上、下两侧电流。

22. 断路器跳闸过电流闭锁

（1）闭锁原理。发电机、变压器、厂用变压器高压侧发生故障，保护跳闸时，如果发电机出口、厂用变压器高压侧断路器开断容量不够，需要闭锁相应断路器。在其他断路器、灭磁开关等跳开后，断路器中流过的故障电流小于定值，断路器完成跳闸过程。

闭锁方式1：保护发出跳闸命令时，跳发电机出口、厂用变压器高压侧断路器的输出增加小延时（20ms），如判别出相应断路器过电流元件未动作，则直接跳开断路器，如判别出相应断路器过电流元件动作，则由保护装置本身根据大电流选跳跳闸控制字，选跳其他断路器等出口。

断路器过电流闭锁元件动作时可输出一对动合一对动断触点，与非电量保护配合，完成保护跳闸选择功能。

闭锁方式2：保护发出跳闸命令时，跳发电机出口、厂用变压器高压侧断路器的输出增加小延时（20ms），直接输出跳闸触点。

装置断路器过电流闭锁元件动作时只输出一对动合一对动断触点，与电量保护及非电量保护跳闸输出触点配合，完成保护跳闸选择功能。

注：如发电机出口、厂用变压器开关闭锁功能退出时，保护发跳闸命令时，相应跳闸出口无小延时。

（2）逻辑框图。保护逻辑框图如图 5-61 所示，图中内容为断路器跳闸过电流闭锁逻辑，发电机机端开关和厂用变压器高压侧开关过电流闭锁逻辑相同。其中 $I_a>$、$I_b>$、$I_c>$分别为断路器对应 a、b、c 三相过电流元件动作。对于机端开关电流闭锁元件取机端 TA 及主变压器低压侧 TA 中电流较大值，而厂用变压器高压侧开关电流闭锁元件为防止厂用变压器高压侧小变比 TA 饱和导致电流传变不正确，取大变比 TA 电流作为闭锁元件。

23. 非全相保护

非全相保护提供断路器非全相运行的保护。装置通过断路器辅助触点位置以及零序电流、负序电流来判断断路器的非全相运行状态。是否使用零序、负序电流可由定值设定。非全相保护有两时限，其中第二时限可整定选择是否经过发变组保护动作触点闭锁，逻辑框图如图 5-62、图 5-63 所示。

24. 电流互感器 TA 断线报警功能

（1）各侧三相电流回路 TA 断线报警。

动作判据：

$$I_2 > 0.04I_n + 0.25 \times I_{max}$$

式中　I_n——二次额定电流（1A 或 5A）；

　　　I_2——负序电流；

　　I_{max}——最大相电流。

满足条件，延时 10s 后发相应 TA 异常报警信号，异常消失，延时 10s 自动返回。

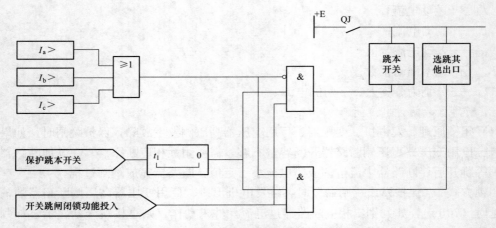

图 5-61　断路器跳闸过电流闭锁逻辑框图

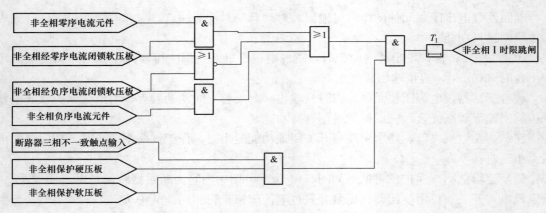

图 5-62　非全相保护一时限逻辑图

（2）差动保护差流报警。只有在相关差动保护控制字投入时（与压板投入无关），差流报警功能投入，满足判据，延时 10s 报相应差动保护差流报警，不闭锁差动保护，差流消失，延时 10s 返回。

为提高差流报警的灵敏度，采用比率制动差流报警判据为

$$dI > d_{i\_bjzd} \text{ 及 } dI > k_{bj} \times I_{res}$$

式中　　dI——差电流；

　d_{i_bjzd}——差流报警门槛；

　　k_{bj}——差流报警比率制动系数；

　　I_{res}——制动电流。

（3）差动保护 TA 断线报警或闭锁。

对于正常运行中 TA 瞬时断线，差动保护设有瞬时 TA 断线判别功能。只有在相关差动保护控制字及压板均投入时，差动保护 TA 断线报警或闭锁功能投入。

内部故障时，至少满足以下条件中一个：

1）任一侧负序相电压大于 2V；

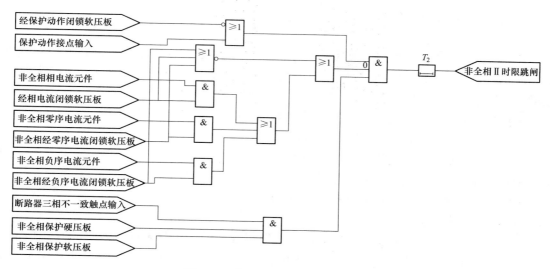

图 5-63 非全相保护二时限逻辑图

2）启动后任一侧任一相电流比启动前增加；

3）启动后最大相电流大于 $1.2I_n$；

4）同时有三路电流比启动前减小。

而 TA 断线时，以上条件均不符合。因此，差动保护启动后 40ms 内，以上条件均不满足，判为 TA 断线。如此时"TA 断线闭锁比率差动投入"置 1，则闭锁差动保护，并发差动 TA 断线报警信号，如控制字置 0，差动保护动作于出口，同时发差动 TA 断线报警信号。

在发出差动保护 TA 断线信号后，消除 TA 断线情况，复位装置才能消除信号。

在发电机变压器组未并网前，TA 断线报警或闭锁功能自动退出。

25. TV 断线报警功能

（1）各侧三相电压回路 TV 断线报警。动作判据如下：

1）正序电压小于 18V，且任一相电流大 $0.04I_n$；

2）负序电压 $3U_2$ 大于 8V。

发电机机端、主变压器高压侧 TV 满足以上任一条件延时 10s 发相应 TV 断线报警信号，异常消失，延时 10s 后信号自动返回。厂用变压器低压侧 TV 满足以上任一条件延时 10s 发相应 TV 断线报警信号，异常消失，手动复归。

（2）发电机机端电压平衡功能。发电机机端接入两组电压互感器，比较两组电压互感器的相间电压、正序电压是否一致来判断 TV 断线。动作判据如下：

$$|U_{AB}-U_{ab}|>5V$$
$$|U_{BC}-U_{bc}|>5V$$
$$|U_{CA}-U_{ca}|>5V$$
$$|U_1-U_1|>3V$$

满足以上任一条件延时 0.2s 发 TV 断线报警信号，并启动 TV 切换。

某一组 TV 断线时，失磁、失步、过电压、过励磁、逆功率、频率等相关保护不受影响。如机端只有一组 TV 输入，本功能可以选择退出。

26. 非电量保护接口

从发变组单元本体保护及其他外部来的接点，经装置重动，装置进行事件记录，发报警信号，并可经保护装置延时由 CPU 发出跳闸命令。保护装置配置了热工保护、断水保护、励磁系统故障、一路非电量备用。

每种非电量保护均通过压板控制投入跳闸，跳闸方式由跳闸矩阵整定。

热工保护跳闸延时，定值范围为 0～6000.0s。

断水保护跳闸延时，定值范围为 0～6000.0s。

励磁系统故障跳闸延时，定值范围为 0～6000.0s。

非电量备用跳闸延时，定值范围为 0～6000.0s。

27. 装置闭锁与报警

（1）当 CPU（CPU 板或 MON 板）检测到装置本身硬件故障时，发出装置闭锁信号（BSJ 继电器返回），闭锁整套保护。硬件故障包括内存出错、程序区出错、定值区出错、读区定值无效、光耦失电、DSP 出错和跳闸出口报警等。

（2）当 CPU 检测到下列故障时（装置长期启动、不对应启动、装置内部通信出错、TA 断线或异常、TV 断线或异常、保护报警），发出装置报警信号（BJJ 继电器动作）。

第五节　母　线　保　护

一、母线保护的作用

母线是发电厂、变电站的重要组成部分，是电能汇集和分配的中间环节，是电力系统的神经中枢。母线工作的可靠性将直接影响发电厂、变电站工作的可靠性，如果母线故障不能被迅速地切除，将引起事故扩大，破坏电力系统的稳定运行，造成电力系统的瓦解事故。

母线保护是保证电网安全稳定运行的重要系统设备，它的安全性、可靠性、灵敏性和快速性对保证整个区域电网的安全具有决定性的意义。

二、母线保护的基本要求

（1）保护应能正确反应母线保护区内的各种类型故障，并动作于跳闸。

（2）对各种类型区外故障，母线保护不应由于短路电流中的非周期分量引起电流互感器的暂态饱和而误动作。

（3）对构成环路的各类母线（如一个半断路器接线、双母线分段接线等），保护不应因母线故障时流出母线的短路电流影响而拒动。

（4）母线保护应能适应被保护母线的各种运行方式：

1）应能在双母线分组或分段运行时，有选择性地切除故障母线。

2）应能自动适应双母线连接元件运行位置的切换。切换过程中保护不应误动作，不应造成电流互感器的开路；切换过程中，母线发生故障，保护应能正确动作切除故障；切换过程中，区外发生故障，保护不应误动作。

3）母线充电合闸于有故障的母线时，母线保护应能正确动作切除故障母线。

（5）双母线接线的母线保护，应设有电压闭锁元件。

1）对数字式母线保护装置，可在启动出口继电器的逻辑中设置电压闭锁回路，而不在跳闸出口触点回路上串接电压闭锁触点；

2）对非数字式母线保护装置电压闭锁触点应分别与跳闸出口触点串接。母联或分段断路器的跳闸回路可不经电压闭锁触点控制。

（6）对于双母线的母线保护，应保证：

1）母联与分段断路器的跳闸出口时间不应大于线路及变压器断路器的跳闸出口时间。

2）能可靠切除母联或分段断路器与电流互感器之间的故障。

（7）母线保护仅实现三相跳闸出口，且应允许接于本母线的断路器失灵保护共用其跳闸出口回路。

（8）母线保护动作后，除一个半断路器接线外，对不带分支且有纵联保护的线路，应采取措施，使对侧断路器能速动跳闸。

（9）母线保护应允许使用不同变比的电流互感器。

（10）当交流电流回路不正常或断线时应闭锁母线差动保护，并发出告警信号，对一个半断路器接线可以只发告警信号不闭锁母线差动保护。

（11）闭锁元件启动、直流消失、装置异常、保护动作跳闸应发出信号。此外，应具有启动遥信及事件记录触点。

三、母线保护的简介

迄今为止，在电网中广泛应用过的母线保护有母联电流比相式差动保护、电流相位比较式差动保护和比率制动式差动保护。经多年电网运行经验总结，普遍认为就适应母线运行方式、故障类型、过渡电阻等方面而言，按分相电流差动原理构成的比率制动式母差保护效果最佳。

但是随着电网微机保护技术的普及和微机型母差保护的不断完善，以中阻抗比率差动保护为代表的传统型母差保护的局限性逐渐体现出来。从电流回路、出口选择的抗饱和能力等多方面考量，传统型母差保护与微机型母差保护相比已不可同日而语。尤其是随着变电站自动化程度的提高，各种设备的信息需上传到监控系统中进行远方监控，使传统型母差保护无法满足现代变电站运行维护的需要。

四、微机型母差保护特点

（1）数字采样，并用数学模型分析构成自适应阻抗加权抗 TA 饱和判据。

（2）允许 TA 变比不同，具备调整系数可以整定，可适应以后扩建时的任何变比情况。

（3）适应不同的母线运行方式。

（4）TA 回路和跳闸出口回路无触点切换，增加动作的可靠性，避免因触点接触不可靠带来的一系列问题。

（5）同一装置内用软件逻辑可实现母差保护、充电保护、死区保护、失灵保护等，结构紧凑、回路简单。

（6）可进行不同的配置，满足主接线形式不同的需要。

（7）人机对话友善，后台接口通信方式灵活，与监控系统通信具备完善的装置状态报文。

五、微机型母差保护与传统型母差保护对比分析

微机型母差保护与以中阻抗比率差动保护为代表的传统型母差保护的原理和二次回路进行对比分析。

1. 基本原理的比较

传统比率制动式母差保护的原理是采用被保护母线各支路（含母联）电流的矢量和作为动作量，以各分路电流的绝对值之和附以小于1的制动系数作为制动量。在区外故障时可靠不动，区内故障时则具有相当的灵敏度。算法简单但自适应能力差、二次负载大、易受回路的复杂程度的影响。

微机型母线差动保护由能够反映单相故障和相间故障的分相式比率差动元件构成。双母线接线差动回路包括母线大差回路和各段母线小差回路。大差是除母联开关和分段开关外所有支路电流所构成的差回路，某段母线的小差指该段所连接的包括母联和分段断路器的所有支路电流构成的差动回路。大差用于判别母线区内和区外故障，小差用于故障母线的选择。

这两种原理在使用中最大的不同是微机母差引入大差的概念作为故障判据，反映出系统中母线节点和电流状态，用以判断是否真正发生母线故障，较传统比率制动式母差保护更可靠，可以最大限度地减少隔离开关辅助触点位置不对因而造成的母差保护误动作。

2. 隔离开关切换使用和监测的比较

传统比率制动式母差保护用开关现场的隔离开关辅助触点控制切换继电器的动作与返回，电流回路和出口跳闸回路都依赖于隔离开关辅助触点和切换继电器触点的可靠性，继电器触点的好坏在元件轻载的情况下无法知道。

微机母差保护装置引入隔离开关辅助触点只是用于判别母线上各元件的连接位置，母线上各元件的电流回路和出口跳闸回路都是通过电流变换器输入到装置中变成数字量，各回路的电流切换用软件来实现，避免了因触点不可靠引起电流回路开路的可能。

另外，微机母差保护装置通过电流校验实现隔离开关辅助触点的实时监视和自检，并自动纠正隔离开关辅助触点的错误。在各支路元件 TA 中有电流而无隔离开关位置、两母线隔离开关并列、隔离开关位置错位造成大差的差流小于 TA 断线定值但小差的差流大于 TA 断线定值时，均可以延时发出报警信号。运行人员如果发现隔离开关辅助触点不可靠而影响母差保护运行时，可以通过保护屏上附加的隔离开关模拟盘，用手动强制开关指定隔离开关的现场状态。

3. TA 抗饱和能力的比较

母线保护经常承受穿越性故障的考验，而且在严重故障情况下必定造成部分 TA 饱和，因此抗饱和能力对母线保护是一个重要的参数。

微机母差保护使用数学模型判据来检测 TA 的饱和，效果更可靠。并且在 TA 饱和时自动降低制动的门槛值，保证差动元件的正确动作。

从原理上分析，微机母差保护的先进性是显而易见的。传统型的母差判据受元件质量影响很大，在元件老化的情况下，存在误动的可能。微机母差的软件算法判据具备完善的装置自检功能，大大降低了装置误动的可能。

4. TA 二次负担的比较

传统比率制动母差保护和微机母差保护都是将 TA 二次直接用电缆引到控制室母差保护屏端子排上，二者在电缆的使用上没有差别，但两者的电缆末端所带设备不同。微机母差是电流变换器，电流变换器二次带的是小电阻，经压频转换变成数字信号；而传统中阻抗的比率制动式母差保护，变流器二次接的是 $165\sim301\Omega$ 的电阻，因此这两种母差保护二次所带的负载有很大的不同，对于微机母差保护而言，一次 TA 的母差保护线圈所带负担很小，这极大地改善了 TA 的工况。

5. 差动元件动作特性对比

常规比率差动保护与微机母差保护工作原理上没有本质的不同，只是两者的制动电流不同。前者由本母线上各元件（含母联）的电流绝对值的和作为制动量，后者将母线上除母联、分段电流以外的各元件电流绝对值的和作为制动量，差动元件动作量都是本母线上各元件电流矢量和绝对值。

微机母差保护与常规比率差动保护相比：区内故障的灵敏性和区外故障的稳定性较好。

第六节　线　路　保　护

高压输电线路由于种种原因会发生各种短路故障，主要有单相短路接地故障、两相短路接地和不接地故障、三相短路故障等四种，此外还有断线接地故障和转换性故障等。单相短路接地故障的概率最多，其次是两相短路接地故障，两者合计约占输电线路故障总数的 90%。两相短路不接地故障的概率很小，占 2%～3%，其原因多半是由两导线受吹风而摆动的频率不等造成的。三相短路的概率也很小，占 1%～3%，包括带地线、接地开关送电的误操作事故，以及倒塌事故等。高压输电线路保护的目的就是反映上述的各种故障情况，快速地将故障部分从电网当中切除，从而有效保障其他线路正常可靠地供电。高压网络上出现的振荡、串补等问题，又使得高压网络的继电保护更趋复杂化。

一、高压输电线路继电保护的基本要求

1. 保护的快速性和安全可靠性

快速切除输电线故障是保证系统暂态稳定的投资最少、收效最大的措施。从功角特性看，能否保持暂态稳定取决于故障切除前的加速面积是否小于故障切除后的减速面积，而快速切除故障既减小加速面积又增大减速面积，故收效最大。现代超高压系统为保持暂态稳定，若线路保护动作时间不超过 30ms 就算基本满足要求，若动作时间不超过 20ms 可称为快速，若在 10ms 以内则堪称特高速。

超高压输电线路传输巨大功率对保护的快速性要求高，为此常采用全线快速切除故障的纵联保护。在线路两端，尤其是大容量电厂出口处发生故障对稳定威胁最大。实际上近故障侧先跳闸后功角特性就会上升，加速面积就会减小，所以近故障侧继电保护若能以特高速切除故障是有重要意义的。

纵联保护要求在两侧间交换信号，其动作速度不可能是特高速的。阶段式保护由于不需要等待交换信号，其第 I 段保护可以特高速切除故障。所以现代纵联保护中也设有所谓独立方式的保护以特高速切除近处故障，而将依赖于对侧信号的纵联保护称为非独立方式。

2. 主保护和后备保护

主保护的任务是快速切除全线故障以保证系统的稳定运行。当根据系统暂态稳定要求必须不带延时地切除全线故障时应采用纵联保护为主保护。纵联保护常由于通道等原因不能投入运行，因此在 220kV 线路上都要求采用两套纵联保护，实现主保护的双重化，两套主保护互为备用。

后备保护是当线路主保护或开关拒动时起作用的保护。后备保护有远后备和近后备之分。远后备是由相邻线路对侧开关上的保护动作切除故障。阶段特性的距离和零序电流保护

的第Ⅲ段实际上就是在相邻线路故障时起后备作用的。近后备有两种方式：第一种只解决开关拒动的问题，故称为开关失灵保护；第二种是由相邻线路近故障侧的保护起后备作用，为此要求距离保护的后备段在反方向故障时动作。第二种近后备保护在我国没有应用。

3. 电压和电流回路的断线监视及闭锁（VTS、CTS）

电压互感器二次侧都装有熔断器或快速小开关，电压互感器二次侧熔断器熔断或小开关跳闸会造成距离保护失压，引起保护误动作。一般都利用零序电压来实现电压回路的断线闭锁，用零序电流或启动元件来解除闭锁。

电流互感器二次回路断线的可能较小，但电流差动保护为了提高安全性还应设电流断线闭锁。对数字式线路纵联差动保护，可设电流启动元件，并通过通道相互传送启动元件的启动信号，只有两侧启动元件都启动，差动元件的动作才是有效的，这样保护可以成为全电流型的。

4. 采用单相重合时保护应考虑的问题

采用单相重合闸时应考虑转换性故障和两相运行再故障的问题。

单相故障发出单相跳闸命令时应将此事件记忆下来，习惯上称为按相固定。如果两健全相之一又发生故障，选相元件虽又选为单相，但因已记忆有一相跳闸，通过逻辑判断就可跳三相。

对于在两相运行振荡时可能误动的保护应有振荡闭锁，此时的振荡闭锁可由两相电流差突变量元件启动后短时开放保护。

5. 距离保护的振荡闭锁 PSB

功率振荡是功率流的振荡，之后将出现电力系统扰动。功率振荡可能由下列原因引起的：故障突然消失，电力系统失步，因切换造成的功率流的方向改变。如此的扰动可能使系统中的发电机加速或减速，以适应新的功率流的情况，这样反过来导致功率的波动。

功率振荡可能导致距离继电器上的阻抗从正常负载区移动一个或多个跳闸特性区，在稳定的功率振荡时，继电器不跳闸是非常重要的。继电器在不稳定的功率振荡时也不应跳闸，因为在此过程中可能有一个受控系统解列的利用策略（即解列点另有考虑）。

振荡时电流上升、电压下降，可能引起距离保护误动作。要求振荡闭锁装置能区分振荡和故障：无故障振荡时闭锁保护装置，防止距离保护误动。振荡中再发生故障时迅速开放保护，使距离保护装置正确动作。

6. 合于故障保护 SOFT

线路合闸充电时若发生故障，绝大多数是检修质量不良或忘拆接地线等永久性故障，又如自动重合于永久性故障等，需要将保护的第Ⅱ段或第Ⅲ段的延时取消以达到快速切除全线任何一点故障的目的，而不考虑刚巧此时发生区外故障。这种方式习惯上称为合闸后加速。

7. 远方跳闸 DIT

当保护装置收到对侧来的高频信号时不论本侧保护是否动作都发出跳闸命令，这种保护称为远方跳闸，远方跳闸的关键问题是提高通道的抗干扰能力。光纤差动保护的纵联信号采用脉冲编码调制 PCM，抗干扰能力强，可将远方跳闸等开关量信号编码嵌入帧随同主信号进行传输。

8. 反时限方向零序电流保护 DEF

单相经高电阻接地的故障电流小，电压下降也不大，对电力系统的稳定运行并不构成危害。但是接地电流在通信系统中会感应过电压，接地电流也会产生危险的地电位升高，如果线路主保护对此缺乏足够的灵敏度，允许采用简单的零序电流保护延时切除故障。

在环网中采用方向性定时限零序电流保护虽能保证选择性，但是整定配合困难。采用反时限零序电流保护，甚至不要方向性也能保证选择性，其前提是电网中同一电压等级的所有线路都采用完全相同的反时限特性。

二、零序电流保护

在大短路电流接地系统中发生接地故障后，就有零序电流、零序电压和零序功率出现，利用这些电量构成保护接地短路故障的继电保护装置统称为零序保护。零序电流保护常采用三段式，即由零序电流速断、零序电流限时速断和零序过电流保护构成。

1. 零序电流保护构成

(1) 零序电流速断（零序I段）保护。为保证选择性，零序 I 段保护的保护范围不超过本线路末端，且不小于被保护线路全长的 $15\%\sim20\%$。通常设置两个零序 I 段保护：其中整定值较小的称为灵敏 I 段，其主要任务是反应全相运行状态下的接地故障，具有较大的保护范围，综合重合闸启动时闭锁灵敏 I 段，恢复全相运行时才能重新投入；另一个整定值较大的称为不灵敏 I 段，其主要任务是在综合重合闸过程中其他两相又发生接地故障时，尽快地将故障切除。不灵敏 I 段也能反应全相运行状态下的接地故障，只是其保护范围较灵敏 I 段为小。

(2) 零序电流限时速断（零序 II 段）保护。零序 II 段保护的保护范围应包括线路的全长，首先考虑和下一线路的零序 I 段相配合，即保护范围不超过下一线路的零序 I 段的保护范围，为保证选择性，延时 Δt 动作。当灵敏度不满足要求时，可使本线路的零序 II 段与下一线路的零序 II 段相配合，并使其动作时限比下一线路的零序 II 段增加一个 Δt。

但是，应当考虑分支电路的影响，因为它将使零序电流的分布发生变化。

(3) 零序过电流（零序 III 段）保护。零序 III 段保护主要作为本线路零序 I 段和零序 II 段的近后备和相邻线路、母线、变压器接地短路的远后备保护，在中性点直接接地电网中的终端线路上，它也可以作为主保护使用。

为保证选择性，零序 III 段保护必须按逐级配合的原则整定，即本线路零序 III 段的保护范围不能超出相邻线路上零序 III 段的保护范围。

(4) 方向性零序电流保护。在双侧或多侧电源的网络中，电源处变压器的中性点一般至少有一台要接地，由于零序电流的实际流向是由故障点流向各个中性点接地的变压器，因此在变压器接地数目比较多的复杂网络中，就需要考虑零序电流保护动作的方向性问题。

零序功率方向继电器接于零序电压和零序电流之上，它只反映零序功率的方向而动作。当保护范围内部故障时，按规定的电流、电压正方向，$3I_0$ 超前 $3U_0$ 为 $90°\sim110°$（对应于保护安装地点背后的零序阻抗角为 $85°\sim70°$ 的情况），继电器此时应正确动作，并应工作在最灵敏的条件之下，即继电器的最大灵敏角应为 $-95°\sim-110°$（电流超前于电压）。

2. 零序电流保护特点

三相星形接线的过电流保护虽然也能保护接地短路故障，但是其灵敏度较低，保护时限较长。采用零序保护就可克服此不足。这是因为：系统正常运行和发生相间短路时，不会出现零序电流和零序电压，因此零序保护的动作电流可以整定得较小，这有利于提高灵敏度；Yd 接地的降压变压器，三角形绕组侧以后的故障不会在星形绕组侧反映出零序电流，所以零序保护的动作时限可以不必与该种变压器以后的线路相配合而取较短的动作时限。

（1）零序电流保护优点如下：

1）结构及工作原理简单。零序电流保护以单一的电流量作为动作量，其正确动作率高于其他复杂保护。

2）整套保护中间环节少，特别是对于近处故障，可以实现快速动作，有利于减少发展性故障。

3）在电网零序网络基本保护稳定的条件下，保护范围比较稳定。由于线路接地故障零序电流变化曲线陡度大，其瞬时段保护范围较大，对一般长线路和中长线路可以达到全线的70%～80%，性能与距离保护相近。而且在装用三相重合闸的线路上，多数情况其瞬时保护段尚有纵续动作的特性，即使在瞬时段保护范围以外的本线路故障，仍能靠对侧断路器三相跳闸后，本侧零序电流突然增大而促使瞬时段启动切除故障。这是一般距离保护所不及的，为零序电流保护所独有的优点。

4）保护反应零序电流的绝对值，受故障过渡电阻的影响较小。例如，当 220kV 线路发生对树放电故障，故障点过渡电阻可能高达 100Ω 以上，此时，其他保护大多将无法启动，而零序电流保护，即使 $3I_0$ 定值高达数百安（一般 100A 左右）尚能可靠动作，或者靠两侧纵续动作，最终切除故障。

5）保护定值不受负荷电流的影响，也基本不受其他中性点不接地电网短路故障的影响，所以保护延时段灵敏度允许整定较高。并且零序电流保护之间的配合只决定于零序网络的阻抗分布情况，不受负荷潮流和发电机开停机的影响，只需使零序网络阻抗保持基本稳定，便可以获得较良好的保护效果。

（2）零序电流方向保护的作用与地位。零序电流方向保护是反应线路发生接地故障时零序电流分量大小和方向的多段式电流方向保护装置。电力系统事故统计资料表明，大短路电流接地系统电力网中线路接地故障占线路全部故障的 80%～90%，零序电流方向接地保护的正确动作率约为 97%，是高压线路保护中正确动作率最高的一种。零序电流方向保护具有原理简单、动作可靠、正确动作率高等一系列优点。

随着电力系统的不断发展，电力网日趋复杂，短线路和自耦变压器日渐增多，零序电流方向保护在这一新局面下也显露出自己固有的局限性。为此，现行规程中在规定装设多段式零序电流方向保护的同时，还补充规定："对某些线路，如方向性接地距离可以明显改善整个电力网接地保护性能时，可以装设接地距离保护并辅以阶段式零序电流保护。"

3. 零序电流保护在运行中注意的事项

零序电流保护在运行中应注意的事项如下：

（1）当电流回路断线时，可能造成保护误动作。这是一般较灵敏保护的共同弱点，需要在运行中注意防止。就断线概率而言，它比距离保护电压回路断线的概率要小得多。如果确有必要，还可以利用相邻电流互感器零序电流闭锁的方法防止这种误动作。

（2）当电力系统出现不对称运行时，也要出现零序电流，例如变压器三相参数不同所引起的不对称运行，单相重合闸过程中的两相运行，三相重合闸和手动合闸时的三相断路器不同期，母线倒闸操作时断路器与隔离开关并联过程或断路器正常环并运行情况下，由于隔离开关或断路器接触电阻三相不一致而出现零序环流，以及空投变压器时产生的不平衡励磁涌流，特别是在空投变压器所在母线有中性点接地变压器在运行中的情况下，可能出现较长时间的不平衡励磁涌流和直流分量等，都可能使零序电流保护启动。

（3）地理位置靠近的平行线路，当其中一条线路故障时，可能引起另一条线路出现感应零序电流，造成反方向侧零序方向继电器误动作。如确有此可能时，可以改用负序方向继电器，来防止上述方向继电器误判断。

（4）由于零序方向继电器交流回路平时没有零序电流和零序电压，回路断线不易被发现，当继电器零序电压取自电压互感器开口三角绕组时，也不易用较直观的模拟方法检查其方向的正确性，因此较容易由于交流回路有问题致使在电网故障时造成保护拒动和误动。

三、距离保护

1. 距离保护作用原理

在线路发生短路时阻抗继电器测到的阻抗（$Z_K = U_K/I_K = Z_d$）等于保护安装点到故障点的（正序）阻抗。显然该阻抗和故障点的距离是成比例的。因此习惯地将用于线路上的阻抗继电器称距离继电器。

三段式距离保护的原理和电流保护是相似的，其差别在于距离保护反应的是电力系统故障时测量阻抗的下降，而电流保护反应是电流的升高。

距离保护Ⅰ段：距离保护Ⅰ段保护范围不伸出本线路，即保护线路全长的 $80\% \sim 85\%$，瞬时动作。

距离保护Ⅱ段：距离保护Ⅱ段保护范围不伸出下回线路Ⅰ段的保护区。为保证选择性，延时 Δt 动作。

距离保护Ⅲ段：按躲开正常运行时负荷阻抗来整定。

2. 影响距离保护正确工作的因素

（1）短路点过渡电阻的影响。电力系统中短路一般都不是纯金属性的，而是在短路点存在过渡电阻，此过渡电阻一般是由电弧电阻引起的。它的存在，使得距离保护的测量阻抗发生变化。一般情况下，会使保护范围缩短。但有时候也能引起保护超范围动作或反方向动作（误动）。

在单电源网络中，过渡电阻的存在，将使保护区缩短；而在双电源网络中，使得线路两侧所感受到的过渡电阻不再是纯电阻，通常是线路一侧感受到的为感性，另一侧感受到的为容性，这就使得在感受到感性一侧的阻抗继电器测量范围缩短，而感受到容性一侧的阻扰继电器测量范围可能会超越。

解决过渡电阻影响的办法有许多。例如：采用躲过渡电阻能力较强的阻抗继电器；用瞬时测量的技术，因为过渡电阻（电弧性）在故障刚开始时比较小，而时间长了以后反而增加，根据这一特点采用在故障开始瞬间测量的技术可以使过渡电阻的影响减少到最小。

（2）系统振荡的影响。电力系统振荡对距离保护影响较大，不采取相应的闭锁措施将会引起误动。防止振荡期间误动的手段较多，下面介绍两种情况：

1）利用负序（零序）分量元件启动的闭锁回路。电力系统振荡是对称的振荡，在振荡时没有负序分量。而电力系统发生的短路绝大部分是不对称故障，即使三相短路故障也往往是刚开始为不对称然后发展为对称短路的。因此，在短路时，会出现负序分量或短暂出现负序分量，根据这一原理可以区分短路和振荡。

2）利用测量阻抗变化速度构成闭锁回路。电力系统振荡时，距离继电器测量到的阻抗会周期性变化，变化周期和振荡周期相同。而短路时，测量到的阻抗是突变的，阻抗从正常负荷阻抗突变到短路阻抗。因此，根据测量阻抗的变化速度可以区分短路和振荡。

（3）串联补偿电容的影响。高压线路的串联补偿电容可大大缩短其所连接的两电力系统间的电气距离，提高输电线路的输送功率，对电力系统稳定性的提高具有很大作用，但它的存在对继电保护装置将产生不利影响，保护设备使用或整定不当可能会引起误动。

串联补偿电容（简称"串补"）的存在，使得阻抗继电器在电容器两侧分别发生短路时，感受到的测量阻抗发生了跃变，这种跃变使三段式距离保护之间的配合变得复杂和困难，常常会引起保护非选择性动作和失去方向性。为防止此情况发生，通常采用如下措施：

1）用直线型阻抗继电器或功率方向继电器闭锁误动作区域，即在阻抗平面上将误动的区域切除。但这也可能带来另外一些问题。例如，为解决背后发生短路失去方向性的问题而使用直线型阻抗继电器，就会带来正前方出口处发生短路故障时有死区的问题，为此可以另外加装电流速断保护来补救。

2）用负序功率方向元件闭锁。因为串补电容一般都不会将线路补偿为容性。对于负序功率方向元件：由于在正前方发生短路时，反应的是背后系统的阻抗角，因此串补电容的存在不会改变原有负序电流、电压的相位关系，因此负序功率方向仍具有明确的方向性。但这种方式在三相短路时没有闭锁作用。

3）利用特殊特性的距离继电器。利用带记忆的阻抗继电器，可以较好地防止串补电容可能引起的误动。

（4）分支电流的影响。在高压网络中，母线上接有不同的出线，有的是并联分支，有的是电厂，这些支路的存在对测量阻抗同样有较大影响。

如在本线路末端母线上接有一发电厂，当下回线路发生短路时，由于发电厂对故障点也提供短路电流，使得本线路距离保护测量到的阻抗 Z_K 会因为电厂对故障有助增作用而增大。同样对于下回线路为双回线路的情况，则又会引起测量阻抗的减少，这些变化因素都必须在整定时充分考虑，否则就有可能会发生误动或拒动。

（5）TV 断线。当电压互感器二次回路断线时，距离保护将失去电压，在负荷电流的作用下，阻抗继电器的测量阻抗变为零，因此就可能发生误动作，对此，应在距离保护中采用防止误动作的 TV 断线闭锁装置。

3. 距离保护评价

从对继电保护所提出的基本要求来评价距离保护，可以做出以下几个主要的结论：

（1）根据距离保护的工作原理，它可以在多电源的复杂网络中保证动作的选择性。

（2）距离保护 I 段是瞬时动作的，但是它只能保护线路全长的 80%～85%。因此，两端合起来就会在 30%～40% 的线路长度内的故障不能从两端瞬时切除，在一端须经 0.5s 的延时才能切除，在 220kV 及以上电压的网络中有时仍不能满足电力系统稳定运行的要求。

（3）由于阻抗继电器同时反应于电压的降低和电流的增大而动作，因此，距离保护较电流、电压保护具有较高的灵敏度。此外，距离保护 I 段的保护范围不受系统运行方式变化的影响，其他两段受到的影响也比较小，因此保护范围比较稳定。

（4）由于距离保护中采用了复杂的阻抗继电器和大量的辅助继电器，再加上各种必要的闭锁装置，因此接线复杂、可靠性比电流保护低，这也是它的主要缺点。

四、数字光纤纵联差动保护

1. 光纤保护的基本方式及其特点

光纤作为继电保护的通道介质，具有不怕超高压与雷电电磁干扰、对电场绝缘、频带宽和衰耗低等优点。光纤保护目前已在国内部分地区得到较为广泛的使用，对已投入运行的光纤保护，按原理划分主要有光纤电流差动保护和光纤闭锁式、允许式纵联保护两种。

（1）光纤电流差动保护。光纤电流差动保护是在电流差动保护的基础上演化而来的，基本保护原理也是基于基尔霍夫电流定律，它能够理想地使保护实现单元化，原理简单，不受运行方式变化的影响，而且由于两侧的保护装置没有电联系，提高了运行的可靠性。目前电流差动保护在电力系统的主变压器、线路和母线上大量使用，其灵敏度高、动作简单可靠快速、能适应电力系统振荡、非全相运行等优点，是其他保护形式所无法比拟的。光纤电流差动保护在继承了电流差动保护优点的同时，以其可靠稳定的光纤传输通道，保证了传送电流的幅值和相位正确可靠地传送到对侧。时间同步和误码校验问题是光纤电流差动保护面临的主要技术问题。在复用通道的光纤保护上，保护与复用装置时间同步的问题对于光纤电流差动保护的正确运行起到关键的作用，因此目前光纤差动电流保护都采用主从方式，以保证时钟的同步；由于目前光纤均采用 64kbit/s 数字通道，电流差动保护通道中既要传送电流的幅值，又要传送时间同步信号，通道资源紧张，要求数据的误码校验位不能过长，这样就影响了误码校验的精度。目前部分厂家推出的 2Mbit/s 数字接口的光纤电流差动保护能很好地解决误码校验精度的问题。

（2）光纤闭锁式、允许式纵联保护。光纤闭锁式、允许式纵联保护是在目前高频闭锁式、允许式纵联保护的基础上演化而来，以稳定可靠的光纤通道代替高频通道，从而提高保护动作的可靠性。光纤闭锁保护的鉴频信号能很好地对光纤保护通道起到监视作用，这比目前高频闭锁保护需要值班人员定时交换信号，以鉴定通道正常可靠与否灵敏了许多，提高了闭锁式保护的动作可靠性。此外，由于光纤闭锁式、允许式纵联保护在原理上与大量运行的高频保护类似，在完成光纤通道的敷设后，只需更换光收发信号机即可接入使用的高频保护上，因此具有改造方便的特点。与光纤电流纵差保护比较，光纤闭锁式、允许式纵联保护不受负荷电流的影响，不受线路分布电容电流的影响，不受两端 TA 特性是否一致的影响。如光纤网络能有效解决双重化的问题，光纤闭锁式、允许式纵联保护就将逐步代替高频保护，在超高压电网中得到广泛应用。

2. 光纤电流差动保护

电流差动保护原理简单，不受系统振荡、线路串补电容、平行互感、系统非全相运行、单侧电源运行方式的影响，差动保护本身具有选相能力，保护动作速度快，最适合作为主保护。近年来，随着光纤通信技术的发展和光纤等通信设备的成本下降，我国的光纤通信发展很快，电力通信网络的发展和普及为分相电流差动保护的大规模应用提供了充足的通道资源，分相电流差动保护在电力系统应用越来越广泛。

（1）光纤电流差动保护基本原理。光纤电流差动保护采用 96 点高速采样、快速短窗算法、采用故障分量差动、稳态量电流差动、零序电流差动作为差动保护的判据。

（2）三种差动保护的配合使用。故障分量电流差动保护不受负荷电流的影响、灵敏度高，但存在时间短，在首次故障使用。稳态量电流差动受负荷电流及过渡电阻的影响，灵敏度下降，可在全相及非全相全过程使用。零序电流差动仅反应接地故障。接地故障时故障分量差流和零序差流是相等，零序差动不比故障分量电流差动保护灵敏度高，可在无法使用故障分量电流差动保护的少数场合（如故障频繁发生而且间隔很短的时候）弥补全电流差动保护灵敏度不足的缺陷。零序电流差动保护需要 100ms 左右延时，以躲过三相合闸不同时等因素的影响及三相门口短路测量误差和暂态分量引起的计算误差。

3. 光纤纵差保护装置

分相光纤纵差保护装置由电流/电压变换器，差动元件，负序突变量启动元件、电流检测元件、逻辑回路，脉冲编码调制（pulse code modulation，PCM）及解调电路和光端机等部分组成。

4. 信号传输系统

光纤信号传输系统如图 5-64 所示，由两侧 PCM 端机及光端机、光缆组成光纤信号传输系统。PCM 端机（调制器）将回路电压（即电流）四个信号和远跳或外部远传的四个键控信号转换为一路 PCM 串行码，接收电路（解调器）将对侧发送的串行码还原成八个信号输出。光端机完成串行码的光电转换。

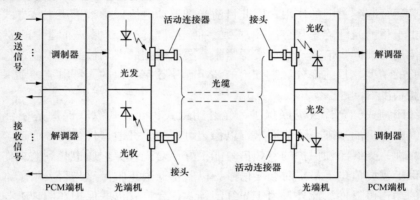

图 5-64　光纤信号传输系统图

两侧装置中的光端机与光缆的连接。每侧光端机包括发送插件和接收插件。光信号在光纤中单向传输，两侧光端机需要两根光纤。一般采用四芯光缆、两芯运行、两芯备用。光端机与光缆经过光纤活动连接器连接。活动连接器一端为裸纤，与光缆的裸纤焊接，另一端为插头，可与光端机插接。

（1）光发送电路。图 5-65 表示发送电路原理图。其核心元件是电流驱动的发光管 LED。驱动电流越大，输出光功率越高。PCM 码经过放大，电流驱动电路驱动 LED 工作，使输出的光脉冲信号与 PCM 码的电脉冲信号一一对应，即输入为"1"码时，输出 1 个光脉冲，输入"0"码时，没有光信号输出。

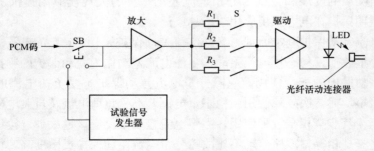

图 5-65　光发送电路原理图

插件内的拨动开关可以调节输出光功率的大小，每个开关置 ON，输出光功率增加

2dB，三个开关共能增加 6dB。信号发生器产生 60～64kbit/s 的试验脉冲信号，该信号经试验按钮 SB 可以取代 PCM 码的输入，作为发送插件或两侧光端机调试中的检测信号。

（2）光接收电路。光接收电路的核心元件是光接收管 PIN。它将接收到的光脉冲信号转换为微弱的电流脉冲信号，经前置放大器、主放大器放大，成为电压脉冲信号，经比较器整形后，还原成 PCM 码。

五、断路器失灵保护

1. 断路器失灵保护的定义

断路器失灵保护是指故障电气设备的继电保护动作发出跳闸命令而断路器拒动时，利用故障设备的保护动作信息与拒动断路器的电流信息构成对断路器失灵的判别，能够以较短的时限切除同一厂站内其他有关的断路器，使停电范围限制在最小，从而保证整个电网的稳定运行，避免造成发电机、变压器等故障元件的严重烧损和电网的崩溃瓦解事故。断路器拒动是电网故障情况下又叠加断路器操作失灵的双重故障，允许适当降低其保护要求，但必须以最终能切除故障为原则。在现代高压和超高压电网中，断路器失灵保护是近后备中防治断路器拒动的一项有效措施。

2. 断路器失灵保护的作用

220kV 及以上系统输送功率大、输送距离远，为提高输送能力和系统的稳定性，往往采用分相断路器和快速保护。由于断路器存在操作失灵的可能性，当发生故障而断路器又拒动时，将给电网带来很大威胁，故应装设断路器失灵保护装置，有选择地将失灵拒动的断路器所在（连接）母线的断路器断开，以减少设备损坏、缩小停电范围、提高系统的安全稳定性。

3. 断路器失灵保护的要求

（1）对带有母联断路器或分段断路器的母线，要求断路器失灵保护应首先动作于断开母联断路器或分段断路器，然后动作于断开与拒动断路器连接在同一母线上的所有电源支路的断路器。

（2）断路器失灵保护由故障元件的继电保护启动，手动跳开断路器时不启动失灵保护。

（3）在启动失灵保护的回路中，除故障元件保护的触点外还应包括断路器失灵判别元件的触点，利用失灵判别元件来检测断路器失灵故障的存在。

（4）为从时间上判别断路器失灵故障的存在，失灵保护的动作时间应大于故障元件断路器跳闸时间与保护装置的返回时间之和再加裕度时间。

（5）为防止失灵保护误动作，失灵保护回路中任一对触点闭合时，应使失灵保护不被误启动或引起误跳闸。

（6）失灵保护动作后应闭锁各连接元件的重合闸回路，以防止对故障元件进行重合。

（7）当某一连接元件退出运行时，它的启动失灵保护的回路应同时退出工作，以防止试验时引起失灵保护的误动作。

失灵保护动作应有专用信号表示。

第七节　自 动 重 合 闸

一、自动重合闸装置的重要性

在电力系统的故障中，大多数是输电线路（特别是架空线路）的故障，因此，如何提高输电线路工作的可靠性，就成为电力系统中的重要任务之一。

电力系统的运行经验表明，架空线路故障大多是瞬时性的。例如，由雷电引起的绝缘子表面闪络、大风引起的碰线、通过鸟类以及树枝等物掉落在导线上引起的短路等，当线路被断路器迅速断开以后，电弧即行熄灭，故障点的绝缘强度重新恢复，外界物体（如树枝、鸟类等）也被电弧烧掉而消失。此时，如果把断开的线路断路器再合上，就能够恢复正常的供电，因此称这类故障是瞬时性故障。除此之外，也有永久性故障。例如由线路倒杆、断线、绝缘子击穿或损坏等引起的故障，在线路被断开之后，它们仍然是存在的。这时，即使再合上电源，由于故障仍然存在，线路还要被继电保护再次断开，因而就不能恢复正常的供电。

由于输电线路上的故障具有以上的性质，因此在线路被断开以后再进行一次合闸，就有可能大大提高供电的可靠性和连续性。为此在电力系统中采用了自动重合闸，即当断路器跳闸后，能够自动地将断路器重新合闸的装置。

在线路上装设重合闸以后，不论是瞬时性故障还是永久性故障都得完成一次重合。因此，在重合以后可能成功（指恢复供电不再断开），也可能不成功。用重合成功的次数与总动作次数之比来表示重合闸的成功率，根据运行资料的统计，成功率一般为 $60\% \sim 90\%$。

(1) 在电力系统中，采用重合闸的技术经济效果主要可归纳如下几种：

1) 大大提高供电的可靠性、减少线路停电的次数，特别是对单侧电源的单回线路尤为显著。

2) 在高压输电线路上采用重合闸，可以提高电力系统并列运行的稳定性。

3) 在电网的设计与建设过程中，有些情况下由于考虑重合闸的作用，即可以暂缓架设双回线路，以节约投资。

4) 对断路器本身由机构不良或继电保护误动作而引起的误跳闸，也能起纠正的作用。

(2) 在采用重合闸以后，当重合于永久性故障上时，它也将带来以下一些不利的影响。

1) 使电力系统又一次受到故障的冲击。

2) 使断路器的工作条件变得更加严重。因为它要在很短的时间内，连续切断两次短路电流。这种情况对于油断路器是不利的，因为在第一次跳闸时，由于电弧的作用，已使断口的绝缘强度降低，在重合后第二次跳闸时，是在绝缘已经降低的不利条件下进行的，因此断路器在采用了重合闸以后，其遮断能力也要有不同程度的降低。因而，在短路容量比较大的电力系统中，上述不利条件往往限制了重合闸的使用。

二、自动重合闸装置的要求

1. 自动重合闸装置的基本要求

(1) 在下列情况下，重合闸不应动作。

1) 由值班人员手动操作或通过遥控装置将断路器断开时。

2) 手动投入断路器，由于线路上有故障，而随即被保护将其断开时。

(2) 自动重合闸装置的动作次数应符合预先的规定。如一次重合闸就应该只动作一次，当重合于永久故障而再次跳闸以后，就不应该再重合。

(3) 自动重合闸在动作以后，应能自动复归，准备好下一次再动作。

(4) 自动重合闸装置应有可能在重合闸以前或重合闸以后加速继电保护的动作，以便更好地和继电保护相配合，加速故障的切除。

(5) 在双侧电源的线路上实现重合闸时，应考虑合闸时两侧电源间的同步问题，并满足所提出的要求。

（6）当断路器处于不正常状态（如操动机构中使用的气压、液压降低等）而不允许实现重合闸时，应将自动重合闸装置闭锁。

2. 自动重合闸的分类

自动重合闸有前加速方式和后加速方式。前加速方式广泛用于中低压电网中。后加速方式广泛用于超高压电网中。后加速保护的优点如下：

（1）第一次是有选择性的切除故障，不会扩大停电范围。

（2）保证了重合到永久性故障能瞬时切除，并仍然有选择性。

（3）和前加速保护相比，使用中不受网络结构和负荷条件的限制，一般说来是有利而无害的。

三、综合自动重合闸

综合自动重合闸是"单相自动重合闸"和"三相自动重合闸"的综合。因为在超高压线路上实现单相自动重合闸有许多显著的优点。

（1）单相重合闸是在发生单相接地短路时仅跳开故障相，然后再重合该相。

1）采用单相重合闸的主要优点如下：

（a）能在绝大多数的故障情况下保证对用户的连续供电，从而提高供电的可靠性。当由单侧电源单回线路向重要负荷供电时，对保证不间断地供电更有显著的优越性。

（b）在双侧电源的联络线上采用单相重合闸，就可以在故障时大大加强两个系统之间的联系，从而提高系统并列运行的稳定性。对于联系比较薄弱的系统，当三相切除并继之以三相重合闸而很难再恢复同步时，采用单相重合闸可避免两系统的解列。

2）采用单相重合闸的缺点如下：

（a）需要有分相操作的断路器。

（b）需要专门的选相元件与继电保护相配合，再考虑一些特殊的要求后，使重合闸回路的接线比较复杂。

（c）在单相重合闸过程中，由于非全相运行能引起本线路和电力网中其他线路的保护误动作，因此就需要根据实际情况采取措施予以防止。这将使保护的接线、整定计算和调试工作复杂化。

由于单相重合闸具有以上特点，并在实践中证明了它的优越性。因此在 220kV 以上电压等级的线路上获得广泛应用的是综合重合闸。

（2）实现综合重合闸回路接线时，应考虑以下基本原则：

1）单相接地短路时跳开单相，然后进行单相重合，如重合不成功则跳开三相而不再进行重合。

2）各种相间短路时跳开三相，然后进行三相重合。如重合不成功，仍跳开三相，而不再进行重合。

3）当选相元件拒绝动作时，应能跳开三相并进行三相重合。

4）对于非全相运行中可能误动作的保护，应进行可靠的闭锁；对于在单相接地时可能误动作的相间保护（如距离保护），应有防止单相接地误跳三相的措施。

5）当一相跳开后重合闸拒绝动作时，为防止线路长期出现非全相运行，应将其他两相自动断开。

6）任两相的分相跳闸继电器动作后，应连跳第三相，使三相断路器均跳闸。

7）无论单相或三相重合闸，在重合不成功之后，均应考虑能加速切除三相，即实现重合闸后加速。

8）在非全相运行过程中，如又发生另一相或两相的故障，保护应能有选择性地予以切除。上述故障如发生在单相重合闸的脉冲发出以前，则在故障切除后能进行三相重合；如发生在重合闸脉冲发出以后，则切除三相不再进行重合。

9）对空气断路器或液压传动的油断路器，当气压或液压低至不允许实行重合闸时，应将重合闸回路自动闭锁；但如果在重合闸过程中气压或液压下降到低于允许值时，则应保证重合闸动作的完成。

350MW 发电机组对三相重合闸的电气扰动往往导致汽轮发电机轴系扭振疲劳寿命的损耗已经达到不能承受的程度，故上述 2）、3）两项的三相重合闸不准使用。

第八节 大型汽轮发电机同步系统

一、同步并列的基本概念

（1）电力系统并网的两种情况。

并网的确切定义：断路器连接两侧电源的合闸操作称为并网。

并网有以下两种情况：

1）差频并网：发电机与系统并网和已解列两系统间联络线并网都属差频并网。并网时需实现并列点两侧的电压相近、频率相近、在相角差为 0° 时完成并网操作。

2）同频并网：未解列两系统间联络线并网属同频并网（或合环）。这是因并列点两侧频率相同，但两侧会出现一个功角 δ，功角 δ 的值与连接并列点两侧系统其他联络线的电抗及传送的有功功率成比例。这种情况的并网条件应是当并列点断路器两侧的压差及功角在给定范围内时即可实施并网操作。并网瞬间并列点断路器两侧的功角立即消失，系统潮流将重新分布。因此，同频并网的允许功角整定值取决于系统潮流重新分布后不致引起新投入线路的继电保护动作，或导致并列点两侧系统失步。

（2）发电机与电力系统联合起来运行，不仅能提高供电的可靠性和供电质量，而且能使负荷分配得更加合理，减小电力系统储备容量，达到经济运行的目的。联合运行，统一调度能使整个电力系统获得最好的经济效益。

在一个电力系统中如果各发电机的转子间的相对电角度不超过允许值，此种运行方式称为发电机的并列运行，即参加并列运行的各发电机都是同步的。

发电机在没有投入电力系统并列运行时一般与系统中的发电机是不同步的。要使发电机与系统已运行的发电机并列运行，必须完成一定的操作称为同步并列操作，或称同步并列，而进行同步并列操作所需要的装置称为同步并列装置。

并列操作是电力系统中经常且很重要的一项操作，必须认真对待，以便在并列操作后能很快达到同步运行的目的。假如操作情况不良或发生误操作，将会给电力系统带来严重的后果：可能发生巨大的冲击电流，甚至比机端短路电流还要大得多；会引起系统电压严重下降；使电力系统发生振荡以致使系统瓦解；冲击电流所产生的强大的电动力还可能使发电机或变压器及其他电气设备造成严重损坏，以致在短时间内难以恢复。为了使同步并列操作后的发电机迅速拉入同步，在同步并列操作之前应使待并发电机满足以下两个基本要求：

1) 并列时，冲击电流不应超过允许值；

2) 发电机投入系统后，应能迅速拉入同步。

发电机的同步并列操作可以是手动的也可以是自动的。手动同步时，发电机投入电力系统的所有并列操作包括调节机组的转速，调节发电机的电压和断路器合闸等均由运行人员手动进行。自动同步时，所有这些操作均由自动装置完成。有时也采用介于手动与自动两者之间的半自动同步并列。此时一部分操作由运行人员手动完成，而另一部分的操作则由自动装置完成。

二、同期过程概述

1. 同期过程

发电机和系统的同步并列操作是电气运行最复杂、重要的一项操作。国内外由于同期操作或同期装置、同期系统的问题发生非同期并列的事例屡见不鲜，其后果是严重损坏发电机的定子绕组，其至造成大轴损坏。发电机和系统同期的过程必须满足下列四个条件：

（1）发电机和系统的相序必须相同；

（2）发电机和系统的电压接近相等；

（3）发电机和系统的频率接近相等；

（4）发电机电压和系统电压的相位接近相等。

实际上，条件（1）在发电机同期并列前已经满足，所以同期装置主要是控制和监视后三个条件。后三个条件中如有一个不能满足，都可能产生很大的冲击电流，并引起发电机强烈的振荡。

在图 5-66 中，G、S 为两个独立的电源系统，设它们的表达式分别为

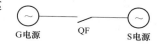

图 5-66　两电源同期示意图

$$u_g = \sqrt{2}\, u_g \sin(\omega_g t)$$
$$u_s = \sqrt{2}\, u_s \sin(\omega_s t + \varphi_s)$$

现在欲通过断路器 QF 使它们并列在一起运行，则 QF 的合闸时刻 t 在理论上应具备下列条件才能使两电源系统受到的冲击最小。

$$u_g = u_s$$
$$\omega_g = \omega_s, \text{即 } 2\pi f_g = 2\pi f_s, \text{也即 } f_g = f_s$$
$$\Delta\varphi = \omega_g t - (\omega_s t + \varphi_s) = 0$$

上述三个条件称为同期过程的三个要素。捕捉满足同期三要素的时刻 t 并使 QF 合闸的过程即为同期过程，满足同期三要素的点也称为同期点。

在同期的三要素中，频率和相角差这两个要素是一对矛盾体。设想一下，若两系统的原有相位差 $\Delta\varphi \neq 0$，而当满足频率相等要素，则 $\Delta\varphi$ 恒定，永远不可能 $\Delta\varphi = 0$。只有 $\Delta f = f_g - f_s \neq 0$ 即存在频率差时，$\Delta\varphi$ 才会出现等于 0 的机会。

在实际应用中，电压、频率两个要素与相位差要素相比，对于系统和设备的影响要小得多；同时，电压、频率较容易调至满足要求。因此，可以简单地认为，同期过程实际上是捕捉 $\Delta\varphi = 0$ 的过程，而电压和频率两要素仅作为同期时的限定条件，只要 $\Delta u = |u_g - u_s|$ 和 $\Delta f = |f_g - f_s|$ 在一定范围内即可。

2. 电压和频率调节

如前所述,同期过程可以简单地认为是寻找 $\Delta\varphi=0$ 的过程,然而 ΔU 和 Δf 也必须在规定的范围内。

为了使待并侧的电源与系统侧的电源尽快并列,通常情况下,需要对待并列的电源主动地进行 U、f 调节,以便尽快地使 ΔU 和 Δf 满足给定要求,进而实现同期并列过程。因此,电压 U 和频率 f 的调节也是同期装置应具备的重要功能。

当对象类型为"线路"时,电压和频率调节自动解除。实际上装置处在等待同期状态。

3. 导前时间与同期预报

几乎所有用于并列的断路器(图 5-66 中的 QF)从发出合闸脉冲起,由"分"位置运动到"合',位置均需要经过一段时间,这段时间称为断路器的合闸时间。因断路器的构造原理等原因的不同,合闸时间的长短存在较大的差异。

由于合闸时间的存在,因此合闸命令发出的正确时刻应该在同期点出现之前,而提前的这段时间称为导前时间。显然导前时间等于并列断路器的合闸时间最为理想。

图 5-67 为 $\Delta u=u_{\mathrm{g}}-u_{\mathrm{s}}$ 波形图,其包络线为它们的滑差波形。显然 b 点为同期点,若 t_{pre} 为导前时间,则应在 a 时刻发合闸命令,这样经过导前时间 t_{pre} 后,恰好在 b 时刻,断路器的主触头才真正合上。

图中,T_{ω} 称为滑差周期,其大小为

$$T_{\omega}=\frac{1}{|\Delta f|}=\frac{1}{|f_{\mathrm{g}}-f_{\mathrm{s}}|}$$

虽然 Δf 尽管被控制在一定范围内,但并非常数,因此 T_{ω} 也是一个变数。在 b 点,u_{g}、u_{s} 的相位差为零,而 a 点处的相位差相应地也是一个变数,这就为 a 点的确定带来了困难。而微机准同期装置能够正确方便地解决这个问题。

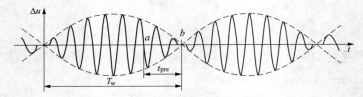

图 5-67　滑差波形示意图

根据当前滑差和相位差情况,依据一定算法,在临近 a 点时准确地预报出经过 t_{pre} 时间后同期点能恰好出现,这个过程被称为同期预报。同期预报的成功与否直接影响到同期合闸质量。只要能精确预报出 a 点,则最终实现无冲击同期合闸只是举手之劳了。

三、同期装置功能

1. 装置的主要功能

装置的主要功能如下:

(1) 装置应具有独立性、完整性,应含有能反应并网对象可能影响同期功能的异常状态的闭锁功能。

(2) 装置应满足可靠性和准确性的要求。

可靠性是指装置不误发也不拒发调压、调速及合闸指令。

准确性是指装置能正确地发出升、降压，增、减速及合闸指令。在差频并网方式下，在不考虑断路器合闸时间离散性的情况下，保证合闸角度误差不应超过 $\pm 1°$。

（3）装置应具有在线自动检测功能。在装置运行期间，装置中模块或部件（出口继电器除外）损坏时，装置不应误发合闸指令，且应发出装置异常信号。

（4）具有同频和差频并网功能。

（5）装置应具备自动补偿同期点两侧电压固有相位角差功能。

（6）运行系统与待并系统可以选择采用相同的额定电压输入（100V 或 $100/\sqrt{3}$ V）或不同的额定电压输入（100V 或 $100/\sqrt{3}$ V）实现同期并列。

（7）装置应设有当地信息显示功能，能实时显示并网过程中的电压、频率、角度等信息。

（8）装置应具有以时间顺序记录的方式记录正常运行及操作过程中的各种信息，如开关量变位、合闸成功、合闸失败、失败原因等。

（9）装置应具有合闸录波功能，应符合 COMTRADE 格式，以记录装置合闸的动作过程，宜包含并网两侧电压、频率、压差、频差、角差、开关位置、合闸指令等。

（10）装置应设有与自动化系统的通信接口，应支持装置信息（装置硬件信息、装置软件版本信息）、同期定值、日志及报告（模拟量、自检信息、异常告警信息、动作事件、开关量、装置日志信息）和录波文件上送功能。

（11）装置应具有与合并单元及智能终端的接口。

（12）装置应装设硬件时钟电路，装置失去直流电源时，硬件时钟应能正常工作。

（13）装置应具有与外部标准授时源的对时接口。

（14）装置外部端子应方便插拔。

2. 主要技术性能

主要技术性能如下：

（1）允许发出合闸脉冲的频差装置检测运行系统与待并系统之间的频率差，在合闸脉冲发出时，频率差的误差不应超过整定值的 10％。

（2）允许发出合闸脉冲的压差装置检测运行系统与待并系统之间的电压差，在合闸脉冲发出时，电压差的误差不应超过整定值的 ± 10％。

（3）差频并网合闸角差不考虑开关动作时间误差的情况下，装置合闸误差角度不应超过 $\pm 1°$。

（4）调频、调压脉冲误差装置的调频、调压功能可以整定，脉宽及周期的实测值与整定值的误差不应超 ± 0.05s。

第九节　厂用快切装置

大容量火电机组的特点之一是采用单元机组集控方式，其厂用电系统的安全可靠性对整个机组乃至整个电厂运行的安全性、可靠性有着相当重要的影响，而厂用电切换则是整个厂用电系统的一个重要环节。

发电机组对厂用电切换的基本要求是安全可靠，其安全性体现为厂用系统的任何设备（电动机、断路器等）不能由于厂用电的切换而承受不允许的过载和冲击；而可靠性则体现为在厂用电切换过程中，必须尽可能地保证机组的连续输出功率、机组控制的稳定和机炉的安全运行，减少备用变过流或重要辅机跳闸造成锅炉汽机停运的事故。

厂用工作电源与备用电源之间可能有较大的电压差 ΔU 和相位差 $\Delta\varphi$。电压差可以用调压变压器来调节，相位差则决定于电网的潮流，是无法控制的，按照实际经验，当相位差小于 $15°$ 时，厂用电切换造成电磁环网的冲击电流是厂用变压器能承受的。否则，就要靠改变运行方式和采用快切装置。发电厂厂用电的切换一般选用快切装置。

一、厂用电失电的影响与切换分析

厂用母线电压失去后，电动机的转速下降，下降的速度与电动机所带的负荷有直接的关系，一般经过 $0.5s$ 后转速下降到（$0.85\sim0.95$）n_N（n_N 为转速）。如在此时投入备用电源，一般情况下，电动机能较迅速地恢复到正常稳定运行。如果备用投入的时间较长直接影响电动机的自启动，如果投入的时间不合适，由于母线残压的存在，对参与启动的电动机产生冲击，影响设备的安全。

母线失电后，由于连接在母线上运行的电动机的定子电流和转子电流都不会立即变为零，电动机定子绕组将产生变频反馈电压，即母线残压。残压的大小和频率都随时间而衰减，衰减的速度与母线上所接电动机台数、负荷大小等因素有关。根据实验，母线残压与备用电源电压之间出现第一次反相约为 $0.4s$，第二次反相约为 $0.8s$。在小于 $0.4s$ 内备用电源投入，可保证备用电源投入时，电动机的转速下降少，冲击电流也小。因此在开关的选用上要选合闸时间小于 $0.1s$ 的快速开关。

二、厂用电切换方式

厂用电源的切换方式，除按操作控制分为手动与自动外，还可以按运行状态，断路器的动作顺序、切换的速度等进行区分。

1. 按运行状态区分

按运行状态区分为正常切换和事故切换。

（1）正常手动切换。由运行人员手动操作启动，快切装置按事先设定的手动切换方式（并联、同时）进行分合闸操作。

（2）事故自动切换。由保护接点启动。发变组、厂用变压器和其他保护出口跳工作电源开关的同时，启动快切装置进行切换，快切装置按事先设定的自动切换方式（串联、同时）进行分合闸操作。

（3）不正常情况自动切换。有两种不正常情况：一是母线失压，母线电压低于整定电压达整定延时后，装置自行启动，并按自动方式进行切换；二是工作电源开关误跳，由工作开关辅助触点启动装置，在切换条件满足时合上备用电源。

2. 按断路器的动作顺序区分

（1）并联切换。在切换期间，工作电源和备用电源是短时并列运行的，它的优点是保证了供电的可靠性，缺点是并联期间内短路容量大，增加了断路器的断流要求。因为在并联时发生短路的概率很小，因此此种方式被广泛采用。但要注意同期的条件。

（2）串联切换（断电切换）。其切换过程是，一个电源切除后，才允许投入另一个电源，一般是利用被切除电源断路器的辅助触点去接通备用电源断路器的合闸回路。因此厂用母线出现一个断电时间，断电时间的长短与断路器的合闸时间有关系。此种多用于事故切换。

（3）同时切换。这种方式介于并联切换和串联切换之间。在切换时，切除一个电源和投入另一个电源的脉冲信号同时发出。合备用命令在跳工作命令发出之后，工作开关跳开之前发出。母线断电时间大于 0ms 而小于备用开关合闸时间，可设置延时来调整，这种方式既可用于正常切换，又可用于事故切换。由于断路器分闸时间和合闸时间的长短不同及本身动作时间的分散性，在切换时间，可能有几个周期的断电时间或者有 1～2 个周期的电源并列时间。所以在厂用母线故障时要闭锁切换装置，否则，因短路容量的增大而造成断路器的爆炸。

3. 按切换速度分

（1）快速切换。假设有图 5-68 所示的厂用电系统，工作电源由发电机端经厂用高压工作变压器引入，备用电源由电厂高压母线或由系统经启动/备用变压器引入。正常运行时，厂用母线由工作电源供电，当工作电源侧发生故障时，必须先跳开工作电源开关 1QF，然后合 2QF。

跳开 1QF 后厂用母线失电，电动机将惰行。由于厂用负荷多为异步电动机，对单台单机而言，工作电源切断后电动机定子电流变为零，转子电流逐渐衰减，由于机械惯性，转子转速将从额定值逐渐减速，转子电流磁场将在定子绕组中反向感应电动势，形成反馈电压。多台异步电机连接于同一母线时，由于各电机容量、负载等情况不同，在惰行过程中，部分异步电动机将呈异步发电机特征，而另一些呈异步电动机特征。母线电压即为众多电动机的合成反馈电压，俗称残压，残压的频率和幅值将逐渐衰减。通常，电动机总容量越大，残压频率和幅值衰减的速度越慢。

以极坐标形式绘出的某机组 6kV 母线残压相量变化轨迹如图 5-69 所示。图中 U_D 为母线残压，U_S 为备用电源电压，ΔU 为备用电源电压与母线残压间的差压。

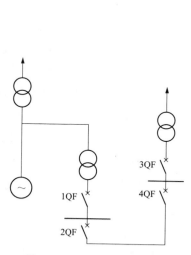

图 5-68　厂用电一次系统图

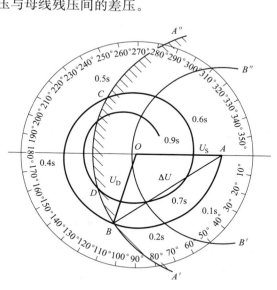

图 5-69　母线残压特性示意图

为了分析的方便，取一个电源系统与单台电动机为例，将备用电源系统和电动机等值电路按暂态分析模型做充分简化，忽略绕组电阻、励磁阻抗等，以等值电动势 U_S 和等值电抗 X_S 代表备用电源系统，以等值电动势 U_M 和等值电抗 X_M 来表示电动机，如图 5-70 所示。

由于单台电机在断电后定子电路开路，因此其电动势 U_M 等于机端电压，在备用电压合上前，$U_M = U_D$。备用电源合上后，电动机绕组承受的电压 U_M 为

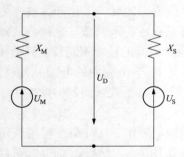

图 5-70　单台电动机切换分析模型

$$U_M = X_M / (X_S + X_M) \times (U_S - U_M)$$

因 $U_M = U_D$，则 $(U_S - U_M) = (U_S - U_D) = \Delta U$

所以，$U_M = X_M / (X_S + X_M) \times \Delta U$

令 $K = X_M / (X_S + X_M)$，则

$$U_M = K \Delta U$$

为保证电动机安全，U_M 应小于电动机的允许启动电压，设为 1.1 倍额定电压 U_{De}，则有

$$K \Delta U < 1.1 U_{De}$$
$$\Delta U(\%) < 1.1/K$$

设 $X_S : X_M = 1 : 2$，$K = 0.67$，则 $\Delta U(\%) < 1.64$。图 5-69 中，以 A 为圆心，以 1.64 为半径绘出弧线 $\overset{\frown}{A'A''}$，则 $\overset{\frown}{A'A''}$ 的右侧为备用电源允许合闸的安全区域，左侧则为不安全区域。若取 $K = 0.95$，则 $\Delta U(\%) < 1.15$，图 5-69 中 $\overset{\frown}{B'B''}$ 的左侧均为不安全区域，理论上 $K = 0 \sim 1$，可见 K 值越大，安全区越小。

假定正常运行时工作电源与备用电源同相，其电压相量端点为 A，则母线失电后残压相量端点将沿残压曲线由 A 向 B 方向移动，如能在 $\overset{\frown}{AB}$ 段内合上备用电源，则既能保证电动机安全，又不使电动机转速下降太多，这就是所谓的"快速切换"。

在实现快速切换时，厂用母线的电压降落、电动机转速下降都很小，备用分支自启动电流也不大。

在实际工程应用中，是否能实现快速切换，主要取决于工作电源与备用电源间的固有初始相位差 $\Delta \varphi_0$、快切装置启动的方式（保护启动等）、备用开关的固有合闸时间以及母线段当时的负载情况［相位差变化速度 $\Delta \varphi / \Delta t$（或频差 Δf）］等。例如，假定目标相位差为不大于 60°，初始相位差为 10°（备用电源电压超前），在合闸固有时间内平均频差为 1Hz，固有合闸时间为 100ms，则合闸时的相位差约 46°，或倒过来讲，只要启动时相位差小于 24°，则合上时相位差小于 60°；相同条件下，若初始相位差大于 24°，或合闸时间大于 140ms，则无法保证合闸瞬间相位差小于 60°。

（2）同期捕捉切换。图 5-69 中，过 B 点后 $\overset{\frown}{BC}$ 段为不安全区域，不允许切换。在 C 点后至 $\overset{\frown}{CD}$ 段实现的切换通常称为"延时切换"或"短延时切换"。因不同的运行工况下频率或相位差的变化速度相差很大，因此用固定延时的办法很不可靠，现在已不再采用。利用微机型快切装置的功能，实时跟踪残压的频差和角差变化，实现 $\overset{\frown}{CD}$ 段的切换，特别是捕捉反馈电压与备用电源电压第一次相位重合点实现合闸，这就是"同期捕捉切换"。

实际工程应用时，可以做到在过零点附近很小的范围内合闸，如 ±5°。同期捕捉切换时厂母电压为 65% ~ 70% 额定电压，电动机转速不至下降很大，通常仍能顺利自启动，另外，由于两电压同相，备用电源合上时冲击电流较小，不会对设备及系统造成危害。

（3）残压切换。当母线电压衰减到 20% ~ 40% 额定电压后实现的切换通常称为"残压切换"。残压切换虽能保证电动机安全，但由于停电时间过长，电动机自启动成功与否、自启动时间等都将受到较大限制。如图 5-69 所示，残压衰减到 40% 的时间约为 1s，衰减到 20% 的时间约为 1.4s。而对另一机组的试验结果表明，衰减到 20% 的时间为 2s。

三、厂用电快切装置

采用微机型备用电源快速切换装置，可避免备用电源电压与母线残压在相角、频率相差过大时合闸而对电机造成冲击，如失去快速切换的机会，则装置自动转为同期判别或判残压及长延时的慢速切换，同时在电压跌落过程中，可按延时甩去部分非重要负荷，以利于重要辅机的自启动。提高厂用电切换的成功率。

1. 厂用电快切装置技术特点

（1）手动、事故、非正常工况三种启动方式；

（2）手动情况下可实现工作、备用之间的双向切换；

（3）事故及非正常工况情况下可实现工作至备用的单向切换；

（4）串联、同时、并联三种切换模式及快速切换、同期判别、残压切换、长延时切换四种实现方式可自由选择；

（5）有效地防止因工作开关辅助触点接触不良而造成的误切换功能；

（6）多种闭锁功能及报警功能；

（7）事件循环记录功能；

（8）事故追忆、打印及故障录波功能；

（9）完善的通信设计方案及 GPS 对时功能；

（10）启动/备用变压器热备、冷备用方式可通过控制字控制。

2. 厂用电快切方式分类

厂用电源切换的方式可按开关动作顺序分类，也可按启动原因分类，还可按切换速度进行分类，如图 5-71 所示。

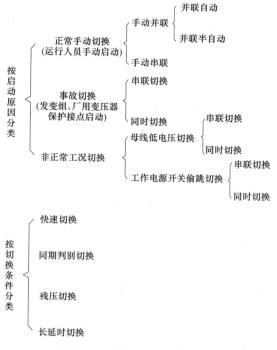

图 5-71　厂用电切换方式分类

3. 厂用电快切功能说明

(1) 正常手动切换功能。手动切换是指电厂正常工况时,手动切换工作电源与备用电源。这种方式可由工作电源切换至备用电源,也可由备用电源切换至工作电源。它主要用于发电机启、停机时的厂用电切换。该功能由手动启动,在控制台或装置面板上均可操作。手动切换可分为并联切换及串联切换。

1) 手动并联切换。并联自动指手动启动切换,如并联切换条件满足要求,装置先合备用(工作)开关,经一定延时后再自动跳开工作(备用)开关。如果在该段延时内,刚合上的备用(工作)开关被跳开,则装置不再自动跳开工作(备用)开关。如果手动启动后并联切换条件不满足,装置将立即闭锁且发闭锁信号,等待复归。

并联半自动指手动启动切换,如并联切换条件满足要求,装置先合备用(工作)开关,而跳开工作(备用)开关的操作则由人工完成。如果在规定的时间内,操作人员仍未跳开工作(备用)开关,装置将发告警信号。如果手动启动后并联切换条件不满足,装置将立即闭锁且发闭锁信号,等待复归。

2) 手动串联切换。手动串联切换指手动启动切换,先发跳工作电源开关指令,不等开关辅助触点返回,在切换条件满足时,发合备用(工作)开关命令。如开关合闸时间小于开关跳闸时间,自动在发合闸命令前加所整定的延时以保证开关先分后合。

切换条件:快速、同期判别、残压及长延时切换。快速切换不成功时自动转入同期判别、残压及长延时切换。

需要注意的一个问题,由于厂用工作变压器和启动/备用变压器引自不同的母线和电压等级,它们之间往往有不同数值的阻抗及阻抗角,当变压器带上负荷时,两电源之间的电压将存在一定的相位差,此相位差通常称作"初始相角差"。初始相角的存在,使手动并联切换时,两台变压器之间会产生环流,如环流过大,对变压器是十分有害的。初始相角差在20°时,环流的幅值大约等于变压器的额定电流。因此当初始相角差超过20°时,慎用手动并联方式(此时可采用手动串联切换方式)。

(2) 事故切换。事故切换指由发变组、高压厂用变压器保护(或其他跳工作电源开关的保护)接点启动,单向操作,只能由工作电源切向备用电源。事故切换有两种方式可供选择。

1) 事故串联切换。由保护接点启动,先跳开工作电源开关,在确认工作电源开关已跳开且切换条件满足时,合上备用电源开关。

切换条件:快速、同期判别、残压及长延时切换。快速切换不成功时自动转入同期判别、残压及长延时切换。

2) 事故同时切换。由保护接点启动,先发跳工作电源开关指令,不等待工作开关辅助触点变位,一旦切换条件满足时,立即发合备用电源开关命令(或经整定的短延时"同时切换合备用延时"发合备用电源开关命令)。"同时切换合备用延时"定值可用来防止电源并列。

切换条件:快速、同期判别、残压及长延时切换。快速切换不成功时自动转入同期判别、残压及长延时切换。

(3) 非正常工况切换。非正常工况切换是指装置检测到不正常运行情况时自行启动,单向操作,只能由工作电源切向备用电源。该切换有以下两种情况:

1) 母线低电压。当母线三相电压均低于整定值且时间大于所整定延时定值时,装置根据选定方式进行串联或同时切换。

切换条件：快速、同期判别、残压及长延时切换。快速切换不成功时自动转入同期判别、残压及长延时切换。

2）工作电源开关偷跳。因各种原因（包括人为误操作）引起工作电源开关误跳开，装置可根据选定方式进行串联或同时切换。

切换条件：快速、同期判别、残压及长延时切换。快速切换不成功时自动转入同期判别、残压及长延时切换。

四、厂用电快切装置闭锁

1. 保护闭锁

当某些判断为母线故障的保护动作时（如工作分支限时速断），为防止备用电源误投入故障母线，可由这些保护给出的触点闭锁装置。一旦该触点闭合，装置将自动闭锁出口回路。

2. 控制台闭锁

当控制台闭锁装置时，装置将自动闭锁出口回路。

3. TV 断线闭锁

当厂用母线 TV 断线时，装置将自动闭锁低电压切换功能。

4. 目标电源低压闭锁

工作电源投入时，备用电源为目标电源；备用电源投入时，工作电源为目标电源。

当目标电源电压低于所整定值时，装置将自动闭锁出口回路，直到电源电压恢复正常后，自动解除闭锁，恢复正常运行。

5. TV 位置触点闭锁

母线 TV 的位置触点断开时，装置将自动闭锁低电压切换功能。

6. 装置故障闭锁

装置运行时，软件将自动地对装置的重要部件（如 CPU、FLASH、EEPROM、AD、继电器出口回路等）进行动态自检，一旦有故障立即闭锁出口回路。

7. 开关位置异常闭锁

装置在正常运行时，将不停地对工作和备用开关的状态进行监视，装置在正常运行时，工作、备用开关应一个在合位，另一个在分位。如检测到开关位置异常（工作开关误跳除外），装置将闭锁出口回路。

8. 去耦合闭锁

由于在同时切换过程中，发跳工作开关指令后，不等待其辅助触点断开后就发合备指令，如果工作开关跳不开，势必将造成两电源并列。此时如去耦合功能投入，装置将自动将刚合上的备用开关再跳开。

9. 装置动作一次后闭锁

装置动作一次后闭锁。

第十节　低压厂用变压器及高压电动机保护

一、低压厂用变压器保护

（1）低压厂用变压器应装设的保护：

1）绕组及其引出线的相间短路和在中性点直接接地或经低电阻接地侧的单相接地短路；

2）绕组的匝间短路；

3）外部相间短路引起的过电流；

4）中性点直接接地或经低电阻接地的电力网中外部接地短路引起的过电流及中性点过电压；

5）过负荷；

6）油面降低；

7）变压器油温过高、绕组温度过高、油箱压力过高、产生瓦斯或冷却系统故障。

（2）对变压器引出线、套管及内部的短路故障，应装设下列保护作为主保护，且应瞬时动作于断开变压器的断路器，并应符合下列规定：

1）电压为 10kV 及以下、容量为 10MVA 以下单独运行变压器，应采用电流速断保护；

2）容量为 10MVA 以下单独运行的重要变压器，可装设纵联差动保护；

3）电压为 10kV 的重要变压器或容量为 2MVA 及以上的变压器，当电流速断保护灵敏度不符合要求时，宜采用纵联差动保护；

（3）容量为 0.4MVA 及以上的车间内油浸式变压器、容量为 0.8MVA 及以上的油浸式变压器，均应装设瓦斯保护。当壳内故障产生轻微瓦斯或油面下降时，应瞬时动作于信号；当产生大量瓦斯时，应动作于断开变压器断路器。瓦斯保护应采取防止因震动、瓦斯继电器的引线故障等引起瓦斯保护误动作的措施。

（4）容量在 0.4MVA 及以上、绕组为星形—星形接线，且低压侧中性点直接接地变压器，对低压侧单相接地短路应选择下列保护方式，保护装置应带时限动作于跳闸：

1）利用高压侧的过电流保护时，保护装置宜采用三相式；

2）在低压侧中性线上装设零序电流保护。

（5）容量在 0.4MVA 及以上、一次电压为 10kV 及以下，绕组为三角—星形接线，且低压侧中性点直接接地的变压器，对低压侧单相接地短路，可利用高压侧的过电流保护，当灵敏度符合要求时，保护装置应带时限动作于跳闸。

（6）对变压器油温度过高、绕组温度过高、油面过低、油箱内压力过高、产生瓦斯和冷却系统故障，应装设可作用于信号或动作于跳闸的装置。

（7）主要保护功能：

1）高压侧电流速断保护。其动作判据为

$$I_{max} = \max(I_a, I_b, I_c), I_b = -(I_a + I_c)$$

$$\begin{cases} I_{max} > I_{sd} \\ t > t_{sd} \end{cases}$$

式中　I_{max}——A、B、C 相电流（I_a，I_b，I_c）最大值，A；

　　　I_{sd}——速断动作电流，A；

　　　t_{sd}——整定的速断保护动作时间，s。

2）高压侧电流限时速断保护。其动作判据为

$$\begin{cases} I_{max} > I_{xssd} \\ t > t_{xssd} \end{cases}$$

式中　I_{xssd}——限时速断动作电流，A；

t_{xssd}——整定的限时速断保护动作时间，s。

3）高压侧过电流保护。其动作判据为

$$\begin{cases} I_{max} > I_{gl} \\ t > t_{gl} \end{cases}$$

式中　I_{gl}——整定的高压侧过电流动作值，A；

　　　t_{gl}——整定的高压侧过电流动作时间，s。

4）高压侧过负荷保护。低压变压器高压侧过负荷保护，其时间特性可选择定时限、正常反时限、非常反时限或超常反时限四种动作时间特性之一。

5）高压侧负序过电流一段保护。其动作判据为

$$\begin{cases} I_2 > I_{21dz} \\ t > t_{21dz} \end{cases}$$

式中　I_{21dz}——负序过电流一段电流动作值，A；

　　　t_{21dz}——负序过电流一段保护动作时间，s。

6）高压侧负序过电流二段保护。其动作判据为

$$\begin{cases} I_2 > I_{22dz} \\ t > t_{22dz} \end{cases}$$

式中　I_{22dz}——负序过电流二段电流动作值，A；

　　　t_{22dz}——负序过电流二段保护动作时间，s。

7）高压侧接地保护。采用零序电流互感器获取低压变压器的高压侧零序电流，构成低压变压器的高压侧单相接地保护。为防止在低压变压器较大的零序不平衡电流引起保护误动作，保护采用了最大相电流 I_{max} 作制动量。零序额定电流视中性点接地电流大小确定，装置通常提供 $I_{0e} = 0.02A$ 和 $I_{0e} = 0.2A$ 两种供选择。一般有，中性点小电流接地时，取 $I_{0e} = 0.02A$；中性点大电流接地时，取 $I_{0e} = 0.2A$。

（8）低压侧零序过电流保护。

低压变压器低压侧中性线电流经变换后，输入 CPU 系统，构成变压器低压侧零序过电流保护，为了方便与下一级保护相配合，保护具有四种时间特性可供选择：

1）定时限零序过电流保护；

2）正常反时限零序过电流保护；

3）非常反时限零序过电流保护；

4）超常反时限零序过电流保护。

（9）非电量保护。非电量保护主要用于轻、重瓦斯或温度保护，作为动合触点的开关量输入，外部触点闭合时就启动相应的非电量保护。每种非电量保护可选择跳闸或发信，其动作时间可独立整定。

二、高压厂用电动机保护

（1）对电压为 3kV 及以上的异步电动机的下列故障及异常运行方式，应装设相应的保护装置：

1）定子绕组相间短路；

2）定子绕组单相接地；

3）定子绕组过负荷；

351

4）定子绕组低电压；

5）相电流不平衡及断相。

（2）对电动机绕组及引出线的相间短路，装设相应的保护装置，应符合下列规定：

1）2MW 以下的电动机，宜采用电流速断保护；

2）2MW 及以上的电动机，或电流速断保护灵敏系数不符合要求的 2MW 以下电动机，应装设纵联差动保护（此时，电动机应为 6 个端子，即中性点有引出端子）。保护装置可采用两相或三相接线，并应瞬时动作于跳闸。

3）作为纵联差动保护的后备，宜装设过电流保护。保护装置可采用两相或三相接线，并应延时动作于跳闸。

（3）对电动机单相接地故障，当接地电流大于 5A 时，应装设有选择性的单相接地保护；当接地电流小于 5A 时，可装设接地检测装置。单相接地电流为 10A 及以上时，保护装置应动作于跳闸；单相接地电流为 10A 以下时，保护可动作于跳闸，也可动作于信号。

（4）对电动机的过负荷应装设过负荷保护，并应符合下列规定：

1）生产过程中易发生过负荷的电动机应装设过负荷保护。保护装置应根据负荷特性，带时限作用于信号或跳闸。

2）启动或自启动困难、需要防止启动或自启动时间过长的电动机，应装设过负荷保护，并应动作于跳闸。

（5）对母线电压短时降低或中断，应装设电动机低电压保护，并应符合下列规定：

1）下列电动机应装设 0.5s 时限的低电压保护，保护动作电压应为额定电压的 65%～70%。

（a）当电源电压短时降低或短时中断又恢复时，需要断开的次要电动机；

（b）根据生产过程不允许或不需要自启动的电动机。

2）下列电动机应装设 9s 时限的低电压保护，保护动作电压应为额定电压的 45%～50%。

（a）有自动投入装置的备用机械的 I 类负荷电动机；

（b）在电源电压长时间消失后需自动断开的电动机。

3）保护装置应动作于跳闸。

（6）2MW 及以上重要电动机，可装设负序电流保护。保护装置应动作于跳闸或信号。

（7）高压电动机保护主要功能。

1）电流速断保护。其动作判据为

$$\begin{cases} I_{max} = \max(I_a, I_c) \\ I_{max} > I_{sdg}, \text{在额定启动时间内} \\ \text{或 } I_{max} > I_{sdd}, \text{在额定启动时间后} \\ t > t_{sd} \end{cases}$$

式中　I_{max}——A、C 相电流（I_a，I_c）最大值，A；

I_{sdg}——速断动作电流高值（电动机启动过程中速断电流动作值），A；

I_{sdd}——速断动作电流低值（电动机启动结束后速断电流动作值），A；

t_{sd}——整定的速断保护动作时间，s。

在电动机启动时，带有约 70ms 延时，以避开启动开始瞬间的暂态峰值电流。

2）负序过电流一段保护。其动作判据为

$$\begin{cases} I_2 > I_{21dz} \\ t > t_{21dz} \end{cases}$$

式中　I_2——负序电流，A；

I_{21dz}——负序过电流一段电流动作值，A；

t_{21dz}——负序过电流一段保护动作时间，s。

负序动作时间应躲过电动机外部二相短路的最长切除时间。在 FC 回路中，负序过电流保护应躲过不对称短路时熔丝熔断时间。

3）负序过电流二段保护。其动作判据为

$$\begin{cases} I_2 > I_{22dz} \\ t > t_{22dz} \end{cases}$$

式中　I_{22dz}——负序过电流二段电流动作值，A；

t_{22dz}——负序过电流二段保护动作时间，s。

4）接地保护。采用零序电流互感器获取电动机的零序电流，构成电动机的单相接地保护。为防止在电动机较大的启动电流下，由于零序不平衡电流引起保护误动作，保护采用了最大相电流 I_{max} 作制动量。

$$\begin{cases} I_0 > I_{0dz}（当\ I_{max} \leqslant 1.05 I_N\ 时） \\ 或\ I_0 > [1 + (I_{max}/I_N - 1.05)/4] I_{0dz}（当\ I_{max} > 1.05 I_N\ 时） \\ t_0 > t_{0dz} \end{cases}$$

式中　I_0——电动机的零序电流倍数；

I_{0dz}——零序电流动作值（倍）；

I_N——电动机额定电流，A；

t_{0dz}——整定的接地保护动作时间，s；

t_0——接地保护动作时间，s。

零序额定电流视中性点接地电流大小确定，装置通常提供 $I_{0e} = 0.02A$ 和 $I_{0e} = 0.2A$ 两种供选择。一般有，中性点小电流接地时，取 $I_{0e} = 0.02A$；中性点大电流接地时，取 $I_{0e} = 0.2A$。

5）过热保护。装置可以在各种运行工况下，建立电动机的发热模型，对电动机提供准确的过热保护，考虑到正、负序电流的热效应不同，在发热模型中采用热等效电流 I_{eq}，其表达式为

$$I_{eq} = \sqrt{K_1 I_1^2 + K_2 I_2^2}$$

其中，$K_1 = 0.5$，额定启动时间内；$K_1 = 1$，额定启动时间后；$K_2 = 3 \sim 10$。

K_1 随启动过程变化，K_2 用于表示负序电流在发热模型中的热效应，由于负序电流在转子中的热效应比正序电流高很多，比例上等于在两倍系统频率下转子交流阻抗对直流阻抗之比。

假如电动机的积累过热量为 θ_Σ；电动机的跳闸（允许）过热量为 θ_T。当 $\theta_\Sigma > \theta_T$ 时，过热保护动作，$\theta_\Sigma = 0$ 表示电动机已达到热平衡，无积累过热量。为了表示方便，电动机的积累过热量的程度用过热比例 θ_r 表示：

$$\theta_r = \frac{\theta_\Sigma}{\theta_T}$$

由此可见，$\theta_r > 1.0$ 时，过热保护动作。当电动机过热比例 θ_r 超过过热告警整定值 θ_a 时，装置先告警。

电动机在冷态（即初始过热量 $\theta_\Sigma = 0$）的情况下，过热保护的动作时间为

$$t = \frac{t_{fr}}{K_1(I_1/I_N)^2 + K_2(I_2/I_N)^2 - 1.05^2}$$

当电动机停运，电动机积累的过热量将逐步衰减，衰减的时间常数为 4 倍的电动机散热时间 t_{sr}，即认为 t_{sr} 时间后，散热结束，电动机又达到热平衡。

6）电动机过热禁止再启动保护。当电动机因过热保护切除后，保护即检查电动机过热比例 θ_r 是否降低到整定的过热闭锁值 θ_b 以下，如否，则保护出口继电器不返回，禁止电动机再启动，避免由启动电流引起过高温升，损坏电动机，紧急情况下，如在过热比例 θ_r 较高时，需启动电动机，可以按装置面板上的"复归"键，人为清除装置记忆的过热比例 θ_r 值为零。

7）堵转保护。保护引入电动机转速开关信号并用它和相电流构成堵转保护。其动作判据为

$$\begin{cases} I_{max} > I_{ddz} \\ t > t_{ddz} \\ \text{转速开关触点闭合} \end{cases}$$

式中　　I_{ddz}——堵转保护动作电流整定值，A；

　　　　t_{ddz}——堵转保护动作时间，s。

8）长启动保护。首先计算电动机在启动过程中的计算启动时间 t_{qdj} 为

$$t_{qdj} = \left(\frac{I_{qde}}{I_{qdm}}\right)^2 \times t_{yd}$$

式中　　t_{qdj}——计算启动时间，s；

　　　　I_{qde}——电动机的额定启动电流，A；

　　　　I_{qdm}——本次电动机启动过程中的最大启动电流，A；

　　　　t_{yd}——电动机的允许堵转时间，s。

其次判断，若在计算启动时间 t_{qdj} 内，$I_{max} < 1.125 I_N$，则电动机正常启动成功，长启动保护算法结束；若在计算启动时间 t_{qdj} 后，$I_{max} > 1.125 I_N$，则电动机未能正常启动，长启动保护动作。

9）正序过电流保护。

若长启动保护投入，正序过电流保护在长启动保护结束后投入。

若长启动保护未投入，首先计算电动机在启动过程中的计算启动时间 t_{qdj} 为

$$t_{qdj} = \left(\frac{I_{qde}}{I_{qdm}}\right)^2 \times t_{yd}$$

然后判断：

（a）在计算启动时间 t_{qdj} 结束时，$I_{max} < 1.125 I_N$，即电动机正常启动；

（b）启动时间超过允许堵转时间，$t > t_{yd}$。

上述条件满足其一，正序过电流保护投入。

其动作判据为

$$\begin{cases} I_1 > I_{1gl} \\ t_1 > t_{1gl} \end{cases}$$

式中　I_{1gl}——正序过电流保护正序电流动作值，A；

　　　t_{1gl}——整定的正序过电流保护动作时间，s。

对于不采用长启动保护的用户，需要注意的是：保护除了需要整定正序过电流动作值 I_{1gl} 和正序过电流动作时间 t_{1gl}，还需要整定电动机额定启动电流 I_{qde} 和电动机允许堵转时间 t_{yd}。

10）过负荷保护。其动作判据为

$$\begin{cases} I_{max} > I_{gfh} \\ t > t_{gfh} \end{cases}$$

式中　I_{gfh}——过负荷保护电流动作值，A；

　　　t_{gfh}——过负荷保护动作时间，s。

11）欠电压保护。通过测量电动机母线电压来实现，当电动机母线电压降低到整定动作值 U_{qy} 以下且时间大于整定值 t_{qy} 时，对电动机提供跳闸保护。

为防止 TV 断线误切电动机，保护设置了当 TV 断线时闭锁欠电压保护动作。其动作判据为

$$U_{max} = \max (U_{ab}, U_{bc}, U_{ca})$$

$$\begin{cases} U_{max} < U_{qy} \\ t > t_{qy} \\ 欠电压保护启动前, U_{max} > 1.05U_{qy} \end{cases}$$

式中　U_{qy}——低电压保护电压动作值，A；

　　　t_{qy}——低电压保护动作时间，s。

12）差动速断保护。当电动机内部发生严重故障的时候，差动电流大于电动机启动时的暂态峰值差流，此时差动保护应立即动作，故装置设置了差动速断保护，以提高电动机内部严重短路时保护的动作速度，可通过控制字投退该保护。

其动作判据为

$$\begin{cases} I_{da} > I_{sd} \\ 或\ I_{dc} > I_{sd} \end{cases}$$

式中　I_{da}——A 相差动电流；

　　　I_{dc}——C 相差动电流；

　　　I_{sd}——差动速断电流整定值，A。

整定时，应躲过电动机启动开始瞬间最大的不平衡差电流。

第六章

厂 用 电 动 机

在发电厂生产过程中，有很多机械设备的运转需要由电动机来拖动，以保证机组正常运转，这些电动机称为厂用电动机。厂用电动机是厂用电能的主要消耗者。电动机较其他原动机（如柴油机等），具有运行经济、操作简单、安装轻便、维护方便以及可靠、价廉、容易自动化控制等特点，而异步电动机更加突出上述特点，因此在厂用电动机中大部分都是异步电动机。

第一节 异步电动机

一、异步电动机工作原理

异步电动机又叫感应电动机，是由气隙旋转磁场与转子绕组感应电流相互作用产生电磁转矩，从而实现机电能量转换的一种交流电机。其简单模型如图6-1所示。在一个可旋转的马蹄形磁铁中，放置一只可自由转动的笼状短路绕组，当转动马蹄形磁铁时，笼就会跟着向相同的方向旋转，且旋转的速度比磁铁的转速稍慢。

1. 定子中旋转磁场的产生

当定子绕组中接上三相电源时，就会有三相电流通过，其电流随时间变化的规律如图6-2所示。图中i_A、i_B、i_C表示每相电流的瞬时值。取①、②、③、④几个瞬时来研究定子绕组有电流后所产生的磁场变化情况。A、B、C代表每相绕组的首端，X、Y、Z代表每相的末端。如电流从某一相绕组的首端流进，从末端流出，就确定该相电流为正，否则为负。

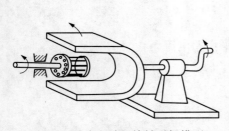

图 6-1 异步电动机旋转磁场模型

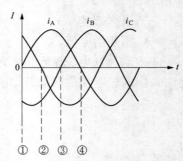

图 6-2 三相电流随时间变化规律

在瞬时①时，线圈 A、X 中无电流，线圈 B、Y 中的电流方向为负，电流从尾 Y 流进，从头 B 流出；线圈 C、Z 电流方向为正，电流从头 C 流进，从尾 Z 流出。这时，定子中产生的磁场方向如图 6-3 所示。

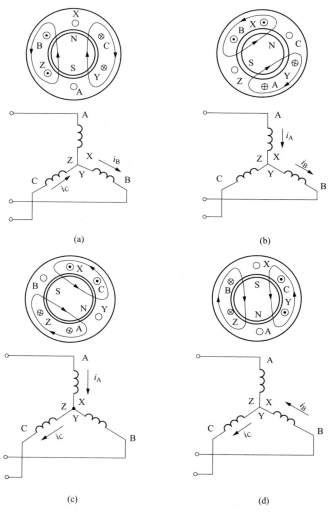

图 6-3　旋转磁场示意图
（a）瞬时①；（b）瞬时②；（c）瞬时③；（d）瞬时④

在瞬时②时，线圈 C、Z 无电流。线圈 A、X 中的电流为正，电流从头 A 流进，从尾 X 流出；线圈 B、Y 中电流方向为负，电流从尾 Y 流进，从头 B 流出。这时定子中产生的磁场方向比瞬时①的磁场方向沿顺时针方向转动了 $60°$。

在瞬时③时，线圈 B、Y 中电流方向为正，线圈 C、Z 中电流方向为负，电流从尾 Z 流进，从头 C 流出。这时，定子中产生的磁场方面又比瞬时②的磁场方向沿顺时针方向转动了 $60°$。

在瞬时④时，线圈 A、X 中无电流。线圈 B、Y 中电流方向为正，电流从头 B 流进，从尾 Y 流出。线圈 C、Z 电流方向为负。这时，定子中产生的磁场方向又比瞬时③的磁场方向沿顺时针方向转动了 60°。

由于电流不断变化，定子磁场也就不断旋转。当异步电动机定子绕组中接上三相交流电源时，就会产生旋转磁场。

旋转磁场的转速称为同步转速，用 n_0 表示，它与磁场的磁极对数 p 及电源频率 f 的关系为 $n_0 = \dfrac{60f}{p}$。

旋转磁场的方向取决于通入定子绕组中电流的相序，如果把绕组与电源接线的其中任意两根对调一下，旋转磁场方向随之反转。

2. 转子转动的原理

当三相笼型异步电动机定子绕组产生旋转磁场时，转子中的导体被旋转磁场切割，产生感应电动势（其方向可用右手定则确定）。因为导体两端短路，因此有电流通过，这些载流导体在磁场中受磁场作用而产生力，使转子产生与旋转磁场方向相同的电磁转矩而转动。不过转子的转速总比磁场的转速慢一些，也只有这样，转子绕组与旋转磁场之间才有相对运动而切割磁力线，从而产生电磁转矩，故称异步电动机。

转子转速 n 与旋转磁场的转速 n_0 之差，叫作转速差（Δn），即 $\Delta n = n_0 - n$，转速差 Δn 与同步转速 n_0 的比值叫转差率（s），通常用百分数表示 $s = \dfrac{\Delta n}{n_0} = \dfrac{n_0 - n}{n_0} \times 100\%$，电动机转速 n 越高，转差率越小。在额定负载运行时，其转差率一般为 $1\% \sim 6\%$；空载时，转差率为 $0.05\% \sim 0.5\%$。

3. 异步电动机的功率

三相异步电动机的定子绕组对电源来说是一个对称三相电感性负载，电动机运行时，每相绕组电流的相位都比该相电压落后一个角度 φ，这个角度的余弦 $\cos\varphi$ 称为这台电动机的功率因数。功率因数与所带负载有很大关系。空载时，功率因数低；满载时，功率因数高。因此，三相异步电动机的输入功率为

$$P_1 = \sqrt{3}\,IU\cos\varphi$$

式中　P_1——输入功率，W；

$\quad\quad$ I——线电流，A；

$\quad\quad$ U——线电压，V。

由于电动机运行时有定子和转子绕组的铜损耗、铁芯中的铁损耗、机械损耗（包括摩擦和通风阻力损耗）及附加损耗等，其输出功率 P_2 小于输入功率 P_1，即

$$P_2 = P_1 - \Delta P$$

式中　ΔP——电动机在额定功率运行时的总损耗，kW。

输出功率 P_2 与输入功率 P_1 之比的百分数，称为电动机的效率，用 η 表示，即

$$\eta = \frac{P_2}{P_1} \times 100\%$$

电动机的输出功率 P_2 可写成 $P_2 = \eta P_1$ 或 $P_2 = \sqrt{3}\,IU\cos\varphi$，$P_2$ 即是电动机铭牌标注的功率。

例如一台三相异步电动机，铭牌标出额定电压 380V，额定电流 8.37A，而功率因数和效率两个参数一般不标出，可查有关资料。

当 $\cos\varphi$ 为 0.85，η 为 0.85 时，其输入功率 $P_1 = \sqrt{3}\,IU\cos\varphi = \sqrt{3} \times 8.37 \times 380 \times 0.85 = 4682 \approx 4.7$（kW）。

输出功率 $P_2 = \eta P_1 = 0.85 \times 4.7 = 4$（kW）。

4. 电动机的绝缘等级

电动机的绝缘等级一般指定子的绝缘等级。定子线圈绕组绝缘包括股间、匝间、层间、相间、对地几部分。电机绝缘按照耐热性分为 A、E、B、F、H、C 等几级，其温升见表 6-1，由于绕组绝缘的使用寿命与温度有关，温度越高，绝缘老化越快，在运行中绕组温度不得超过其绝缘等级的温升。

表 6-1 绝缘等级与温升

绝缘等级	A	E	B	F	H	C
温升（℃）	65	80	90	105	140	140 以上

电动机绕组绝缘主要起隔电作用，也起机械支撑和保护作用。电动机在长期的运行过程中，会受到电、热、潮气、灰尘、机械力的作用，绝缘会逐渐老化，使电动机不能继续安全运行。定子线圈绕组的绝缘是电机寿命的重要因素之一。

电动机的线圈绕组绝缘结构应满足不同用途需要的耐热等级，要有足够的耐电强度，优良的机械性能和良好的做工工艺。

5. 电动机的防护等级

电动机的防护等级是指电动机外壳的防护程度，其标志由 "IP" 及两个数字组成。第一位数字表示固体异物进入电机内部及防止人体触及内部带电或运动部分的防护，一般分为 7 级。第二位数字表示防止水进入电机内部达有害程度的防护，一般分为 9 级。如 IP54 表示防尘防溅，第一、第二位数字含义见表 6-2。

表 6-2 第一、第二位数字含义

第一位数字		
防护等级	简称	定 义
0	无防护	没有专门的防护
1	防护大于 50mm 的固体	能防止直径大于 50mm 的固体异物进入壳内，能防止人体的某一部分（如手）意外的触及壳内带电或转动部分
2	防护大于 12mm 的固体	能防止直径大于 12mm 的固体异物进入壳内，能防止手指意外的触及壳内带电或转动部分
3	防护大于 2.5mm 的固体	能防止直径大于 2.5mm 的固体异物进入壳内，能防止厚度或直径大于 2.5mm 的工具、金属等触及壳内带电或转动部分
4	防护大于 1mm 的固体	能防止直径大于 1mm 的固体异物进入壳内，能防止厚度或直径大于 1mm 的工具、金属等触及壳内带电或转动部分
5	防尘	能防止灰尘进入达到影响产品正常运行的程度，完全防止触及壳内及壳内带电或转动部分
6	尘密	完全防止灰尘进入壳内，完全防止触及壳内及壳内带电或转动部分

	第二位数字		
防护等级	简称		定　义
0	无防护		没有专门的防护
1	防滴		垂直滴水不能进入产品内部
2	15°防滴		与垂线成15°角范围的滴水不能进入产品内部
3	防淋水		与垂线成60°角范围的滴水不能进入产品内部
4	防溅		任何方向的溅水对产品无有害影响
5	防喷水		任何方向的喷水对产品无有害影响
6	防海浪或强力喷水		猛烈的海浪或强力喷水对产品无有害影响
7	浸水		在规定的压力和时间下浸入水中，进水量无有害影响
8	潜水		在规定的压力长时间下浸入水中，进水量无有害影响

二、异步电动机分类及规格

（1）异步电动机按转子结构分为笼型和绕线型电动机。其中笼型异步电动机又可分为单笼、双笼和深槽式。

异步电动机按定额工作方式可分为连续定额工作、短时定额工作和断续定额工作的电动机。

按防护类型分为开启式、防护式（防滴、网罩）、封闭式、密闭式和防爆式电动机。

按尺寸范围可分为大型、中型、小型和微型电动机。

按电源性质分为交流电动机、直流电动机。

（2）规格代号。三相异步电动机的规格代号用汉语拼音大写字母、国际通用符号和阿拉伯数字来表示。由四部分组成：

1）产品代号，Y、J表示异步电动机，Z表示直流电动机，T表示同步电动机。

2）特殊材料，特征代号S表示水冷，F表示风冷，L表示铝线绕组。一般风冷和铜线绕组时略去不标。

3）规格代号表示法见表6-3。

表 6-3　　　　　　　　　　　规格代号表示法

序号	系列产品	规格代号
1	中小型异步电动机	中心高-机座长度-铁芯长度-级数 中心高-机座长度-级数
2	大型异步电动机	功率-级数/定子铁芯外径
3	小型直流电机	中心高-机座长度
4	大中型直流电机	电枢铁芯外径/铁芯长度-功率-级数
备注		大、中、小直流电机的划分：电枢铁芯外径368mm以上的电机为大中型，电枢铁芯外径368mm及以上，中心高400mm及以下的电机为小型。 机座长度的字母代号用S、M、L表示短、中、长。 铁芯长度用1、2、3……依次表示

4）特殊环境代号，见表6-4。

表 6-4　　　　　　　　　　　　特殊环境代号

汉语代号	汉语拼音代号
按热带电工产品标准生产用	T
"湿热"带用	TH
"干热"带用	TA
"高"原用	G
"船"（海）用	H
化工防"腐"用	F
户"外"用	W

异步电动机型号中汉语拼音字母含义见表 6-5。

表 6-5　　　　　　　　　异步电动机型号中汉语拼单字母含义

名称	字母含义	名称	字母含义	名称	字母含义
异步电动机	Y	高启动转矩	Q	高快速	K
铝线	L	双笼	S	起重、整流、冶金	Z
多速	D	防爆型	B	高转差率	H
绕线式	R	封闭式	O		

例如：Y355M2-4 表示异步电动机，中心高 355mm，中机座，4 级。

三、异步电动机结构

三相异步电动机，它由静止部分和转动部分组成。静止部分叫定子，转动部分叫转子。定子、转子之间留有空隙，一般小型电动机的空隙为 0.35～0.50mm，大型电动机的空隙 1.00～1.50mm。

封闭式三相异步电动机的外形如图 6-4 所示，其结构如图 6-5 所示。

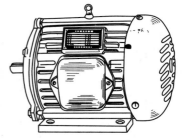

图 6-4　封闭式三相异步电动机外形

1. 定子

定子包括机座、定子铁芯、定子绕组三部分。

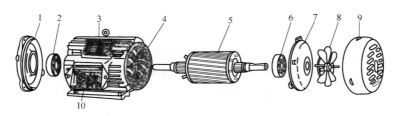

图 6-5　三相异步电动机的结构

1—端盖；2—轴承；3—机座；4—定子；5—转子；6—轴承；7—端盖；8—风扇；9—风罩；10—接线盒

　　机座：机座用铸铁或铝铸成，如图 6-6 所示。它是电动机的主要支架。有的机座在侧壁上有出风口，起通风散热的作用。封闭电动机的机座，外表面带有散热筋，以增加散热面。

　　定子铁芯：定子铁芯主要作导磁用，为了减少铁芯的涡流损耗，中、小型电动机铁芯一般用 0.50mm 厚的硅钢片叠成，片与片之间都有牢固的漆膜绝缘（或氧化膜）。定子铁芯的硅钢片，被冲成圆环形，在内圆上均匀地冲有槽口，其形状如图 6-6（c）所示。将冲好的定子硅钢处一片片地叠压后，就形成嵌放定子绕组的线槽。

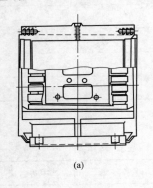

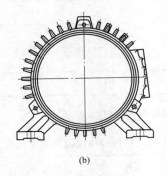

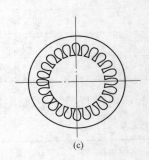

(a)　　　　　　　　　　(b)　　　　　　　　　　(c)

图 6-6　机座

（a）机座侧面；（b）机座；（c）定子铁芯

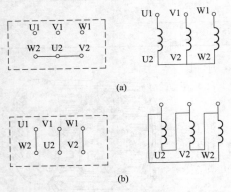

(a)

(b)

图 6-7　三相绕组的连接法

（a）星形联结方式；（b）三角形联结方式

　　定子绕组：定子绕组由绝缘铜线或绝缘铝线绕成线圈，嵌入定子铁芯的线槽中。它们分成互相独立的三个部分，工作时通入三相电流，因此整个绕组又称三相绕组。三相异步电动机定子绕组的三个起端和三个末端都从机座上的接线盒引出，按国家标准规定，新生产的电动机，接线柱标有 U1、V1、W1、V2、U2、W2 的标号，三相绕组可根据要求接成星形或三角形，如图 6-7 所示。绕组的布置可为单层，也可为双层。

　　2. 转子

　　转子由转子铁芯、转子绕组和转轴组成。

　　转轴是传递功率的，由中碳钢制成，两端的轴颈与轴承相配合，一般支撑在端盖上，轴的伸出端铣有键槽以固定皮带轮或联轴器并与被拖动的机械相连。

　　转子铁芯也是电动机磁路的一部分，也用 0.50mm 厚的硅钢片叠成。转子铁芯固定在转轴或转子支架上。转子铁芯呈圆柱形。

　　转子绕组分为笼型和绕线型两种。笼型转子的铁芯上均匀地分布着许多槽，如图 6-8（a）所示，每一个槽内都有一根裸导条，在伸出两端的槽口处，用两个环形端环分别把伸出两端的所有导条都连接起来。假如去掉铁芯，整个绕组的外形就像一个"笼"，故称笼式转子，如图 6-8（b）所示。制造时，导条与端环可用熔化的铝液一次浇铸出来，也可用铜条插入转子槽内，再在两端焊上端环。中、小型异步电动机一般采用铸铝转子。

　　绕线型转子的绕组和定子相似，是用绝缘导线嵌在槽内，接成三相对称绕组，一般采用

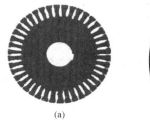

图 6-8 笼式转子绕组和铁芯

（a）笼型转子铁芯；（b）笼型转子绕组

星形（Y）联结，三根引出线分别接到转轴上的三个彼此绝缘的集电环（或称滑环）上，再通过电刷把电流引出来，如图 6-9 所示。

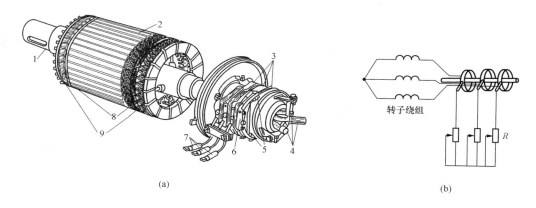

图 6-9 绕线型转子

（a）结构示意简图；（b）接线示意简图

1—转轴；2—转子铁芯；3—集电环；4—转子绕组出线头；5—电刷；

6—刷架；7—电刷外接线；8—三相转子绕组；9—镀锌钢丝箍

绕线型异步电动机的特点是，可以通过集电环和电刷在转子绕组回路中接入变阻器，用以改善电动机的启动性能（使启动转矩增大，启动电流减少），或调节电动机的转速。有的绕线型异步电动机还装有提刷短路装置，当电动机启动后并不需要调速时，可扳动手柄，使电刷提起而与集电环脱离，同时将集电环的三只金属环彼此短接起来，这样可以减轻电刷磨损和摩擦损耗，以提高运行的可靠性。

绕线式异步电动机的缺点是结构复杂、价格贵、运行可靠性较差。

为了改善笼型异步电动机的启动性能，除上述普通转子外，还有双笼转子和深槽转子，其槽形如图 6-10 所示。

3. 其他部件

端盖：由两侧盖与轴承组成。端盖一般由铸铁制成，用螺钉固定在机座两端，其作用是安装固定轴承，支撑转子和遮盖电动机。

轴承盖：一般是铸铁件，用来保护和固定轴承，并防止润滑油外流及灰尘进入，从而保

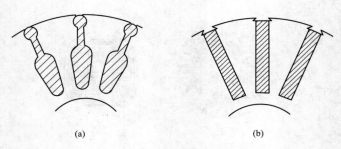

图 6-10　笼式转子槽形

(a) 双笼转子槽形；(b) 深槽式转子槽形

护轴承。

风扇：一般为铸铝件（或塑料件），起通风冷却作用。

风罩：薄钢板冲制而成，主要起导风散热，保护风扇的作用。

四、电动机铭牌

电动机的铭牌主要标注电动机的运行条件及各种定额，可作为选择电动机的主要依据。现将铭牌中的各项内容加以说明。

1. 型号

表示电动机的类型、结构、规格及性能等特点的代号。

2. 功率

电动机的额定功率以字母 P_N 表示，指电动机按铭牌上所规定的额定运行方式运行时，轴端上所输出的额定机械功率。

3. 电压、电流和接法

电压和电流指额定电压和额定电流。异步电动机的电压、电流和接法三者之间是相互关联的。

(1) 额定电压以字母 U_N 表示，是指电动机额定运行时，定子绕组应接的线电压。

(2) 额定电流以字母 I_N 表示，是指电动机外接额定电压，输出额定功率时，电动机定子绕组的线电流，也就是电动机最大安全电流。

(3) 接法是指电动机三相绕组的六根引出线头的接线方法，根据铭牌规定，可以接成星形，即将接线柱 W2、U2、V2 用铜排连接 U1、V1、W1 接电源；也可接成三角形，即将 W2 与 U1、U2，与 V1、V2，与 W1 分别用铜排连接，然后从 U1、V1、W1 三个接线柱接电源。

接线时，必须注意电动机电压、电流、接法三者之间的关系。如该机铭牌上标有电压为 220/380V，电流为 14.7/8.49A，接法△/丫，这说明电动机可以接 220V 和 380V 两种电源。电源线电压不同，应采用不同的接线方法，在保证额定输出功率时，可得到不同的定子电流。当电源电压为 220V 时，电动机应接成三角形；当电源电压为 380V 时，电动机就应接成星形。

4. 定额

表示电动机允许的持续运转时间。电动机的定额分为连续、短时、断续三种。

连续：表示电动机可以连续不断地输出额定功率，而温升不会超过允许值。

短时：表示电动机只能在规定时间内输出额定功率，否则会超过允许温升。短时按规定可分为 10、30、60min 和 90min 四种。

断续：表示电动机短时输出额定功率，但可以多次断续重复。负载持续率为 15%、25%、40% 和 60% 四种，以 10min 为一个周期。

5. 频率

频率指额定频率。铭牌上注明 50Hz，表明电动机应接至频率为 50Hz 的交流电源上。

6. 转速

转速指电动机额定转速。当电动机电源电压为额定电压，频率为额定频率，输出功率为额定功率时，其转速就是它的额定转速。

7. 产品编号

因同一规格出厂的电动机数量很多，用编号就可以区别每个电动机，并便于分别记载各台电动机试验结果和使用情况，用户可根据产品编号到制造厂去查阅技术档案。

8. 温升

温升是检查电动机运行是否正常的重要标志。电动机温升是指在规定的环境温度下（国家标准规定，环境温度为 40℃），电动机绕组高出环境温度数值。它与绝缘材料有关。

电动机在工作过程中，总有一部分耗散能量，在机内变成热，使机体温度逐渐升高。当电动机温度到某一数值时，单位时间内发出的热量等于散去的热量，电动机温度达到稳定状态。在稳定状态下电动机温度与环境温度之差，叫作温升。

9. 标准编号

GB 为国家标准汉语拼音字头，后面的数字是国家或部颁标准文件的编号，各种型号的电动机均按某种标准规定进行生产。

10. 机座

机座的分类一般以电机容量与电机尺寸区分。中心高 80～355mm，定子铁芯外径 120～500mm，功率为 0.6～125kW 称小型电机；中心高 355～630mm，定子铁芯外径 500～1000mm，功率为 100～1250kW 称中型电机；中心高大于 630mm，定子铁芯外径大于 1000mm，功率约 1250kW 以上称大型电机。

第二节　直流电动机

输出或输入为直流电能的旋转电机称为直流电机，直流电机和所有旋转电机一样，都是依据"导线切割磁通产生感应电动势和载流导体在磁场中受电磁力的作用"两条原理制造的。直流电机分直流发电机和直流电动机两类。直流发电机把机械能转换成直流电能，一般作电源使用，直流电动机则是由直流电源供电，将电能转换成机械能。本节主要讲述直流电动机。

一、直流电动机的工作原理

（1）工作原理。载流导体在磁场中，要受到磁场的作用力而运动，其原理如图 6-11 所示。直流电动机接上电源以后，电枢绕组中便有电流通过，应用左手定则可知，电动机将逆时针方向旋转（见图 6-11）。

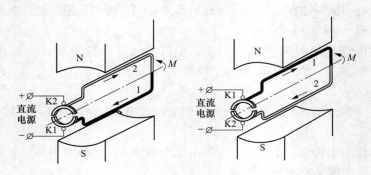

图 6-11　直流电动机原理示意图

因为换向器的作用，使 N 极和 S 极下面导体中的电流始终保持一定方向。因此，电动机便按照一定的方向不停地旋转。但这种电动机只有一个线圈，产生的转矩很小，而且是断续的，不能带动负载。实际的电动机电枢上绕有很多线圈，绕组组件与直流发电机相同。

（2）直流电动机的转矩。直流电动机通过以后，产生电磁转矩 M，其值为

$$M = \frac{PN}{2\pi a} \Phi I_a$$

令 $C_M = \dfrac{PN}{2\pi a}$，则 $M = C_M \Phi I_a$。

由上式可知，电动机的电磁转矩 M 的大小与每极磁通 Φ 及电枢电流 I_a 成正比。但考虑到电动机在运行中涡流、磁滞与通风摩擦等阻力转矩 M_0 的影响，所以轴上的有效输出转矩为 $M_2 = M - M_0$。

（3）直流电动机的转速。电枢在电磁转矩 M 的作用下旋转，电枢中的载流导体也同样切割磁力线产生感应电动势，这个反电动势 E_a 与发电机感应电动势相同，即

$$E_a = C_e n \Phi$$

设电网的电压为 U，向电枢输入电流 I_a，为克服反电动势的作用，要求输入电压 $U >$ E_a，即 $U = E_a + I_a R_a$，又 $E_a = C_e n \Phi$ 则 $U = C_e n \Phi + I_a R_a$，整理得 $n = \dfrac{U - I_a R_a}{C_e \Phi}$。

由上式可以看出，因 C_e 是常数，U 和 $I_a R_a$ 保持不变时，Φ 增大，则转速 n 降低；Φ 减小，则 n 升高。如果 Φ 保持不变，U 增高，则 n 也随之增高，否则相反。

（4）直流电动机的转速特性。电动机转速与电枢电流的关系称为转速特性。当端电压、励磁电流保持一定时，负载增加，输入功率及电枢电流 I_a 也随之增加，因此转速 n 随 $I_a R_a$ 的增加而下降。必须注意，当电枢电流 I_a 增加时，由于电枢反应（电枢绕组中的电流会产生一个磁通，使电动机的总磁通扭曲，总磁通会略微减少）的存在，使 n 有上升的趋势。但由于 $I_a R_a$ 增加时，使 n 下降的作用大于电枢反应使 n 回升的作用，所以电动机转速特性是一稍微向下倾斜的直线，这种转速特性曲线称为"硬特性"曲线。并励或他励电动机具有这种特性。

电动机的励磁方式对电动机的转速特性影响很大。串励电动机的转速特性曲线较为陡峭，属于"软特性"；平复励电动机转速特性介于并励和串励之间。

当直流电动机的端电压、励磁电流、电枢回路总电阻保持不变时，电动机转速 n 与转矩 M 之间的关系，称为直流电动机的机械特性，一般分为三种类型：①绝对硬的机械特性，当转矩改变时转速不变，如图 6-12 曲线 1；②硬的机械特性，转速随转矩而变化，但改变程度不大，如图 6-12 曲线 2；③软的机械特性，转速随转矩而变化，有较大的改变，如图 6-12 曲线 3。

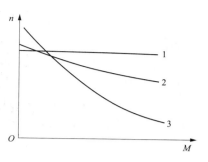

图 6-12　直流电动机的机械特性

二、直流电动机分类和用途

1. 分类

按励磁方式分为永磁式、并励式、串励式、复励式、他励式。

按工作定额分为连续工作制、短时工作制、断续工作制。

按防护结构形式分为开启式、防滴式、全封闭式、封闭防水式。

2. 用途

直流电动机具有调速范围宽广，调速特性平滑，过载能力较高，启动、制动转矩较大以及发电机调压比较方便等特点。它广泛应用于冶金矿山、交通运输、纺织印染、造纸印刷、化工和机床等部门中。

三、直流电动机基本结构

直流电动机由静止和转动两个主要部分组成。静止部分称为定子，转动部分称为电枢或转子。图 6-13 是一台 Z2 系列直流电动机总装配图。

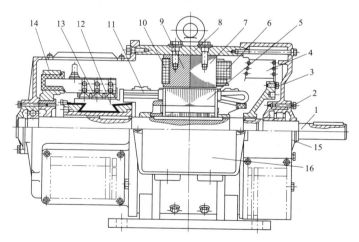

图 6-13　Z2 系列直流电机总装配图

1—轴；2—轴承；3—端盖；4—风扇；5—电枢铁芯；6—主磁极绕组；7—主磁极铁芯；8—机座；9—换向极铁芯；10—换向极绕组；11—电枢绕组；12—换向器；13—电刷；14—刷架；15—轴承盖；16—出线盒

1. 定子

直流电动机的定子能产生电动机磁通、构成磁路并且支撑转子。它由机座、主磁极、换向极、端盖、轴承和电刷装置等组成。

（1）机座。直流电动机的机座既是电动机的外壳，又是保护与支撑机构，也是电机磁路的一部分（即磁轭部分）。它由铸钢或钢板焊成，具有良好的导磁性及机械强度。

机座的形式：除少数大型电动机做成分半式外，绝大多数为整个式。分半式机座的分半面，通常在内圆的水平中心面上，但也有低于此面一段距离的。

对于由可控硅电源装置供电的某些大容量、冲击负荷、可逆转的直流电动机，机座轭圈用 1～1.5mm 厚钢板或 0.5mm 厚硅钢片冲制叠压而成，这种机座如图 6-14 所示。

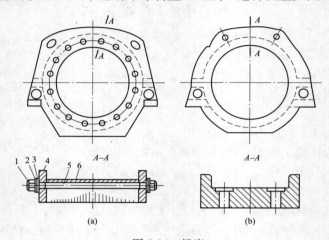

图 6-14　机座

1—螺母；2—垫圈；3—绝缘垫圈；4—机座端板；5—绝缘螺杆；6—冲片机座轭

（2）主磁极。主磁极由主极铁芯、绕组组成，如图 6-15 所示。

1）主磁极铁芯：主磁极铁芯包括极身和极靴（又称极掌）两部分。极靴比极身宽，可使磁极下面的磁通分布均匀。为了减少极靴表面由磁通脉动引起的铁损耗，主磁极铁芯通常用 0.5～1mm 厚的普通薄钢板（或用 0.5mm 厚的硅钢片）叠成。

在高速、大容量及负荷和方向高速变化的直流电动机上，其主磁极的极靴冲片有槽，专为安装补偿绕组用，如图 6-16 所示。

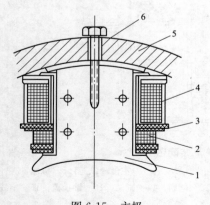

图 6-15　主极

1—主极铁芯；2—串励绕组；3—主极绝缘；
4—并励绕组；5—机座；6—固定螺杆

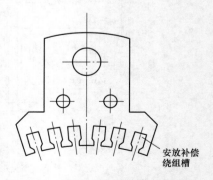

安放补偿绕组槽

图 6-16　带有补偿绕组槽的主极冲片

2) 主磁极绕组。主磁极绕组是一个集中绕组，除串励电动机以外，主要安装并励（或他励）绕组，有些电动机还带有少量串励绕组、辅助励磁绕组和补偿绕组。

并励绕组是由圆形或扁形高强度漆包线、玻璃丝包线或双玻璃丝包线绕制而成的多层绕组，小型电动机的并励绕组直接绕制在框架上。励磁绕组通电后，即产生磁通。磁路分布如图 6-17 所示。

（3）换向磁极。换向磁极也称附加磁极或间极，它由铁芯和绕组两部分构成，换向极铁芯通常用整体钢制成，大容量、高速电动机的换向极铁芯则由低碳钢板冲制叠压而成。

换向极绕组匝数很少，通常是立式连续螺圈式绕组。换向极安装在相邻两个主磁极之间的中线上，用螺钉和机座固定在一起，如图 6-18 所示。

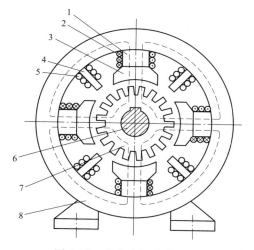

图 6-17　直流电机磁路分布
1—极身；2—励磁绕组；3—极靴；4—换向磁极；
5—换向极绕组；6—转轴；7—电枢铁芯；8—磁轭（机座）

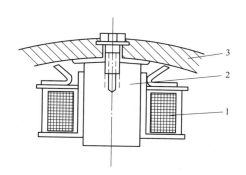

图 6-18　换向极
1—换向极线圈；2—铁芯；3—机座

换向极的作用是改善直流电动机的换向，使其运转时在电刷下面不产生有害的火花。

2. 转子（电枢）

转子由电枢铁芯、绕组、换向器、转轴和风叶等组成，如图 6-19 所示。其作用是和定子一起来产生感应电动势和电磁转矩，从而实现能量转换。

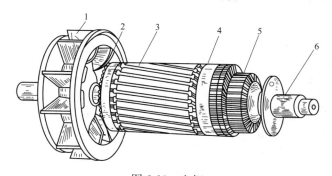

图 6-19　电枢
1—风扇；2—绕组；3—电枢铁芯；4—绑带；5—换向器；6—轴

369

（1）电枢铁芯：电枢铁芯是用来安放电枢绕组，并且是主磁极和换向磁极的磁路组成部分。它通常由厚 0.5mm 的硅钢片冲制叠压而成，以减少电枢铁耗，降低铁芯温度。中、小型电动机的电枢铁芯冲片，通常为整圆冲出，上面冲有安放绕组的开口槽或半闭口槽、通风孔、轴孔和键槽等，其冲片形状如图 6-20 所示。

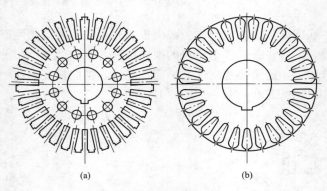

图 6-20　电枢铁芯冲片

（a）开口槽；（b）半闭口槽

　　大型电机的电枢铁芯冲片通常为扇形。小型电动机的电枢铁芯直接固定在转轴上，大、中型电动机的电枢铁芯一般套在转子支架上，支架再固定在转轴上。当电枢铁芯较长时，可将它沿轴向分成几段，段与段之间设有通风沟，以改善转子的冷却。

　　（2）电枢绕组。电枢绕组由多个线圈组件构成，每个线圈单元可能是多匝的，也可能是单匝的；每个线圈可能有一个线圈单元，也可能有多个线圈单元。小容量电枢绕组用绝缘圆导线绕成，大中型电机一般采用扁铜线。

　　电枢绕组安放在电枢槽内，并以一定的规律与换向器连接成闭合回路。由各线圈组成的闭合回路，通过换向器被正、负电刷截成若干并联支路，并与电路相连。每个支路各组件的对应边一般均处于相同极性的磁场下，以获得最大的支路电动势和电磁转矩。

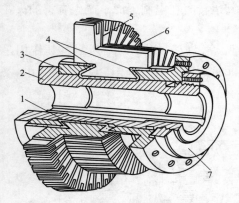

图 6-21　换向器

1—绝缘套筒；2—钢套；3—V 形钢环；4—V 形云母环；
5—云母片；6—换向片；7—螺旋压圈

　　（3）换向器。换向器由换向片（铜片）制成，呈圆柱体，结构如图 6-21 所示。

　　相邻两换向片间垫 0.6～1mm 厚的云母片绝缘，圆柱两端用两个 V 形截面的压圈夹紧，在 V 形压圈和换向片组成的圆柱之间垫以 V 形云母绝缘环。每个换向片上开一小槽或接一升高片，以便焊电枢绕组的线端。电枢绕组各线圈的始末两端，按一定规律接到换向片上。

　　3. 其他部件

　　刷架：固定电刷的部件。它由刷杆座、刷杆、刷握、弹簧压板和电刷等组成，如图 6-22 所示。刷杆座固定在端盖上，刷杆固定在刷杆座上，刷杆与主磁极的数目相同。每根刷杆上装有一个或几个刷握。刷握、刷杆、刷杆座之间彼此绝缘。电刷的顶上有一弹簧压板。近年来，压电刷的弹簧多采用恒压弹簧，使电刷在换向上保持一定的接触压力。

电刷：电刷与外电路连接，起导电作用。电刷的性能对电动机换向的影响很大，因此在选用或更换电刷时，一定要注意型号和规格。

端盖：一般用铸铁制成，有前端盖和后端盖两部分，其中后端盖设有观察窗，可检查电刷火花的大小。端盖通常作为转子的支撑，用以安装轴承、保护磁极绕组、换向器和电枢绕组。

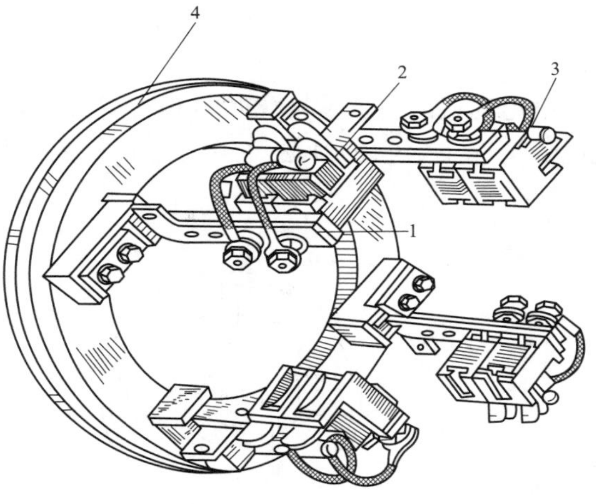

图 6-22 刷架

1—刷杆；2—电刷；3—刷握；4—刷杆座

四、直流电动机励磁方式及接线

1. 永磁式电动机

永磁式电动机原理与接线如图 6-23 所示。它的主要功用是在自动控制系统中作为执行组件或某种信号的发送组件，如力矩电动机及测速发电机。

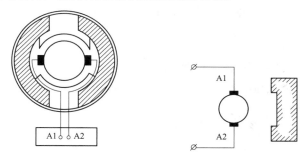

图 6-23 永磁式电动机原理与接线图

2. 他励电动机

他励电动机的原理及接线如图 6-24 所示。它的励磁绕组与电枢回路各自分开，由独立

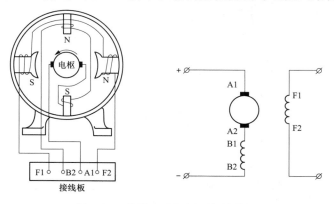

图 6-24 他励电动机原理与接线图

的直流电源供电，其电压可在较大范围内调整。

3. 并励电动机

并励电动机的原理及接线如图 6-25 所示。它主要用于恒速负载或要求电压波动较小的直流电源情况下。它的励磁绕组与电枢回路并联连接，励磁回路电压与电枢两端的电压有关。

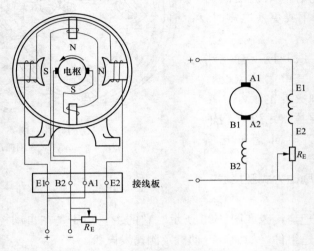

图 6-25　并励电动机原理与接线图

4. 串励电动机

串励电动机的原理及接线如图 6-26 所示。它主要用于启动转矩很大而转速允许有较大变化的负载。它的励磁绕组与电枢回路串联，励磁回路的电流就是电枢回路的电流。

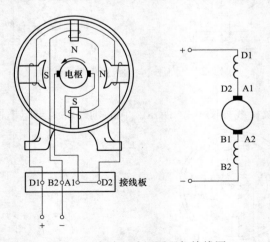

图 6-26　串励电动机原理与接线图

5. 复励电动机

复励电动机有多种类型，如过复励、平复励、差复励等。平复励原理及接线如图 6-27 所示。

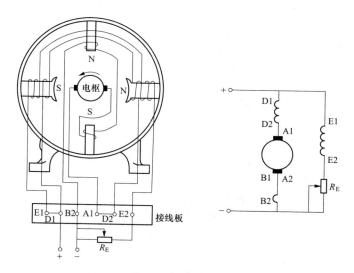

图 6-27　复励电动机原理与接线图

复励电动机有两个励磁绕组，一个与电枢回路并联，另一个与电枢回路串联。平复励和过复励电动机并励绕组和串励绕组所产生的磁通方向一致，电动机加负载后，串励绕组起到加强主磁通的作用。差复励电动机，并励绕组和串励绕组所产生的磁通方向相反，加负载后有减弱主磁通的作用。

五、铭牌

直流电机的铭牌主要包括以下几项：

1. 型号

直流电机的型号由三部分组成：第一部分为产品代号；第二部分为规格代号；第三部分为特殊环境代号。三部分之间以短横线相连。如 Z_2-112，其中 Z 表示直流电机，2 为第二次设计，112 表示 11 号机座，第二种铁芯长度。ZF423/230 表示电枢铁芯外径为 423mm，铁芯长度 230mm 的直流发电机。

2. 额定功率

额定功率是指电机在长期运行时所允许的输出功率，单位为 W 或 kW。对发电机而言，额定功率为出线端输出的电功率；对电动机而言为机轴上输出的有效机械功率。

3. 额定电压

额定电压是指直流电机在额定工作状态下运行时的端电压，单位为 V。

4. 额定电流

额定电流指直流电机在额定工作状况下运行时的线端电流。直流电动机指输入电流，直流发电机指输出电流，单位为 A。

5. 额定转速

额定转速是指直流电机在额定状态下运行时的转速，单位为 r/min。

6. 励磁方式

电机的励磁方式可分为他励、并励、串励、复励等。

7. 励磁电压

励磁电压指电机在额定工作状态下运行时，励磁绕组两端的额定电压，单位为 V。

8. 励磁电流

额定励磁电流是指在保证额定励磁电压值时，励磁绕组中的电流，单位为 A。

直流电机铭牌中其他项目，如额定工作方式、额定温升等均与三相异步电动机相同。

第三节　厂用电动机的运维

一、厂用电动机的选择

正确选择电动机，对于保证机械性能、提高功效、节约能源、优化供配电系统均有重要意义。尽管电动机通常由机械设备配套，电气设计人员仅在少数情况下参与选择或校核，但应了解电动机的性能、常用参数和选择要点。

（1）电动机的工作制、额定功率、堵转转矩、最小转矩、最大转矩、转速及其调节范围等电气和机械参数应满足电动机所拖动的机械（简称机械）在各种运行方式下的要求。

（2）电动机类型的选择：

1）机械对启动、调速及制动无特殊要求时，应采用笼型电动机，但功率较大且连续工作的机械，当在技术经济上合理时，宜采用同步电动机。

2）符合下列情况之一时，宜采用绕线转子电动机：

（a）重载启动的机械，选用笼型电动机不能满足启动要求或加大功率不合理时。

（b）调速范围不大的机械，且低速运行时间较短时。

3）机械对启动、调速及制动有特殊要求时，电动机类型及其调速方式应根据技术经济比较确定。当采用交流电动机不能满足机械要求的特性时，宜采用直流电动机；交流电源消失后必须工作的应急机组，也可采用直流电动机。

4）变负载运行的风机和泵类等机械，当技术经济上合理时，应采用调速装置，并选用相应类型的电动机。

（3）电动机额定功率的选择：

1）连续工作负载平稳的机械应采用最大连续定额的电动机，其额定功率应按机械的轴功率选择。当机械为重载启动时，笼型电动机和同步电动机的额定功率应按启动条件校验；对同步电动机，尚应校验其牵入转矩。

2）短时工作的机械应采用短时定额的电动机，其额定功率应按机械的轴功率选择；当无合适规格的短时定额电动机时，可按允许过载转矩选用周期工作定额的电动机。

3）断续周期工作的机械应采用相应的周期工作定额的电动机，其额定功率宜根据制造厂提供的不同负载持续率和不同启动次数下的允许输出功率选择，也可按典型周期的等值负载换算为额定负载持续率选择，并应按允许过载转矩校验。

4）连续工作负载周期变化的机械应采用相应的周期工作定额的电动机，其额定功率宜根据制造厂提供的数据选择，也可按等值电流法或等值转矩法选择，并应按允许过载转矩校验。

5）选择电动机额定功率时，应根据机械的类型和重要性计入储备系数。

6）当电动机使用地点的海拔和冷却介质温度与规定的工作条件不同时，其额定功率应按制造厂的资料予以校正。

（4）电动机的额定电压应根据其额定功率和配电系统的电压等级及技术经济的合理性确定。

（5）电动机的防护形式应符合安装场所的环境条件。

（6）电动机的结构及安装形式应与机械相适应。

二、低压电动机的保护

（1）交流电动机应装设短路保护和接地故障保护，并应根据具体情况分别装设过载保护、断相保护和低电压保护。

（2）每台电动机应分别装设短路保护，但符合下列条件之一时，数台电动机可共用一套短路保护电器：

1）总计算电流不超过 20A，且允许无选择切断时。

2）根据工艺要求，必须同时启停的一组电动机，不同时切断将危及人身、设备安全时。

3）交流电动机的短路保护器件宜采用熔断器或低压断路器的瞬动过电流脱扣器，也可采用带瞬动元件的过电流继电器。

（a）短路保护兼作接地故障保护时，应在每个不接地的相线上装设。

（b）仅作相间短路保护时，熔断器应在每个不接地的相线上装设，过电流脱扣器或继电器应至少在两相上装设。

（c）当只在两相上装设时，在有直接电气联系的同一网络中，保护器件应装设在相同的两相上。

4）当交流电动机正常运行、正常启动或自启动时，短路保护器件不应误动作。

（a）正确选用保护电器的使用类别。

（b）熔断体的额定电流应大于电动机的额定电流，且其安秒特性曲线计及偏差后应略高于电动机启动电流时间特性曲线。当电动机频繁启动和制动时，熔断体的额定电流应加大 1 级或 2 级。

（c）瞬动过电流脱扣器或过电流继电器瞬动元件的整定电流应取电动机启动电流周期分量最大有效值的 2～2.5 倍。

（d）当采用短延时过电流脱扣器作保护时，短延时脱扣器整定电流宜躲过启动电流周期分量最大有效值，延时不宜小于 0.1s。

（3）每台电动机应分别装设接地故障保护，但共用一套短路保护的数台电动机，可共用一套接地故障保护器件。

当电动机的短路保护器件满足接地故障的保护要求时，应采用短路保护器件兼作接地故障的保护。

（4）交流电动机的过载保护。

1）运行中容易过载的电动机、启动或自启动条件困难而要求限制启动时间的电动机，应装设过载保护。连续运行的电动机宜装设过载保护，过载保护应动作于断开电源。但断电比过载造成的损失更大时，应使过载保护动作于信号。

2）短时工作或断续周期工作的电动机可不装设过载保护，当电动机运行中可能堵转时，应装设电动机堵转的过载保护。

3）交流电动机宜在配电线路的每相上装设过载保护器件，其动作特性应与电动机过载特性相匹配。

4）当交流电动机正常运行、正常启动或自启动时，过载保护器件不应误动作。过载保护器件的选择应符合下列规定：

（a）热过载继电器或过载脱扣器整定电流应接近但不小于电动机的额定电流。

（b）过载保护的动作时限应躲过电动机正常启动或自启动时间。

（5）交流电动机的断相保护。

（a）连续运行的三相电动机，当采用熔断器保护时，应装设断相保护；当采用低压断路器保护时，宜装设断相保护。

（b）断相保护器件宜采用断相保护热继电器，也可采用温度保护或专用的断相保护装置。

（c）交流电动机采用低压断路器兼作电动机控制电器时，可不装设断相保护；短时工作或断续周期工作的电动机也可不装设断相保护。

（6）交流电动机的低电压保护。

1）按工艺或安全条件不允许自启动的电动机应装设低电压保护。

2）为保证重要电动机自启动而需要切除的次要电动机应装设低电压保护。次要电动机宜装设瞬时动作的低电压保护。不允许自启动的重要电动机应装设短延时的低电压保护，其时限可取 $0.5\sim1.5s$。

3）按工艺或安全条件在长时间断电后不允许自启动的电动机，应装设长延时的低电压保护，其时限按照工艺的要求确定。

4）低电压保护器件宜采用低压断路器的欠电压脱扣器、接触器或接触器式继电器的电磁线圈，也可采用低电压继电器和时间继电器。当采用电磁线圈作低电压保护时，其控制回路宜由电动机主回路供电；当由其他电源供电，主回路失压时，应自动断开控制电源。

5）对于需要自启动不装设低电压保护或装设延时低电压保护的重要电动机，当电源电压中断后在规定时限内恢复时，控制回路应有确保电动机自启动的措施。

（7）直流电动机应装设短路保护，并根据需要装设过载保护。他励、并励及复励电动机宜装设弱磁或失磁保护。串励电动机和机械有超速危险的电动机应装设超速保护。

（8）旋转电动机励磁回路不宜装设过载保护。

三、厂用电动机主回路接线

低压交流电动机主回路由具有隔离功能、控制功能、短路保护功能、过载保护功能、附加保护功能的器件和布线系统等组成。

1. 隔离电器

（1）每台电动机的主回路上应装设隔离电器，当符合下列条件之一时，数台电动机可共用一套隔离电器：

1）共用一套短路保护电器的一组电动机；

2）由同一配电箱（屏）供电，且允许无选择地断开的一组电动机。

（2）当有几路进线时，每路进线上应有隔离电器；如果仅一个隔离电器分断会造成危险，则应相互联锁。

（3）电动机及其控制电器宜共用一套隔离电器。

（4）隔离电器宜装设在控制电器附近或其他便于操作和维修的地点。隔离电器应能防止无关人员误操作，例如装设在能防止无关人员接近的地点或加锁。

2. 控制电器

（1）每台电动机应分别装设控制电器，当工艺需要或使用条件许可时，一组电动机可共用一套控制电器。

（2）控制电器宜采用接触器、启动器或其他电动机专用的控制开关。启动次数少的电动机，其控制电器可采用低压断路器或与电动机类别相适应的隔离开关。电动机的控制电器不得采用开启式开关。

（3）控制电器应能接通和断开电动机堵转电流，其使用类别和操作频率应符合电动机的类型和机械的工作制。

（4）控制电器宜装设在电动机附近或其他便于操作和维修的地点。过载保护电器宜靠近控制电器或为其组成部分。

3. 异步电动机常见主回路接线图（见图 6-28）

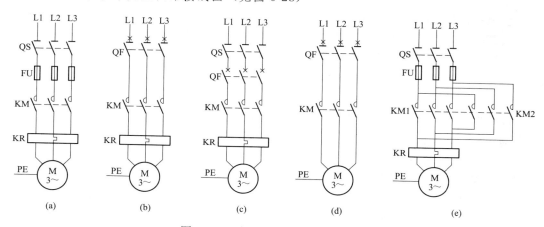

图 6-28　异步电机主回路常用接线

（a）短路和接地故障保护电器为熔断器；（b）短路和接地故障保护电器为断路器；

（c）断路器兼设隔离电器；（d）不装设过载保护或断路器兼作过载保护；（e）正反旋转的接线示例

QS—隔离器或隔离开关；FU—熔断器；QF—低压断路器；KM—接触器；KR—热继电器

四、厂用电动机的启动

1. 电动机的启动条件

电动机启动时，其端子电压应能保证所拖动的机械要求的启动转矩，且在配电系统中引起的电压波动不应妨碍其他用电设备的工作。交流电动机启动时，各级配电母线上的电压应符合下列要求：

（1）在一般情况下，电动机频繁启动时，不宜低于额定电压的 90％；电动机不频繁启动时，不宜低于额定电压的 85％。

（2）配电母线上未接照明或其他对电压波动较敏感的负荷，且电动机不频繁启动时，不应低于额定电压的 80％。

（3）配电母线上未接其他用电设备时，可按保证电动机启动转矩的条件决定；对于低压电动机，尚应保证接触器线圈的电压不低于释放电压。

（4）机械能承受电动机全压启动时的冲击转矩。

2. 电动机的运行条件和运行特性

电动机运行条件主要指电源条件、环境条件和负载条件。对于有特殊要求的电动机应将该类产品的技术条件和要求专门编入规程中。

(1) 电源条件。电源电压、频率、相数应与电动机的要求相符，三相电源电压要对称，电压额定值偏差不超过±5%，频率偏差不超过±1%，还要配备规程要求的保护、指示仪表、配电装置等。

(2) 环境条件。电动机安装的地点要符合电动机安全运行的要求，环境温度、湿度、通风情况要满足电动机的技术条件。

(3) 负载条件。电动机的转动、启动、制动、负荷定额等特性要与负荷条件相适应，运行时负载变化不应超越电动机的规定能力。

电动机的运行特性指电动机在额定电压和频率下运行时，转速、电磁转矩、功率因数、效率、定子电流等随输出功率的变化关系。

异步电动机从空载到满载转速稍有下降，基本不变。

轻负载时，功率因数及效率很低，负载增加时功率因数及效率也在增加，而当负载增加到一定值以上时功率因数和效率变化很小。

电磁转矩及定子电流随负载增大而增大。

3. 电动机的启动操作

电动机启动时对电机绝缘极易造成损伤，因此应尽量减少对电动机的启动操作，尤其是高压电动机。

电动机的启动操作如下：

(1) 监视电动机的启动过程中电流的变化。

(2) 除一些特殊情况，一般不允许带负荷启动，严禁电动机在反转的情况下启动。

(3) 对中小型笼式电动机只允许在冷态下启动两次，间隔不少于5min，热态时启动一次。只有在事故紧急情况下可以多启动一次。对2000kW以上的大型电动机可以执行上述规定，但间隔应大于20min。一些特殊电动机执行其专门规定。

(4) 电动机一般可做如下方法判断冷态：10kW以下电机停用5h以上；10~100kW停用8h以上；100~1000kW停用18h以上，1000kW以上停用24h。

(5) 当电动机做动平衡和其他试验时，启动间隔为：200kW以下电动机，不小于0.5h；200~500kW，不小于1h；500kW以上，不小于2h。

(6) 电动机启动时间超过20s，或启动后保护动作时，应查明原因后再启动。

(7) 电动机停运操作，应先减负荷再停机。

4. 电动机操作控制回路

厂用电动机的操作控制回路有就地、远方操作。其中部分电动机根据工作性质可投入相互联动和机械设备的联动。

5. 电动机启动前的准备及检查

(1) 新的或长期不用的电动机，使用前应该测量电动机绕组间绝缘电阻和绕组对地绝缘电阻。对绕线式转子电动机，除检查定子绝缘处，同时还应检查转子绕组及集电环对地和集电环之间的绝缘电阻，每施加1kV工作电压不得小于1MΩ。通常对500V以下电动机用500V绝缘电阻表测量，对500~3000V电动机用1000V绝缘电阻表测量，对3000V以上电动机用2500V绝缘电阻表测量。一般三相380V电动机的绝缘电阻应大于0.5MΩ时方可使用。

(2) 检查铭牌所示电压、频率、接法与电路电压等是否相符，接法是否正确。

（3）检查电动机内有无杂物。用干燥的压缩空气（≤202.70kPa）吹净内部，也可使用吹风机或手风箱（皮老虎）等来吹，但不能碰击绕组。

（4）检查电动机的转轴是否能自由旋转。对于滑动轴承，转子的轴向串动量要符合产品技术要求。

（5）检查轴承是否有油。一般高速电动机应采用高速机油、低速电动机应采用机械油。滚珠轴承常用的润滑脂为复合钙基、钙钠基脂及锂基润滑脂。

（6）检查电动机接地装置是否可靠。

（7）对绕线式电动机还应检查集电环上的电刷表面是否全部贴紧集电环，导线是否相碰，电刷提升机械是否灵活，电刷的压力是否正常。

（8）对不可逆转的电动机，需检查运转方向是否与该电动机运转指示箭头方向相同。

（9）对新安装的电动机，应检查地脚和轴承螺帽是否拧紧，以及机械方面是否牢固。检查电动机机座与电源线钢管接地情况。

经过上述准备工作和检查后方可启动电动机。电动机启动后应空转一段时间，在这段时间内应注意轴承温升，不能超过有关的规定，而且应该注意是否有不正常噪声、振动、局部发热等现象，如有不正常现象需消除后才能投入正常运行。

6. 电动机的启动及停车

（1）在供电电路许可的情况下，一般笼型电动机可采用全压启动。如果在供电电路不许可的情况下，则采用降压起动。常用的降压启动设备有自耦变压器、电抗器、星-三角启动器、延边三角启动器等。

（2）绕线式电动机启动时，应将启动变阻器接入转子电路中。对有电刷提升机构的电动机应将电刷放下，并断开短路装置，然后合上定子电路开关，开始扳动变阻器手柄，根据电动机转速的上升程度，将手柄慢慢从启动位置扳到运转位置。当电动机达到额定转速后，提起电刷，合上短路装置，这时启动变阻器回到原来位置，电动机的启动完毕。电动机的停车时，应断开定子电路内的开关，然后将电刷提升机构扳到启动位置，断开短路装置。

（3）电动机的启动要严格执行部颁《发电厂厂用电动机运行规程》中电动机启停次数的规定，正常情况下，允许冷态启动二次，每次间隔不小于5min；允许热态启动一次。只有在处理事故时以及启动时间不超过2～3h的电动机可以多启动1次。

五、电动机的维护

1. 日常运行维护

（1）应经常保持清洁，不允许有水滴、油污或飞尘落入电动机内部。

（2）注意负载电流不能超过额定值。

（3）经常检查轴承发热、漏油等情况。一般在更换润滑脂时，将轴承及轴承盖先用煤油清洗，然后用汽油洗干净，润滑脂的容量不宜超过轴承内容积的70%。

（4）电动机各部分最高容许温度和容许温升，根据电动机绝缘等级和类型而定。

（5）电动机在运转中不应有摩擦声、尖叫声和其他杂声，如发现有不正常声音应及时停车检查，消除故障后才可继续运行。

（6）对绕线式电动机应检查电刷与集电环间的接触情况与电刷磨损情况。如发现火花时应清理集电环表面，可用00号砂布磨平集电环，并校正电刷弹簧压力。

（7）各种形式电动机都必须使其通风良好。电动机的进风与出风口必须保证畅通无阻。

(8) 电机定期加油,参照厂家说明结合电动机运行环境制定有效的加油制度。

2. 电动机的振动检查

电动机在设计、制造和安装不良都会造成电磁不平衡或机械不平衡从而引起振动,振动超标危害极大,会造成绝缘磨损、金属部件断裂。在运行中电动机的振动值不能超过限值。对刚性基础振动的参考值见表 6-6。

表 6-6 转速与振动

电动机转速（r/min)		3000	1500	1000	750
振动参考值（mm)	中小型	0.05	0.085	0.10	0.12
	大型	0.03	0.045	0.065	0.88

对于一些特殊电动机,根据厂家有关资料进行检查。发现电动机振动超标要查出原因及时处理。

3. 直流电动机的维护

(1) 换向器的维护。

1) 表面要光洁平滑,工作时电刷能平稳地接触,无跳动。要保持换向器表面的清洁和良好的滑动接触条件。换向器表面应经常用干净、清洁的压缩空气吹扫和用白面擦抹,对大型高转速直流电动机,最好每班清擦表面一次。

2) 片间云母下壳要干净,不能有残余云母粘留在换向片侧边,更不允许有云母片突出云母沟,换向片的倒棱必须平直、均匀。及时剔除铜毛刺,保持云母沟的整洁和光滑,不允许残存云母碎沟边片。

3) 建立均匀的有光泽的氧化膜,不仅能降低摩擦系数,而且也增加了换向器的表面硬度,提高了换向器的耐磨性。氧化膜是换向器和电刷间滑动接触产生电化学过程的结果,大量运行实践证明,氧化膜对滑动接触是十分重要和有益的,因它可减少电刷与换向器之间的摩擦,增强润滑作用,减少电刷磨损;其次还可增大接触电阻,限制换向组件中的短路电流,改善换向性能。另外,氧化膜是直流电动机正常运行所不可缺少的。通过观察氧化膜的情况还可判断电动机工作时的换向情况。因此,在电动机运行中,对氧化膜的检查、观察是十分重要的,必须认真按要求进行。由各种原因造成的换向故障,都会损坏换向器表面氧化膜和工作状态,如不及时处理,将进一步使换向恶化,导致恶性循环。当换向器表面出现不正常状态时,必须及时处理,以防止事故进一步发展。

(2) 电刷的维护。电刷是直流电动机的重要部件,它不仅要起到电动机转动部分与固定部分之间传导电流的作用,还要限制在换向过程中被它所短路的电枢组件内的附加短路电流,以改善换向。因此,电刷对电动机能否正常稳定运行和换向都是至关重要的。电刷与刷握配合不能过松和过紧,要保证在热态时,电刷在刷握中能自由滑动,过紧可适当用砂纸将电刷磨去一些,过松要调换新的电刷。当刷杆偏斜时,可利用换向云母槽作为标准,来调整刷杆与换向器的平行度。

电刷磨损或破裂时,须换以与原电刷相同牌号和尺寸的电刷,如没有原牌号的电刷,可以用性能相近且可以代用的其他牌号电刷代用,但要注意,一台电动机上应使用一种牌号的电刷,因不同牌号的电刷混用,由于接触压降和电阻系数不等,会引起电刷间的电流分布不均。对电动机运行不利，整台电动机一次更换半数以上的电刷之后，最好先以 1/4～1/2 的负载运行 12h 以上。

在新电刷安装后，必须检查电刷在刷握内上下活动是否灵活，是否有晃动现象，电刷压力是否合适。新电刷装配好后，应将之研磨光滑，达到与换向器相吻合的接触面，以防止电刷间电流分布的不均匀现象。当电刷镜面出现灼痕时，必须重新研磨电刷。

电刷研磨方法有两种：

1) 整体研磨。砂布的宽度为换向器的长度，砂布的长度为换向器的周长，将长条砂布放在电刷下，在换向器表面围成一圈，并将砂布的一端用胶布粘贴在换向器表面、砂布的尾部顺旋转方向压住头部，如图 6-29 所示。然后按电动机旋转方向转动转子，转动几圈后，检查电刷接触面，大于 75％时，电刷就研磨完毕。

2) 单个研磨。将砂布条放在电刷下，使砂布紧贴着换向器表面，对于单向旋转的电动机顺电动机旋转方向拉动砂布，回拉时要提起电刷如图 6-30 所示。对于可逆转电动机，则可往复拉动砂布，直至电刷接触面积大于 75％，并具有和换向器表面相同的曲率时，研磨即完毕。注意：拉动砂布时，一定要贴着换向器表面拉动，切忌在电刷边处翘起。

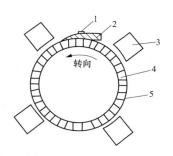

图 6-29　电刷整体研磨

1—砂布的自由端；2—橡皮胶布；
3—电刷；4—换向器；5—砂布

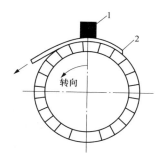

图 6-30　单个电刷研磨

1—电刷；2—砂布

研磨电刷应采用粒度较细的（如 0 号砂布）玻璃砂布，同样不能用金刚砂布，以免金刚砂粒嵌入换向器槽中，在电动机旋转时划伤换向器和电刷表面。

电刷研磨后，换向器、刷握、绕组和风道必须进行认真的清理和清扫，以防止影响绝缘电阻和造成飞弧。然后在空载和小负载下运转数小时来研磨镜面。其他维护项目参见交流电动机部分。

第四节　厂用电动机的经济运行

现代工业把电能转化为机械能基本都是通过电动机完成的，而电动机所耗电能的比重约占整个工业用电的 60％。在工业领域，风机、水泵类负载约占电力拖动容量的一半，大多依赖挡板和阀门来调节流量，节流损耗非常大，如果采用交流调速系统，可以把消耗在挡板阀门上的功率节省下来，同时这类系统对调速系统的性能要求不高，对低性能交流调速系统来说具有异常广阔的前景。电动机调速的目的有二：一是以控制为目的生产流程精确控制；二是以节能为目的速度控制，这类调速系统对转矩、转速控制的精度要求不高，电厂辅机用设备的调速多数属于这一类。

一、电动机节能原则

（1）选用高效节能型产品。

（2）应根据负载特性和运行要求合理选择电动机的类型、功率，使之工作在经济运行范围内。

（3）异步电动机采用调压节能措施时，需经综合功率损耗、节约功率计算及启动转矩、过载能力的校验，在满足机械负载要求的条件下，使调压的电动机工作在经济运行范围内。

（4）对机械负载经常变化又有调速要求的电气传动系统，应根据系统特点和条件，进行安全、技术、经济、运行维护等综合经济分析比较，确定其调速运行的方案。

（5）在安全、经济合理的条件下，异步电动机宜采取就地补偿无功功率，提高功率因数，降低线损。

（6）当采用变频器调速时，电动机的无功电流不应穿越变频器的直流环节，不可在电动机处设置补偿功率因数的并联电容器。

（7）交流电气传动系统应在满足工艺要求、生产安全和运行可靠的前提下，使系统中的设备及负载相匹配，提高电能利用率。

（8）功率在 50kW 及以上的电动机，应单独配置电压表、电流表、有功电能表，以便监测与计量电动机运行中的有关参数。

二、电动机的类型选择

选择电动机的种类，首先是要满足生产机械的性能要求。在满足性能要求的前提下，再优先用结构简单、运行可靠、价格便宜、维护方便的电动机。在这些方面交流电动机优于直流电动机，交流异步电动机优于交流同步电动机，笼型异步电动机优于绕线转子异步电动机。

电动机类型的选择应考虑电动机的负载特性、调速性能、启动性能。

1. 交流异步电动机

（1）交流异步电动机的特点。交流电动机结构简单、价格便宜、维护方便，但启动及调速特性不如直流电动机。因此当生产机械启动、制动及调速无特殊要求时，应采用交流电动机；仅在启动、制动及调速等方面不能满足工艺要求时，才考虑采用直流电动机。但近年来，随着电力电子技术及微电子技术的发展，交流调速装置的性能与成本已能和直流调速装置竞争，越来越多的直流调速领域被交流调速所占领。

（2）交流异步电动机的选择如下：

1）机械对启动、调速及制动无特殊要求时，应采用笼型电动机。

2）重载启动的机械，选用笼型电动机不能满足启动要求或加大功率不合理时；调速范围不大的机械，且低速运行时间较短时。宜采用绕线转子电动机。

2. 直流电动机

（1）直流电动机的特点。直流电动机的主要优点是启动性能和调速性能好、过载能力大、易于控制、能适应各种机械负载特性的需要；主要缺点是效率低、耗能大、结构复杂、维护复杂、使用有色金属多、生产工艺复杂、价格昂贵、有换向问题，因而限制了它的极限容量，运行可靠性差。除特殊负载需要外，一般不宜选用直流电动机。

（2）直流电动机的选择如下：

1）操作特别频繁、交流电动机在发热和起制动转矩不能满足要求的生产机械。

2）要求调速范围大而且要求平滑调速的生产机械。

3. 采用调速装置的电动机

采用调速装置的电动机应采用强迫油润滑方式；应避免在阻尼不足的情况下，以接近临界转速（±20%）连续运行，对轴系谐振频带较宽并落在调速范围的电动机，不推荐采用调速装置；应避免电压和电流谐波产生的转矩脉动对机械结构产生有害的影响。

三、提高功率因数与电动机节能的关系

1. 无功经济当量（K_Q）

电动机运行时每千乏无功功率所引起的电网有功功率损耗。

2. 电动机无功功率就地补偿计算

$$Q_C = P_1(\tan\varphi - \tan\varphi_1)$$

$$\tan\varphi = \frac{\sqrt{1-\cos^2\varphi}}{\cos\varphi}$$

式中　Q_C——就地补偿的无功功率值，kvar；

　　　P_1——电动机的输入功率，kW；

　　$\tan\varphi$——补偿前输入相电流滞后于相电压相角的正切值；

　　$\cos\varphi$——电机补偿前的功率因数；

　$\tan\varphi_1$——补偿后输入相电流滞后相电压相角正切值，取 0.484，这相当于将功率因数补偿到 0.90。

3. 无功补偿后节约的有功功率

$$\Delta P_u = K_Q \times Q_C$$

式中　ΔP_u——采取无功补偿后节约的有功功率；

　　　K_Q——无功经济当量，当电动机直连发电机母线或直连已进行无功补偿的母线时，取 0.02～0.04；二次变压取 0.05～0.07；三次变压取 0.08～0.1。

4. 无功功率补偿后节电量

$$\Delta E_c = T_{ec} \times \Delta P_u$$

式中　ΔE_c——年节电量，kWh；

　　　T_{ec}——年运行时间，h。

5. 电动机无功功率的就地补偿

补偿电容器组直接装设在电动机旁边，与电动机同时投入或退出运行，使电动机消耗的无功功率得到及时就地补偿，属于随机补偿方式。这种方式对于连续运行的大中型电动机，补偿降损节电效果显著。但这种方式只能作为辅助补偿方式应用，因是逐台补偿，会使补偿容量增大，使补偿装置的总投资增大。对经常轻载或空载运行的电动机不宜采用就地补偿方式。

四、电动机的调速方式

发电厂厂用电动机调速节能工作的任务是：发电企业结合本单位电力生产的实际，组织工程技术人员对交流拖动电站风机（泵类）系统的经济运行进行诊断，并作出评估报告；分析影响厂用电率的诸因素，制订和实施经济有效的电动机调速节能措施，降低厂用电率，取得最大的节能收益。

厂用电动机调速节能工作是一个系统性工程，并不仅仅是单纯的调速改造。在进行节能改造之前，应做统筹规划，进行相应的节能分析和诊断，确认节能效果，在保证安全运行的前提下，把节能改造的经济性原则放在首位，投资回收期控制在合理的年限内，并以此为根据确定投资规模和设备选型。

厂用电动机调速节能，应把电动机调速改造和机组优化运行结合起来考虑。

1. 交流电动机调速原理

交流电动机的转速为

异步电机：

$$n = n_0(1-s) = 60\frac{f_1}{p}(1-s)$$

同步电机：

$$n = n_0 = 60\frac{f_1}{p}$$

式中　　n——电动机转速，r/min；

$\quad\quad n_0$——电动机同步转速，r/min；

$\quad\quad p$——电动机极对数；

$\quad\quad s$——转差率；

$\quad\quad f_1$——电源频率，Hz。

因此，交流电动机的调速可以通过改变极对数，控制电源频率以及通过改变某些参数如定子电压、转子电压等使电动机转差率 s 发生变化（即电机转速发生变化）等三种方式。

2. 交流电动机调速的方式（见图 6-31）

（1）按调速方法分为变频调速、变极调速、转差调速。

（2）按调速效率分为高效调速和低效调速两种。

（3）按调速装置所在位置分为定子侧、转子侧、转子轴上。

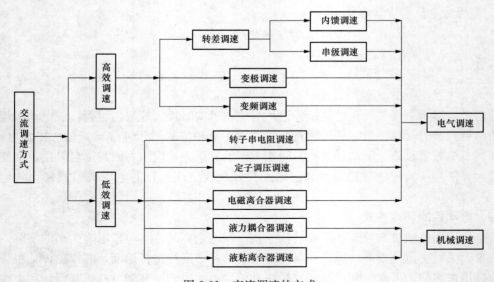

图 6-31　交流调速的方式

3. 厂用电动机变极调速

变极调速是通过改变电动机的极对数达到调速的目的。变极调速有自动和手动两种。手动调速可以不换原有的电动机，且投资少、适合季节性切换。调速设备简单，操作方便，没有损耗，可靠性高。缺点是有级调速，只适用于不需平滑调速的场合，可以应用在循环水泵电动机上。

变极调节只能用于笼式电动机，因为笼式转子的极对数能自动地随着定子极对数的改变而改变，使定子、转子磁场的极对数总是相等而产生平均电磁转矩。

变极多速电动机的主回路及其绕组接线如图 6-32 所示。

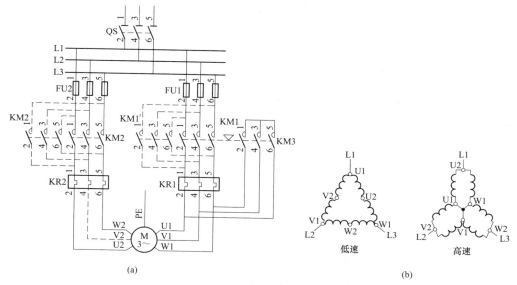

图 6-32　带 1 个抽头绕组、6 个接线端子的 4/2 或 8/4 极电动机
(a) 电动机主回路接线图；(b) 电动机绕组接线图
KM1—低速接触器；KM2—高速接触器；KM3—星形接触器

4. 厂用电动机变频调速

电动机转速与频率成正比，只要改变频率即可改变电动机的转速，变频调速就是通过改变电动机定子电源的频率，从而改变其同步转速的调速方法。变频调速系统主要设备是提供变频电源的变频器，变频器可分成交流—直流—交流变频器和交流—交流变频器两大类，其特点是：①效率高，调速过程中没有附加损耗；②应用范围广，可用于笼型异步电动机；③调速范围大，特性硬，精度高。

（1）变频器主电路部分。

1）输入侧的接线。移相隔离变压器为功率单元提供电源的变压器次级绕组在绕制时相互之间有一定的相位差，这样既大大降低了输入谐波电流，也使功率因数在较高或满载负荷时能达到 95％以上。

2）功率单元。一个完整的功率单元主要由熔断器、整流桥、电解电容、IGBT、单元驱动板、旁路执行机构等几个部分构成，如图 6-33 所示。

熔断器：主要起过电流保护作用。

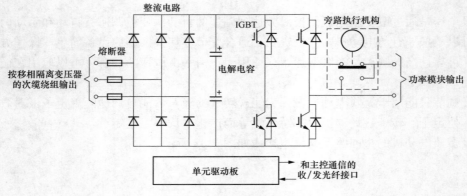

图 6-33 功率单元示意图

整流桥：把三相交流整流成直流。

电解电容：起存储能量以及滤波平滑波形的作用。

IGBT：功率开关器件，通过控制 IGBT 的开关得到所需的 PWM 波形（DC-AC 的逆变过程）。

旁路执行机构：当某单元出现故障时，通过旁路执行机构可以把该故障单元从电气上旁路掉，从而使得整台高压变频器仍然可以继续工作。

单元驱动板：负责和主控通信，接受主控发送的 IGBT 的开关控制信号并把故障信息报告给主控（如过电压/欠电压/IGBT 损坏/通信异常等故障）；同时控制/驱动 4 个 IGBT 的开关。

3）在变频器输出端与电动机之间除非十分必要，一般不要再加装开关电器，因为变频器本身对电动机有较强的保护功能，在线路短路、电动机过载、缺相等故障出现时，它能自动断开电动机回路，从而保护电动机及其本身，同时给出故障指示，根据故障编码可以查找和排除故障。

（2）变频器和工频电源的切换电路（旁路）。某些生产机械在工作过程中是不允许停机的，因此当变频器发生故障时，应将电动机切换到工频电源上，以保证拖动系统连续工作。

（3）当电动机功率不大于 55kW，宜加装滤波电抗器。

（4）采用变频调速装置时，应采用变频专用电动机；如果使用普通电动机，应确定变频器不会产生损害电动机定子绝缘和轴瓦的高频共模电压和高频轴电压，除常规的接地措施外，应当在电动机非传动端配备轴承绝缘措施。

（5）由于变频器输出中包含谐波成分，其电流有所增加，应适当考虑加大容量。当电动机属频繁启动、制动工作或处于重载启动且较频繁工作时，可选取大 1 挡的变频器。还应考虑最小和最大运行速度极限，满载低速运行时电动机可能会过热，所选变频器应有可设定下限频率、可设定加速和减速时间的功能，以防止低于该频率下运行。一般风机、泵类负载不宜在低于 15Hz 以下运行。如果确实需要在 15Hz 以下长期运行，需考虑电动机的容许温升，必要时应采用外置强迫风冷措施，即在电动机附近外加一个适当功率的风扇对电动机进行强制冷却，或拆除电动机本身的冷却扇叶，利用原扇罩固定安装一台小功率轴流风机对电动机进行冷却。

第七章

发电厂电气设备的二次回路

第一节　二次回路的基本要求

一、电气测量及电能计量回路

1. 电气测量仪表

（1）电气测量装置的配置应正确反映电力装置的电气运行参数和绝缘状况。

（2）电气测量装置宜包括计算机监控系统的测量部分、常用电测量仪表，以及其他综合装置中的测量部分。

（3）电气测量装置可采用直接仪表测量、一次仪表测量或二次仪表测量。

（4）交流回路指示仪表的综合准确度不应低于2.5级，直流回路指示仪表的综合准确度不应低于1.5级，接于电气测量变送器二次侧仪表的准确度不应低于1.0级。

（5）指针式测量仪表测量范围的选择，宜保证电力设备额定值指示在仪表标度尺的2/3处。有可能过负荷运行的电力设备和回路，测量仪表宜选用过负荷仪表。

（6）多个同类型电力设备和回路的电测量可采用选择测量方式。

（7）经变送器的二次测量，其满刻度值应与变送器的校准值相匹配。

（8）双向电流的直流回路和双向功率的交流回路，应采用具有双向标度的电流表和功率表。具有极性的直流电流和电压回路，应采用具有极性的仪表。

（9）重载启动的电动机和有可能出现短时冲击电流的电力设备和回路，宜采用具有过负荷标度尺的电流表。

（10）发电厂和变（配）电站装设远动遥测、计算机监控系统，且采用直流系统采样时，二次测量仪表、计算机和远动遥测系统三者宜共用一套变送器。

（11）计算机监控系统中的测量部分、综合装置中的测量部分，当其精度满足要求时，可取代相应的常用电测量仪表。

（12）直接仪表测量中配置的电测量装置，应满足相应一次回路动、热稳定的要求。

（13）电能表的电流和电压回路应分别装设电流和电压专用试验接线盒。

（14）当发电厂和变（配）电站装设远动遥测和计算机监控时，电能计量、计算机和远动遥测宜共用一套电能表。电能表应具有数据输出或脉冲输出功能，也可同时具有两种输出功能。

（15）发电电能关口计量点和省级及以上电网公司之间电能关口计量点，应装设两套准确度相同的主、副电能表。

2. 测量表计的装设

（1）应测量交流电流的回路：

1）同步发电机的定子回路。

2）双绕组主变压器的一侧，三绕组主变压器的三侧。

3）双绕组厂（站）用变压器的一侧及各分支回路。

4）柴油发电机接至低压保安段进线及交流不停电电源的进线回路。

5）高压线路，低压的供电、配电和用电网络的总干线路。

6）母线联络断路器、母线分段断路器、旁路断路器和桥断路器回路。

7）50kVA 及以上的照明变压器和消弧线圈回路。

8）55kW 及以上的电动机，55kW 以下保安用电动机。

9）同步发电机的定子回路、110kV 电压等级输电线路和变压器回路还应测量三相交流电流。

（2）应测量直流电流的回路：

1）同步发电机和同步电动机的励磁回路，自动及手动调整励磁的输出回路。

2）蓄电池组的输出回路，充电及浮充电整流装置的输出回路。

3）重要电力整流装置的直流输出回路。

4）整流装置的电流测量宜包含谐波监测。

（3）应测量交流电压的回路：

1）同步发电机的定子回路。

2）各电压等级的交流主母线。

3）电力系统联络线（线路侧）。

4）配置电压互感器的其他回路。

（4）应监测交流系统绝缘的回路：

1）同步发电机的定子回路。

2）中性点非有效接地系统的母线和回路。

3）中性点非有效接地系统的主母线，宜测量母线的一个线电压和监测绝缘的三个相电压。

4）发电机定子回路的绝缘监测，可采用测量发电机电压互感器辅助二次绕组的零序电压方式，也可采用测量发电机的三个相电压方式。

（5）下列回路应测量直流电压：

1）同步发电机和发电/电动机的励磁回路，相应的自动及手动调整励磁的输出回路。

2）同步电动机的励磁回路。

3）直流发电机回路。

4）直流系统的主母线，蓄电池组、充电及浮充电整流装置的直流输出回路。

5）重要电力整流装置的输出回路。

二、断路器的控制、信号回路

1. 断路器的控制、信号回路

（1）控制、信号回路一般分为控制保护回路、合闸回路、事故信号回路、预告信号回路、隔离开关与断路器闭锁回路等。

（2）断路器一般采用弹簧操动机构，因此其控制、信号回路电源可用直流也可用交流。交流电源应取自 UPS 交流不间断电源设备。

（3）断路器的控制、信号回路接线可采用灯光监视方式或音响监视方式。

（4）断路器的控制、信号回路应有电源监视，并宜监视跳、合闸绕组回路的完整性（在合闸线圈及合闸接触器线圈上不允许并接电阻）；应能指示断路器合闸与跳闸的位置状态，自动合闸或跳闸时应有明显信号；有防止断路器跳跃（简称"防跳"）的电气闭锁装置；合闸或跳闸完成后应使命令脉冲自动解除；接线应简单可靠，使用电缆芯最少。

（5）断路器宜采用双灯制接线的灯光监视回路。

（6）各断路器应有事故跳闸信号。事故信号能使中央信号装置发出音响及灯光信号，并直接指示故障的性质。

（7）有可能出现不正常情况的线路和回路，应有预告信号。预告信号应能使中央信号装置发出音响及灯光信号，并直接指示故障的性质、发生故障的线路及回路。预告信号一般包括变压器过负荷、变压器温度过高（油浸变压器为油温过高）、变压器温度信号装置电源故障、变压器轻瓦斯动作（油浸变压器）、变压器压力释放装置动作、自动装置动作、控制回路内故障（熔断器熔丝熔断或自动开关跳闸）、保护回路断线或跳合闸回路断线、交流系统绝缘降低（高压中性点不接地系统）、直流系统绝缘降低。

（8）对组合电器的每个间隔都要将下列信号送入监控系统：

1）断路器气室 SF_6 气体压力降低报警。当断路器气室 SF_6 气体压力在室温 20℃以下降低到报警定值时，SF_6 气体低压报警开关动作，将信号送至就地信号灯和测控装置的信号采集输入回路。

2）断路器气室 SF_6 气体压力降低闭锁分、合闸回路报警。当断路器气室 SF_6 气体压力在室温 20℃以下继续降低到闭锁定值时，SF_6 气体低压报警开关动作，闭锁断路器的分合闸回路，并将信号送至就地信号灯和测控装置的信号采集输入回路。

3）断路器储能电动机故障报警。

4）隔离开关、接地开关故障和关合接地开关操作电动机故障报警。

5）隔离开关气室 SF_6 气体压力降低报警。

6）就地操作电源故障报警。

2. 中央信号装置

（1）对采用综合自动化系统的发电厂，在其后台机或集控中心的监控机上都可完成所有的报警功能。在控制室或值班室内除设置一套微机监控综合自动化系统外，另设置一套中央信号装置。此装置能完成事故信号与预告信号报警，同时可将各种信息传送至监控主机。此信号装置采用微机中央信号装置，或采用与直流屏配套的微机中央信号报警装置。

（2）中央信号装置的简单介绍如下：

1）中央信号装置由事故信号和预告信号组成。

2）中央事故信号装置应保证在任何断路器事故跳闸时，能瞬时发出音响信号，在控制屏上或配电装置上还应有表示该回路事故跳闸的灯光或其他指示信号。

3）中央预告信号装置应保证在任何回路发生故障时，能瞬时发出预告音响信号，并有显示故障性质和地点的指示信号（灯光或信号继电器）。

4）中央事故音响与预告音响信号应有区别，一般事故音响信号用电笛，预告音响信号用电铃。

5）中央信号装置应能进行事故和预告信号及光字牌完好性的试验。

6）中央事故与预告信号装置在发出音响信号后，应能手动或自动复归音响，而灯光或指示信号仍应保持，直至处理后故障消除时为止。

7）中央信号装置接线应简单、可靠，对其电源熔断器是否熔断应有监视。

（3）微机型中央信号装置的功能如下：

1）具备开机自检功能。包括通信自检、内外部 RAM 及报警音响和光字牌自检功能。

2）对每个信号通道，可根据报警要求不同进行多种定义：可以开放或屏蔽某一通道；可以任选动合或动断触点有效；输入信号延时可做多种时间选择；报警音响可根据事件的性质选择警铃或警笛；报警音响可选择手动消音或延时自动消音；可随时检查和修改各信号通道的定义数据，并具有记忆功能，掉电后，定义的内容不会丢失。

3）可记忆最近发生的事件，并按时间先后自动排序。

4）可通过 RS-232 或 RS-485 串行通信接口将现场实际信息及时传给远程终端机。

5）需有方便实现人机对话的按键及显示屏。

三、二次回路的保护设备

二次回路的保护设备用于切除二次回路的短路故障，并作为回路检修、调试时断开交、直流电源之用。保护设备可采用熔断器或低压断路器。

1. 控制、保护和自动装置供电回路的熔断器或低压断路器

（1）当仅含一台断路器时，控制、保护及自动装置可共用一组熔断器或低压断路器。

（2）当含几台断路器时，应设总熔断器或低压断路器，并按断路器设分熔断器或低压断路器，分熔断器或低压断路器应经总熔断器或低压断路器供电。公用保护和公用自动装置应接于总熔断器或低压断路器之下。对其他保护或自动控制装置按保证正确工作的条件，可接于分熔断器或低压断路器或总熔断器或低压断路器之下。

（3）含几台断路器而各断路器无单独运行可能或断路器之间有程序控制要求时，保护和各断路器控制回路可共用一组熔断器或低压断路器。

（4）凡两个及以上公用的保护或自动装置的供电回路，应装设专用的熔断器或低压断路器。

（5）弹簧储能机构所需交、直流操作电源，一般装设单独的熔断器或低压断路器。

（6）对具有双重化快速主保护和断路器具有双跳闸绕组的，其控制回路和继电保护、自动装置回路宜分设独立的熔断器或低压断路器，并由双电源分别向双重化主保护供电。两组电源间不应有电路上的联系。继电保护、自动装置屏内电源消失时应有报警信号。

（7）控制、保护和自动装置供电回路的熔断器或低压断路器应有监视装置，可用断路器控制回路的监视装置进行监视。如保护或自动装置单独装设熔断器或低压断路器，宜采用继电器进行监视，其信号应接至另外的电源。

2. 信号回路的熔断器或低压断路器

（1）信号回路（包括隔离开关位置信号、事故和预告信号、指挥信号等），宜用一组熔断器或低压断路器。

（2）公用信号（如中央信号、闪光报警器等），应装设单独的熔断器或低压断路器。

（3）厂用电源及母线设备信号回路，宜分别装设公用的熔断器或低压断路器。

（4）信号回路的熔断器或低压断路器应加以监视，可使用隔离开关位置指示器，也可用继电器或信号灯来监视。当采用继电器监视时，信号应接至另外的电源。

四、二次回路图

用来监视、测量、保护和控制一次回路的设备称为二次设备，如监视和测量仪表、保护和控制继电器等。由二次设备组成的电路称为二次回路，如交流电流回路、交流电压回路、控制信号回路、继电保护及自动装置回路等。学习二次回路的基本知识，提高各种实际二次回路的分析能力，是保证机组安全和经济运行的必要条件。

1. 二次回路图的基本知识

二次回路图是用二次设备特定的图形符号和文字符号，表示二次设备互相连接的电气接线图。

二次回路接线图（简称二次回路图）常用的有原理接线图（简称原理图）、展开接线图（简称展开图）、安装接线图（简称安装图）。

原理图和展开图主要用于了解二次回路的构成原理和分析二次回路故障原因。安装图包括屏面布置、屏后接线和端子排，主要用于设备订货、现场安装和检修维护。

2. 原理接线图（简称原理图）

原理图用来表示控制信号、测量仪表、保护和自动装置的工作原理。在原理图中，各二次设备是以整体的形式与一次接线有关部分画在一起，并由电流回路、电压回路和直流回路联系起来。这样，使整个装置在一次与二次之间、交流与直流之间，形成一完整而直观的概念。这种接线图对了解二次回路动作原理是有利的，特别是初次接触二次回路的读者都很乐意使用原理图。但它的缺点是当元件较多时，接线繁杂有时互相交叉，显得零乱，易产生误读，而且元件端子及连接线无标号，特别是当只需要了解某一回路情况时，反而感到不便，故一般只是在解释动作原理时，才使用原理接线图。

3. 展开接线图（简称展开图）

展开图是将各元件内部各线圈和触点按其所处的不同性质的回路分解成若干部分，然后按回路分类绘出线圈或触点之间的连接关系图。例如，一个过电流保护继电器，其电流线圈与电流互感器连接在一起，形成交流电流回路，而其触点则归并到直流操作回路或保护回路。由于同一元件的线圈和触点分散在不同回路中，初学者很不习惯。但是，展开图使得各个不同性质的回路接线变得十分简单、清晰，便于查找和分析故障，深受专业人员的欢迎，因此实际中使用得最多。

4. 二次回路展开图的绘制原则

（1）二次回路中所有设备的触点位置规定都应按"正常状态"绘出，即以设备不带电状态（如断路器在跳闸状态、继电器在未通电动作状态）下的各触点位置绘出。

（2）二次设备分成线圈和触点等部件后，属于同一个二次设备的所有部件应标以同一文字符号。例如，中间继电器KM的线圈和触点都要标以KM，以便查找，这些文字符号都要符合国家标准的规定。

（3）在同一电气回路中，若有多个同类型设备，则应在文字符号后加注不同数字符号区别。如电流回路中有三个电流继电器，则应分别标上 KA1、KA2 和 KA3。不同电气回路中同一设备的编号用平行阿拉伯数字表示，放在设备文字符号的前面。

（4）二次设备的各组成部件，要分别绘在相应回路中，按照电流从电源流出的先后顺序从左到右排成行，行与行之间也应尽量按动作的先后次序从上到下排列。为了便于阅读，一般在展开图的右边对应用文字标明每行或一部分回路的名称和用途。

（5）二次回路的标号：为了阅读、安装和检修的方便，二次回路通常都用标号来表示该回路的性质和用途。

二次回路展开图中各线段的标号按"等电位原则"标注，即在同一回路中具有同一电位的线段标以同一标号，而经触点、电阻、电容或线圈等元件分隔的线段，则应视为不同电位的线段而标以不同的标号。按水平方向绘制的回路，标号应尽量从左到右或从左、右到中间。对于交流回路，一般按从左到右顺序连续标号。对于直流回路，奇数表示正极性，偶数表示负极性，一般从左、右两极向中间标号，即正电源从左向右按奇数顺序编号，负电源从右向左按偶数顺序编号，遇有电容、电阻或线圈等主要降压元件时，应变换极性，该元件两端分别按规定标以奇、偶不同标号。在二次回路中，为了便于记忆，对于某些特定的部分，并不完全按顺序编号，而是给予专用的标号。例如，合闸回路线段常标以 3、103、203 或 303；至于跳闸线圈的线段一般标以 33、133、233 或 333；合闸监视回路标以 5、105、205、305 等；跳闸回路监视标以 35、135、235、335 等。

5. 阅读展开图的基本步骤

（1）先一次后二次。通常在二次回路展开图中都绘有与二次回路相应的一次回路示意图。所谓先一次后二次是指：在阅读二次回路图时，先了解一次回路。因为二次回路是为一次回路服务的，只有对一次回路有了一定的了解后，才能更好地掌握二次回路的结构和工作原理。

在阅读一次回路时应了解一次回路的构成情况：如保护和控制对象是变压器、线路，还是电动机；变压器是双绕组还是三绕组；回路中有几台断路器和几组隔离开关；有几组电流或电压互感器以及它们的编号；对于电流互感器还应了解其装设地点、保护范围等；注意隔离开关是否带有辅助开关；了解一次回路的运行方式和特殊要求。

（2）先交流后直流。所谓先交流后直流，就是说先应了解交流电流回路和交流电压回路，从交流回路中可以了解互感器的接线方式、所装设的保护继电器和仪表的数量以及所接的相别。掌握交流回路的情况，对于阅读保护回路展开图尤为重要。

（3）先控制后信号。相对于信号回路来说，控制回路与一次回路、交流电流、电压回路以及保护回路具有更密切的联系，因此了解控制回路是了解直流回路的重要和关键部分。

（4）从左到右，由上到下。在了解直流回路时，应按照从左到右、由上到下的动作顺序阅读，再辅以展开图右边的文字说明，就能比较容易地掌握二次回路的构成和动作过程。值得指出的是，以上顺序也不是绝对的，有时还需要反复地进行阅读和分析才能掌握回路的工作原理。另外，展开图虽然是按照不同回路分别绘制的，但是在阅读时，特别是在阅读直流回路时，不要孤立地去分析直流回路的动作情况，一定要在脑海里将其与一次设备动作情况、交流回路以及其他回路联系起来分析。例如，研究断路器控制回路时，一定要把控制开关的操作与断路器跳、合情况联系起来；分析保护回路一定要将保护的范围、交流回路的继电器动作情况联系起来；研究联锁回路时，要将工作电动机控制回路与备用电动机的联锁回路联系起来。这样才能全面地、系统地掌握二次回路展开图的有关内容。

第二节 微机综合保护测控装置

目前，发电厂大容量机组电气进入 DCS 的主要项目有发电机变压器组、厂用电源设备（厂用高压变压器工作分支、启动备用变压器及备用分支、低压工作变压器/公用变压器、低压保安电源等）及主厂房电动机等的监视和控制。部分机组断路器也已进入 DCS 并实现了电气顺序控制。

一、电气二次系统与 DCS 控制系统的配合

电气进入 DCS 从方式上讲大多是将断路器位置信号等开关量直接接入 DCS 的数据采集系统，电压电流等模拟量通过变送器转换成 4～20mA 电流后接入 DCS 系统，经处理后进入监控中心。这种方式的缺点是：由于采用了变送器，二次接线复杂，造价高，抗干扰能力差，精度不高；通过 DCS 采用专用硬件和软件实现电气逻辑，当这些逻辑对速度要求较高时，加重了 DCS 负担，代价大，并且由于 DCS 实现电气功能的方式是 I/O 采集信号后通过主控单元完成算法，实时性较差，不易满足电气要求；电气控制依赖于 DCS，没有提升电气专业的运行水平和管理水平；投产初期由于 DCS 投入较晚致使电气控制失去远方控制功能；增加了 DCS 硬件，没有实现真正的分散控制。

近年来随着电力工业不断发展，计算机和通信技术及电厂网络控制技术在变电站自动化领域电气保护控制装置中发展很快，随着电力自动化技术实用化程度的不断提高，在发电厂内采用微机保护测控装置，构成更完善的分布式控制系统的条件已经成熟。

以前厂用电保护大多采用电磁继电器，存在易受干扰误动和维护工作量大（每年定检）的缺点，并且无法满足对功能保护的要求，随着计算机技术广泛应用于电力系统继电保护自动装置，继电保护使用的继电器从电磁式到模拟静止式、数字静止式进而发展到以微机为基础的全数字控制保护系统。它的可靠性的标志是分布式，即某个基本单元发生故障或损坏时，只影响局部而不至于引起整个系统的瘫痪。相对于常规保护而言，微机保护测控装置的特点如下：

（1）采用软件实现保护算法，只要修改软件就可以改变保护的特性和功能，便于修改，适应性强。

（2）具备保护、测量和通信功能，数据上传，信息共享，易于获得附加功能（如故障录波、事故分析等功能）。

（3）可靠性高，实现常规保护难以做到自动纠错、自诊断、自动识别和排除干扰。

（4）可直接安装在开关柜上，耐震动，占用空间小，取消了从开关柜到控制屏的二次电缆，节省了电缆投资和施工费用。

（5）可存储多套保护定值，根据设备运行方式进行保护定值修改，方便快捷。

（6）保护类型齐全，如电动机保护增加了启动时间监视和转子温度监视。

（7）增强了管理功能，如断路器动作次数统计，为设备检修维护提供了参考数据。

二、微机保护测控装置的优点

（1）采用微机保护测控装置进入 DCS 具有以下优点：

1）电气自动化设备分布于各电气间隔，真正做到了分层分布，系统的可靠性极高。

2）保护、测控功能可在底层由各自动化设备完成，不受通信是否中断的限制，电气系统可独立运行，实时响应速度高，减少了 DCS 硬件设备，减轻了 DCS 负担。

3）数据交换由电气信号变为计算机通信方式，抗干扰能力强，且耗用电缆少，节省了从配电装置到 DCS I/O 柜的大量的电缆，减轻了敷设工作量，降低了安装工程费用。

4）简化了二次设备，系统清晰，方便运行和检修。

5）改变了以往只有重要电气量才进入 DCS 状况，真正地实现了电气自动化，提高了运行和管理水平。

6）使电气与 DCS 的控制水平相一致，适应技术发展，电气保护和控制一步到位，避免了电气系统再次改造的投资浪费。

7）由于采用了微机保护，因此保护定值可通过远方修改，做到智能动态修改，提高了运行的灵活性及自启动的成功率。

电气采用微机保护测控方式进入 DCS 在技术上占有明显的优势，真正实现了分层分布，并可使电气的全部信息量进入 DCS，系统具有较高的可靠性和性价比，提高了电气专业的自动化水平和电厂的安全运行水平以及竞争能力，值得大力推广和应用。

（2）微机综合保护测控装置的特点如下：

1）保护和测控装置功能合二为一，即实现对设备的保护功能，又实现测量控制和通信功能，装置就地安装于开关柜。

2）保护 CPU 和通信 CPU 分开，保护功能不依赖于通信网，保证了继电保护的独立性和可靠性。

3）保护和测量 TA 分别接入，确保测量级为 0.5 级精度。

4）模拟量、开关量由测控单元直接采集，模拟量采用交流采样，取消变送器、电能表、继电器等二次配件。

5）控制命令（2个 DO 量）、开关跳合闸位置（2个 DI 量）、必要的开关量（如远近控切换、故障信号）和模拟量信息保留有硬接线，以确保操作和联锁的可靠性。

6）就地保留一对应急硬手操设备。

7）模拟量信息和装置本身的开关量信息还通过网络上送 ECMS 电气主站层。

三、微机保护测控装置硬件结构

机箱结构装置采用标准 5U 机箱，由模拟量模件、DSP 模件、信号出口模件、电源模件、显示面板组成。装置机箱采用背插式结构，各模件功能相对独立，便于调试和维护工作。

1. 模拟量模件

模拟量模件包括交流电流输入回路、交流电压输入回路和直流量输入回路。交流电流输入回路由电流互感器和滤波电路组成，交流电压输入回路由电压互感器和滤波回路组成，直流量输入回路由光耦合滤波回路组成。

模拟量模件将系统二次侧的电流、电压以及直流量变换为装置可以使用的模拟量，提供给 DSP 模件。同时模拟量输入回路还具有很强的隔离屏蔽和滤波功能，可以隔离和抑制系统中可能出现的干扰信号。

2. DSP 模件

DSP 模件是装置的核心部分，模件内包括高效的 DSP 芯片和大规模可编程器件，配合高速存储器和高精度采样芯片，保证了装置的可靠性和先进性。插件采用多层印制板及表面贴装工艺，提高了装置的稳定性及抗电磁干扰能力。

3. 信号出口模件

信号出口模件由信号继电器、出口继电器及开关操作回路组成，对外提供信号空接点、跳闸空接点及开关位置信号。其中开关操作回路部分完全独立，简化了设计和调试工作，进一步提高了装置可靠性。

4. 电源模件

电源模件提供装置的工作电源。

四、微机综合保护测控装置的测控功能

装置具有测量、控制、遥信以及事件记录功能。

1. 测量功能

交流量：装置可实时采集电压、电流，并进行有功功率、无功功率、频率、功率因数及电度量计算。状态量：装置设有外部开关量接口，用于保护投退、闭锁接点、隔离开关等开关量的采集；装置还设有内部状态量的采集，用于操作回路如跳位、合位等信号的采集。

2. 控制功能

装置可接收遥控命令实现开关的远方分、合闸控制。还可通过菜单手动命令对开关进行手动分、合闸操作。保护定值的修改、保护功能的投退均可由远方控制。

3. 事件记录功能

装置的事件记录保存了在运行时发生的重要事件，失电后不丢失。共有四类记录：动作事件记录、告警事件记录、遥信变位事件记录和操作命令记录。

（1）动作事件记录的内容为作用于跳闸的保护动作时间、保护名称。

（2）告警事件记录的内容为作用于告警信号的保护动作时间、保护名称及装置自检出错告警等。

（3）遥信变位事件记录的内容为接入装置的遥信量发生变位时的状态和时间。

（4）操作命令记录的内容为本机或遥控修改定值、就地或遥控分、合闸等操作的发生时间和操作名称。

事件记录中的操作命令记录是不可删除的，其他事件记录可以手动删除。

4. 故障录波功能

装置故障录波记录包含模拟量通道、数字量通道（开入、开出、保护元件状态等）以及时标序列信息。装置按周期进行数据记录，可保存最近的若干次录波记录。

5. GPS 时钟

装置带有时钟同步接口以确保装置的时钟与系统同步，时钟系统支持网络对时和 IRIG-B 码对时，分脉冲或秒脉冲装置自动识别。

6. 通信

装置采用高速 RS-485 作为现场总线，传输速率可达 19.2kbit/s，主要通信介质为屏蔽双绞线，通信内容有测量值、模拟量、数字量等；保护定值查询和修改；装置状态故障信息等；遥控。

7. 诊断

装置通过上电自诊断和运行自监视来实现装置的软硬件自检和监视，以确保装置运行的高可靠性。自检对象包括硬件关键部件（如模拟量采集回路、开关量输出回路、RAM、ROM）、硬件辅助部件（如后备电池、通信接口）和重要运行参数（如定值、软投退压板）；另外，装置内置两级软件监视器用以监视软件的运行状况。当装置检测到任何异常状况时，将记录相应异常事件并驱动相关信号节点和 LED 指示灯，对于关键异常状况，装置将闭锁保护功能和重要开出回路，防止装置误动作。

第三节　350MW 机组电气控制网络

一、220kV 升压站网络计算机监控系统（NCS）（以某厂为例，见图 7-1）

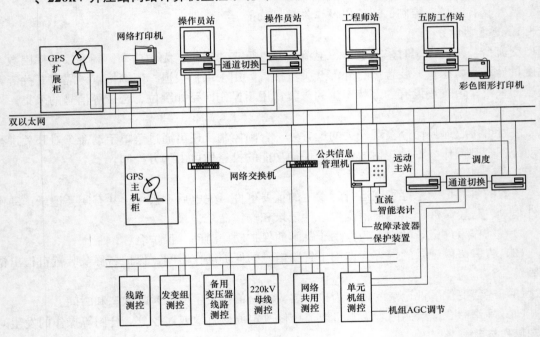

图 7-1　220kV 升压站网络计算机监控系统（NCS）示意图

1. NCS 系统功能

（1）设备布置：间隔层设备布置在 220kV 保护，站控层布置在集中控制室。

（2）NCS 系统监控范围：220kV 升压站、网控继电保护和自动装置、网控直流电源系统、网控 UPS 不停电电源。

（3）NCS 系统监控。NCS 控制采用分层控制方式，控制功能分为站控层控制、间隔层控制、就地手动控制三种。操作命令优先级为就地手动控制→间隔层控制→站控层控制，所有控制方式可以切换，任何时间只允许一种控制方式有效。选择方式以硬接点方式输入NCS。NCS 系统根据操作员输入的命令实现断路器、隔离开关和接地开关等的正常操作、倒闸操作、同期合闸和其他必要的操作。

所有操作控制均经防误闭锁，站控层实现面向整个升压站电气设备的综合操作闭锁功能；间隔层实现各电气单元设备的操作闭锁功能；对于手动操作的隔离开关和接地开关，采用编码锁防误操作，并在就地控制柜设硬接线电气闭锁。各种操作均设权限等级管理。防误闭锁判断准则及条件符合"五防"[防止误分、合断路器；防止带负荷分、合隔离开关；防止带电挂（合）接地线（接地开关）；防止带地线送电；防止误入带电间隔]等相关规程、规范和运行要求。

2. NCS系统结构

NCS系统采用开放的分层、分布式网络结构，整个系统结构分为站控层和间隔层。

站控层集中设置，布置在集中控制室内。站控层通过光纤双以太网连接2个主机兼操作员工作站、1个五防工作站、2个远动工作站、1个工程师工作站、1个继电保护管理机、1个资料管理机、网络接口设备、GPS对时设备，打印设备等，形成网络系统监控、管理中心。

间隔层按间隔设备配置，实现对配电装置的信号采集和各间隔就地监控功能。间隔层设备由I/O采集单元、主控单元、保护管理机、通信接口等设备构成，主控单元为双机冗余配置，I/O采集单元与主控单元间采用双重化工控网网络配置（间隔层网络），电气智能装置（如直流、UPS等装置）采用RS485通过通信处理单元接入间隔层网络，主控单元通过光纤以太网与站控层连接。

3. 系统功能

NCS系统应能完成对发电厂网络部分电气设备的监测、控制及远动信息传送等各种功能。

（1）实时数据的采集与处理：采集信号的类型分为模拟量和开关量。

1）模拟量：220kV线路三相电流、电压，220kV母联三相电流，20kV线路有功功率、无功功率（双方向），220kV母线电压和频率，网控楼220V直流系统蓄电池和充电器电流、电压及直流母线电压，网控楼UPS系统主要参数，网控楼380V MCC系统母线电压，发电机出口三相电流、电压，发电机有功功率、无功功率。

2）开关量：220kV断路器、隔离开关、接地开关位置状态，220kV GIS操动机构信号，220kV线路、断路器及母线的保护动作信号，保护装置报警信号，线路故障录波器故障信号，开关就地/远方状态，远动AGC的信息，网控楼220V直流电源系统故障、状态信号，网控楼UPS电源系统的故障、状态信号，关口测量装置的故障、状态信号。

（2）采集信号的处理。

1）模拟量的采集处理。

定时采集：按扫描周期定时采集数据并进行相应转换、滤波、精度检验及数据库更新等。

越限报警：按设置的限值对模拟量进行死区判别和越限报警，其报警信息包括报警条文、参数值及报警时间等内容。

追忆记录：追忆的模拟量能追忆记录事故前1min至事故后5min的采集数据（设置存储缓冲区及事故数据保存区，一般性采集数据循环寄存，事故数据自动提取，顺序存入专用保存区，非人工清除可永久保存）。

可为各种报表提供原始数据，并可按要求设定各种调用关系，按相关的输入要求自动生成各种报表，并可人工置数。

2）开关量的采集处理。

定时采集：采用快速扫描方式周期采集输入量，并进行状态检查及数据库的更新。

设备异常报警：当设备状态发生变化时，相关变位信息可插帧、插字上送，设备能变位指示或语音提示，异常情况可报警（声光等），报警信息包括报警条文、报警性质及报警时间等相关信息。

时间顺序记录：对断路器位置信号、继电保护动作信号等需要快速反应的开关量，按其变位发生时间的顺序进行事件顺序记录（由于各操作执行机构的差异，上送的保护动作及开关变位信号可能存在一定时差）。

3）脉冲量的采集处理。

有分时段、分方向（对单电源部分一般不分方向）的脉冲累计功能，脉冲计数可带时标存储（在后台进行此项工作）。

系统能按设定时间间隔对脉冲量累计值进行冻结、读取和解冻。

实现远程抄表功能（既可直接组建电能量采集网，也可在后台进行统计计量，提供Web实时浏览、定时上送或召唤上送等功能）。

（3）控制操作。

NCS控制采用分层控制方式，控制功能分为站控层控制、间隔层控制、就地手动控制三种。

1）站控层控制。

站控层设备布置在集中控制室内，是升压站电气设备主要控制手段；运行人员在集中控制室主机兼操作员工作站上调出需操作的相关设备图后，通过操作键盘或鼠标，就可对需要控制的电气设备发出操作指令，实现对设备运行状态的变位控制。计算机提供必要的操作步骤和足够的监督功能，以确保操作的合法性、合理性、安全性和正确性。

纳入控制的设备包括220kV断路器的分、合闸，220kV电动隔离开关的分、合闸，220kV电动接地开关的分、合闸，380V断路器的分、合闸。

操作控制的执行结果应反馈到相关设备图上，其执行情况也应产生正常（或异常）执行报告。执行报告在主机兼操作员工作站上予以显示并可打印输出。

2）间隔层控制。

作为NCS站控层控制的后备，在间隔层测控柜设置站控层/间隔层控制方式转换开关，正常运行时转换开关处于"站控层"位置，当站控层发生故障而停运时，转换开关转至"间隔层"位置，在间隔层I/O测控装置上能实现对每个断路器、隔离开关和接地开关的一对一控制，并提供操作间隔内的闭锁和间隔间的闭锁。

3）就地手动控制。

在升压站每个间隔设一个室外防护型的就地控制柜，布置在配电装置设备旁，柜内设有就地/远方控制方式转换开关，正常运行时转换开关处于"远方"位置，仅在调试和检修时转换开关处于"就地"位置，操作人员可通过控制按钮就地手动控制断路器、隔离开关和接地开关。

对每台断路器控制输出：1个独立的接点用于合闸，2个独立的接点用于跳闸；每台隔离开关或接地开关控制输出：1个接点用于合闸，1个接点用于分闸。

控制逻辑采用的控制信号为短脉冲，脉冲宽度满足操作要求，即所选的继电器输出状态保持足够长的时间，以便命令可靠地执行，输出时间可人工调节。

4）同期。

网络计算机监控系统同期方式为分散同期方式，同期功能在间隔层完成。所有220kV断路器（除发变组进线断路器）均为同期检测点，不同断路器的同期指令间应相互闭锁，以满足一次只允许一个断路器同期。同期操作过程有发令、参数计算及显示、确认等交互形式。操作过程及结果予以记录。

5）防误闭锁。

为保证控制操作的安全可靠，NCS系统设有安全保护措施，实现操作出口的跳、合闸闭锁、操作出口的并发性操作闭锁及键盘操作时的权限闭锁，在站控层和间隔层均有断路器、隔离开关和接地开关的防误操作闭锁功能。对所有操作命令的合法性和闭锁条件进行检查和控制，对非法命令和不满足闭锁条件的控制操作应拒绝执行，并在显示器屏幕上说明拒绝执行的原因以提示运行人员。主要的闭锁条件如下：

（a）220kV隔离开关：如果相应的接地开关在合位，则该隔离开关不能操作，反之亦同；

（b）220kV隔离开关：如果相应的断路器在合位，则该隔离开关不能操作；

（c）只有当与母线相连的全部断路器断开且与该母线连接的全部隔离开关打开时（母线无电压），母线接地开关才允许操作。母线接地开关合闸后，应闭锁与该母线连接的全部隔离开关的合闸；

（d）线路侧接地开关只有在该点无电压时才允许操作；

（e）当断路器两侧隔离开关打开时，才允许断路器非同期合、跳闸操作；

（f）当断路器两侧隔离开关闭合且接地开关打开时，才允许断路器同期合闸；

（g）就地操作的五防闭锁采用五防编码锁，就地操作包括GIS的就地控制柜的操作和间隔层的测控装置上的操作。

二、厂用电监控系统（ECMS控制网络，6kV高压开关柜网络监控系统）

1. 监控系统的结构组成

厂用电气监控管理系统为采用技术先进可靠的分层分布式计算机监控系统，为保证运行的可靠性，系统由电气主站层、通信管理层、现场间隔层三部分组成。电气主站层为全厂共用，双以太网冗余配置。设置两台冗余的电气维护工作站、两台冗余的网络服务器兼工程师工作站及网络交换机、一台五防工作站、两台网络打印机，形成电气系统监控、管理中心。通信管理层按每台机组分别设置机组智能设备通信管理机、机组6kV厂用电系统通信管理机和380V厂用电系统通信管理机、公用系统6kV厂用电系统通信管理机和380V厂用电系统通信管理机。除机组智能设备通信管理机外均为双机冗余设计，接于电气主站层以太网。实现电气主站层与现场间隔层之间信息的"上传下发"，并监视和管理各测控单元。现场间隔层由分散的电气智能装置构成，通过通信管理层向ECMS监控层发送监控、监测信息，并留有可执行DCS（或ECMS）的各种指令的功能。现场间隔层采用现场总线，双网冗余配置，将综合保护装置中的保护、测量、控制、计量等信息量通过通信口上传到通信管理单元。同时预留与DCS系统的通信接口，保证正常运行时机、炉、电的一体化。

电气主站层网络拓扑结构采用全交换星型网状拓扑，电气主站层与通信管理层之间的通信介质采用光缆，网络通信速率满足系统实时性要求，不小于 100Mbit/s。电子设备间内的设备间通信介质采用屏蔽双绞线，通信管理层与现场间隔层之间及不在同一地点的间隔层之间的通信介质采用光缆，其网络通信速率满足系统实时性要求，不小于 1Mbit/s。

2. 厂用电（6kV、380V）监控系统

（1）6kV 厂用电系统采用微机综合保护测控装置（含开关操作箱）安装于开关柜。保护 CPU 和通信 CPU 分开，保护功能不依赖于通信网，保证了继电保护的独立性和可靠性。模拟量、开关量由测控单元直接采集，模拟量采用交流采样，取消变送器、继电器等二次配件。控制命令（2 个 DO 量）、开关跳合闸位置（2 个 DI 量）、必要的开关量（如远近控切换、故障信号）和模拟量信息保留有硬接线，以确保操作和联锁的可靠性。6kV 厂用电开关柜内装设智能操控装置，装置本身的开关量信息还通过网络上送 ECMS 电气主站层。6kV 厂用电开关柜内装设综合测量仪表，采用通信上传模拟量和脉冲量。

6kV 厂用电系统按每段配置 1 对通信管理机。

（2）380V 厂用电系统采用智能开关智能测控装置（用于配电线）和马达控制器（用于电动机）共同完成保护、测量和控制功能。模拟量和开关量由智能测控装置或马达控制器直接采集，取消变送器、电能表、继电器等二次配件。控制命令（2 个 DO 量）、开关跳合闸位置（2 个 DI 量）、必要的开关量（如远近控切换、故障信号）和模拟量信息保留有硬接线，以确保操作和联锁的可靠性，就地保留应急一对一硬手操设备。模拟量信息和装置本身的开关量信息还通过网络上送 ECMS 电气主站层。

380V 厂用电系统共设置 15 对通信管理机。通信协议暂按 MODBUS，接口 RS-485。

（3）每台机组设置智能设备通信管理机，将机组电气二次所有独立于 DCS 之外的智能设备（如微机自动准同期、微机厂用电快切装置、AVR、微机直流系统总监控器、微机发变组保护、微机启动/备用变压器保护等）信息统一采集后上送电气主站层。

每台机组智能设备通信管理机按单机设置。

（4）通信管理机采用兼容性强和扩展性强的多 CPU 并行嵌入性操作系统，提供光纤双以太网（100M）接口和至少 12 个各种标准的多功能通信口，可与各种接口和协议的智能设备通信。

3. 厂用电监控系统功能

厂用电监控系统是应用自动控制技术，计算机数字化技术和数字化信息传输技术，将发电厂厂用系统相互有关联的各部分总称为一种有机的整体。

厂用电监控系统可方便地对通信设备、总线、通道、通信规约、网络节点、画面动画、用户权限等进行组态，并能形成知识库系统。

厂用电监控系统软件完全采用中文内核，使用和操作等符合国内习惯。

系统内提供丰富的多种标准规约的支持，支持 MODBUS 等通信协议。

厂用电电气监控管理系统的主要功能包括实时数据采集与处理，数据库的建立与维护，画面生成、显示和打印，在线计算及制表，报表自动生成功能（Excel 格式），事件顺序记录和事故追忆功能，通信工况监视（精度小于 2s），定值和保护投退管理，控制操作，报警处理（包括遥信变位、开关动作等告警），时钟同步，系统的自诊断和自恢复，与其他智能设备的接口，运行管理功能，控制功能，管理功能（包括设备管理、规约管理、画面管理、

用户管理、数据库管理等），防误闭锁功能，维护功能。

4. 厂用电监控管理系统的主要硬件和功能配置

微机监控系统采用标准的、网络的、分布功能的和系统化的开放式硬件结构，硬件设备包括电气主站层、通信管理层、现场间隔层设备及网络接口设备等。系统中的计算机是一个可靠成熟产品，硬件是以微处理器为基础的功能分布型工业产品设备，其主机容量满足整个系统功能要求和性能指标要求。系统通过冗余硬件、自恢复、自诊断和抗干扰等措施达到高可靠性。系统中的 I/O 模块是标准化的、积木式的，结构上是插入式的，容易替换，可带电插拔。提供导轨和锁件以防止插拔模块时引起损坏和事故。

厂用电气监控管理系统采用 Client/Server 体系结构，由工程师维护工作站、打印机及网络设备组成，操作系统采用 Windows NT，完成对厂用电系统的模拟量、开关量、脉冲量、数码量、温度量，保护信息等的数据采集、计算、判别、报警、保护，事件顺序记录（SOE），报表统计，曲线分析，并根据需要向现场保护测控单元发布命令实现对电气设备的控制和调节。

（1）主站层设备。

电气主站层设备包括电气维护工作站、网络服务器兼工程师站、五防工作站、公用接口设备、GPS 对时设备、打印机、网络接口装置、光端接口装置、网络交换机及通信电缆、光缆等。电气维护工作站可供运行维护技术人员对厂用系统所监控对象进行监测、控制（尤其在 DCS 系统尚未投运或 DCS 系统故障时，此功能仅预留接口），收集保护的事件记录及报警信息，可查询保护配置，按权限进行保护信号复归，以及投入/退出保护（软压板方式）。工程师工作站供计算机管理人员进行系统维护，完成监控系统的程序开发，系统诊断，控制系统状态，数据库和画面的编辑及修改，能自动打印、查询、删除、保存操作票，并进行模拟预演，还可实现运行操作指导、故障分析检索、性能计算及经济性分析、在线设备管理、仿真培训等高级功能。五防工作站完成 6kV 配电装置五防闭锁模拟操作、运行操作培训和五防操作票的生成等功能。

（2）通信管理层设备。

通信管理层设备包括通信管理机、网络接口装置、光端接口装置、集线器等。通信管理机内部结构配置主要包括 CPU、以太网、串口扩展、人机接口、时钟管理等。

第八章

发电厂远动与调度通信系统

发电厂是电力系统中最重要的电源，特别是大容量机组电厂，机组的稳定、经济、可靠运行，对电力系统正常、灵活运行起着至关重要的作用，为此电力系统调度均采用调度自动化系统，将遍布各地的电厂、变电站信息传送至调度中心，以使调度人员统观全局，运筹全网，有效地指挥和控制电网安全、稳定和经济运行。

实现电网调度自动化的作用主要有以下三个方面：

（1）对电网安全运行状态实现监控。电网正常运行时，通过调度人员监视和控制电网的频率、电压、潮流、负荷与出力、主设备的位置状态及水、热能等方面的工况指标，使之符合规定，保证电能质量和用户按计划用电的要求。

（2）按照经济合同，对各电厂的出力曲线进行控制，对电网运行实现经济调度。

（3）对电网运行实现安全分析和事故处理。

信息的及时传送、监控手段的改善以及安全分析，可防止事故发生或及时处理事故，避免或减少事故造成的重大损失。

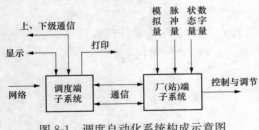

图 8-1 调度自动化系统构成示意图

调度自动化系统主要由厂（站）端数据采集与控制子系统，通信子系统，调度端数据收集、处理、统计分析与控制子系统三部分组成。调度自动化系统的构成示意图如图 8-1 所示。

厂（站）端子系统俗称远动系统。所谓远动（telecontrol），就是运用通信技术传输信息，以监视控制远方运行的设备。该子系统包括远方终端（remote terminal unit，RTU）、测量用变送器、模拟量和状态量、脉冲量二次回路以及控制与调节执行元件。

通信子系统包括载波、微波、无线电台、有线电话、高频电缆、光纤以及卫星通信、程控交换机等提供的数据信道。信道质量直接影响调度自动化系统的可信性和可靠性。

调度端子系统主要内容有电子计算机、人机会话设备、各种外部设备、开发与维护设备和与之相适应的软件包等。

如上述，调度自动化系统是一个综合系统。从理论的角度来看，该系统的基本理论包含了自动控制论、转换技术、计算技术、编码理论、数据传输原理、网络控制以及信息论等。从物理学的角度来看，可通过表 8-1 来初识调度自动化系统的构成。

表 8-1　　　　　　　　　　　调度自动化系统的构成

序号	系统部件	主 要 内 容
1	运行环境	不停电电源（整流与逆变，蓄电池）、空调机房、防雷接地、消防系统、抗干扰措施
2	调度端子系统	计算机、入/出外设、外存储器、通信接口、开发与维护设备、人机会话设备、相应软件包
3	通信子系统	有线（载波、电缆、光纤）或无线（微波中继、卫星通信、无线电台）系统
4	厂（所）端子系统	微机远动及配套软件、测量用变送器、电缆、通信接口、控制或调整执行元件；专用或共用的二次回路；安装环境

随着计算机技术的发展，大电网中普遍实现了数据采集与监控（SCADA），有的还实现了自动发电控制（AGC）和经济调度控制（EDC），还有少量的电网实现了安全分析（SA），大大提高了电网调度自动化水平。大型发电厂通常与省调和网调分别相接。

第一节　电力系统远动通信

一、传输信道

远动通道是由调制解调器、通信机和传输媒介组成的。通信机和传输媒介一起称为传输信道，简称为信道。电力系统常用的模拟制传输信道有电力线载波通道、微波通道、特高频通道和通信电缆等。在有些系统中，在枢纽变电站与调度所之间也使用电缆载波通信。近年来，数字通信有了较大发展，大容量数字微波通信和数字光纤通信已在电力系统通信中应用。

电力系统远动信道的结构是多样化的，它可能是单一的模拟信道或数字信道，也可能是由数字和模拟两种信道混合构成的。

1. 电力载波通信

将 $300 \sim 3400\text{Hz}$ 的话音信号以及远动、继电保护信号进行调制，把它寄载在高频波的某个参量上（如幅度、频率、相位），变成频率为 40kHz 以上的高频信号，并借助于电力线传送，这种通信方式称为电力载波通信。其通道由电力载波机、输电线路和耦合装置组成，如图 8-2 所示。

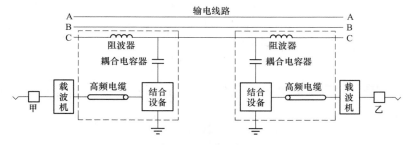

图 8-2　电力线载波通信系统示意图

电力载波通信的基本原理可以用一句话来概括，即"一变、二分、三还原"。变：就是依靠调制器把话音频带（300～3400Hz）搬移到适合通道传输的高频频带的位置上实现频率变换。分：就是利用滤波器来区分频带，实现频率分割。还原：就是利用反调制器把高频频带还原成话音频带。

电力载波通信是电力系统特有的通信方式，具有高度的可靠性和经济性，是电力系统基本通信方式之一。但这种通信方式，由于可用频谱的限制不能满足全部需要。

2. 微波通信

微波通信分为模拟微波通信和数字微波通信两种，是一种无线电通信的通信方式。在进行无线电通信时，需要把待传信息转换成无线电信号，依靠无线电波在空间传播。微波一般指频率为300MHz～300GHz、波长为1m～1mm范围的无线电波，传输速度约等于光速。微波在自由空间像光波一样沿直线传播，在地球表面传播距离一般不超过50km，且中途不得有高山或建筑物挡住。因此，在地球表面上进行远距离通信时，需要采用"中继"方式，一方面保证微波沿地球椭圆球体传播，另一方面收发放大，补充电波传播过程中的能量损耗。由于微波通信传输容量大，可同时传输300～960个话路，有传输质量高、抗干扰、保密性强等特点，现已成为电力系统通信网中主要传输手段之一。目前我国已基本上形成一个全国性的电力系统微波通信网。

3. 卫星通信

利用距地面高度为36000km的同步人造地球卫星作为微波通信接力站，一上一下可跨越通信距离上万千米，这种通信方式叫卫星通信。卫星通信开放的业务有电报、电话、数据、会议电视、电子邮箱等。大型发电厂采用GPS和北斗两套卫星时钟系统来实时校正时钟。

4. 光纤通信

利用光波作为传输媒介，借助于光导纤维进行通信。光实质上也是电磁波，只不过它的频率很高（$3×10^4$Hz以上）而已，现在的光通信频率在近红外区，将来还要发展在中红外区和远红外区。光纤主要是用玻璃预制棒拉丝成纤维，它包含纤芯和包层，是圆柱形。纤芯直径为5～75μm，包层有一定厚度外径为100～150μm，最外面是塑料起保护作用。光波局限在纤芯与包层的界面以内向前传播，故光纤属于光波导。一根光纤就是一个波导，多根光纤组成光缆。光纤通信具有通信容量大、通信质量高、抗电磁干扰、抗核辐射、抗化学侵蚀、质量轻、节省有色金属等一系列优点，因而光纤复合架空地线开始在电力系统通信中得到应用。

5. 音频电缆

由多根相互绝缘的导体，按一定的方式绞合而成的线束，其外面包有密闭的外护套，必要时还有外护层进行保护。音频电缆是联系调度所与载波终端站的中间环节，也是调度所与近距离发电厂、变电站之间的主要通信方式。

二、远动数据传输方式

电力系统远动通信主要有循环式（CDT）和问答式（Polling）两种通信制式。

1. 循环式

由发送端循环不断地将遥测、遥信信息发往接收端，即数据与信息位必须一位接一位，没有间隔、间断，不能重叠；在采集一定数据的情况下传送速度较快；一台下位机要占用一条通道，在实现遥控、遥调等下行信号时，需占用两条通道。其优点易于实现一发多收。

2. 问答式

由主站端依次查询每台子站有无信息发送：如无，即查询下一台子站；如有，则等待该台子站信息发送完，主站再查询下一台子站。问答式的主要优点是节省通道且连入通道的方式灵活，几台子站可共用一个通道，容易实现各子站间的时间同步。

我国远动数据传输方式是两者并存，正逐步过渡到以问答式 RTU 为主。

三、远动通道连接方式

远动通道连接方式可归纳为五种形式，如图 8-3 所示。

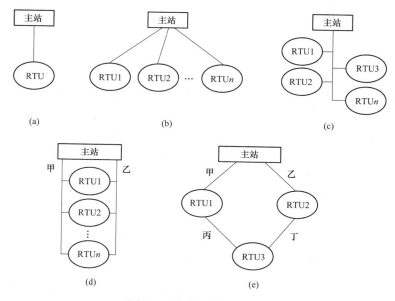

图 8-3 远动通道连接方式

（a）1 对 1 通道；（b）1 对 n 通道；（c）n 台 RTU 单一通道；（d）主备两条通道；（e）环形通道

对于循环式 RTU，只能用 1 对 1 和 1 对 n 两种点对点的通道方式，如图 8-3（a）和图 8-3（b）所示。如有下行信号时（如 AGC 遥控、遥调信号），则须占用两个通道，而且都没有备用通道。

对于问答式 RTU，几台 RTU 可共用一条通道，同一通道上可以传递上行、下行信号。自动切换到备用通道也易于实现。

在图 8-3（c）中，几台 RTU 共用同一通道，没有备用通道。

在图 8-3（d）中，具有主备通道，在主通道故障时，可用软件控制的开关将其切换至备用通道。

在图 8-3（e）中，具有环形通道，如正常运行时，三台 RTU 通过甲通道接至主站。当甲通道故障时，RTU1 利用软件切断甲通道，RTU2 则投入乙通道，使三台 RTU 与主站的通信得以保持。

四、远动通道工作模式

远动通道的工作模式有单工（用于 CDT）、半双工（用于 Polling）和全双工三种。具体采用何种模式，由远动系统的功能、规约和可能提供的信道形式决定。

单工工作模式是指信号只能在一个方向上传送，不能反向传送。传统的遥测、遥信 CDT（循环制）远动系统，远动数据由厂（站）端发送到调度所，是单向工作模式，只要求传输信道在一个方向上工作。

半双工工作模式是指通道可以在两个方向上传送数据，但又不能同时传送的模式。当一个方向在传送数据时，另一个方向不传送；当一个方向的传送结束后，另一个方向才开始传送。Polling（问答式）远动系统要求远动通道提供半双工工作模式，半双工工作模式要求信道具有双向道路。在电缆线路上的半双工工作模式，只要一对电缆芯线。1：N 特高频远动通道和串联式一点至多点远动通道常构成半双工工作模式。

全双工工作模式是指在两个相反的方向上，能够同时传输数据信号。具有遥控和遥调功能的系统，可以为半双工工作模式，也可以为全双工工作模式。在电缆线路上实现全双工通信需要提供两对芯线。

五、生产通信系统

为满足电厂生产运行安全、方便生产管理和生产调度指挥的要求，通常需装设各种通信设置。

1. 生产行政通信

包括生产管理及行政事务管理系统的对内、对外通信联系和主要靠电话交换机来进行的联系。交换机要完成的主要功能是：

（1）完成厂（站）内各生产及非生产岗位用户之间的电话交换。

（2）完成本厂（站）与主管部门电力部门之间的电话交换。

（3）完成本厂（站）用户与市话局用户之间的电话交换。

（4）根据厂（站）的位置及重要性，可使本厂（站）交换机具备组网的功能。

2. 厂内生产调度通信

为便于厂内各单位控制室、网络控制室或主控制室的值长指挥与监督生产、处理事故，应设专门的调度通信装置。该装置的主要功能如下：

（1）值长可向各生产岗位下达命令、听取汇报、召开生产会议。

（2）通过调度专用广播，值长或调度员可向各生产岗位呼叫寻人，发生事故时发出统一指挥命令和事故报警信号，也可利用广播解决主厂房等高噪声地区的通话。

（3）具有录音功能，以便判断及分析事故处理的正确性。

3. 系统调度通信

调度通过系统调度电话向值长发布调度命令、指挥事故处理等，该装置的主要功能如下：

（1）调度向值长发布调度命令，听取汇报等。

（2）具有录音功能，以便判断及分析事故处理的正确性。

4. 输煤广播呼叫通信系统

随着机组容量的增大和电厂自动化程度的提高，输煤系统控制室和各岗位之间层次复杂，范围很广，单靠电话机往往不能满足调度通信的要求，特别是发生事故和设备异常时，各级值班人员纷纷打电话向控制室询问情况，这时值班员单靠调度电话或行政电话一对一的对话将会贻误工作。因而要求调度总机具有扩音广播呼叫功能，事故时控制室就能迅速对各运行值班和重要操作岗位进行直接指挥。此外，作为全厂调度指挥系统，其管理范围很大，故必须采用扩音广播呼叫系统。

利用广播呼叫通道通过扬声器可发出生产指令、报警信号或呼叫寻人；利用电话通道可进行双方或多方用户通话或召开小型电话会议。

本系统由合并/隔离装置、送/受话站和扬声器站组成。扬声器布置的地点，应使其产生的声音比周围的环境噪声高出 10dB，以保证工作人员能清晰地听到呼叫和生产指令。

厂内调度呼叫通信系统是一种集广播系统、程控交换、调度总机功能为一体多功能调度系统，系统由一个中心站（设在输煤控制室）、用户站及带扬声器用户站组成。其主要特点为：各站均可完成选呼、群呼和全呼功能；各用户站之间可进行双工通话；系统采用分散放大方式、低电平传输方式时，分散功率放大器，系统可靠性高。

第二节　远动终端装置（RTU）

远动装置在电力系统调度自动化中担负的任务是实现各层或各级调度的实时数据收集，形成多层次的实时数据网。对构成实时数据网的终端设备，除要求完成传统的遥测、遥信、遥控、遥调基本功能之外，还要求远方终端能同时向两个（或两个以上）调度所发送两种不同规约及不同内容的数据；要求对重要厂（站）实现事件顺序记录、事故追忆记录及动态数据记录。此外，终端设备应能与计算机接口，并能与数字量设备接口，如水位计、频率计等。

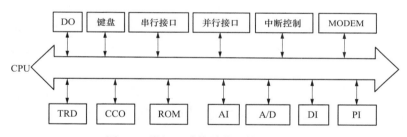

图 8-4　微机远动终端装置构成示意图

上述这些要求，布线逻辑远动装置是无法满足的。由于微型计算机技术的迅速发展，出现了各种微机远动终端装置，即完成远动功能的微型计算机系统，如图 8-4 所示。它含有微型计算机的基本组成部分，即中央处理单元 CPU、随机存储器 RAM、只读存储器 ROM、输入/输出接口 I/O；同时含遥信输入 DI、模拟量输入 AI、脉冲量输入 PI 以及遥控、遥调输入单元和数字量输出单元、传输信息用调制解调器 MODEM。这一系统称作微机型 RTU。

一、远动信息

远动信息所包含的基本内容有遥信、遥测、遥控和遥调信息。

1. 遥信信息

遥信信息含发电厂中主要的断路器合闸或跳闸位置状态信号、隔离开关的合闸或分闸位置状态信号，重要继电保护与自动装置的动作信号以及一些运行状态信号。如厂（站）设备事故总信号、发电机组运行状态的变动信号、远动及通信设备的运行故障信号等。此外，也可用遥信信息传送测量参数的上、下越限告警信号，如频率越限、水位越限和其他设定值的越限信号。遥信对象只有"0"和"1"两种状态，故在国际上习惯称为 DI 信号，即数字输入（digital input）。在远动装置内经编码后形成遥信码字。

2. 遥测信息

在遥测信息中，功率测量必不可少。对发电厂中的发电机组、调相机组、变压器、线路出口等的有功功率与无功功率进行测量，可以获得电力系统的出力、潮流与负载情况；另外，对电流、母线电压、频率、厂用电和地区负荷、联络线交换电量、功角等的测量也属于遥测范围。

上述被测对象代表的是随时间连续变化的模拟量。这些模拟量一般是通过变送器把实时测量值变成直流电压或电流。综合自动化系统采用交流采样，送入远动装置，经标度变换的计算，进行编码后形成遥测码字送往调度中心。因为遥测信息大部分为模拟量，所以又称为（analog input，AI）。

遥测与遥信信息在远动系统中又可概括定义为上行信息。它由厂（站）向调度中心传送或从下级调度中心向上级调度中心传送。

3. 遥控信息

遥控信息的内容是：根据正常或事故时运行操作的需要，通过远程指令遥控厂（站）内的断路器、投切补偿电容和电抗器、发电机组的启停、自动装置的投退等。为了提高遥控的可靠性、避免误动作，遥控信息中的远程指令都必须附加返送校核功能，只有在核对无误后，才能执行远程指令的具体操作。

4. 遥调信息

遥调对象一般是：变压器或补偿器的分接头，机组有功或无功成组调节器、自动装置以及相关闸门等。通过对遥调信息的执行，可以达到增减机组出力和调节系统运行电压的目的。

遥控和遥调信息在远动系统中称为下行信息。它们的传送方向与上行信息相反，即由调度中心向统调的厂（站）传送，上级调度向下级调度传送。

二、RTU 的主要功能与要求

微机 RTU 的功能除包括以往常规远动装置的功能外（如遥测、遥信、遥控、遥调基本功能），由于微机 RTU 的优越性，通常还具有以下功能：

1. 遥信的变位传送

由于发电厂中有大量遥信信息（如断路器位置、隔离开关辅助触点位置、继电器触点位置等），而这些信息在一天中的变化次数不多。因而采用仅当状态变化时才发送遥信的方式，这样可有效地减轻通道负载。

2. 遥测的变化率监视

当发电厂处于稳定运行状态时，绝大部分的遥测值不变或只是缓慢地变化。显然，既然遥测值不变，也就不必要传送到通道上去。通常，仅当两次扫描之间遥测值变化超过一定值时，才采用送遥测的方法，这种方法称为变化率监视。采用这种方法可以降低通道负载。根据有关文献，用 0.25% 的变化率可以滤掉 90% 的通道负载，而 0.25% 的变化率已在测量误差的范围以内。

这种方式的缺点是在正常运行状态下虽然可以有效地减轻通道负载，但当电力系统发生扰动时，即最需要高速传送信息时，通道的负载却最重。因此国外有些公司不采用变化率监视的方法，而是采用循环传送所有遥测值的方法。

为了防止扫描周期过长，可以采用多重扫描周期，即将遥测值按其重要性分为 2、5、10s 等几种周期来传递。

3. 顺序事件记录

RTU 可以自动记录状态变化的时间，并送到主机按时间顺序显示并记录，这种功能对于分析事故非常有用，时间的精度可达毫秒级。

现代化 RTU 的顺序事件记录的时间精度在一个厂内可以达到 1～2ms，全电力系统分辨率可达 3～10ms。

4. 通道的监视和自动切换

为了保证实时信息迅速、准确地送到主站，不仅要有可靠的远动设备，还要有可靠的通道，重要的厂（站）应当考虑装设备用通道，一旦主通道失效，还可以利用备用通道向主站传送信息。

微机 RTU 可以经常监视通道的正常运行。如果主通道失效（当主站向某台 RTU 询问若干次以后没有回答时，就可以认为是通道失效），可以自动切换到备用通道上继续运行。

5. 通道误码的统计和记录

利用计算机可以统计通道的偶然性错误（如几次误码、几次 RTU 没有回答等），并定时打印，如果偶然性错误突然增加，即说明 RTU 或通道的某些模件可能不正常。根据我国有些电力系统运行经验，RTU 及通道的误码率一般在每天（24h）5 次以下。

6. 自恢复和远方诊断

微机 RTU 因一般没有外部设备且程序存放在只读存储器里，设备可用率通常很高，往往几年不出一次故障。为了防止出错，通常在微机里装有自检程序，每隔 1～2s 自动检查一次。在发达国家中 90% 以上的变电站无人值班，所以 RTU 必须具有在断电后自动恢复的能力。既然 RTU 不需要经常的维护，那么一旦出了故障，在主站侧就应有能进行远方诊断的能力（假设通道无故障，RTU 的微机 CPU 能工作）。现代 RTU 可以在主站侧进行故障诊断，可定位到插件。

7. 事故追忆

事件顺序记录只能记录遥信改变状态的时间，为了便于分析事故，希望能把故障前一刹那和故障后一段时间的遥测值记录下来。微机 RTU 可以定时将部分重要遥测量记入 RTU 的缓存中，在缓存内保留 1min 的记录值，定时更新。当发生故障时（如继电保护动作），自动把故障前和故障后的遥测值与发生时间发送到主站侧打印并记录，这种功能使各台 RTU 占用大量内存容量作为缓存，而且在发生故障后加重通道的负载。

附录 A

几种 SF₆ 断路器简介

一、LW10B-252 型 SF₆ 断路器

（一）特点

LW10B-252 型 SF₆ 断路器在正常使用期间，维护工作少，断路器的本体和液压机构中的液压元件一般不能在现场解体，其液压机构根据实际使用情况确定检修项目。

LW10B-252 型 SF₆ 断路器有以下特点：

（1）灭弧室结构设计合理，开断能力强，触头电寿命长（50kA 开断达 26 次），检修间隔期长。

（2）产品的机械可靠性好，保证机械寿命 3000 次。

（3）每极断路器均装有密度继电器，用于监视 SF₆ 气体的泄漏。密度继电器不受环境温度的影响，如果选用指针式密度控制器，则其指示值也不受环境温度的影响。

（4）液压机构操作油压由压力开关自动控制，可恒定保持在额定油压而不受环境温度的影响。同时，机构内的安全阀可免除过压的危险。

（5）当 SF₆ 气压降为零表压时，断路器仍能承受 1.5 倍最高相电压。

（6）液压机构具有失压后重建压力时不慢分的功能。

（7）液压机构装有两套彼此独立的分闸控制线路，可以应用两套继电保护，以提高运行的可靠性。

（8）断路器的灭弧室和支柱整体包装运输，并充以 0.03 MPa 的 SF₆ 气体。现场安装时可直接充 SF₆ 气体，无需抽真空。

（9）断路器调整环节少，现场安装方便。

（10）断路器可带电补充 SF₆ 气体而无需退出运行。

（11）断路器操作噪声低，管阀结构的液压机构管路很少，减少了漏油环节。

（二）主要技术参数

LW10B-252 型 SF₆ 断路器主要技术参数见表 A-1。

表 A-1　　　　　　　　　　LW10B-252 型 SF₆ 断路器主要技术参数

序号	项目	单位	参数
1	额定电压	kV	252
2	额定电流	A	3150

续表

序号	项目		单位	参数
3	额定频率		Hz	50
4	额定短路开断电流		kA	50
5	额定失步开断电流		kA	12.5
6	近区故障开断电流（L90/L75）		kA	45/37.5
7	额定线路充电开合电流（有效值）		A	160
8	额定短时耐受电流		kA	50
9	额定短路持续时间		s	3
10	额定峰值耐受电流		kA	125
11	额定短路关合电流		kA	125
12	额定操作顺序			O-0.3s-CO-180s-CO
13	分闸速度		m/s	9±1
14	合闸速度		m/s	4.6±0.5
15	分闸时间		ms	≤32
16	开断时间		周波	2.5
17	合闸时间		ms	≤100
18	分闸同期性		ms	≤3
19	合闸同期性		ms	≤5
20	储压器预充氮气压力（15℃）		MPa	15±0.5
21	额定油压		MPa	26±0.5
22	额定 SF₆ 气压（20℃）		MPa	0.6
23	SF₆ 气体年漏气率		%	≤1
24	SF₆ 气体含水量（体积比）			≤150×10⁻¹²
25	SF₆ 气体质量		kg/台	27
26	每台断路器质量		kg	1800×3
27	保温加热器电源电压		V	AC 220
28	断路器机械寿命		次	3000
29	额定绝缘水平	工频耐压 1min（有效值）	断口间	kV	415①/460②（干、湿试）
			极对地		360①/395②（干、湿试）
		雷电冲击耐压（1.2/50μs，峰值）	断口间	kV	950①/1050②
			极对地		850①/950②
		SF₆ 气体零表压 5min 工频耐压（有效值）	断口间	kV	220
			极对地		220

①海拔要求在 2000m 时。

②海拔要求不超过 1800m 时。

注　1. 分、合闸速度指断路器单分、单合时的速度值，其定义如下：

（1）分闸速度：触头刚分点至分闸后 90mm 行程段的平均速度；

（2）合闸速度：触头刚合点至合闸前 40mm 行程段的平均速度。

2. 断路器的合分时间为 35～60ms 时，为保证断路器在重合闸时能可靠地熄弧，运行时控制回路应加以校正使之达到 60ms±5ms。

液压系统各动作特性油压值见表 A-2，SF₆ 气体报警和闭锁压力见表 A-3。

表 A-2 液压系统各动作特性油压值

项　目	规定值（MPa）
储压器预充氮气压力（15℃）①	15 ± 0.5
额定油压	26.0 ± 0.5
油泵启动油压	$25.0\pm0.5\downarrow$
油泵停止油压	$26.0\pm0.5\uparrow$
安全阀开启油压	$28.0^{+2}_{0}\uparrow$
安全阀关闭油压	$\geqslant26.0\downarrow$
重合闸闭锁油压	$23.5\pm0.5\uparrow$
重合闸闭锁解除油压	$\leqslant25.0\uparrow$
合闸闭锁油压	$21.5\pm0.5\uparrow$
合闸闭锁解除油压	$\leqslant23.5\uparrow$
分闸闭锁油压	$19.5\pm0.5\downarrow$
分闸闭锁解除油压	$\leqslant21.5\uparrow$

①如果测量预压力时环境温度为 t，折算公式为 $p_t=p_{15℃}+0.075\times(t-15)$。

注 "↑"压力上升时测量；"↓"压力下降时测量。

表 A-3 SF_6 气体报警和闭锁压力

参数	额定气压	报警值 p_1	闭锁值 p_2	p_1-p_2
规定值（MPa）	0.6	0.52 ± 0.015	0.5 ± 0.015	$0.018\sim0.022$

（三）整体结构

1. 外形结构

LW10B-252 型 SF_6 断路器为瓷柱式结构，外形如图 A-1 所示。根据使用的要求，支柱瓷套可分为双节和单节两种，接线方式有上接线板对准前门（X 型）和下接线板对准前门（M 型）两种型式，高进低出或低进高出均可，图 A-1 所示的产品为 X 型。每台断路器由 3 个独立的单极组成，单极剖面见图 A-2。

2. 本体结构

（1）灭弧室。灭弧室的结构示意如图 A-3 所示，整个灭弧室由以下三部分组成。

1）动触头装配：由喷管、压环、动触头、动弧触头、护套、滑动触指、触指弹簧、缸体、触座、逆止阀、压气缸、接头和拉杆组成。

2）静触头装配：由静触头接线座、触头支座、弧触头座、静弧触头、触指、触指弹簧、触座、均压罩组成。

3）瓷套装配：由瓷套及铝合金法兰组成。

（2）支柱。支柱结构示意如图 A-4 所示，支柱主要由上、下节支柱瓷套和绝缘拉杆、隔环、导向盘、导向套、支柱下法兰、密封座、拉杆、充气接头等组成。支柱装配不仅是断路器对地绝缘的支撑件，同时也起着支撑灭弧室的作用。上、下两节支柱瓷套的尺寸相同但机械强度不同，下节瓷套破坏弯矩 5488N·m（5600kg·m），上节瓷套为 3430N·m（3500kg·m）。上、下瓷套连接处装有隔环及导向盘，导向盘上压有导向套，隔环上有检漏

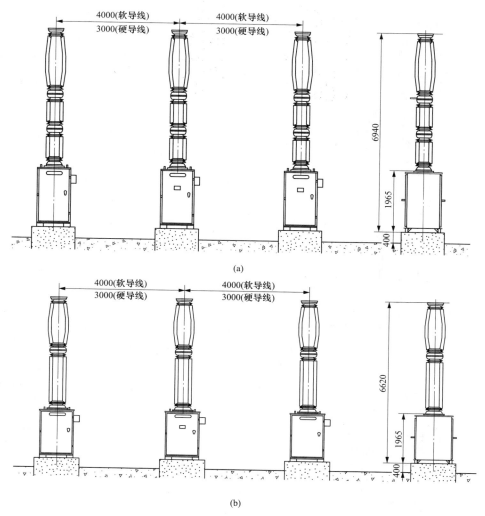

图 A-1　LW10B-252 型 SF₆ 断路器外形图

（a）双节支柱瓷套；（b）单节支柱瓷套

孔。断路器采用单节支柱瓷套时，没有隔环、导向盘和导向套。

3. 本体的工作原理

（1）合闸。断路器合闸时，工作缸活塞杆向上运动，通过拉杆和绝缘拉杆带动灭弧室中拉杆向上移动，使接头、动触头、压气缸、动弧触头、喷管同时向上移动，运动到一定位置时，静弧触头首先插入动弧触头中，即弧触头首先合闸，紧接着动触头的前端（即主触头）插入主触指中，直至行进（200±1）mm 完成合闸动作，在压气缸快速向上移动的同时阀片打开，使灭弧室内 SF₆ 气体迅速进入压气缸内。

（2）合闸时电流通路。当接线方式为高进低出时，电流由静触头接线座进入，经触头支座、触座、触指、动触头、滑动触指、触座、缸体及缸体上的下接线端子引出。当接线方式为低进高出时，电流方向与此相反。

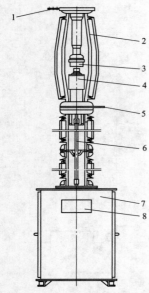

图 A-2　LW10B-252 单极剖面图

1—上接线板；2—灭弧室瓷套；
3—静触头；4—动触头；5—下接线板；
6—绝缘拉杆；7—机构箱；8—密度继电器

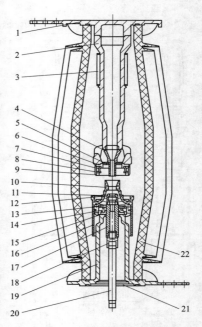

图 A-3　灭弧室结构示意图

1—静触头接线座；2—触头支座；3—分子筛；4—弧触头座；
5—静弧触头；6—触座；7—触指；8—触指弹簧；9—均压罩；
10—喷管；11—压环；12—动弧触头及护套；13—止回阀；
14—滑动触指及弹簧；15—触座；16—压气缸；17—动触头；
18—接头；19—缸体；20—拉杆；21—导向板；22—瓷套装配

（3）分闸。分闸与合闸动作相反，工作缸活塞杆向下运动，通过拉杆带动动触头系统迅速向下移动，首先主触指和动触头脱离接触，然后弧触头和动弧触头分离。在动触头向下运动过程中，阀片关闭，压气缸内腔的 SF_6 气体被压缩后适时向电弧区域喷吹，使电弧冷却和去游离而熄灭，并使断口间的介质强度迅速恢复，以达到开断额定电流及各种故障电流的目的。分闸时，动触头总行程（200±1）mm，主触头开距（158±4）mm，弧触头超程（47±4）mm。

（四）断路器的液压机构原理

1. 液压机构组成结构

LW 10B-252 型断路器的液压操动方式为分相操作，三相分别配有相同的液压机构。液压机构的组成及液压原理如图 A-5 所示。

2. 动作原理

（1）储压。接通电源，电动机（M）带动油泵转动，油箱中的低压油经过滤器、低压油

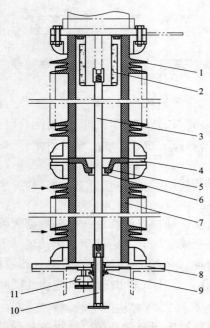

图 A-4　支柱结构示意图

1—上节支柱瓷套；2—分子筛筐；3—绝缘拉杆；
4—隔环；5—导向盘；6—导向套；7—下节支柱瓷套；
8—支柱下法兰；9—密封座；10—拉杆；11—充气接头

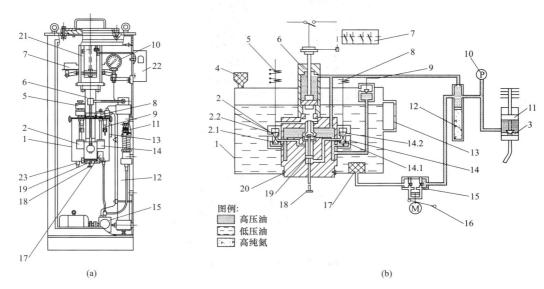

图 A-5 液压机构组成及液压原理图

（a）液压机构；（b）液压原理

1—油箱；2—分闸一级阀；3—安全阀；4—油气分离器；5—分闸电磁铁；6—工作缸；7—辅助开关；
8—合闸电磁铁；9—高压放油阀；10—压力表；11—压力开关；12—储压器；13—油表；14—合闸一级阀；
15—油泵电动机；16—手力打压杆；17—过滤器；18—操纵杆；19—二级阀阀杆；20—密封圈；21—连接座；
22—密度继电器；23—低压放油阀

管、油泵进入储压器上部，压缩下部的氮气形成高压油，由于储存器的上部与工作缸活塞上部及二级阀相连通，因此，高压油同时进入图 A-5 中的高压油区域，当油压达到额定工作压力值时，压力开关的相应触点断开，切断电动机电源，完成储压过程。在储压过程中或储压完成后，如果由于温度变化或其他意外原因使得油压升高达到安全阀开启压力时，压力开关内的安全阀自动打开，把高压油放回到油箱中，当油压降到不小于 26MPa 时，安全阀关闭。

（2）合闸操作。合闸电磁铁接受命令后，打开合闸一级阀的阀口 14.1，关闭阀口 14.2，高压油经一级阀进入二级阀阀杆的活塞下部，推动阀杆向上运动，从而带动管阀向上封住工作缸下部的合闸阀口，打开管阀下部的分闸阀口，高压油经管阀内腔进入工作缸下端，由于工作缸活塞下部受力面积大于上部，因此产生一个向上的力，推动活塞向上运动实现合闸。工作缸活塞向上运动的同时也带动辅助开关转换，主控室内的合闸指示信号接通，分闸回路接通（即可以接受分闸命令），带动辅助开关的滑环指向分、合闸指示牌的"合"。

合闸电磁铁电源切断后，合闸一级阀在弹簧力及油压作用下阀口 14.1 关闭，14.2 打开，切断高压油路，二级阀阀杆活塞下部与油箱连通。

在合闸状态下，因意外因素使得液压系统失压后，在重新建压过程中，由于管阀不会受到向下的力（重力远小于摩擦力），反而一旦有油压就会受到一个向上的预封力，因此，管阀一直处于原位不动，封住合闸阀口，高压油便同时进入工作缸活塞的上、下部，使活塞始终受一个向上的力，而不会出现慢分现象，即这种管状二级阀结构的液压机构具有可靠的自动防慢分的功能。

（3）分闸操作。分闸电磁铁接受命令后，打开分闸一级阀的阀口，关闭阀口 2.2，高压命令油进入二级阀阀杆的活塞上部，推动阀杆向下运动，从而带动管阀向下，使管阀与工作缸下部的合闸阀口分开，管阀下部进入分闸阀口，阻止高压油通过管阀内腔向上流动；同时，工作缸活塞下部与油箱连通成为低压状态，活塞在上部油压作用下向下运动，实现分闸。同时带动辅助开关转换，主控室内的分闸指示信号接通，合闸回路接通（即可以接受合闸命令），带动辅助开关的滑环指向分、合闸指示牌的"分"。分闸电磁铁电源切断后，分闸一级阀在弹簧力及油压作用下阀口 2.1 关闭，2.2 打开，切断高压油路成为图示状态，二级阀阀杆活塞上部与油箱连通。

（4）慢合。断路器必须在退出运行不承受高电压时，才允许进行慢合、慢分操作，此种操作只在调试时进行。断路器处于分闸位置，把液压系统的压力释放至零表压，用手向上推动操纵杆至合闸位置，然后用手力泵或电动机打压，断路器就会慢合。

（5）慢分。断路器处于合闸位置，把液压系统的压力释放至零表压，用手向下拉操纵杆至分闸位置，然后用手力泵或电动机打压，断路器就会慢分。

（6）两点说明。

1）操纵杆平时放在机构箱右前的手柄架上，需要慢分、慢合时把油箱底部的盖板去掉，从手柄架上取下操纵杆，拧在二级阀阀杆的下边进行操作，用完后放回原处，再把盖板盖上。在工作状态下，盖板上边的螺堵只需轻轻带上，不能拧紧。当需要拆下油箱清理或检修时，由于油箱中的油放不干净，应把盖板拧紧，螺堵也拧紧，然后退下油箱。处理好后再装油箱时，先用螺钉把油箱与油箱盖连接起来，稍微用力拧，让二级阀下部的密封圈与油箱接触（此时不可用力拧，因为盖板内有一腔油或空气不可压缩），然后，去掉盖板上的螺堵，再均匀地拧紧油箱盖上的 6 只螺钉。

2）手力泵的使用方法。每台产品配有一个手力打压杆，一般安装在某相机构箱的前门上。需手力打压时，取下手力打压杆，用装在打压杆尾部的销轴通过伞形齿轮的中心孔把手力打压杆固定在油泵旁边的支座上，让打压杆前部的伞形齿轮与电动机轴上的齿圈啮合，快速上下摇动打压杆，带动油泵转动，即可打压。用完后按原方式放回。需注意，手动打压时必须切掉电动机电源。

3. 储压器

储压器结构如图 A-6 所示，储压器主要由底座、缸体、活塞、弹簧、弹簧座、导向板、塞座、帽及组合密封圈等组成。LW1OB-252 型断路器每相配两只相同的储压器，容积为 $2×5.6L$。储压器储存了液压操作系统的能源，其下部预先充有 15MPa（15℃）高纯氮，工作时油泵将油箱中的油压入储压器上部进一步压缩氮气，从而储存能量供断路器分、合闸使用。

4. 工作缸

工作缸结构如图 A-7 所示，由活塞杆、上螺母、密封圈、合闸缓冲套、缸体、分闸缓冲套、下螺母等部件组成。

工作缸是动力装置，它通过支柱里的绝缘拉杆与灭弧室里的动触头相连，带动断路器做分、合闸运动。

当液压系统打压以后，常高压端就充有高压油而合闸端为零压，开关和液压系统接受合闸命令之后，合闸高压油经过二级阀进入工作缸的合闸端，由于合闸端的截面积大于分闸端

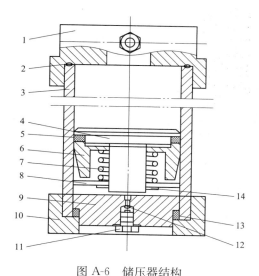

图 A-6 储压器结构

1—底座；2—密封圈；3—缸体；4—活塞；
5、13—组合密封圈；6—弹簧座；7—弹簧；
8—导向板；9—塞座；10—帽；11—密封螺堵；
12—钢球；13—组合密封圈；14—压环

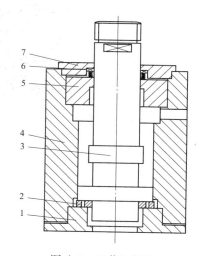

图 A-7 工作缸结构

1—下螺母；2—分闸缓冲套；3—活塞杆；
4—缸体；5—合闸缓冲套；6—密封圈；7—上螺母

的截面积，所以推动活塞向合闸方向运动，带动开关合闸。当液压系统接受分闸命令之后，合闸高压油经过二级闸的排油通道排至油箱，常高压油推动活塞向分闸方向运动，从而达到开关分闸的目的。

5. 一级阀、二级阀

（1）阀结构。阀的结构如图 A-8 所示。一级阀主要由阀体、阀针、阀套、阀芯、球阀、阀痤及弹簧组成，二级阀主要由二级阀座、阀缸、阀杆、阀套及管阀组成，两只一级阀用长螺钉固定在二级阀体上，共同组成了 LW10B-252 型断路器的模块式阀系统。分、合闸一级阀结构完全相同，作用原理也相同，在装配时可以通用，仅仅是由于二级阀内结构的不同，使得两个一级阀分别起到了分闸命令和合闸命令的作用。

（2）阀系统工作原理。

1）合闸。合闸电磁铁接受命令后，通过合闸一级闸的阀针顶开球阀，合闸命令油经此阀口流入合闸命令通道至二级阀阀杆活塞的下部，推动阀杆并带动管阀向上运动，管阀下部脱开分闸阀口，上部封住合闸阀口，高压油经管阀内腔进入工作缸下端，推动工作缸活塞杆向上运动实现合闸。

2）分闸。同合闸原理相仿，分闸电磁铁打开分闸一级阀口，分闸命令油流入二级阀阀杆活塞的上部，推动阀杆并带动管阀向下运动，管阀上部与合闸阀口脱开，下部封住分闸阀口，工作缸活塞下边与低压油连通，与高压油隔开，活塞在上边油压的作用下向下运动实现分闸。

6. 分、合闸电磁铁

分、合闸电磁铁的结构如图 A-9 所示，主要由按钮、磁轭、铁芯、线圈等组成。动铁芯的总行程为（3+1）mm，其工作行程为 2.5～3mm，其中分闸电磁铁由主分闸电磁铁和副

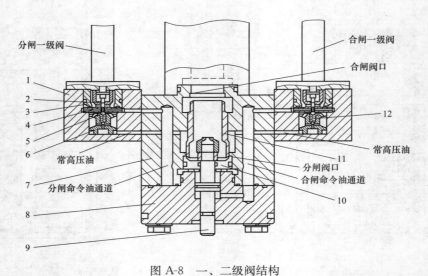

图 A-8　一、二级阀结构

1—阀体；2—阀针；3—阀套；4—阀芯；5—球阀；6—阀座；7—二级阀座；8—阀缸；

9—阀杆；10—阀套；11—管阀；12—弹簧

分闸电磁铁组成，二者的动铁芯叠在一起同步动作。

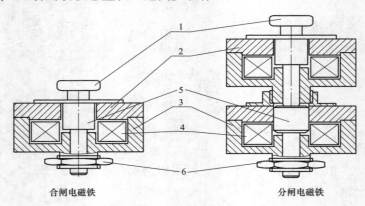

合闸电磁铁　　　　　　　　分闸电磁铁

图 A-9　分、合闸电磁铁结构

1—按钮；2、3—磁轭；4—线圈；5—铁芯；6—螺母

7. 压力开关与安全阀

压力开关如图 A-10 所示，主要由多通体、阀体、导向套、柱套、组合弹簧、阀针、行程开关等组成。该压力开关共有 5 对触点，分别控制电动机的启、停及输出分闸、合闸、重合闸闭锁信号，当压力升高或降低时，柱塞带动阀针向上或向下运动，在不同的压力压值时，使相应的行程开关动作，以实现压力控制及保护信号的输出。除此之外，还提供一对行程开关空触点，以供用户特殊用途。

由于温升及其他意外因素的影响，液压系统存在着过压的危险，因此，过压保护元件即安全阀就成了液压系统中不可缺少的重要组成部分，安全阀结构如图 A-11 所示。压力开关中含有一个安全阀，其作用原理是：压力升高时，活塞向上运动，当压力到某一值时，卡簧带动导向杆向上，使密封垫离开阀口放油泄压；活塞则在组合弹簧 1 的作用下又向下运动，导向杆在弹簧的作用下返回，密封垫重新封住阀口，泄压停止。

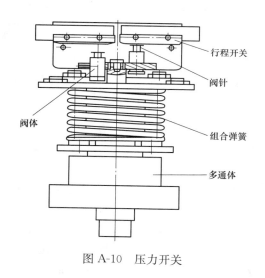

图 A-10 压力开关

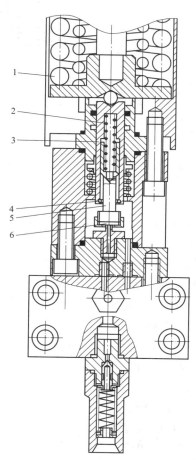

图 A-11 安全阀结构

1—组合弹簧；2—弹簧；3—活塞；
4—卡簧；5—导向杆；6—密封垫

8. 油泵

油泵的结构如图 A-12 所示，主要由基座、曲柄转轴、止回阀、柱塞及阀座组成。

（1）工作原理。油泵是径向双柱塞油泵，它借助柱塞在阀座中作往复运动造成封闭容积的变化，不断地吸油和压油，将油压到储压器中直至工作压力，柱塞的往复运动是由与电动机转轴相连的曲轴上的偏心轮和柱塞的复位弹簧来实现的，转轴转一周，左、右柱塞各完成一个吸油—排油—压油的工作循环。

（2）油泵在机构中的作用：

1）预先从充氮压力储能至工作压力。

2）断路器分、合闸操作或重合闸操作后，由油泵立即补充耗油量，储能至工作压力。

3）补充液压系统的微量渗漏，保持系统压力稳定。

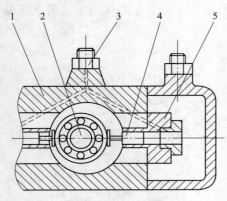

图 A-12　油泵结构

1—基座；2—曲柄转轴；3—止回阀；

4—柱塞；5—阀座

9. 辅助开关

机构采用的辅助开关是 F6 系列，它是由多节组合而成的动、静触头全封闭在透明的塑料座内，每节含两对触头，同一节中对角形成一对动合（或动断）回路。

辅助开关的动、静触头的接触采用圆周滑动压接方式，触头间的压力由单独设置的压簧产生，通流性能更好，每节动触头与聚碳酸酯压制成一个整体，动作稳定。

辅助开关的工作转角为 90°，由工作缸通过滑环焊装带动其触头动作与灭弧室主触头同步。

10. 控制面板

本机构的控制面板分为固定面板和活动面板两部分，面板上装有各种电气控制元件和接线端子，用以接收命令实现对断路器的控制和保护。为操作方便，供操作用的小型断路器、近远控转换开关及近控操作按钮都装在活动面板上，提供给用户的接线端子安装在固定面板上。

（五）密度继电器

LW10B-252 型断路器可配用两种不同形式的密度继电器：不带指示的 SF_6 密度继电器；指针式密度继电器。

（1）不带指示的 SF_6 密度继电器。

1）结构。如图 A-13（a）所示，不带指示密度继电器主要由波纹管、储气杯、微动开关等组成。

2）工作原理。密封在波纹管内的 SF_6 气体与被监视设备内的 SF_6 气体完全隔绝，但二者感受同样的温度变化，即如果被监视设备内的 SF_6 气体密度与波纹管内的 SF_6 气体密度相同，当被监视设备内的 SF_6 气体由于温度变化而引起压力变化时，波纹管内气体的温度变化量相同，压力变化量也相同，波纹管不膨胀也不会被压缩。也就是说，纯温度变化引起的压力变化不会使密度继电器动作，但是当被监视设备内的 SF_6 气体由于泄漏而引起压力降低时，波纹管内的压力却没有变化，这时波纹管在内外压力差的作用下便发生膨胀，膨胀到一定位置时会推动微动开关使之动作，根据漏气程度分别发出补气报警信号和闭锁信号。

（2）指针式密度继电器。

1）结构。如图 A-13（b）所示，指针式密度继电器由密闭的指示仪表电触点、温度补偿装置、定值器和接线盒等组成。

2）工作原理。仪表在额定的工作压力下，环境温度变化时，SF_6 气体压力产生一定的变化，仪表内的温度补偿元件对其变化量进行补偿，使仪表指示不变；当 SF_6 气体由于泄漏而造成压力下降时，仪表的指示也将随之发生变化；当降至报警值时，电触点中的一对触点接通，输出报警信号；当压力继续下降达到闭锁值时，电触点的另一对触点闭合输出闭锁信号。

（六）检修维护

受现场条件的限制，断路器的本体及机构中的液压元件一般不能现场解体。如有需要，

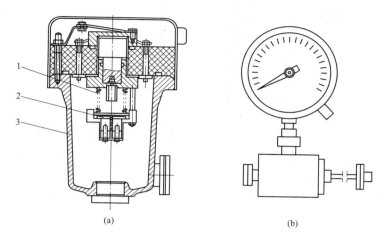

图 A-13　密度继电器
（a）不带指示密度继电器；（b）指针式密度继电器
1—波纹管；2—微动开关；3—储气杯

应严格按照厂家要求进行检修。

断路器在现场应按规定程序定期维护。

1. 每 1～2 年的检查和维护

（1）维护前的准备工作。断路器退出运行，使之处于分闸位置，切除交、直流等电源。将液压机构油压释放到零。

（2）断路器检查试验项目。

1）外观检查。

a. 检查 SF_6 气体压力。选用指针式密度继电器时，其指示值带有温度补偿，从指示值可直接判断出气体压力降低情况；选用不带指示的密度继电器时，要用一般气压表来观察气体压力，所测得的值要根据当时的气温及断路器说明书提供的曲线来计算出对应于 20℃ 时的压力值，从而判断出气体压力下降的情况，如果 SF_6 气体压力已降到接近补气报警压力，则应补充到额定值。

b. 液压机构检查、维护项目。

a）检查液压机构的管路有无渗漏油、元器件有无损坏，应区别不同情况分别进行擦拭、拧紧管接头、更换密封圈或修理。

b）油箱油位应符合规定，如果油量低于运行时所要求的最低油位，应补充足量液压油。

c）检查储压器预压力。机构处于零压时，用油泵或手力泵打压，开始时油压上升迅速，当压力升到某一值时，上升速度突然减缓，该值即为储压器的预压力；对应于 15℃ 时预压力应为（15±0.5）MPa，该值低于 13MPa 时，应查明氮气泄漏原因并予以修理或更换，以免影响断路器的动作特性。注意：预压力值与温度有关。

2）试验。将液压机构电源、操作电源恢复，进行下述试验：

a）检查油泵启动、停止油压值，分、合闸闭锁油压值，安全阀开启、关闭油压值正常；

b）检查电气控制部分动作正常；

c）机构经排气后打压至额定油压，电操作断路器应动作正常；

d）检查分、合闸操作油压降正常。

上述试验结果应符合规定值。

2. 每 5 年的检查维护

（1）按 1～2 年的检查项目进行检查。

（2）检查密度继电器的动作值，要求见表 A-3。

（3）将液压油全部放出，拆下油箱进行清理。放油步骤如下：准备一个 30L 左右的容器和一根约 1m 长、内径为 φ18 的耐油软管，将该软管套在油箱底部的低压放油阀上，打开放油阀，通过软管将油箱中的油全部放至容器中，拧紧低压放油阀，去掉软管，然后拆掉油箱和油箱里边的过滤器，分别进行清洗，清洗好后装上过滤器和油箱。

（4）将新液压油注入油箱至规定油位。本断路器使用的是 10 号航空液压油，其主要性能见表 A-4。

表 A-4　　　　　　　　　　　　10 号航空液压油主要性能

项　目	指　标
运动黏度（mm^2/s）	≥10（50℃），≤1250（−50℃）
密度（20℃，kg/m^3）	≤850
水分（%）	无
机械杂质（%）	无
凝点（℃）	≤−70
闪点（开口，℃）	≥92
酸值（mgKOH/g）	≤0.05
铜片腐蚀（70℃±2℃，24h）	合格（表面不应变黑，允许有回火色）

（5）做排气操作后打压至额定油压。

（6）试验。

1）在额定 SF_6 气体压力、额定油压、额定操作电压下进行 20 次单分、单合操作和 2 次分−0.3s−合分操作，每次操作之间要有 1～1.5min 的时间间隔。

2）测量断路器动作时间、同期性及分、合闸速度。

3. 测量弧触头的烧损程度

断路器弧触头的烧损情况直接关系到断路器的检修周期。

运行部门可以根据运行记录，统计出断路器的开断次数和累计开断电流，然后根据产品的电寿命水平，决定是否对弧触头的烧损程度进行测量。断路器可在灭弧室不打开的情况下进行弧触头烧损程度检查，其方法是：将断路器退出运行，用 300mm 长的钢板尺先在机构内连接座中断路器的分闸位置上找出一个测量基准点，然后使断路器慢合至刚合点（利用万用表的欧姆挡接至灭弧室进出线端，刚合时，万用表的表针动作），这时再测量出基准点与刚合点位置时的测量点之间的距离，从而计算出超程，判断弧触头的烧损程度。弧触头允许烧去 10mm，即超程不小于 37mm。如果触头烧损严重，应对灭弧室进行检修并更换零部件。

4. 其他检修维护项目

（1）按规定测试 SF_6 气体微水含量、回路电阻、预防性试验等。

（2）定期校验密度继电器、压力表计。

（3）控制回路检查、传动。

（4）消除发现的缺陷。

二、LW25-252 断路器

（一）LW25-252 断路器主要参数

LW25-252 断路器主要参数见表 A-5～表 A-8。

表 A-5　　　　　　　　　　　　　LW25-252 断路器主要技术参数

序号	名称		单位	技术参数
1	额定电压		kV	252
2	额定频率		Hz	50
3	额定电流		A	4000
4	额定短路开断电流		kA	50
5	额定短路管和电流（峰值）		kA	125
6	额定短时耐受电流（4s）		kA	50
7	额定峰时耐受电流（峰值）		kA	125
8	首开极系数			1.3
9	额定操作顺序			O—0.3s—CO—180s—CO
10	近区故障开断电流		kA	50×90%；50×75%
11	失步开断电流		kA	10
12	1min 工频耐受电压（干、湿，有效值）	断口间	kV	460+145
		相对地		460
13	雷电冲击耐受电压（峰值）	断口间	kV	1050+200
		相对地		1050
14	5min 零表压耐压试验（有效值）	断口间	kV	$1.3 \times 252\sqrt{3}$
		相对地		$252\sqrt{3}$
15	爬电比距（断口/对地）		cm/kV	3.1/2.5
16	操作方式			三极电气联动
17	额定分闸时间		ms	≤30
18	额定合闸时间		ms	≤110
19	开断时间		ms	≤60
20	分—合时间（重合闸无电流时间隔）		s	≥0.3（由用户保证）
21	合—分时间（金属短接）		ms	50～70（由用户保证）
22	合闸同期性（极间）		ms	≤4
23	分闸同期性（极间）		ms	≤3
24	每极断口数		个	1
25	机械寿命		次	3000
26	接线端水平纵向拉力		N	1500
27	接线端水平横向拉力		N	1000

序号	名称	单位	技术参数
28	接线端垂直方向拉力	N	1250
29	SF_6 气体年漏气率		≤0.5%
30	每台断路器充入 SF_6 气体质量	kg	30
31	每台断路器质量	kg	3500
32	符合标准		GB/T 1984《高压交流断路器》，IEC 62271-100《高压开关设备和控制设备 第100部分：交流断路器》，DL/T 402《高压交流断路器》
33	主回路电阻	μΩ	≤45

表 A-6   **LW25-252 断路器六氟化硫气体压力参数（20℃）**

序号	名称	单位	技术参数
1	额定充气压力	MPa	0.6
2	补气报警压力	MPa	0.55±0.03
3	断路器闭锁压力	MPa	0.50±0.03

表 A-7   **LW25-252 断路器行程及间隙**

序号	项目	单位	数据	备注
1	行程	mm	230^{+3}_{-5}	
2	接触行程（电气）	mm	38±2	
3	弹簧机构活塞杆行程	mm	100^{+0}_{-3}	
4	拐臂滚子和机构凸轮之间间隙	mm	14±0.3	断路器处于分闸状态
5	合闸弹簧定位螺母与定位杆距离	mm	12～47	合闸弹簧已储能
6	合闸电磁铁行程 C	mm	5.0～5.5	断路器处于分闸状态
6	触发器与脱扣器间隙 D	mm	2.0～2.5	断路器处于分闸状态
6	$C-D$	mm	2.5～3.5	断路器处于分闸状态
6	触发器与防跳杆间隙 E	mm	1.0～2.0	断路器处于分闸状态
7	分闸电磁铁行程 F	mm	2.8～3.2	断路器处于合闸状态
7	触发器与脱扣器间隙 G	mm	0.8～1.2	断路器处于合闸状态
7	$F-G$	mm	1.6～2.4	断路器处于合闸状态

表 A-8   **LW25-252 断路器控制回路与辅助回路参数**

序号	项目	单位	数据
1	分合闸线圈控制电压	V	DC 220
2	分闸线圈电流	A	2.5
3	合闸线圈电流	A	2
4	电动机电源电压	V	AC 220
5	电动机功率	W	300
6	电动机转速	r/min	750
7	电动机电流	A	2.7
8	加热器电压	V	AC 220
9	加热器功率	W	100

（二）LW25-252 断路器结构和工作原理

1. 总体结构及外形

LW25-252 高压六氟化硫断路器总体结构如图 A-14 所示，为每极单断口结构，每台由三个单极组成，每个单极包括灭弧单元、支柱、操动机构和支架。该断路器外形呈直立型布置，每极配用一台 CT20-Ⅲ（X）P 型弹簧操动机构，可单极操作也可实现三极电气联动操作。

2. 灭弧室

灭弧室以自能热膨胀熄弧为主，结合压气熄弧原理，采用变开距结构，它由静触头系统、动触头系统、灭弧室瓷套、绝缘拉杆、支柱瓷套、直动密封等组成。单极灭弧室如图 A-15 所示。

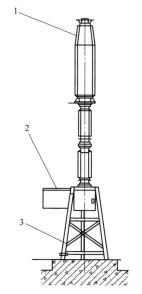

图 A-14　断路器总体结构

1— 灭弧单元；2—机构箱；3—支架

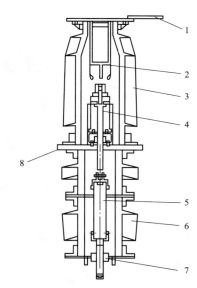

图 A-15　单极灭弧室简图

1—上接线端子；2—静触头系统；3—灭弧室瓷套；

4—动触头系统；5—绝缘拉杆；6—支柱瓷套；

7—直动密封；8—下接线端子

分闸时，由绝缘拉杆带动动触头系统中运动部分一起向下运动，当动、静弧触头脱离产生电弧时，利用静弧触头及电弧对喷口的堵塞效应和电弧对 SF₆ 气体的热膨胀作用，迅速提高灭弧室的吹弧气体压力，获得良好的吹弧效果，使灭弧室具有极强的熄弧能力。合闸时，绝缘拉杆向上运动，这时所有的运动部件按分闸操作的反方向动作，SF₆ 气体进入压气缸，动触头最终到达合闸位置。

直动密封安装在支持绝缘子底部，保证 SF₆ 气体的密封。静触头座内有吸附剂，吸附剂用来保持 SF₆ 气体的干燥，并吸收由电弧分解所产生的劣化气体。

3. CT20 弹簧操动机构

CT20 弹簧操动机构其结构及工作原理如图 A-16 所示。

（1）分闸操作见图 A-16（a）。弹簧机构在合闸位置且分闸弹簧与合闸弹簧均已储能，

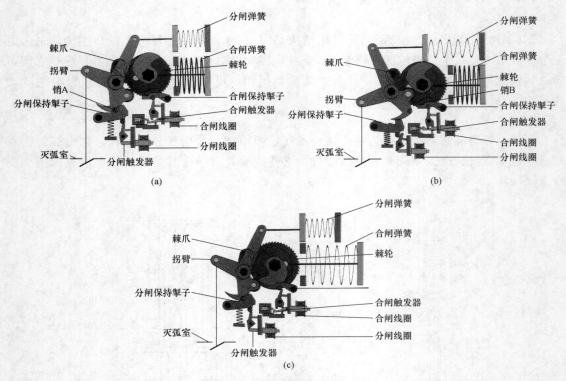

图 A-16　弹簧操动机构工作原理

(a) 合闸位置（合闸弹簧储能状态）；(b) 分闸位置（合闸弹簧储能状态）；(c) 合闸位置（合闸弹簧释放状态）

拐臂受分闸弹簧逆时针方向的力矩，此力矩被合闸保持掣子和分闸掣子阻挡。分闸操作如下：

1) 分闸电磁铁线圈接受分闸信号后带电，其动铁芯动作，冲击分闸掣子；

2) 分闸掣子顺时针方向旋转，释放合闸保持掣子；

3) 合闸保持掣子顺时针方向旋转，将释放销 A；

4) 拐臂受分闸弹簧的推力，向逆时针方向旋转；

5) 拐臂通过连板直接操动断路器本体，使动、静触头快速分离，断路器分闸。

(2) 合闸操作见图 A-16（b）。在分闸位置，弹簧操动机构合闸弹簧已储能，棘轮轴承受连接在棘轮上的合闸弹簧逆时针方向的力矩，此力矩被储能保持掣子和合闸掣子锁住。合闸操作如下：

1) 合闸电磁铁线圈接受合闸信号后带电，掣子动作，冲击合闸掣子；

2) 合闸掣子向顺时针方向旋转，释放储能保持掣子；

3) 储能保持掣子逆时针释放旋转销 B，棘轮在合闸弹簧力的作用下逆时针方向旋转，同时带动棘轮旋转，使凸轮推动拐臂顺时针方向旋转，并带动拐臂顺时针方向旋转，同时压缩分闸弹簧储能；

4) 拐臂通过连板直接操动断路器本体合闸；

合闸操作完成后的机构状态如图 A-16（c）所示，销 A 再次被合闸保持掣子锁住。

（3）弹簧机构的合闸弹簧储能。机构合闸操作完成后，合闸弹簧处于释放状态，见图 A-16（c），棘爪轴通过齿轮与电动机相连，断路器合闸到位后，电动机立即启动，对合闸弹簧进行储能。合闸弹簧储能动作如下：

1）电动机启动，使棘爪轴旋转；

2）偏心棘爪轴上的两个棘爪，在棘爪轴的传动中与棘轮上的齿交替进行啮合，使棘轮转动；

3）棘轮逆时针方向旋转，带动拉杆使合闸弹簧储能；

4）通过死点后，棘轮轴由合闸弹簧给以逆时针方向的转动力矩，此力矩通过销 B 被储能保持掣子锁住。

（4）重合闸操作。断路器的重合闸操作是依靠断路器分闸后，其操动机构的传动系统与控制回路能迅速地恢复到准备合闸状态，然后在重合闸继电器（装在主控制室）的控制下断路器再次合闸。如果短路故障已经解除，则重合闸成功，断路器继续正常运行；如果短路故障尚未解除，则关合后立即分闸。此为一次不成功的重合闸操作。

（5）断路器防跳。防跳性能是依靠两个方面实现的：①操动机构本身实现机械防跳，防跳原理见图 A-17；②在操动机构的合闸回路中设置二次防跳线路来实现。

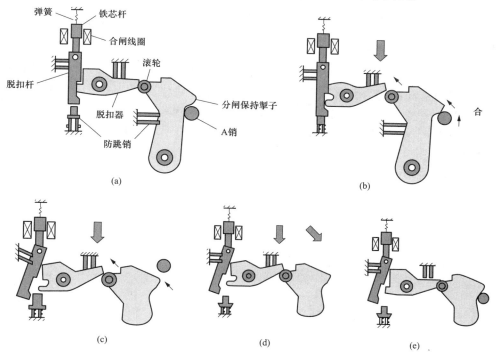

图 A-17　机械防跳原理图

（a）分闸；（b）在合闸线圈励磁下开始合闸；（c）合闸线圈励磁下合闸；
（d）在合闸线圈下被励磁合闸；（e）在合闸线圈被励磁下分闸（防跳位置）

机械防跳动作如下：

1）分闸保持掣子锁住 A 销使断路器保持在分闸位置，A 销与图 A-16 中的拐臂连在一起，合闸弹簧的反力作用在其上，方向如图所示，这样 A 销便给分闸保持掣子一个逆时针的转矩，但同时还被脱扣器通过滚轮锁住。

2）当合闸线圈被合闸信号励磁时，铁芯杆带动脱扣杆撞击脱扣器，使其逆时针方向转动，解脱了对分闸保持掣子的约束。分闸保持掣子便在合闸弹簧的反力作用下逆时针转动，A 销被解脱，断路器合闸，同时铁芯通过脱扣器杆压下防跳销。

3）滚轮推动脱扣器的回转面，使其进一步逆时针转动。从而，脱扣器使脱扣杆顺时针转动 [见图 A-17（b）]从防跳销上滑脱，防跳销使脱扣杆保持倾斜状态 [见图 A-17（c）]。

4）如果断路器此时得到意外的分闸信号开始分闸，A 销便会向下运动，分闸保持掣子在复位弹簧的作用下顺时针转动锁住销 A，分闸保持掣子本身又被脱扣器锁住。

5）在以上过程中，如果合闸信号一直保持，铁芯杆和脱扣杆一直未能复位，则脱扣杆由于防跳销的作用始终是倾斜的，从而铁芯杆便不能撞击脱扣器，因此断路器不能重复合闸操作 [见图 A-17（e）]，实现防跳功能。

6）当合闸信号解除时，合闸线圈失磁，铁芯杆和脱扣杆通过小弹簧复位，则铁芯杆和脱扣杆均处于图 A-17（a）所示的状态，为下次合闸做好准备。

（6）断路器闭锁。为保证断路器获得所需的开断能力，在断路器操动机构的控制回路中设有 SF_6 压力低闭锁。

（7）断路器缓冲。为使断路器的分合闸操作比较平稳，断路器采用油缓冲器来吸收分合闸操作中的剩余能量，减少对断路器本身的冲击，提高断路器机械可靠性。

4. SF_6 气体系统

SF_6 气体系统如图 A-18 所示。三极灭弧室 SF_6 气体系统各自独立，分别由截止阀经气管连通密度继电器和供气门。阀门 E 正常情况下处于开启位置，以连通灭弧室和气压表中的 SF_6 气体压力一致。阀门 D 正常情况下处于闭合位置。供气口用"O"形密封圈和专用法兰密封，当 SF_6 气体密度降低发出报警时，可由供气口补 SF_6 气体，且可在带电运行的条件下进行补气。

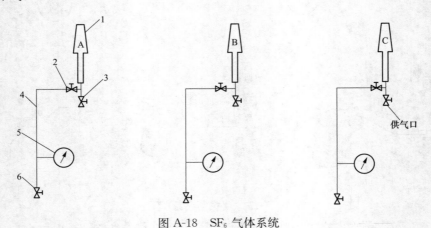

图 A-18　SF_6 气体系统

1—灭弧室；2—截止阀 E（常开）；3—截止阀 D（常闭）；4—SF_6 气管；

5—SF_6 密度继电器；6—截止阀 F（常闭）

SF_6 密度继电器具有显示灭弧室内 SF_6 气体压力和监视灭弧室内气体密度变化的双重功能。密度继电器内部温度自动补偿装置盘面所反映的压力值为 20℃时的压力，不随温度变化而变化。

（三）LW25-252 断路器检查和调整

1. 行程测量

测量行程前，应切断所有控制电源及电动机电源。行程测量方法参照图 A-19，顺序如下：

（1）在断路器灭弧室上、下接线端子之间接一检验灯（或蜂鸣器）；

（2）手动操作断路器至分闸位置测量 A_1、B_1；

（3）手动合闸，检验灯刚亮（或蜂鸣器刚响）时，即为刚合位置，测量 A_2；

（4）继续合闸，直到手动操作装置松动，即为合闸位置，测量 A_3、B_2；

（5）按表 A-9 进行有关计算并与技术要求比较，检查是否合格；

（6）断路器处于分闸位置，合闸弹簧处于储能状态，测量滚柱与储能位置凸轮的间隙 G_3。若 G_3 间隙不符合技术要求，可调节夹叉的旋入尺寸使其满足要求。

表 A-9 行程参数

名称	项目	数值	测量工具
灭弧室触头行程	A_1-A_3	230^{+2}_{-5}mm	直尺、卷尺检验灯
灭弧室触头接触行程	A_2-A_3	$38\pm2\text{mm}$	
操动机构活塞行程	B_2-B_1	$100^{\ 0}_{-3}\text{mm}$	

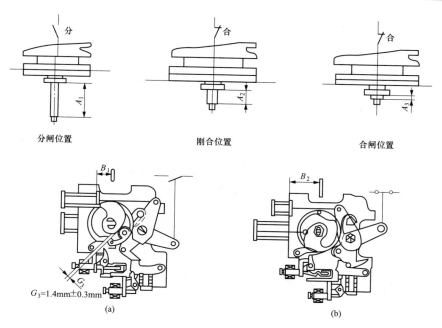

图 A-19 行程测量

（a）分闸位置；（b）合闸位置

2. 分合闸电磁铁配合间隙检查

分合闸电磁铁配合间隙现场一般不需进行调整，检修时需进行检查，检查的结果应符合表 A-7 的要求。

（1）检查方法如下：

1）测量分闸电磁铁配合间隙时，断路器应处于合闸位置，操动机构应插入分闸防动销进行测量。

2）测量合闸电磁铁配合间隙时，断路器应处于分闸位置，操动机构应插入合闸防动销进行测量。

（2）调整方法。电磁铁的装配及调整如图 A-20 和图 A-21 所示。

1）尺寸 F 的调整：松开图 A-20 中螺母 2，对称拧动图 A-20 中螺钉，调整限位尺寸；

2）尺寸 G 的调整：松开图 A-20 中螺母 1，拧动铁芯杆，移动铁芯撞头位置；

3）尺寸 C 的调整：松开图 A-21 中螺母 2，对称拧动图 A-21 中螺钉，调整限位尺寸；

4）尺寸 D/E 的调整：松开图 A-21 中螺母 1，拧动铁芯杆，移动铁芯撞头位置。

由于各电磁铁铁芯配合间隙是相互联系的，所以每调整一个间隙，就应复检其相关间隙，直至全部合格。最终再用锁定螺母锁紧所有松开的螺钉和铁芯杆，并涂防松胶。

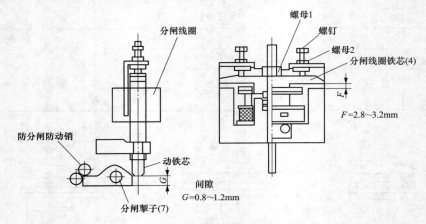

图 A-20　分闸电磁铁的装配及调整

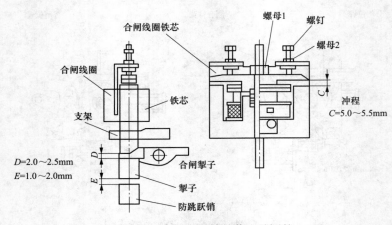

图 A-21　合闸电磁铁的装配及调整

3. 主回路电阻测试

断路器处于合闸状态，用回路电阻测试仪测量灭弧室上、下接线端子间的回路电阻，其值不超过 45μΩ。

4. 绝缘电阻的测试

用 1000V 绝缘电阻表测量主回路接线端子间和主回路对地的绝缘电阻，测量值不小于 2000MΩ。用 500V 绝缘电阻表测量辅助回路对地绝缘电阻，其测量值不小于 2MΩ。

5. 抽真空与充 SF₆ 气体

（1）抽真空方法如下：

1）在断路器的供气口与真空泵间接好高压橡胶管，管径和真空泵应与待抽真空设备的体积相适应。

2）检查泵的转向后启动真空泵，确认气道无泄漏后再开启断路器上的阀门。

3）真空度达到 133Pa 后继续抽 30min。

4）需要停机时，应先关上通向真空泵的阀门，严防真空泵油倒流入断路器中。

（2）真空泄漏检查方法如下：

1）抽完真空后，关闭供气口阀门，并测量气体间隙的真空度。

2）放置 4h，真空度不得超过 133Pa。

3）若真空度下降到超过 133Pa，要重新抽真空到 133Pa 以下，并继续抽真空 30min。重复真空泄漏检查，以确定是否存在漏气点还是存在水分。

（3）充 SF₆ 气体方法如下：

1）在真空泵和 SF₆ 气瓶间接上高压橡胶管。

2）用 SF₆ 气体排出管中的空气，然后往断路器中充气，充气气压在额定气压与最高充气气压之间。

3）充气完成后，取掉管子，盖好供气口的保护盖，开始充气时，要缓慢地打开 SF₆ 气瓶阀门，以使 SF₆ 气体低速流过，初期流速太快，可能产生阀口冻结堵死。

4）若使用充放气装置充 SF₆ 气体，应仔细阅读充放气使用说明书。

（4）SF₆ 气瓶的保管的一般要求：

1）气瓶必须存放在周围温度低于 40℃ 的地方。

2）气瓶应当存放在通风良好的仓库中。

3）当气瓶需存放在户外时，要用帐篷防护遮盖。

4）在运输过程中避免阳光直射气瓶，保持气瓶温度始终低于 40℃。

5）充气时可用温水（低于 40℃）或湿热包来汽化气瓶中的液态 SF₆，不得用蒸汽、热水和火来加热充气瓶。

6）若周围温度超过 40℃，气瓶中 SF₆ 气体重量不得超过额定重量的 90%。

7）用手移动气瓶时，应用一手支住气瓶的顶部，另一手使气瓶以底部为支点滚动。

8）需要放倒气瓶时，应在地面放一橡胶垫或轮胎。

9）不得用起重机起吊气瓶，气瓶竖直存放时要采取措施保证气瓶不倒下。

10）气瓶不得受到任何撞击。

6. SF₆ 气体检漏

（1）用肥皂水检漏。对需要进行 SF₆ 泄漏试验的 SF₆ 气体绝缘设备，可先在其每一密封部位及焊缝处涂上肥皂水，观察有无气泡，时间 30s 以上，如果无气泡出现，则擦干肥皂水。

（2）用 SF_6 气体检漏仪检漏。将设备的每一密封部位用塑料薄膜包住，放置 4h 以上，然后用 SF_6 气体检漏仪检查漏气量。SF_6 气体检漏仪的操作方法参考检漏仪的说明书。

每一部位单位时间漏气量 Q_i 计算公式如下

$$Q_i = (\Delta C \Delta V)/\Delta t$$

式中　ΔC——检漏仪的指示的泄漏气体的浓度增量（体积比），$\times 10^{-12}$；

　　　ΔV——被检设备与塑料薄膜间所包围的容积，m^3；

　　　Δt——用塑料薄膜包住的时间，s。

每一密封部位的年漏气率 q_i 为：

$$q_i = (365 \times 24 \times 3600 \times Q_i) \times 100/[(p_r + 0.1)V]$$

式中　p_r——额定 SF_6 气压，0.6MPa；

　　　V——断路器充 SF_6 的容积。

断路器的年漏气率 q 为

$$q = (365 \times 24 \times 3600 \times \sum q_i) \times 100/[(p_r + 0.1)V]$$

补气间隔为

$$t = (p_r - p_{min}) \times V/(\sum Q_i \times 31.5 \times 10^6)$$

式中　p_{min}——最小运行压力，0.5MPa。

断路器泄漏量考核标准为年漏气量不得超过 0.5%。

7. 吸附剂的使用与更换

（1）不得在雨天或相对湿度很高（大于 90%）的条件下进行此项工作。

（2）从打开吸附剂包装到装入设备并密封起来的时间不得超过 2h。

（3）设备中放入吸附剂后要尽快抽真空。

（4）更换步骤严格按照设备说明书进行。

（四）LW25-252 断路器运行维护

LW25-252 断路器投入运行后，维护量较少，维护检查内容见表 A-10，运行中的故障处理见表 A-11。

表 A-10　　　　　　　　　　　　　　维护检查内容

序号	检查项目	巡视	月检	年检
1	SF_6 气体压力	○	○	○
2	缓冲器漏油检查	—	○	○
3	所有外部螺栓的紧固情况	—	—	○
4	传动机构轴销，挡圈的位置状态	—	—	○
5	机构及传动系统的润滑脂补充	—	△	○
6	SF_6 气体门的位置	—	—	○
7	机构箱内有无积水情况	—	△	○

注　△—根据操作情况抽查；○—检查；——不检查。

分类	不正常现象	分析主要原因	调查事项与对策
动作异常	不能电气合闸	电源不良	检查控制电压（大于 80%）
		电气控制系统不良	检查控制线断线、端子、合闸线圈、辅助开关
		SF₆ 压力不足开关闭锁	补气到额定压力
		其他	用手动关合电磁铁，合闸，检查电磁铁间隙
	不能电气分闸	电源不良	检查控制电压（大于 65%）
		电气控制系统不良	检查控制线断线、端子、分闸线圈、辅助开关
		SF₆ 压力不足开关闭锁	补气到额定压力
		其他	用手动关分电磁铁，分闸，检查电磁铁间隙
气压控制系统异常	SF₆ 压力减低	漏气或表计异常	补气到额定压力
			查找漏点，消除漏点
			校验表计

表 A-11　运行中故障的分析与处理

（五）检修周期

检修周期如下：

（1）随机组检修进行。

（2）达到开关要求的分断次数后进行。

（3）存在影响运行的缺陷时进行。

（六）检修项目

检修项目包括：

（1）开关本体清扫检查。

（2）密度继电器校验。

（3）SF₆ 气体微水测试。

（4）操动操动机构检查。

（5）分合闸电磁线圈检查。

（6）储能电动机检查。

（7）机械特性试验。

（8）绝缘试验。

（9）一次回路电阻测量（加 100A 直流电流进行）。

（10）辅助回路和控制回路检查。

（11）消除发现的缺陷。

三、ZF11-252（L）/HMB 型气体绝缘金属封闭开关设备（GIS）

（一）参数及技术数据

1. 通用技术参数

通用技术参数见表 A-12。

表 A-12　　　　　　　　**ZF11-252（L）型 GIS 通用参数**

序号	参数		单位	参数值
1	额定电压		kV	252
2	额定电流		A	3150/4000
3	额定频率		Hz	50
4	额定峰值耐受电流		kA	125
5	额定短时耐受电流（3s）		kA	50
6	1min 工频耐压	断口间	kV	460/460＋(145)
		相对地		395/460
7	1.2/50μs 雷电冲击耐压	断口间	kV	1050/1050＋(200)
		相对地		950/1050
8	额定 SF$_6$ 气体压力	断路器室		0.6
		其余气室		0.4/0.45/0.5
9	报警压力	断路器室		0.52
		其余气室	MPa	0.35/0.37/0.44
10	最低功能压力	断路器室		0.5
		其余气室		0.35/0.42
11	过压报警压力	断路器室		0.65
		其余气室		
12	SF$_6$ 气体年漏气率			≤0.5%
13	水分含量［×10^{-6}（体积分数）］	交接值 断路器室		≤150
		交接值 其余气室		≤250
		运行值 断路器室		≤300
		运行值 其余气室		≤500

2. 主要部件技术参数

主要部件技术参数见表 A-13～表 A-21。

表 A-13　　　　　　　　**断路器（配用 HMB 机构）技术参数**

序号	项目名称	单位	基本参数
1	额定电压	kV	252
2	额定电流	A	3150
3	额定短路开断电流	kA	50
4	额定失步开断电流	kA	12.5
5	近区故障开断电流（L90/L75）	kA	45/37.5
6	额定线路充电开断电流	A	160
7	额定短路电流允许累计开断次数	次	20
8	额定短路关合电流（峰值）	kA	125

续表

序号	项目名称		单位	基本参数
9	额定操作顺序			O—0.3s—CO—180s—CO
10	分闸时间		ms	19±3
11	开断时间		ms	50
12	合闸时间		ms	65±10
13	分一合时间		ms	≤300
14	合一分时间		ms	45±5
15	分闸同期性		ms	≤3
	合闸同期性		ms	≤5
16	SF₆ 气体压力	额定压力（20℃，表压）	kV	0.6
		补气报警压力	kV	0.52±0.015
		最低功能气体压力	MPa	0.50±0.015
17	额定油压		MPa	44.9±2.5
18	断路器机械寿命		次	3000
19	灭弧室回路电阻		μΩ	≤100

表 A-14　　　　隔离开关技术参数

序号	名称		单位	快速隔离开关	普通隔离开关
1	额定电压		kV	252	
2	额定频率		Hz	50	
3	额定电流		A	3150	
4	额定短时耐受电流		kA	50	
5	额定峰值耐受电流		kA	125	
6	额定短路持续时间		s	3	
7	工频/min 耐压	对地	kV	395/460	
		断口		460/460+145	
8	1.2/50μs 雷电冲击耐受电压	对地	kV	950/1050	
		断口		1050/1050+200	
9	开合母线充电电流			146kV/0.25A	
10	开合母线转移电流，次数			1600A/20V，150 次	
11	分闸速度、时间			(1.5±0.5) m/s	≤6s
12	合闸时间			≤6s	≤6s
13	三极合闸同期性			≤5ms	≤10mm
14	SF₆ 气体的额定压力（20℃）		MPa	0.45	0.5
15	每相回路电阻		μΩ	≤40	
16	机械耐久性		次	3000	

表 A-15 接地开关技术参数

序号	名称		单位	快速接地开关	普通接地开关
1	额定电压		kV	252	
2	额定频率		Hz	50	
3	额定电流		A	3150	
4	额定短时耐受电流		kA	50	
5	额定峰值耐受电流		kA	125	
6	额定短路持续时间	主回路	s	3	
		接地回路		2	
7	额定短时工频耐受电压		kV	395/460	
8	额定雷电冲击耐受电压		kV	950/1050	
9	开合静电感应电流（15kV）		A	10	
10	开合电磁感应电流（15kV）		A	160	
11	额定峰值关合电流		kA	125	
12	分闸时间		s	≤6	≤6
13	合闸速度、时间			(3.0±0.8) m/s	≤6s
14	合闸同期性			≤5ms	≤10mm
15	SF$_6$ 气体的额定气压（20℃）		MPa	0.45	0.5
16	每极回路电阻	主回路	μΩ	≤30	
		接地回路		≤150	
17	机械寿命		次	3000	

表 A-16 避雷器技术参数

序号	项目	单位	参数值
1	额定电压（有效值）	kV	200
2	持续运行电压（有效值）	kV	156
3	标称放电电流	kA	10
4	直流 1mA 参考电压（峰值）	kV	≥290
5	雷电冲击电流残压（峰值）	kV	≤520
6	操作冲击电流残压（峰值）	kV	≤442
7	陡波冲击电流残压（峰值）	kV	≤582
8	77kV（有效值）的局部放电量	Pc	≤10Pc
9	2ms 方波 800A 的电流冲击	次	≥18
10	波形 4/10μs、100kA 大电流	次	≥2
11	雷电冲击试验电压±950kV（全波）	次	≥15
12	工频试验电压历时 1min（有效值）	kV	395/460
13	SF$_6$ 气体额定压力（20℃）	MPa	0.45/0.5
14	SF$_6$ 气体最低运行压力（20℃）	MPa	0.30

续表

序号	项目	单位	参数值
15	SF$_6$ 气体湿度含量	10^{-6}（体积分数）	≤250
16	运行时 SF$_6$ 气体湿度含量		≤500
17	SF$_6$ 年漏气率	%	≤0.5

注　各参数根据订货要求有所不同。

表 A-17　　　　　　　　　　　　电压互感器技术参数

项目	技术参数	
额定一次电压（kV）	220/$\sqrt{3}$	
额定二次电压（kV）	0.1/$\sqrt{3}$	
剩余电压绕组（kV）	0.1	
额定输出（VA）	75/150/300	
准确度等级	0.2/3P/3P	
额定电压因数/额定时间	1.2/连续或 1.5/30s	
额定 SF$_6$ 气压（20℃，MPa）	0.45	0.5
SF$_6$ 最低运行气压（20℃，MPa）	0.35	0.42

表 A-18　　　　　　　　　　　　电流互感器技术参数

额定一次电流（A）	额定电流比	准确度等级	额定输出（VA）
300	300/5	0.2	30
		0.5	
600	600/5	0.2	30
		0.5	
2500	2500/5	0.2	30
		0.5	
3150	3000/5	0.2	30
		0.5	

表 A-19　　　　　　　　　　　　套管技术参数

序号	项目	单位	参考值
1	额定电压	kV	252
2	海拔	m	1000
3	额定短时工频耐受电压	kV	460
4	1.2/50μs 雷电冲击波耐受电压（峰值）	kV	1050
5	爬电比距	mm/kV	31
6	主回路电阻	μΩ	≤80
7	无线电干扰电压	μV	≤500
8	瓷套弯曲耐受负荷	N	4000

表 A-20 封闭母线技术参数

序号	技术参数	单位	参数值
1	额定短时工频耐受电压	kV	395/460（对地）
2	额定雷电冲击耐受电压	kV	950/1050（对地）
3	主回路电阻	μΩ	≤40（每节母线筒）

表 A-21 电缆终端连接装置技术参数

序号	项目	单位	基本参数
1	额定短时工频耐受电压	kV	395/460
2	额定雷电冲击耐受电压	kV	950/1050
3	SF_6 气体额定压力	MPa	0.45/0.5
4	额定短时耐受电流（3s)	kA	50
5	额定峰值耐受电流	kA	125
6	SF_6 气体年漏气率	%	≤0.5
7	SF_6 气体湿度含量	$\times 10^{-6}$（体积分数）	≤250
8	运行时 SF_6 气体湿度含量		≤500
9	主回路末端的点连接电阻	μΩ	≤50

（二）主要器件的结构和工作原理

1. 断路器

（1）SF_6 断路器的技术参数和主要特点。

ZF11-252（L)/HMB 型气体绝缘金属封闭开关设备断路器为 GIS 中最重要的元件，该断路器为单断口，三相分装立式布置。液压机构置于本体的下部。每极配用一台 HMB-4.3 型液压操动机构（碟簧储能）。该断路器可分极操作，实现单极自动重合闸；也可通过电气联动实现三极联动操作和自动重合闸操作。该断路器根据主接线方式的不同可采用 Z 形、U 形布置。

1）SF_6 断路器的主要技术参数见表 A-13。

2）SF_6 断路器的主要特点如下：

a）断路器灭弧室结构设计合理，开断能力强，触头电寿命长，检修间隔周期长。

b）产品的机械可靠性高，保证机械寿命不低于 3000 次。

c）液压操动机构操作油压由压力开关自动控制，可恒定保持在额定油压而不受环境温度影响。同时，操动机构内的安全阀可免除过电压的危险，碟簧储能代替氮气储能免受环境温度的影响。液压操动机构具有失压后重建压力时不慢分的功能，而且自身带有机械防慢分装置。

d）断路器的灭弧室和液压操动机构整体包装运输，断路器的调整环节少，现场安装方便。

e）液压操动机构无管路，优异的密封性能保证无漏油。

（2）断路器的结构和工作原理。三极断路器总装如图 A-22 所示，每极完全相同，断路器的出线方式有两侧出线和同侧出线两种，由总体布置确定。每极断路器装配如图 A-23 所示。

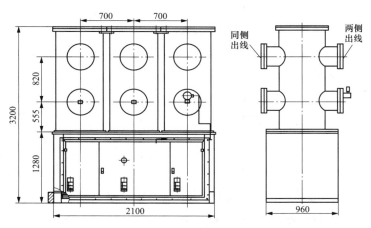

图 A-22 三极断路器总装图

1）灭弧室的结构与工作原理。灭弧室是断路器的核心单元，灭弧室装配如图 A-24 所示。由于灭弧室与盘式绝缘子的连接方式采用的是插入式，因此灭弧室可以在检修时整体吊出金属壳体，便于检修。

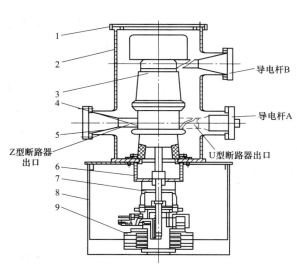

图 A-23 每极断路器装配图

1—盖板；2—筒体焊接；3—灭弧室装配；4—电连接；
5—盆式绝缘子；6—连接座装配；7—连杆装配；
8—底架装配；9—碟簧液压操动机构

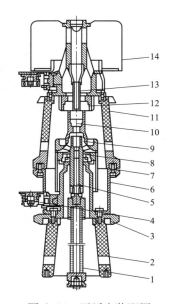

图 A-24 灭弧室装配图

1—绝缘拉杆装配；2—绝缘座；3—缸体；
4—电连接；5—动触头；6—支架；7—压气缸；
8—滑动触指；9—动弧触头；10—喷口；11—绝
缘座；12—触指；13—静弧触头；14—挡气罩

a）导电回路。电流从盆式绝缘子的导电杆 A 进入，经下部的电连接流入缸体，通过滑动触指进入动触头，再经过动、静触头主回路，流入静触头座，最后经上部的电连接和盆式绝缘子导电杆 B 流出。

b）绝缘结构。断路器内充以相对压力为 0.6MPa（20℃，表压）的 SF$_6$ 气体，作为绝缘和灭弧介质。每台断路器为一单独气室，由盆式绝缘子与相邻气室隔离。三极断路器通过气路连通成一个气室。通过优化设计使断路器内的 SF_6 压力降为零表压时，断路器也能承受 1.3 倍最高工作相电压的短时作用。主导电回路通过盆式绝缘子中的导电杆引入，因此，盆式绝缘子还承受对地绝缘。绝缘座支撑灭弧室并起绝缘作用。绝缘拉杆传递分合闸运动，同时承受相对地绝缘。

　　c）灭弧室的工作原理。灭弧室采用变开距双喷管结构，工作原理如图 A-25 所示。

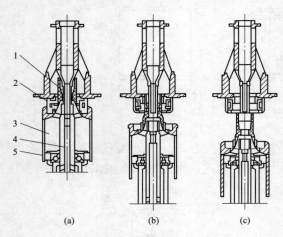

图 A-25　灭弧室工作原理
(a) 合闸位置；(b) 分闸过程；(c) 分闸位置
1—弧触头；2—主导电触头；3—SF_6 气体；
4—动触头；5—压气缸

　　断路器分闸时，主触头先分离，弧触头后分离。电弧在弧触头间产生，并在喷管内燃烧。压气缸内的 SF_6 气体被压缩后经喷管与动触头之间环形截面吹入燃弧区域，向上、下两个方向吹拂电弧，在双向气吹的作用下，电弧被熄灭。向上吹拂的热气流离开触座后，进入挡气罩内，挡气罩起改变气流方向及流速的作用。

　　2）液压操动机构的结构与工作原理。HMB-4.3 操动机构由工作模块、打压模块、控制模块、监视模块、储能模块组成，如图 A-26 所示。该机构采用碟簧储存机械能，碟形弹簧压缩后储能，释放的力作用在储能模块的储压活塞上，通过储压活塞将弹簧的机械能转化成液压能，进行液压操作和控制。

　　HMB-4.3 型液压操动机构把液压控制和操动功能设计在铝模块中，整个机构没有液压管路，所有模块通过法兰内部连接，液压储能模块、打压模块、控制模块和监视模块围绕工作模块环形布置，低压油箱、工作模块及碟簧装配同轴串联在中心轴上。辅助开关具有控制和监视功能，由操动活塞驱动，按照模块设计要求，辅助开关及其运动部分安装在中间连接壳一侧。

　　3）功能。

　　a）功能说明。HMB-4.3 液压操动机构的液压原理如图 A-27 所示，分、合闸位置的结构原理如图 A-28、图 A-29 所示。

　　液压操动机构的工作模块按油缸活塞差压原理操作。高压油施加在活塞杆侧的环表面上，与此同时，活塞底部的全部表面通过转换阀，根据活塞的操作位置与高压储能腔相连或与低压油箱相连。调整合闸和分闸操作速度可通过互相独立的节流螺栓进行，节流螺栓可改变流动通道的横截面积。操作速度在制造厂已预先设定，现场调试时不必再设定。

　　分合闸操作能量储存在储压模块中，储压模块由油泵驱动。低压油箱有油标。碟簧行程开关控制打压模块，监视碟簧装配的打压状态。辅助开关控制操作，监视位置。操动机构箱内配有凝露加热器，防止操动机构内出现凝露。

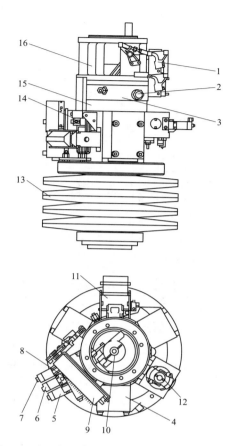

图 A-26 液压操动机构（碟簧储能）扩展动力单元

1—辅助开关运动单元；2—油标；3—低压油箱；4—储能模块；5—合闸控制阀；6—分闸 I 控制阀；

7—分闸 II 控制阀；8—转换阀；9—辅助开关；10—连接件（机构与本体连）；

11—监视模块；12—打压模块；13—碟簧装配；14—手动泄压阀；15—工作模块；16—中间连接壳

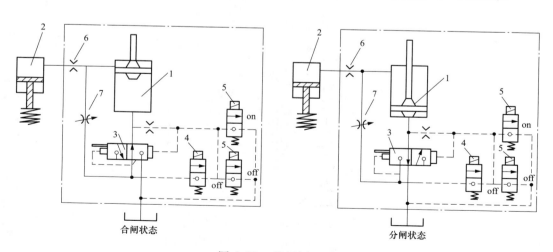

图 A-27 液压原理图

1—工作缸；2—储压器；3—转换阀；4—合闸控制阀；5—分闸控制阀；6—分闸调速节流阀；7—合闸调速节流阀

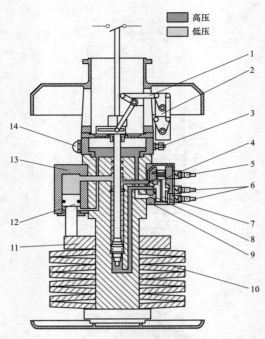

图 A-28 分闸位置液压操动机构结构原理图

1—辅助开关运动部分；2—辅助开关；3—低压接头；4—合闸节流螺栓；5—合闸控制阀；
6—分闸控制阀；7—转化阀；8—分闸节流螺栓；9—控制单元（转动 90°）；
10—弹簧装配；11—支撑环；12—储压塞；13—储压单元；14—油标

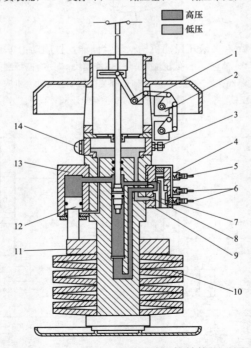

图 A-29 合闸位置液压操动机构结构原理图

1—辅助开关运动部分；2—辅助开关；3—低压接头；4—合闸节流螺栓；5—合闸控制阀；6—分闸控制阀；7—转化阀；
8—分闸节流螺栓；9—控制单元（转动 90°）；10—弹簧装配；11—支撑环；12—储压塞；13—储压单元；14—油标

b）打压和储能监视。油泵由油泵电动机驱动，把液压油从低压油箱输送到高压活塞中，逆止阀可阻止油从高压侧流向低压侧，储压活塞可压缩碟型弹簧储能。碟簧装配的压缩状态由碟簧行程开关控制，碟簧行程开关控制油泵电动机。碟簧行程开关与碟簧装配的支撑环相连。扳下泄压手柄，可将碟簧释放（系统压力释放）。

操动机构的油泵电动机只能进行短时运转，不适合进行连续运转。为防止过热，打压时电动机每小时只能进行 20 个 CO 操作。

c）合闸操作。分闸位置时，操作活塞上侧为高压油，底端压力为零。合闸控制阀动作后，转换阀转换，使活塞底端与低压侧隔离，同时与高压储能腔相连。系统压力施加在活塞的两侧，操作杆靠活塞压差向合闸位置移动，断路器合闸。操作活塞离开分闸位置后，辅助开关切断合闸控制阀的控制回路。

d）分闸操作。开关在合闸位置，分闸控制阀动作后，转换阀转换到分闸位置，使操作活塞底端与低压油腔相连，操作活塞向分闸位置移动，断路器分闸。操作活塞离开合闸位置后，辅助开关切断分闸控制阀的控制回路。操作完成后，油泵启动补压。

e）泄压操作。切断电动机电源，防止油泵电动机自动启动。向上慢慢扳动泄压手柄释放系统压力。

f）操动机构手动操作。利用控制模块（见图 A-30）上的分闸Ⅰ、Ⅱ控制阀和合闸控制阀可以手动操作断路器，手动操作只能用于检查断路器的运动状况，不代表任何正常操作情况。只有当系统储能、断路器灭弧室 SF₆ 气体至少是最低功能压力时，才能手动操作断路器。手动操作只有在断电的情况下才能进行。

g）慢分、慢合操作。断路器必须在退出运行不带电情况下，才允许进行慢分、慢合操作。此操作只在调试时进行，且只能由专业人员进行。

h）防失压慢分装置操作。防失压慢分装置（见图 A-31）在正常情况下不使用，在断路器进行维修情况下，当断路器处于合闸位置，需要将油压泄掉时，才需要使用。安装防失压慢分装置时，应从支板上取下弹性销，然后用手向上扳动支板，当对穿孔位置的前后板孔

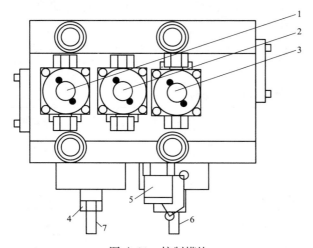

图 A-30　控制模块

1—分闸Ⅰ控制阀；2—分闸Ⅱ控制阀；3—合闸控制阀；4—闭锁螺母；
5—高压接头；6—分闸节流螺钉；7—合闸节流螺钉

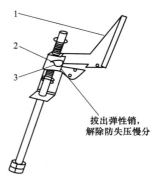

拔出弹性销，
解除防失压慢分

图 A-31　防失压慢分装置

1—支板；2—对穿孔；3—弹性销

对穿时，将弹性销插入孔中即可。卸下防失压慢分装置时，只需将弹性销从对穿孔中拔出，靠防失压慢分装置自身的弹簧力恢复原位即可。

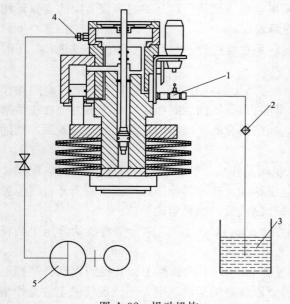

图 A-32　操动机构

1—放油阀；2—过滤器；3—油桶；4—低压接头；5—真空泵

i) 液压操动机构的油位和充液压油。碟簧液压机构在工厂里已充完液压油。储能完毕，油标中还可以看见液压油，此时液压油就可以进行分合操作。维护工作完成或者油损失后，应对操动机构重新充液压油。操动机构充的液压油必须与产品说明书规定的相符。操动机构第一次充油或重新充油应使用真空泵（阅读真空泵的使用说明）进行。油位太低时可通过充油操动机构（见图 A-32）的低压接头重新充油。操动机构的油位应充到油标上沿，充油量约为 $1.8 \times 10^3 \, cm^3$。充油按照设备使用说明书上的步骤进行。

（3）检查和试验。设备在投入运行前应按照使用说明书的要求做相关的检查和试验，所测数据要符合开关技术数据的要求，如有出入，要分析原因，进行调整。所有检查和试验合格后才能投入运行。

2. 隔离开关

ZF11-252（L）型 GIS 的隔离开关是该 GIS 的标准元件之一，它可垂直布置，也可水平安放，还能与接地开关组合成一体。该隔离开关分为两种类型：一种为普通型隔离开关（慢动开关），在有电压无电流的情况下隔离电路，三相联动，配电动弹簧操动机构；另一种为快速隔离开关（快动开关），除具有隔离电路的功能外，还具有切合母线转移电流及母线充电电流的能力，三相联动，配电动弹簧操动机构。

（1）技术参数。隔离开关本体的技术参数见表 A-14，电动机构的技术参数见表 A-22。弹簧机构的技术参数见表 A-23。

表 A-22　　　　　　　　　　　　　　电动机构的技术参数

序号	项目		单位	参数值
1	输出扭矩		N·m	150
2	输出角度		(°)	80
3	电动机	额定工作电压（交流）	V	220
		额定输出功率	W	260
		额定转速	r/min	340
4	机械寿命		次	3000

表 A-23　　　　　　　　　　　　　　弹簧机构的技术参数

序号	名称		单位	参数值
1	输出扭矩		N·m	140
2	输出角度		(°)	80
3	储能时间		s	≤6
4	电动机	额定电压（交流）	V	220
		额定输出功率	W	260
		转速	r/min	340
5	机械寿命		次	3000

（2）结构与工作原理。

1）外形和内部结构。隔离开关三相联动机构如图 A-33 所示，每相隔离开关本体的结构相同，极间靠连接轴实现三相联动，机构装在边相。操动机构除电动操作外，还能手动操作，电动与手动互相联锁。

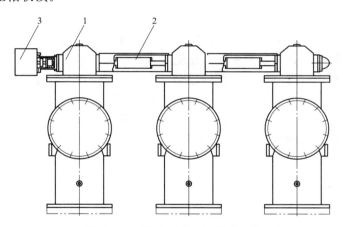

图 A-33　隔离开关三相联动机构
1—隔离开关单极；2—连杆；3—弹簧机构

2）隔离开关动作原理。隔离开关的单极装配如图 A-34 所示。操动机构接到操作命令后，带动主轴及套在主轴上的拐臂板旋转 80°，拐臂板推动导向套、绝缘拉杆及动触头沿隔离开关的中心线作直线运动，实现分、合操作。合闸终了动触头插入静触头内；分闸完毕，动触头缩进中间触头内，保证隔离开关断口间有充足的绝缘距离。

3）转动密封结构。转动密封结构如图 A-35 所示。开关主轴伸出底座之外，与外部的三相传动装配及机构的拐臂相连。为防止内部高压 SF₆ 气体泄漏，主轴上套有两道 V 形密封圈组成的转动密封，V 形密封圈在弹簧作用下产生预压缩，确保主轴处的密封效果，即使长期工作后 V 形密封圈有所磨损，弹簧的压力补偿仍能保证开关年漏气率小于技术条件规定的数值。此外，套在外面的两道 O 形密封圈是固定密封结构，复合轴套则支撑和润滑主轴，使之转动灵活。

4）电动操动机构的工作原理。电动操动机构如图 A-36 所示，当机构处于分闸状态进

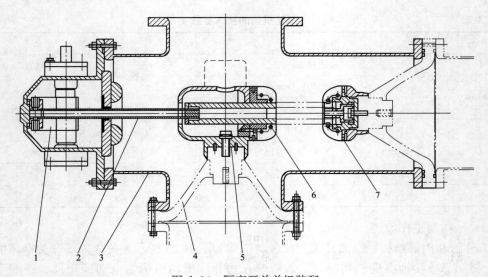

图 A-34 隔离开关单极装配

1—隔离开关传动；2—绝缘拉杆；3—筒体；4—盆式绝缘；5—中间触头；6—动触头；7—静触头

行电动合闸时，电动机通电旋转，经小齿轮、大齿轮及蜗杆、蜗轮减速，带动主轴及轴上各零部件逆时针方向转动，通过输出拐臂带动隔离开关合闸。电动分闸时，电动机反向转动实现分闸。电动机的正、反转利用两台接触器进行控制及互锁，两台接触器不能同时通电吸合动作。接近合闸或分闸位置时，主轴上的偏心轮推动相应的限位开关切换，使电动机断电；固定于主轴上的拉杆拐臂通过调节螺杆带动辅助开关转动切换。大、小锥齿轮用来在必要时插入手柄进行手动分、合闸操作。电磁锁用来实现手动与电动的互锁，即手动时不能电动，电动时不能手动。

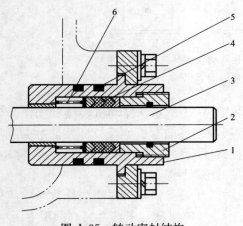

图 A-35 转动密封结构

1—套；2—压塞；3—转动轴；4—V形密封圈；
5—O形密封圈；6—弹簧

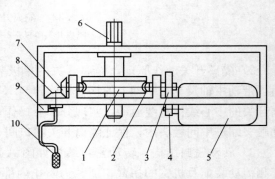

图 A-36 电动操动机构

1—蜗轮；2—蜗杆；3—大齿轮；4—小齿轮；
5—电动机；6—输出轴；7—大锥齿轮；
8—小锥齿轮；9—电磁锁；10—手动摇把

5）弹簧机构的工作原理。弹簧机构如图 A-37 所示，利用电动机经小齿轮、大齿轮及蜗杆、蜗轮减速系统使操作弹簧储能，弹簧释放能量时带动开关快速合闸或分闸。电动分闸操作时，接触器控制电动机通电顺时针方向转动，通过小齿轮、大齿轮及蜗杆带动蜗轮及与其连为一体的驱动凸轮顺时针方向转动，进而驱使从动轴销、弹簧拐臂转动，压缩操作弹簧储能。蜗轮和弹簧拐臂空套于主轴上，储能时主轴及轴上其他零件均不转动，弹簧拐臂转至与弹簧导向套成一直线时，弹簧储能达最大值，此时，从动轴销与从动拐臂右侧接触。继续转动过死点后：一方面操作弹簧释放能量，通过从动轴销带动从动拐臂以及主轴、输出拐臂快速转动，输出轴经拐臂连杆机构带动隔离开关快速分闸；另一方面主轴上的偏心轮推动相应的限位开关切换，使电动机断电。分闸运动临近结束时，从动拐臂与分闸油缓冲器接触而减速；固定于主轴上的拉杆拐臂通过调节螺杆带动辅助开关转动切换。当合闸操作时，各部分的运动过程与电动分闸相同，但运动方向相反。合闸的最后阶段，从动拐臂的另一侧与合闸油缓冲器接触使速度降低。一般情况下，快速分、合闸由电动实现，必要时也可手动储能实现，这需要将手动操作的手柄插入锥齿轮的方孔中，按规定方向连续转动即可。手动和电动通过电磁锁实现互锁，即手动时电机回路断电，不能进行电动操作。

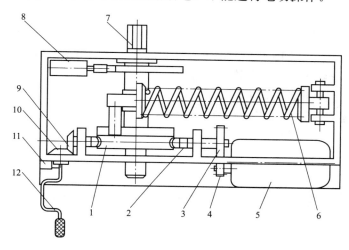

图 A-37 弹簧机构

1—蜗轮；2—蜗杆；3—大齿轮；4—小齿轮；5—电动机；6—分合闸弹簧；7—输出轴；
8—油缓冲器；9—大锥齿轮；10—小锥齿轮；11—电磁锁；12—手动摇把

（3）安装与调试。

1）隔离开关和操动机构出厂时已安装连接完毕，投运前，不得随意解体。电动机构、弹簧机构固定在支架上，通过拉杆与隔离开关本体相连。

2）通过调节三相传动装配的拉杆长度来保证三相分、合闸同期性的要求。

3）电动机构的调节环节主要是保证隔离开关分、合闸到底后行程开关的切换。用手摇机构进行慢分、慢合，调节行程开关，在本体分、合闸将要到底之前行程开关切换，这主要是考虑到电动机构的运动惯性。弹簧机构行程开关的调节是确保机构转换完毕后切断电动机电源。

（三）GIS 整体运行维护的项目与周期

1. 巡视检查

巡视检查每天至少一次，并做好记录，内容包括：

(1) 检查断路器、隔离开关、接地开关实际分、合位置与机械、电气指示是否一致。

(2) 检查带电监测装置的指示是否正常。

(3) 检查并记录当时的环境温度、负荷电流、各气室密度继电器指示值等是否正常。

(4) 注意辨别壳体、底架、外部端子的温升是否正常，有无过热变色，有无异常气味。

(5) 有无异常声音（励磁声及放电声音）。

(6) 各类门箱的关闭情况、密封情况是否正常，内部有无受潮、生锈等情况。

(7) 接地导体的连接螺栓是否松动。

(8) 外壳、支架有无变形、锈蚀、损伤，油漆附着是否良好。

(9) 瓷套有无开裂、破损或污秽，外露控制电缆绝缘是否良好，绝缘件有无开裂。

(10) 各类阀门管路有无损伤、锈蚀，密度继电器有无生锈、损坏。

(11) 有无漏气（SF_6 气体）、漏油（油缓冲）。

(12) 检查操动机构、传动连杆附近有无脱落下来的开口销、弹簧、挡圈、螺栓等连接零件。

2. 定期检查

对于动作频繁，磨损严重或由于开断故障电流导致的烧损，根据实际情况，建议 GIS 运行 8 年和运行 16 年后，GIS 全部或部分停电状态下，专门组织维修检查，除操动机构外，不对 GIS 设备进行分解工作。定期检查内容包括：

(1) 对机构进行详细维修检查。

1) 检查弹簧是否生锈及变形，更换损坏的零部件。

2) 调整行程。

3) 连接销是否异常。

4) 调整油缓冲器。

5) 检查传动部件及齿轮的磨损情况，对转动部件添加润滑剂。

6) 检查辅助开关。

7) 断路器的动作电压试验。

8) 断路器的机械特性试验。

(2) 检查校验密度继电器

(3) 各气室的水分测量。

(4) 各元件（TV、TA 等）的预防性试验。

(5) 检查传动连杆的紧固情况。

(6) 检查套管端子的紧固情况。

(7) 控制柜内端子的紧固情况。

(8) 接地装置的紧固情况。

(9) 必要时进行绝缘电阻测量和回路电阻测量。

(10) 清扫 GIS 外壳、套管、汇控柜的灰尘。

(11) 进行油漆或补漆工作。

参 考 文 献

［1］陈家斌，高小飞．电气设备防雷与接地实用技术．北京：中国水利水电出版社，2010．

［2］仓斌．电力电缆．北京：中国电力出版社，2010．

［3］李喜桂，秦红三，熊昭序．交流高压 SF_6 断路器检修工艺．北京：中国电力出版社，2009．

［4］许珉，孙丰奇．发电厂电气主系统．北京：机械工业出版社，2006．

［5］熊信银．朱永利．普通高等教育"十一五"国家级规划教材　发电厂电气部分．4 版．北京：中国电力出版社，2009．

［6］中华人民共和国能源部．进网作业电工培训教材．沈阳：辽宁科学技术出版社，2006．

［7］熊泰昌．真空开关电器．2 版．北京：中国水利水电出版社，2002．

［8］董其国．电力变压器故障与诊断．北京：中国电力出版社，2001．

［9］孟凡钟．真空断路器实用技术．北京：中国水利水电出版社，2009．

［10］《电气运行》编委会．火电厂生产人员必读丛书：电气运行．北京：中国电力出版社，2009．